U0326163

国际电气工程先进技术译丛

电能转换与传输——基于计算机的交互式方法（原书第2版）

［美］ 乔治 G. 卡拉狄 （George G. Karady）
基思 E. 霍尔伯特 （Keith E. Holbert） 著

卢艳霞　张秀敏　桂峻峰　等译

机械工业出版社

本书提供关于电力传输、发电和应用方面基本知识的相关资料。全书共分 11 章，分别为电力系统、发电站、单相电路、三相电路、输电线与电缆、机电能量转换、变压器、同步电机、感应电机、直流电机及电力电子与电机控制。

　　本书附录提供了人工计算分析方法和基于利用计算机软件 Mathcad、MATLAB 以及 PSpice 计算来分析和解决问题的方法。

　　原书第 2 版是针对电能的转换和传输对当前环境产生的影响，并联系当前的工业发展而进行的全新修订。

　　本书的阅读对象是电气及相关专业本科生和教师，也可作为电气及相关专业工程师的参考用书。

译 者 序

本书是在 2005 年出版的原书第 1 版的基础上修订而成的，作者为美国亚利桑那州立大学的 George G. Karady 博士和 Keith E. Holbert 博士。本书主要讲述电能转换与传输的基本概念，全面涵盖了电路、电能转换、电力系统、电力电子与电机控制的基本内容，对智能电网和可再生能源智能配电网也增加了新的内容，是一本非常优秀的著作。

本书可以作为电气及相关专业本科生的教材，也可以作为从事电气及相关专业工程师的参考资料，是一本难得的好书。本书主要具有以下几个特点：

① 书中大量的仿真实例与实际问题结合，利用仿真软件 Mathcad、MATLAB 和 PSpice 进行仿真，使读者在学习基础知识的同时，能够与实际应用相结合。读者可以按照书中实例仿真，并将自己的数值计算结果与书中的相对照，能促进对理论知识和实际应用的深入理解。

② 若本书作为教材使用，可以为教师提供基于计算机的交互式教学素材，增强教师与学生的互动性。学生在有计算机设备的教室上课，教师和学生一起利用计算机工作，增加教师跟学生交流与互动的机会，形成以学生为中心的教学模式。

③ 计算机的使用，可以吸引学生的学习兴趣，使学生在课堂上的注意力更加集中，不容易开小差，提高学习效率。

本书附录部分对主要使用的几种仿真软件进行了简单介绍，如果读者需要对某个软件有详细的了解，可以参考其他的相关参考书籍。

本书由北京交通大学卢艳霞、张秀敏和桂峻峰老师共同翻译完成，罗易萍、司马宇婧、杨先哲、熊赵君、薛金伟、韩诗阳、何良、井宇航、陈天琦、韩娅婷、陈琳、边冲、高仟、罗井煜、白银、陈百胜、宋紫轩、高峰、黄志彭、李继红、赖少斌、王宁、王琴、王爽、肖颖颖、许建旭、张超、吴振兴、王丽艳、陆夷、李陈瀚、陈翰功、程迪、樊琪、方易杉、尚滢、谷苗、李大中、李一、刘广斌、刘桓均、刘珈男也参与了本书部分翻译工作，机械工业出版社编辑也付出了许多辛苦的工作，在此表示感谢！

作为译者，希望读者能够从本书中受益，如果我们的努力能够得到读者的认可，便是对我们最大的鼓励。

书中很多术语的翻译，尽量同国内出版书籍的术语相吻合，但也有一些术语没有现成的参考，术语处理难免有不当之处。由于译者的时间和水平有限，书中也许还存在疏忽之处，恳请广大读者批评指正。

译 者
2015 年 4 月

原书前言与致谢

本书面向本科生，主要讲述电能转换与传输的基本概念。电能转换与传输是电力工程中的一个主要分支，每一个电气工程师都应该知道电机为何会转动及电能是怎样产生和传输的。而且，电网是任何一个国家基础设施的关键环节，行业的维护和发展需要具有一定技能的工程师，要求工程师能够利用现代计算技术理解并掌握电力系统及电能转换的理论。

在过去的十年中，随着科技进步及计算机的广泛使用，工程教育有了显著改善。工程教育工作者也已经认识到教学模式发生的转变，即学生从在课堂上被动地听讲到能够积极主动地去学的转变，教学模式也从以教师为中心的讲解转变到以学生为中心的教学互动。

教室计算机的装配及学生操作计算机的能力，为通过改变传授方法提高工程教育开辟了新的可能性。我们提倡研究内容的交互式演示，使学生真正参与到课堂中。编写本书的目的是促进学生的主动学习性，尤其是配备了计算机的课程。对于计算机辅助教学方法，由于学生参与其中，能使学生更好地掌握课程内容。这种方法的主要目标是通过互动性参与，提高学生的学习能力；其次，通过学生自己对计算机的吸引力，提高学生对电力工程的兴趣。这种交互式的方法可以更好地提高学生对理论知识的理解及解决问题的能力。

许多高校和教师强制使用某个软件，我们让教师自由地选择可用的软件。本书采用 Mathcad®，MATLAB® 和 PSpice® 软件，附录里介绍了这三种软件的基本使用方法。由于学习专用软件需要投入较多的时间和精力，本书不注重专用电力工程仿真工具的讲述。相比之下，在通用软件方面，需要学生对理论和计算分析之间的联系投入更多的精力。

使用计算机可以分析复杂的问题，这些问题用手工计算和计算器是不容易解决的。事实上，有经验的教师会发现学生能够处理这些以前感到很难的问题，这是电能转换中的一个重要的现代化标志。熟悉这种现代计算技术在电力方面应用的学生，更能满足工业发展的需要。

本书提供课程的交互式教学素材。通过学生的主动参与，增强学习效果。本书具有以下优点：

① 学生的主动参与，能促进学生对课程更好地理解；
② 提高解决问题的能力；
③ 用行业所接受的计算机分析方法，同时可以学到工程的实际应用范例；
④ 讲课时，可以加强学生的注意力并保持一定的兴趣，该方法可以消除学

生的无聊状态，不再盼着早点下课；

⑤ 由学生分析计算结果并得出结论，从而提高学习能力；

⑥ 学生会学到一般工业经常用到的数值分析和科学计算能力。

作者为教师推荐本书，目的是促进电力系统课程的现代化教学。本书也可以为工程师增加在电力系统知识和计算机技能方面的兴趣，这些知识在电力行业可以帮助读者扩大就业机会。

第 2 版所有章节的技术范围已涉及下面的内容：智能电网、对称分量、长输电线、感应电机、柔性交流（AC）输电系统、降压和升压变换器以及保护变压器、发电机、电动机和输电线。

如何有效地使用本书

本书与其他教材明显的不同在于一些经典的推导与具体实例相结合。这样，读者不仅具有分析表达由浅入深的理论知识的能力，而且，同时计算的数值结果能够协助学生判断各种参数和变量值的正确性。作者发现 Mathcad 特别适合这种教学。无论读者选择使用哪种软件，我们建议读者首先熟悉一下附录 A 的内容（"介绍 Mathcad"），因为 Mathcad 的使用贯穿本书始末。读者会从使用中得到益处。虽然本书采用 Mathcad、MATLAB 和 PSpice，其他的计算软件，如 HSpice、Maple 和 Mathematica，甚至如 Excel 也可以有效地利用。

作者提供了本教材的课程大纲，本教材可用于一个学期或两个学期教学。例如，第 2 章发电站可以跳过不学，不会影响课程的连续性；同样，第 3 章单相电路复习基本电路分析方法，虽然本书是基于计算机分析的，但这通常是一个先决条件。一个学期或两个学期的课程时间表如下：

一学期课程		两学期课程	
周次	内容	周次	内容
1	第 1 章　电力系统	1	第 1 章　电力系统
2	第 3 章　单相电路（重点：3.4 节和 3.5 节）	2~3	第 2 章　发电站
3~4	第 4 章　三相电路（删掉 4.6~4.8 节）	4~5	第 3 章　单相电路
5~6	第 5 章　输电线与电缆（删掉 5.5.3 节、5.5.4 节、5.7.3 节、5.8.2 节和 5.9 节）	6~8	第 4 章　三相电路
		9~12	第 5 章　输电线与电缆
7~8	第 6 章　机电能量转换（删掉 6.1.5 节、6.4 节和 6.5 节）	13~15	第 6 章　机电能量转换
9~10	第 7 章　变压器（删掉 7.2.3 节、7.3.7 节、7.3.8 节和 7.3.10 节）	16~18	第 7 章　变压器
11~12	第 8 章　同步电机（删掉 8.3.4 节和 8.5 节）	19~21	第 8 章　同步电机
13~14	第 9 章　感应电机（删掉 9.3.6 节、9.5 节和 9.6 节）	22~24	第 9 章　感应电机
		25~26	第 10 章　直流电机
15	第 10 章　直流电机（删掉 10.3 节）	27~30	第 11 章　电力电子与电机控制

在此，概况性地提出具有代表性的教学模式。该教学模式的起点是首先介绍硬件和理论，基本公式及其实际应用则是由学生使用计算机共同开发研究。先将所讲内容分为特定的几个部分，教师对每一步进行概括分析，然后学生利用计算机继续研究。当学生们一起工作时，教师可以自由地在课堂走动，回答学生的问题，并掌握他们的理解程度。给学生充分的时间来完成这个过程并最后得出结论，指导老师需要对计算结果进行确认，必要时对学生的错误进行改正。这种教学过程会促进学生在理论知识和应用实践能力方面的提高，是以学生为中心的教学模式。

利用计算机，使理论和实践紧密结合，从而提高学生对此课程的兴趣。本书中用数值计算实例展示了公式的推导及运行分析。数值计算实例能促进对理论知识和物理现象的深入理解。此外，利用计算机可给学生提供及时的反馈。

此外，在课堂教学的同时，首先介绍每一章相关的硬件部分，例如用画图和照片展示结构和元器件图，接着是理论知识和相对应的电路图。每章主要着重于运行分析。每章后面的习题是开放式的，提供给学有余力的读者。

交动式教学法也适用于自主学习环境。在这种情况下，书中概述了每一个分析步骤。鼓励读者先不看本书中给出的解决方案，而使用计算机自己分析和计算。然后将自己的结果与正确答案相比较。这种解题的过程贯穿本书的每一章。

致谢

第 2 版在一些诚恳的建议的基础上进行了修改。作者向已故教授 Richard Farmer 表示真挚的感谢，他是美国国家工程院院士，他对第 1 版和第 2 版的手稿进行了全部审查；很感谢电气和电子工程师协会（Institute of Electrical and Electronics Engineers，IEEE）教育学会颁发给我们的 IEEE 教育优秀论文奖⊖，此奖是对基于计算机的交互式学习的认可。

George G. Karady

Keith E. Holbert

坦佩，亚利桑那州

2013 年 4 月

⊖ Holber, K. E. and Karady, G. G., "Strategies, challenges and prospects for active learning in the computer – based classroom," IEEE Transactions on Education, 52（1），31 – 38, 2009.

目　　录

第1章 电力系统

电力系统是用来发电、输电和配电的。电能的产生和传输常使用三相交流电系统。在美国和一些亚洲国家，电压和电流的频率是60Hz；在欧洲、澳大利亚和部分亚洲国家，电压和电流的频率是50Hz。这种规律有时也有例外，比如在日本西部，有些地区使用60Hz的电压和电流，而东部则使用50Hz。

19世纪80年代，在配电系统的发展过程中，先前的研究者们对于选择交流配电还是直流配电存在着分歧。托马斯·爱迪生（Thomas Edison）特别青睐于直流电，而乔治·威斯汀豪斯（George Westinghouse）和尼古拉·特斯拉（Nikola Tesla）都支持使用交流电。正是由于交流电能够通过变压器将高电压变换为低电压以及将低电压变换为高电压，交流输电赢得了这个所谓的"电流之战"的胜利。并且较高的交流电压在较长距离输电时，电力线缆上能量的损耗比直流输电少。

交流电力系统的发展始于19世纪末，该电力系统的频率可以从16.66Hz变化到133Hz。因为在一些使用40Hz的交流电力系统中，发生过电火花的现象，德国的一家大型公司在1891年提出使用50Hz的交流电。1890年美国主要的电力公司，即西屋电力公司，提出使用60Hz频率的交流电，用来避免在低频时出现电火花。

电力系统的主要组成部分：

① 电厂：产生电能。

② 输电与配电线：传输电能。

③ 变电站（有开关装置）：变换电压、提供保护以及构成网络节点。

④ 负载：消耗电能。

图1.1所示是电力系统的概况。

本章将描述电力输电系统和配电系统的组成；讨论变电站的设备，包括断路器、断路开关及保护；描述包括住宅的低压配电系统的电气连接。

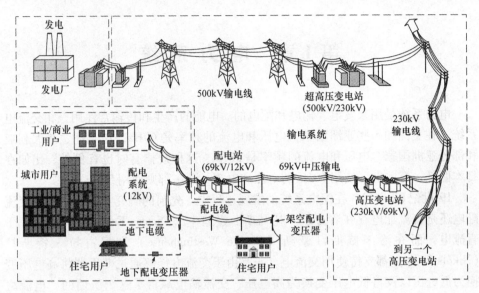

图 1.1　电力系统的概况

1.1　电网

电厂能将煤、石油及天然气的化学能，或者水的势能、核能转化为电能。在老式核电站中，热能转化为高温高压的蒸汽，驱动连接到发电机上的涡轮机。在水力发电厂，水是从海拔较高处降落到较低处，利用势能驱动涡轮发电机组装置。发电机产生电能以电压和电流的形式输出。发电机产生的电压为 15～25kV，这样的电压对于远距离输电来说是不够的。为了能够进行远距离输电，必须利用发电厂的变压器使电压升高，并同时减小电流。图 1.1 中电压升高到 500kV，利用超高压（EHV）输电线把电能输送到远方的变电站，这些变电站通常位于城市的郊区，或者几个大型用电城市的中心区域。例如，在亚利桑那州，500kV 输电线连接了 Palo Verde 核电站到 Kyrene 和 Westwing 变电站，这两座变电站为凤凰城的大部分地区供电（见图 1.2）。

电力系统网络根据电压等级分为输电系统和配电系统。系统电压用线电压的有效值来描述，即三相线路中两相线路之间的电压。表 1.1 列出了电力系统的电压标准。美国输电系统的线电压为 115～765kV。尽管中国从 2011 年开始建设最大容量为 3000MVA、长 392mile⊖（630km）、电压为 1000kV 的特高压交流输电线，

⊖　1mile = 1609.344m。——译者注

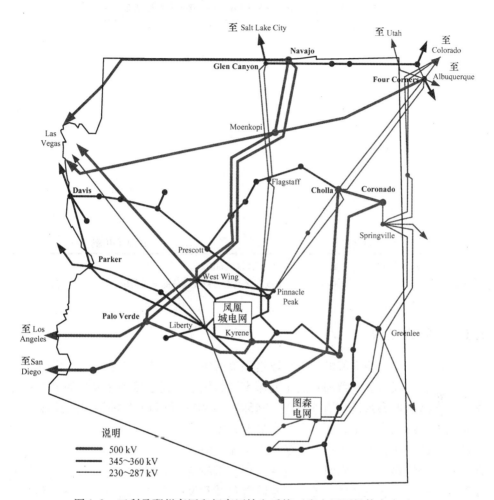

图 1.2　亚利桑那州高压和超高压输电系统（发电厂用粗体字表示，
数据来自西部电力系统协调委员会，1999 年）

但是特高压输电通常并不用于商业用途。345 ~ 765kV 的输电线是超高压输电
线，最大长度为 400 ~ 500mile；115 ~ 230kV 输电线是高压输电线，最大长度
为 100 ~ 200mile。高压输电线输送电能到变电站，形成了电网中的节点。变电
站通过变压器和开关设备为负载提供电能。变压器可以改变电压和电流；开关
设备能对电力系统起保护作用。开关设备中最重要的是断路器，它能够在发生
故障时自动断开线路。即电压在 46kV 或以下时，配电线的长度为 5 ~ 30mile
（8 ~ 48km）。

表 1.1 电力系统电压标准（ANSI C84.1—1995[①]和 C92.2—1987[②]）

名称或分类	额定电压/kV
	34.5
中压	46
	69
	115
高压	138
	161
	230
	345
超高压	400（欧洲）
	500
	765
特高压	1000（中国）

① ANSI C84.1—1995，电力系统及设备的电压范围（60Hz）。
② ANSI C92.2—1987，在 230kV 的额定电压下交流电力系统设备的电压范围。

1.1.1 输电系统

输电系统把三相交流电从电厂输送到负荷中心。图 1.2 所示是一个典型的电力网络，它不仅给亚利桑那州的主要城市区域供电，还连接到相邻州的电力系统网络。在这个电力系统中有 500kV、345kV、230kV 和 115kV 的输电线连接了负荷和发电厂。应该指出，图 1.2 所示的电力系统是一个闭环网络，每个负荷至少有两条线路连接，而发电厂有三条或四条输电线连接到该网络。这样设计是为了保证当一条线路出现故障时，不会导致用户端断电。美国的电力系统必须能够承受至少一次单一偶发事件，这也就意味着负荷和发电厂这些电网中的特殊节点要有至少两条独立的电力线路连接在电力系统中。

另外，图 1.2 还显示了亚利桑那州、加利福尼亚州、内华达州、犹他州和新墨西哥州 500kV、345kV、230kV 和 115kV 的输电线相互连接情况。这样的连接保证在亚利桑那州的电力系统出现发电厂故障或者供电线路中断时，其他州的电力系统能够提供及时的帮助。同时也能够根据不同区域的需求，允许电能在州与州之间的连接线路输入或输出。

在空旷的地方使用架空线路，典型的例子是城镇之间或者城市里沿公路安装的输电线。在拥挤的大城市，电能传输也常用地下电缆。地下系统的成本明显会非常高，但是从环境和美观的角度来说，地下安装系统是很好的选择。通常情况下，高架电线比地下电缆每英里要节省 6～10 倍的花费。

在超高压变电站，变压器把电压降到 230kV 或者 345kV。图 1.1 中，230kV

高压输电线把电能输送到高压变电站，高压变电站通常坐落在城郊。电压会在高压变电站进一步降低。连接高压变电站和城镇里配电站的通常是 69kV 的中压输电线，中压输电线沿着街道敷设。

除了交流输电系统，高压直流（HVDC）输电线用于长距离、大能量的电能传输。如图 1.3 所示为一个高压直流输电系统的主要组成部分。高压直流输电连接包括两个连接直流输电线的变换器，变换器是可以作为整流器或者逆变器使用的电力设备。如图 1.3 所示，变换器被分为两个串联单元，串联的中性点接地。当电能从变换器 1 传输到变换器 2 时，变换器 1 作为整流器使用，变换器 2 用作逆变器。整流器把交流电压变换成直流电压，而逆变器则把直流电压逆变为交流电压。直流输电线通常只有正极和负极两个接线端。

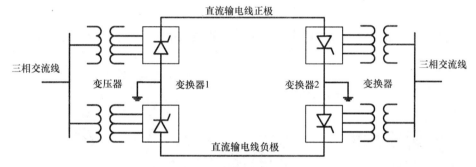

图 1.3　高压直流输电系统的主要组成部分

高压直流输电线用来输送长距离大电能，通常情况如果大约在 300mile（约 500km）以下，使用直流输电线就不经济了。高压直流输电线的代表性例子是太平洋直流输电线，其是位于俄勒冈州 Dalles 的 Celilo 变流站和位于加利福尼亚州洛杉矶北的 Sylmar 变流站之间 846mile（1362km）的高压直流输电线。该输电线两极对地的最大工作电压为 ±500kV，最大容量为 3100MW。

交流电缆的大电容限制了其能量传输，因为电缆必须携带负载和电容产生的电流。而采用直流电缆则能消除电容电流，从而可以合理建设遍布世界各地的海底电缆高压直流输电系统。经常提到的英国和法国之间的输电系统就是使用了高压直流输电电缆。该系统传输容量为 2000MW，是 45km 长的海底电缆。高压直流输电系统的另一个好处是可以消除感应电压降。

1.1.2　配电系统

配电系统既可以用于三相网络系统，也可以用于单相网络系统。较大的工业负荷需要三相配电系统供电，大型工业和工厂用电由中压输电线或者专用配电线直接供电，单相配电系统为普通住宅供电。

电压在配电站进一步降低，并提供了几种不同的配电线，这些线路沿着街道传输电能。配电系统的电压小于或者等于46kV。在美国，最常见的配电电压是15kV级，但是实际的电压会有所不同。常用的15kV级的电压为12.47kV和13.8kV。如图1.1中12kV配电线使用12kV电缆为商用或者工业用户供电，此图也说明12kV电缆可用于为大城市市区供电。

如图1.1所示，12kV电缆也可以通过降压变压器给住宅区供电。每个配电线供电线沿线分布着几种降压变压器。配电变压器通常安装在电线杆上或放在住宅的庭院里，把电压降低至240V/120V。距离短的低压线路为住宅、购物中心和其他当地的负荷供电。一个配电变压器可以为6~8个住宅用户配电。

1.2 传统输电系统

北美电力系统目前分为四个被称为互连的独立系统。如图1.4所示，互连系统如下：

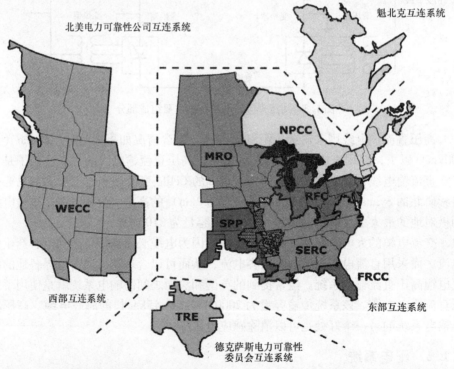

图1.4 北美电力可靠性公司（NERC）互连系统（FRCC，佛罗里达可靠性协商委员会；MRO，中西部可靠性组织；NPCC，东北部电力协商委员会；RFC，可靠性先锋公司；SERC，SERC可靠性公司；SPP，南部电网，RE；TRE，德克萨斯可靠性公司。本图来自于北美电力可靠性公司网站，其网址为：http：//www.nerc.com/page.php？cid＝1%7C9%7C119。本图内容未经北美电力可靠性公司允许，不得私自转载）。

① 东部互连系统；

② 德克萨斯电力可靠性委员会（Electric Reliability Council Of Texas, ERCOT）互连系统；

③ 西部互连系统；

④ 魁北克互连系统。

这四个电力系统是由可调节背靠背高压直流连接、高压直流输电线和可调节交流输电线所组成的。背靠背高压直流连接是一个没有输电线的高压直流输电系统，也就是该系统两个换流器直接连接。大功率电子器件可以通过可调节交流输电线来调节功率流。在过去的二十年中，柔性交流输电系统在工业领域有很大发展（Flexible AC Transnission System, FACTS），该系统能够通过电子方式控制高压交流输电线的运行。第 11 章讨论了 HVDC 系统和 FACTS。

可调节的连接可以保证电能在正常运行和紧急情况下都能传输，可以阻断电力系统振荡和级联中断。例如，美国在德克萨斯州使用背靠背高压直流输电连接，西部电力协调委员会（Western Electricity Coordinating Council, WECC）通过强大的高压直流输电连接到东部互连系统。

1.2.1　变电站组成

出于安全考虑，实际电网的连接图是机密文件。图 1.5 给出了电气和电子工程师协会（Institute of Electrical and Electronics Engineers, IEEE）公布的 118 总线的功率流测试用的网络，这是一种典型的三相电力系统的单线图，该图能说明实际电网的本质。图 1.5 显示的回路网络结构应该能承受至少一个突发事件，但在大多数情况下，将承受多个突发事件，这意味着每一条母线至少由两条输电线为其供电。

图 1.6 所示的连接是电力系统的部分细节，其中每条输电线都连接到变电站总线，它是电力系统的一个节点。有一些简单的负荷节点，如 Pokagon 总线，它仅由两条输电线供电（即满足单一的应急需求）。其他的总线既有负载又有发电机，例如 Twin Branch 变电站，有七条输电线连接，可以承受六条线路的中断。第三种类型的总线有负载、发电机和并联电容，或同步电容，例如 New Carlisle。电容是一种开关装置，用于在高负荷时产生无功功率和减少电压降。同样，将切换感性负载并联到选定的母线上，可以减少在轻负荷时的过电压。同步电容是一个旋转的装置，像一个发电机，可以产生或吸收无功功率（var）。它可以通过产生或吸收无功功率来调节电压，并能永久地连接到系统中。同步电容可以用来代替电容。图 1.6 所示的 Olive 变电站中，通过一个调压自耦变压器将变电站与电网中低压部分相连接。这种变压器的电压调节范围为 ±10%。尽管电抗可以降低接地故障所产生的短路电流，但变压器中性点可能要接地。

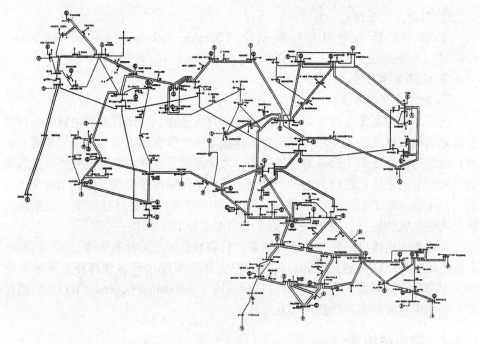

图1.5   IEEE 118 总线功率流测试网络

其他没有在图1.6种显示的组件还有：

① 开关或电子控制的串联电容：串联在选定的输电线中，用来补偿线路电感和减少电压降。

② 断路器：用于短路时保护系统和断开输电线。

1.2.2   变电站和设备

变电站构成电力系统的节点，图1.7所示是典型的变电站分配的照片。变电站的主要作用是分配电能和在输电线或者其他设备故障时提供保护。图1.1显示了使用过的三种类型的变电站：

① 超高压变电站（500kV/230kV）；

② 高压变电站（230kV/69kV）；

③ 配电变电站（69kV/12kV）。

虽然这些变电站的电路图是不同的，但是一般电路的概念和主要组成部分是一样的。图1.8所示为一个超高压变电站的概念图，该电路经常被称为断路器和半母线方案。这个名字得来是因为两条线路有三个断路器。

主变电站设备如下：

断路器是一个大型的开关设备，用于切断负载和故障电流。故障电流自动触

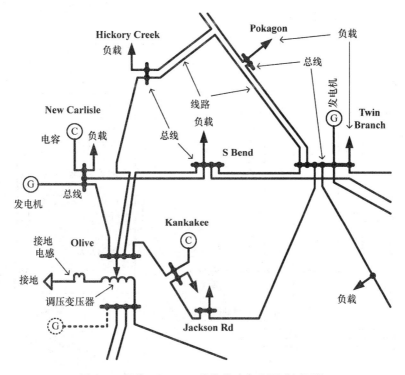

图 1.6　部分 IEEE 118 总线的功率流测试用网络

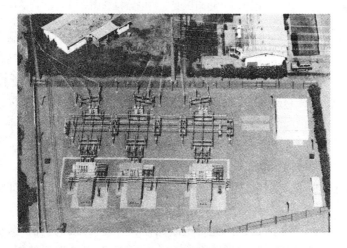

图 1.7　三湾配电变电站鸟瞰（盐河项目提供）

发断路器，但断路器也可以手动操作。断路器的静触头和动触头放置在一个充满气体或油的壳体中，六氟化硫（SF_6）是最常见的填充气体。图 1.9 所示为一个典型的断路器的简化设计图。在闭合位置时，动触头是在管状静触头内侧。在关

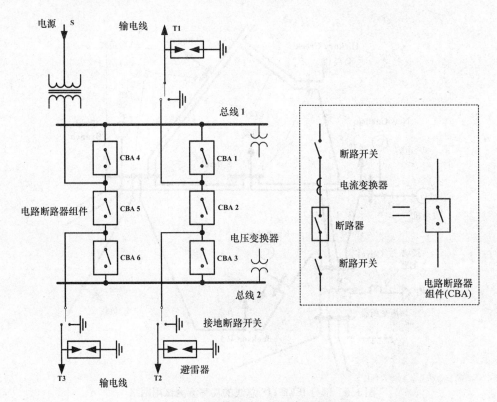

图 1.8　超高压变电站电路概念图

闭位置加载强力弹簧以保证较低的接触电阻。该开关通过从管状静触头拉出动触头来工作。开关断开时会在触头之间产生电弧，同时注入高压 SF_6 气体可以吹灭电弧。图 1.10 显示了实际断路器的运行原理。断路器有两个管子作为静触头（标记为①、②和⑨）放置在瓷壳中，当断路器闭合时滑动触头（标记为③、⑧和⑤）用于连接两个静触头（见情形 1）。该断路器充满了 SF_6 气体，具有高的介电强度。断路器的打开动作驱动滑动触头向下运动（见情形 2）。首先，触头③分离，然后动触头把 SF_6 压缩到气体腔⑦中，接着主触头⑤分离。触头⑤打开使触头④和⑤之间会产生电弧，同时喷出高速的高压 SF_6 喷气流，如情形 3 中箭头所示。SF_6 气体吹灭电弧，并且切断电流（见情形 4）。

　　工业中使用两种断路器：外壳带电断路器和外壳接地断路器。外壳带电断路器的绝缘子支持断路器，断路器放置在一个水平瓷壳中与地面绝缘。图 1.11 所示为一个外壳带电断路器，开关在横臂上。垂直的瓷柱可以隔离开关和外壳的控制杆。外壳接地断路器有接地的金属外壳，开关安放在接地的壳体中，由油或 SF_6 绝缘。大的绝缘套将导电体和外壳隔离。图 1.12 所示的是 500kV SF_6 外壳接地断路器。

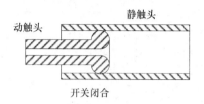

图 1.9　断路器运行简图

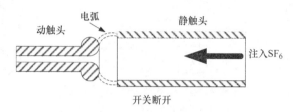

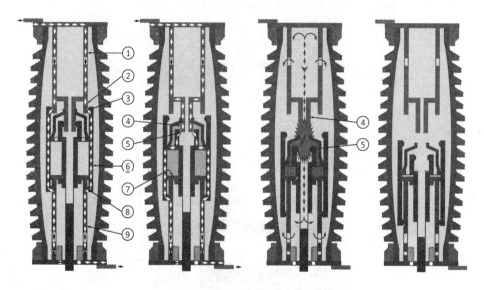

图 1.10　SF$_6$工作顺序

　　断路开关可以分离电路，有利于断路器维修。断路器的位置不能通过观察确定。然而，基于安全考虑，巡检人员需要知道断路器是打开的。此外，当断路器需要维修时，断路开关的每一相都要求能够完全隔离断路器。断路开关是一个大型设备，电路如果开路，它可以提供可视的证明。只有当断路器打开时，才能操作断路开关。图 1.13 所示为一个典型的垂直旋转杆打开的断路开关。图 1.11 显示的是水平移动杆的断路开关。

图 1.11　69kV 变电站外壳带电断路器

图 1.12　500kV 变电站 SF$_6$ 外壳接地断路器

电流变换器（CT）可以将电流减小到 5A 或以下，电压变换器（PT）可以将电压减小到 120V。CT 和 PT 还可以将测量仪表电路从高电压和高电流中隔离出来，于是 CT 和 PT 可以统称为仪表互感器。测量信号触发保护继电器，在故障时使断路器运行。除此之外，低电流和低电压主要用来测量电路和系统控制。

避雷器用来防止雷电和过电压开关切换。图 1.14 显示了一个避雷器。避雷器包含一个装在瓷管的非线性电阻。非线性电阻拥有常压下很高的电阻值，但是当电压值超过了一个特定的值时，这个电阻值会急剧减小。这可以将高雷电和开关切换电流接地，保护变电站以防止过电压。

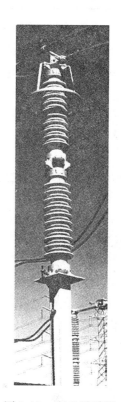

图 1.13　500kV 断路开关　　　　　　图 1.14　69kV 避雷器

变电站主要组成部分是电流断路器（CBA）组件，为了正确地操作，需要两个隔离开关和一个或者多个 CT 来配合完成。图 1.8 的右侧是带有单个 CT 的电流断路器组件。在主图中，使用的是简化框图。电流断路器组件中的两个隔离开关允许维护任何 CBA。在 CBA 发生故障时，其他断路器会提供备用断路器来修复故障。

两个隔离开关去激励之后开关断开，从而使得维修得以进行。CT 用来测量线电流并且能在线路出现故障时激活保护装置。保护装置触发断路器，使得线路断开从而断开电流。图 1.11 所示为 69kV 变电站 CBA 组件。

一个半断路器总线方案是一个冗余系统，它使得任何元器件在出现故障时都不会损坏总系统。图 1.8 显示了通过电源变压器的电源可以直接流入断路器 5（CBA 5），为输电线 T3 供电。然而，电能的一部分也可以流经断路器 4（CBA 4）、总线 1 和断路器 1 至输电线 T1。输电线 T2 经过断路器 5（CBA 5）、断路器 6（CBA 6）、总线 2 和断路器 3（CBA 3）或者经过断路器 4（CBA 4）、总线 1、断路器 1（CBA 1）和断路器 2（CBA 2）与供电电源连接。

例1.1：一个半断路器变电站结构的故障分析。

这是一个有趣的例子，分析当其中一个部件故障时的操作。可以看出，任何一个 CBA 可以在不影响服务完整性的情况下从系统中去除。

常规操作：如图 1.8 所示，在电源（S）和每条输电线（T1、T2、T3）之间有两条独立的电流路径。例如，电源 S 可以直接通过 CBA 5 给 T3 供电，或者通过 CBA 4、总线 1，CBA 1、CBA 2、CBA 3 和 CBA 6 的组合串联供电。

① 输电线 T1 短路。输电线上短路保护的响应是用相邻的 CB 来隔离开受到影响的线路。例如，输线 T1 上的短路电路触发保护，打开两个 CB，CBA 1 和 CBA 2，因此将 T1 从变电站分离开。在这种情况下，电源 S 直接通过 CBA 5 为 T3 供电，S 通过 CBA 5、CBA 6、总线 2、CBA 3 为 T2 供电。图 1.15 显示了电流路径。

② 总线 1 短路。同样地，总线短路使总线与电路剩余部分隔离。总线 1 短路使 CBA 4 和 CBA 1 打开。在这种情况下，T1 通过 CBA 5、CBA 6、总线 2、CBA 3 和 CBA 2 供电；T2 通过 CBA 5、CBA 6、总线 2 和 CBA 3 供电；T3 直接通过 CBA 5 供电。图 1.16 显示了电流路径。

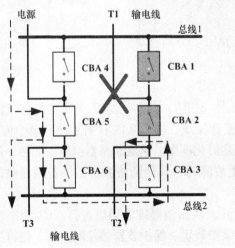

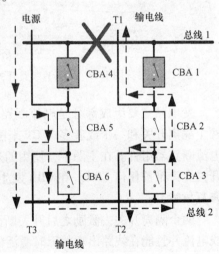

图 1.15　变压器线路 T1 短路时的电流通路　　　　图 1.16　总线 1 出错时的电流通路

③ CB 故障。CB 故障分为断开故障和闭合故障。如果一个 CB 不能闭合，它在断开位置处故障。同样地，如果 CB 不能断开（电流开关关断），则它在闭合处故障。接下来，我们分析 CBA 5 的两种故障模式。

情况 1：CBA 5 断开故障。如果 CBA 5 不能闭合，它在断开位置处故障。因此，T1 通过 CBA 4、总线 1 和 CBA 1 供电。T2 通过 CBA 4、总线 1、CBA 1 和

CBA 2 供电；T3 通过 CBA 4、总线 1、CBA 1、CBA 2、CBA 3、总线 2 和 CBA 6 供电。图 1.17 所示为 CBA 5 断开故障电流路径。从图中可以观察到，CB 和总线必须同时承载特定的三个负载电流。在这种特定情况下，所有的电源电流流过 CBA 4、CBA 1 和总线 1。

情况 2：CBA 5 闭合故障。如果 CBA 5 在开关处（即 CB 无法打开）出现故障，则 T3 的短路故障无法被局部隔离，这是因为出现故障的 CBA 5 直接将电源连接到短路线路上了。电源处的应急保护（未显示）需要关闭电源。类似地，如果 CBA 直接与出现故障的总线连接，则总线处的短路线路无法被局部绝缘。

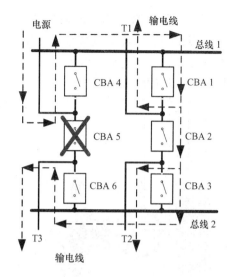

图 1.17 CB CBA 5 断开故障

1.2.3 气体绝缘开关设备

大部分的高压变电站使用户外开关设备，如图 1.7 所示。然而，现代城市高层建筑消耗大量的电能，需要高压电源和一座位于有限空间内的变电站。行业研发了 SF₆ 气体绝缘开关设备（Gas Insulated Switchgear，GIS），该设备可置于有限的空间内，甚至是地下。如图 1.18 所示为一个典型的 GIS。

图 1.18 GIS 内置于建筑中（西门子公司，德国埃朗根）

　　所有元器件都置于一个充满 SF_6 气体的铝管中。气体的高介电强度使导体之间的距离很短，因此可以减小开关设备的尺寸。图 1.19a 所示是一个 GIS 单元的横截面图，包含了总线、断路器、隔离开关、接地开关和电流电压变换器。图 1.19b 所示为 GIS 单元的电气连线图。

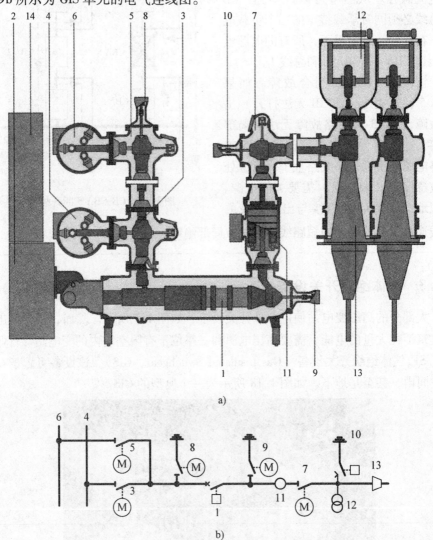

图 1.19　气体绝缘开关设备 [（1）断路器（CB）装置单元；（2）带有断路器控制的弹簧储能装置单元；（3）、（5）总线隔离开关；（4）、（6）总线；（7）输出馈线隔离开关；（8）、（9）、（10）接地开关；（11）CT；（12）变压器；（13）电缆密封端；（14）集成本地控制器。西门子，德国埃朗根]
a）横截面图　b）电气连线图

　　尽管 GIS 显著地减小了高压开关设备的尺寸，但其高昂的价格和 SF_6 对于环境的不良影响限制了这种开关设备的应用。国际电工委员会（Internation Electrotechnical Commission，IEC）60694 标准允许 SF_6 每年的排放量为 1% ~ 3%。SF_6 是一种人工合成化合物，因此它除了是温室气体之外，也会在电应力下分解，形成有毒的副产品，这些对于暴露在现场的工人来说存在着巨大的健康威胁。

1.2.4 电力系统稳态运行

同步发电机为电力系统提供电源。在美国，所有的同步发电机以相同的转速旋转，产生 60Hz 的电源电压。负载的增加会改变感应电压和终端电压之间的相角，稳态条件下，这种功率角必须远小于 90°。恒定的同步转速使得频率保持不变，允许的频率误差小于 ±0.5Hz。

电力系统通常没有存储能力，这意味着产生的电能一定等于负载消耗的电能和系统损耗电能之和。电力系统的负载是连续变化的。通常，夜间负荷很低，白天负荷较高，最大载荷一般会出现在傍晚或是午后。大多数情况下，负荷是逐渐变化的。

电力系统必须能在任何时候及时为负载提供电源，以维持每根总线上的系统电压为额定值。每根总线上的电压标准要求在 ±5% ~ 8% 范围。

负载的大小是估算的，大部分的发电机遵循一个预先制订的计划来发电。然而，选定的发电机会提供必要的电能以平衡系统。系统电能的限制是基于保持电压的范围和设备负载的载流能力。纠正措施是更换各电厂之间的发电量，以缓解大功率负载带来的用电负担。实际应用中，系统的电压会调至最大以减小输电线的损耗。系统电压可以通过产生或吸收无功功率来控制。

特定负载下，使用执行程序的研究是为了预测电力系统状态。通常使用功率流程图来模拟实际的电力系统。功率流程图研究中发电机终端电压的选择基于系统中的最小损耗，并且电压在设备的额定值内。

发电机的功率通过每个发电机的总线来定义，但有一个除外。这一个总线被称为松弛节点。功率流程图使得实际功率在松弛节点处得到调整以平衡电源、负载和损耗。

当规划未来电力系统和研究突发情况来预测操作问题时，功率流程图是一个很有效的工具。

1.2.5 电力系统动态运行（瞬态情况）

短路产生的大电流，通常为额定电流的 5 ~ 10 倍。系统保护装置监测到短路故障，触发 CB 操作，CB 在几个周期后关断电流。大的短路电流会导致电压下降。实际上，故障位置的电压几乎为零。

短时间内的电压下降会引起故障处负载的突然减小。然而，发电机的输入功率保持恒定，但是输出功率显著降低。输入功率大于输出功率会加速发电机靠近故障点。如果故障在短时间清除（故障临界清除时间），系统会恢复电压和负载，使发电机停止加速，发电机回到正常运行状态。

然而，如果故障排除的时间延迟，发电机的加速会导致相关的发电机不能与系统的其他发电机保持同步。几个发电机的故障就可能导致系统崩溃，然后需要长时间的起动过程才能恢复。这种情况称为暂稳态引起的故障。除了暂态不稳定引起的故障，开关操作和其他干扰也可能诱发故障。曾有过系统设置的开关操作引起的故障，该故障在频率为 0.5Hz 左右时产生无阻尼振荡，这些振荡会引起线路断开和发电机故障。这可能会导致系统暂时中断。这称为由于阻尼不足导致的稳态不稳定性。

1.3　传统配电系统

图 1.20 所示为电力系统的结构图。输电系统包括三个循环网络：①超高压（EHV）网络；②高压网络；③中压输电线网络。这些电力网络将发电厂和负载中心连接在一起，从而为城镇和其他负载供电。然而，为居民和工厂供电的中压配电系统为辐射网络，因而无法应对突发情况。

美国国家标准协会（American National Standards Institute，ANSI）标准 C84.1 规定：针对北美 60Hz 的电力系统和设备，在用户端规定了电压偏差，正常情况下应为 ±5%，非正常情况或者短路时为 -8.3% ~ 5.8%。没有一个确定的标准值来限制频率偏差，但是绝大部分时间（99%）60Hz 的频率偏差不能超过 0.1Hz。由于断电会引起用户对于公共设施和监管机构的不满，因此用电连续性是另一个需要考虑的重要因素。电力系统平均中断频率指数（SAIFI）是系统可靠性的一个测量指标，通常每年的系统平均中断频率指数范围为 1~5。

1.3.1　配电馈线

配电系统是没有循环回路的辐射式系统。如图 1.21 所示为一个典型配电系统的概念，其中主馈线是一条三相馈线。初始配电系统的电压大约为 15kV。在亚利桑那州，大部分城市配电的额定电压为 12.47kV 或者 13.8kV。

主馈线通过一个重合闸 CB 来保护，在故障的时候开关断开，几个周期后，断路器重合恢复电能供应。对于架空配电线这是一种有效的保护方式，因为在架空线路上的大多数故障都是暂时性的，这些故障大部分由于天气相关的事件导致。然而，如果重合闸发生故障，断路器会永久断开。对于地下电缆网络而言，大多数故障是永久性的，所以不适合使用重合闸。

许多商业用户（如商店、写字楼和学校）由于有重负荷如风扇电动机和空调，需要通过三相电源供电。住宅和轻型商业客户由单向副馈线供电，通过熔丝

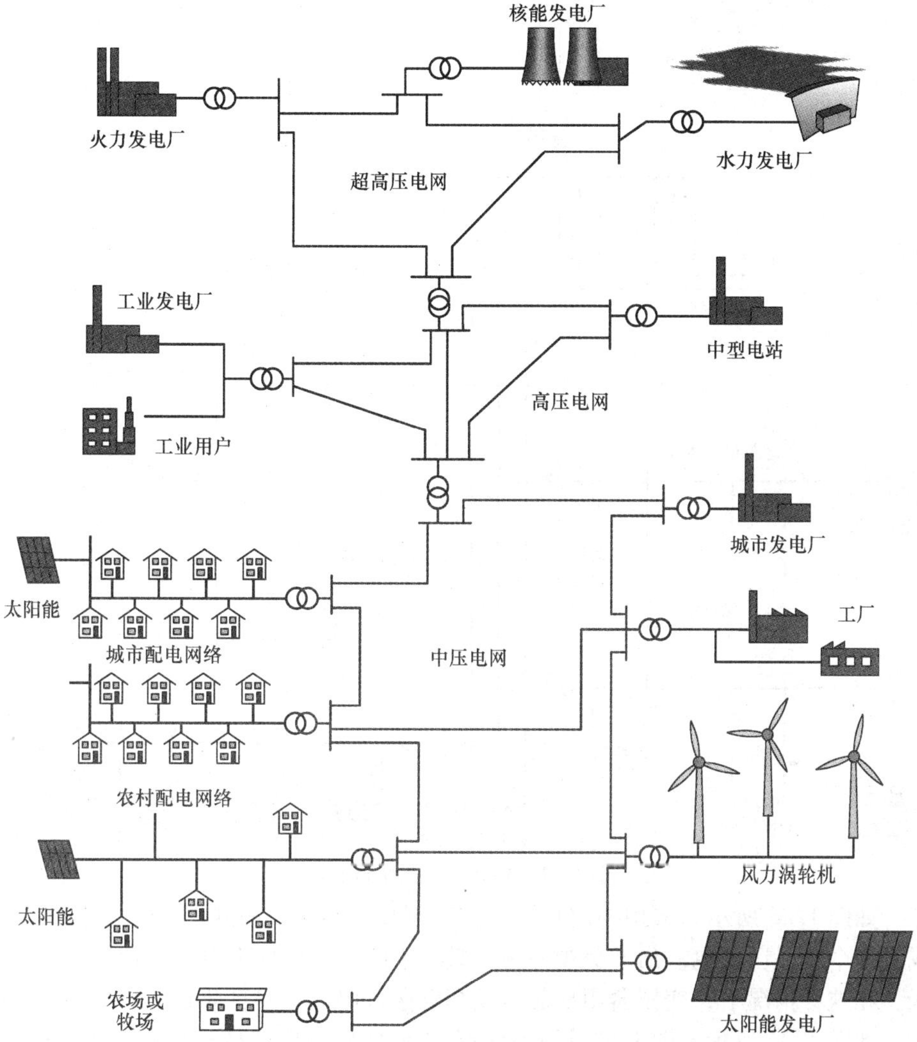

图 1.20 现代电力系统结构图

保护。靠近住宅和轻型商业负荷，配电变压器也连接到单向副馈线。低压（120V/240V）二次回路，称为用户降压器，为个体用户供电。配电变压器通过一次绕组的熔丝保护。熔丝在变压器故障或者在用户端短路时起作用。用户的用电保护由维修服务面板上的断路器 CB 提供。

如图 1.22 所示为带有配电电缆的配电线连接，这种连接用于给带有地下配电的住宅区域供电。图中表示了电缆终端，避雷器用于过电压保护，熔断器用于过电流保护。熔断器包含一个安装在回转绝缘子上的熔丝，它起到隔离开关的作用，并且它可以用绝缘杆断开，绝缘杆通常称为带电操作杆。将金属导管连接到木杆上以保护电缆。

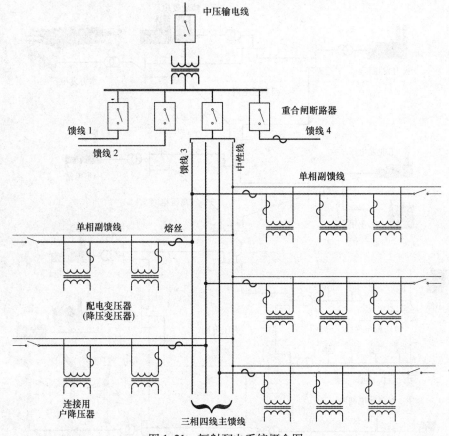

图 1.21　辐射配电系统概念图

如图 1.23 所示为典型的用户降压器,降压变压器在配电杆上,为单个住宅或者一个居民区供电。出于美观考虑,某些小区已经用地下电缆取代了高架配电线。在这种情况下,变压器用地面金属套管接入用户,并且放置于一个混凝土板上,如图 1.24 所示。图 1.23 所示为一个典型的单相柱式变压器,为 1~8 个住宅供电。避雷器和熔断器保护柱式油绝缘变压器。变压器的二次绕组为一个240V/120V 的绝缘导体供电,这个导体连接在载体钢丝上,将电能送至用户家中。这些变压器也可以提供 240V/120V 的低电压。

1.3.2　住宅电气连接

变压器的低压二次馈线为各用户独立供电。配电变压器有三相电力系统,其负载电压为 120~240V。图 1.25 所示是一个典型家用电器设备的电气连接。

降压变压器有一个中性线和两个相线,中性点在变压器二次侧接地,三根线都会接入家中的电能表。用户有一个四线的系统,包括三根绝缘的电线和一个地线。地线和绝缘的中性线在用户用电入口接地。

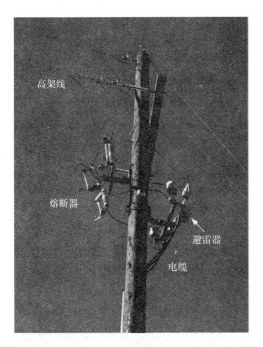

图 1.22 高架线和电缆连接

图 1.23 用户降压器

图 1.24 居民区的地面变压器

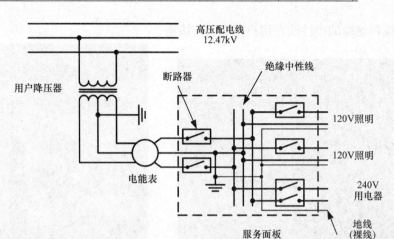

图 1.25 住宅电气连接

电能表测量和记录电能的消耗，在某些场合需要最大值为 15kW 的电能表。图 1.26 所示是一个典型的带有 CB 的电能表和服务面板。

电力公司负责将系统接到二级终端的电能表上。服务面板和住宅的电线由户主自己负责。服务面板装有 CB，这样可以保护用电的短路和过负载。照明和一些小的用电器额定电压为 120V，这同时可以保护 CB。为了绝缘，用 CB 取代了熔丝。负载接在相线和中性线之间，家用电器和照明通过地线接地。电磁炉和电熨斗等大的用电器，供电电压为 240V。

图 1.26 典型居民电能表和服务面板

1.4 智能电网

2007 年美国能源独立和安全法案阐述了作为现代化电力基础设施的智能电网概念，该智能电网包含了符合未来发展的可靠安全的系统。图 1.27 展示了智能电网的概念模型。图中表示了电力系统（发电、输电、配电和用户）、单个器件、服务运营商和市场领域的通信连接。这些需要使用先进的传感器系统监控电力系统在每个层面的运行参数，通过一个安全并且快速的数据测量通信系统，使用先进计算机软件得到信息评估。目标是保证一个更加可靠的电力系统。

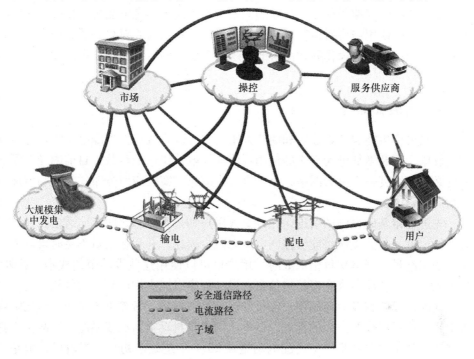

图 1.27　智能电网概念模型（来源：美国国家标准与技术研究院）

1.4.1　智能高压输电系统

过去十多年观测到的级联故障表明电力网络仍然脆弱。意想不到的小故障就可能引发大规模的网络故障。

电网没有跟上现代数字技术和通信领域的发展。由于电网对于国民基础设施建设的重要性，电网的现代化成了重中之重。20 世纪 90 年代，当数字处理和通信开始应用于电网系统时，智能电网的概念开始出现。

最早的也是最重要的创新之一就是相量测量单元（Phosor Measurement Unit，PMU）。使用 PMU，邦纳维尔电力局在 2000 年介绍了广域测量系统（Wide Area Measurement System，WAMS）。在该系统中，全球定位系统（Global Positioning System，GPS）的时间信号与分布于网络的大量的传感器同步。PMU 的传感器测量电流的幅值和相位角，或者电流和电压的幅值和相位角。电力系统在不同的位置获得的矢量数据（幅值、相位角和时间标识）被传送到称为矢量数据集中器的计算机上，用来处理和评估数据。电力系统由这些数据得出其状态。动态线路等级与相量测量数据的整合已经用于更精确地监控输电系统操作和集成可再生能源。

由于取决于气象条件，大规模的太阳能和风能可再生电能是变化的。这些电力发电方法的使用需要对运行参数进行实时监控并且需要对得到的数据进行实时分析，以确保可靠的操作和预测可能出现的问题，同时当出现设备故障时采取补救措施。

1.4.2 智能配电网

一些可再生能源，如住宅和商业太阳能，可以直接连接到配电系统，称为分布式发电。不断增加电动汽车的使用会增加配电系统中的负载。目前的径向配电系统必须升级到一个电力网络，至少有一个应急方案去应对分布式发电和增加的负荷。

先进计量基础设施的引进，允许个人用户和公共设施之间双向通信，允许动态电能定价。公共设施将能够控制电压以减少损耗，并且在电量不足时可以减少用户的用电量。当电费价格低廉时，用户也可以使用这些设施节约成本。此外，智能家电可从智能电表获得价格信息，设计程序以减少用电高峰期的能源使用。

同时，设施将及时监测用户停机和起动补救措施。智能电表将上报电压降或零电压，这可以作为故障的标志。低电压网络将自动重新配置系统，以减少受到短路影响的用户的数量。智能配电网络在 2011 年还处于初步发展阶段，但是美国大部分的设施已经向实用性发展了。

1.5 练习

1. 画草图解释电能传输的概念。多等级电压的优点有哪些？
2. 中压、高压、超高压和特高压系统的典型电压是多少？
3. 配电系统的典型电压是多少？
4. 画出使用一个半断路器的高压变电站的连接图，并标出组成部件。
5. 什么是断路器？讨论它的作用和运行原理。
6. 什么是电流变换器和电压变换器？
7. 什么是隔离开关，它的作用是什么？
8. 什么是避雷器？它为什么很重要？
9. 画出一个典型径向配电系统的图。简要描述其运行过程。
10. 描述居民区电气连接，并画出连接图。

1.6　习题

习题 1.1

使用图 1.8 的单线图，分别确定断路器的保护响应。①短路只在输电线 T2 上；②短路只在输电线 T3 上。

习题 1.2

变电站经常使用图 1.8 所示的单线图的连接。当 CBA 4 ①断开故障和②闭合故障时，分析每种情况的电路运行情况。

习题 1.3

对于图 1.8 的一个半断路器结构，如果短路发生在总线 2 上，确定需要给三条线供电的断路器状态（断开或闭合）。

第2章 发电站

发电站，又名电厂、电力屋等。本章将描述多种类型的发电站，包括化石热能发电站、核能发电站、水力发电站和可再生能源发电站。此外，根据发电所用能源的类型，发电站还分为可再生能源发电和不可再生能源发电。如今，绝大多数不可再生能源发电均需经历热能－机械能－电能的能量转换过程，该过程如图2.1所示。另一方面，可再生能源包括太阳能、风能、水电和海洋能，则通过多种能量转换路径来发电。

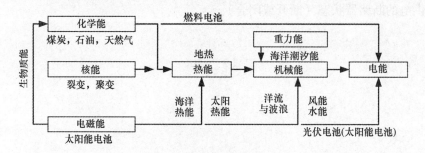

图2.1　能源与电能转换过程

热能发电站将天然气、石油、煤炭及生物质中的化学能或铀的核能转换为电能。19世纪末，往复式蒸汽机用于驱动发电机来发电。随后在世纪之交，更高效的蒸汽锅炉涡轮机系统取代了蒸汽轮机。燃料在蒸汽锅炉中燃烧，燃料的热能产生水蒸气，驱动涡轮发电机组。通常情况下，蒸汽涡轮机和发电机安装在一个普通的平台或基座上，轴连接在一起。涡轮机驱动的发电机将机械旋转能转换为电能。如图2.2所示为一个涡轮机和发电机及其励磁单元。

最初，石油是最常用的燃料。但由于汽车使汽油的消耗量逐渐增长，从而石油的成本增加，使得煤炭成为发电用的主要原料。然而，由于环境问题（例如二氧化硫的产生、酸雨、煤粉尘以及尾渣处理问题）则减少了新燃煤电厂的建设。

最近，天然气已成为电厂燃料的首要选择，主要是因为以下三个因素：第一，燃烧天然气更加清洁，这让电厂在选址和遵守环境法规时更加容易；第二，天然气大量使用时价格合理；第三，利用在航空航天工业发展的燃气轮机技术，并结合使用联合循环发电使电厂的热效率显著增加。

大多数化石燃料和核燃料电厂运用郎肯热循环（Rankine thermal cycle）实

图 2.2 蒸汽涡轮机和带励磁机的发电机（西门子公司，德国埃朗根）

现蒸汽循环。热效率定义如下：

$$\eta_{th} = \frac{P_e}{\dot{Q}_{th}} = \frac{电厂净输出电功率（电能）}{电厂输入热功率（热能）} \tag{2.1}$$

电力公司通常使用术语热耗率（heat rate），即生产 1kW·h 所需的英制热单位数 Btu[⊖]（英制热单位）。因此，热效率是 $3412/\eta_{th}$。

由卡诺循环定义的最大热效率为

$$\eta_{Carnot} = 1 - \frac{T_L}{T_H} \tag{2.2}$$

式中，T_L 和 T_H 是最小和最大绝对温度，分别对应热循环中的散热和供热。

例如，在一个燃煤锅炉机组中，T_L 是冷凝水温度而 T_H 是过热蒸汽温度。

例 2.1：绘制随蒸汽温度变化的最高热效率的函数变化图，冷凝器温度为 100 ℉[⊖]。

解：运用 MATLAB、Mathcad 等软件或一个简单的电子表格，该问题可迎刃而解。运用式（2.2）的 MATLAB 代码如下，按照°R = °F + 460 将华氏温度换算为郎肯温度，以确定卡诺循环（即最大理论）的热效率。值得注意的是，该代码采用元素对元素除法运算符（./）来实现。MATLAB 的介绍参见附录 B。

⊖ 1Btu = 0.293W·h = 1.055kJ。——译者注

⊖ 1 ℉ = $\frac{5}{9}$ K。——译者注

```
%  例 2.1：计算卡诺循环效率

clear all

CONDtemp = 100;   % 冷凝水温度(°F)

STEAMtemp = 250 : 1 : 1000;   % 蒸汽温度(°F)

Carnot = 1 - (CONDtemp + 460) ./ (STEAMtemp + 460);

plot(STEAMtemp, Carnot, 'LineWidth',2.5)
set(gca,'fontname','Times','fontsize',12);
title('Example 2.1')
xlabel('Steam Temperature (°F)')
ylabel('Maximum Thermal Efficiency')
legend(num2str(CONDtemp,'Condensate Temperature = %3.0f °F'), ...
    'Location','NorthWest')
```

结果绘制在图 2.3 中，该图清楚地证明在燃煤热能向电能转换过程中，提高蒸汽温度可以带来更高可能的热效率。不难推测，较高的热效率可以降低发电成本，并减少每千瓦时的排放量。

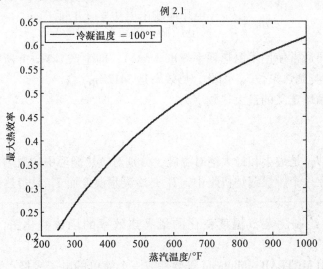

图 2.3 给水温度恒定时热效率对蒸汽温度的函数关系图

从电力发展上来看，水力发电厂几乎与火力发电厂是同时发展的。河流的水位因大坝而升高，形成水头。水头的压力差产生快速流动的水，驱动水轮机。水轮机作为发电机，将机械能转化为电能。

第二次世界大战结束后，核能发电厂出现了。在世界各地运行的核电厂超过450 座。在这些电厂中，核裂变来自于浓缩铀。裂变链式反应使水加热，并产生蒸汽，蒸汽驱动传统的涡轮发电机组。在过去的几十年中，环境因素和核电厂的成本投资使美国新核电厂的建设暂停，并削减了现有核电厂的运行。如今，尽管发生了日本福岛事件，人们对气候变化（即由温室气体排放导致的全球变暖）的关注依然促进了新核电厂的建设。

煤炭、核能、天然气和水力发电构成了美国绝大部分的电力来源。图 2.4 中给出了一份美国各种形式发电电厂所占比例图。目前，其他能源如风能、太阳能、地热能和生物质能也占美国电力来源的一小部分。

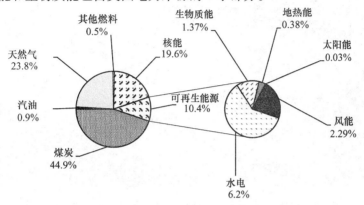

图 2.4　2010 年美国电能净生产（来源：2010 年度能源回顾，美国能源情报署）

2.1　火力发电厂

火力发电厂包括燃煤、燃油以及燃天然气等的发电厂。图 2.5 展示了一个小型发电厂的鸟瞰图。火力发电厂的主要组成部分如下：

① 燃料储藏和处理；
② 蒸汽锅炉；
③ 涡轮机；
④ 发电机和电气系统。

2.1.1　燃料储藏与处理

化石燃料有许多不同的特性参数。一个关键的参数是燃料的能量含量，称为热值（HV），用于标幺煤炭质量，或标幺石油和天然气的体积。其他重要的特性参数还包括煤的可磨性、耐候性（分别指对粉碎和室外环境条件的抵抗性）、油相对重量、黏度以及硫含量（全部）。

煤炭由带有特殊轨道车的长运煤车运输，若电厂在河流附近或沿海也可利用驳船。放倒轨道车，煤炭投进翻车。传送带将煤炭搬运到露天煤场。煤场贮存着

图2.5　一个小型发电站（Kyrene 发电站）的鸟瞰图［盐河工程（Salt River Project）］

数周的供应量。其他传送带将煤炭运送到燃煤发电厂，在这里由料斗送入碾磨器。碾磨器将煤炭磨碎成纤细的粉末。煤粉与空气混合，通过喷嘴投入锅炉。该混合物进入锅炉内后被点火燃烧。

石油和液化天然气也可通过铁路或管道运输。电厂将这些燃料贮存在大型钢罐中，维持数天的供应量。将油泵入燃烧器，然后雾化成小油颗粒并与空气混合。将混合物注入燃烧锅炉内并点燃。天然气也与空气混合，经过燃烧器送入热水器，进入炉内后点燃混合物。天然气与空气充分混合是化石燃料中最容易点燃的，并且燃烧时灰烬很少。

2.1.2　蒸汽锅炉

如图2.6所示为锅炉的流程。锅炉是一个倒 U 形状的钢结构。水管覆盖在锅炉壁上。主要的锅炉系统如下，并将在随后的章节中讨论：

① 燃料喷射系统；

② 水 – 蒸汽系统；

③ 风道气系统；

④ 灰渣处理系统。

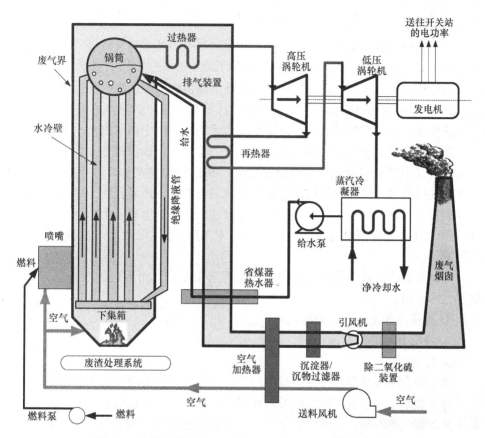

图 2.6 锅筒式蒸汽锅炉流程示意图（给水加热器未画出）

2.1.2.1 燃料喷射系统

天然气、雾化石油或者煤粉通过燃烧器中的喷嘴与一次风混合并喷入锅炉内。

二次风泵入锅炉以保证燃料完全燃烧。在锅炉内燃烧燃气，产生约 3000 ℉（1650℃）的高温气体。高温气体通过热对流和热辐射将炉壁上水管中的水加热。高热使得水蒸发产生蒸汽，并被收集在锅筒中。

2.1.2.2 水 – 蒸汽系统

大型水泵驱动给水通过高压的水加热器（图 2.6 中未画出）和省煤器。从涡轮机抽取的蒸汽加热高压给水加热器。热废气加热省煤器。水被预热到 400 ~ 500 ℉（200 ~ 260℃）。

温热的高压给水由水泵泵入锅筒，绝缘降液管（称为下降管）位于锅炉外侧，将蒸汽锅炉与下集箱相连接。水经下降管流到锅炉下集箱，下集箱将水分配到覆盖在炉壁上的上升管中。水循环式由上升管与下降管内的水之间的密度差来保证。

燃料燃烧的热将水蒸发产生蒸汽，饱和蒸汽中的液体和气体成分在锅筒中分离。过热器干燥饱和蒸汽并使其温度升至约 1000°F（540℃）。过热的蒸汽驱动高压涡轮机，从高压涡轮机排出的蒸汽由再热器再次加热，废气流过再热器。中压/低压涡轮机由再加热的蒸汽驱动。从低压涡轮机排出的蒸汽在蒸汽冷凝器中冷凝成液体。冷凝产生的真空可以将蒸汽从低压涡轮机中抽取出来。

蒸汽冷凝器内装有脱气器，从冷凝水中去除空气。该步骤非常必要，因为水中的空气（氧气）会导致管道的腐蚀。电厂在运行时会失去一小部分水。这就需要无气冷凝水与净化好的给水混合来代替损失的水。该混合物通过高压给水加热器和省煤器热水器被重新泵回锅炉。可以看出，锅炉里有一个闭合的水循环系统。替代的水需经高度净化和化学处理，使用高度净化的水可以减少系统的腐蚀。

冷凝器是壳管式换热器，其中蒸汽在管道中凝结，由附近的水源进行冷却。散热技术包括：

① 直接冷却至河流、湖泊或海洋；

② 带喷雾池的冷却池；

③ 冷却塔。

第一种方法最廉价但是会导致热污染。热污染是指将废热引入支撑水生生物生活的天然水中。尽管水生生物通常在温暖的水中可以加速生长，但增加的热降低了水溶解气体的能力，其中包括水生生物必需的氧气。为了避免热污染，已经采用后两种方法冷却。冷却水池和较小的特殊制定的喷雾池都是人工湖。在喷雾池中，水经喷嘴泵出产生细喷雾，水冷却回落至池中。

大部分冷却塔是湿（相对于干）型的，采用直接水-气接触，蒸发过程使得冷却更具效率，但也损失了一些水。另一种冷却塔采用通风机构方案：自然与机械通风机构。自然通风塔是既高又大，呈双曲线型结构；而机械通风塔比较短，采用鼓风机或引风机。多数冷却塔布满了水平条棒组成的栅格（见图 2.7）。通风塔内的这种隔板结构增大了水冷却的表面积，使得冷却更迅速。温水由通风塔顶洒向栅格。

水缓慢地从冷却塔的顶部经过隔板流向底部。同时，风扇和/或自然排风从冷却塔底部将空气送至冷却塔顶。这种蒸发作用有效地冷却了水。

相比之下，干式冷却将空气冷却时的水保留在管道内。干式冷却塔的使用减少了电厂水消耗，代价是因增加冷凝器的涡轮背压而降低了电厂热效率。水-能关系（例如，提取、处理和输送水时能量是必需的，同时在许多能量转换过程中水也是必需的）以及公众对洁净水的需求促使能够更多地利用干式和干湿混合式冷却塔。

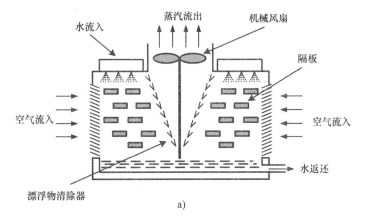

a)

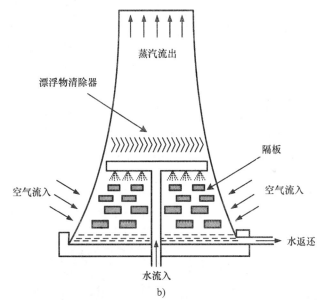

b)

图 2.7 湿式冷却塔

a）横流强制通风塔 b）双曲线型自然通风塔

2.1.2.3 烟道气系统

鼓风机将新鲜的大气空气送入空气加热器，使空气温度升高至 500 ~ 600℉（260 ~ 315℃）。热废气的余热加热空气加热器。预热的一次空气与燃料混合，为锅炉助燃。二次空气达到或超过所需的化学计量的空气燃料比可确保所有被注入的燃料完全燃烧。

热燃烧混合气体流过锅炉产生蒸汽，并加热过热器、再热器、省煤器和空气加热器。引风机驱动烟气通过烟囱进入大气。废气的温度约为 300℉（150℃）。烟囱必须在不破坏环境的前提下将废气排入大气。这需要过滤器去除有害的化学物质和颗粒，并且烟囱高度应足够确保废气中的残留污染物在较大的空间稀释，而不是在顺风方向形成危险性的污染物聚集。

燃烧产生的颗粒排放物（如粉煤灰）历来得到最多的重视，因为排放物排离烟囱时很容易观察到。对于一个粉煤器，60%～80% 的煤灰随烟气离开锅炉。两种煤灰排放控制设备分别是传统的纤维过滤器和较新式的静电除尘器。纤维过滤器是大型的袋式过滤器，其维护费用高。因为尽管布袋可通过空气摇动或反冲临时清洗，寿命却只有 18～36 个月。这些纤维过滤器本质上是大型结构，产生了大的压力降，需要较大的风扇，从而降低了电厂效率和净输出电功率。

静电除尘器具有 99% 的除尘效率，但对具有高电阻率（通常由低硫煤燃烧导致）的煤灰效果不好。此外，设计者必须避免使未燃烧的气体进入静电除尘器，否则会被点燃。如图 2.8 所示是静电除尘器的侧视图。载有粉煤灰的烟气通过带负电荷的电极通道，并能使颗粒带有负电荷。颗粒被有规则地传送到带正电荷的金属板或接地板，这样便吸引了带负电荷的煤灰颗粒。灰粒在被收集之前，粘在金属板上。机械敲击将灰粒震松，使其通过漏斗从设备底部的灰出口排出。此时离开金属板的空气已几乎不含颗粒。

理想情况下，碳氢化合物的燃烧产生水和二氧化碳气体；然而，如果氧气（空气）不足，可能会发生不完全燃烧，生成一氧化碳（CO）这一中间产物。向炉内通入过量空气（氧气）通常可以减少一氧化碳产生：

$$2H_2 + O_2 \rightarrow 2H_2O,$$
$$C + O_2 \rightarrow CO_2 \tag{2.3}$$

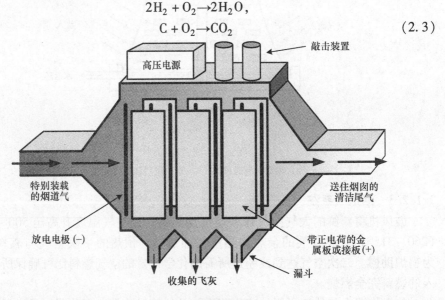

图 2.8　静电除尘器

例 2.2：一台 350MWe 的火力发电机组使用热值为 28000kJ/kg 的燃料燃烧。若该电厂的热效率为 38%，燃料中碳比重为 80%，试求完全燃烧情况下 CO_2 的产量。

解：工程中不是每个问题都需要用计算机解决，学会使用恰当的工具是一项重要的技能。本题中，一个计算器就足够了。在 100% 效率下，燃料的流量为

$$\dot{m}_{fuel} = \frac{\dot{Q}_{th}}{HV} = \frac{P_e}{HV\eta_{th}} = \frac{350 \times 10^3 kW}{(28000kJ/kg)(0.38)} = 32.9kg/s$$

由碳燃烧的化学平衡方程式（即 $C + O_2 \rightarrow CO_2$）可得到：每燃烧 12kg 碳可生成 44kg 二氧化碳。因此，二氧化碳产量为

$$(32.9kg_{fuel}/s)(0.80kg_C/kg_{fuel})(44kg_{CO_2}/12kg_C) = 96.5kg_{CO_2}/s$$

若按年计算，每年将会产生 300 万 t 二氧化碳。

燃烧产生的主要气体污染物包括硫氧化物（SO_x）、亚硝酸氧化物（NO_x）以及 CO。SO_x 和 NO_x 分别可以形成硫酸（H_2SO_4）和硝酸（HNO_3）以造成酸雨。硫氧化物主要是 SO_2 和少量 SO_3，会刺激呼吸系统。氮氧化物会促使烟雾和臭氧的形成以及破坏植被。CO 降低了血液的携氧能力，简称为一氧化碳中毒。在美国，洁净空气行为规范规定了工厂排放的标准，而某些州制定的标准更为严格。

为了减少硫氧化物的排放，许多电厂都选择使用低硫燃料。美国西部的煤炭通常含硫量较低，而高硫煤炭则主要在东部各州。天然气含有较高硫化氢（H_2S）成分，被称为含硫气或酸气；而脱硫气，则含硫量很低。燃烧前可以将煤进行洁净处理，以除去杂质。烟气脱硫系统经常用于去除 SO_2。干式脱硫工艺和湿式脱硫工艺如今都在使用。干式脱硫工艺，是将石灰（CaO）或石灰石（$CaCO_3$）溶液喷洒入烟道气，此法最为经济。湿式脱硫工艺则效率更高，并且可以作为一次性的或可回收性的方法使用。虽然硫和硫酸回收的产品可以出售，但更为流行的是湿式一次性石灰/石灰石工艺，它采用如下化学反应：

$$SO_2 + CaCO_3 \rightarrow CaSO_3 + CO_2 \tag{2.4}$$

大部分氮氧化物来自于燃料中的氮元素而非空气中的氮气。为了减少氮氧化物排放，需要对燃烧过程施行更严格的控制，即通过降低燃烧温度或降低空气 - 燃料比。与汽车相似，废气再循环可用于降低燃烧温度。

2.1.2.4 灰渣处理系统

燃煤电厂产生大量煤灰，煤灰是燃料中的无机物质。可在炉的底部收集较大的煤灰颗粒，并与水混合。飞灰由袋式过滤器提取并与水混合。所生成的泥浆被泵入一个带粘土内衬的池子，水从这里蒸发，以防止污染附近社区的地下水。水

的蒸发会产生一种对环境不利的沉淀，构成一种水泥般的坚硬表面。公共设施公司用土壤和重新种植植被来覆盖灰地，以使得对环境的不利影响降到最小。还有一些公共设施公司利用煤灰作为混凝土的集料。

2.1.3 涡轮机

高压、高温的蒸汽驱动涡轮机，将蒸汽中的热能转化为机械能。涡轮机具有一个固定部分和一个旋转轴，两者都配备了叶片。涡轮叶片的长度从排放出口至排气蒸汽入口逐渐减小，蒸汽密度从涡轮机入口到出口逐渐增加。旋转轴由轴承支撑，由高压油润滑。在润滑功能受损时，涡轮机必须迅速关闭以避免永久性损坏。蒸汽通过涡轮机的固定部分来供应。如图2.9所示带固定叶片的固定部分与和带转动叶片的转子部分。可以明显地看出叶片长度的变化。如今常用的大型蒸汽轮机上使用的涡轮叶片如图2.10所示。

图2.9 蒸汽轮机内部（盐河工程）

涡轮机的运行原理是：高压、高温蒸汽通过喷嘴喷射进入涡轮机，喷嘴使蒸汽速度增加。高速蒸汽流过一组放置在涡轮机转子上的叶片，气流方向由转动叶片和压力降改变。图2.11可说明这种原理。该过程的效率可由交替使用多套转动和固定叶片来提高。蒸汽流过转动叶片，驱动转子转轴转动。接着，固定叶片改变气流方向，使气流进入下一组转动叶片。蒸汽压力降和冲击力驱动转子转动。

现代发电厂拥有一个高压涡轮机和一个低压涡轮机，在某些情况下还会有一

图 2.10　大型机组上的涡轮叶片（西门子公司，德国埃朗根）

个中压涡轮机。图 2.9 呈现了典型
的双涡轮机组。其中右侧是高压涡
轮机，左侧是低压涡轮机。两机之
间有一轴承。蒸汽从右侧进入，驱
动高压涡轮机，并在中部轴承前排
出。排出的蒸汽被再加热并输送到
低压涡轮机。再加热的蒸汽通过中
间轴承后进入并驱动低压涡轮机，
蒸汽在涡轮机的末端排出。箭头表
示蒸汽入口和排出的位置。

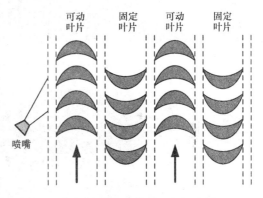

图 2.11　蒸汽涡轮机运行概念图

2.1.4　发电机与电气系统

　　发电机和涡轮机安装在同一基座上，轴直接相连。图 2.12 为 Kyrene 发电站
的冷凝器、涡轮机、发电机和主变压器。

　　发电机定子具有叠片铁心槽，三相绕组放置在槽中。大型发电机采用星形
（Y）联结。绕组由云母绝缘的铜条制成。图 2.13 为建设中的大型发电机的
定子。

　　通常，在蒸汽发电厂中使用的高速发电机具有圆形转子。圆形转子是一个带
槽的圆体铁桶。绝缘的铜条放置在槽内，形成一个线圈，通有直流电（DC）的
励磁电流。如图 2.14 所示大量带槽铁芯，但没有绕组。可以看出，狭槽不能覆
盖转子的整个表面。没有槽的区域形成磁极。如图 2.15 所示完整的转子，其中

图 2.12　Kyrene 发电站的涡轮机、发电机和主变压器

稳压罐

升压变压器

涡轮机　　　发电机

冷凝器

图 2.13　同步发电机定子（经西门子公司许可）

轮毂和转臂用于加固转子。图中还展示了在绕组两侧末端的风扇。

　　发电机的工作原理是：转子中的直流电流产生磁场，涡轮机转动转子和磁场，旋转磁场在定子三相绕组中产生感应电动势。

　　一台双极发电机转速为 3600r/min，产生 60Hz 的电压。多数大型发电机转

图 2.14　同步发电机转子铁心（经©Brush Electrical Machines 许可）

图 2.15　同步发电机转子（西门子公司，德国埃朗根）

速均为 3600r/min。核电站采用四极发电机，转速在 1800r/min。小一些的发电机和低速发电机装有凸极转子，如图 2.16 所示。大多数水轮发电机运行速度较低，拥有较多凸极转子。一台转速为 360r/min 的低速水轮发电机有 20 个电极。各电极通有直流电流，通过电刷连接到集电环。

　　高压油润滑轴承支撑转子的两端，轴承在涡轮机连接的相反侧绝缘以避免杂散磁场产生的轴承电流。

　　小型发电机由空气冷却，由附加在转子上的风扇循环进行。大型发电机则可能需由氢气冷却。氢气是在一个闭合回路循环中，通过氢 – 水热交换器冷却。非常大的发电机也由水冷却，冷却水在绕组的特质空心导体中循环。

　　直流励磁电流可以由整流器产生并通过集电环和电刷连接到转子，一些机组装有轴连接式无刷励磁系统。

　　发电机的运行和构造将会在第 8 章详细讨论，其中涉及同步电机。

图 2.16　凸极转子（西门子公司，德国埃朗根）

发电机将涡轮的机械能转换为电能，由电厂产生的电能通过输电线供给负载。电机、粉碎机和电厂中的泵需要辅助电能，总计达到电厂容量的 10% ~15%。

图 2.17 所示是一个发电站的简化连接图。发电机直接连接到主变压器，主变压器通过断路器、断路开关和电流互感器供给高压母线。一个辅助变压器也直接连接到发电机上，发电站辅助电源由该变压器供电。断路器、断路开关和电流互感器在辅助变压器二次侧以保护辅助变压器。对于大型发电机，在主变压器的发电机侧使用断路器是不经济的。

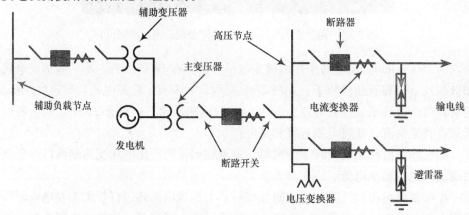

图 2.17　发电站简图

高压母线形成节点并将发电机功率分配至输电线。电压变换器用于监测总线电压，电压变换器也称为电压互感器。

两条输电线连接到总线，避雷器保护输电线以防雷击和开关冲击，每条传输线有断路器保护。两个断路开关允许断路器在维护时分离。电流变换器测量线电流，并在线路故障时激活保护装置。保护继电器触发断路器，来关闭或打开线路。图 2.17 中的高压母线是非典型的，断路器的运行和其他保护元件已在第一章中详细讨论过。

2.1.5 燃气涡轮机

石油和天然气在锅炉发电厂的熔炉内燃烧产生蒸汽送入涡轮发电机。另外，轻质燃油和天然气可在传统瓦斯涡轮内燃烧，实现布雷顿热循环。如图 2.18 所示燃气轮机发电厂比之前提到的燃煤机组明显具有更简单的结构。燃料添加到压缩空气中，并在燃烧中产生驱动燃气轮机的膨胀气体。压缩机和发电机与涡轮机是轴连的。由于电厂的结构简单和小规模，所以可以在较小的地点建设电厂，但这种简易循环的热

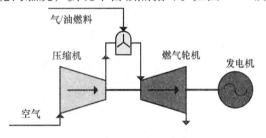

图 2.18 传统燃气涡轮机发电循环

效率也偏低。由于化石燃料的高成本和较低的热效率，这些传统的燃气轮机发电厂一般只限于作为调峰或后备机组。幸运的是，燃气涡轮机只需在几分钟内就可以完成从冷起动到 100% 的功率运行。

2.1.6 联合循环发电厂

近年来，联合循环发电已成为一种流行的发电方式。一个联合循环机组采用燃气涡轮机（布雷顿）作为上游循环，多余热量则流向蒸汽轮机（朗肯）下游循环，见图 2.19。先压缩空气，然后喷入燃料，并在燃气涡轮机中引燃。由此产生的燃烧气体首先用来驱动燃气轮机，之后热废气被送到回热蒸汽锅炉（Heat Recovery Steam Genertor，HRSG），最后通过烟囱排放出去。传送到回热蒸汽锅炉的热产生水蒸气，用于驱动蒸汽涡轮发电机组发电。一些联合循环发电厂结合使用喷嘴来提高（即增加）朗肯循环的蒸汽效率。下游的蒸汽循环使用冷凝器冷却，与通常在火电厂见到的一样。一个无外部热输入的联合循环电厂的效率由其使用的布雷顿循环效率（η_{Bray}）和朗肯循环效率（η_{Rank}）决定：

$$\eta_{comb} = \eta_{Bray} + \eta_{Rank} - \eta_{Bray}\eta_{Rank}. \tag{2.5}$$

如今建造的联合循环发电厂的总效率是引人注目的，可达到 60%。由于它们可以相对快速地起动，联合循环发电厂被设计成中间负载。这些电厂的其他优点还包括它们可以在较短的周期内（约 2 年）建成，选择使用天然气作为燃料不仅环保（不排放温室气体），而且燃料价格也相对合理。联合循环发电厂不应

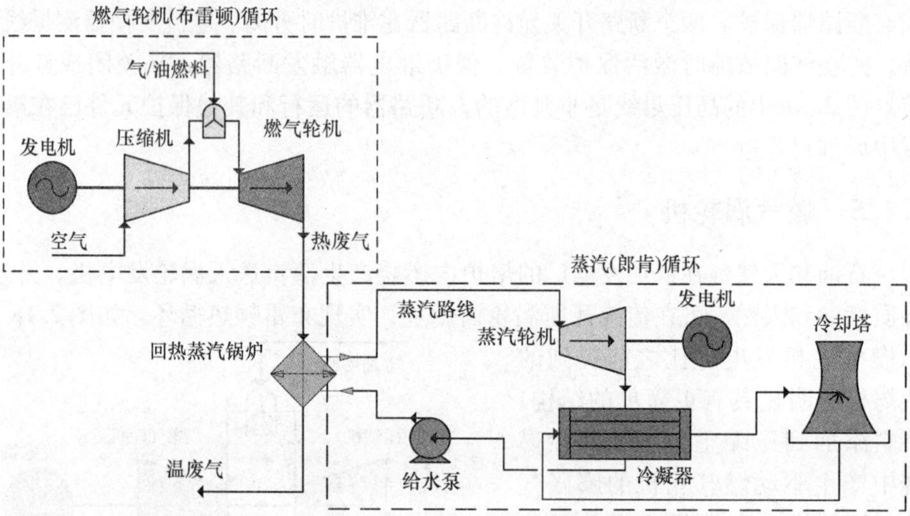

图 2.19   联合循环电厂流程图

与热电联产混淆，后者也被称为热电联供（Combined Heat and Power，CHP），是在其他产生蒸汽的工业区附近建厂发电。

2.2   核电厂

核电厂是发电工业的重要组成部分，全球共有超过 450 座核电站正在运行。最流行的核电站（接近 300 座）是压水反应堆（压水堆）核电站。此外，还有约 100 座沸点水反应堆（沸水堆）和 20 座气冷反应堆核电站。另外，接近 50 座重水反应堆和一些液态金属冷却反应堆核电站也正在世界各地运行。

核电厂发电原理与化石燃料发电厂非常相似。通常情况下，核电厂提供基本能源，供给几乎恒定的负荷，其电力输出大约为 1000MW。随着核电厂的建设，人们对热力污染的关注逐渐增加。因为其相比燃煤机组（$\eta_{th} \approx 40\%$）有着庞大的规模和较低的热效率（$\eta_{th} \approx 33\%$），以及如下事实：核电厂的所有散热都是通过冷凝器的冷却水，而化石燃料机组还可以通过烟囱释放多余的热量。出于这个原因，核电厂需要寻求其他散热技术如高大的自然冷却塔，这些技术与核电机组密切相关。

核电的优势是充足且相对廉价的燃料，以及正常条件运行时无污染。然而，泄漏或设备故障会导致放射性气体或液体（水）排放，这可能对附近的社区造成健康危害。对美国而言，核废料的最终存放问题是一个未能解答的政治问题，核废料是放射性和灾害性的。类似的担忧还有旧的、过时的电厂的退役问题。

20 世纪 70 年代的能源危机后，美国为减少能源消耗，并考虑将环境和健康问题提上日程，停止或放慢了新核电厂建设并削减一些现有电厂的运行。这些举措导致了几家公司严重的经济损失。尽管如此，全世界仍有几百个核电厂在运行，并生产大量的能源。

2.2.1　核反应堆

大多数动力反应堆使用浓缩铀作为燃料。二氧化铀（UO_2）被压成颗粒，颗粒堆叠在锆锡合金棒中，这些棒是反应堆中使用的燃料元素。许多燃料棒放置在一个方格中以构成燃料组件，如图 2.20 所示。整个反应堆堆芯需要数百个燃料组件。反应堆堆芯放在由 $8 \sim 10$in$^{\ominus}$（$20 \sim 25$cm）厚钢板构成的反应堆压力容器中，堆芯中填充有燃料和控制棒，核裂变反应根据控制棒的位置来调节。如图 2.21 所示核反应堆容器，即堆芯所在。控制棒和燃料棒放置位置和模式在反应堆设计时便已缜密计算好。

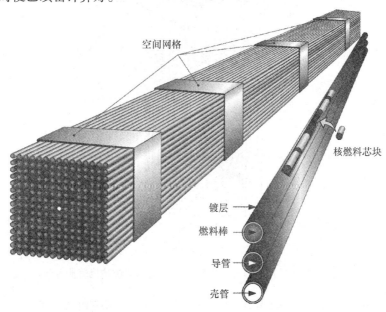

图 2.20　核反应堆燃料芯块、棒和组装件。资料来源：美国能源
部民用核废物管理办公室（DOE OCRWM）

大多数反应堆使用热平衡中子（<0.1eV）和减速剂维持链式反应，因此也被称为热中子堆。裂变反应放射出的中子处在快速能级（>1MeV）。热中子堆采用减速剂如轻水、重水或石墨以减慢中子速度。这种热反应堆比快反应堆（增殖反应堆）和一些可以使用天然铀的反应堆更容易控制。在美国，大多数核

───────────────

$\ominus$　1in $= 0.0254$m。——译者注

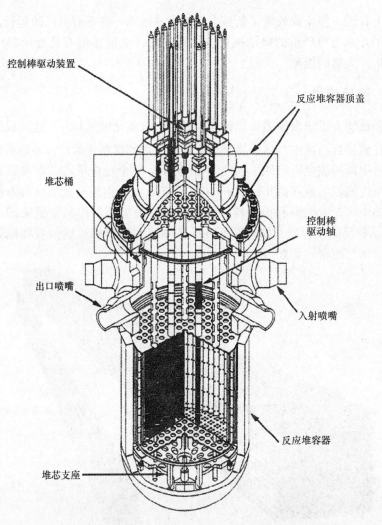

图 2.21　核反应堆容器。资料来源：美国能源情报署能源部

电厂使用轻水反应堆（Light Water Reactors，LWR），其中包括压水堆和沸水堆。

　　在密闭容器中放置足够数量（临界量）的燃料棒后，起动核反应。天然铀含有约 0.7% 的同位素铀 235（^{235}U），其他部分（99.3%）是 ^{238}U。铀 235 易于通过热中子发生裂变，而 ^{238}U 没有。多数情况下，燃料收集 ^{235}U 约至 3%，以实现持续的反应。

　　U-235 吸收的中子可引发原子裂变。铀裂变释放出更多的中子，并释放热能（Q）：

$$^{235}_{92}\text{U} + ^{1}_{0}n \longrightarrow \left(^{236}_{92}\text{U} \right)^{*} \longrightarrow ^{A_1}_{Z_1}\text{X} + ^{A_2}_{Z_2}\text{X} + v^{1}_{0}n + Q \tag{2.6}$$

式中，v 为每次裂变放射的中子数（$v \approx 2 \sim 3$）。被释放的中子继续发生链式反应；所产生的热（$Q \approx 200\mathrm{MeV}$/裂变）用于产生水蒸气。除了中子和热，核裂变还产生两到三个裂变碎片（X）。这些裂变产物具有放射性，并有约一千年的衰减时间。

冷却水进入反应堆，向上流过堆芯，并带走了由核裂变产生的热量。为避免电厂的放射性释放，反应堆安全运行的基本要求是热量从堆芯充分移出。这可以通过保持二氧化铀燃料温度低于其熔点来完成，其温度约为 5000°F（2760℃），并且保持外层温度低于点（≈ 2200°F，1200℃）是十分重要的，因为在此温度点锆–水发生放热反应。

这种反应产生可能爆炸的氢气：

$$Zr + 2H_2O \rightarrow ZrO_2 + 2H_2 \tag{2.7}$$

控制核反应以维持适当的产热。利用控制棒来控制反应，控制棒由可吸收中子的材料如硼、银、镉或铟构成。控制棒撤出可提高反应速率和热量的产生，控制棒的插入可减少发电。将全部控制棒完全插入堆芯时，反应器堆停机。即使链式反应停止，放射性裂变产物的衰变仍继续产生一些热量。电厂采用冷却系统以移除停机后的衰变热，失去移除该衰变热的能力会导致反应堆燃料熔化。

除了引发裂变，一些中子还被铀 238 寄生捕获。添加的中子增加了^{238}U 的原子量，它可以通过下面的反应和放射性衰变转化为钚 239：

$$^{238}_{92}U + ^1_0n \longrightarrow ^{239}_{92}U \xrightarrow{23.5\mathrm{min}} ^{239}_{93}Np + ^0_{-1}e$$

$$^{239}_{93}Np \xrightarrow{2.355\mathrm{day}} ^{239}_{94}Pu + ^0_{-1}e \tag{2.8}$$

钚 239 等原子序数比铀更高的放射性元素被称为超铀元素，超铀元素具有放射性且寿命长，其半衰期为数十万年。

核废料可归类为低放射性或高放射性。低放射性废品包括服装、破布和工具等，被密封在一个筒中并被最终存放于专门的填埋场。高放射性废品包括裂变产物和超铀同位素，必须长时间保存。每隔 18 ~ 24 个月，反应堆停机补充燃料，此时移除使用过的约三分之一燃料组件。目前，美国政府的政策是禁止商用核电厂使用过的核燃料棒的化学再处理。取而代之的是，使用过的燃料组件将可能放置在耐腐蚀的金属罐中，安置在地下储存库。有一项进行了 20 年的研究，该研究是为了确定尤卡山（位于内华达州拉斯维加斯西北 100mile）是否可以作为美国合适的地质储存库。政治问题导致了最终决定的不确定性。

例 2.3：若每次裂变释放 200MeV 的热量，计算需要产生 1J 热量时所需的铀原子数。

解：首先，$1\mathrm{eV} = 1.602 \times 10^{-19}\mathrm{J}$。因而，容易求得裂变产生 1J 热量必需的^{235}U 原子数：

$$\left(\frac{1^{235}U\ 原子}{裂变}\right)\left(\frac{裂变}{200MeV}\right)\left(\frac{1MeV}{1.602\times10^{-13}J}\right)=3.12\times10^{10}原子数/J$$

使用阿伏伽德罗常数（N_A），该数量的 ^{235}U 的质量为

$$m=\frac{nM}{N_A}=\frac{(3.12\times10^{10}原子数)\ (235g/mol)}{6.022\times10^{23}原子数/mol}=1.22\times10^{-11}g$$

式中，M 为原子质量。

2.2.2　压水反应堆

　　压水反应堆是最主要的核电厂堆型，也是舰艇用基本反应堆。压水堆的流程图如图 2.22 所示。该反应堆具有两个水回路：一次（潜在的放射性）水回路和二次水（蒸汽）回路。该双回路系统从涡轮机蒸汽回路中分离出反应堆冷却的流体。整个反应堆冷却系统安装在一个混凝土安全壳式建筑内，该设计用于防止放射性物质释放到外界环境中。

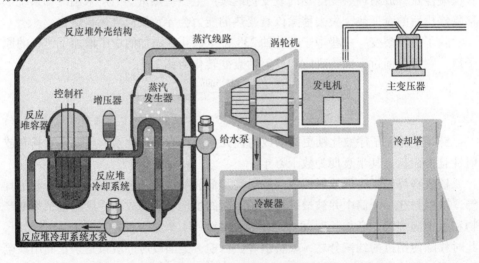

图 2.22　压水反应堆（PWR）核电站。（田纳西州流域管理局）

　　冷却液泵使水经过反应堆和蒸汽发生器（热交换器）循环在一次回路中。反应堆加热一次冷却系统的水至 550～600℉（290～315℃）。增压装置将水压维持在 2200psia[⊖]（150bar^{⊖⊖}）左右。高压可以防止水沸腾而在反应堆堆芯产生蒸汽。

⊖　$1kg/cm^2=14.21psia$。——译者注

⊖⊖　$1bar=10^5Pa$。——译者注

在二次水 – 蒸汽回路中，泵驱动给水进入蒸汽发生器。由于二次压力相对较低（≈1000psia，70bar），热交换器蒸发水产生蒸汽，并推动蒸汽涡轮机。这个系统类似于此前讨论的传统热电厂。然而，压水堆的温度和压力远低于那些燃煤机组，从而使得核电厂的热效率较低。当水被冷凝时，冷凝器产生真空，并从涡轮机抽取蒸汽。冷凝水由高压给水加热器再加热，并返回给蒸汽发生器。给水由从涡轮机提取的蒸汽加热。

图 2.23 提供了帕洛贝尔德（Palo Verde）核电站的鸟瞰图。该电厂拥有三个反应堆，安置在圆顶形混凝土结构里（安全壳建筑物）。涡轮机和发电机组放于独立的建筑物中（见图 2.2）。核燃料则存放在反应堆前的燃料库中，冷凝器是通过机械通风冷却塔冷却。每个反应堆有三个冷却塔和一个冷却池。压水堆电厂前有一个大型的 500kV 变电站。

图 2.23　帕洛贝尔德核电站鸟瞰图（帕洛贝尔德核发电站和亚利桑那公共服务）

2.2.3　沸水反应堆

沸水反应堆是常用于发电厂的另一反应堆类型。沸水堆只有一个水（蒸汽）回路，反应堆将水加热并产生蒸汽。与压水堆不同，由沸水堆堆芯加热的水被直接送入涡轮机。蒸汽温度约为 545℉（285℃），压力为 1000psia（70bar）。位于日本的福岛第一核电站，因为 2011 年 3 月的地震和随后的海啸经历了一起事故。该电站利用沸水堆技术，而美国三里岛电站则使用的是压水堆。

位于反应堆容器顶部的蒸汽分离器和干燥器分离液态水和蒸汽。液态水向下流动，与给水混合后，返回到反应堆堆芯入口。蒸汽驱动涡轮机，涡轮机则通常以 1800r/min 的速度旋转。如图 2.24 所示给水泵驱动冷凝水返回到反应堆的流程。电厂的其他部分类似于传统的火电厂系统。

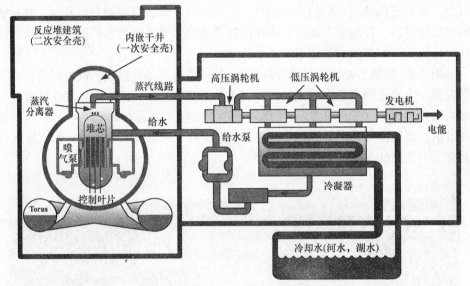

图 2.24　沸水反应堆核电站（田纳西州流域管理局）

2.3　水力发电厂

水力发电在社会的工业化生产中发挥了重要的历史作用，其影响从磨面粉机扩展到能源工业。水力发电厂利用水轮机将水的势能转为机械能，然后利用发电机将机械能转换为电能。下面是两类水电站（水坝）：

① 河床式（转移式）水电站：库容量有限，水不断流出。（如哥伦比亚河下游的邦纳维尔坝）。

② 蓄水坝水电站：水根据需要和可行性被释放。（例如，科罗拉多河上的胡佛水坝）。

虽然蓄水坝多用于峰值电力的生产，同时水坝可能有更多的用途，包括发电、防洪、河道航运、灌溉、公共供水和娱乐。尽管大坝建设产生大量的投资费用，但这是合理的。

图 2.25 描绘了一个使用中或低水头水电站的例子。跨河筑造的水坝产生一个高位库容和下游水。在水坝的水库侧和下游侧之间的水位差是水头。与大坝一体的是带涡轮大厅的发电站，如图 2.26。发电站拥有水力涡轮机、发电机和控制门。发电机和涡轮机具有直接相连的垂直轴，水头通过涡轮产生快速流动的

水。该水驱动涡轮发电机组,并旋转发电机产生电力。从水电厂获得的功率是水头(H),水密度(ρ)和通过管道的体积流率($\dot{V}$)的乘积:

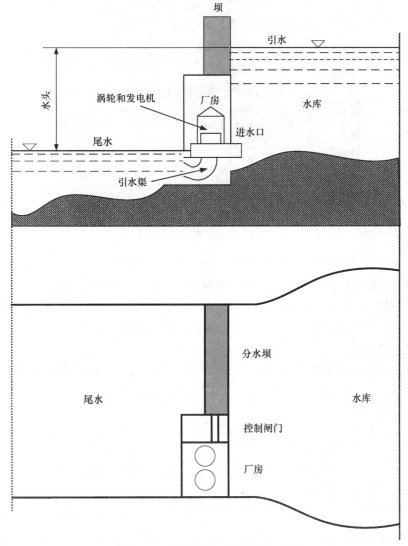

图2.25 水力发电厂(中低水头)

$$P = H\rho g \dot{V} \qquad (2.9)$$

式中,g 是重力加速度(9.81m/s² = 32.2ft/s²)。从涡轮机排出的水流向下游水库,它通常是原来河流的延续。涡轮机的水流量通过控制门来调节。在洪水来临时,溢洪闸门打开,将溢流送过大坝,或打开大坝底部的分流闸。这两个措施让多余的水流量直接流向下游水库,从而消除了大坝的过载。其他在进水口和引水渠的闸门的水，则在维护期间从涡轮机隔离和排除出去。

图 2.26　水力发电厂的涡轮大厅

例 2.4： 在哥伦比亚河上的邦纳维尔水坝，有八台大型发电机，每台额定功率为 54MWe，水头为 59ft$^\ominus$（H_L），另有两个较小的发电机组额定功率为 43.2MWe，水头为 49ft（H_S）。每个涡轮机的排水速率为 13300ft³/s$^\ominus$。计算水电站的整体效率。

解： 首先求标准淡水密度 62.4lb/ft³$^\ominus$ 下大型和小型发电机的理论功率：

$$P_L = \frac{\rho g \dot{V} H_L}{g_c} = \frac{\left(62.4\,\dfrac{\text{lb}}{\text{ft}^3}\right) \times \left(32.2\,\dfrac{\text{ft}^\ominus}{\text{s}^2}\right) \times \left(13300\,\dfrac{\text{ft}^3}{\text{s}}\right) \times (59\text{ft})}{\left(32.2\,\dfrac{\text{lb}\cdot\text{ft}}{\text{lbf}\cdot\text{s}^2}\right) \times \left(0.7376\,\dfrac{\text{ft}\cdot\text{lbf}}{\text{W}\cdot\text{s}}\right)} = 66.38\text{MW}$$

$$P_s = \frac{\rho g \dot{V} H_s}{g_c} = \frac{\left(62.4\,\dfrac{\text{lb}}{\text{ft}^3}\right) \times \left(32.2\,\dfrac{\text{ft}}{\text{s}^2}\right) \times \left(13300\,\dfrac{\text{ft}^3}{\text{s}}\right) \times (49\text{ft})}{\left(32.2\,\dfrac{\text{lb}\cdot\text{ft}}{\text{lbf}\cdot\text{s}^2}\right) \times \left(0.7376\,\dfrac{\text{ft}\cdot\text{lbf}}{\text{W}\cdot\text{s}}\right)} = 55.13\text{MW}$$

注意：使用英制单位需要除以 g_c，而使用国际单位制（SI）计算时则不需要。所以，整体效率为总输出功率与输入功率之比：

$$\eta = \frac{P_{\text{out}}}{P_{\text{in}}} = \frac{(8) \times (54\text{MWe}) + (2) \times (43.3\text{MWe})}{(8) \times (66.39\text{MW}) + (2) \times (55.14\text{MW})} = 0.809$$

⊖　1ft = 0.3048m。——译者注

⊜　1ft³/s = 0.0283168m³/s。——译者注

⊖　1lb/ft³ = 16.0185kg/m³。——译者注

使用公式（2.9），这个问题的初始部分可由 Mathcad 解决，而无需查找任何单位转换或因忘记在分母中乘 g_c 而犯错。另外，在以下 Mathcad 代码中基本公式可以重复使用：

$$\rho : = 62.4 \frac{\text{lb}}{\text{ft}^3} \quad \text{Vdot} : = 13300 \frac{\text{ft}^3}{\text{s}}$$

$$\text{Pmech(head)} : = \rho \cdot g \cdot \text{Vdot} \cdot \text{head}$$

$$\text{Pmech(59ft)} = 6.639 \times 10^7 \text{W}$$

$$\text{Pmech(49ft)} = 5.514 \times 10^7 \text{W}$$

还需要注意的是 Mathcad 中使用 $g = 32.17\text{ft/s}^2{}^{\ominus}$ 作为重力加速度的内置值。附录 A 中提供了关于 Mathcad 的介绍。

2.3.1 低水头水电厂

图 2.27 展示了一个使用卡普兰 Kaplan 反应的涡轮机的低水头水电站的横截面。大型油浸式桁架轴承（truss bearing）支撑着发电机和涡轮机。

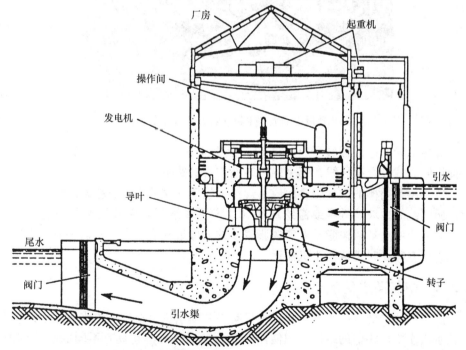

图 2.27 水电站厂房横截面。资料来源：Fink, D. G. , Standard Handbook for Electrical Engineers, McGraw - Hill, New York, 1978, 经许可

$\ominus$　$1\text{ft/s}^2 = 0.3048\text{m/s}^2$。——译者注

　　上图是装入垂直轴发电机的水密舱，垂直轴 Kaplan 式水轮机像一个带有 4 ~ 10 个叶片的大螺旋桨，叶片的桨距可在 5° ~ 35° 由液压伺服机构调节。

　　水通过舱门进入涡轮机，由螺旋壳体均匀地分布至涡轮机的周围。水流由导叶调节，并通过导叶之间的间隙调整。涡轮机中的水速为 10 ~ 30ft/s（3 ~ 9m/s）。水从涡轮机中通过一个肘形引流管排出，该引流管降低水的流速至 1 ~ 2ft/s（0.3 ~ 0.6m/s）。

　　水轮机是一个凸极机，通常情况下具有 20 ~ 72 个电极。这些电极由直流电源供电，产生电磁场，并在发电机中感应出电动势。轴的转速为 100 ~ 300r/min。图 2.28 展示了一台建设阶段的大型水轮机。

图 2.28　建设中的大型水轮发电机（魁北克水电公司）

　　焊接辐轮支撑磁极转子（spider），磁极是带直流绕组的层叠铁心，直流绕组使用同心式绞合铜导线，每个磁极表面均带短路阻尼条。

　　定子由带插槽的铁片层叠而成，焊接钢板架支撑铁心，三相绕组置于定子槽中。匝间绝缘由玻璃纤维或涤纶玻璃（北卡罗来纳州金斯顿杜邦公司生产）构成，对地绝缘由环氧树脂或聚酯树脂浸渍的云母带构成。大型机器还有一个制动系统，可在需要时迅速停止机器运行。

2.3.2　中与高水头水电厂

　　除了上述的低水头水电厂之外，还有中和高水头水电厂。中水头水电厂拥有与低水头水电厂相似的结构，但使用弗朗西斯涡轮机，它具有不同的叶片排列，如图 2.29。

　　如图 2.30 所示一个高水头水电厂的结构。高水头水电厂采用冲击式水轮机，如佩尔顿水轮机。大的水头带来高水压转换为高速水射流，从而驱动涡轮，一个高水头水电站的额定功率通常小于 100MW。

图 2.29 中水头弗朗西斯涡轮机轮辐（魁北克水电公司）

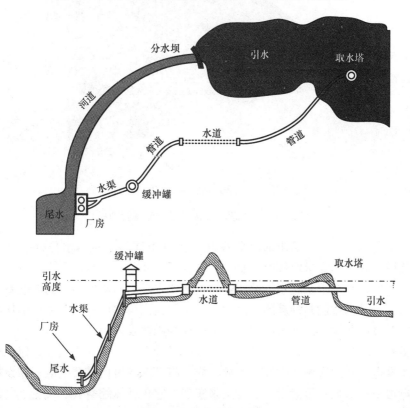

图 2.30 高水头水电站

2.3.3 抽水蓄能设施

与水力发电相关的还有抽水蓄能设施，它可以作为电能存储装置。抽水蓄能设施包括高水位水库和低水位水库，如图2.31所示。电厂的抽水蓄能室内装有类似于在水坝中使用的可逆式水轮电动和发电机。这种涡轮的方向可以通过特制的电动机 – 发电机供电而反转，以使得它成为一个可向高处水库送水的泵。一些抽水蓄能机组，像水电厂一样，可以在短时间内提供电力。

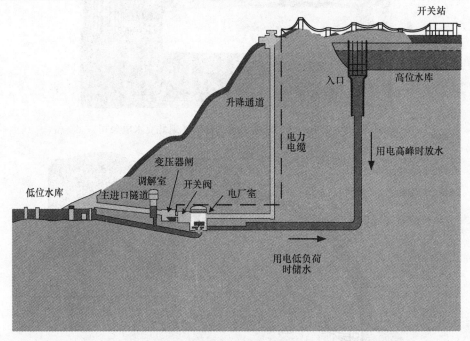

图2.31 抽水蓄能（田纳西州流域管理局）

抽水蓄能电站在低需求时（如夜间）消耗电能将水从低水位处泵到高水位处。然后，在功率需求峰值时（如白天），水可回流下来到低水位湖泊，并产生电能。当然，利用水泵送水上坡所需的电能比水随后下落所发出的电能要多。但总体而言，抽水蓄能是划算的，因为它产生的是高价值的峰值电力，消耗的却是廉价的非高峰能源。此外，高水位的水库还会因蒸发损失一些水。

虽然如前文所述，第一台抽水蓄能设施是为平衡负载而建设的，像光伏发电和风力发电这样的大量间歇性功率源一样，将其并入电网需要电能存储设施，水力发电可由类似抽水蓄能设施的方法来实现，它包括压缩空气、飞轮、电池和低温磁能存储。

2.4 风力发电厂

与水力发电类似，风力发电也有着悠久的历史。可以追溯到从为帆船提供动力到利用风车抽水。风主要来源于地球表面的不均匀加热，尽管实地情况（如山）也会影响风。因此，风速通常随日光加热而增大，并随黄昏到来而减小。这种现象带来了不可预测性和较低的利用率。

如今的风力涡轮机是将风的动能转换为机械能，并最终转化为电能。与风的动能相关联的总功率为

$$P_W = \frac{1}{2}\dot{m}v^2 = \frac{1}{2} \times (\rho Av)v^2 = \frac{1}{2}\rho Av^3 \tag{2.10}$$

式中，$\dot{m}$ 是空气的质量流速；A 是涡轮叶片扫过的面积；ρ 和 v 分别是空气的密度和速度。1920 年，阿尔伯特贝兹（Albert Betz）确定了可提取能量的理论极限是总功率的 16/27（59.3%）。即使如此，一个设计精良的风力涡轮机仍不能达到该贝兹效率。

如图 2.32 所示是一个具有代表性的风力涡轮机。铁塔为发电机机舱提供了一个底座，用于放置发电机和其他转子叶片后侧的设备。由于风速在地面上是最低的，增加铁塔的高度放置转子叶片可以获得更高的风速。从式（2.10）可以看出，风速对于发电潜能的重要性是显而易见的。偏转控制旋转机舱使得叶片直接面对风。风电场的多个风力发电机组输出的电能先聚集在一个集中电站，然后将电能传输到电网。通常情况下，利用一个地下中压网络来连接风力涡轮机。

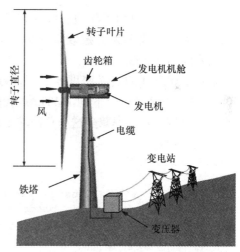

图 2.32　水平轴风力涡轮机
（田纳西州流域管理局）

老式的风力涡轮机都装有异步发电机，直接产生具有一定系统频率的交变电流（AC）功率，这要求涡轮机组以产生所需频率的速度旋转。而如今的风力涡轮机，无论是异步或同步发电机均可利用。可以在电路中采用适当的功率转换电子装置，将不同频率的电流转换为直流，再返回到具有系统频率的交流电流。

图 2.33 中展示了一个风电场。陆地风电场受益于降低建设、运营和维护成本，以及易于连接到现有的电力输电线。然而，海上风电场享有较高和较恒定的

风速，但可能会遇到更多不利的环境条件（如海水和严重的暴风雨）。

图 2.33　风电场（Joshua Winchell／美国野生动物管理局）

例 2.5：一台风力涡轮机，叶片直径 $D = 50\text{m}$，风速为 $0 \sim 50\text{km/h}$。假设实际风力涡轮机的效率为贝兹效率的 70%。试求总风能发电功率、理论最大值，并绘制实际功率曲线。

解：干燥空气的名义密度 $\rho_{\text{air}} = 1.2\text{kg/m}^3$，涡轮叶片面积为 $A = \pi D^2/4 = \pi (50\text{m})^2/4 = 1963.5\text{m}^2$。下列 MATLAB 代码使用式（2.10）可计算出总风能功率，然后通过贝兹效率减少这个总额求出理论最大功率。因数 1000/3600 用于将 km/h 转换为 m/s：

```
% 例 2.5：计算风能发电功率
clear all
rhoair = 1.2;  % air density (kg/m^3)
area = 1963.5;  % turbine blade area (m^2)
speed = 0 : 1 : 50;  % wind velocity (km/hr)

% 通过动能计算总风能发电功率(kW)
windpower = 0.5 * rhoair * area * speed.^3 * (1000/3600)^3 /
1000;
Betzpower = 16/27 * windpower;  % power based on Betz efficiency
actualpower = 0.7 * Betzpower;  % more realistic power estimate

plot(speed, windpower, 'b-.', speed, Betzpower, 'm--',...
speed, actualpower, 'g-', 'LineWidth',2.5)
set(gca,'fontname','Times','fontsize',12);
title('Example 2.5')
xlabel('Wind Speed (km/hr)')
ylabel('Power (kW)')
legend('Total Wind Power', 'Betz Power', 'Actual Power',...
'Location','NorthWest')
```

如图 2.34 所示为三条曲线的结果,从实际功率曲线可以看出,一台该型的风力涡轮机预期可以发出 1MW 功率。这个例子进一步说明了风电场在高(平均)风速位置处选址的重要性。

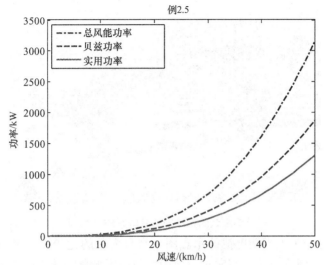

图 2.34 总风能功率、最大理论(贝兹)功率和 50m 直径
风力涡轮机 70% 的贝兹效率的实际功率

2.5 太阳能发电厂

通常有三个与太阳能发电相关联的能量转换过程:

① 太阳化学,主要是指光合作用过程;

② 太阳电学,即通常指太阳能电池(如光伏发电);

③ 太阳热学,即太阳光转换为热能,为聚光太阳能(Concentrating Solar Power,CSP)发电厂利用。

同许多可再生能源一样,太阳能提供免费的燃料,但基础投资费用目前仍很高。虽然风能和太阳能均为间歇性电源,太阳能的可预测性更高。然而,入射功率低于 1kW/m² 时价值很低。接受的太阳辐照度取决于纬度、季节、日长和大气条件。实际上直接的太阳辐射在 4~8(kW·h)/m²/day,但这是进行能量转换过程之前的数值。

2.5.1 光伏发电

太阳能电池可以将太阳光直接转换成电能。根据技术程度不同,光伏转换效率在 10%~20% 的范围内。光伏发电装置可以使用单轴或双轴跟踪以提高其总电能输出。相比 CSP 发电，太阳能电池的一个缺点是，光伏发电产生的直流电流通常需要转换为交流电流。图 2.35 所示为一个 14MW 的光伏发电系统。

图 2.35　采用单轴跟踪的光伏安装发电系统（内利斯空军基地）

　　图 2.36 是一个太阳能电池的示意图。来自太阳的光子进入半导体结构，沉积其能量，从而建立电子－空穴对。顶端发射极区域薄且掺杂浓度高；基区吸收大部分的光，且掺杂浓度低。硅太阳能电池产生的输出电压约 0.6V 和几十毫安每平方厘米。为了提高电流和电压，多个电池分别并联或串联，从而可以创建一个光伏模块。多个模块连接到一起构成一个太阳能电池板，多个电池板合并构成一个太阳能电池阵列。这种模块化使得光伏发电输出具有可扩展性，因此适用于分布式发电。

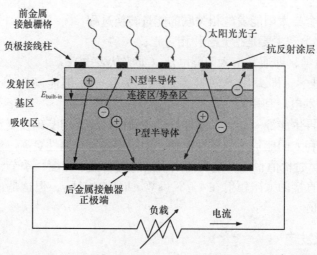

图 2.36　太阳能电池的工作原理

　　一种理想的太阳能电池可以简单地由一个电流源和并联二极管表示。图

2.37 给出了太阳能电池的等效电路模型，阻抗反映电池材料电阻特性（R_s）和通过电池的漏电流特性（R_{leak}）。光伏制造商寻求降低电池材料电阻 R_s 至尽可能小的值，同时力求确保漏电流是最小的（即 R_{leak} 大）。

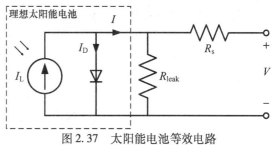

图 2.37 太阳能电池等效电路

从理想太阳能电池中得到的净电流（I）是光电流（I_L）与暗电流（I_D）之差。根据肖克利二极管方程，固有的暗电流可以根据反向饱和电流（I_0）来表示：

$$I_D = I_0 \left[\exp\left(\frac{qV}{nkT}\right) - 1 \right] \qquad (2.11)$$

式中，V 是设备的电压；q 为基本电荷常数（1.6×10^{-19} J/V）；k 为玻耳兹曼常数（1.38×10^{-23} J/K）；T 为绝对温度。在充满阳光的条件下，理想因子 n 基本统一，表示理想二极管的行为。净光伏电池电流为

$$I = I_L - I_D = I_L - I_0 \left[\exp\left(\frac{qV}{nkT}\right) - 1 \right] \qquad (2.12)$$

短路时，$V = 0$，因此短路电流为 $I_{SC} = I_L$。同理，开路时，$I = 0$，由式（2.12）可得开路电压为

$$V_{OC} = \frac{nkT}{q} \cdot \ln\left(1 + \frac{I_L}{I_0}\right) \qquad (2.13)$$

令人感兴趣的是由太阳能电池输出的最大功率，对功率（$P = IV$）求导，令其为 0，可得出最大功率输出时的电压（V_{Pmax}）先验公式为

$$\exp\left(\frac{qV_{Pmax}}{nkT}\right) = \frac{1 + I_L/I_0}{1 + qV_{Pmax}/(nkT)} \qquad (2.14)$$

由前面的表达式求解 V_{Pmax}，最大功率输出可表达为

$$P_{max} = \frac{(I_L + I_0)V_{Pmax}}{1 + nkT/(qV_{Pmax})} \qquad (2.15)$$

这个等式表明，电池温度上升则导致功率输出减少。太阳能电池的转换效率是输出电功率与太阳能辐射输入功率之比。对于一个单晶硅太阳能电池，最大理论转换效率的肖克利 – 奎塞尔极限约为 30%。

例 2.6：利用 Mathcad，绘制出输出电流和如下条件太阳能电池的电源电压：在 25℃时，短路电流 $I_{sc} = 8.3$，开路电压 $V_{oc} = 0.61$。并计算最大功率输出（P_{max}）和 P_{max} 时的电压和电流。

解：首先，建立常用变量和 *PV* 特性：

$$I_{SC} := 8.3A \qquad V_{OC} := 0.61V \qquad T_{cell} := (25 + 273)K$$

$$q := 1.602 \times 10^{-19} J/V \quad n := 1 \quad k := 1.38 \times 10^{-23} J/K$$

由 I_{SC} 可确定 I_L 的值为

$$I_L := I_{SC}$$

代入 I_L 和 V_{OC}，由等式（2.13）可得反向饱和电流：

$$I_0 := \cfrac{I_L}{\exp\left(\cfrac{q \cdot V_{OC}}{n \cdot k \cdot T_{cell}}\right) - 1}$$

现在的阵列，改变定义的太阳能电池的电压，可求出电流和功率：

$$V_{cell} := 0V, .01V .. V_{OC}$$

$$I_{cell}(V_{cell}) := I_L - I_0 \cdot \left(\exp\left(\frac{q \cdot V_{cell}}{n \cdot k \cdot T_{cell}}\right) - 1\right)$$

$$P_{cell}(V_{cell}) := V_{cell} \cdot I_{cell}(V_{cell})$$

图 2.38 给出了电流和功率随电压的变化曲线图。不使用先验公式（2.14），利用 Mathcad Maximize 与一个解答模块可以计算出最大功率及在相应点的电压和电流：

$$V_{guess} := 0.5V$$

给出

$$V_{guess} \leqslant V_{OC}$$

$$V_{Pmax} := \text{Maximize}(P_{cell}, V_{guess}) \qquad V_{Pmax} = 0.53V$$

$$P_{max} := P_{cell}(V_{Pmax}) \qquad P_{max} = 4.2W$$

$$I_{Pmax} := I_{cell}(V_{Pmax}) \qquad P_{Pmax} = 7.9A$$

这些值可从图 2.38 中的曲线查出。

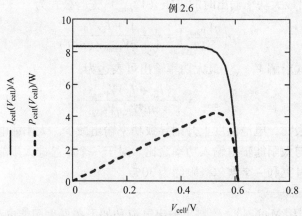

图 2.38 电流和功率随电压的变化曲线图

2.5.2 太阳能热电厂

作为大型发电公司，CSP 发电厂加热流体，最终使蒸汽驱动传统涡轮发电机组。由于太阳能热发电厂是卡诺循环的，采用集中器来实现高温，从而可提高电厂热效率。主要的加热工作流体的方法为下面两个：

① 抛物面槽式集热器；

② 中央接收器系统（电力塔）。

电力铁塔是利用定日镜（反射镜）将太阳光聚焦在塔顶的一个单点，如图 2.39 所示。定日镜需要双轴跟踪，单轴跟踪用于槽式集热器，见图 2.40。抛物面槽式线聚焦系统，可将工作流体从 150℃ 加热至 350℃，而电力铁塔的点聚焦的方法可产生的温度为 250~1500℃。

图 2.39　带有聚光太阳能发电设施的太阳能一号中央接收器
（美国能源部/美国能源部国家再生能源实验室）

太阳能热电厂的一个值得注意的优点是：在日落之后和在多云期间，利用集合在发电厂的热能储存设施（Thermal Energy Storage，TES），使 CSP 能够继续发电一段时间。这两个太阳能热利用设施的另一特点是在阳光不可用时可采用辅助燃烧器加热（使用生物质能、氢或化石燃料）。例如，建于加州克拉默章克申（Kramer Junction）的太阳能发电系统（Solar Electric Generating Systems，SEGS），在 20 世纪 80 年代利用天然气，提供高达 25% 的热能量用于产生蒸汽。第三种 CSP 电厂类型 - 碟式斯特林发电机，则无法利用这种（TES）。

对于槽式集热器，油基工作流体被输送到沿抛物面槽安置的焦线管子中。接收管由排出空气的玻璃外壳包住，以减少管道的对流散热量。使用热交换器，热

图 2.40　克拉默章克申的槽式太阳能集热器
（美国能源部/美国能源部国家再生能源实验室）

的工作流体加热水以产生蒸汽，并被输送到蒸汽涡轮发电机。因此，CSP 发电厂需要冷凝器冷却，通常使用蒸发式冷却，因此在日照充足的干旱地区可能会有问题。

　　电力塔设施利用熔融盐作为传热流体，熔融盐较高的热容量使其可以直接用作热能介质，但实际操作中使用熔融盐还需要热跟踪。10MW 太阳能一号示范电厂，建在加利福尼亚州 Barstow 附近，在 1982～1988 年使用一座 95m 高塔运行。在 90 年代初升级其工作流体、热能储存装置设施和反射场以后，它被命名太阳能二号。

2.6　地热发电厂

　　地热发电站作为基本负荷电厂运行，跟大多数使用可再生能源的发电厂不一样。有趣的是，地热发电是唯一源于地球的可再生能源。大多数地热发电站靠近地质板块间的裂缝，这些裂缝在地球的地壳上，厚度达 30～50km，岩浆可以渗出并靠近地表。地震和火山活动也常见于这些地区。例如，环太平洋火山带从新西兰北延伸至日本和阿拉斯加，然后沿美洲西海岸向南。

地热能源主要包括两种类别：

① 水热型：传统的地热能源，包括水和蒸汽；

② 干岩石型：采用注入冷水产生热水或蒸汽。

水热型地热可以进一步细分成气相和液相为主的系统，其中前者是例外。可以间接或直接利用优质生产的地热热水或蒸汽，即用于输入到热交换器或涡轮机。地热水温度比化石燃料电厂和核电厂低，这导致了地热发电厂的效率较低（$\eta_{th} \sim 20\%$）。

地热发电厂可见图 2.41。一个 100MW、生产 30 年的井场预计用地 800 ~ 1000 亩$^{\ominus}$（3 ~ 4km^2）。接近地热源需要钻两个井分别用于提取和注入，井深在 1 ~ 2mile（1 ~ 3km），且几年后必须钻新井。地热井挖出并释放污染物，包括氡气、硫化氢（H_2S）、二氧化碳、甲烷（CH_4）和氨（NH_3）。所抽出卤水中的杂质促使闪蒸蒸汽和双流系统的使用，卤水（盐水）会导致电厂的矿化。

图 2.41　加州 Santa Rosa 附近 The Geysers 地热发电厂

（来源：Julie Donnelly - Nolan，美国地质勘探局）

2.7　海洋发电

海洋能源可以根据利用的基本能量类型进行分类，后面的章节将讨论四种类型的海洋能，分别是：

$\ominus$　1 亩 = 666. 6m^2。——译者注

① 海洋潮汐：可认为类似于水电。

② 海流：可比喻为一个水下海风。

③ 海浪：利用海浪的动能和势能。

④ 海洋热能：受卡诺循环限制，并且具有非常低的热效率。

这些海洋能源除了海洋潮汐主要是由月球引力造成，其他源于太阳能。流体动力转换技术是利用海洋潮汐、波浪、海流甚至河水水流的动能转换成电能。海洋电力设施普遍面临诸多问题，如海水腐蚀、来自于航运交通的冲击和热带气旋影响的大风暴。与海上风电一样，大多数海洋能电站需要海底电缆来传输电能输送到陆地上基站电网。

2.7.1 海洋潮汐

潮汐能来自于由于地球、太阳和月亮相对位置造成的引力变化。从潮汐的运动中提取势能的方式类似于水力发电。实际上，最简单的实现潮汐发电的办法是建造一个坝横跨于海湾口，称为挡潮闸，如图 2.42。潮汐发电在涨潮和退潮时均可发电。虽然潮汐是可预测的，但是电力的产生经常与负载不匹配。瞬时流量和水头直接受潮汐周期影响，其周期按正弦规律变化。最著名的潮汐发电设施位于法国 La Rance，自 1966 年投入运行以来，这个 240MW 的发电厂采用了 24 台方向可逆的涡轮机，该涡轮机由 9 ~ 14m 的潮差驱动。

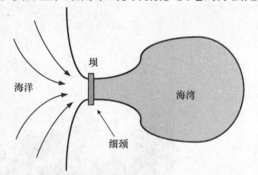

图 2.42 海洋挡潮坝示意图

考虑涨潮后海湾所存留的势能；海湾中存储的水质量 $m = RS\rho$；其中 S 为海湾表面积，R 为潮差，即涨潮和退潮之间的高度差。水头（H）不是潮差，因为水离开海湾时水库的水位也下降。实际获得的水头大概在潮差一半的范围内，也就是 $H = R/2$。二分之一潮汐周期内从水运动获取的势能为

$$PE = mgH = (RS\rho)g\left(\frac{R}{2}\right) = \frac{R^2 S\rho g}{2} \tag{2.16}$$

提取能量的时间周期需要精心计划，因为潮汐周期（T）为 12h 24.6min。对于设计为涨潮退潮均可以利用发电的系统，式（2.16）的势能应在 12.4h 潮汐周期基础上加倍。利用两个潮汐方向的电厂的最大平均功率为

$$P = \frac{PE}{T} = \frac{R^2 S\rho g}{T} \tag{2.17}$$

例 2.7：美加边境的帕萨马科迪湾电站的平均潮差为 5.5m，流域面积 262km²。试求最大存储势能和可产生的最大平均功率。

解：海水密度约为 1025kg/m³。一个潮汐周期的最大存储势能基于潮起潮落两个部分，因此使用式（2.16）的双倍形式：

$$E_{max} = R^2 S\rho g = (5.5\text{m})^2 \times (262\text{km}^2) \times \left(1025\frac{\text{kg}}{\text{m}^3}\right) \times \left(9.81\frac{\text{m}}{\text{s}^2}\right) \times \left(1000\frac{\text{m}}{\text{km}}\right)^2 \times \left(\frac{1\text{h}}{3600\text{s}}\right)$$

$$= 2.2 \times 10^7 \frac{\text{kW} \cdot \text{h}}{\text{cycle}}$$

一个周期内的平均功率为

$$P = \frac{\text{PE}}{T} = \frac{2.2 \times 10^7 \text{kW} \cdot \text{h}}{12.41\text{h}} = 1770\text{MWe}$$

以年为计，平均功率为（1770MWe）×（8760h）= 1.55×10^{10} kW · h。大坝巨大的投资成本使得利用潮汐能源变得不切实际。

2.7.2 海流

海流发电需要从海洋水流中提取动能，水下洋流的来源是一个难点。潮汐造成了更高的速度，称为潮汐流。其他海流的来源包括风、温度和盐度梯度。量化海流功率的方程与风电是相同的，主要是贝兹效率。不同之处在于海洋流速约为风的五分之一，但海水密度约是空气的 800 倍。图 2.43 中画出了一种海流涡轮机。

2.7.3 海浪

海浪能包括势能和动能。单位表面积（A）内海浪的总能量为

$$\frac{E}{A} = \frac{1}{2}\rho g a^2 \qquad (2.18)$$

式中，a 是波振幅（海浪波高的一半）。波周期为波长与波传播速度（$\tau = \lambda/c$）之比。利用多种技术，如将

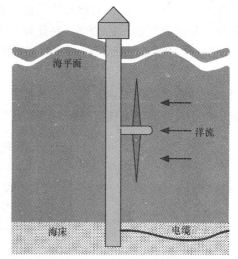

图 2.43 海流涡轮机

浮筒连接到或结合至发电机，可以将海浪的起伏运动转换成电力。同风电场一样，海流和海浪设施包括多个单独的发电机。在 1910 年，海浪发电可用于加州

的亨廷顿海滩码头点灯，直到风暴将设备带入海中。

2.7.4 海洋热能

海洋热能转换（Ocean thermal Energy Converison，OTEC）取决于海面附近的温暖海水和洋底附近的冷海水之间的温度差。因为高低温度差较小（$\Delta T \sim 22℃$），热循环效率很低（$\eta_{th} \sim 2\% \sim 3\%$）。已经研究过的热循环包括封闭式（安德森）和开放式（克劳德）循环。封闭式循环的方法是将温暖的海水中的热传递给工作流体并使其蒸发，然后沸点较低的工作流体（例如氨）驱动涡轮发电机。开放式循环是将温暖的海水送入低压蒸发器，使得部分水蒸发，产生的蒸汽直接用于低压涡轮机。在这两种循环中，深层冷海水输送到地面用于冷凝。已经建成一些海洋热能转换试验电厂，其净功率输出为数十千瓦。

2.8 其他发电

其他发电包括生物质能、燃料电池和柴油发电。石油产品的成本使得柴油发电技术越来越不受欢迎；然而，边远偏僻的地方（如岛屿）和特定应用（如应急电源）使得柴油发电机组在全世界能继续使用。

生物质能的燃料可用多种方式来定义。其严格的定义是仅从最近的光合作用获得燃料，且可以认为生物质能是碳平衡的。其扩展定义还包括城市垃圾（居民垃圾和商业垃圾）的焚烧。在这两种情况下，生物质能源燃烧的仍是通常的碳氢化合物燃料。然而，这种单位质量的生物质燃料比传统化石燃料产生较少的化学能。

燃料电池提供了一个直接的转换路径，将氢和烃等燃料的化学能转换为电能。由于是直接能量转换过程，燃料电池不受卡诺循环效率约束。如图2.44，燃

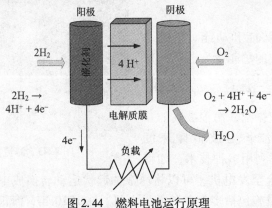

图 2.44　燃料电池运行原理

料电池的运行是通过将氢气和氧气（空气）分别穿过多孔的阳极和阴极来实现。位于阳极的催化剂使燃料氧化，使氢原子的电子脱离，并允许质子穿过隔开阳极和阴极的电解质膜。燃料电池通常由其电解质来分类，例如高分子电解质膜（Polymer Electrolyte Membrane，PEM）燃料电池。电子（即电能）需流过外部电路，随后到达阴极，在那里它们与质子和氧气结合形成普通的水反应产物。因此，燃料电池显然产生的是直流电而非交流电。

2.9　电能经济性

经济性因素决定了在给定情况下，要选择合适的发电方案。电力公司在高用电需求（峰值负荷）时需要额外的发电，或许有全天 24h（基本负载）的新功率需求。电厂对基本负荷的需求从不降低，也就是说，基本负荷必须保证 100% 的时间供应。而峰值负载只存在不到 15% 的时间；中间负载的时间为 15% ~85% 。

电厂经济性运行使用负载系数（CF）来量化。CF 是某段时间内产生的电能与在同一时间段（T）内生产的额定净功率（PE）之比，即

$$CF = \frac{\int_0^T P(t)\,dt}{P_e T} \qquad (2.19)$$

另一种电厂经济性的衡量指标是使用效率（AF），即电厂运行时间除以总时间（$AF \geqslant CF$）：

$$AF - \frac{电厂运行时间}{总时间} \qquad (2.20)$$

AF 不直接出现在下面的经济学方程中，但是一个具备尖峰负荷的发电厂需要维持相对于 CF 较高的 AF。

旋转备用是与系统同步运行的过剩产能，应大于或等于最大机组产生电能，以免电力电网发生机组跳闸。另一点需要考虑的是，备用容量（历史上保持在 20% 的水平），是电网中所有机组的总额定容量与系统预期的巅峰需求之差除以总额定容量。

计算发电成本时［美分每千瓦时，$¢/(kW \cdot h)$］，能源成本可分为三类：

① 固定资本：土地，设备，施工，利息。

② 运营和维护（Operational and Maintenance，O&M）：工资，维修，税费，保险。

③ 燃料成本：煤，天然气，石油，铀。

一般而言，成本的表达形式为密尔每千瓦时，其中 1000 密尔等于 1 美元。我们期望高的 CF 使得固定资本和 O&M 成本能够分散。如表 2.1 所示，固定资

本成本和燃料成本通常决定了发电厂在电网中的使用选择。确实存在一些例外的分类，例如，水电机组具有高资本成本却可以用作峰值功率。此外，有些小岛会利用柴油发电机来发电。对于一些发电方案（如太阳能和风能），可能必须安装某种类型的能量存储部件或装置。其成本将计算到总成本中。

表 2.1　根据负荷需求的电厂选择

负荷	固定资本成本	燃料成本	CF	发电厂
基本负荷	高	低	高	煤电和核电厂
中间负荷	中	中	中	天然气联合循环电厂和旧煤电厂
峰值负荷	低	高	低	传统烧油和天然气的涡轮发电厂

总发电成本由下式确定：

$$e = \frac{\text{固定资本} + \text{O\&M} + \text{燃料}}{\text{产生的电能}} = e_C + e_{OM} + e_F \tag{2.21}$$

若考虑计算一年的电力成本，某年产生的电能（E）可使用标称（净）电厂额定功率（P_e）和该年的 CF 来确定：

$$E = P_e \cdot \text{CF} \cdot （365 \text{ 天/年}） \tag{2.22}$$

2.9.1　运营和维护成本

O&M 成本可分为如下：

1）固定运行和维护成本［美元每千瓦年，\$/(kW·年)］，根据工厂规模而不同。

2）可变运行和维护成本［¢/(kW·h)］，这与发电机组成比例。

固定运行和维护成本包括工资和日常开支，如固定员工费用、日常维护及其他费用。可变运行和维护成本包括设备停电检修、公共设施和化学品等耗材。如果每年总的运行和维护成本是已知的，那么：

$$e_{OM} = \frac{\text{O\&M } [\$/\text{年}]}{P_e \cdot \text{CF} (8760\text{h/年})} \tag{2.23}$$

2.9.2　燃料成本

燃料成本通常与电厂输出成比例，因此相关的能源成本是恒定的。每年发电所需的热能可从电厂的热效率来确定。产生的热能是燃料输入速率（$\dot{m}_{fuel}$）和燃料热含量（即 HV）的乘积，即 $\dot{Q}_{th} = \dot{m}_{fuel} \cdot \text{HV}$。因此年生产电能为

$$E = \dot{m}_{fuel} \cdot \text{HV} \cdot \eta_{th} \tag{2.24}$$

每年的燃料成本可由燃料使用量（如质量或体积）及其单位质量或体积的成本（F_C）得到：

$$\text{Fuel} = \dot{m}_{\text{fuel}} F_{\text{C}} \qquad (2.25)$$

对于火力发电机组，F_{C} 通常用美元每吨或美元每加仑表示，而 HV 以英制热单位每磅（kJ/kg）或英制热单位每加仑（kJ/L）表示。对于核电站，F_{C} 通常表达为美元每千克铀，而 MTU，则为每公吨铀的兆瓦热量，是表达核燃料热含量采用的术语。通过综合前面提到的两个表达式，电力的燃料成本为

$$e_{\text{F}} = \frac{\text{Fuel}}{E} = \frac{F_{\text{C}}}{\text{HV} \cdot \eta_{\text{th}}} \qquad (2.26)$$

同预期一样，燃料成本与电厂 CF 无关。

例 2.8： 一台 800MW 的燃煤发电机组具有 38% 的热效率和 82% 的 CF。电力公司正在谈判关于供应煤的一个长期合同。煤的热值为 36500kJ/kg。为保持燃料成本低于 1 ¢/（kW·h），公司愿意支付的最大的燃料成本是多少美元每吨？

解： 重新整理式（2.26）得到：

$$F_{\text{c}} \leqslant e_{\text{F}} \cdot \text{HV} \cdot \eta_{\text{th}} = \left(0.01 \frac{\$}{\text{kWh}} \right) \times \left(36{,}500 \frac{\text{kJ}}{\text{kg}} \right) \times (0.38) \times$$

$$\left(\frac{\text{kW}}{\text{kJ/s}} \right) \times \left(1000 \frac{\text{kg}}{\text{tonne}} \right) \times \left(\frac{1\text{h}}{3600\text{s}} \right)$$

$$= \$38.53/\text{t}$$

条件中的 CF 是无关信息。

2.9.3 固定资本成本

简单来说，固定资本成本可以比喻为住房抵押贷款付款，其中大部分由本金和利息组成，二者也确实存在显著差异。例如，电厂需要数年的时间来构建，因此，公司必须在工厂建设期间借钱（即使个人所得住房建设贷款也是如此）。此外，应考虑货币的时间价值，由于通货膨胀，1 美元 10 年后的价值可能会与现在有所不同，也应考虑折旧。

资本投资（或固定投资）必须合理地分布在电厂的整个预期工作寿命中。财务分析中，虽然电厂可能运行更短或更长的时间，一般假定拥有 30 ~ 40 年的寿命。如果公司将建设成本及利息按超过 40 年每年（或每月）等额支付，那么需要计算每年付款金额。为此，支付可用建设成本的百分比（F_{B}）来表示，也就是可以得到一个标准化年度固定费用率（I）：

$$e_{\text{C}} = \frac{\text{CAP}}{E} = \frac{IF_{\text{B}}}{P_{\text{e}} \cdot \text{CF} \cdot (8760\text{h}/\text{年})} = \left(\frac{F_{\text{B}}}{P_{\text{e}}} \right) \frac{I}{\text{CF} \times 8760} \qquad (2.27)$$

式中，CAP 是全部资本成本包括利息的年度金额。而 $F_{\text{B}}/P_{\text{e}}$ 是建设一个发电

厂的费用，通常以美元每千瓦（\$/kWe）为单位。随着额定电功率的增加，F_B/P_e 的比值一般会降低，这便是规模经济。标准化年度固定费用率可通过下式直接计算出：

$$I = \frac{d}{1 - (1 + d)^{-N}} \qquad (2.28)$$

式中，d 为折现率；N 是支付的年数。折现率是实际利率与通货膨胀率之和。

2.9.4 总成本

将式（2.23）、式（2.26）和式（2.27）代入式（2.21），得到的发电成本总式为

$$e = e_C + e_{OM} + e_F = \frac{IF_B + \text{O\&M}}{P_e \cdot CF \cdot (8760\text{h}/\text{年})} + \frac{F_C}{HV \cdot \eta_{th}} \qquad (2.29)$$

此前的表达式中，为降低电力成本，将一些参数应该尽量最小化或者一些最大化，这很容易理解。特殊的是，高 CF（基本负荷电厂）意味着高资本成本可被接受；而低 CF（峰值负荷厂）需要与较低固定资本成本相伴的较高燃料成本。表 2.2 提供了 2010 年美国发电站的参考生产成本。

表 2.2　发电站成本

技术	容量/MW	热值/Btu/(kW·h)	全天运营投资成本/\$/kW	每年固定维护和运行成本/\$/kW	可变维护和运行成本/\$(MW·h)
先进粉煤技术	650	8800	3167	35.97	4.25
煤-气化联合技术（Integrated coal - Gasification Combined Cycle, IGCC）	600	8700	3565	59.23	6.87
碳捕获固存的 IGCC 技术	520	10700	5348	69.30	8.04
传统天然气联合循环（Natural Gas Combined Cycle, NGCC）	540	7050	978	14.39	3.43
碳捕获固存的 NGCC 技术	340	7525	2060	30.25	6.45
传统燃气轮机技术（天然气）	85	10850	974	6.98	14.70
燃料电池（天然气）	10	9500	6835	350	0
先进的核能技术（两级制）	2236	—	5335	88.75	2.04
生物质能联合循环（木料）	20	12350	7894	338.79	16.64
风能—海上	100	—	2438	28.07	0
风能—陆地	400	—	5975	53.33	0

（续）

技术	容量 /MW	热值 /Btu/ (kW·h)	全天运营 投资成本 /$/kW	每年固定维护 和运行成本 /$/kW	可变维护和 运行成本 /$(MW·h)
太阳热（电力塔）	100	—	4692	64.00	0
光伏发电—小型	7	—	6050	26.04	0
光伏发电—大型	150	—	4755	16.70	0
地热循环	50	—	4141	84.27	9.64
城市废物燃烧	50	18000	8232	373.76	8.33
水力发电	500	—	3076	13.44	0

来源：美国能源信息部，"电厂最新投资预算"，2010 年 11 月，第 7 页，其他数据引自美国能源部出版物。

2.10 负荷特性与预测

电力系统负荷消耗与系统损耗的总和等于产生的电能，由于系统有非常小的存储容量，可以忽略不计。对负载变化的分析，通常为 15min、30min 或 1h 的时间段平均值。在短时间的平均负载称为需求。

如图 2.45 所示商业、工业、居民及其总和的负载需求的日变化。该图反映了一个冬天的早晨，负载在早上 8：00 达到最大值，在午后短暂地减少，然后再次增加，在晚上 8：00 达到第二个高峰。此后负载减小，直到约凌晨 3：00 至最小值。系统峰值用于确定必要的装机容量。曲线的积分可以得出每日的能量需求。

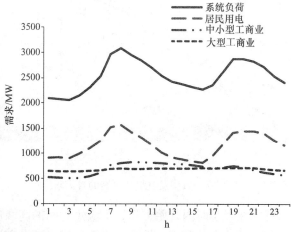

图 2.45 冬季商业、工业、居民及总需求的日变化

负荷在一年中也随季节的变化而变化。图2.46画出了美国西南部日常需求的季节性变化图。图中反映出需求的最大值出现在夏季，这是因为使用空调。在美国北部，最大的负荷出现在冬季，因为电采暖。此外，需求也在一周内变化，周末的最大负荷通常只有工作日的60%。负载或需求也受天气影响，受大众瞩目的公共设施（如体育竞赛和政治演说）也会对负荷产生影响。

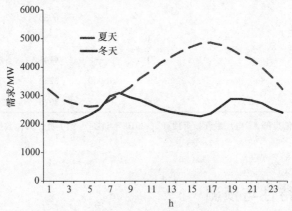

图2.46 美国西南部日常需求的季节性变化

如图2.47所示是典型的日负荷曲线和各种发电形式的组合。从该图可以看出，大型核电站和燃煤电厂产生大量电能，这些大型电厂在几乎恒定的负荷下运行。较小的燃煤电厂和大量燃气发电厂生产负荷变化所需的能量。燃气发电厂在上午为负荷供电。老电厂拥有燃气锅炉和蒸汽轮机；较新的电厂则是联合循环机组发电。

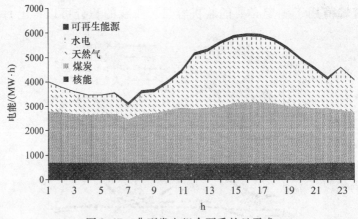

图2.47 典型发电组合夏季的日需求

燃气涡轮机，可以在半小时内开始工作，供应短时间的高峰负荷。风力和太阳能发出的电力在需要时被充分利用。抽水蓄能电站用于用电高峰时段发电并消耗夜间电力。

电力负荷预测

电力负荷预测对公司规划日常运行非常重要，电力负荷预测包括发电和购买电力，以及长远规划如建造新电厂和输电线。电力负荷预测可分为三类：

① 短期预测，1 小时到 1 周。

② 中期预测，1 周至 1 年。

③ 长期预测，1 年以上。

短期预测用于接下来一天或一周的发电调度和购买电力。一年之内的中期预测用于安排发电机和其他设备的维护。长达 10～20 年的长期预测则用于发电和输电计划。

已经开发出一些数学方法，用于短期预测。最流行的方法是相似日法、回归法和时间序列法。通常情况下，预测者使用数年的历史数据，这些数据包括一周中的一日、一年中的特定日以及天气。最简单的情况是一个类似日需求的预测。

中期预测也使用长期历史数据，如每周中的一日、每日中的某小时以及天气数据，如温度和湿度。长期预测中，除了历史数据，还会包括选定地区的预计经济和人口增长。

2.11 环境因素

所有的发电方式都对环境造成影响。例如，本章前面讨论过的热污染、核废料以及二氧化硫和氮氧化物的产生。大多数热电厂的另一个影响是，需要使用冷却水。即使所谓的绿色能源也不能排除其对环境的影响（见表 2.3）。任何情况下，对环境的影响应包括与特定电力方案有关的整个燃料循环过程。比如，煤炭开采和石油运输（如漏油）。

最近几年温室效应对全球变暖（即气候变化）的影响已受到重点关注。许多科学家认为，温室气体如水蒸气、二氧化碳、一氧化二氮和甲烷排放量的增加，造成了地球温度上升。来自太阳的短波辐射穿过大气层后不受温室气体的干扰，传输的太阳光被地表吸收，之后被吸收的能量由地球反射为长波辐射。此长波辐射（与短波光照不同）可由温室气体（如二氧化碳，可能来自于燃烧）吸收，从而加热了地球的大气层。

能量和水是密切相关的，因此被称为能—水关系。例如，水处理工艺（如海水淡化）、泵以及供水系统运行所需的能量输入。水在火电厂冷凝器冷却的作用越来越受关注。据美国地质勘探局（U. S. Geological Survey，USGS）的数据显示，美国在 2005 年所有取水的 49% 用于热电能源。读者应该注意到一个术语的区别：取水来自于地表或地下水源，而消费是将其从源头永久除去（例如，通过蒸发）。

表 2.3　不同可再生能源发电潜在影响

发电方式	可能的负面影响
地热能发电	·增加地震活动性 ·地下水源枯竭 ·地面下沉（下降，下陷）
水力发电	·抑制鱼类（如三文鱼）迁移 ·土地密集（人类和野生动物陷入紊乱） ·坝后河道淤积
海洋能发电	·海洋生物的影响 ·扰乱河床
太阳能发电	·土地密集 ·对本地植物和动物种类的影响（如沙漠地鼠龟）
风能发电	·外观上不美观 ·杀死鸟类（小鸟）和蝙蝠 ·占用陆地 ·低频噪声

2.12　练习

1. 发电站的作用有哪些？
2. 请举例说明发电站的种类。
3. 请简述基本负荷和峰值负荷的概念，并画图表示。
4. 请列出火力发电厂的组成。
5. 请描述典型火力发电厂中传统的燃料储存、处理以及注入系统。
6. 请描述火力发电厂的锅炉设备，并画出其主要组成系统。
7. 请描述典型火力发电厂中的水 – 蒸气以及煤 – 灰处理系统。
8. 什么是冷凝器？画出简图。
9. 什么是静电除尘器？
10. 请描述传统的湿冷却塔，画出简图。冷却塔的功能是什么？
11. 请描述蒸汽轮机的工作原理。
12. 画出发电厂各部分之间的关系简图，并标明各部分的名称和作用。
13. 请描述联合循环发电厂，并画出简图。
14. 核能发电的工作原理是什么？
15. 请描述沸水堆的概念，并画出简图。
16. 请描述压水式反应堆的概念，并画出简图。
17. 请描述水力发电厂的概念及其工作原理。
18. 什么是低水头水电站，画出其简图。
19. 请描述高水头水电站，并画出简图。

20. 什么是抽水蓄能设备?

2.13 习题

习题 2.1

一个 600MW 的燃煤电厂有 250 万 t 燃料煤堆可用。已知该厂的热效率是 36%,其负载系数是 80%。如果煤热值为 25000kJ/kg,请判断这堆燃料可使用 多少天。

习题 2.2

一个发电厂的额定输出功率是 800MW。在使用的第一年中,前十个月的实际 平均功率是额定功率的 85%,随后两个月关闭。在第二年中,设备全年使用,其 实际平均功率是 700MW。(1) 判断决定每年生产能力的因素。(2) 如果总的 O&M 的成本在第一年和第二年是相等的,如果第一年的平均费用为 1.5 ¢/(kW·h), 那么第二年 O&M 成本是多少 ¢/(kW·h)?

习题 2.3

确定两个 1000MW 的发电厂对冷凝器散热的不同要求。第一个厂是燃煤机 组,具有 40% 的热效率和 15% 的散热损失。第二个厂是一个热效率为 33% 的核 电站。

习题 2.4

一个 400MW 的发电厂热效率为 40%,其燃料费用为每公斤 1 美元。如果它 的负载系数是 65%,请判断其每年的燃料费用。

习题 2.5

位列美国第四高的格伦峡谷大坝,有一个 510ft 的额定水头,其最大流量为 33200ft^3/s。1964 年,其初始容量为 950MW;但目前发电机容量已经增加到 1320MW。试确定原来的效率以及现在的效率。

习题 2.6

一个特定的太阳能模块包括 36 个 100cm^2 的太阳能电池。每个电池产生 0.5V 和 30cmA/cm^2 的电能。确定总模块的输出电压、电流和功率。

习题 2.7

写出下列完整分析步骤:

(1) 由 $P = IV$ 推出式 (2.14)

(2) 由式 (2.14) 和 $P_{max} = IV_{Pmax}$ 推出等式 (2.15)。

习题 2.8

太阳能电池的短路电流和开路电压分别是 7.6A 和 0.58V。

(1) 画出太阳能电池 40℃ 时的输出电流和功率随电压的变化曲线。

（2）确定其最大输出功率以及相应的电压。

习题 2.9

比较槽式集热器和电力塔聚光太阳能 CSP 发电的最大热效率，工作流体分别具有 250℃和 1000℃的温度。设冷凝器散热为 40℃。

习题 2.10

燃气轮机发电厂目前的热效率为 30%。假设增加一个朗肯循环来增加发电厂的总输出功率。如果朗肯循环效率是 25%，试确定该发电厂总效率。

习题 2.11

（1）如果一个碳原子燃烧生成 CO_2，并释放 4.08eV 的热，计算产生每焦耳热量所需的碳原子数量。

（2）计算（1）中的碳原子数中含有碳的质量。

（3）确定释放相同热量时，需要的碳与铀 235 的质量比。

习题 2.12

光伏发电站将建在一个每天能提供 $6kW \cdot h/m^2$ 阳光的位置。如果太阳能电池和电力电子器件能产生一个 12% 的总转换效率，试确定每天能产生 20MW 电能的土地的最小面积（公里）。

习题 2.13

特定煤矿中的煤含有 2% 硫和 5% 矿物质。如果燃料以 2000kg/min 的速度燃烧，请问负载系数为 60% 的发电厂每年将产生多少 SO_2 和煤灰？请注意，$S + O_2 \rightarrow SO_2$。

习题 2.14

一个叶片直径为 25m 的海洋涡轮机，水流为 3m/s。如果机械 - 电能转换效率为 95%，确定水轮机的最大理论输出电功率。

习题 2.15

抽水设备具有上、下储备层，平均高度差为 1000ft，每层的水容量为 125000acre - ft。（1acre⊖ 的土地上深度为 1ft 的水的体积，等于 $43560ft^3$）。从午夜到凌晨 4 点（非高峰期），下储备层的水被泵入上储备层，设备的耗能为 80%。白天时，上储备层中的水流入下储备层时发电量为 95%。

（1）分别计算出在高峰期和非高峰期的输入和输出电能。

（2）这一设备的总效率，即周转效率是多少？

⊖ 1acre = 4046.856m²。——译者注

第3章 单 相 电 路

电力系统通常是一个三相系统，它包括发电机、变压器、输电及配电线和负载。电力输电线属于线性元件，可以是架空线或地下电缆。如果忽视铁磁化饱和度，发电机和变压器也可视作线性装置。电力负载一般都是非线性的。在功率因数恒定时，电力系统中的典型负载输出功率也恒定。电力设备正常运行要求的负载电压，需保持为额定电压的±5%。

大多数三相电路中负载都是对称的，因此可由一个单相电路代表三相电路。这就强调了在电力教科书中讨论单相电路的重要性。虽然读者已经熟悉单相电路的分析方法，在这一章里，我们仍将回顾一下基本概念、术语及其在这本书中的使用。在基本原理的概述之后，我们将演示如何使用 Mathcad、PSpice 和 MAT-LAB 程序来分析电路。主要是使用计算机工具通过交互式推导和数值解析来分析的基本概念。

3.1 电路分析基础

3.1.1 基础概念与术语

电路中的基本电量包括电流（I）、电压（V）和功率（P）。电压是电动势或两个节点之间的电位差。电压代表了电路中两个点能量之间的差异，因此也是正电荷从一个点移动到另一个点需要的能量。电流是在某个给定的位置上单位时间内电荷量的变化率，即 $i(t) = dq/dt$，单位是安培（A）。电流的方向一般指的是正电荷的运动方向（即传统的正向电流）。一般情况下，电流的产生是金属导体中电子运动的结果，电流方向的确定与预定的参考方向有关。在选择电流方向时，按照规定的符号使用标准，即电流由电路元件的正电压一端输入（见图 3.1）。如果遵守规定的符

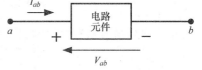

图 3.1 符号使用标准；电流从电路
元件的正电压一端流入

号使用标准，那么判断一个元件是否提供或吸收能量会变得更加容易。特别是，如果功率（电流和电压的乘积）的值为正，那么元件吸收电能；相反，如果功率的值为负，那么元件释放电能。总的来说：

$$P = IV \begin{cases} <0 & \text{释放电能} \\ >0 & \text{吸收电能} \end{cases} \tag{3.1}$$

本书也遵照 IEEE 的符号使用标准（美国国家标准协会[ANSI]/IEEE 标准 280 - 1985）。如果电量的瞬时值随时间变化，那么类似于电压和电流一般用小写字母来代替，比如，$v(t)$，$i(t)$。大写字母描述时变量的特征值如方均根值（rms）、电压（V_{rms}）和平均功率（P）。粗体大写字母表示的是基于频率的变量，如复功率（S）和电压和电流相量（例如，V_{rms} 和 I）。图 3.1 所示为电压极性的三个等价关系的表示形式：

① +／- 标记的使用。

② 一个指向正号端的箭头。

③ V_{ab} 这个符号下标的第一个字母表示正极端，第二个字母表示负极端。V_{ab} 也可以理解为节点 a 相对于 b 点的电压（通常 b 点是接地的）。

3.1.2 电压与电流相量

时域函数用于分析瞬态变量，一个正弦周期电压波形可以写为

$$v(t) = V_M\cos(\omega t + \delta) \tag{3.2}$$

式中，V_M 表示电压的大小或幅值；$\omega = 2\pi F = 2\pi/T$ 表示角频率，单位为弧度/秒；δ 表示相位角。在美国，公用频率 f 是 60Hz，在欧洲和世界的其他地区是 50Hz。然而，在特定专业的领域中，如飞机、航天器和潜艇就可以使用一个 400Hz 的电力系统。老工业基地和矿山使用的是 25Hz，虽然这种情况正在逐渐消失。

电力工程中，电压和电流的计算需要有效值和相位角。方均根值或有效值可以通过下式计算：

$$V_{rms} = \sqrt{\frac{1}{T}\int_0^T v(t)^2 \mathrm{d}t} \tag{3.3}$$

正弦信号幅值和有效值的关系如下：

$$V_M = V_{rms}\sqrt{2} \tag{3.4}$$

因此，时域电压方程为

$$v(t) = \sqrt{2}V_{rms}\cos(\omega t + \delta) \tag{3.5}$$

单相和三相交流电（AC）的稳态频域分析用相量表示更方便。相量用一个复杂的非时变正弦波形表示。一般的正弦电压可以从它的时域表达式转化为等价的相量表达式，且只需要考虑其幅值大小（V_M）和相位移（δ）。上式电压频域相量表示为

$$V = \frac{V_M}{\sqrt{2}} \angle \delta = V_{rms} \angle \delta = V_{rms} e^{j\delta} \qquad (3.6)$$

这种变换基于欧拉公式，$e^{\pm j\alpha} = \cos(\alpha) \pm j\sin(\alpha)$，同时假设在一个特定的交流频率分析中，允许不考虑 ω。特别是 $v(t)$ 可以表示为复指数中的实数部分：

$$v(t) = V_M\cos(\omega t + \delta) = Re[V_M e^{j(\omega t + \delta)}] \qquad (3.7)$$

电源电压的参考相位角通常为 $\delta = 0$。由于电力系统在一个特定的频率运行，因此用相量表示时，可以用一个极性坐标（或复数）来表示电压的幅值和相位角。

同样，电流可以表示为

$$i(t) = I_M\cos(\omega t + \phi) = \sqrt{2}I_{rms}\cos(\omega t + \phi) \text{ 或 } I = \frac{I_M}{\sqrt{2}} \angle \phi = I_{rms} \angle \phi = I_{rms}e^{j\phi}$$

$$(3.8)$$

通常有必要描述电压和电流之间的相位差。交流变量在同频率时，用相位差 $\delta - \phi$ 表示 $v(t)$ 超前于 $i(t)$，或表示 $i(t)$ 滞后于 $v(t)$。如果 $\delta = \phi$，那么这两个变量为同相；如果 $\delta \neq \phi$，那么这两个变量存在相位差。

例 3.1：已知交流供电吹风机电流为 12A（rms）。确定电流的峰－峰值和电流的幅值。

解：电流的幅值为 $I_M = \sqrt{2}I_{rms} = \sqrt{2} \times (12A) = 16.97A$，峰－峰值是波形的最大正值和最大负值之差。因此，电流的峰－峰值为 $(2) \times (16.97A) = 33.94A$。

3.1.3 功率

瞬时功率 $p(t)$，是电压和电流的瞬时值的乘积：

$$p(t) = v(t)i(t) = \sqrt{2}V_{rms}\cos(\omega t + \delta) \times \sqrt{2}I_{rms}\cos(\omega t + \phi) \qquad (3.9)$$

利用三角恒等式：

$$\cos(\alpha)\cos(\beta) = \frac{1}{2}\cos(\alpha - \beta) + \frac{1}{2}\cos(\alpha + \beta)$$

瞬时功率的表达式可改写为

$$p(t) = V_{rms}I_{rms}[\cos(\delta - \phi) + \cos(2\omega t + \delta + \phi)] \qquad (3.10)$$

上式中的第一项是一个常数，第二项的角频率是两倍频率。这些事实容易计算出平均功率 P，因为平均功率可以简化成一个常数和两周期循环的余弦函数的叠加。（后者等于零）：

$$P = \frac{1}{T}\int_0^T p(t)\,dt = V_{rms}I_{rms}\cos(\delta - \phi) \qquad (3.11)$$

平均功率 P 是发电机真正传递到负载阻抗的实际功率。与平均功率的单位瓦（W）相对应，$V_{rms}I_{rms}$ 的乘积可看作视在功率，用伏安（VA）表示。实际功率又称作有功功率。

复功率 S 是另一种伏安表达式，定义为

$$S = V_{rms}I_{rms}^* = V_{rms}I_{rms}\angle\delta - \phi \tag{3.12}$$

式中，$*$ 表示复共轭运算。因此，视在功率为复功率的幅值，$|S| = V_{rms}I_{rms}$。尽管复功率没有实际的物理意义，但复功率在一个系统中是守恒的，跟能量守恒类似。相量的共轭只需要改变一个相位角的符号：

$$I_{rms}^* = (I_{rms}e^{j\phi})^* = I_{rms}e^{-j\phi} = I_{rms}\angle - \phi \tag{3.13}$$

复功率等式可以扩展为

$$\begin{aligned}
S &= V_{rms}I_{rms}^* = V_{rms}e^{j\delta}I_{rms}e^{-j\phi} = V_{rms}I_{rms}e^{j(\delta-\phi)} \\
&= V_{rms}I_{rms}\cos(\delta-\phi) + jV_{rms}I_{rms}\sin(\delta-\phi) \\
&= P + jQ
\end{aligned} \tag{3.14}$$

上式推导表明，复功率中的实数部分为平均功率 P，虚数部分为无功功率 Q。无功功率表示元件中的能量存储而不是实际能量损耗。为了区别 Q 和 P 以及 S，无功功率的单位为 VAR。

在交流稳态电路中，下列各量是守恒的，即

$$瞬时功率: \sum_k p_k(t) = 0$$

$$有功功率: \sum_k P_k = 0$$

$$无功功率: \sum_k Q_k = 0$$

$$复功率: \sum_k S_k = 0 \tag{3.15}$$

当电路中所有电路元件的功率求和后，视在功率是不守恒的。

3.2　交流电路

典型的线性单相交流电路包含电压源和阻抗元件（电阻、电感和电容）。这些元件可以串联、并联或串并联。图 3.2 所示为一个简单的单相电路的例子。在这个电路中，正弦交流电压源提供正弦交流电压，连接电感（L）和电阻（R）并产生电流。相比于简单的电压源，实际应用于电力系统的发电机是比较复杂的。然而简化后，发电机可以看作是一个简单的电压源。

图 3.3 所示为电压源提供的是余弦电压波形。图 3.2 中电压的方向是从 g 点指向 a 点，这意味着，在时间段 $t = -T/4$ 到 $t = T/4$ 的正半周期，a 点电位大于 g 点的电位。在正半周期发电机产生的电流从 g 点流向 a 点，此时，电流和电压

方向一致；负载电流在正半周期内从 b 点到 g 点，即电流和电压的方向相反。

　　正弦电压源在电路中产生正弦电流。对于一个电压源，其参考相位角为 0（$\delta = 0°$），则电流为

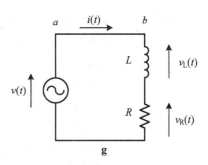

图 3.2　单相电路的实例

$$i(t) = \sqrt{2} I_{\text{rms}} \cos(\omega t - \theta) \qquad (3.16)$$

　　式中，$\theta = \delta - \phi$ 表示电压与电流的相位差，电流可超前或滞后于电压。在电感电路中电流滞后于电压（$\theta > 0$）；在电容电路中电流超前于电压（$\theta < 0$）。图 3.4 中的电压有超前于电流和滞后于电流两种情况，图 3.2 电感电路中电流滞后于电压，如果在这个电路中用电容替换电感的话，电流将会超前于电压。

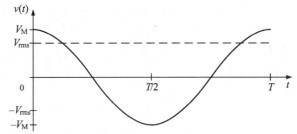

图 3.3　正弦交流电压源 $V_{\text{M}} \cos(\omega t)$

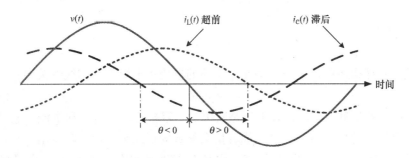

图 3.4　超前电流和滞后电流的相位移

　　相量图可以用来说明电流和电压之间的相位关系。也就是，电流和电压画在一个复平面中。相量的长度可以表示相量的幅值，正实轴用逆时针方向旋转的方式与其他相量相比较即可产生相位差。图 3.5 中画出了电压相量 $\boldsymbol{V} = V_{\text{M}} \angle \delta$ 和电流相量 $\boldsymbol{I} = I_{\text{M}} \angle -\phi$。从两个相量的相位关系可以很容易地判断出是超前还是滞后；并且从图中可以看出电压超前于电流 $\delta + \phi$（或是电流滞后于电压）。相量图还提供了一个图形化分析平台，在复平面上可方便地增加和减少相量。

虽然电力网络主要是三相系统，但第一章叙述的是典型的装配有单相供电的装置。图 3.6 所示为一个单相（分相）的抽头式实用降压变压器，北美住宅能源来自此。这种交流电源给两个规模较小的分支提供了 120V 的有效电压，给节点 a、b 之间的负载提供了 240V 的有效电压。分相的目的是允许较大的负载使用高电压，同时为低压用户提供低电压，以保证使用的安全性。前者在于提高系统效率，后者是出于电气安全的考虑。

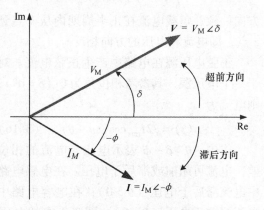

图 3.5 电压电流的相量图

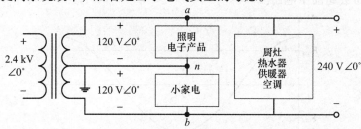

图 3.6 家用单（分）相中心抽头的实用降压变压器

3.3 阻抗

欧姆定律描述的是一个电路元件两端的电压和电流之间的线性关系：

$$V = IZ \tag{3.17}$$

式中，Z 是阻抗元件，其单位是欧姆 Ω。阻抗不同于电压和电流，它是一个复数，可用直角坐标系、极坐标或者指数复数的形式来表示。阻抗由一个实数部分电阻 R 和虚数部分电抗 X 组成。电抗是频率的函数，于是阻抗也是频率的函数：

$$Z(\omega) = R + jX(\omega) \tag{3.18}$$

阻抗的幅值与电阻和电抗的大小之间的关系，可以通过绘制图 3.7 中的阻抗三角形来表示。阻抗的极坐标表示如下：

$$Z = |Z| \angle \theta = |Z| e^{j\theta} = |Z| [\cos(\theta) + j\sin(\theta)] = R + jX$$

$$以及 |Z| = \sqrt{R^2 + X^2} \quad \theta = \arctan\left(\frac{X}{R}\right) \tag{3.19}$$

图 3.8 概括了用直角坐标、极坐标以及指数复数形式表示的等价关系。复数的加减法计算用直角坐标系的形式表示较容易,而相量(极坐标)表示法更适合用来做复数的乘除法计算。表 3.1 列出了一些通用的应用于相量和复数计算的数学运算公式。例如,用欧姆定律很容易计算出电压和电流相量。

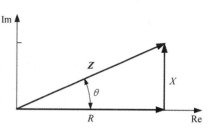

图 3.7 阻抗三角形

$$V = IZ = (I \angle \phi)(Z \angle \theta) = (IZ) \angle (\phi + \theta)$$

$$I = \frac{V}{Z} = \frac{V \angle \delta}{Z \angle \theta} = \left(\frac{V}{Z}\right) \angle (\delta - \theta) \tag{3.20}$$

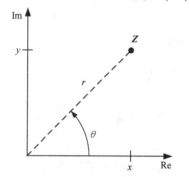

$$Z = x + jy = r \angle \theta = re^{j\theta}$$
$$= r\left[\cos(\theta) + j\sin(\theta)\right]$$
$$r^2 = x^2 + y^2$$
$$\theta = \tan^{-1}(y/x)$$
$$x = r\cos(\theta)$$
$$y = r\sin(\theta)$$

图 3.8 直角坐标、极坐标以及指数复数形式的等价关系

表 3.1 复数和相量的数学运算

项目	结果
等式	$X = a + jb = r \angle \theta = re^{j\theta} = r(\cos(\theta) + j\sin(\theta)) ; r^2 = a^2 + b^2 ; \tan(\theta) = b/a$
加法	$X + Y = (a + jb) + (c + jd) = (a + c) + j(b + d)$
减法	$X - Y = (a + jb) - (c + jd) = (a - c) + j(b - d)$
负值	$-X = -(a - jb) = -(r \angle \theta) = r \angle \theta \pm 180° = re^{j(\theta \pm \pi)}$
乘法	$XY = (r \angle \theta)(s \angle \phi) = rs \angle \theta + \phi = rse^{j(\theta + \phi)}$
除法	$\dfrac{X}{Y} = \dfrac{r \angle \theta}{s \angle \phi} = \dfrac{r}{s} \angle \theta - \phi = \dfrac{r}{s}e^{j(\theta - \phi)}$
倒数	$\dfrac{1}{X} = \dfrac{1}{r \angle \theta} = \dfrac{1}{r} \angle -\theta = \dfrac{e^{-j\theta}}{r}$
二次方根	$\sqrt{X} = \sqrt{r \angle \theta} = \sqrt{r} \angle \theta/2 = \sqrt{r}e^{j\theta/2}$
共轭	$X^* = (a + jb)^* = a - jb = (r \angle \theta)^* = r \angle -\theta = re^{-j\theta}$
乘法共轭	$(XY)^* = X^* Y^*$
除法共轭	$(X/Y)^* = X^*/Y^*$

阻抗的倒数是导纳，$Y = 1/Z$，其单位是西门子（S）。导纳可以通过电导（G）和电纳（B）组成，表示为 $Y = G + jB$。表 3.2 为电阻、电容和电感的阻抗与导纳关系表。电感和电容的电抗分别用 $X_{ind} = \omega L$ 和 $X_{cap} = -1/(\omega C)$ 表示。

表 3.2　阻抗元件

元件	阻抗	导纳
电容（C）	$Z_C = 1/(j\omega C) = -1/(\omega C) \angle 90°$	$Y_C = j\omega C$
电感（L）	$Z_L = j\omega L = \omega L \angle 90°$	$Y_L = 1/(j\omega L)$
电阻（R）	$Z_R = R = R\angle 0°$	$Y_R = 1/R$

例 3.2：请证明：一般情况下，电阻和电导不是对方的倒数，同样，电抗和电纳也不是对方的倒数。

解：首先，找出阻抗与导纳的倒数：

$$Z = \frac{1}{Y}$$

$$R + jX = \frac{1}{G + jB}$$

导纳可以通过在右边乘一个复共轭来获得：

$$R + jX = \frac{1}{G + jB}\left(\frac{G - jB}{G - jB}\right) = \frac{G - jB}{G^2 + B^2}$$

从等式中的实部和虚部来看，四者参数关系可以得出：

$$R = \frac{G}{G^2 + B^2} \quad X = \frac{-B}{G^2 + B^2}$$

因此：只有在纯电阻网络的情况下电阻和电导有倒数关系，即：如果 $X = 0$，则 $G = 1/R$。

例 3.3：大多数计算器和计算机软件都有内置函数，可进行相量和阻抗的复数运算。其结果取决于用户是否正确使用这些工程工具。比如，使用 MATLAB 命令行可将 $Z = -3 - j4\Omega$ 转换为极坐标形式，用绝对值函数（abs）很容易计算出幅值的大小。

```
>> Z = -3-4j;
>> abs (Z)
ans =
    5
```

然而，经验不太丰富的用户可以使用函数（atan）计算辐角的大小：

```
>> atan(imag(Z)/real(Z)) *180/pi
ans =
   53.1301
```

如果阻抗在第三象限而不是第一象限，那么前面的答案是错误的。MATLAB 提供了不同的功能函数来计算复数变量的辐角，但 atan 函数所得的辐角单位是弧度值：

```
>> angle (Z) *180/pi
ans =
 -126.8699
```

下个小节的重点是：在等效阻抗中减少单一阻抗的阻值。

3.3.1 串联

M 个阻抗串联在电路中时，等效阻抗为

$$Z_e = \sum_{k=1}^{M} Z_k \tag{3.21}$$

例 3.4：电阻、电感和电容串联在电路中的等效阻抗：

$$Z_e = Z_R + Z_L + Z_C = R + j\omega L_{ind} + \frac{1}{j\omega C_{cap}}$$

$$= |Z|e^{j\theta} = |Z|\left[\cos(\theta) + j\sin(\theta)\right]$$

$$|Z| = \sqrt{R^2 + \left(\omega L_{ind} - \frac{1}{\omega C_{cap}}\right)^2} \quad \theta = \arctan\left(\frac{\omega L_{ind} - \frac{1}{\omega C_{cap}}}{R}\right)$$

电感电路中相位角（θ）为正，电容电路中相位角（θ）为负。

3.3.2 并联

具有两个相同节点的电路元件的连接为并联，N 个阻抗并联在电路中时，其等效阻抗（见图 3.9）为

$$\frac{1}{Z_e} = \sum_{k=1}^{N} \frac{1}{Z_k} \tag{3.22}$$

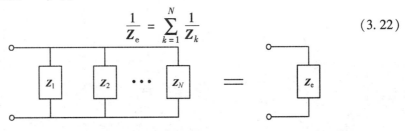

图 3.9 并联阻抗及其等效阻抗

对于两个阻抗并联的情况，上式可简化如下：

$$Z_e = \frac{1}{\dfrac{1}{Z_1} + \dfrac{1}{Z_2}} = \frac{Z_1 Z_2}{Z_1 + Z_2}$$

另外，电路中 N 个并联元件的导纳，可将各个元件的导纳求和得出：

$$Y_e = \sum_{k=1}^{N} Y_k \tag{3.23}$$

例 3.5：确定电阻、电感和电容分别并联连接的阻抗。

解：电阻、电感和电容并联的导纳是

$$Y = \frac{1}{R} + \frac{1}{j\omega L_{\text{ind}}} + j\omega C_{\text{cap}}$$

电路阻抗是

$$Z = \frac{1}{Y} = \frac{1}{\dfrac{1}{R} + \dfrac{1}{j\omega L_{\text{ind}}} + j\omega C_{\text{cap}}} = \frac{1}{\dfrac{1}{R} + \dfrac{1}{jX_{\text{ind}}} + \dfrac{1}{jX_{\text{cap}}}}$$

3.3.2.1 单线图和系统效率

单线图在研究中往往用来简化电路网络。单线图只画出电路网络中的主要元件及主要连接方式，是一个简化的示意图。图 3.10 描述了三相发电机通过一个变压器组成的电路网络。通过单线图中的简化符号，可以把单线图拓展成一个等效电路来分析。图 3.10 中的单线图可以转化为图 3.11 中的三相电路。图 3.11 可以清晰地描述每一组成部分的电路元件。此外，在负载对称的情况下，也可以用图 3.12 的单相交流等效电路图来分析。

图 3.10

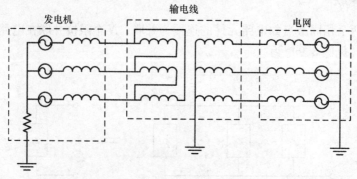

图 3.11

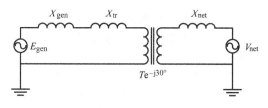

图 3.12

电力系统的性能取决于系统的效率和系统的电压降。在大多数情况下，系统效率是输出功率与输入功率的比值，即负载实际消耗的功率与电源提供的功率的比值。图 3.10 中的系统效率可以表示为

$$效率 = \frac{P_{\text{net}}}{P_{\text{gen}}} = \frac{P_{\text{gen}} - P_{\text{loss}}}{P_{\text{gen}}} \tag{3.24}$$

式中，P_{gen} 是发电机的功率；P_{net} 是电力网络的消耗功率；P_{loss} 是系统损耗的功率。其他元件或设备的功率也可以用这种方法定义，如变压器和输电线。

例 3.6：图 3.13 中电阻、电容和电感与电压源串联。确定每个电路元件吸收或释放的有功功率和无功功率。

解：对于每一个无电压源电路元件，其电压可以使用欧姆定律得到：

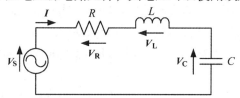

图 3.13 简单的电阻 – 电感 – 电容（*RLC*）串联电路

$$V_{\text{R}} = IZ_{\text{R}} = IR$$
$$V_{\text{L}} = IZ_{\text{L}} = Ij\omega L$$
$$V_{\text{C}} = IZ_{\text{C}} = I/(j\omega C)$$

从等价电路可以得，$Z_{\text{eq}} = Z_{\text{R}} + Z_{\text{L}} + Z_{\text{C}}$，电源电压为

$$V_{\text{S}} = IZ_{\text{eq}} = I(R + j\omega L - j/(\omega C))$$

R、L 和 C 的复功率分量为

$$S_{\text{R}} = V_{\text{R}}I^* = (IR)I^* = |I|^2 R$$
$$S_{\text{L}} = V_{\text{L}}I^* = (Ij\omega L)I^* = j|I|^2 \omega L$$
$$S_{\text{C}} = V_{\text{C}}I^* = (I/(j\omega C))I^* = -j|I|^2/(\omega C)$$

在计算电压源的复功率时，前面要加一个负号，以表示是输出功率的电压源：

$$S_{\text{S}} = -V_{\text{S}}I^* = -I(R + j\omega L - j/(\omega C))I^*$$

$$= -|I|^2 \left[R + j(\omega L - 1/(\omega C)) \right]$$

下表为复功率总结表，包括各种电路元件的有功功率和无功功率，表中的正负号则分别表示电源吸收或释放功率：

电路元件	有功功率（P）	无功功率（Q）
电阻	$\|I\|^2 R$（吸收功率）	0
电感	0	$\|I\|^2 \omega L$（吸收功率）
电容	0	$-\|I\|^2/(\omega C)$（释放功率）
电压源	$-\|I\|^2 R$（释放功率）	$-\|I\|^2 (\omega L - 1/(\omega C))$（见下文）
总计	0	0

相对于电压源的无功功率：

① 如果 $\omega L > 1/(\omega C)$，电压源提供的无功功率为 $|I|^2(\omega L - 1/(\omega C))$；

② 如果 $\omega L < 1/(\omega C)$，电压源吸收的无功功率为 $|I|^2(1/(\omega C) - \omega L)$；

根据式（3.15），电路中的有功功率和无功功率（即复功率）的和均为零。

3.3.3 阻抗计算实例

下面通过计算实例，来研究电路中串联和并联的阻抗问题。用手持计算器来解决复阻抗电路的简单电路分析是一个复杂长期的过程。可以使用通用计算程序来简化电路分析过程，比如用 MATLAB、Mathcad 和 Mathematica。本书中，使用 Mathcad 和 MATLAB。

第一个例子是使用 Mathcad 来分析的，第二个则是使用 MATLAB。Mathcad 的独特优点，是方程可手写、计算单位可自动转换。附录 A 和附录 B，分别给出了 MATLAB 和 Mathcad 的教程，下面开始讲述一些必要的基本知识。

例 3.7：Mathcad 阻抗实例

串联阻抗

实际应用中通常会将一个电容和输电线串联来弥补输电线的线路阻抗。这降低了重负荷情况下的电压下降。图 3.14 为串联补偿电容的单线电路图，图 3.15 是它的等效电路。

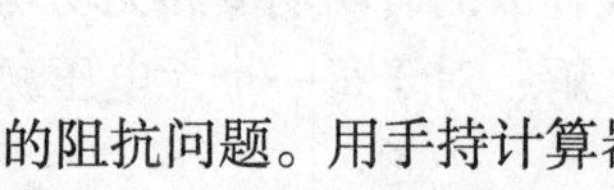

系统频率为 $f: = 60\text{Hz}$　$\omega: = 2 \cdot \pi \cdot f$

每英里输电线的电阻和电抗为

$R_{\text{mi}}: = 0.32\Omega/\text{mile}$　$X_{\text{mi}}: = 0.75\Omega/\text{mile}$

图 3.14　串联补偿电容的单向输电线

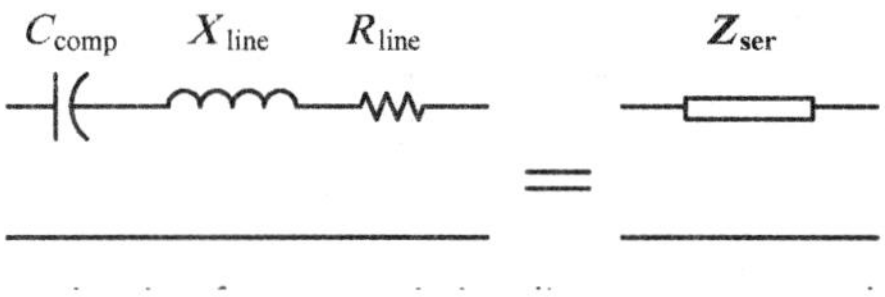

$$C_{comp} \quad X_{line} \quad R_{line} \qquad\qquad Z_{ser}$$

图 3.15 输电线与补偿电容串联的等效电路

输电线长为 $d_{line} = 3\,\text{mile}$

输电线电阻和电抗为

$$R_{line} := R_{mi} \cdot d_{line} \quad R_{line} = 0.96\,\Omega$$

$$X_{line} := X_{mi} \cdot d_{line} \quad X_{line} = 2.25\,\Omega$$

注意：Mathcad 具有两个等号：第一个等号（ : = ）是给变量定义，第二个等号（ = ）是获得一个变量的值。电容值为 $C_{comp} := 1572\,\mu\text{F}$。

根据表 3.2，电容的电抗：

$$X_{line} := \frac{-1}{\omega \cdot C_{comp}} \quad X_{comp} = -1.69\,\Omega$$

串联电路中，总的电抗为电容电抗和线路电抗之和。补偿电路的等效阻抗为

$$Z_{ser} := j \cdot X_{comp} + R_{line} + j \cdot X_{line} \quad Z_{ser} = (0.960 + 0.563j)\,\Omega$$

通过电容的补偿作用，线路中的总电抗已从 2.25Ω 减少到了 0.56Ω。

并联阻抗

电动机与电容并联可以提高功率因数。图 3.16 为一个电动机和电容并联连接的单线图。电动机可以看成是一个电感和电阻的并联，如图 3.17 所示。电动机的阻抗值为

$$R_{mot} := 20\,\Omega \quad X_{mot} := 23\,\Omega$$

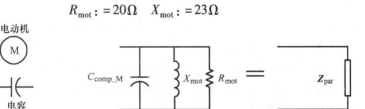

图 3.16 电动机和电容
并联连接的单线图

图 3.17 电动机和电容并联的等效电路图

补偿电容为 $C_{comp\_M} := 500\,\mu\text{F}$；

电容电抗为

$$X_{comp\_M} := \frac{-1}{\omega \cdot C_{comp\_M}} X_{comp\_M} = -5.305\,\Omega$$

三个阻抗并联，其等效阻抗为

$$Z_{\text{par}} := \cfrac{1}{\cfrac{1}{R_{\text{mot}}} + \cfrac{1}{\text{j} \cdot X_{\text{mot}}} + \cfrac{1}{\text{j} \cdot X_{\text{comp\_M}}}} \quad Z_{\text{par}} = -2.125 - 6.163\text{j}\,\Omega$$

串联阻抗和并联阻抗的结合

先假设前面描述的电容补偿输电线为电容和电动机提供电能。图3.18是该串并联系统的单线电路图，图3.19是其等效电路，为一个补偿线路和电动机串联组合电路。

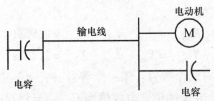

图3.18 电容补偿输电线和电容、电机并联电路

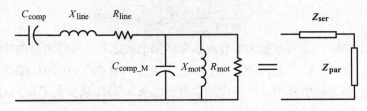

图3.19 图3.18的等效电路

系统的总阻抗可以通过两个等效电路阻抗相加获得：

$$Z_{\text{equ}} := Z_{\text{ser}} + Z_{\text{par}} \quad Z_{\text{equ}} = (3.085 - 5.600\text{j})\,\Omega$$

例3.8：MATLAB 阻抗实例

三个串联或并联电路的计算常使用 Mathcad，以前则是重复使用 MALTAB。对于上述电路，我们首先需要确定系统循环周期和角频率，即

```
%   Impedance.m
f = 60;                      % 系统频率(Hz)
wfreq = 2 * pi * f;          % 角频率(rad/s)
```

串联阻抗

串联电路的等效阻抗为各个元件阻抗的总和：

$$Z_{\text{ser}} = Z_{\text{line}} + Z_{\text{comp}} = R_{\text{line}} + \text{j}X_{\text{line}} + \frac{1}{\text{j}\omega C_{\text{comp}}}$$

第一步，是计算由电感和电阻组成的未补偿电路：

```
%  1. 阻抗串联

%  设置传输线参数
Rmi = 0.32;                    % 线路阻抗(Ω/mile)
Xmi = 0.75;                    % 线路阻抗(Ω/mile)
length = 3;                    % 线路长度(mile)
Zline = (Rmi + j*Xmi)  * length     % 未补偿线路阻抗
(Ω)
```

接下来，是电抗（阻抗）的补偿电容的计算：

```
% 计算线路补偿电容阻抗
Ccomp = 1572e-6;                    % F
Zcomp = 1 / (j*wfreq*Ccomp)         % Ω
```

电容的阻抗增加到线路的阻抗：

```
% 计算补偿线路串联等效阻抗
Zser = Zline + Zcomp
```

MALTAB 的计算结果：

```
Zline =
    0.9600 + 2.2500i

Zcomp =
        0 - 1.6874i

Zser =
    0.9600 + 0.5626i
```

并联阻抗

图 3.17 并联电路中，等效阻抗的计算是一个简单的方程计算：

$$\frac{1}{\boldsymbol{Z}_{par}} = \frac{1}{R_{mot}} + \frac{1}{j X_{mot}} + j\omega C_{comp\_M}$$

设定电机的电阻和电抗后，计算并联电容的阻抗：

```
%  2. 并联阻抗

%  设置电机的电阻值和电抗
Rmot = 20;          % Ω
Xmot = 23;          % Ω

%  计算电容电抗
CcompM = 500e-6;                    % F
ZcompM = 1 / (j*wfreq*CcompM)       % Ω
```

然后是电容、电阻和电感的并联的等效阻抗计算：

```
%  电容、电阻和电感并联
Zpar = 1 / (1/Rmot + 1/(j*Xmot) + 1/ZcompM)    % Ω
```

MATLAB 的计算结果是

```
ZcompM =
        0 - 5.3052i

Zpar =
    2.1249 - 6.1631i
```

串、并联的阻抗

串、并联相结合的补偿传输线和电机的总等效阻抗，是它们各自阻抗的总和（见图 3.19）：

```
%  3. 串、并联阻抗
Zequ = Zser + Zpar      % Ω
```

MATLAB 的仿真结果和 Mathcad 的结果一致：

```
Zequ =
    3.0849 - 5.6005i
```

3.4 负载

电网负荷的范围小至家用电器和电子产品，大至大型发动机和工业炉。通常每一个负载都可以用图 3.20 中的一个阻抗来表示，若 V_{load} 和 I_{load} 是负载阻抗 Z 的电压和电流的有效值，则：

$$Z = \frac{V_{\text{load}}}{I_{\text{load}}} = \frac{V_{\text{load}} \angle \delta}{I_{\text{load}} \angle \phi} = \frac{V_{\text{load}}}{I_{\text{load}}} \angle \delta - \phi$$

$$= |Z| \angle \theta = R + jX \qquad (3.25)$$

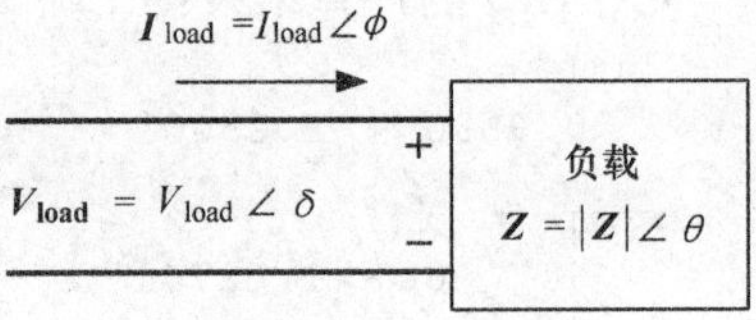

图 3.20　常用负载

负载相位角 $\theta = \delta - \phi$ 说明了电压超前电流的多少。特别指出的是，对于电感性负载，其相位角为正：

$$Z_{\text{ind}} = R + j\omega L = \sqrt{R^2 + (\omega L)^2} \angle \tan^{-1}\left(\frac{\omega L}{R}\right) \qquad (3.26)$$

那么则电流滞后电压 θ 角。反之，对于电容性负载其负载相位角为负，因为：

$$Z_{\text{cap}} = R - \frac{j}{\omega C} = \sqrt{R^2 + \frac{1}{(\omega C)^2}} \angle \tan^{-1}\left(\frac{-1}{\omega RC}\right) \qquad (3.27)$$

这意味着，电容性负载的电流超前于电压 $\phi - \delta$。

利用式（3.14），负载的复功率为

$$S_{\text{load}} = V_{\text{load}} I_{\text{load}}^* = P_{\text{load}} + jQ_{\text{load}} \qquad (3.28)$$

根据欧姆定律，复功率可以通过负载阻抗、电流有效值和电压有效值表示出来：

$$S_{\text{load}} = (I_{\text{load}} Z) I_{\text{load}}^* = I_{\text{load}}^2 Z = I_{\text{load}}^2 (R + jX) \qquad (3.29)$$

$$S_{\text{load}} = V_{\text{load}} \left(\frac{V_{\text{load}}}{Z}\right)^* = \frac{V_{\text{load}}^2}{Z^*} = V_{\text{load}}^2 Y^* = V_{\text{load}}^2 (G - jB) \qquad (3.30)$$

因为负载与几乎恒定的电压相连，所以负载电流是一个因变量。负载电流可以用负载电压和阻抗根据欧姆定律直接表示出来，或者可以使用先前提到的复功率公式进行计算。

复功率也可以说明该负载究竟是电感性还是电容性，因为：

$$S_{\text{load}} = V_{\text{load}} I_{\text{load}}^* = I_{\text{load}}^2 (R + jX) = P_{\text{load}} + jQ_{\text{load}}$$

$$P_{\text{load}} = I_{\text{load}}^2 R \tag{3.31}$$

$$Q_{\text{load}} = I_{\text{load}}^2 X$$

因此：

① 在一个电感性负载电路中，若无功功率为正值，则负载相位角也为正值，其电流滞后于电压；

② 在一个电容性负载电路中，若无功功率为负值，则负载相位角也为负值，其电流超前于电压。

复功率与视在功率之间的大小关系以及实际功率与无功功率之间的大小关系可以通过图 3.21 的功率三角形直观地展现出来。

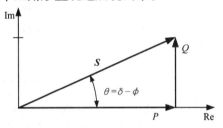

图 3.21　功率三角形

例 3.9：一个节能灯的实际功率和视在功率分别为 25W 和 52VA，在输出电压有效值为 120V，电流滞后于电压的情况下，求节能灯的阻抗。

解：通过式（3.14），我们可以写出：

$$P = V_{\text{rms}} I_{\text{rms}} \cos(\delta - \phi)$$

通过上式，可以得出负载相位角为

$$\theta = \delta - \phi = \arccos\left(\frac{P}{V_{\text{rms}} I_{\text{rms}}}\right) = \arccos\left(\frac{25\text{W}}{52\text{VA}}\right) = 61.3°$$

因此可以求得复功率：

$$S = V_{\text{rms}} I_{\text{rms}} \angle \theta = 52\text{VA} \angle 61.3°$$

已知该负载为电感性负载，利用式（3.30），可以求得节能灯的阻抗：

$$Z = \left(\frac{V_{\text{load}}^2}{S}\right)^* = \left[\frac{(120\text{V})^2}{52\text{VA} \angle 61.3°}\right]^* = 276.9\Omega \angle 61.3° = 133 + j243\Omega$$

与白炽灯不同，节能灯阻抗当中有相当大的电抗成分。

3.4.1 功率因数

功率因数 pf，是系统中某指定点的平均功率与视在功率的比值。

$$\mathrm{pf} = \frac{P}{V_{\mathrm{rms}} I_{\mathrm{rms}}} = \frac{P}{|S|} = \cos(\delta - \phi) \tag{3.32}$$

功率因数角是 $\theta = \delta - \phi$，它与其他参数之间的关系总结在表 3.3 中。在这些情况下，功率因数角相似于负载相位角。因为余弦角度从 $-90°$ 变化到正 $90°$，功率因数从 0 变化到 1，所以有必要补充实际的功率因数值 pf（$0 \le \mathrm{pf} \le 1$），来作为判断电流超前或滞后于电压。如表 3.3 所示，在纯电阻负载中，功率因数是 1，（pf = 1）。反之，在纯电抗（电容或电感）负载中，功率因数值是 0。

表 3.3　功率因数角的关系

功率因数角	电流电压关系 pf	等效负载	无功功率
$\theta = -90°$	$i(t)$ 超前 $v(t)$	纯电容	$Q = -V_{\mathrm{load}} I_{\mathrm{load}}$
$-90° < \theta < 0°$		等效 RC	$Q < 0$
$\theta = 0°$	$i(t)$ 同相 $v(t)$	纯电阻	$Q = 0$
$0° < \theta < 90°$	$i(t)$ 滞后 $v(t)$	等效 RL	$Q > 0$
$\theta = 90°$		纯电感	$Q = V_{\mathrm{load}} I_{\mathrm{load}}$

国内的工商业负载通常是电动机和照明负载。而电动机负载是这些负载的重要的组成部分。而电动机负载通常都是电感性的，功率因数滞后。但是，使用补偿电容能够使在夜间工作的照明负载产生一个超前的功率因数。另一个功率因数超前的来源是空载的长输电线，其中线路中的电容性成分可以与线路和负载中的感性成分相互补偿。

在一个电网中，如果负载电压在 ±5% 内变化，那么典型负载是在恒定的功率因数下消耗恒定功率。电路负载的性质由功率因数决定。对于相同的负载功率，功率因数越低，所需要的电流就越多，从而导致在输电线中产生更大的输电损耗。举例来说，一个电力公司需要多数用户维持其功率因数在 0.8 以上。因为有功功率可以通过瓦特计进行测定，电流有效值和电压有效值也能够通过传统的仪器进行测量，所以能确定出功率因数值。

如果功率因数是 1，那么功率就是由电流和电压有效值产生的。（见图 3.3）

$$P = I_{\mathrm{rms}} V_{\mathrm{rms}} = \frac{I_{\mathrm{M}} V_{\mathrm{M}}}{2} \tag{3.33}$$

上面的公式解释了用有效值计算功率的原因，能够像在直流（DC）电路中求功率一样，直接列公式（$P = I^2 R$）来计算平均功率。实际上，这就定义了有效的概念。对一个电阻而言，根据欧姆定律也能够计算出功率损耗。

$$P = I_{\text{rms}}^2 R = \frac{V_{\text{rms}}^2}{R} \tag{3.34}$$

注意：由于电阻是正值，所以在上式中所得的功率值也总为正。

回顾：当 $P > 0$ 时，元件吸收功率，所以电阻总是吸收功率的。

负载类型可以简单地通过有功功率和功率因数来确定。在下列情形中，这些参数和负载电流之间的关系十分重要。负载电流的计算需要负载电压，第一步是通过功率因数来计算负载相位角。

$$\theta_{\text{load}} = \pm \arccos(\text{pf}_{\text{load}}) \tag{3.35}$$

若功率因数滞后，则相位角（复功率）为正；若功率因数超前，则相位角（复功率）为负。复功率为

$$S_{\text{load}} = V_{\text{load}} I_{\text{load}}^* = V_{\text{load}} I_{\text{load}} e^{j\theta_{\text{load}}}$$

$$= | S_{\text{load}} | e^{j\theta_{\text{load}}} = \frac{P_{\text{load}}}{\text{pf}_{\text{load}}} e^{j\theta_{\text{load}}} \tag{3.36}$$

复功率的实部为有功功率，虚部为无功功率。如表 3.3 所示，如果功率因数滞后（电感性负载），无功功率为正；如果功率因数超前（电容性负载），则无功功率为负。

负载电流是复功率与负载电压之比的共轭复数：

$$I_{\text{load}} = \left[\frac{S_{\text{load}}}{V_{\text{load}}} \right]^* \tag{3.37}$$

将上面所提出的三个方程组合起来可获得负载电流的计算式：

$$I_{\text{load}} = \frac{P_{\text{load}}}{V_{\text{load}} \text{pf}_{\text{load}}} e^{\mp j \arccos(\text{pf}_{\text{load}})} \tag{3.38}$$

该方程中的正号说明功率因数超前，负号说明功率因数滞后。换句话说，如果功率因数滞后，那么电流的电抗部分为负（电感性负载）；如果功率因数是超前的，那么电流的电抗部分为正（电容性负载）。该指数符号规定总结在表 3.4 中。

表 3.4　指数符号规定

功率因数	电流 I	复功率 S
超前（电容性负载）	$\| I \| e^{+j\theta}$ 正值	$\| S \| e^{-j\theta}$ 负值
滞后（电感性负载）	$\| I \| e^{-j\theta}$ 负值	$\| S \| e^{+j\theta}$ 正值

注：其中的 $\theta = \arccos(\text{pf})$ 是负载功率因数相位角。

例 3.10：MATLAB 计算功率因数

电力公司提供 100kW、60Hz、480V（r/s）的电源，通过一条馈线为工业负载供电（见图 3.22），已知负载阻抗为 0.15 + j0.6Ω。负载的滞后功率因数在

0.6~0.9 内变化。绘制有功功率和功率因数（pf）之间的关系图，从而确定这家公司为满足工业用户的发电需求（即成本）。

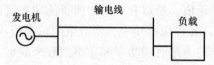

图 3.22　通过传输线和馈线连接负载的单线图

解：根据图 3.23 和式（3.32），负载中性线电流有效值的计算为

$$I_{line} = \frac{P_{load}}{pf V_{load}}$$

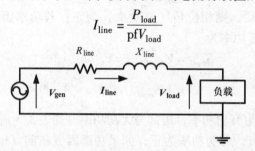

图 3.23　通过传输线和馈线连接负载的电路原理图

电力公司提供的有功功率是负载消耗功率和输电线上损耗功率之和。

注意这个计算与系统频率以及负载功率因数超前或滞后无关。

下面开始用 MATLAB 脚本文件建立系统的电路数据。

```
%   PowerFactor.m

%   设置电路参数
Pload = 100e3;          % W
Vload = 480;            % V-方均根值

Rline = 0.15;           % Ω
```

接下来，我们根据计算功率因数的要求选取步长为 0.001，用最终产生 300 个点进行绘制：

```
%  功率因数从0.6 变到0.9，步长为0.001
pf = 0.6 : 0.001 : 0.9;
```

利用前面的公式，可以计算出电力公司提供的线电流和功率。注意，下面 MATLAB 中符号 "./" 和 ".∧" 分别表示除以和二次方。

```
%  计算与功率因数对应的线电流
Iline = Pload ./ (pf * Vload);

%  计算每个功率因数对应的功率
Pgen = Pload + Rline * Iline.^2;
```

用 MATLAB 可以很容易地绘制出结果，如图 3.24 所示。

```
%    画功率因数与功率的曲线图
plot(pf, Pgen/1000, 'LineWidth',2.5);
set(gca,'fontname','Times','fontsize',12);
xlabel('Power Factor (pf)');
ylabel('Power Supplied (kW)');
title('Power "Cost" to Utility for Uncompensated Load');
xlim([pf(1) pf(length(pf))]);
```

图中显示，如果负载的功率因数为0.6，那么它必须产生约118kW的功率来供应100kW的负载。而如果负载功率因数提高到0.9，那么它只需要产生108kW来提供相同功率的负载。功率因数校正见例3.14。

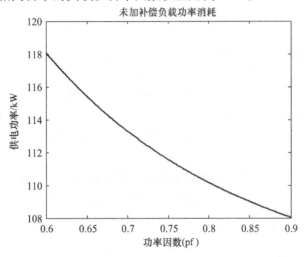

图 3.24   MATLAB 绘制出的供电功率和功率因数之间的函数关系曲线

3.4.2   电压调整率

电力工程师不仅要考虑系统中降低的电压，还要考虑用户最终得到的电压。电压调整率的定义是，在输入电压（见图 3.23 所示电压 V_{gen}）恒定的情况下，电压调整率等于负载终端的空载电压与满载电压之差除以满载电压：

$$电压调整率 = \frac{|V_{no-load}| - |V_{load}|}{|V_{load}|} \times 100\% \qquad (3.39)$$

在多负载和回路电网情况下，供给电压不等于空载电压。因此，当所研究的负载移除时，空载电压必须用基尔霍夫方程组进行计算。

只有当负载电流为零或者线路电容很小的时候，空载电压才相当于发电机所提供的电压（V_{gen}）。

当配电输电线长度小于50m时，线路电容一般可以忽略不计。如图 3.23 所示是单个负载，如果断开负载，空载电流为零，负载电压等于供电电压。电压调

整率的公式可以表示为，供电电压（输入端）和负载电压（输出端）之差除以
负载电压。

$$电压调整率 = \frac{\mid V_{gen} \mid - \mid V_{load} \mid}{\mid V_{load} \mid} \times 100\% \qquad (3.40)$$

本书的例题基本上贴近后者对电压调整率的表述，其优点在于它只需要对一
个电路进行分析，与需要分析有无负载情况的式（3.39）形成对比。

在电网或传输系统当中，电压值必须在标准规定范围的 10% 之内。在这种
情况下，最大电压降能够通过系统评估计算出来，电压降由方程（3.40）计算
得出。

3.5　基本定律与分析方法

基尔霍夫电流定律（Kirchhoff's Circuit Laws，KCL）与其扩展应用使得电路
分析公式化，比如电网和节点的分析研究。考虑到读者已经掌握了基本的电路分
析技巧，因此诸如叠加定理和电源转换等不再赘述，即使这些定理、方法有利于
分析正弦稳态电路。

本书中的大多数电路分析都是线性的，即电路的输出与输入成一定的比例。
线性电路是由独立电源、线性受控源和线性电路元件组成的，电流和电压具有线
性关系。

3.5.1　基尔霍夫电流定律

基尔霍夫电流定律：一个节点的电流代数和等于零。即流入一个节点的电流
之和等于流出该节点的电流之和（见图 3.25）。基尔霍夫电流定律可以写为

$$\sum_{k=1}^{N} i_k(t) = 0 \ \text{或} \ \sum_{k=1}^{N} I_k = 0 \qquad (3.41)$$

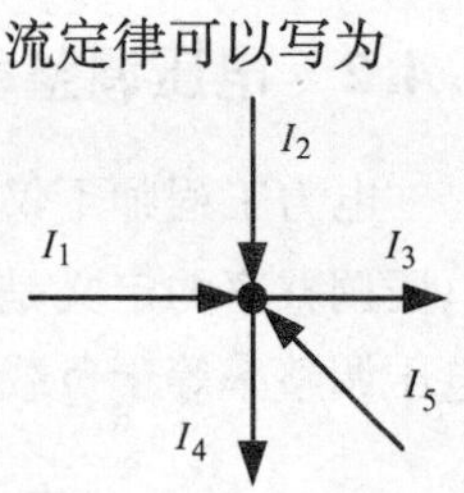

对于具有 A、B、C 三个节点的电路，如图 3.26 所示，
节点方程为

$$节点\ A: I_A + I_{CA} - I_{AB} = 0$$
$$节点\ B: I_B + I_{AB} - I_{BC} = 0$$
$$节点\ C: I_C + I_{BC} - I_{CA} = 0$$

图 3.25　KCL 的图解

3.5.1.1　电流分配

在电路元件并联的情况下，通过 KCL 和欧姆定律可以得出分流方程。由图
3.27 可得，流过并联阻抗 Z_k 的电流 I_k 等于：

$$I_k = I_T \frac{Z_{par}}{Z_k} \qquad (3.42)$$

式中，I_T 是流入所有并联元件的总电流；Z_{par} 是 N 个并联元件的等效阻抗。对于只有两个元件并联的阻抗（Z_1 和 Z_2），上面的公式可以简化为

$$I_1 = I_T \frac{Z_2}{Z_1 + Z_2} \tag{3.43}$$

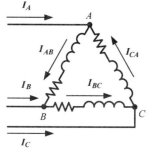

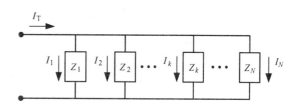

图 3.26　KCL 节点方程分析电路示例　　图 3.27　电流分配电网

3.5.1.2　节点分析

节点分析是对电路中的节点列写 KCL 方程，以求得节点的电压。节点分析遵循以下三个基本步骤：

① 选取一个参考节点，该节点电压为 0（接地或中性），然后在其他节点上，标记相对于参考节点的电压。

② 对参考节点以外的每一个节点应用 KCL，同时，用节点电压和欧姆定律列出节点电流方程（$I = \Delta V / Z$）。

③ 求解 KCL 方程组，计算节点电压。

例 3.11：节点分析例题

此例为 KCL 方程组的应用实例，通过笔算和使用 Mathcad 两种方法进行求解。

上面两个配电网通过一根输电线相连，图 3.28a 所示为单线图，线路中间的并联电容用来提高电压调整率。图 3.28b 所示为等效电路，每个电压源代表一个配电系统，每个电压源的大小相等，存在一个 60°的相位差。电压源 1 是参考电压，电压源 2 相对于电压源 1 有 60°的相位差，也就是说 $V_2 = V_1 \angle -60°$。输电线代表电阻和电抗串联，输电线中间并联一个电容，将输电线分为两个部分：线 1 和线 2。从图中也可以看出节点 3 的电压和三个流入或流出节点的电流。

方法 1：笔算

根据上面的节点分析方法计算：

第一步：节点在图 3.28b 中已标出。当电源电压与中性（地面）节点相连接时，节点 1 和节点 2 可以简单地看成电源电压，而节点 3 的电压可以记为 V_3。

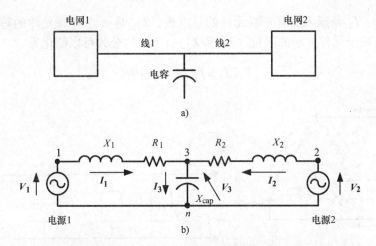

图 3.28　单线图和两个配电网连接的等效电路图

a）单线图　b）两个配电网连接的等效电路图

第二步：因为节点 1 和节点 2 的电压已经得出，只需写出 KCL 方程组，通过节点 3 可列出：

$$I_1 - I_3 + I_2 = 0$$

对于每一个 KCL 方程组中的电流表达式，都可以通过节点电压和等效欧姆定律写出：

$$\frac{V_1 - V_3}{R_1 + \mathrm{j}X_1} - \frac{V_3}{\mathrm{j}X_{\mathrm{cap}}} + \frac{V_2 - V_3}{R_2 + \mathrm{j}X_2} = 0$$

第三步：通过代数运算可以求出未知量 V_3。

$$V_3 = \frac{\dfrac{V_1}{R_1 + \mathrm{j}X_1} + \dfrac{V_2}{R_2 + \mathrm{j}X_2}}{\dfrac{1}{R_1 + \mathrm{j}X_1} + \dfrac{1}{\mathrm{j}X_{\mathrm{cap}}} + \dfrac{1}{R_2 + \mathrm{j}X_2}}$$

将电路参数值带入上式，得到 V_3，继而根据节点电压的值，求出三个电流值：I_1、I_2 和 I_3。

$$I_1 = \frac{V_1 - V_3}{R_1 + \mathrm{j}X_1} \quad I_2 = \frac{V_2 - V_3}{R_2 + \mathrm{j}X_2} \quad I_3 = \frac{V_3}{\mathrm{j}X_{\mathrm{cap}}}$$

方法 2：Mathcad 计算

再用计算机节点分析法来分析图 3.28 的电路问题。用 Mathcad 分析此问题的两种途径为：①利用与前面笔算一样的程序来进行分析；②利用 Mathcad Find 方程解算器程序。读者可以应用 Mathcad 程序在计算机上计算。

Mathcad 提示：

电气工程师喜欢用小写字母 j 表示虚数，而不是小写 i，以避免与电流 $i(t)$

混淆。使用 i 作为虚部符号的错误可以在结果格式对话框中的显示选项卡中进行修改。本书中，我们选择遵循标准规定，使用 j 作为虚部符号。

首先确定电路的具体数据，V_2 的相位角为 $-60°$，可以用复指数表示，即 $\angle \theta = \mathrm{e}^{\mathrm{j}\theta}$。

$$V_1 := 7.2\mathrm{kV} \quad V_2 := 7.2 \cdot \mathrm{e}^{-\mathrm{j} \cdot 60°}\mathrm{kV} \quad \omega = 2 \cdot \pi \cdot 60\mathrm{Hz}$$

$$X_1 := 11\Omega \quad X_2 := X_1$$

$$R_1 := 4\Omega \quad R_2 := R_1$$

$$C_{\mathrm{cap}} := 100\mu\mathrm{F} \quad X_{\mathrm{cap}} := \frac{-1}{\omega \cdot C_{\mathrm{cap}}}$$

计算结果立即算出：

$$X_{\mathrm{cap}} = -26.53\Omega \quad |V_2| = 7.2\mathrm{kV} \quad \arg(V_2) = -60°$$

Mathcad 有一个简化电路分析的方程解算器。为了比较，首选笔算法，然后再使用方程解算器来分析此电路，通过使用这两种方法来证明计算机解决电路分析问题的优越性。

打字错误和格式错误可能会导致运算终止。为了避免这种错误，在运行问题的过程中我们显示出中间运算的结果。为此，我们为变量选取一个估算值，这能够在每一个新等式输入的时候，Mathcad 都能有一个计算结果。每一步所得到的合理数据不仅能够保证方程组可解，还可以证明输入公式时没有输入错误。为了验证该问题中的方程，选取有零相位角的电压 $V_3 = 7\mathrm{kV}$ 作为估算值。

方法#1

对于节点 3 列出 KCL 电流方程：

$$I_1 \quad I_3 \quad I_2 = 0$$

电流可以通过电压差除以阻抗进行计算，即欧姆定律。节点 1 和节点 3 的电压差为 $V_1 - V_3$，阻抗为 $R_1 + \mathrm{j}X_1$，则电流为

$$I_1 := \frac{V_1 - V_3}{R_1 + \mathrm{j}X_1} \quad |I_1| = 17.1\mathrm{A} \quad \arg(I_1) = -70.0°$$

同理，电流 I_2 可以计算出：

$$I_2 := \frac{V_2 - V_3}{R_2 + \mathrm{j}X_2} \quad |I_2| = 606.8\mathrm{A} \quad \arg(I_2) = 171.4°$$

电容电流 I_3 等于电容电压 V_3 除以容抗：

$$I_3 := \frac{V_3}{\mathrm{j}X_{\mathrm{cap}}} \quad |I_3| = 263.9\mathrm{A} \quad \arg(I_3) = 90.0°$$

这些计算数据能确保方程的有效性，但并非实际的电流值。因为 V_3 是一个估算值，通过下列节点方程可以计算电流值：

$$\frac{V_1 - V_3}{R_1 + \mathrm{j}X_1} - \frac{V_3}{\mathrm{j}X_{\mathrm{cap}}} + \frac{V_2 - V_3}{R_2 + \mathrm{j}X_2} = 0$$

而 V_3 在等式当中依然未知，重新整理的方程为

$$\frac{V_1}{R_1 + jX_1} - V_3 \cdot \left[\frac{1}{jX_{cap}} + \frac{1}{(R_1 + jX_1)} + \frac{1}{(R_2 + jX_2)} \right] + \frac{V_2}{R_2 + jX_2} = 0$$

V_3 的结果表达式为

$$V_3 := \frac{\dfrac{V_1}{R_1 + jX_1} + \dfrac{V_2}{R_2 + jX_2}}{\left[\dfrac{1}{jX_{cap}} + \dfrac{1}{(R_1 + jX_1)} + \dfrac{1}{(R_2 + jX_2)} \right]}$$

$$V_3 = (6.38 - 4.54j)\,kV \quad V_3 = 7.831\,kV \quad \arg(V_3) = -35.4°$$

方法#2

另一种解决节点方程组的方法就是利用 Mathcad 中的方程解算器，方程解算器在附录 A 中有更详细的介绍。方程解算器的使用需要引入一个估计值 V_3。

假设：

$$\frac{V_1 - V_3}{R_1 + jX_1} - \frac{V_3}{jX_{cap}} + \frac{V_2 - V_3}{R_2 + jX_2} = 0$$

方程解算器可以立即计算出电压：

$$V_{3F} := Find(V_3) \quad V_{3F} = (6.38 - 4.54j)\,kV$$

通过上述两种方法可以得出相同的 V_3：

$$I_1 := \frac{V_1 - V_3}{R_1 + jX_1} \quad |I_1| = 394.2\,A \quad \arg(I_1) = 9.8°$$

$$I_2 := \frac{V_2 - V_3}{R_2 + jX_2} \quad |I_2| = 278.2\,A \quad \arg(I_2) = 141.4°$$

$$I_3 := \frac{V_3}{jX_{cap}} \quad |I_3| = 295.2\,A \quad \arg(I_3) = 54.6°$$

3.5.2 基尔霍夫电压定律

基尔霍夫电压定律（Kirchhoff's Voltage Law, KVL）：流过回路的电压之和等于零，即供电电压等于负载电压或者是闭合回路中的电压降。KVL 表达式为

$$\sum_k v_k(t) = 0 \text{ 或 } \sum_k V_k = 0 \tag{3.44}$$

当选定回路循环方向时，选定前面公式中电压的极性是十分必要的。工程师一般选用电压源的正电压端作为循环开始点，然后沿着回路循环一周。

例 3.12：图 3.29 为一个验证 KVL 方程组的简单电路应用实例，电路中电压源 V_S 与电流 I 流过电抗和电阻，电阻和电感上分别产生了降落电压 V_R 和 V_X。KVL 定律说明了回路中的三个电压之和等于零，所以回路方程组可以写为

$$V_S - V_X - V_R = 0 \ \text{或} \ V_S = IR + jX$$

$V_R = IR$ 和 $V_X = IjX$ 分别为电阻和电感上的电压降。

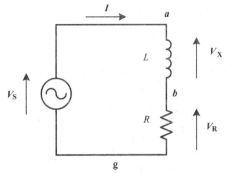

图 3.29 显示回路电压方程的简单电路

3.5.2.1 分压

对于具有相等电流的串联电路元件，结合欧姆定律与 KVL，可以得到分压方程。如图 3.30，阻抗 Z_k 的电压 V_k 为

$$V_k = V_T \frac{Z_k}{Z_{ser}} \tag{3.45}$$

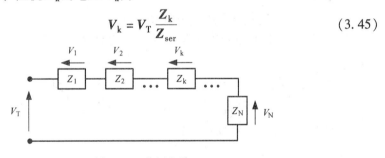

图 3.30 分压电路

式中，V_T 为串联阻抗的总电压；Z_{ser} 为 N 个串联元件的等效阻抗。

3.5.2.2 回路分析

回路（网孔）分析是应用 KVL 来系统地分析每一个回路中的电流问题。与节点分析相似，回路（网孔）分析也遵循以下三个步骤：

① 确定回路，并在回路（网孔）上标出电流方向。

② 根据 KVL 列出每一个回路的 KVL 方程。注意每一个回路（网孔）不是一条支路，一条支路可能组成多个回路。

③ 解出 KVL 方程组中的回路电流。

例 3.13：回路分析

该例题与例 3.11 相似，重复了图 3.28 电路的分析方法，一种方法是笔算，另一种方法是利用 Mathcad 求解。

方法1　笔算

笔算遵循前面提到的回路分析过程。

第一步：图 3.31 包含了两个独立回路，假设两个回路电流：回路 1 的电流记为 I_{L1}，回路 2 的电流记为 I_{L2}。回路电流的方向在图 3.31 中已经标出。当电流的方向与电压源的极性一致时，选择的方向是有利于计算的。

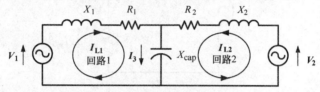

图 3.31　回路电压方程电路

第二步：首先对左边的回路列写 KVL 方程（回路 1）

$$V_1 - I_{L1}(R_1 + jX_1) - (I_{L1} + I_{L2})jX_{cap} = 0$$

回路 2：

$$V_2 - I_{L2}(R_2 + jX_2) - (I_{L2} + I_{L1})jX_{cap} = 0$$

第三步：本例中，应用回路分析可以得到两个成对的方程，用矩阵形式写成：

$$\begin{bmatrix} R_1 + j(X_1 + X_{cap}) & jX_{cap} \\ jX_{cap} & R_2 + j(X_2 + X_{cap}) \end{bmatrix} \begin{bmatrix} I_{L1} \\ I_{L2} \end{bmatrix} = \begin{bmatrix} V_1 \\ V_2 \end{bmatrix}$$

上述矩阵方程可以写成 $\underline{\underline{Z}}\,\underline{I} = \underline{V}$，其解为 $\underline{I} = \underline{\underline{Z}}^{-1}\underline{V}$。对于 2×2 的矩阵，其逆矩阵为

$$\begin{bmatrix} a & b \\ c & d \end{bmatrix}^{-1} = \frac{1}{ad - bc} \begin{bmatrix} d & -b \\ -c & a \end{bmatrix} \tag{3.46}$$

方法2　Mathcad 求解

再次使用 Mathcad 的回路分析来求解电路问题。Mathcad 求解电路问题的两种方法：①用前面的笔算程序；②运用方程解算器。

KVL 回路方程为

$$V_1 - I_{L1} \cdot (R_1 + jX_1 + jX_{cap}) - I_{L2} \cdot jX_{cap} = 0$$
$$V_2 - I_{L2} \cdot (R_2 + jX_2 + jX_{cap}) - I_{L1} \cdot jX_{cap} = 0$$

引入一个估算值以验证方程组的合理性，估算值为

$$I_{L1} := 300A \quad I_{L2} := 300A$$

方法#1

重新整理回路 1 的 KVL 方程以得到 I_{L2} 的表述式：

$$I_{L2} := \frac{V_1 - I_{L1} \cdot (R_1 + jX_1 + jX_{cap}}{jX_{cap}}$$

通过估算值可得到计算结果：$I_{L2} = -175.6 + 226.2 \text{jA}$

将 I_{L2} 表达式带入第二个 KVL 方程：

$$V_2 - \frac{V_1 - I_{L1} \cdot (R_1 + jX_1 + jX_{cap})}{jX_{cap}} \cdot (R_2 + jX_2 + jX_{cap}) - I_{L1} \cdot jX_{cap} = 0$$

重新整理方程可推导得出：

$$V_2 - V_1 \frac{(R_2 + jX_2 + jX_{cap}}{jX_{cap}}$$
$$+ \left[\frac{I_{L1} \cdot (R_1 + jX_1 + jX_{cap}) \cdot (R_2 + jX_2 + jX_{cap})}{jX_{cap}} - I_{L1} \cdot jX_{cap}\right] = 0$$

I_{L1} 的表达式为

$$I_{L1} := \frac{V_2 - V_1 \cdot \dfrac{(R_2 + jX_2 + jX_{cap})}{jX_{cap}}}{jX_{cap} - \dfrac{(R_1 + jX_1 + jX_{cap}) \cdot (R_2 + jX_2 + jX_{cap})}{jX_{cap}}}$$

$$I_{L1} = (388.5 + 66.8j)A \quad |I_{L1}| = 394.2A \quad \arg(I_{L1}) = 9.75°$$

因此回路 2 的电流为

$$I_{L2} := \frac{V_1 - I_{L1} \cdot (R_1 + jX_1 + jX_{cap})}{jX_{cap}}$$

$$I_{L2} = (-217.3 + 173.8j)A \quad |I_{L2}| = 278.2A \quad \arg(I_{L2}) = 141.4°$$

两个回路电流之和等于电容支路上的电流：

$$I_3 := I_{L1} + I_{L2} = (171.2 + 240.5j)A$$

$$|I_3| = 295.2A \quad \arg(I_3) = 54.6°$$

方法#2

利用 Mathcad 方程解算器能够直接解出回路方程组。估算值为

$$I_{L1} := 300A \quad L_{L2} := 250A$$

KVL 回路方程组为

假设

$$V_1 - I_{L1} \cdot (R_1 + jX_1 + jX_{cap}) - I_{L2} \cdot jX_{cap} = 0$$
$$V_2 - I_{L2} \cdot (R_2 + jX_2 + jX_{cap}) - I_{L1} \cdot jX_{cap} = 0$$

利用方程解算器得到结果：

$$\text{Find}(I_{L1}, I_{L2}) = \begin{pmatrix} 388.5 + 66.8j \\ -217.3 + 173.8j \end{pmatrix} A$$

与方法#1 得到的结果一致。

3.5.3 戴维南定理与诺顿定理

戴维南定理：电网可以用一个电压源与等效阻抗串联的（Z_{Th}）等效电路来表示（见图 3.32），电压源的电压是电网两端的开路电压 V_{oc}。诺顿定理与戴维南定理相似：可以用电流源与阻抗 Z_{Th} 的并联等效电路表示，电流源的电流是电网的短路电流 I_{sc}。戴维南和诺顿电路可以通过 $V_{oc} = I_{sc} Z_{Th}$ 进行电源等效变换，这些定理能够将复杂的电网分析转化为简单的电路分析。

运用这些定理对电路分析通常涉及将电路分为两个部分：①电网用等效电路部分表示；②电路保持不变的那一部分。电网中等效的那一部分必须是线性的，而保持不变的部分可能是线性的，也可能是非线性的。开路电压 V_{oc}，是在负载被移除的情况下，电网两个端点的开路电压值。而短路电流 I_{sc}，是在负载被短路的情况下，流出电网终端的电流值。戴维南等效阻抗为开路电压与短路电流的比值。

$$Z_{Th} = V_{oc}/I_{sc} \tag{3.47}$$

通过使用电压源短路或电流源开路的任一种方法，将剩余的阻抗运用串、并联的方法求出 Z_{Th}。

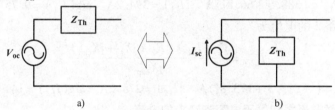

图 3.32 戴维南等效电路和诺顿等效电路

a）戴维南等效电路 b）诺顿等效电路

在电力系统分析中，短路电流由操作设备计算得出。在电网中，短路电流通常呈电感性，一般来说，电阻通常被忽略。通常情况下，感抗可以代替电网。开路电压一般在对地电压 V_{ln} 额定值的 5% 范围内波动。因此，在这种情况下，戴维南网络电抗可以写作：

$$X_{net} = \frac{|V_{ln}|}{|I_{sc}|} \tag{3.48}$$

3.6 单相电路分析应用

通过以下三个计算实例来说明单相电路的复杂相量分析。

① 功率因数校正；

② 输电线的运行分析；

③ 发电机通过线路提供恒定的阻抗网络。

在此鼓励读者按照步骤使用计算机输入方程并得出计算结果。这种交互式学习方法更有助于读者对概念的理解。

例 3.14：功率因数的提高

如果工厂的功率因数低，电力公司会用较高的电费作为处罚。用一个电容与负载并联可以提高功率因数，降低功率损耗。如图 3.33 所示为电力系统单线图。

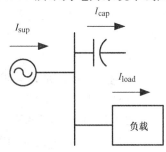

工厂的负载为

$$P_{\text{load}} := 150 \text{kW}$$

$$\text{pf}_{\text{load}} := 0.65 \text{inductive}$$

$$V_{\text{load}} := 7.2 \text{kV}$$

功率因数为 $\text{pf}_{\text{sup}} := 0.9$（滞后）。

电容对有功功率没有影响，只是降低了无功功率。因此负载电流和流过电源的电流是通过负载值和功率因数计算得出的。此外，负载电压和电源电压相等，利用功率因数和式（3.38）可以计算出负载电流：

图 3.33 并联电容提高功率因数

$$I_{\text{load}} := \left| \frac{P_{\text{load}}}{\text{pf}_{\text{load}} \cdot V_{\text{load}}} \right| \cdot e^{-j \cdot \text{acos}(\text{pf}_{\text{load}})}$$

$$|I_{\text{load}}| = 32.1 \text{A} \quad \arg(I_{\text{load}}) = -49.5°$$

流过电源的电流等于：

$$I_{\text{sup}} := \frac{P_{\text{load}}}{\text{pf}_{\text{sup}} \cdot V_{\text{load}}} \cdot e^{-j \cdot \text{acos}(\text{pf}_{\text{sup}})}$$

$$|I_{\text{sup}}| = 23.1 \text{A} \quad \arg(I_{\text{sup}}) = -25.8°$$

电容电流是电源电流和负载电流之差，电容电流为

$$I_{\text{cap}} := I_{\text{sup}} - I_{\text{load}} \quad |I_{\text{cap}}| = 14.3 \text{A} \quad \arg(I_{\text{cap}}) = 90.0°$$

电容消耗的无功功率是复功率中的虚部：

$$\boldsymbol{Q}_{\text{cap}} := \text{Im}(V_{\text{load}} \cdot \overline{I_{\text{cap}}}) \quad Q_{\text{cap}} = -102.7 \text{kV} \cdot \text{A}$$

复数共轭运算用 Mathcad 中的上划线标记，电容的阻抗为

$$\boldsymbol{Z}_{\text{cap}} := \frac{V_{\text{load}}}{I_{\text{cap}}} \quad Z_{\text{cap}} = -504.7 \text{j}\Omega$$

设频率为 50Hz，提高功率因数所并联的电容为

$$\omega := 2 \cdot \pi \cdot 50 \text{Hz}$$

$$\boldsymbol{C}_{\text{cap}} := \frac{1}{j \cdot \omega \cdot Z_{\text{cap}}} \quad C_{\text{cap}} = 6.307 \mu\text{F}$$

通过电容和负载并联来调整功率因数，而负载电流和电压都不改变。

例 3.15：输电线运行分析

本例对三种不同的运行条件进行线路分析：

1. 空载（开路）；

2. 短路；

3. 负载运行。

每种情况下的输入电流、有功功率、无功功率、输出电流和电压都能计算出来。

输电线可以通过 Π（pi）型电路表示，电压源（V_S）提供电压。

系统的频率数据是 $f := 60\text{Hz}$ $\omega := 2 \cdot \pi \cdot f$

在 Mathcad 中引入 M，作为计算数量级：$M := 10^6$

电源电压为 $V_S := 75\text{kV}$

线路的阻抗为 $Z_{\text{line}} := (10 + j \cdot 73)\Omega$

输出端和输入端的电容为

$$C_s := 1.6\mu\text{F} \quad C_r := C_s = 1.6\mu\text{F}$$

空载情况

图 3.34 为输电线在开路（空载）情况下的等效电路。等效电路中，电压源给两条并联的支路提供电压。右边第一条支路为 X_{line}、R_{line}、C_r 三者串联，左边第二条支路为线路中的电容 C_s。

第一条支路的阻抗为

$$Z_{\text{circuit}} := Z_{\text{line}} + \frac{1}{j \cdot \omega \cdot C_r} = (10.0 - 1584.9j)\Omega$$

电压源直接为第一条支路提供电压，运用欧姆定律可以计算出通过第一条支路的电流：

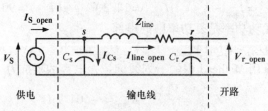

图 3.34　开路状态下的输电线

$$I_{\text{line\_open}} := \frac{V_S}{Z_{\text{circuit}}} = (0.30 + 47.32j)\,\text{A}$$

$$|I_{\text{line\_open}}| = 47.32\text{A} \quad \arg(I_{\text{line\_open}}) = 89.6°$$

第二条支路的电流为

$$I_{\text{Cs}} := \frac{V_{\text{S}}}{\dfrac{1}{\text{j} \cdot \omega \cdot C_{\text{s}}}} = 45.2\text{jA} \quad |I_{\text{Cs}}| = 45.2\text{A} \quad \arg(I_{\text{Cs}}) = 90.0°$$

负载开路时，线路的总电流为上面两条支路电流之和：

$$I_{\text{S\_open}} := I_{\text{Cs}} + I_{\text{line\_open}} = (0.3 + 92.6\text{j})\,\text{A}$$

$$|I_{\text{S\_open}}| = 92.6\text{A} \quad \arg(I_{\text{S\_open}}) = 89.8°$$

发电机的复功率就是电源电压和总电流共轭值的乘积：

$$S_{\text{open}} := V_{\text{S}} \cdot \overline{I_{\text{S\_open}}} = (0.02 - 6.94\text{j})\,\text{MV} \cdot \text{A}$$

结果证明：开路的情况下，有功功率小；无功功率为负表示电压源吸收无功功率。图 3.34 的参考方向并不遵守关联参考方向的规定，因为电流 $I_{\text{S\_open}}$ 是从正电压终端流出（不是流入）。因此，无功功率的负值预示着是吸收无功功率而不是释放无功功率。

线路输出端的开路电压是支路中电流与接收端容抗的乘积：

$$V_{\text{r\_open}} := I_{\text{line\_open}} \cdot \frac{1}{\text{j} \cdot \omega \cdot C_{\text{r}}} = (78.45 - 0.50\text{j})\,\text{kV}$$

$$|V_{\text{r\_open}}| = 78.45\text{kV} \quad \arg(V_{\text{r\_open}}) = -0.36°$$

电源电压 V_{S} 为 75kV，开路电压比电源电压要稍微高一点。实际上，在长输电线中如果开路电压很高，可能会导致输电线绝缘功能的缺失，即发生费兰梯（Ferranti）效应。通常，电力公司会在线路中串联上一个电感作为负载，来消除开路条件下的超电压。

短路情况

图 3.35 为输电线在短路情况下的等效电路。假定短路发生在电路输出端，短路将等效电路中的电容 C_{s} 从电路中消除。

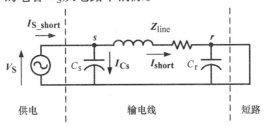

图 3.35 短路情况下的输电线

线路总电流等于电压源电压和线路阻抗的比值：

$$I_{\text{short}} := \frac{V_{\text{S}}}{Z_{\text{line}}} = (0.14 - 1.01\text{j})\,\text{kA}$$

$$|I_{\text{short}}| = 1.02\text{kA} \quad \arg(I_{\text{short}}) = -82.2°$$

短路电流中实部非常小，值较大的电抗部分呈电感性。

较大的短路电流如果这样维持下去，就会毁坏导线。电力公司通过断路器及时断开线路来保护输电线。因此当短路电流出现时，在 50 ~ 200ms（3 ~ 12 个循环周期）间，短路电流就会被切断。

利用 KCL，短路电流为

$$I_{\text{S\_short}} := I_{\text{short}} + I_{\text{Cs}} = (0.14 - 0.96\text{j})\text{kA}$$

$$|I_{\text{S\_short}}| = 0.97\text{kA} \quad \arg(I_{\text{S\_short}}) = -81.8°$$

此时电源提供的复功率为

$$S_{\text{S\_short}} := V_{\text{S}} \cdot \overline{I_{\text{S\_short}}} = (10.4 + 72.2\text{j})\text{MV} \cdot \text{A}$$

结果表明：短路情况下，无功功率和有功功率都很大。

负载情况

图 3.36 为输电线在负载情况下的等效电路，滞后功率因数导致电压降，并随着功率因数和负载的变化而变化。为了评估负载的效应，在电压源电压恒定时，我们给线路上加上负载，来确定负载电压和给出的负载功率。下面演示两种计算方法。

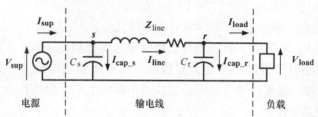

图 3.36 负载情况下的等效电路

方法#1

初始时，用 75kV 的负载电压做测试计算，滞后功率因数为 0.75。因此，负载数据可以写作：

$$V_{\text{load}} := 75\text{kV} \quad \text{pf}_{\text{load}} := 0.75$$

由于负载是可变的，将 $P_{\text{load}} := 10\text{MW}$ 作为估算值来验证计算结果。

根据式（3.38）和表 3.4 中的滞后负载情况，负载电流是可变的负载功率的函数：

$$I_{\text{load}}(V_{\text{load}}, P_{\text{load}}) := \frac{P_{\text{load}}}{V_{\text{load}} \cdot \text{pf}_{\text{load}}} \cdot e^{-\text{j} \cdot \text{acos}(\text{pf}_{\text{load}})}$$

$$|I_{\text{load}}(V_{\text{load}}, P_{\text{load}})| = 177.8\text{A} \quad \arg(I_{\text{load}}(V_{\text{load}}, P_{\text{load}})) = -41.4°$$

利用欧姆定律，电容 C_{r} 的电流为

$$I_{\text{cap\_r}}(V_{\text{load}}) := \frac{V_{\text{load}}}{\dfrac{1}{j \cdot \omega \cdot C_r}} \qquad I_{\text{cap\_r}}(V_{\text{load}}) = 45.24\text{jA}$$

$$|I_{\text{cap\_r}}(V_{\text{load}})| = 45.2\text{A} \qquad \arg(I_{\text{cap\_r}}(V_{\text{load}})) = 90.0°$$

则线路电流为负载电流与电容电流之和：

$$I_{\text{line}}(V_{\text{load}}, P_{\text{load}}) := I_{\text{cap\_r}}(V_{\text{load}}) + I_{\text{load}}(V_{\text{load}}, P_{\text{load}})$$

$$|I_{\text{line}}(V_{\text{load}}, P_{\text{load}})| = 151.7\text{A} \qquad \arg(I_{\text{line}}(V_{\text{load}}, P_{\text{load}})) = -28.5°$$

电源电压是负载电压与线路阻抗的电压降之和：

$$V_{\text{sup}}(V_{\text{load}}, P_{\text{load}}) := V_{\text{load}} + Z_{\text{line}} \cdot I_{\text{line}}(V_{\text{load}}, P_{\text{load}})$$

$$|V_{\text{sup}}(V_{\text{load}}, P_{\text{load}})| = 82.1\text{kV} \qquad \arg(V_{\text{sup}}(V_{\text{load}}, P_{\text{load}})) = 6.3°$$

电容 C_s 上的电流是电源电压除以电容的容抗：

$$I_{\text{cap\_s}}(V_{\text{load}}, P_{\text{load}}) := \frac{V_{\text{sup}}(V_{\text{load}}, P_{\text{load}})}{\dfrac{1}{j \cdot \omega \cdot C_s}} \qquad I_{\text{cap\_s}}(V_{\text{load}}, P_{\text{load}}) = (-5.4 + 49.2\text{j})\text{A}$$

$$|I_{\text{cap\_s}}(V_{\text{load}}, P_{\text{load}})| = 49.5\text{A} \qquad \arg(I_{\text{cap\_s}}(V_{\text{load}}, P_{\text{load}})) = 96.3°$$

流过电源的总电流为线路电流与电容 C_S 上的电流之和：

$$I_{\text{sup}}(V_{\text{load}}, P_{\text{load}}) := I_{\text{cap\_s}}(V_{\text{load}}, P_{\text{load}}) + I_{\text{line}}(V_{\text{load}}, P_{\text{load}})$$

$$|I_{\text{sup}}(V_{\text{load}}, P_{\text{load}})| = 130.0\text{A} \qquad \arg(I_{\text{sup}}(V_{\text{load}}, P_{\text{load}})) = -10.2°$$

电源所提供的复功率为

$$S_{\text{sup}}(V_{\text{load}}, P_{\text{load}}) := V_{\text{sup}}(V_{\text{load}}, P_{\text{load}}) + \overline{I_{\text{sup}}(V_{\text{load}}, P_{\text{load}})}$$

$$S_{\text{sup}}(V_{\text{load}}, P_{\text{load}}) = (10.2 + 3.0\text{j})\text{MV} \cdot \text{A}$$

通常在电力系统的操作运行中，供电电压保持在接近额定值范围内，负载电压取决于负载的大小。实际负载电压与负载功率有关，电源电压根据 Mathcad root 函数得到，其实质是求解上述方程组，以求出负载电压满足与 V_{sup} 的电压关系。对于 10MW 的测试负载，负载电压为

$$V_{\text{load\_e}}(P_{\text{load}}) := \text{root}(V_{\text{sup}}(V_{\text{load}}, P_{\text{load}}) - 75\text{kV}, V_{\text{load}})$$

$$|V_{\text{load\_e}}(P_{\text{load}})| = 70.03\text{kV} \qquad \arg(V_{\text{load\_e}}(P_{\text{load}})) = -9.7°$$

使用 Mathcad root 方程解决问题的更多方法请参看附录 A。

为验证计算结果，把计算出来的开路电压与用等式计算出来的负载功率为零时的电压进行比较：

$$|V_{\text{load\_e}}(0\text{MW})| = 78.45\text{kV} \qquad \arg(V_{\text{load\_e}}(0\text{MW})) = -0.36°$$

$$|V_{\text{r\_open}}| = 78.45\text{kV} \qquad \arg(V_{\text{r\_open}}) = -0.36°$$

结果证明两个电压的值是一致的。

画出负载电压和负载功率之间的变化关系曲线，把负载功率作为变量，取值分别为

$$P_{\text{load}}: = 0\text{MW}, 1\text{MW}\ldots 15\text{MW}$$

图 3.37 所示为负载电压与负载功率之间的关系曲线。本书 Mathcad 画图中，表示形式为：分数的分母为变量单位，分子为变量。在图 3.37 中，负载功率和负载电压的单位分别为兆瓦和千伏。曲线的变化表明：负载电压在供电电压的 5% 之内波动时，负载电压与负载功率有接近线性的关系；当负载电压少于 $0.95V_{\text{sup}}$ 时，负载电压和与负载功率之间是非线性关系。

$$P_{\text{load}} := 0\text{ MW}, 1\text{MW}, \cdots, 15\text{MW}$$

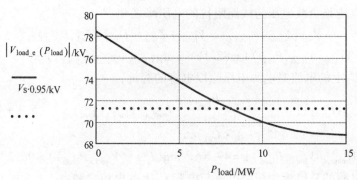

图 3.37　电源电压为 75kV 的负载电压与给定负载功率的变化曲线

在电力系统中，由于计算时假设负载是恒定的并不随着负载电压而变化，负载电压的计算值在额定值的 5% 以内。在实际负载中，因为负载阻抗取决于负载电压，所以负载电压降低，负载功率也同时降低。实际上，电力公司通过降低负载电压来消除超载现象。这种技术即称为局部暂时限制用电，从而避免断电。

电力系统的正常运行需要电压调整率在 ±5% 之内。电压调整率的计算为负载开路时电压与负载电压的差与开路电压的比值，可以写作：

$$\text{Reg}(P_{\text{load}}): = \frac{|V_{\text{load\_e}}(0\text{MW})| - |V_{\text{load\_e}}(P_{\text{load}})|}{|V_{\text{load\_e}}(0\text{MW})|}$$

例如，对于 5MW 的负载电路中，电压调整率为

$$\text{Reg}(5\text{MW}) = 6.1\%$$

其值比允许值 5% 稍微偏高。

最后，另一种实用性分析是确定负载电压的极限，以得到一个固定的电压调整率。如一个电压调整率为 5% 的负载功率，为

$$|\text{Reg}(P_{\text{load}})| = 5\%$$

上式可以通过 Mathcad root 方程解算器进行计算，对于方程解算器的一个估算值是 $P_{\text{load}}: = 10\text{MW}$，结果为

$$P_{\text{load5\%}}: = \text{root}(\text{Reg}(P_{\text{load}}) - 5\%, P_{\text{load}})\ P_{\text{load5\%}} = 4.07\text{MW}$$

负载功率在整个系统中应该保持在 4MW 以下。

与功率相匹配的负载电压为

$$V_{\text{loade}} := V_{\text{load\_e}}(P_{\text{load5\%}}) \quad |V_{\text{loade}}| = 74.5\text{kV}$$

方法#2

网孔分析可以参照节点电压分析，在标记为"r"的节点上，首先运用 KCL 列方程：

$$I_{\text{line}} = I_{\text{load}} + I_{\text{cap\_r}}$$

除式（3.38）中表示的负载电流外，电流也可以用节点电压表示：

$$\frac{V_{\text{sup}} - V_{\text{Load}}}{Z_{\text{line}}} = \frac{P_{\text{load}}}{\text{pf}_{\text{load}} \cdot V_{\text{Load}}} \cdot e^{-j \cdot \text{acos}(\text{pf}_{\text{load}})} + \frac{V_{\text{Load}}}{\dfrac{1}{j \cdot \omega \cdot C_{\text{r}}}}$$

节点方程组也可以用 Mathcad 表示出来。通过 Mathcad 方程解算器可以得出方程的数值解。

假设：

$$\frac{V_{\text{sup}} - V_{\text{Load}}}{Z_{\text{line}}} = \frac{P_{\text{load}}}{\text{pf}_{\text{load}} \cdot V_{\text{Load}}} \cdot e^{-j \cdot \text{acos}(\text{pf}_{\text{load}})} + \frac{V_{\text{Load}}}{\dfrac{1}{j \cdot \omega \cdot C_{\text{r}}}}$$

$$V_{\text{load\_a}}(P_{\text{load}}) := \text{Find}(V_{\text{Load}})$$

在电路开路和估算值 10MW 的情况下，负载电压值为

$$|V_{\text{load\_a}}(0\text{MW})| = 78.45\text{kV} \quad \arg(V_{\text{load\_a}}(0\text{MW})) = -0.36°$$

$$|V_{\text{load\_a}}(10\text{MW})| = 70.03\text{kV} \quad \arg(V_{\text{load\_a}}(10\text{MW})) = -9.7°$$

其计算结果与运用第一种方法得出的结果一样。

例 3.16：发电机给恒定阻抗的电网供电

图 3.38 所示为电力系统单线图，图中发电机通过输电线为一个恒定阻抗的负载供电。发电机可以用电压源和阻抗串联表示，此例中，忽略发电机内阻抗，只考虑用电压源表示发电机。Ⅱ形电路代表传输电网。负载由一个电阻和电感性电抗并联，等效电路如图 3.39 所示。电路的相关数据已经列在下面。

输电线

发电机   负载

图 3.38 发电机通过输电线为负载阻抗供电

发电机产生的额定电压和频率为

$$V_{\text{g}} := 15\text{kV} \quad f_{\text{g}} := 60\text{Hz} \quad \omega := 2 \cdot \pi \cdot f_{\text{g}}$$

输电线相关参数为

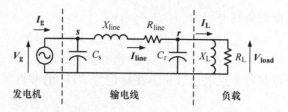

图 3.39　图 3.38 所示系统的等效电路

$$R_{\text{line}} := 1.1\Omega \quad X_{\text{line}} := 6\Omega$$

$$C_s := 30\mu F \quad C_r := C_s$$

负载阻抗为

$$R_L := 45\Omega \quad X_L := 60\Omega$$

等效阻抗的计算

如果系统频率为 60Hz，电容 C_s 和 C_r 的容抗为

$$Z_{Cs} := \frac{1}{j \cdot \omega \cdot C_s} = -88.4j\Omega \quad Z_{Cr} := Z_{Cs}$$

负载是由一个电阻和电抗并联表示，等效负载阻抗为

$$Z_L := \frac{1}{\dfrac{1}{R_L} + \dfrac{1}{j \cdot X_L}} \quad Z_L = 28.8 + 21.6j\Omega$$

负载阻抗和电容仍然是并联连接，其等效阻抗为

$$Z_{L\_Cr} := \frac{Z_{Cr} \cdot Z_L}{Z_{Cr} + Z_L} \quad Z_{L\_Cr} = (42.5 + 10.3j)\Omega$$

输电线的阻抗与电容和阻抗相串联，其等效阻抗为

$$Z_{\text{line}\_L\_Cr} := R_{\text{line}} + j \cdot X_{\text{line}} + Z_{L\_Cr} \quad Z_{\text{line}\_L\_Cr} = (43.6 + 16.3j)\Omega$$

将阻抗合并可以得到简化电路，如图 3.40 所示。

电流计算

电路中的电流可以直接利用欧姆定律计算出来，没有必要化简电路。

电容 C_s 的电流为

$$I_{Cs} := \frac{V_g}{Z_{Cs}} \quad |I_{Cs}| = 169.6A \quad \arg(I_{Cs}) = 90°$$

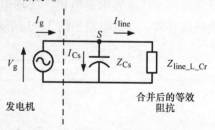

图 3.40　图 3.39 的简化等效电路

线路电流为

$$I_{\text{line}} := \frac{V_g}{Z_{\text{line}\_L\_Cr}} \quad |I_{\text{line}}| = 322.2A \quad \arg(I_{\text{line}}) = -20.4°$$

流过发电机的总电流是电容电流与线路电流之和，等于：

$$I_g := I_{Cs} + I_{line} \qquad I_g = (301.9 + 57.2j)\,A$$
$$|I_g| = 307.3A \qquad \phi_g := \arg(I_g) = 10.7°$$

电压和电压降的计算

下一步计算负载电压。负载电压是线路电流与等效阻抗的乘积，等效阻抗为负载阻抗与电容并联。

$$V_{load} := I_{line} \cdot Z_{L\_Cr} \qquad V_{load} = (13.99 - 1.69j)\,kV$$
$$|V_{load}| = 14.09kV \qquad \arg(V_{load}) = -6.9°$$

另一种计算负载电压的方法是发电机的电压减去线路阻抗的电压降：

$$V_{load\_alt} := V_g - I_{line} \cdot (R_{line} + j \cdot X_{line}) \qquad V_{load\_alt} = 13.99 - 1.69j\,kV$$

负载电流是负载电压与阻抗的比值：

$$I_L := -\frac{V_{load}}{Z_L} \qquad I_L = (282.8 - 270.7j)\,A$$
$$|I_L| = 391.5A \qquad \arg(I_L) = -43.7°$$

另外一种计算负载电流的方法是用电流分配：

$$I_{L\_alt} := I_{line} \cdot \frac{Z_{Cr}}{Z_{Cr} + Z_L} \qquad I_{L\_alt} = 282.8 - 270.7j\,A$$

家用设备和其他电气设备正常运行的负载电压应在额定电压的 ±5% 之间。电气设施的标准是：在 95% 的时间里，电压要在额定电压的 ±5% 之间；在 99% 的时间里，电压要在额定电压的 ±8% 之间。

常用的验证运行状况的方法是计算电压降百分比或电压调整率。电压降百分比可以定义为

$$电压降 := \frac{|V_g| - |V_{load}|}{|V_{load}|} \qquad 电压降 = 6.4\%$$

注意：Mathcad 能自动将电压降值转化为电压降百分比。因此，公式中并不需要乘以 100% 的计算。上述研究的电路中电压降不允许超过 5%。

表 3.5　重要关系

负载	功率因数角	无功功率	复功率
电容性	$\theta < 0°$（超前）	$Q < 0$	$\lvert S \rvert\, e^{-j\theta}$
电感性	$\theta > 0°$（滞后）	$Q > 0$	$\lvert S \rvert\, e^{+j\theta}$
电阻性	$\theta < 0°$	$Q = 0$	P

3.7　小结

相信读者现在已经十分熟悉本章电路分析的基本定律和方法了，这一章的主

要目的是将以前学过的基本知识运用到计算机中，利用 MATLAB 和 Mathcad 进行电路分析。此外，很多新引入的变量对读者来说可能是陌生的，比如式（3.24）和式（3.29）分别定义了系统效率和电压调整率。因此，应该学会应用有功功率、无功功率、复功率、电压、电流和功率因数之间的关系来分析电路以求解未知量。尤其是，下面的关系式在本书后面的章节中十分重要。对于电压 V_{rms} 和电流 I_{rms}，应该像图 3.41 一样遵循关联方向的规定：

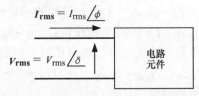

$$I_{rms} = I_{rms} \underline{/\phi}$$

$$V_{rms} = V_{rms} \underline{/\delta}$$

电路元件

图 3.41　符合关联参考方向的电路元件

$$
\begin{aligned}
S &= V_{rms} I_{rms}^* = V_{rms} e^{j\delta} I_{rms} e^{-j\phi} \\
&= V_{rms} I_{rms} \cos(\delta - \phi) + j V_{rms} I_{rms} \sin(\delta - \phi) \\
&= P + jQ
\end{aligned}
\tag{3.49}
$$

如果电路元件是一个阻抗，则：

$$
Z = \frac{V_{rms}}{I_{rms}} = \frac{V_{rms} \angle \delta}{I_{rms} \angle \phi} = \frac{V_{rms}}{I_{rms}} \angle \delta - \phi = |Z| \angle \theta
\tag{3.50}
$$

$$
S_Z = V_{rms} I_{rms}^* = V_{rms} I_{rms} e^{\pm j\theta} = |S_Z| e^{\pm j\theta} = \frac{P}{pf} e^{\pm j\theta}
\tag{3.51}
$$

式中，$\theta = \pm \arccos$（pf），正负值可以参考表 3.5。

3.8　练习

1. 什么是正弦电压或电流的有效值，写出表达式。

2. 简述什么是阻抗三角形，分别用极坐标和复数来表示一个电阻和一个电抗串联形成的阻抗。

3. 在阻抗分别串联和并联的条件下，简述等效阻抗的计算方法。

4. 怎样计算瞬时功率？

5. 什么是复功率，它的计算单位是什么？

6. 写出复功率计算公式。

7. 什么是有功功率？它的单位是什么？

8. 什么是无功功率？它的单位是什么？

9. 什么是功率三角形？

10. 什么是功率因数？如何使用？写出功率因数的基本表达式。

11. 如果电流超前于电压，那么无功功率的符号是什么？画出电流和电压的周期波形草图。

12. 如果电流滞后于电压，那么无功功率的符号是什么？画出电流和电压的周期波形草图。

13. 简述基尔霍夫电流定律。

14. 简述基尔霍夫电压定律。

15. 讨论戴维南等效电路，画图讨论其等效的意义。

16. 负载在有滞后和超前的功率因数时，写出计算电流的方程组。

17. 画出输电线的等效电路，并确定电路中的元件组成。

18. 电压调整率的定义是什么？写出该公式并描述其中变量的意义。

19. 讨论功率因数的校正。

3.9 习题

习题 3.1

确定电力系统分别在频率为①50Hz 和②60Hz 情况下运行的正弦交流函数的周期（ms）。

习题 3.2

如图 3.42 家用照明的额定电压为 $120V_{rms}$，①确定正弦电压幅值 V_M；②电压有效值在额定电压的 ±5% 范围内变化，其范围是多少？

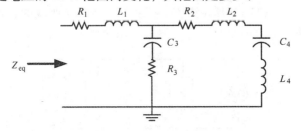

图 3.42 问题 3.5 的电路图

习题 3.3

用相量法证明：

$$\left(\frac{X}{Y}\right)^* = \frac{X^*}{Y^*}$$

习题 3.4

画出下列电流和电压的相量图，① $i(t) = 12\cos(377t + 18°)\,A$；② $v(t) = 17.7\cos(377t - 36°)\,kV$；③ $V = 69kV \angle 130°$；④ $I = 100A \angle -120°$。

习题 3.5

利用下表中各条支路电路元件的阻抗值，分别计算在①50Hz 和②60Hz 下的电路的等效阻抗 Z_{eq}。

支路 1:	$R_1 = 25\Omega$	$L_1 = 0.1H$
支路 2:	$R_2 = 25\Omega$	$L_2 = 0.1H$
支路 3:	$R_3 = 48\Omega$	$C_3 = 0.1\mu F$
支路 4:	$C_4 = 25\mu F$	$L_4 = 0.3H$

习题 3.6

电压为 240V 的住户空调，其额定功率为 $1hp^{\ominus}$，功率因数为 0.65（滞后），求：①等效的阻抗；②交流电动机的导纳。

习题 3.7

一个单相池泵电动机，其参数分别为 3hp，240V，60Hz。满负载情况下，效率为 92%，滞后功率因数为 0.73，求将功率因数提高到 0.98 所需要的电容值。

习题 3.8

两个电压源通过阻抗 $Z = 12 + j21\Omega$ 连接在一起，确定哪个电源作为负载，哪个作为发电机。电压源电压分别为

$$V_1 = 14kV\angle 0° \text{ 和 } V_2 = 13kV\angle 12°$$

习题 3.9

如图 3.4.3 所示的电路电压源为 140V，阻抗分别为 $Z_1 = 5 - j8\Omega$，$Z_2 = 10 + j5\Omega$，$Z_3 = 5 - j5\Omega$，和 $Z_4 = 15 + j10\Omega$。求：①每个阻抗吸收的有功功率；②每个阻抗的无功功率，并判断是吸收还是释放无功功率。

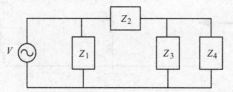

图 3.43　问题 3.9 的电路图

习题 3.10

单相电压源 $V_S = 220V\angle 0°$ 为阻抗 $Z = 100\Omega\angle 50°$ 供电，求：①阻抗的电阻和电抗；②负载吸收的有功功率和无功功率；③电路功率因数，来确定功率因数是滞后还是超前。

习题 3.11

如图 3.44 所示，两个理想电压源与阻抗相连接，电压源的值分别是 $V_1 = 100V$ 和 $V_2 = 120V \angle -25°$，阻抗 $Z_1 = 10\Omega$，$Z_2 = 5j\Omega$，$Z_3 = -25j\Omega$ 和 $Z_4 = 3\Omega$，求：①判断每个电压源的有功功率，并判断电压源是释放还是吸收有功功率；②每个电压源的无功功率，并判断电压源是释放还是吸收无功功率；③阻抗的有功功率和无功功率，确定是吸收还是释放功率；④画出有功功率随功率角从 $0° \sim 360°$ 的变化曲线，找到最大值，

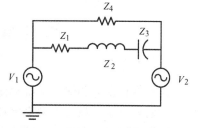

图 3.44　问题 3.11 的电路图

解释功率随着功率角度的变化趋势。注意：功率角是相量 V_1 和 V_2 之间的相位角的差，V_1 的相位角是 $0°$，V_2 的相位角为 $-25°$。

习题 3.12

工厂由几个 60Hz 的低功率因数的单相电机组成，厂房以 0.75 的滞后功率因数从变电站总线吸收 600kW 的功率。电站提供的电压是 12.47kV，可以通过连接一个并联的电容或用能产生无功功率的同步电机来提高功率因数，分析以下的情况：

① 功率因数从 0.75 提高到 0.95，求并联的电容及其无功功率；

② 在相同的变电站总线上，再连接同步电动机，其参额定功率为 250Hp，效率为 80%，超前功率因数为 0.85。求电路总功率因数。

习题 3.13

电压为 220V 的总线为电机和电容供电，60Hz 单相电机的参数为

$$V = 220V \quad S = 65kV \cdot A \quad pf = 0.8（滞后）$$

电动机在额定功率下工作，电容与电动机并联得到 0.99 超前功率因数。求：①画出等效电路；②确定电容值及其无功功率；③画出 pf 随电容变化的曲线；④求出 pf 达到 1 所需的电容值。

第4章 三相电路

几乎所有发电和输电系统都使用三相电路。三相电能通过三根或四根导线传输到大型客户端，只有小型家庭和轻型商用负荷采用单相电路供电。三相电路系统最主要的优点是电能传输效率高，另一个优点是产生的恒转矩，能减少旋转电机的振动，这对于配有大型电动机的行业是非常重要的。另外，三相发电机的效率高于单相发电机。在相同的线路条件下，一个三相输电线传输的电能是单相线路的三倍。这些优点使得三相电路在发电、输电及配电系统中得到广泛的应用。

一个多相系统或电路用的是频率相同但相位角不同的交流电源（AC），比如为大型整流器供电的6相和12相的系统。本章将阐述三相交流电传输的基本理论；解释星形和三角形联结；介绍在电力工程中频繁使用的标幺值。详述电压、电流和功率在三相星形和三角形联结系统中的计算，并讨论三相功率的测量。

4.1 三相分量

除非书中有特殊声明，本书只论述对称三相系统。一个对称的系统其三相正弦电压有相同的幅值和频率，每相间隔120°：

$$v_{an}(t) = V_M \cos(\omega t) \quad V_{an} = V_M \angle 0°$$
$$v_{bn}(t) = V_M \cos(\omega t - 120°) \quad V_{bn} = V_M \angle -120°$$
$$v_{cn}(t) = V_M \cos(\omega t - 240°) \quad V_{cn} = V_M \angle -240° \qquad (4.1)$$

当 V_{bn} 滞后 V_{an} 120°，V_{cn} 滞后 V_{bn} 120°时，系统称为正相序，也可称为 abc 相序。相序描述了相电压在相应时间达到峰值的顺序。如果 V_{cn} 和 V_{bn} 分别滞后 V_{an} 120°和240°，相对应的这个系统为负相序（acb 相序）。正相序如式（4.1）所示，本书都是以正相序为例。

一个对称的三相电路，其负载是对称的，负载上的电流也是对称的：

$$i_a(t) = I_M \cos(\omega t - \theta) \quad I_a = I_M \angle \theta$$
$$i_b(t) = I_M \cos(\omega t - \theta - 120°) \quad I_b = I_M \angle -\theta - 120°$$
$$i_c(t) = I_M \cos(\omega t - \theta - 240°) \quad I_c = I_M \angle -\theta - 240° \qquad (4.2)$$

每相的电压超前于对应的电流 θ 角，三角函数恒等式为

$$\cos(\alpha) + \cos(\alpha - 120°) + \cos(\alpha + 120°) = 0 \qquad (4.3)$$

从式（4.1）和式（4.2）中，得到对称的三相电压之和以及对称的三相电流之和都等于零：

$(V_{\mathrm{an}}(t) + V_{\mathrm{bn}}(t) + V_{\mathrm{cn}}(t) = 0;\ i_{\mathrm{a}}(t) + i_{\mathrm{b}}(t) + i_{\mathrm{c}}(t) = 0)$。

上述结论也可以从相量图 4.1 中形象地看出。

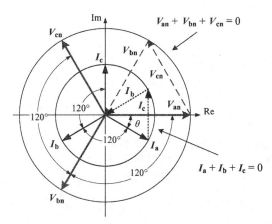

图 4.1　三相对称电路的正相序相量图（图中电压和电流的和都为零）.

单相的瞬时功率为：$p(t) = i(t)v(t)$，那么三相的总瞬时功率为

$$p_{\mathrm{T}}(t) = p_{\mathrm{a}}(t) + p_{\mathrm{b}}(t) + p_{\mathrm{c}}(t) = 3 \times \frac{V_{\mathrm{M}}I_{\mathrm{M}}}{2} \times \cos(\theta) = 3V_{\mathrm{rms}}I_{\mathrm{rms}}\cos(\theta) \quad (4.4)$$

三相瞬时功率是一个不随时间变化的恒量。同理，三相复功率为

$$S_{\mathrm{T}} = S_A + S_B + S_C = 3S_1 \quad (4.5)$$

S_1 为三相对称电路中任意一相的复功率。

例 4.1：以下的 MATLAB 脚本显示一个 60Hz 三相对称电路中电压和电流随时间变化的情况。考虑到电流滞后其对应的电压 θ 角：

$$v_{\mathrm{a}}(t) = \sqrt{2}V_{\mathrm{rms}}\cos(\omega t)$$

$$v_{\mathrm{b}}(t) = \sqrt{2}V_{\mathrm{rms}}\cos(\omega t - 120°)$$

$$v_{\mathrm{c}}(t) = \sqrt{2}V_{\mathrm{rms}}\cos(\omega t - 240°)$$

$$i_{\mathrm{a}}(t) = \sqrt{2}I_{\mathrm{rms}}\cos(\omega t - \theta)$$

$$i_{\mathrm{b}}(t) = \sqrt{2}I_{\mathrm{rms}}\cos(\omega t - 120° - \theta)$$

$$i_{\mathrm{c}}(t) = \sqrt{2}I_{\mathrm{rms}}\cos(\omega t - 240° - \theta)$$

设定电压 V_{rms} 方均根值 rms 为 230kV，电流 I_{rms} 方均根值为 500A，相位角 θ 为 45°。MATLAB 中的相量函数，使计算和绘图变得十分简单：

```
% ThreePhasePower.m
clear all
```

```
% 设对称三相电路频率为60Hz
freq = 60;   w = 2*pi*freq;      % Hz 和  rad/s

% 设时间单位为毫秒(大约2个周期)
t = 0 : 0.5 : 40;

% 交流高电压值
Vrms = 230;        % 电压方均根值  (kV)

Irms = 0.5;        % 电流方均根值  (kA)
angle = pi/4;      % 电压超前于电流角度数

%   需要把方均根值改变为幅值

Va = Vrms * sqrt(2) * cos(w*t/1000);
Vb = Vrms * sqrt(2) * cos(w*t/1000 - 2*pi/3);
Vc = Vrms * sqrt(2) * cos(w*t/1000 - 4*pi/3);

% 画每相电压波形图

subplot(3,1,1);
plot(t,Va,'b-.',t,Vb,'m--',t,Vc,'g-','LineWidth',2.5);
set(gca,'fontname','Times','fontsize',12);
ylabel('Voltage (kV)');
legend('V_a','V_b','V_c');
title(['Three-Phase Balanced System at ',...
    num2str(freq),' Hz, and V Leads I by ',...
    num2str(angle*180/pi),'°']);

% 把方均根值改变为幅值和相位移
Ia = Irms * sqrt(2) * cos(w*t/1000 - angle);
Ib = Irms * sqrt(2) * cos(w*t/1000 - angle - 2*pi/3);
Ic = Irms * sqrt(2) * cos(w*t/1000 - angle - 4*pi/3);

% 画每相电流波形图
subplot(3,1,2);
plot(t,Ia,'b-.',t,Ib,'m--',t,Ic,'g-','LineWidth',2.5)
set(gca,'fontname','Times','fontsize',12);
ylabel('Current (kA)');
legend('I_a','I_b','I_c');
```

每相瞬时有功功率和总有功功率可以通过以下公式计算：

$$p_a(t) = i_a(t)v_a(t)$$
$$p_b(t) = i_b(t)v_b(t)$$
$$p_c(t) = i_c(t)v_c(t)$$
$$p_T(t) = p_a(t) + p_b(t) + p_c(t)$$

利用 MATLAB：

```
% 计算每相瞬时功率
pa = Va .* Ia;        % MW
pb = Vb .* Ib;
pc = Vc .* Ic;
```

```
% 计算三相总功率
pt = pa + pb + pc;

% 画每相功率和总功率
subplot(3,1,3);

plot(t,pa,'b-.', t,pb,'m--', t,pc,'g-', t,pt,...
    'k:','LineWidth',2.5)
set(gca,'fontname','Times','fontsize',12);
ylim([-100 300]);
xlabel('Time (ms)');
ylabel('Power (MW)');
legend('P_a','P_b','P_c','P_{total}');
```

　　MATLAB 计算结果如图 4.2 所示。注意，每相的瞬时功率频率为 120Hz，因此验证了式（3.10）。瞬时总功率是一个常量，图中的总功率可以通过式（4.4）验证：

$$p_{total} = 3V_{rms}I_{rms}\cos(\theta) = 3 \times (230kV) \times (0.5kA) \times \cos(45°) = 244MW$$

式中，V_{rms} 为线电压，读者可以从改变电流和电压之间的相位差（θ）来研究其对瞬时有功功率的影响，相位差的取值在 $+90°$ ~ $-90°$ 之间。

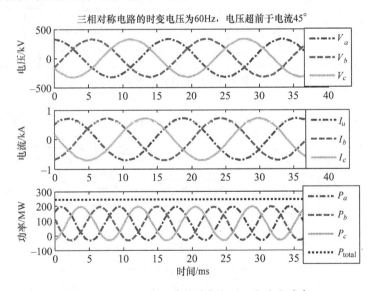

图 4.2　三相对称电路的时变电压、电流和功率

三角形 – 星形联结

　　三相电路采用星形（丫）和三角形（△）联结。图 4.3 和图 4.4 分别举例说明了星形和三角形负载联结的方式。三角形联结不适合采用串并联阻抗联结，

在这种情况下，三角形联结可以转换为星形联结，如图4.5所示。

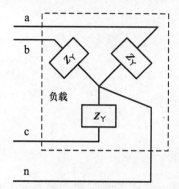
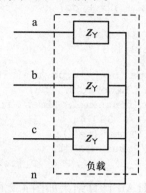

图4.3 星形负载联结

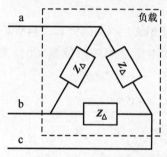
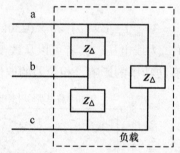

图4.4 三角形负载联结

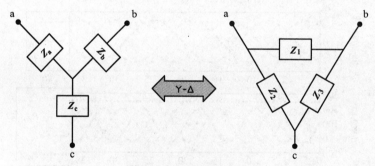

图4.5 △－丫阻抗变换

$$Z_a = \frac{Z_1 Z_2}{Z_1 + Z_2 + Z_3}$$

$$Z_b = \frac{Z_1 Z_3}{Z_1 + Z_2 + Z_3}$$

$$Z_c = \frac{Z_2 Z_3}{Z_1 + Z_2 + Z_3} \tag{4.6}$$

上述公式可以简单记为：在某个丫节点旁边的阻抗值等于三角形联结此节点两边阻抗之积除以三个三角形阻抗之和。逆变换（丫到△）亦可写作：

$$Z_1 = \frac{Z_aZ_b + Z_bZ_c + Z_cZ_a}{Z_c}$$

$$Z_2 = \frac{Z_aZ_b + Z_bZ_c + Z_cZ_a}{Z_b}$$

$$Z_3 = \frac{Z_aZ_b + Z_bZ_c + Z_cZ_a}{Z_a} \tag{4.7}$$

对于三角形和星形所有阻抗都相等的情况下（$Z_\triangle = Z_1 = Z_2 = Z_3$　$Z_Y = Z_a = Z_b = Z_c$），变换公式可以简化为

$$Z_\triangle = 3Z_Y \tag{4.8}$$

发电机和负载的星形和三角形联结将在下一部分阐述，总共有四种连接方式：①丫 - 丫；②丫 - △；③△ - 丫；④△ - △。分析这些连接方式时，应该确定相和线的电压及电流的数值，每相的值描述的是通过每相电源或负载的数值。

4.2 星形联结发电机

图 4.6 所示是一个星形联结的三相发电机，发电机由三相电压源表示，这三相交流电压（$|V_{an}|$，$|V_{bn}|$，$|V_{cn}|$）的幅值都是一样的，电压相位相差120°。电路包括三根相线（a，b，c）和一根中性点接地（n）的地线。

实际的发电机中性点不直接接地。如果发生了短路，通过一个阻抗连接到地就可以限制电流。阻抗值大小由产生故障电流为 5A 所限制，5A 为铁心烧毁的阈值。

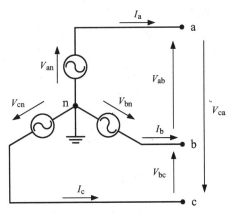

图 4.6　三相丫 - △联结发电机

选定 a 相电压（V_{an}）为相位角为 δ 的参考量。与式（4.1）类似，相电压表达式为

$$V_{an} = V_P \angle \delta$$

$$V_{bn} = V_P \angle \delta - 120°$$

$$V_{cn} = V_P \angle \delta - 240° \tag{4.9}$$

式中，V_P 为相线和地线之间电压的幅值，称为相电压。对称电压的一个重

要的特性为

$$V_{an} + V_{bn} + V_{cn} = 0 \qquad (4.10)$$

在第 1 章电力系统中电压用线电压的方均根值来描述，相线之间的电压也称为线电压。采用基尔霍夫电压定律，如图 4.6，基尔霍夫电压回路循环为 n→a→b→n 循环，则在任一瞬间，三个电压的关系表达式为

$$V_{an} - V_{ab} - V_{bn} = 0 \qquad (4.11)$$

重新整理上面的等式，然后用 V_{an} 代替 V_{bn} 得到：

$$\begin{aligned}
V_{ab} &= V_{an} - V_{bn} \\
&= V_{an} - V_{an} \angle -120° \\
&= V_{an}(1 - e^{-j120°}) \\
&= V_{an} \times \sqrt{3} \angle 30°
\end{aligned} \qquad (4.12)$$

考虑到线电压 V_{ab} 有幅值 V_L 和相位角 ψ（$V_{ab} = V_L \angle \psi$），相电压和线电压关系为

$$\begin{aligned}
V_{ab} &= V_{an} \times \sqrt{3} \angle 30° \\
V_L \angle \psi &= V_P \angle \delta \times \sqrt{3} \angle 30° \\
V_L &= V_P \times \sqrt{3} \text{和} \ \psi = \delta + 30°
\end{aligned} \qquad (4.13)$$

线电压的幅值是相电压幅值的 $\sqrt{3}$ 倍，线电压超前于相应的相电压 $\psi - \delta = 30°$。图 4.7 是线电压和相电压幅值和相位差对比图。

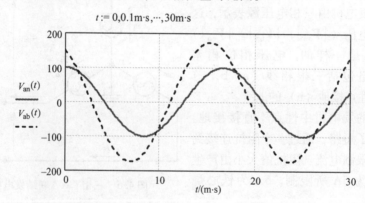

图 4.7　线电压 V_{ab}（t）与相电压 V_{an}（t）的幅值和相位差的比较

同样利用 KVL 表达式可以求出其他两个线电压，则三个线电压为

$$\begin{aligned}
V_{ab} &= V_{an} \times \sqrt{3} \angle 30° \\
V_{bc} &= V_{bn} \times \sqrt{3} \angle 30° = V_{an} \times \sqrt{3} \angle -90° \\
V_{ca} &= V_{cn} \times \sqrt{3} \angle 30° = V_{an} \times \sqrt{3} \angle -210°
\end{aligned} \qquad (4.14)$$

不难看出：带有三个相电压的星形联结发电机可以被带有三个等于上式线电压的电压源构成的三角形联结发电机代替，反之亦然。

例 4.2：Mathcad 实现

利用 Mathcad 可以在数学上验证前面的等式，是一个非常实用的练习。通常选线电压 ab 为三相电路中的参考相量，设线电压的方均根值为 69kV，相位角为 $0(\delta = 0°)$：

$$V_{ab} := 69kV \cdot e^{j \cdot 0} \qquad V_{bc} := V_{ab} \cdot e^{-j \cdot 120°} \qquad V_{ca} := V_{ab} \cdot e^{-j \cdot 240°}$$

$$V_{ab} = 69kV \qquad\qquad |V_{ab}| = 69kV \quad \arg(V_{ab}) = 0°$$

$$V_{bc} = (-34.5 - 59.8j)kV \qquad |V_{bc}| = 69kV \quad \arg(V_{bc}) = -120°$$

$$V_{ca} = (-34.5 + 59.8j)kV \qquad |V_{ca}| = 69kV \quad \arg(V_{ca}) = 120°$$

注意 Mathcad 有两个等号：第一个等号（：=）是定义一个变量；第二个等号（=）表示变量的值。使用式（4.14）得到 a 相的相电压（V_{an}）：

$$V_{an} := \frac{V_{ab}}{\sqrt{3} \cdot e^{j \cdot 30°}}$$

参考 a 相电压，其他两个相电压为

$$V_{bn} := V_{an} \cdot e^{-j \cdot 120°} \qquad V_{cn} := V_{an} \cdot e^{-j \cdot 240°}$$

相电压的数值为

$$|V_{an}| = 39.8kV \qquad |V_{bn}| = 39.8kV \qquad |V_{cn}| = 39.8kV$$

$$\arg(V_{an}) = -30.0° \qquad \arg(V_{bn}) = -150.0° \qquad \arg(V_{cn}) = 90.0°$$

三个相电压之和为 0，因此证实式（4.10）：

$$V_{an} + V_{bn} + V_{cn} = 0kV$$

从上述计算得到的数值，验证了：线电压之间的相位差为 120°；相电压和线电压之间的相位差为 30°（$\angle V_{ab} - \angle V_{an} = 30°$）；线电压是相电压的 $\sqrt{3}$ 倍（$|V_{ab}| = \sqrt{3}|V_{an}|$）。如图 4.8 所示的相量图阐明了这种关系，这个相量图清楚地展示了线电压和相电压相位差为 30°，以及线电压是两个相电压的差。

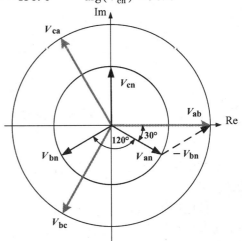

图 4.8 对称星形联结电压相量图

4.3 星形联结负载

星形联结负载通过三线或者四线连接系统连接到星形发电机，如图4.9所示。大多数高电压线路采用三线接地系统。负载通过变压器连接在相线之间，接地电流很小，最好等于0。然而，如果电源和负载端的中性点都接地，大地作为导体连接这两个中性点，那么三线连接系统转换为一个四线系统。

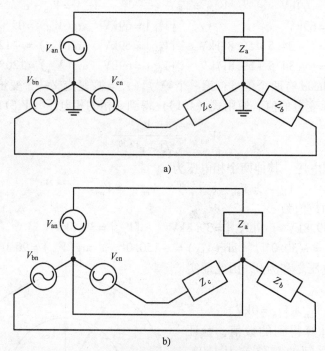

图 4.9   三线和四线星形联结电路

a）三线   b）四线星形联结电路

在配电层，经常使用四线连接系统。尽管在变压器端接地，中性线也是绝缘的。

在低电压层，行业普遍使用的是三线和四线连接系统。对于大型电机负荷，较大工业区使用460V三线电压系统；对于轻型负荷，则使用208V四线电压系统，较轻型和较小型负载连接在120V的相线和中性线之间。大型负荷连接在208V的相线和相线之间；电机由208V的三相连接系统供电。

星形联结发电机可以接上星形联结的三相负载：三根相线（a，b，c）将负载阻抗（Z_a，Z_b，Z_c）和电源端连接，中性线将电源的中性点和负载中性点连接。电源的中性点接地以保证相电压与地之间恒定的电压降，这是出于对安全的考虑。在实际应用中，发电机不直接和负载连接，但船舶电源系统除外。负载通过变压器和输电线连接到发电机，这是下一章的主要内容。

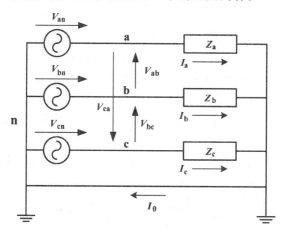

图 4.10　带有阻抗负载的三相星形联结发电机

对于四线连接电路，电压源直接与负载阻抗连接，中性线为每相负载电流提供了回路，相电压通过每相的负载阻抗产生电流。然而，对于一个星形联结负载，术语负载电压通常指的是线电压。图 4.10 显示：每相电流可以通过用相电压除以对应的负载阻抗计算出来（如：$I_b = V_{bn}/Z_b$）。

4.3.1　对称星形联结负载（四线制系统）

大部分三相电路运行时，连接的负载为对称（或接近对称）负载，每相负载的电流相同或者负载阻抗相同。每相负载构成的电路不会影响其他相的电路，因此分析时单独计算 a 相的电流就足够。b 相和 c 相的电流有相同的幅值和相关的相位角，电流之间的相位差为 120°。

如图 4.10 所示并应用 KVL，则 a 相中：

$$V_{an} - I_a Z_a = 0 \tag{4.15}$$

a 相线电流为

$$I_a = \frac{V_{an}}{Z_a} \tag{4.16}$$

因为 $Z_a = Z_b = Z_c = Z_Y$，b 相和 c 相的线电流幅值等于 a 相线电流的幅值，但是相位滞后 120° 和 240°。在中性点，根据 KCL 得到：

$$I_0 = I_a + I_b + I_c = 0 \tag{4.17}$$

a 相负载的复功率为

$$S_a = V_{an} I_a^* \qquad (4.18)$$

三相总的复功率是单相复功率的三倍：

$$S_T = 3 S_a \qquad (4.19)$$

例 4.3：对称的丫 – 丫联结三相电路可以由一个单相等效电路来表示，这个电路的功率为三相电路总功率的 1/3，电路的电源是相电压。为了举例说明对称三相电路电流的计算，假设图 4.6 中的发电机线电压为 480V，负载滞后功率因数（pf）为 0.8。

$$P_{3ph\_load} := 3000W \quad pf_{load} := 0.8 \quad V_{an} := \frac{480V}{\sqrt{3}} = 277.1V$$

图 4.11 所示为对称负载三相电路的单相等效电路。电路中的负载功率是三相电路负载功率的 1/3。

$$P_{1ph} := \frac{P_{3ph\_load}}{3} \quad P_{1ph} = 1000W$$

a 相的线电流为

$$I_a := \frac{P_{1ph}}{V_{an} \cdot pf_{load}} \cdot e^{-j \cdot acos(pf_{load})}$$

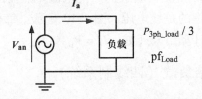

图 4.11　对称负载三相电路的单相等效电路

指数为负数表示相位是滞后的。b 相和 c 相电流相位与 a 相的电流分别相差 120° 和 240°，分别为

$$I_b := I_a \cdot e^{-j \cdot 120°} \quad I_c := I_a \cdot e^{-j \cdot 240°}$$

电流数值为

$|I_a| = 4.51A \quad arg(I_a) = -36.9°$

$|I_b| = 4.51A \quad arg(I_b) = -156.9°$

$|I_c| = 4.51A \quad arg(I_c) = 83.1°$

4.3.2　不对称星形联结负载（四线制系统）

不对称情况下每相电路必须单独分析，除此之外，线电流的分析方法与对称

情况相同。假设中性线线路阻抗为 0，如图 4.10 所示，那么每个线电流可以利用欧姆定律求得：

$$I_a = \frac{V_{an}}{Z_a} \quad I_b = \frac{V_{bn}}{Z_b} \quad I_c = \frac{V_{cn}}{Z_c} \tag{4.20}$$

对于不对称情况：

$$I_0 = I_a + I_b + I_c \neq 0 \tag{4.21}$$

发电机提供的总复功率为

$$S_T = S_a + S_b + S_c = V_{an}I_a^* + V_{bn}I_b^* + V_{cn}I_c^* \tag{4.22}$$

不对称情况需要对所有三相或者对称元件进行电路分析。使用计算机程序计算来分析这种重复性的复数运算，有很大的优势，对称元件的分析将在后面的章节中讲述。

例 4.4：Mathcad 将分析一个不对称四线 $\curlyvee$ – $\curlyvee$ 联结电路实例，要求算出线电流和总三相功率。为表明负载电流的计算过程，设 a 相负载为一个电阻和电感串联的阻抗：

$$Z_a := (10 + j \cdot 5)\Omega$$

b 相负载为一个电阻和电容串联的阻抗：

$$Z_b := (12 - j \cdot 7)\Omega$$

c 相的负载为纯电阻：$Z_c := 13\Omega$。

相电流通过欧姆定律计算：

$$I_a := \frac{V_{an}}{Z_a} \quad I_b := \frac{V_{bn}}{Z_b} \quad I_c := \frac{V_{cn}}{Z_c}$$

利用 KCL，中性线上的电流是各相电流之和：

$$I_0 := I_a + I_b + I_c$$

对于相电压：

$$V_{an} := 120V \quad V_{bn} := 120V \cdot e^{-j \cdot 120°} \quad V_{cn} := 120V \cdot e^{-j \cdot 240°}$$

线电流计算结果为

$$|I_a| = 10.7A \quad \arg(I_a) = -26.6° \quad |I_b| = 8.6A \quad \arg(I_b) = -89.7°$$

$$|I_c| = 9.2A \quad \arg(I_c) = 120° \quad |I_0| = 7.4A \quad \arg(I_0) = -47.3°$$

由图 4.10 和计算结果表明：如果忽略中性线阻抗，则相电流之间不会互相影响。

上面的分析表明：一个星形联结电路每相有两个电压（线电压和相电压）和一个单相线路负载电流（因为线电流和负载电流是相同的）。而对于一个三角形联结电路，只有一个电压（线电压）和两个电流（线电流和负载电流），此内容将会在 4.4 节中涉及。

功率计算

发电机复功率的计算，可以通过先计算每相的复功率，然后将它们相加得到总的三相复功率。每相的复功率可以通过每相电压乘以对应的共轭电流计算得到：

$$S_a := V_{an} \cdot \bar{I}_a \quad S_b := V_{bn} \cdot \bar{I}_b \quad S_c := V_{cn} \cdot \bar{I}_c$$

注意，Mathcad 使用上划线表示复共轭计算。三相复功率为

$$S_{3\_phase} := S_a + S_b + S_c$$

对应的计算结果为

$$S_a = 1152 + 576j V \cdot A \quad S_b = 895 - 522j V \cdot A \quad S_c = 1108 V \cdot A$$

$$S_{3\_phase} = 3155 + 53.7j V \cdot A$$

式中第一个数是有功功率；第二个数是无功功率。可以看到 a 相有电感性无功功率（功率因数 pf 滞后），b 相有电容性无功功率，c 相的无功功率为 0。

4.3.3 三线制星形联结负载

图 4.12 所示为一个星形联结三相电路，由三个星形联结电源与三个星形联结的负载组成。发电机的中性点（g）接地，但是电源和负载的中性点不连接，这样避免形成直接回路，因此不相等的线电流在发电机中性点和负载阻抗中性点之间会产生一个电压差。

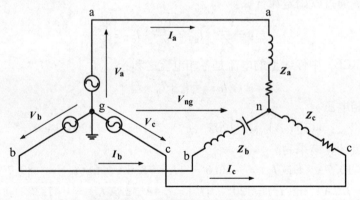

图 4.12　星形联结三相电路

例 4.5：下面通过一个计算实例说明三相电路的分析。对称电源线电压为 $V_{L-L} := 480V$。

三个负载阻抗为

$$Z_a := (70 + j \cdot 60)\,\Omega \quad Z_b := (40 - j \cdot 50)\,\Omega \quad Z_c := (80 + j \cdot 30)\,\Omega$$

a 相的相电压为参考电压，相电压为

$$V_a := \frac{480\text{V}}{\sqrt{3}} \quad V_b := V_a \cdot e^{-j \cdot 120°} \quad V_c := V_a \cdot e^{-j \cdot 240°}$$

$$|V_a| = 277.1\text{V} \quad |V_b| = 277.1\text{V} \quad |V_c| = 277.1\text{V}$$

$$\arg(V_a) = 0° \quad \arg(V_b) = -120° \quad \arg(V_c) = 120°$$

中性点间的电压差

电路包含三条支路，分别是 g→a→n，g→b→n，g→c→n。利用 KVL 可以计算出电流。例如在回路 g→a→n→g 中，相电压和中性点之间电压（V_{ng}）的电压差使阻抗 Z_a 产生电流。线电流为

$$I_a := \frac{V_a - V_{ng}}{Z_a} \quad I_b := \frac{V_b - V_{ng}}{Z_b} \quad I_c := \frac{V_c - V_{ng}}{Z_c} \tag{4.23}$$

n 点的电流之和为 0，n 点 KCL 关系式为

$$\frac{V_a - V_{ng}}{Z_a} + \frac{V_b - V_{ng}}{Z_b} + \frac{V_c - V_{ng}}{Z_c} = 0$$

通过上式可以得到中性点之间的电压差 V_{ng}，电压差为

$$V_{ng} := \frac{\dfrac{V_a}{Z_a} + \dfrac{V_b}{Z_b} + \dfrac{V_c}{Z_c}}{\dfrac{1}{Z_a} + \dfrac{1}{Z_b} + \dfrac{1}{Z_c}} \tag{4.24}$$

数据计算结果显示出电压差是有重要意义的：

$$V_{ng} = 111.3 - 100.2\text{jV} \quad |V_{ng}| = 149.8\text{V}$$

上式代入式（4.23）可以计算出电流，电流为

$$I_a := \frac{V_a - V_{ng}}{Z_a} \quad |I_a| = 2.10\text{A} \quad \arg(I_a) = -9.4°$$

$$I_b := \frac{V_b - V_{ng}}{Z_b} \quad |I_b| = 4.47\text{A} \quad \arg(I_b) = -99.4°$$

$$I_c := \frac{V_c - V_{ng}}{Z_c} \quad |I_c| = 4.94\text{A} \quad \arg(I_c) = 105.7°$$

功率的计算与例4.4 相似。

前面的分析是针对不对称负载。当 $\mathbf{Z}_a = \mathbf{Z}_b = \mathbf{Z}_c = \mathbf{Z}_Y$ 时，我们利用式（4.24）便得到对称负载情况下的结果。

$$V_{ng} = \frac{\dfrac{V_a}{\mathbf{Z}_a} + \dfrac{V_b}{\mathbf{Z}_b} + \dfrac{V_c}{\mathbf{Z}_c}}{\dfrac{1}{\mathbf{Z}_a} + \dfrac{1}{\mathbf{Z}_b} + \dfrac{1}{\mathbf{Z}_c}} = \frac{\dfrac{1}{\mathbf{Z}_Y}(V_a + V_b + V_c)}{\dfrac{3}{\mathbf{Z}_Y}} = \frac{V_a + V_b + V_c}{3}$$

另外，我们从式（4.10）可知对称电压源之和为 0，因此，对于对称三相电路 $V_{ng} = 0$。

4.4 三角形联结电路

同样的，在一个三角形联结电路中，我们分析三角形联结的发电机和负载。

4.4.1 三角形联结发电机

图 4.13 所示为三角形联结的发电机，端点 ab，bc 和 ca 之间的电压为线电压。对于对称三相电路，这些电压的幅值都是相等的，它们之间的相位差为 120°。选 ab 相之间的电压 V_{ab} 为参考电压，其相位角 0（$\psi = 0$），则三角形联结的电源线电压为

$$V_{ab} = V_L \angle \psi$$
$$V_{bc} = V_L \angle \psi - 120°$$
$$V_{ca} = V_L \angle \psi - 240° \tag{4.25}$$

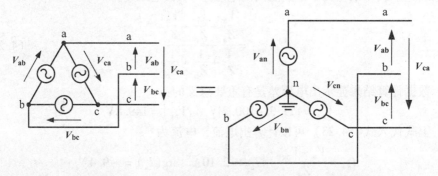

图 4.13　三角形联结发电机和等效星形联结发电机

三角形联结发电机可以转换为由三个电压源组成的等效三角形联结发电机，如图 4.13 所示。

等效星形联结电源的电压为相电压，可以使用下面的关系式由线电压计算出来，本质上是式（4.14）的重复：

$$V_{an} = \frac{V_{ab}}{\sqrt{3}}e^{-j30°} \quad V_{bn} = \frac{V_{bc}}{\sqrt{3}}e^{-j30°} \quad V_{cn} = \frac{V_{ca}}{\sqrt{3}}e^{-j30°} \tag{4.26}$$

三角形和星形电源联结转换的实际使用取决于负载。在三角形负载中，星形电压源联结更有优势，同样地，在三角形负载中，星形联结电压源能够简化计算。大多数情况下，假定电源为三角形联结。如果三相电压是不对称的，三角形联结发电机将导致在三角形电路中产生循环电流。

通常，线电压为三相系统的额定电压。例如，500kV 电力系统，在美国绝大部分地区的大型输电系统中，其相电压为 $500kV/\sqrt{3} = 288.67kV$，因为线电压为 500kV。

4.4.2 对称三角形联结负载

图 4.14 所示，在三角形联结负载电路中，如果线路阻抗可以忽略不计，则线电压是直接连接到负载上的电压，这表明外加到负载上的电压是相互独立的。因此，在对称负载中 ab 相的负载电流很容易计算出来。bc 相和 ca 相的电流与 I_{ab} 有着同样的幅值和相对应的相位角，相位差为 $\pm120°$。

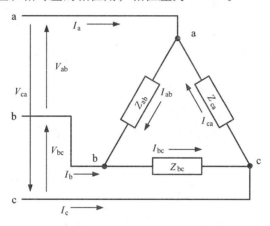

图 4.14　三角形联结负载

利用欧姆定律可计算出流过阻抗 Z_{ab} 上的电流 I_{ab}：

$$I_{ab} = \frac{V_{ab}}{Z_{ab}} \tag{4.27}$$

为了得到线电流 I_a，在 a 节点利用 KCL 列出下式：

$$I_a = I_{ab} - I_{ca} \tag{4.28}$$

利用欧姆定律写出的相电流的表示式带入上式中，得到：

$$I_a = \frac{V_{ab}}{Z_{ab}} - \frac{V_{ca}}{Z_{ca}} \tag{4.29}$$

对于一个对称的三角形联结负载，$Z_{ab} = Z_{bc} = Z_{ca} = Z_\triangle$，并且连接对称的电源，$V_{ca} = V_{ab} \angle -240°$，即

$$I_a = \frac{V_{ab}}{Z_\triangle} - \frac{V_{ab} \angle -240°}{Z_\triangle}$$

$$= \frac{V_{ab}}{Z_\triangle} (1 - \angle -240°)$$

$$= I_{ab} \ (1 - e^{-j240°})$$

$$= I_{ab} \times \sqrt{3} \angle -30° \qquad (4.30)$$

那么，三角形联结负载的线电流是相电流的$\sqrt{3}$倍。

对于负载阻抗Z_{ab}，电压V_{ab}和电流I_{ab}为关联参考方向，复功率为

$$S_{ab} = V_{ab}I_{ab}^* \qquad (4.31)$$

总的三相复功率是前面提到的单相功率的三倍（$S_T = 3S_{ab}$）。

无论发电机是由线电压为V_{ab}，V_{bc}，V_{ca}的三角形联结组成还是由相电压为V_{an}，V_{bn}，V_{cn}的星形联结组成，前面的分析都可以应用在三角形联结负载中。

例4.6：通过一个计算实例分析三角形联结电路。线电压V_{ab}为参考相量：

$$V_{ab}: = 208V \quad V_{bc}: = V_{ab} \cdot e^{-j \cdot 120°} \quad V_{ca}: = V_{ab} \cdot e^{-j \cdot 240°}$$

电压值分别为

$$|V_{bc}| = 208V \quad \arg(V_{bc}) = -120°$$
$$|V_{ca}| = 208V \quad \arg(V_{ca}) = 120°$$

此例中三角形联结发电机先连接一个对称负载，然后在后面的例子中连接一个不对称负载。

为了阐明在对称三相电路中线电流和相电流的计算，假设图4.13中的电压源负载的滞后功率因数为0.8，功率为3kW的三相负载：

$$P_{3ph\_load}: = 3000W \quad pf_{load}: = 0.8$$

线电压为$V_{ab}: = 208 \cdot e^{-j \cdot 0°}V$

ab相负载为总三相负载的1/3，线电压为负载提供的功率为

$$P_{1ph}: = \frac{P_{3ph\_load}}{3} \quad P_{1ph} = 1000W$$

ab相电流为

$$I_{ab}: = \frac{P_{1ph}}{V_{ab} \cdot pf_{load}} \cdot e^{-j \cdot acos(pf_{load})}$$

ab相电流的数值为

$$I_{ab} = 4.81 - 3.61jA \quad |I_{ab}| = 6.01A \quad \arg(I_{ab}) = -36.9°$$

bc相和ca相电流相位差为120°和240°，分别为

$$I_{bc}: = I_{ab} \cdot e^{-j \cdot 120°} \quad |I_{bc}| = 6.01A \quad \arg(I_{bc}) = -157°$$
$$I_{ca}: = I_{ab} \cdot e^{-j \cdot 240°} \quad |I_{ca}| = 6.01A \quad \arg(I_{ca}) = 83°$$

利用KCL和图4.14，线电流为

$$I_a: = I_{ab} - I_{ca} \quad I_b: = I_{bc} - I_{ab} \quad I_c: = I_{ca} - I_{bc}$$

线电流的数值为

$$I_a = (4.09 - 9.57j) \text{A} \quad |I_a| = 10.41 \text{A} \quad \arg(I_a) = -66.9°$$

$$I_b = (-10.33 + 1.25j) \text{A} \quad |I_b| = 10.41 \text{A} \quad \arg(I_b) = 173.1°$$

$$I_c = (6.25 + 8.33j) \text{A} \quad |I_c| = 10.41 \text{A} \quad \arg(I_c) = 53.1°$$

线电流之间的比较显示出每相的幅值相等，相位差为 120°。线电流和相电流的比较显示出线电流幅值为相电流的 $\sqrt{3}$ 倍，其相位差为 −30°，如图 4.15 所示。这个相量图通常适用于所有的负载三角形联结对称系统电路。这个例子也指出在负载三角形联结电路中有两个电流（相电流和线电流）和一个电压（线电压）。

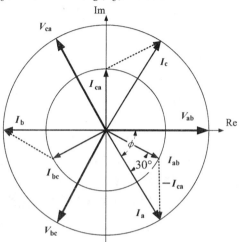

图 4.15　负载三角形联结对称电路的相量图

另外一个计算对称电路的线电流的方法就是利用式 (4.30):

$$I_a: = \sqrt{3} I_{ab} \cdot e^{-j \cdot 30°}$$

这个数值和前面提到过的数值相等:

$$I_a = 4.09 - 9.57j \text{A} \quad |I_a| = 10.41 \text{A} \quad \arg(I_a) = -66.9°$$

利用相似的公式计算 b 相和 c 相电流。

4.4.3　不对称三角形联结负载

在不对称负载电路中分析线电流和相电流的方法与对称三角形负载联结电路相似。图 4.14 中，每个负载相电流可以直接利用欧姆定律计算得到:

$$I_{ab} = \frac{V_{ab}}{Z_{ab}} \quad I_{bc} = \frac{V_{bc}}{Z_{bc}} \quad I_{ca} = \frac{V_{ca}}{Z_{ca}} \tag{4.32}$$

线电流必须利用三角形联结负载的每个节点由 KCL 确定:

$$I_a = I_{ab} - I_{ca}$$
$$I_b = I_{bc} - I_{ab}$$
$$I_c = I_{ca} - I_{bc} \tag{4.33}$$

对于不对称负载电路，我们将看出通过每相的线电流和相电流是不同的，并且相位差也不是均匀地相差 120°。

例 4.7: 前面例子中的三角形或星形联结电压源的 3 个阻抗负载为三角形联结。阻抗为

$$Z_{ab} := 23\Omega \qquad Z_{bc} := (22 + j \cdot 15)\Omega \qquad Z_{ca} := (25 - j \cdot 22)\Omega$$

图 4.14 中三相负载的等效电路显示了每个线电压直接加在相应的阻抗上，流过每个阻抗的电流可以通过线电压除以相应的阻抗计算得到。换句话说，流过每个阻抗的电流可以通过欧姆定律计算得到。相电流为

$$I_{ab} := \frac{V_{ab}}{Z_{ab}} \qquad I_{bc} := \frac{V_{bc}}{Z_{bc}} \qquad I_{ca} := \frac{V_{ca}}{Z_{ca}}$$

数值为

$$I_{ab} = 9.04A \qquad\qquad |I_{ab}| = 9.04A \quad \arg(I_{ab}) = 0°$$
$$I_{bc} = (-7.04 - 3.39j)A \qquad |I_{bc}| = 7.81A \quad \arg(I_{bc}) = -154.3°$$
$$I_{ca} = (-5.92 + 2.00j)A \qquad |I_{ca}| = 6.25A \quad \arg(I_{ca}) = 161.3°$$

计算结果表明每相电流的相位差不是如在对称负载情况下那样是 120°，电流幅值也不相等。

连接发电机到负载线路上的电流是线电流。利用 KCL 计算出线电流。a 节点的等式为

$$I_a - I_{ab} + I_{ca} = 0$$

从上式得出线路 a 上的电流为

$$I_a := I_{ab} - I_{ca}$$

利用节点 b 和 c 的等式可计算出线路 b 和 c 上的电流：

$$I_b := I_{bc} - I_{ab} \qquad I_c := I_{ca} - I_{bc}$$

数值为

$$I_a = (14.96 - 2.00j)A \qquad |I_a| = 15.09A \quad \arg(I_a) = -7.6°$$
$$I_b = (-16.08 - 3.39j)A \qquad |I_b| = 16.43A \quad \arg(I_b) = -168.1°$$
$$I_c = (1.12 + 5.39j)A \qquad |I_c| = 5.50A \quad \arg(I_c) = 78.3°$$

不对称负载的三相电路，每相线电流的幅值不相同，相位差也不是 120°。对称分量法（见 4.8 节）是分析不对称三相系统的另一种方法。

4.5 小结

负载为对称星形联结（见图 4.16）和三角形联结（见图 4.17），电源为星形联结的电流、电压和功率关系如表 4.1。

星形和三角形联结有各自的优势和劣势。星形联结电源可以为负载提供线电压和相电压，星形联结也提供了中性接地点以达到保证安全性和系统保护的目的。相对应地，一个三角形对称联结负载比不对称负载性能好，它可以限制三次谐波。相比于星形联结，三角形联结负载更容易允许从特定的相中添加或删除某

个负载，因为对于星形联结负载中性点可能不连接。

表4.1 对称负载的电源星形联结电路参数。

表4.1 电源为星形联结对称负载电路的电流、电压和功率关系表

每相参数	星形联结负载	三角形联结负载
电源电压	$V_{an} = V_p e^{j\delta} = V_p \angle \delta$	
线电压	$V_{ab} = \sqrt{3} V_{an} e^{j30°} = \sqrt{3} V_{an} \angle 30° = \sqrt{3} V_p \angle \delta + 30° = V_L \angle \delta + 30°$	
负载阻抗	$\mathbf{Z}_Y = Z_Y \angle \theta = Z_Y \angle \delta - \phi$	$\mathbf{Z}_\triangle = Z_\triangle \angle \theta = 3Z_Y$
负载电压	V_{an}	V_{ab}
负载电流	$\mathbf{I}_{an} = I_Y \angle \phi = \dfrac{V_{an}}{\mathbf{Z}_Y}$	$\mathbf{I}_{ab} = I_\triangle \angle \phi + 30° = \dfrac{V_{ab}}{\mathbf{Z}_\triangle}$
	$= \dfrac{V_p \angle \delta}{Z_Y \angle \theta}$	$= \dfrac{I_L}{\sqrt{3}} \angle \phi + 30°$
线电流	$\mathbf{I}_a = I_L \angle \phi = \mathbf{I}_{an}$	$\mathbf{I}_a = I_L \angle \phi = \sqrt{3} \mathbf{I}_{ab} \angle -30°$
负载功率（每相）	$\mathbf{S}_Y = V_{an} \mathbf{I}_a^* = V_p I_L \angle \delta - \phi$	$\mathbf{S}_\triangle = V_{ab} \mathbf{I}_{ab}^* = V_L I_\triangle \angle \delta - \phi$
	$= \dfrac{V_L I_L}{\sqrt{3}} \angle \theta$	$= \dfrac{V_L I_L}{\sqrt{3}} \angle \theta$
负载功率（总）	$\mathbf{S}_T = 3\mathbf{S}_Y = \sqrt{3} V_L I_L \angle \theta$	$\mathbf{S}_T = 3\mathbf{S}_\triangle = \sqrt{3} V_L I_L \angle \theta$

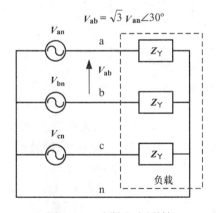

图4.16 对称丫-丫联结

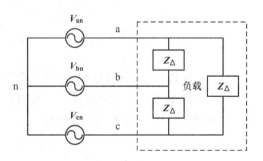

图4.17 对称丫-△联结

例4.8：三角形和星形联结负载电机运行的分析

一个60Hz三相电机，额定功率为75Hp，额定电压为460V，连接负载效率为0.9，滞后功率因数为0.7。假设电机联结为①星形；②三角形，计算两种情况下的输入功率、复功率和无功功率，电机的相电流和线电流。忽略联结类型，电机的电压为线电压。

星形和三角形联结电路分别如图 4.18 和图 4.19 所示。电机计算数据为

$$P_m : = 75Hp \qquad \eta : = 0.9 \qquad f_m : = 60Hz$$

$$V_m : = 460 \cdot e^{j \cdot 0°} V \qquad pf_m : = 0.7 \qquad (滞后)$$

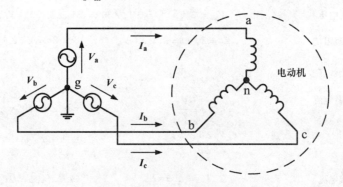

图 4.18　星形联结三相电机

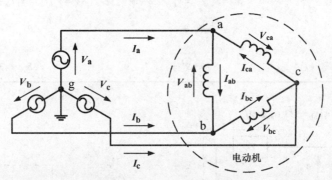

图 4.19　三角形联结三相电机

首先，可以计算出电机输入功率、复功率、无功功率，这与连接类型无关。每个电机在将电能转换为机械能时，都有电能损失和机械损失。制造商特意提供了电机效率，一般大约在 80% ~ 90%。因此，电机的输入功率为

$$P_{m\_in} : = \frac{P_m}{\eta} \qquad P_{m\_in} = 62.14kW$$

有功功率单位为瓦特，但是复功率和视在功率单位为伏安（V·A），无功功率单位为乏（VAR）。可惜的是，Mathcad 不能识别 VAR 单位。因此，V·A 单位在 Mathcad 中来表示无功功率。三相复功率和无功功率为

$$S_{m\_in} : = \frac{P_{m\_in}}{pf_m} \cdot e^{j \cdot acos(pf_m)} \qquad S_{m\_in} = (62.14 + 63.40j)kV \cdot A$$

Q_{m_in}： $= \text{Im}(S_{m\_in})$ $\qquad$ $Q_{m\_in} = 63.4 \text{kV} \cdot \text{A}$

功率因数为滞后功率因数时，无功功率为正数，因此，指数为正数。

三角形联结电流

三角形联结电机有两种电流：相（负载）电流和线电流。线电压在每相所产生的是相电流。每相负载的功率是总功率的 1/3。ab 相的相电流为

$$I_{ab\_delta}： = \overline{\left(\frac{\frac{S_{m\_in}}{3}}{V_m} \right)} \qquad I_{ab\_delta} = (45.0 - 45.9j)\text{A}$$

$|I_{ab\_delta}| = 64.3\text{A} \quad \arg(I_{ab\_delta}) = -45.6°$

对于一个对称负载，则另外两个三角形联结负载电流相位差为 120°和 240°。

$$I_{bc\_delta}： = I_{ab\_delta} \cdot e^{-j \cdot 120°} \qquad I_{ca\_delta}： = I_{ab\_delta \cdot e^{-j \cdot 240°}}$$

$$|I_{bc\_delta}| = 64.3\text{A} \quad \arg(I_{bc\_delta}) = -165.6°$$

$$|I_{ca\_delta}| = 64.3\text{A} \quad \arg(I_{ca\_delta}) = 74.4°$$

如图 4.19，对于对称负载三角形联结的 a 相的线电流为

$$I_{a\_delta}： = I_{ab\_delta} - I_{ca\_delta} \qquad I_{a\_delta} = (27.8 - 107.9j)\text{A}$$

$$|I_{a\_delta}| = 111.4\text{A} \qquad\qquad \arg(I_{a\_delta}) = -75.6°$$

星形联结电流

460V 线电压为参考相量，使用式（4.26）将线电压幅值除以 $\sqrt{3}$，相位减去 30°得到相电压：

$$V_{m\_ln}： = \frac{V_m}{\sqrt{3}} \cdot e^{-j \cdot 30°} \qquad |V_{m\_ln}| = 265.6\text{V} \quad \arg(V_{m\_ln}) = -30.0°$$

相电压通过每相绕组负载产生相电流。流过电机的只有一个电流，因为线电流和相电流相等。每相绕组负载的功率为总三相功率的 1/3。线电流（相电流）为

$$I_{m\_wye}： = \overline{\left(\frac{\frac{S_{m\_in}}{3}}{V_{m\_ln}} \right)} \qquad I_{m\_wye} = (27.8 - 107.9j)\text{A}$$

$|I_{m\_wye}| = 111.4\text{A} \quad \arg(I_{m\_wye}) = -75.6°$

电机代表一个对称负载，因此，电机和电源中性点之间的电压差为 0。零电压差允许忽略中性线路的阻抗。比较星形和三角形联结的线电流发现线电流与电机的连接方式无关，但是三角形联结相电流小于星形联结的相电流。这是有优势的，因为小电流减少了负载绕组的热损耗或对于三角形联结电机绕组允许使用更小的绕组线圈。

例 4.9：两个并联的三相负载

480V 星形联结电源为两个并联的三相负载供电。一个负载是星形联结，另一个是三角形联结。电路如图 4.20 所示，负载阻抗如下：

星形联结负载

$$Z_a := (100 + j \cdot 20)\,\Omega \quad Z_b := -j \cdot 75\,\Omega \quad Z_c := j \cdot 80\,\Omega$$

三角形联结负载

$$Z_{ab} := (150 + j \cdot 70)\,\Omega \quad Z_{bc} := (150 + j \cdot 70)\,\Omega \quad Z_{ca} := 100\,\Omega$$

需要计算出星形联结负载的相电流、三角形联结负载的相电流及线电流、电源电流、电源复功率及功率因数。

计算的第一步是确定电源的相电压和线电压。相电压用来计算星形联结负载的电流，线电压用来计算三角形联结负载的电流。

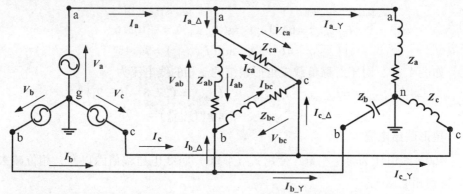

图 4.20　两个三相负载并联的三相电路

相电压为

$$V_a := \frac{480V}{\sqrt{3}} \quad V_b := V_a \cdot e^{-j \cdot 120°} \quad V_c := V_a \cdot e^{-j \cdot 240°}$$

对应的线电压为

$$V_{ab} := V_a - V_b \qquad V_{bc} := V_b - V_c \qquad V_{ca} := V_c - V_a$$

$$|V_{ab}| = 480V \qquad\quad |V_{bc}| = 480V \qquad\quad |V_{ca}| = 480V$$

$$\arg(V_{ab}) = 30° \qquad\quad \arg(V_{bc}) = -90° \qquad \arg(V_{ca}) = 150°$$

星形联结负载电流

将每个相电压除以对应相的负载阻抗可以得到星形联结负载电流：

$$I_{a\_Y} := \frac{V_a}{Z_a} \qquad\qquad I_{b\_Y} := \frac{V_b}{Z_b} \qquad\qquad I_{c\_Y} := \frac{V_c}{Z_c}$$

$$|I_{a\_Y}| = 2.72A \qquad\quad |I_{b\_Y}| = 3.70A \qquad\quad |I_{c\_Y}| = 3.46A$$

$$\arg(I_{a\_Y}) = -11.3° \quad \arg(I_{b\_Y}) = -30.0° \quad \arg(I_{c\_Y}) = 30.0°$$

三角形联结负载电流

将每个线电压除以对应的三角形联结负载阻抗可以得到三角形联结负载

电流:

$$I_{ab} := \frac{V_{ab}}{Z_{ab}} \qquad I_{bc} := \frac{V_{bc}}{Z_{bc}} \qquad I_{ca} := \frac{V_{ca}}{Z_{ca}}$$

$$|I_{ab}| = 2.90A \qquad |I_{bc}| = 2.90A \qquad |I_{ca}| = 4.80A$$

$$\arg(I_{ab}) = 5.0° \qquad \arg(I_{bc}) = -115.0° \quad \arg(I_{ca}) = 150.0°$$

如图 4.20 所示,利用 KCL,三角形联结负载的线电流为

$$I_{a\_\triangle} := I_{ab} - I_{ca} \qquad I_{b\_\triangle} := I_{bc} - I_{ab} \qquad I_{c\_\triangle} := I_{ca} - I_{bc}$$

$$|I_{a\_\triangle}| = 7.37A \qquad |I_{b\_\triangle}| = 5.02A \qquad |I_{c\_\triangle}| = 5.82A$$

$$\arg(I_{a\_\triangle}) = -17.0° \quad \arg(I_{b\_\triangle}) = -145.0° \quad \arg(I_{c\_\triangle}) = 120.2°$$

电源电流

每个电源电流是三角形联结负载线电流和星形联结负载线电流之和:

$$I_a := I_{a\_\triangle} + I_{a\_Y} \qquad I_b := I_{b\_\triangle} + I_{b\_Y} \qquad I_c := I_{c\_\triangle} + I_{c\_Y}$$

$$|I_a| = 10.1A \qquad |I_b| = 4.8A \qquad |I_c| = 6.8A$$

$$\arg(I_a) = -15.4° \qquad \arg(I_b) = -101.0° \qquad \arg(I_c) = 89.4°$$

电源复功率和功率因数

电源复功率通过将每个相电压乘以电源共轭电流计算得到。电源功率因数是复功率的余弦值:

$$S_a := V_a \cdot \overline{I_a} = (2.69 + 0.74j)\,kV \cdot A \qquad pf_a := \cos(\arg(S_a)) = 0.964$$

$$S_b := V_b \cdot \overline{I_b} = (1.26 - 0.44j)\,kV \cdot A \qquad pf_b := \cos(\arg(S_b)) = 0.945$$

$$S_c := V_c \cdot \overline{I_c} = (1.61 + 0.95j)\,kV \cdot A \qquad pf_c := \cos(\arg(S_c)) = 0.861$$

功率因数的超前/滞后关系通过特定相的复功率提取得到。特别是,a 相和 c 相的无功功率为正意味 pf_a 和 pf_c 是滞后的,然而 pf_b 是超前的,因为 b 相的无功功率为负。总的三相电源功率是三相功率之和。

$$S_T := S_a + S_b + S_c \qquad S_T = (5.57 + 1.26j)\,kV \cdot A$$

总体上,电源为系统提供有功功率和无功功率。

4.6　三相功率测量

功率测量通常需要功率表。模拟式功率表有两个输入:电流和电压。通过与电源或负载串联输入电流,与电源或负载并联输入电压。功率表测量平均功率(P)。另外,电压表和电流表测量电压和电流的有效值(V_{rms} 和 I_{rms})。

数字式功率表对电压和电流波形采样,微处理器计算出电压和电流的有效值。而且,瞬时的电压和电流读数相乘可计算出瞬时功率。这个结果的平均值即

为有功功率（P）。

测量数据可用来计算功率因数（pf）和视在功率（$|S|$）。复功率的幅值为

$$|S| = |VI^*| = V_{rms}I_{rms} \tag{4.34}$$

功率因数为

$$pf = \frac{P}{|S|} \tag{4.35}$$

下面章节介绍的三线和四线功率测量可广泛适用于对称或不对称三相电路。

4.6.1 三相四线制电路

对于一个三相四线制电路，负载可以在相线之间连接或在相线与中性线之间连接。这可能导致不对称负载，需要分别对每相负载进行测量，也就是需要三个功率计。图4.21描述了使用模拟功率计的具体连接。对于三相中的每一相都测量了电流、电压和功率。三相测量的功率之和即为三相总功率：

$$P_T = P_a + P_b + P_c \tag{4.36}$$

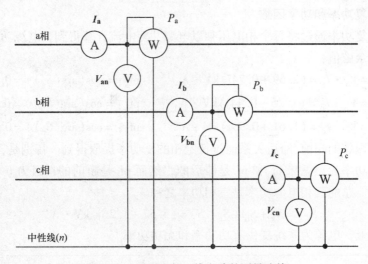

图4.21 对于三相四线电路的测量连接

4.6.2 三相三线制电路

对于一个三相三线制电路，负载连接在相线之间，三个线电流之和为0，只需要用两个功率表来测量三相功率。图4.22为三相三线电路的连接图。测量a相的电流和a、b相之间的电压，并装入一个功率表。测量c相电流和c、b相之间的电压并装入另一个功率表。功率表将电压和电流值相乘，便得到平均功率值。

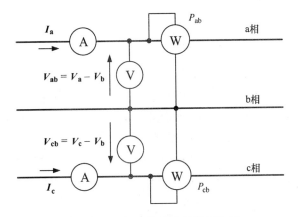

图 4.22   三相三线电路的测量连接

功率表的读数以复数计法表示。功率为电压乘以电流共轭数值的实部。相应地，功率表的读数与电流 I_a 和电压 V_{ab} 有关：

$$P_{ab} = \mathrm{Re}(\boldsymbol{V}_{ab}\boldsymbol{I}_a^*) = \mathrm{Re}\big[(\boldsymbol{V}_a - \boldsymbol{V}_b)\boldsymbol{I}_a^*\big] = \mathrm{Re}(\boldsymbol{V}_a\boldsymbol{I}_a^* - \boldsymbol{V}_b\boldsymbol{I}_b^*) \quad (4.37)$$

同样地，另一个功率表的读数与电流 I_c 和电压 V_{cb} 有关：

$$P_{cb} = \mathrm{Re}(\boldsymbol{V}_{cb}\boldsymbol{I}_c^*) = \mathrm{Re}\big[(\boldsymbol{V}_c - \boldsymbol{V}_b)\boldsymbol{I}_c^*\big] = \mathrm{Re}(\boldsymbol{V}_c\boldsymbol{I}_c^* - \boldsymbol{V}_b\boldsymbol{I}_c^*) \quad (4.38)$$

我们可以证明两个功率表的读数之和是三相电路的总有功功率：

$$P_T = P_{ab} + P_{cb} \quad (4.39)$$

两个功率值也可写为

$$P_T = \mathrm{Re}(\boldsymbol{V}_a\boldsymbol{I}_a^* - \boldsymbol{V}_b\boldsymbol{I}_a^*) + \mathrm{Re}(\boldsymbol{V}_a\boldsymbol{I}_c^* - \boldsymbol{V}_b\boldsymbol{I}_c^*) \quad (4.40)$$

简化表达式为

$$P_T = \mathrm{Re}\big[\boldsymbol{V}_a\boldsymbol{I}_a^* + \boldsymbol{V}_c\boldsymbol{I}_c^* - \boldsymbol{V}_b(\boldsymbol{I}_a^* + \boldsymbol{I}_c^*)\big] \quad (4.41)$$

三个线电流之和为 0：

$$\boldsymbol{I}_b = -(\boldsymbol{I}_a + \boldsymbol{I}_c) \quad (4.42)$$

将电流公式代入功率等式，得到下式：

$$P_T = \mathrm{Re}(\boldsymbol{V}_a\boldsymbol{I}_a^* + \boldsymbol{V}_c\boldsymbol{I}_c^* + \boldsymbol{V}_b\boldsymbol{I}_b^*) \quad (4.43)$$

各部分实部单独分开，则为

$$\begin{aligned} P_T &= \mathrm{Re}(\boldsymbol{V}_a\boldsymbol{I}_a^*) + \mathrm{Re}(\boldsymbol{V}_b\boldsymbol{I}_b^*) + \mathrm{Re}(\boldsymbol{V}_c\boldsymbol{I}_c^*) \\ &= P_a + P_b + P_c \end{aligned} \quad (4.44)$$

因此，两个功率表读数之和是三相有功功率之和。

类似的推导说明了两个功率表的差与无功功率有关。三相电路的总无功功率为

$$Q_T = \sqrt{3}(P_{cb} - P_{ab}) \quad (4.45)$$

4.7 标幺值

大多数电力工程计算使用标幺值，将每个值（欧姆、安培、伏特及瓦特）除以一个基准值来表示标幺值。基准值没有相位，只以幅值表示，这简化了电力系统的分析，此外从电网中消除了变压器，也使得电力分析更加简化。

使用标幺值，首先需要选定基准值。在系统中如果选定功率基准值 S_{base} 和电压基准值 V_{base}，则相应的基准电流和阻抗可以通过欧姆定律和功率关系计算得出。如果 V_{base} 是线电压，S_{base} 为三相复功率，则三相电路中的基准电流为

$$I_{base} = \frac{S_{base}}{\sqrt{3} V_{base}} \tag{4.46}$$

基准阻抗为

$$Z_{base} = \frac{V_{base}}{\sqrt{3} I_{base}} = \frac{V_{base}^2}{S_{base}} \tag{4.47}$$

功率、电流和阻抗的标幺值可以通过其数值除以对应的基准值得到。标幺值分别为

$$S_{pu} = \frac{|\boldsymbol{S}|}{S_{base}} \tag{4.48}$$

$$I_{pu} = \frac{|\boldsymbol{I}|}{I_{base}} \tag{4.49}$$

$$V_{pu} = \frac{|\boldsymbol{V}|}{V_{base}} \tag{4.50}$$

$$Z_{pu} = \frac{|\boldsymbol{Z}|}{Z_{base}} \tag{4.51}$$

发电机或变压器的阻抗经常以百分比或标幺值给出，这些变量的基准值为额定功率和电压。阻抗标幺值经常转换为欧姆，将式（4.47）代入式（4.51）阻抗标幺值转换为欧姆，结果为

$$Z_{pu} = \frac{|\boldsymbol{Z}|}{Z_{base}} = \frac{S_{base}}{V_{base}^2} |\boldsymbol{Z}| \tag{4.52}$$

从上面等式中解出 $\boldsymbol{Z}$，我们得到：

$$|\boldsymbol{Z}| = Z_{base} Z_{pu} = \frac{V_{base}^2}{S_{base}} Z_{pu} \tag{4.53}$$

用于电路计算的标幺值的使用，超出了本书的范围。然而，将阻抗标幺值转换为欧姆非常重要，因为发电机和变压器的阻抗是以百分比（%）或标幺值表示。最简单标幺值的使用需要将标幺值阻抗转换为欧姆，及使用本章描述的方法来求解电路。一个更有效的方法是将所有的变量转换为标幺值，然后使用标幺值

求解电路。

例4.10：该计算实例说明了标幺值的使用方法。三相发电机通过输电线连接负载（见图4.23）。对于一个给定的负载，必须计算出来发电机终端和励磁电压和电压调整率。有功功率、负载电压和滞后功率因数定义了负载。

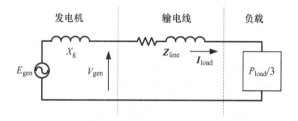

图 4.23 发电机通过一个短输电线为负载供电

定义单位兆之后（在内置的乘法器不可用），发电机数据为 $M: = 10^6$，

$$S_g: = 50 \text{MV} \cdot \text{A} \quad V_g: = 22 \text{kV} \quad x_g: = 125\%$$

输电线阻抗为 $Z_{\text{line}}: = (0.42 + \text{j} \cdot 0.915) \Omega$

三相负载数据为

$$P_{\text{load}}: = 40 \text{M} \cdot \text{W} \quad \text{pf}_{\text{load}}: = 0.8 \quad V_{\text{load}}: = 22 \text{kV}$$

下面说明标幺值使用的两种不同方法。

方法 1

发电机阻抗转换为欧姆，电路利用传统的分析方法计算。使用式（4.53）计算发电机阻抗标幺值：

$$X_g: = x_g: \frac{V_g^2}{S_g} \quad X_g = 12.1 \Omega$$

参考电压为负载的线电压，则负载电流可以通过每相功率和相电压得到：

$$I_{\text{load}}: = \frac{\dfrac{P_{\text{load}}}{3}}{\dfrac{V_{\text{load}}}{\sqrt{3}} \cdot \text{pf}_{\text{load}}} \cdot e^{-\text{j} \cdot \text{acos}(\text{pf}_{\text{load}})}$$

$$|I_{\text{load}}| = 1.31 \text{kA} \quad \arg(I_{\text{load}}) = -36.9°$$

由于功率因数滞后，公式中的指数为负数。发电机励磁电压为负载相电压和线路与发电机之间阻抗上的电压降之和。计算结果为

$$E_{\text{gen}}: = \frac{V_{\text{load}}}{\sqrt{3}} + I_{\text{load}} \cdot (Z_{\text{line}} + \text{j} X_g) \quad E_{\text{gen}} = 23.4 + 13.3 \text{jkV}$$

励磁电压为

$$\sqrt{3} \cdot |E_{\text{gen}}| = 46.63\text{kV} \quad \arg(E_{\text{gen}}) = 29.7°$$

发电机端点电压为

$$V_{\text{gen}} := \frac{V_{\text{load}}}{\sqrt{3}} + I_{\text{load}} \cdot Z_{\text{line}} \quad V_{\text{gen}} = (13.86 + 0.63\text{j})\text{kV}$$

$$|V_{\text{gen}}| = 13.88\text{kV} \quad \arg(V_{\text{gen}}) = 2.6°$$

发电机电压为

$$V_{\text{gen\_ll}} := \sqrt{3} \cdot |V_{\text{gen}}| \quad V_{\text{gen\_ll}} := 24.04\text{kV}$$

要注意到不允许发电机电压高于额定电压。图 4.23 说明了空载电压等于发电机电压（$V_{\text{no-load}} = V_{\text{gen\_ll}}$）。因此，电压调整率为

$$\text{Reg} := \frac{|V_{\text{gen\_ll}}| - |V_{\text{load}}|}{|V_{\text{load}}|} \quad \text{Reg} = 9.3\%$$

Mathcad 自动将电压调整率转换为百分数；因此，通常在这个公式中不需要乘以 100%。

方法 2

所有参数都转换为标幺值。转换时，选定基准功率和电压值。传统上，基准电压是系统的额定电压，基准功率可以是发电机额定复功率或一般电力公司使用的 100MV·A。此例中，我们使用传统数据并选定：

$$S_{\text{base}} := 100\text{MV} \cdot \text{A} \quad V_{\text{base}} := 22\text{kV}$$

选定基准值后，基准电流和阻抗通过式（4.46）和式（4.47）计算得到：

$$I_{\text{base}} := \frac{\dfrac{S_{\text{base}}}{3}}{\dfrac{V_{\text{base}}}{\sqrt{3}}} \quad I_{\text{base}} = 2.62\text{kA}$$

$$Z_{\text{base}} := \frac{V_{\text{base}}}{\sqrt{3} I_{\text{base}}} \quad Z_{\text{base}} = 4.84\Omega$$

基准电流代入基准阻抗等式得到：

$$Z_{\text{base}} := \frac{V_{\text{base}}^2}{S_{\text{base}}} \quad Z_{\text{base}} = 4.84\Omega$$

使用新的基准值重新计算发电机阻抗。首先，使用式（4.53）计算出发电机阻抗的欧姆值：

$$X_{\text{g}} := x_{\text{g}} \cdot \frac{V_{\text{g}}^2}{S_{\text{g}}} \quad X_{\text{g}} = 12.1\Omega$$

发电机阻抗新的标幺值为发电机阻抗的欧姆值与新的基准阻抗之比，式（4.51）：

$$x_{ge} := \frac{X_g}{Z_{base}} \quad x_{ge} = 2.5$$

对于标幺值阻抗选定新的基准值后的重新计算，将基准阻抗关系式（4.53）和先前提到的发电机阻抗表达式代入上述这个等式，得到一个实用的公式：

$$x_{ge} := \frac{x_g \cdot \dfrac{V_g^2}{S_g}}{\dfrac{V_{base}^2}{S_{base}}} \quad x_{ge} = 2.5$$

将公式重新整理得到一个简易表达式：

$$x_{ge} := x_g \cdot \left(\frac{V_g}{V_{base}}\right)^2 \cdot \frac{S_{base}}{S_g} \quad x_{ge} = 2.5$$

注意：在使用计算机执行前面的推导过程中，为了减少错误，有必要在每步之后重新计算发电机的标幺值阻抗。正确的计算数据证实了等式的正确性。

线路阻抗的标幺值可以通过将给定的线路阻抗除以基准阻抗计算得到：

$$z_{line} := \frac{Z_{line}}{Z_{base}} \quad z_{line} = 0.087 + 0.189j$$

负载电压和功率的标幺值为

$$v_{load} := \frac{V_{load}}{V_{base}} \quad v_{load} = 1.0$$

$$p_{load} := \frac{P_{load}}{S_{base}} \quad p_{load} = 0.4$$

负载电流从标幺值计算得到：

$$i_{load} := \frac{p_{load}}{v_{load} \cdot pf_{load}} \cdot e^{-j \cdot acos(pf_{load})} \quad |i_{load}| = 0.50 \quad arg(i_{load}) = -36.9°$$

发电机励磁和终端电压为

$$e_g := v_{load} + i_{load} \cdot (jx_{ge} + z_{line}) \qquad e_g = 1.84 + 1.05j$$

$$|e_g| = 2.12 \qquad arg(e_g) = 29.7°$$

$$|e_g| \cdot V_{base} = 46.63kV$$

$$v_g := v_{load} + i_{load} \cdot z_{line} \qquad v_g = 1.09 + 0.05j$$

$$|v_g| = 1.093 \text{ 或 } |v_g| = 109.3\% \qquad arg(v_g) = 2.6°$$

$$V_{generator} := V_{base} \cdot |v_g| \qquad V_{generator} = 24.0kV$$

电压调整率为

$$电压调整率 := |V_g| - 1 \quad 电压调整率 = 9.3\%$$

这两个方法结果是一样的。电力行业大部分使用方法 2 计算，因为可以减少计算时间而且结果更容易进行比较。

4.8　对称分量

对称分量法用来分析非对称电力网络。Charles Fortescue 在 1918 年提出了此种方法，用来分析类似单相接地故障的非对称系统，用产生的电流和电压来设计系统保护装置。基于计算机的电力网络分析的优势削弱了对称分量方法的使用。即便这样，对称分量法对于快速分析非对称系统仍然很有用。

基本的设想为一个不对称三相电压或电流可以被下列三个对称的电压或电流代替，即

0 序分量（V_{a0}，V_{b0}，V_{c0}）是三个有着同样幅值和相位角的相量 $V_0 = V_{a0} = V_{b0} = V_{c0}$。

正序分量（V_{a1}，V_{b1}，V_{c1}）是三个幅值相等，相角相差 ±120°的相量。这是一个相序为 abc 对称的三相系统，例如 $V_1 = V_{a1} = V_{b1}e^{j120°} = V_{c1}e^{j240°}$。

负序分量（V_{a2}，V_{b2}，V_{c2}）是三个幅值相等，相角相差 ±120°的相量。这是一个有相序为 acb 对称的三相系统，例如 $V_2 = V_{a2} = V_{b2}e^{j240°} = V_{c2}e^{j120°}$。

4.8.1　相序分量的相电压计算

非对称相电压（$\underline{V}_{ph}$）和对称序电压（$\underline{V}_{sq}$）如下面相量描述所示：

$$\underline{V}_{ph} = \begin{bmatrix} V_a \\ V_b \\ V_c \end{bmatrix} \quad \underline{V}_{sq} = \begin{bmatrix} V_0 \\ V_1 \\ V_2 \end{bmatrix} \tag{4.54}$$

式中，V_a、V_b 和 V_c 是非对称相电压；V_0、V_1 和 V_2 分别为 0 序、正序和负序电压。

三个非对称相电压（V_a，V_b，V_c）或电流（I_a，I_b，I_c）可以通过来自对称序电压的三个转换关系得到：

$$V_a = V_{a0} + V_{a1} + V_{a2} = V_0 + V_1 + V_2$$
$$V_b = V_{b0} + V_{b1} + V_{b2} = V_0 + a^2 V_1 + a V_2$$
$$V_c = V_{c0} + V_{c1} + V_{c2} = V_0 + a V_1 + a^2 V_2 \tag{4.55}$$

此处 $a = e^{j120°} = 1/2\,(-1 + j\sqrt{3})$，且 $a^{-1} = a^{-2}$。等式的矩阵形式为

$$\begin{bmatrix} V_a \\ V_b \\ V_c \end{bmatrix} = \begin{bmatrix} 1 & 1 & 1 \\ 1 & a^2 & a \\ 1 & a & a^2 \end{bmatrix} \begin{bmatrix} V_0 \\ V_1 \\ V_2 \end{bmatrix} \tag{4.56}$$

引入转换矩阵 $\underline{\underline{A}}$，则上式可以简化为

$$\underline{V}_{ph} = \underline{\underline{A}}\,\underline{V}_{sq} \quad \text{其中} \quad \underline{\underline{A}} = \begin{bmatrix} 1 & 1 & 1 \\ 1 & a^2 & a \\ 1 & a & a^2 \end{bmatrix} \tag{4.57}$$

电流相量替换电压相量，可以得到非对称电流相量的对称分量表达式：

$$\underline{I}_{ph} = \underline{\underline{A}}\underline{I}_{sq} \tag{4.58}$$

式中，I_{ph} 为非对称相电流；I_{sq} 为对称序电流。

4.8.2 相电压的相序分量计算

矩阵 $\underline{\underline{A}}$ 的逆矩阵用来计算非对称相电压或电流的对称相序分量。矩阵公式为

$$\underline{V}_{sq} = \underline{\underline{A}}^{-1}\underline{V}_{ph} \quad 其中 \ \underline{\underline{A}}^{-1} = \frac{1}{3}\begin{bmatrix} 1 & 1 & 1 \\ 1 & a & a^2 \\ 1 & a^2 & a \end{bmatrix} \tag{4.59}$$

相电压或相电流的相序分量的结果表达式为

$$V_0 = (V_a + V_b + V_c)/3$$
$$V_1 = (V_a + aV_b + a^2 V_c)/3$$
$$V_2 = (V_a + a^2 V_b + aV_c)/3 \tag{4.60}$$

4.8.3 负载阻抗的相序分量

三相负载由负载阻抗的联结来表示，分别是星形联结和三角形联结。星形联结负载可通过一个阻抗接地，大多数三角形联结负载都不接地。为便于分析，利用这章前面提出的 △ – 丫 转换将不接地的对称三角形负载转换为一个不接地星形联结。三角形联结负载与星形联结等效阻抗关系为：$Z_Y = Z_\triangle/3$。

图 4.24 描述了一个星形联结负载通过一个阻抗 Z_g 接地。在不接地三角形联结情况下，丫 – △ 转换后，因为没有接地回路，等效接地阻抗为无穷大。

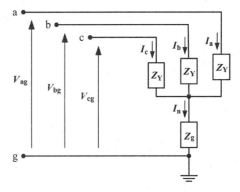

图 4.24 阻抗负载

电路的中性电流为负载电流之和：

$$I_n = I_a + I_b + I_c \tag{4.61}$$

电压为

$$V_{ag} = Z_Y I_a + Z_g I_n = Z_Y I_a + Z_g(I_a + I_b + I_c)$$
$$= (Z_Y + Z_g)I_a + Z_g I_b + Z_g I_c$$
$$V_{bg} = Z_Y I_b + Z_g I_n = Z_g I_a + (Z_Y + Z_g)I_b + Z_g I_c$$
$$V_{cg} = Z_Y S I_c + Z_g I_n = Z_g I_a + Z_g I_b + (Z_Y + Z_g)I_c \tag{4.62}$$

矩阵关系为

$$\underline{V}_{ph} = \underline{\underline{Z}}_{ph}\underline{I}_{ph}$$

$$\begin{bmatrix} V_{ag} \\ V_{bg} \\ V_{cg} \end{bmatrix} = \begin{bmatrix} Z_Y + Z_g & Z_g & Z_g \\ Z_g & Z_Y + Z_g & Z_g \\ Z_g & Z_g & Z_Y + Z_g \end{bmatrix} \begin{bmatrix} I_a \\ I_b \\ I_c \end{bmatrix} \tag{4.63}$$

式中，V_{ph} 为相电压相量；I_{ph} 为线电流相量；Z_{ph} 为阻抗矩阵。

电压和电流相量的对称分量或序分量为

$$\underline{V}_{ph} = \underline{\underline{A}}\,\underline{V}_{sq} \quad \underline{I}_{ph} = \underline{\underline{A}}\,\underline{I}_{sq} \tag{4.64}$$

将式 (4.63) 中的矩阵公式代入上面两个关系式中，则：

$$\underline{\underline{A}}\,\underline{V}_{sq} = \underline{\underline{Z}}_{ph}\underline{\underline{A}}\,\underline{I}_{sq} \tag{4.65}$$

上式两边同乘以 $\underline{\underline{A}}^{-1}$，得：

$$\underline{V}_{sq} = (\underline{\underline{A}}^{-1}\underline{\underline{Z}}_{ph}\underline{\underline{A}})\underline{I}_{sq} = \underline{\underline{Z}}_{sq}\underline{I}_{sq} \tag{4.66}$$

$\underline{\underline{Z}}_{sq} = \underline{\underline{A}}^{-1}\underline{\underline{Z}}_{ph}\underline{\underline{A}}$ 为阻抗负载的序矩阵。

将阻抗矩阵代入先前等式和矩阵乘法，简化表达式为

$$\begin{bmatrix} V_0 \\ V_1 \\ V_2 \end{bmatrix} = \begin{bmatrix} Z_Y + 3Z_g & 0 & 0 \\ 0 & Z_Y & 0 \\ 0 & 0 & Z_Y \end{bmatrix} \begin{bmatrix} I_0 \\ I_1 \\ I_2 \end{bmatrix} \tag{4.67}$$

可写为

$$V_0 = (Z_Y + 3Z_g)I_0$$
$$V_1 = Z_Y I_1$$
$$V_2 = Z_Y I_2 \tag{4.68}$$

因此，在对称负载情况下，这三个等式定义了三个独立的网络，这也是对称分量法的优点：

① 阻抗为 $Z_0 = Z_Y + 3Z_g$ 的 0 序网络。

② 阻抗为 $Z_1 = Z_Y$ 的正序网络。

③ 阻抗为 $Z_2 = Z_Y$ 的负序网络。

这意味着 0 序电流可以由 0 序电压除以 0 序阻抗计算得到（$I_0 = V_0/Z_0$），正序电流可以由正序电压除以正序阻抗计算得到（$I_1 = V_1/Z_1$），负序电流可以通过由负序电压除以负序阻抗确定（$I_2 = V_2/Z_2$）。

例4.11：对称分量分析

一个接地星形联结对称负载由一个电压不对称的接地星形联结发电机供电，计算：

① 直接使用等式计算负载阻抗和电流。

② 电源电压的对称分量。

③ 负载电流的对称分量。

④ 负载电流的相分量。

电路如图 4.25 所示，系统计算数据已确定，不对称电源电压、幅值和相位角为

$$V_a: \ = 7.2\text{kV} \quad V_b: \ = 6.8\text{kV} \cdot e^{-j \cdot 100°} \quad V_c: \ = 7.5\text{kV} \cdot e^{-j \cdot 260°}$$

负载参数为

$$V_L: \ = 7.2 \cdot \sqrt{3}\text{kV} = 12.47\text{kV} \quad P_L: \ = 1800\text{kW} \quad \text{pf}_L: \ = 0.8（滞后）$$

利用 KVL 直接计算

每相负载复功率和阻抗可直接计算出：

$$M: \ = 10^6 \quad S_L: \ \frac{P_L}{\text{pf}_L} \cdot e^{j \cdot \text{acos}(\text{pf}_L)} = (1.80 + 1.35j) \ \text{MV} \cdot \text{A}$$

$$Z: \ = \frac{\overline{V_L^2}}{S_L} = (55.30 + 41.47j) \ \Omega$$

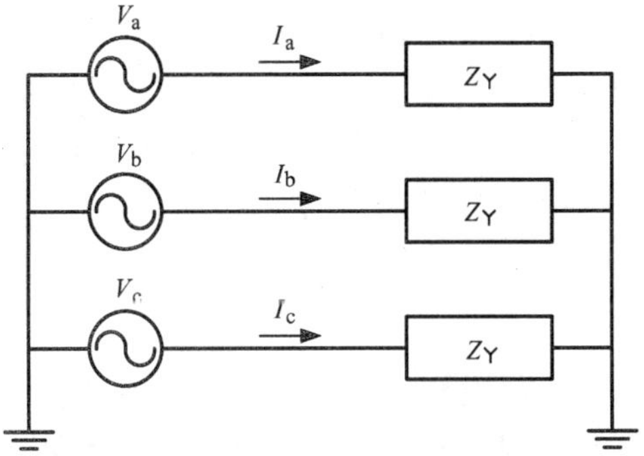

图 4.25　不对称星形联结电路

使用电压公式（KVL），得出非对称电源电压的负载电流为

$$I_a: \ = \frac{V_a}{Z_L} = (83.3 - 62.5j)\text{A} \quad |I_a| = 104.2\text{A} \quad \text{arg}(I_a) = -36.9°$$

$$I_b: \ = \frac{V_b}{Z_L} = (-71.8 - 67.3j)\text{A} \quad |I_b| = 98.4\text{A} \quad \text{arg}(I_b) = -136.9°$$

$$I_c: \ = \frac{V_c}{Z_L} = (49.0 + 96.8j)\text{A} \quad |I_c| = 108.5\text{A} \quad \text{arg}(I_c) = 63.1°$$

对称分量计算

首先，可计算出非对称电源电压的对称分量。根据定义，非对称电源电压为：

$$V_{\mathrm{ph}} := \begin{pmatrix} V_{\mathrm{a}} \\ V_{\mathrm{b}} \\ V_{\mathrm{c}} \end{pmatrix} = \begin{pmatrix} 7.20 \\ -1.18 - 6.70\mathrm{j} \\ -1.30 + 7.39\mathrm{j} \end{pmatrix} \mathrm{kV}$$

变换矩阵为

$$a := \mathrm{e}^{\mathrm{j} \cdot 120°} \qquad A := \begin{pmatrix} 1 & 1 & 1 \\ 1 & a^2 & a \\ 1 & a & a^2 \end{pmatrix}$$

使用式（4.59），电源电压序分量或对称分量为

$$V_{\mathrm{sq}} := A^{-1} \cdot V_{\mathrm{ph}} \qquad V_{\mathrm{sq}} = \begin{pmatrix} 1.57 + 0.23\mathrm{j} \\ 6.88 - 0.08\mathrm{j} \\ -1.25 - 0.15\mathrm{j} \end{pmatrix} \mathrm{kV}$$

为参考方便，单个序分量的幅值和相角写为

$$k := 0..2 \qquad\qquad V_k := V_{\mathrm{sq}k}$$
$$|V_0| = 1.59\mathrm{kV} \qquad \arg(V_0) = 8.3°$$
$$|V_1| = 6.88\mathrm{kV} \qquad \arg(V_1) = -0.7°$$
$$|V_2| = 1.26\mathrm{kV} \qquad \arg(V_2) = -173.2°$$

每个网络序电压为对称阻抗供电，利用欧姆定律计算负载电流的对称分量：

$$I_{\mathrm{sq}k} := \frac{V_k}{Z_{\mathrm{L}}} \qquad\qquad I_{\mathrm{sq}} = \begin{pmatrix} 20.2 - 11.0\mathrm{j} \\ 78.9 - 60.6\mathrm{j} \\ -15.8 + 9.1\mathrm{j} \end{pmatrix} \mathrm{A}$$

$$k := 0..2 \qquad\qquad I_k := J_{\mathrm{sq}k}$$
$$|(I_0)| = 23.0\mathrm{A} \qquad \arg(I_0) = -28.6°$$
$$|(I_1)| = 99.5\mathrm{A} \qquad \arg(I_1) = -37.5°$$
$$|(I_2)| = 18.2\mathrm{A} \qquad \arg(I_2) = 150.0°$$

参考公式（4.58），负载电流的相分量为

$$I_{\mathrm{ph}} := A \cdot I_{\mathrm{sq}} = \begin{pmatrix} 83.3 - 62.5\mathrm{j} \\ -71.8 - 67.3\mathrm{j} \\ 49.0 + 96.8\mathrm{j} \end{pmatrix} \mathrm{A}$$

可见，直接计算和对称分量法计算出的电流值是一样的：

$$I_{\mathrm{pha}} := I_{\mathrm{ph0}} \qquad |I_{\mathrm{pha}}| = 104.2\mathrm{A} \qquad \arg(I_{\mathrm{pha}}) = -36.9°$$
$$I_{\mathrm{phb}} := I_{\mathrm{ph1}} \qquad |I_{\mathrm{phb}}| = 98.4\mathrm{A} \qquad \arg(I_{\mathrm{phb}}) = -136.9°$$
$$I_{\mathrm{phc}} := I_{\mathrm{ph2}} \qquad |I_{\mathrm{phc}}| = 108.5\mathrm{A} \qquad \arg(I_{\mathrm{phc}}) = 63.1°$$

本例的目的是说明对称分量的用法，尽管这个分析中直接计算更高效。对称分量的主要应用为非对称故障时的短路电流的计算；然而，这种计算超出了本书

的范围。

4.9 应用实例

列举两个 MATLAB 例子：第一个例子说明了电容串联对线路的影响，第二个例子阐述了有多个负载的馈线电压调整率的计算。第一个例子用标幺值表示发电机的电抗。MATLAB 计算之后通过 PSpice 进行网络分析。

例 4.12：电容性线路补偿影响的调查

一个星形联结发电机或网络通过一个短输电线给一个三角形联结三相电动机供电。电容在发电机侧和输电线串联，以便提高电压调整率，如图 4.26 所示为单线图。系统频率 $f = 60\text{Hz}$，电机线电

图 4.26 通过补偿线路为电动机供电

压、功率和功率因数分别为 $V_{\text{mot}} = 208\text{V}$、$P_{\text{mot}} = 25\text{hp}$、$\text{pf}_{\text{mot}} = 0.7$ 滞后。0.8mile 长的输电线有一个 $(0.2 + \text{j}0.6)$ Ω/mile 的单位长度阻抗。星形联结发电机参数为 $S_g = 100\text{kV} \cdot \text{A}$，$V_{\text{g-rated}} = 208\text{V}$，$x_g = 10\%$。

分析的主要步骤为

① 画出等效电路图；

② 计算出三角形联结的电机电流和输电线电流；

③ 计算电压调整率，并画出电压调整率随电容 C_{cap} 的变化曲线；

④ 将电压调整率减少至 5%，确定电容值。

系统的等效电路如图 4.27 所示，对称电路允许通过一个单相电路进行分析，串联的电容不适用于低电压，而用于相邻网络之间的长距离（$>100\text{mile}$）和高电压（$345 \sim 500\text{kV}$）连接。

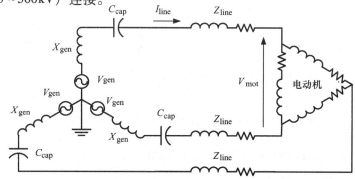

图 4.27 补偿电机的等效电路

MATLAB 程序

首先，在 MATLAB 程序中对电路数据初始化：

```
%    LineCompensation.m
clear all

% 系统频率 (Hz 和 rad/c)
f = 60;   w = 2*pi*f;

% 电机线电压，功率和功率因数(滞后)                                    or
Vmot = 208;              % V
Pmot = 25;              % hp (1 hp = 745.7 W)
Pmot = Pmot*745.7       % W
PFmot = 0.7;

% 输电线阻抗
Zline = (0.2+0.6j) * 0.8;    % Ω

% 星形联结电机参数
Sg = 100e3;             % V·A
Vg_rated = 208;         % V
Xg = 0.1;               % in p.u.

% 计算标幺值电机阻抗
Xgen = Xg*Vg_rated^2/Sg;       % Ω
```

式（4.53）用来计算发电机电抗，基准值为发电机的额定值，为

$$X_{\text{gen}} = \frac{V_{\text{g\_rated}}^2}{S_{\text{g}}} x_{\text{g}}$$

首先计算一个三角形联结的电机其中一相的相电流：

$$\boldsymbol{I}_{\text{mot}} = \frac{P_{\text{mot}}/3}{\text{pf}_{\text{mot}} V_{\text{mot}}} e^{-\text{jarccos}(\text{pf}_{\text{mot}})} \tag{4.69}$$

三相电机功率（P_{mot}）除以 3 得到单相的等效值。为了计算电机的线电流（I_{line}）和相电压（V_{motln}），利用表 4.1 中总结的等式；为

$$\boldsymbol{I}_{\text{line}} = \boldsymbol{I}_{\text{mot}} \sqrt{3} e^{-\text{j}30°}$$

$$\boldsymbol{V}_{\text{motln}} = \frac{V_{\text{mot}} \angle 0°}{\sqrt{3} e^{\text{j}30°}} \tag{4.70}$$

电机电压设定为系统 0 相位角的参考电压。

```
% 计算电机三角形联结电流
Imot = (Pmot/3)/(PFmot*Vmot)*exp(-j*(acos(PFmot)))

% 计算线电流
Iline = Imot*sqrt(3)*exp(-j*30/180*pi)

% 计算电机相电压
Vmotln = Vmot/(sqrt(3)*exp(j*30/180*pi))
```

改变补偿电容并计算电压调整率。将电容 C_{cap} 从 $0.5\mathrm{mF}$ 改变为 $2.5\mathrm{mF}$，每次变化 $0.1\mathrm{mF}$ 可发现最佳值：

```
% 电压调整率设为5%
found = 0;            %  index to where Ccap value is found

% 电容器不同的值构成一个数列
Ccap = 0.0005 : 0.0001 : 0.0025;    % F

for k=1: size(Ccap,2)
```

计算发电机和电容电抗的串联阻抗及线路阻抗：

$$Z_{system} = Z_{gen} + Z_{cap} + Z_{line} = jX_{gen} + \frac{1}{j\omega C_{cap}} + Z_{line}$$

利用 KVL，每相电源的电压为

$$V_{gen} = I_{line}Z_{system} + V_{motln}$$

最后，系统的电压调整率（从发电机到电机）通过下式计算：

$$电压调整率 = \frac{|V_{gen}| - |V_{motln}|}{|V_{motln}|} \times 100\%$$

```
% 计算从发电机到电动机的阻抗
Zsystem = j*Xgen + 1/(j*w*Ccap(k)) + Zline; % Ω
% 计算发电机电压
Vgen = Iline*Zsystem + Vmotln;                      % V
% 计算电压调整率
Regulation(k) = (abs(Vgen)-abs(Vmotln))/abs(Vmotln)*100;
% 计算电压调整率为5%的电容值
```

根据产生 5% 的电压调整率来确定电容值，此时计算系统的效率（ε）：

$$\varepsilon = \frac{P_{mot}}{P_{gen}}$$

若电机的功率给定，发电机的有功功率可以通过发电机的复功率的实部确定：

$$S_{gen} = 3V_{gen}I_{line}^*$$

```
    if Regulation(k) < 5 & found == 0
        Ccap_5percent_reg = Ccap(k)          % F
        % 发电机三相复功率
        Sgen = 3*Vgen*conj(Iline)            % V·A
        % 计算发电机有功功率
        Pgen = real(Sgen)                    % W
        % 确定系统效率
        efficiency = Pmot/Pgen*100           % 百分比
        found = k;
    end
end
```

最终，可以画出电压调整率与补偿电容的关系曲线图，得出电压调整率为 5% 的电容值，如图标题所示：

```
plot(Ccap*1000,Regulation,'LineWidth',2.5);
set(gca,'fontname','Times','fontsize',12);
xlabel('Compensating Capacitor (mF)')
ylabel('Regulation (percent)')
title(['Capacitance at 5% Voltage Drop is ', ...
        num2str(Ccap_5percent_reg*1000),' mF']);
```

MATLAB 结果

下面为 MATLAB 计算出的数据结果：

```
>> LineCompensation
Pmot =     1.8643e+004
Imot =     29.8758 -30.4794i
Iline =    18.4178 -71.5923i
Vmotln =    1.0400e+002 -6.0044e+001i
Ccap_5percent_reg =       0.0010
Sgen =     2.1266e+004 -1.5889e+004i
Pgen =     2.1266e+004
efficiency =       87.6653
```

图 4.28 为 MATLAB 中电压调整率和补偿电容的关系曲线图，以及 5% 电压调整率的最小电容值。这个图显示了串联电容通过补偿电路电感减少电压降。当电容和电路电抗（线路和发电机）相等时（$C \approx 1.6\text{mF}$），电压降达到一个最小值。当电容阻抗变得大于线路阻抗，线路过补偿，电压降增加。负载上传统的 5% 管理需要一个约等于 1.0mF 的补偿电容。

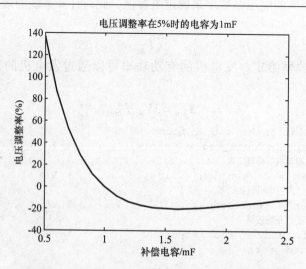

图 4.28　电压调整率和补偿电容的 MATLAB 曲线图

例 4.13：带有两个负载的三相馈线

三相电源（$f=50\text{Hz}$）通过一条馈线为一个三角形联结和一个星形联结负载供电，如图 4.29 所示，电源是接地的星形联结发电机。

图 4.29　带有两个负载的三相发电机

负载 1 是三角形联结不对称的负载：

ab 相电感和电阻串联：$L_{ab}=3.5\text{H}$，$R_{ab}=2200\Omega$；

bc 相电容和电感并联：$C_{bc}=0.5\mu\text{F}$，$L_{bc}=6\text{H}$；

ca 相电容和电阻串联：$C_{ca}=1.0\mu\text{F}$，$R_{ca}=1000\Omega$；

负载 2 是接地的星形联结对称负载：

$V_{\text{load2}}=13.8\text{kV}$，$P_{\text{load2}}=30\text{kW}$，$\text{pf}_{\text{load2}}=0.75$ 滞后

连接负载 2 线路 1 阻抗：$(0.45+j0.65)$ Ω/mile，长度 $=6\text{mile}$。

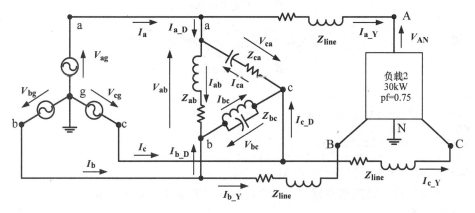

图 4.30　为两个负载供电的三相发电机的等效电路

计算目标就是确定电源电压、电流及功率，计算的主要步骤为

① 画出三相连接图和计算三角形联结负载的阻抗；

② 计算发电机输出端负载 2 的电流（a，b，c 相）和电压（a，b，c 相）；

③ 计算发电机线电压和三角形联结负载电流；

④ 确定三角形联结负载 1 的线电流、发电机电流和每相的复功率。

等效电路如图 4.30 所示。

MATLAB 程序

首先设定电路参数：

```
% PhaseCircuit.m
clear all

% 系统频率 (Hz 和 rad/s)
f = 50;        omega = 2*pi*f;

% 负载#1:三角形联结,非对称负载
% ab相为电感与电阻串联
Lab = 3.5;   Rab = 2200;    % (H) 和 (Ω)
% bc相为电容与电感并联
Cbc = 0.5e-6;  Lbc = 6;     % (F) 和 (H)
% ca相为电容与电阻串联
Cca = 1.0e-6;  Rca = 1000;  % (F) 和 (Ω)
% 负载#2:接地,星形联结,对称负载
% 负载电压 (V), 功率 (W), 和功率因数 (电感性)

Vload2 = 13.8e3;  Pload2 = 30e3;  pf_load2 = 0.75;
% 输入数据(线路1数据)
Zline = (0.45 + j*0.65) * 6;    % Ω
% 发电机接地,星形联结
```

如图 4.30 所示，计算出三角形联结负载每相阻抗：

$$Z_{ab} = R_{ab} + j\omega L_{ab}$$

$$Z_{bc} = \frac{1}{1/Z_{Lbc} + 1/Z_{Cbc}} = \frac{1}{1/(j\omega L_{bc}) + j\omega C_{bc}}$$

$$Z_{ca} = R_{ca} + \frac{1}{j\omega C_{ca}}$$

```
% 计算三角形负载阻抗
Zab = Rab + j*omega*Lab
XLbc = omega*Lbc;
XCbc = -1/(omega*Cbc);
Zbc = 1/(1/(j*XCbc) + 1/(j*XLbc))
Zca = Rca + 1/(j*omega*Cca)
```

然后计算星形联结负载（负载 2）的电流和电压。利用单相复功率计算出 *A* 相电流，为

$$S_a = \frac{P_{load2}/3}{pf_{load2}} e^{j arccos(pf_{load2})} \tag{4.71}$$

参考电压是相位角为 0 的 *A* 相的相电压。不像前面 MATLAB 例子中电路为一个对称负载，此例中因为负载 1 是不对称的，需要计算三相中每相电流和电压。负载 2 是对称的，因此，其他相电流分别滞后 120°和 240°。在第 3 章中，提到下式：

$$I_{a\_Y} = \left(\frac{S_a}{V_{AN}} \right)^*$$

$$V_{AN} = V_{load2}/\sqrt{3}\angle 0°$$

```
%  计算负载2电流
%  计算A相复功率 (V·A)
Sa = Pload2*exp(j*acos(pf_load2))/(3.0*pf_load2);
%  计算A相相电压 (V)
VAN = Vload2/sqrt(3.0);
%  计算A相到负载2的电流
Ia_Y = conj(Sa/VAN)
Ib_Y = Ia_Y*exp(-j*120*pi/180)
Ic_Y = Ia_Y*exp(-j*240*pi/180)
```

发电机输出端对地电压通过利用 KVL 计算得到，循环回路由电源到星形联结负载中性点构成，图 4.30 中可看到负载中性点是接地的。

$$V_{ag} = V_{AN} + I_{a\_Y} Z_{Line}$$

因为星形联结负载是对称的，其他相的负载电压（V_{PN} 和 V_{CN}）分别滞后 V_{AN} 120°和 240°。发电机线电压也通过 KVL 计算得到。

$$V_{ab} = V_{ag} - V_{bg}$$

$$V_{bc} = V_{bg} - V_{cg}$$

$$V_{ca} = V_{cg} - V_{ag}$$

```
%  计算发电机末端电压
Vag = VAN + Ia_Y*Zline
Vbg = VAN*exp(-j*120*pi/180) + Ib_Y*Zline
Vcg = VAN*exp(-j*240*pi/180) + Ic_Y*Zline

%  计算发电机线电压
Vab = Vag - Vbg
Vbc = Vbg - Vcg
Vca = Vcg - Vag
```

因为线电压加在单个三角形联结负载阻抗上，利用欧姆定律可计算出流过每个三角形臂负载的电流：

$$I_{ab} = \frac{V_{ab}}{Z_{ab}} \quad I_{bc} = \frac{V_{bc}}{Z_{bc}} \quad I_{ca} = \frac{V_{ca}}{Z_{ca}}$$

在三个三角形节点使用 KCL 计算得到三角形负载的线电流：

$$I_{a\_D} = I_{ab} - I_{ca}$$

$$I_{b\_D} = I_{bc} - I_{ab}$$

$$I_{c\_D} = I_{ca} - I_{bc}$$

```
%  计算负载三角形联结相电流
Iab = Vab/Zab
Ibc = Vbc/Zbc
Ica = Vca/Zca

%  计算负载三角形联结线电流
Ia_D = Iab - Ica
Ib_D = Ibc - Iab
Ic_D = Ica - Ibc
```

利用 KCL，每相电源的总电流为两个负载的电流之和：

$$I_a = I_{a\_D} + I_{a\_Y}$$
$$I_b = I_{b\_D} + I_{b\_Y}$$
$$I_c = I_{c\_D} + I_{c\_Y}$$

最后，确定发电机每相的复功率：

$$S_{g\_a} = V_{ag}I_a^*$$
$$S_{g\_b} = V_{bg}I_b^*$$
$$S_{g\_c} = V_{cg}I_c^*$$

```
%  计算发电机电流
Ia = Ia_D + Ia_Y
Ib = Ib_D + Ib_Y
Ic = Ic_D + Ic_Y

%  计算发电机复功率
Sg_a = Vag * conj(Ia)
Sg_b = Vbg * conj(Ib)
Sg_c = Vcg * conj(Ic)
```

MATLAB 结果

PhaseCircuit. m 的 MATLAB 结果为

```
>> PhaseCircuit

Zab =   2.2000e+003 +1.0996e+003i
Zbc =             0 +2.6778e+003i
Zca =   1.0000e+003 -3.1831e+003i

Ia_Y =   1.2551 - 1.1069i
Ib_Y =  -1.5862 - 0.5335i
Ic_Y =   0.3311 + 1.6404i

Vag =   7.9751e+003 +1.9063e+000i
Vbg =  -3.9859e+003 -6.9076e+003i
Vcg =  -3.9892e+003 +6.9057e+003i

Vab =   1.1961e+004 +6.9095e+003i
Vbc =   3.3018e+000 -1.3813e+004i
Vca =  -1.1964e+004 +6.9038e+003i
```

```
Iab =      5.6062 + 0.3387i
Ibc =     -5.1584 - 0.0012i
Ica =     -3.0488 - 2.8009i

Ia_D =     8.6550 + 3.1396i
Ib_D =   -10.7646 - 0.3400i
Ic_D =     2.1096 - 2.7997i

Ia =       9.9101 + 2.0327i
Ib =     -12.3507 - 0.8735i
Ic =       2.4406 - 1.1593i

Sg_a =     7.9038e+004 -1.6193e+004i
Sg_b =     5.5263e+004 +8.1833e+004i
Sg_c =    -1.7742e+004 +1.2230e+004i
```

例4.14： PSpice 举例

电力网络为 230kV 的高电压、周期 60Hz，通过四个变电站为 69kV 当地电网供电。图 4.31 为 69kV 电力系统的单线图，系统为三个阻抗恒定的负载供电。

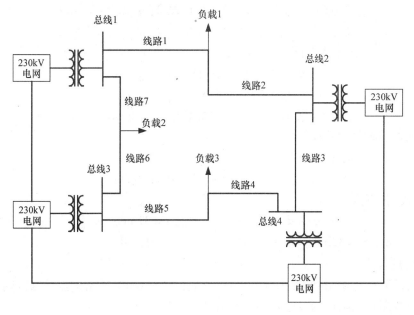

图 4.31　69kV 当地网络单线图

电力系统有不同类型的负载，如恒定电源、恒定电流或这两者的结合。大部分情况下，负载有恒定的视在功率、功率因数和线电压，通过这些数据可以计算出等效负载阻抗来。

使用负载潮流计算，可以确定由 230kV 变电站供电的 69kV 总线 1、3 和

4 的电压的幅值和相角，同时也提供了 69kV 总线上的短路电流。

等效电路参数的计算

对于 69kV 系统的分析，230kV 电站网络可以通过每个变电站戴维南等效电路来表示。戴维南等效电路是电压源和电抗的串联，电源电压为 69kV 总线上提供相电压（幅值和相角）。在 69kV 总线上的 230kV 网络的等效戴维南阻抗可以通过短路电流计算得到。此外，我们假设 230kV 系统的电压是常量，不受 69kV 的负载影响。

69kV 总线上的电压为

$$\omega := 2 \times \pi \times 60\text{Hz} \quad M := 10^6 \quad n := 1.4$$

$$\text{变电站 1}: V\text{sub}_1 := 67.5\text{kV} \quad \delta_1 := 0°$$

$$\text{变电站 2}: V\text{sub}_2 := 62\text{kV} \quad \delta_2 := 10°$$

$$\text{变电站 3}: V\text{sub}_3 := 69\text{kV} \quad \delta_3 := 18°$$

$$\text{变电站 4}: V\text{sub}_4 := 65\text{kV} \quad \delta_4 := 22°$$

短路电流为

$$\text{变电站 1}: I_{\text{short}_1} := 12\text{kA} \quad \text{变电站 2}: I_{\text{short}_2} := 7.5\text{kA}$$

$$\text{变电站 3}: I_{\text{short}_3} := 5\text{kA} \quad \text{变电站 4}: I_{\text{short}_4} := 7.5\text{kA}$$

负载为（所有滞后 pf）$k := 1..3$

$$\text{负载 1}: P_1 := 67\text{MW} \quad \text{pf}_1 := 0.83$$

$$\text{负载 2}: P_2 := 83\text{MW} \quad \text{pf}_2 := 0.76$$

$$\text{负载 3}: P_3 := 67\text{MW} \quad \text{pf}_3 := 0.90$$

输电线数据为：$m := 1..7$

每英里线路阻抗为

$$\mathbf{Z}_{\text{line}} := (0.27 + j \cdot 0.78)\,\Omega/\text{mile}$$

线路长度为

$$d_{\text{line}_1} := 15\text{mile} \quad d_{\text{line}_2} := 16\text{mile} \quad d_{\text{line}_3} := 37\text{mile} \quad d_{\text{line}_4} := 9\text{mile}$$

$$d_{\text{line}_5} := 35\text{mile} \quad d_{\text{line}_6} := 18\text{mile} \quad d_{\text{line}_7} := 18\text{mile}$$

负载阻抗计算

负载阻抗为电阻和电感并联。阻抗值通过额定 69kV 正常电压计算得到。

负载阻抗的阻值通过给定的功率值计算得到：

$$\text{RL}_k := \frac{(69\text{kV})^2}{P_k}$$

$$\text{RL}_1 = 71.06\Omega \quad \text{RL}_2 = 57.36\Omega \quad \text{RL}_3 = 71.06\Omega$$

电感计算需要使用功率因数和有功功率值确定无功功率。等式为

$$\phi_k := \text{acos}(\text{pf}_k) \quad Q_k := \frac{P_k}{\tan(\phi_k)}$$

$$X_k := \frac{(69kV)^2}{Q_k} \qquad LL_k := \frac{X_k}{\omega}$$

负载电感为

$$LL_1 = 126.67mH \qquad LL_2 = 130.12mH \qquad LL_3 = 91.29mH$$

戴维南等效电路计算

戴维南等效电抗为相电压和短路电流之比。短路电流的相位角假设为 $-90°$，也就是，可忽略短路电流的有功分量，如 3.5.3 章节所描述的。在实际情况下，电阻分量不能忽略：

$$n := 1..4 \qquad X_n := \frac{69kV}{\sqrt{3} \cdot I_{short_n}} \qquad Ls_n := \frac{X_n}{\omega}$$

电感值为

$$Ls_1 = 8.81mH \qquad Ls_2 = 14.09mH \qquad Ls_3 = 21.13mH \qquad Ls_4 = 14.09mH$$

戴维南等效电压为在每个变电站 69kV 总线测得的相电压。PSpice 使用相电压的峰值，即给定的电压值乘以 $\sqrt{2/3}$：

$$Vs_n := \frac{Vsub_n}{\sqrt{3}} \times \sqrt{2}$$

电源电压值为

$$Vs_1 = 55.11kV \qquad Vs_2 = 50.62kV \qquad Vs_3 = 56.34kV \qquad Vs_4 = 53.07kV$$

$$\delta_1 = 0° \qquad\quad \delta_2 = 10° \qquad\quad \delta_3 = 18° \qquad\quad \delta_4 = 22°$$

线路阻抗为每英里线路阻抗乘以线路长度：

$$Z_m := Z_{line} \cdot d_{line_m} \qquad Rtl_m := Re(Z_m) \qquad Ltl_m := \frac{Im(Z_m)}{\omega}$$

计算结果为

$$Rtl^T = (0 \quad 4.05 \quad 4.32 \quad 9.99 \quad 2.43 \quad 9.45 \quad 4.86 \quad 4.86)\,\Omega$$

$$Ltl^T = (0 \quad 31.035 \quad 33.104 \quad 76.554 \quad 18.621 \quad 72.415 \quad 37.242$$
$$37.242)\,mH$$

电路的 PSpice 分析

复杂网络的电压和电流可以使用 PSpice 计算，学生版本即可。图 4.32 所示为系统的等效电路，通过 PSpice 原理图编辑得到。关于 PSpice 的其他资料，请参阅附录 D。

使用 AC 扫描分析对系统进行分析。必须双击"Analysis set up"，然后选择"AC sweep"，再双击 AC sweep，打开"AC sweep and Noise analysis"窗口，选择 Total pts = 1，Start Freq：60 Hz，End Freq：60 Hz。运行 PSpice 之后，先检查电路然后运行元件的"netlist"。下述列表为打印提供了元件数值和命令。

双击"View/Output files"，运行"Schematic 69Kv. dat"文件，可以获得表

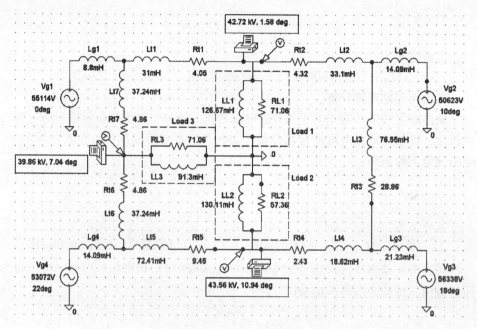

图 4.32　69kV 当地网络的等效电路

格和结果。对于图 4.32 中电路的表格和负载电压为

```
* From [PSPICE NETLIST] section of pspiceev.ini:
.lib "nom.lib"
.INC "69kV system.net"
**** INCLUDING "69kV system.net" ****
* Schematics Netlist *

L_Lt1      $N_0001  $N_0002   31mH
R_Rt1      $N_0002  $N_0003   4.05
L_Lt5      $N_0004  $N_0005   72.41mH
R_Rt5      $N_0005  $N_0006   9.45
L_Lt6      $N_0004  $N_0007   37.24mH
L_Lt7      $N_0008  $N_0001   37.24mH
L_Lg4      $N_0009  $N_0004   14.09mH
R_Rt2      $N_0003  $N_0010   4.32
L_Lt3      $N_0011  $N_0012   76.55mH
L_Lt2      $N_0010  $N_0012   33.1mH
R_Rt4      $N_0006  $N_0013   2.43
V_V2g      $N_0014  0 DC 0V  AC 50623V 10deg
V_Vg4      $N_0009  0 DC 0V  AC 53072V 22deg
V_Vg1      $N_0015  0 DC 0V  AC 55114V 0
R_RL3      0 $N_0016  71.06
L_LL3      0 $N_0016  91.3mH
```

```
R_RL1              0 $N_0003   71.06
L_LL1              0 $N_0003   126.67mH
L_LL2              $N_0006 0   130.11mH
L_Lg1              $N_0015 $N_0001  8.8mH
L_Lg2              $N_0012 $N_0014  14.09mH
R_Rt6              $N_0007 $N_0016  4.86
R_Rt7              $N_0016 $N_0008  4.86
R_RL2              $N_0006 0   57.36
R_Rt3              $N_0017 $N_0011  28.86
L_Lt4              $N_0013 $N_0017  18.62mH
V_Vg3              $N_0018 0 DC 0V AC 56338V 18deg
L_Lg3              $N_0017 $N_0018  21.23mH

.PRINT             AC
+ VM([$N_0003])
+ VP([$N_0003])

.PRINT             AC
+ VM([$N_0006])
+ VP([$N_0006])

.PRINT             AC
+ VM([$N_0016])
+ VP([$N_0016])
```

计算结果为负载电压, 其幅值 (峰值) 和相位角为

```
Load 1          FREQ VM($N_0004) VP($N_0004)
        6.000E+01 3.986E+04 7.035E+00
Load 2          FREQ VM($N_0005) VP($N_0005)
        6.000E+01 4.272E+04 1.580E+00
Load 3          FREQ VM($N_0003) VP($N_0003)
        6.000E+01 4.356E+04 1.094E+01
```

图 4.32 中标出了获得的电压值。

PSpice 输出频率 (60Hz)、相电压的幅值和相位角, 将峰值电压乘以 $\sqrt{2/3}$ 得到线电压的有效值。负载电压为

负载 1: 48.81kV。

负载 2: 52.32kV。

负载 3: 53.35kV。

比较电源电压 69kV 和负载电压, 电压调整率超过 20%, 表明 69kV 网络过载了。

通常, PSpice 适合分析包含 10 ~ 20 个电压源和线路的中型网络。大型公用网络的分析需要使用专用的负载潮流程序, 可以解决超过一千个总线的网络。

4.10 练习

1. 描述理想星形联结三相发电机，并写出线电压和相电压的公式。
2. 什么是不对称四线星形联结电路系统？画出简图。
3. 如何计算一个三相四线电路系统的中性线电流？
4. 什么是三相四线电路的复功率？写出表达式。
5. 描述星形联结对称负载，画出此对称电路。写出计算电流的公式。
6. 描述三角形联结对称负载，画出此对称电路。写出计算电流的公式。
7. 什么是不对称三相星形联结电路？画出简图。
8. 计算一个三相星形联结电路的中性点之间的电压差。
9. 描述三角形联结三相发电机。
10. 计算三角形联结不对称负载的电流，并讨论相位差。
11. 讨论标幺值的概念。

4.11 习题

习题4.1

使用复指数分析式（4.3）的三角关系。

习题4.2

一个三相 5hp、208V 的电机，满载运行时效率为 92%，功率因数为 0.87（滞后）。如果电机为星形联结和三角形联结，试分别计算电机相电流和线电流。

习题4.3

三个阻抗三角形联结，由一个对称星形联结发电机供电，线电压为 4200V。计算线电流。系统频率为 60Hz，其他数据为

ab 支路电阻 $R_{ab} = 45\Omega$，电感 $L_{ab} = 3.9H$，并联。

bc 支路电阻 $R_{bc} = 15\Omega$，电容 $C_{bc} = 8\mu F$，串联。

ca 支路电阻 $R_{ca} = 30\Omega$，电感 $L_{bc} = 0.2H$，串联。

习题4.4

重复上面的问题，系统频率为 50Hz，线电压为 380V。

习题4.5

三相变电站总线为一个星形和三角形联结三相负载供电，三相负载阻抗为并联。连接电源和三相负载的每相线路阻抗为 $Z_{feed} = 0.6 + j1.8\Omega$，如图 4.33 单线图所示：

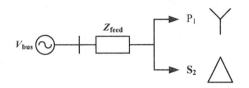

图 4.33　问题 4.5 单线图

$P_1 = 35\text{kW}$	$\text{pf}_1 = 0.90$（超前）	星形联结
$S_2 = 30\text{kV} \cdot \text{A}$	$\text{pf}_2 = 0.85$（滞后）	三角形联结

负载线电压为 480V。确定：

① 每相负载的阻抗；

② 流经馈线的总线路电流；

③ 变电站总线的线电压；

④ 三相电路总有功功率和无功功率。

习题 4.6

一个三角形联结负载和一个星形联结电容负载，通过馈线连接电源。三角形联结负载为三个相等的感性阻抗 $Z_\triangle = 50\Omega \angle 40°$。电源为星形联结，由线电压 240V 的三相电压源组成。线路上每相阻抗为 $Z = 2 + \text{j}2\Omega$。

确定：

① 无电容并联负载终端的电流和线电压；

② 如果星形联结电容和三角形联结负载并联，求负载终端的线电压。每相电容电抗为 $X = -35\Omega$；

③ 讨论在负载终端并联电容对电压的影响。

习题 4.7

一个三相发电机带有两个三相负载。2.4kV 发电机额定值为 180kV·A。在 200kV·A 和 2.5kV 的基准值下，负载 1 的标幺值阻抗为 $Z_{\text{load1}} = 80\% + \text{j}75\%$，负载 2 为 $Z_{\text{load2}} = 70\% + \text{j}25\%$。

① 画出等效电路；

② 确定阻抗的欧姆值；

③ 如果发电机运行电压为 3.8kV（线电压），电感为 $X = 125\%$，串联在发电机中，计算电源电流的安培值和百分比。

习题 4.8

一个三相发电机额定值为 12.5kV 和 800kV·A。发电机运行的线电压 $V_{\text{ab}} = 12.0\text{kV}$。发电机三相负载阻抗三角形联结。阻抗分别为 $Z_{\text{ab}} = (200 + \text{j}300)\,\Omega$，$Z_{\text{bc}} = -\text{j}250\Omega$，$Z_{\text{ca}} = -\text{j}150\Omega$。

① 计算发电机馈线的电流和负载的电流；

② 请问：发电机过载吗？

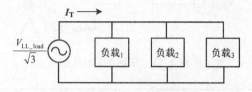

图 4.34　问题 4.9 的单相电路图

习题 4.9

一个对称三相电源为三个星形联结负载供电，如图 4.34 所示为其单相电路图。负载分别为

负载 1	$S_1 = 38 \mathrm{kV \cdot A}$	$\mathrm{pf}_1 = 0.7$ 滞后
负载 2	$S_2 = 30 \mathrm{kV \cdot A}$	$\mathrm{pf}_2 = 0.75$ 超前
负载 3	未知	

负载的线电压和电源的线电流分别为 240V 和 15A。如果负载的功率因数是 1，确定：

① 未知负载的有功功率、视在功率和无功功率；

② 未知负载的功率因数 pf；

③ 将负载 3 的电阻从 0 变换到 10Ω，确定功率因数为 0.96 时对应的电阻值。

习题 4.10

验证使用式（4.45），通过测量两个功率表可以得到三相三线电路的无功功率。

第 5 章 输电线与电缆

输电线用于在远距离范围内传输大量的能量。超高压（EHV）交流（AC）输电线的作用是传输远距离的能量，像亚利桑那州和加利福尼亚之间的电力互联，或者是距离蒙特利尔遥远的詹姆斯湾水电站都用到了超高压交流输电线。对于点对点式电力传输和长距离大功率传输，高压直流输电线因为没有电容充电电流和电感压降，只有电阻电压降，因此效率很高。典型的高压直流输电工程有连接洛杉矶和俄勒冈州的太平洋联络线，还有通过海底电缆跨越法英海峡的联网工程。高压交流输电线经常将发电厂连接到一座城市。典型的高压传输系统的例子是帕洛贝尔德核能发电站和亚利桑那州凤凰城以及胡佛水坝和拉斯维加斯，内华达州之间的输电线。在一个城市范围内，中压输电线把配电站都连在一起，从变电站出来的配电线给住宅和商业顾客供能，在拥挤的城市里，地下电缆有时代替架空输电线。

在这一章节里，我们主要讲述输电线的结构和组成，解决输电线最重要的环境影响，也就是对其电磁场进行分析，这一章节推导出输电线电阻、电感和电容的计算公式，引入了线路的等效电路，并且提出了分析方案来评估线路的性能。

（1）超高压线

① 电压等级：345kV、500kV、765kV 和 1000kV。

② 系统间的互连。

（2）高压线

① 电压等级：115kV 和 230kV。

② 变电站和发电厂的互连。

（3）中压输电线

① 电压等级：46kV 和 69kV。

② 变电站和工业客户。

（4）配电线

① 电压等级：2.4 ~ 46kV，其中 15kV 应用最普遍。

② 供应住宅和商业客户。

（5）高压直流输电

① 电压等级：±120 ~ ±800kV。

② 连接不同地区（例如从俄勒冈州到加利福尼亚）。

5.1　结构

图5.1所示为一个典型的超高压输电线，线路主要组成如下：

承载电流的三相导体；

支撑导体并对导体电隔离的绝缘子；

支撑绝缘子和导体的杆塔；

基础和接地装置；

对照明系统保护的可选的屏蔽导体。

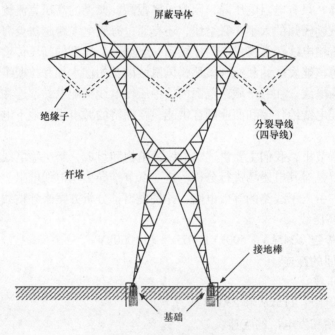

图5.1　典型超高压输电线

图5.2所示为一种有两个不同的高压线路的输电线走廊，右边的线路用的是钢格构塔，左图中的线路是建有更美观的钢管塔。钢管塔由锥形钢管组成同时配备了带状臂，带状臂支撑着绝缘子和屏蔽导体。左边的输电线每相是双导线，这样是为了减少电晕的影响和收音机及电视噪声的产生。塔顶接地的屏蔽导体对于每条线路的照明系统进行保护。

由于线路的环境影响，搭建新的输电线变得越来越困难，在图5.1中超高压输电线的杆塔超过了百英尺高同时也需要200～300ft宽的走廊或优先权，图5.2所示为输电线一个不美观的景象。大部分的人们都认为随着人口增长有必要增加

屏蔽导体

绝缘子

相导体

杆塔

69kV
线路

图 5.2　有两条高压线路的输电线走廊

新的线路，然而，大家还是想让输电线远离他们的房子——不在他们的后院。

　　另一个问题是大家厌恶输电线产生的电磁场，尽管没有人证实过哪个导致不健康的影响因素是来自于电磁场的，但是在人口稠密地区，还是被认为不可取的，这些因素导致了输电线走廊的发展远离人口密集区。

　　中压输电线将变电站互连，然后在本地分配能源到一个城市或者农村地区。这些输电线是由钢管塔或者木塔支撑的，钢管塔有混凝土基础，通常木塔被放置在没有地基的地面。因为较低的中压输电电压减少了电晕的产生，所以一般输电线每相采用一根导线，尽管每相可以使用多根导线来增加导线的载流能力。导体由没有横担的支柱绝缘体支撑，或者可能由连接到横担上的悬式绝缘体支撑。照明保护可能通过使用一个放在塔顶的接地屏蔽导体来实现，在每座塔上的屏蔽导体都需要通用一个接地板或者垂直管（接地棒）接地。图 5.3 展示的是一个典型的 69kV 双回路木杆线路的中压输电线，线路有 2 个三相回路，沿着主要城市街道和道路分布。注意 12.47kV 的输电线在 69kV 输电线下面，通信电缆在 12.47kV 电路以下。

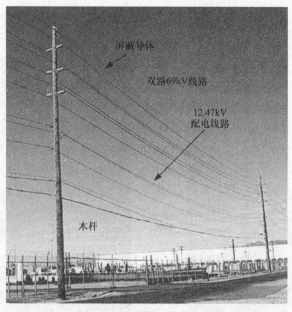

图5.3 双回路二次输电线

配电线给住宅区和商业大厦供电。在城市，大多数新的建筑都通过地下电缆来分配能量。在农村地区，配电线大部分采用横臂式木塔，木头用木榴油处理以防止腐烂。有些公共事业设备安装混凝土塔，使用简单的混凝土块地基或者不用地基，用小的陶瓷或者塑料支柱绝缘子支撑导体。绝缘轴接地是为了防止漏电流导致木塔点燃和燃烧。接地通过一个简单的钢棒或者黄铜棒，很少使用屏蔽导体，图5.4 所示为典型的 15kV 配电线施工图。

图5.4 配电线施工图

　　图 5.5 所示为一个使用 240V 电缆连接，有一个柱上变压器的输电线，为一个临近社区的房子供电。

　　这条配电线有 4 根导线，其中（如图 5.5 中顶部的杆）中性线接地。配电线下面连接有一个 240/120V 的服务电缆，配电线通过熔丝和隔离开关给每个变压器供电，单相柱上变压器安装在电缆连接线下。为了更好地利用杆塔，电话和/或有线电视线路通常连接到变压器下的电线杆上。

绝缘子

电涌
放电器

熔断器

变压器

240V/120V
绝缘线

图 5.5　有着柱上变压器和服务电缆连接线的配电线

　　图 5.1，图 5.2，图 5.3，图 5.4 以及图 5.5 说明了架空导线是悬挂在电线杆上的。电线杆之间的距离就是所谓的档距，在 100 ～ 1500ft 之间变化，取决于电压水平。挂在两点之间的导线，弧垂如图 5.6 所示，弧垂受导线温度、风和结冰条件的影响。夏天的时候，弧垂明显要比冬天的幅度大。弧垂决定了导线与地面之间的距离，国家电气安全规范规定了架空导线和地面的最小允许距离，取决于线路电压的大小和线下土地的使用情况，例如，低于 22kV 线路，如果土地用于行人交通，那么最小距离必须超过 14.5ft。

　　强风和结冰会损坏导线，特别是强风、大风会导致导体横向运动，从而产生闪络，因为导体可以摆到彼此靠近。同样，导体上突然落下的冰产生垂直运动

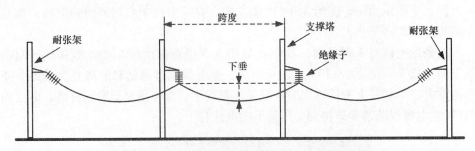

图 5.6 输电线支撑物和耐张架

（称作驰振），这也会导致闪络和机械损伤。为了限制导线损坏，线路被分成几个部分，如图 5.6 所示。线路每一部分的两端最后固定在铁架支点的终点或者耐张架上，在耐张架中间有多个承载导线的支撑（悬架）塔，绝缘子串在支撑塔垂直的位置上，并且在耐张架上绝缘子串和导线密切结合。耐张架要承受切向的、横向的和垂直的载荷。这种结构的优点是，任何风暴的伤害可能只会局限于一部分。

导线的张力取决于导体的重量、环境温度、风、结冰和在安装时的弧垂。在操作期间，最大张力发生在冬季。弧垂的计算必须考虑环境温度、导线抗拉强度、风和冰载荷。本书没有讨论力学性能的分析，建议读者自行研究文献［2］。

更进一步的问题是由于风力的作用产生的振动和振荡导致导线的周期性振荡，这种现象经过短短几年的时间后，会使得在杆塔上的中压输电线在塔上的导线绝缘子固定夹处产生疲劳破裂。在每个靠近绝缘子的档距内安装两个振动阻尼器可以减少振荡，图 5.7 是一个典型的阻尼器，阻尼器被调谐到风产生振动的频

图 5.7 输电线振动阻尼器
（AFL – Fujikura 有限公司）

率，配重的周期性运动会减弱导体振动和消除导体故障。

在城市地区，电缆放置在混凝土管道内，以此来保护电缆和简化故障电缆部分的维修和替换。图 5.8 所示为一个城市配电电缆系统安装的典型部分。图片显示的是低压电缆混凝土导管组，放置在街道上或者有地役权的土地上（比如前院或后院）的检查孔把电缆系统分为几个部分，这样在电缆故障的情况下，方便故障电缆的切除、拔出和更换。图中变压器和相关的开关设备都被放置在人行道上的拱顶。图 5.9 所示为一个混凝土管道组和检查孔下的 13.8kV 的电缆线。

一个典型的住宅开环电缆配电系统的接线图如图 5.10 所示。电缆回路给住宅变压器供电，熔丝保护变压器，每个环形电缆的末端都会与配电变电站的总线连接。然而，回路通常是被一个隔离开关断开的，在供电故障的情况下（例如

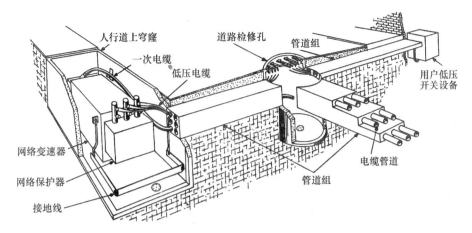

图 5.8 地下二次网格网络的剖面图

资料来源：电力系统与实践：John Wiley & Sons，New York，1978

图 5.9 检修孔中典型的混凝土管道与电缆

电源 1 端），在电源 1 端熔断器断开时，隔离开关在馈线中间关闭，则此时电源 2 端给电缆回路的两部分同时供电。这种开环系统的优点是消除不良的回路电流，减少故障电流和最小化消费群体停电范围。

69～230kV 高压电缆用于大型城市，如纽约，给位于城市中间的城市变电站供电，这些电缆运送几百兆瓦的电力来给摩天大厦和其他城市负载供电。

这一章节给出了输电线的类型和结构的概述，然而公用事业公使用不同类型的结构，描述的线路也存在一定的变化。

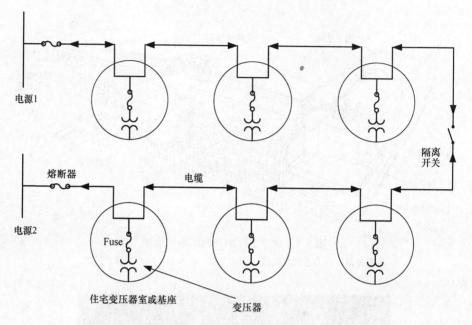

图 5.10　住宅区开环电缆配电系统的接线图

5.2　输电线的组件

5.2.1　杆塔和杆塔基础

最常用的塔型：

格构式塔架，用于 220kV 及以上。

拉线铁塔，用于 345kV 及以上。

横担的锥形钢管，用于 230kV 及以下。

混凝土塔，用于配电线和二次输电线。

木塔，用于配电电压在 220kV。

大部分金属塔都是通过混凝土地基和接地材料来稳固的。埋纯铜棒或板用于接地，接地电阻决定了雷击引起的过电压，当电压比额定电压大 10% ~ 20% 时产生过电压，良好的接地将限制过电压。

5.2.2　导线

输电线使用铝绞线，使用绞合导线替代有几个小直径的单一实芯导线，提高了灵敏度。

典型相导线有：

钢骨铝导线（ACSR）；

全铝导线（AAC）；

全铝合金导线（AAAC）；

钢支持铝导线（ACSS）；

复合芯铝导线（ACCC）；

复合芯加强铝导线（ACCR）；

间隙型钢芯铝合金绞线（GTACSR）。

典型的屏蔽导体有：

铝包钢和超高强度钢。

导体制造都有特定的长度，因此，在安装过程中，导体必须能够拼接以保证连续性。图 5.11 所示为导体在压缩之前拼接套管的过程。套管被压缩是为了保证连接能携带全电流和机械负载。

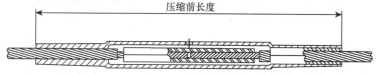

图 5.11　导线拼接（AFL – Fujikura 股份有限公司）

最常用的导线是 ACSR，ACSR 有一个绞合钢芯，一到四层铝股线绞合在钢芯线外，这种导线的截面绘制如图 5.12 所示。钢提供机械强度而铝提供了一种对电流低电阻路径。然而，AC-SR 的操作温度限制在 90℃，因

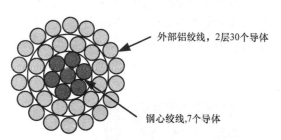

外部铝绞线，2层30个导体

钢心绞线,7个导体

图 5.12　钢骨铝导线（ACSR）

为铝和钢都受到了机械应力。过热的导体使铝退火，会致使铝无法承受机械负载。

在过去的十年里，新的高温导线已经出现了，这些导线可以承载高 2 ~ 3 倍的电流，可以在更高的温度（150 ~ 210℃）下运行并且弧垂较小。这些导线的主要应用是通过用高温导线替换现有导线实现现有输电线的升级，这样会使线路的容量增加 2 ~ 3 倍。

ACSS 具有由退火铝绞线包围的高强度钢芯。退火铝承载电流而钢提供了所有的机械强度。由于退火导线的作用使得导线可以在温度升高时运行。

ACCC 使用了由梯形硬拉拔和退火铝电线的一层或者更多层包围的轻质碳玻璃纤维复合芯导线，铝承载电流而纤维芯提供机械强度，即使在温度升高时也如此。

图 5.13 是传统的 ACSR 与 ACCC 的一个比较。

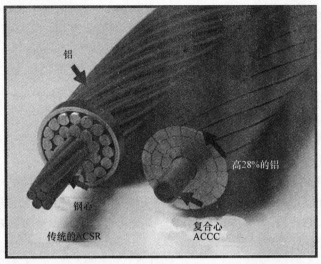

铝

高28%的铝

钢心

复合心
ACCC

传统的ACSR

图 5.13　ACSR 和 ACCC（CTC 电缆公司，欧文，CA）

ACCR 的内芯是将氧化铝陶瓷纤维嵌入到高纯度铝中复合而成的，使其强度高，质量小，电阻小。在图 5.14 中，内芯外面缠绕着在高温时有低电阻、高机械强度的铝锆合金线（Al – Zr）。

GTACSR 使用了钢芯，钢芯外缠绕着梯形铝管，与钢芯铝绞线相似，在梯形铝段管周围包围有圆形铝绞线。图 5.15 所示为钢芯和铝导线之间的润滑脂填充

载流导线是
铝－锆合金

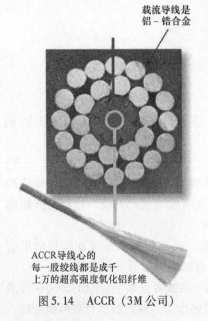

ACCR导线心的
每一股绞线都是成千
上万的超高强度氧化铝纤维

图 5.14　ACCR（3M 公司）

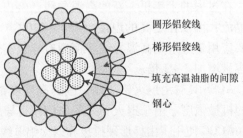

圆形铝绞线

梯形铝绞线

填充高温油脂的间隙

钢心

图 5.15　GTACSR

的间隙，这降低了钢芯和铝导线之间的摩擦，钢芯承载了整个机械负载，而周围的铝导线承载着电流，使得导线弧垂低以及能够在高温下运行。

分裂导线被用于 220kV 以上的线路用来减小电晕，提高电流承载能力。分裂导线每相导线由 2、3 或者 4 根截面积较小的导线组成。分导线间距为 12 ~ 18in，它是由沿着一个跨度距离 20 ~ 50ft 的铝棒（隔片）来固定的。

典型的分裂导线分布如图 5.16 所示。图 5.17 是三分裂导线隔片和阻尼器。

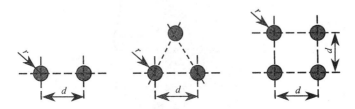

图 5.16　典型的分裂导线分布

5.2.3　绝缘子

球窝形绝缘子由瓷或钢化玻璃构成，用于高压线中，也称为盘形悬式瓷绝缘子。图 5.18 所示为盘形悬式瓷绝缘子的横截面。瓷裙给铁帽和钢脚之间提供了绝缘。瓷的上部分是光滑的，促进雨水冲洗和表面清洁。瓷的底部是波纹状的，这样能防止润湿并能提供一个更长的漏电保护路径，波特兰水泥用来连接铁帽和钢脚。

图 5.17　三分裂导线隔片和阻尼器
（AFL – Fujikura 股份有限公司）

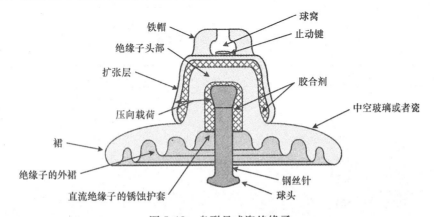

图 5.18　盘形悬式瓷绝缘子

　　球窝形绝缘子通过把球插到插口里相互连接并通过锁紧销来确保连接。几个绝缘体相连形成一个绝缘子串。图 5.19 所示为连接在一起的球窝形绝缘子。绝缘子串在支撑塔上垂直、在终端（张力）架上水平地排列。在美国和加拿大轻度污染的地区公共事业使用绝缘子串的典型个数分别是：

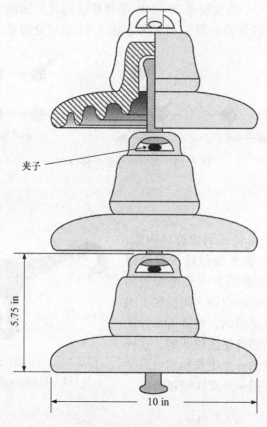

夹子

5.75 in

10 in

图 5.19　球窝形绝缘子串

线电压/kV	每串绝缘子数
69	4 ~ 6
115	7 ~ 9
138	8 ~ 10
230	12
345	18
500	24
765	30 ~ 35

瓷绝缘子经常用来支撑中压输电线。这些绝缘子替代了塔的横担，如图 5.3
所示，绝缘子由陶瓷柱组成。通过在外表面露天的裙角和波纹增加了泄漏距离，
对于室内使用，外表面是波纹状的，对于室外使用，需要使用更深的雨篷。终端
头将管的内部密封以防止水的渗透。

日益增长的工业污染增加了瓷绝缘子串的闪络次数，闪络发生在电弧对绝缘
子间建立了桥梁，从而提供了线和地面之间的传导路径。这也带动了抗污染非陶
瓷复合绝缘子的发展。

复合绝缘子用的是机械承载玻璃纤维棒做的，纤维棒由橡胶雨篷覆盖以保证
高的电场强度。图 5.20 所示为一个复合绝缘子的横截面。

终端头将绝缘子连接到杆塔或者导线上。终端头是一个沉重的金属管，有一
个椭圆形的孔、一个插座、一个球、一个舌头或者是一个 U 形的端头。将这个
镀锌的锻钢接头管锻造然后压缩成玻璃纤维杆。纤维杆中的玻璃纤维是环氧树脂
和聚酯树脂的结合，保证了高的机械强度。

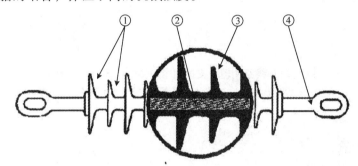

图 5.20　复合绝缘子：①直径交替的雨篷是为了防止由冰、雪和大量流注的雨形成的搭桥。
　　　　②玻璃纤维增强型树脂干。③注射成型的三元乙丙橡胶雨篷和杆盖。
　　　　④锻钢端头配件，镀锌和连接杆的模锻加工过程。资料来源：赛迪维尔

所有的高压复合绝缘子都使用了安装在纤维杆上的橡胶雨篷。雨篷、玻璃纤
维杆和端部配件都会小心密封，以防渗水，因为最严重的绝缘子故障是由于渗水
到接口处。最常用的材料是硅橡胶，三元乙丙橡胶（乙烯丙烯二烯单体）和这
两种橡胶的混合物。雨篷到玻璃纤维杆的直接成型生产了高质量的绝缘子，虽然
使用其他方法也能成功，但这是最好的一种方法。橡胶包含填料和助剂防止放电
引起的跟踪和侵蚀。

这些非陶瓷绝缘子的优点：

① 重量轻，降低了施工成本和运输成本；

② 更多的抗破坏性；

③ 较高的强度 – 重量比，它允许较长的设计跨度；

④ 更好的抗污染性能；

⑤ 提高输电线美学，使得更多大众对于新的线路有更好的理解认识。

缺点就是紫外线辐射和表面放电引起的雨篷老化，这限制了复合绝缘子现在的寿命在 15 ~ 20 年。

柱式复合绝缘子经常被用到中小型电压线路，典型的线路中柱式绝缘子的排列如图 5.21 所示。这种绝缘子有一个由硅或三元乙丙橡胶雨棚覆盖的玻璃纤维芯，图中显示了支撑两相导体的硬件。

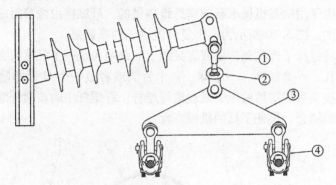

图 5.21 线路用轭板支撑两个导体的柱式复合绝缘子
①栓球；②U 形夹插座；③轭板；④悬垂线夹。资料来源：赛迪维尔

5.3 电缆

在许多城市和居民地区，除了缺乏建造大杆塔的空间，还因为环境和审美问题，输电线的搭建都被反对，所以这些地区都是通过地下电缆进行电能传输和分配电能的。地下电缆都是埋在地下的绝缘导体或者放置在地下混凝土电缆管道里。大部分的电缆都被放置在混凝土管道中，虽然旧的设备使用的是直接埋电缆的方式。后者被认为是不可取的，因为电缆寿命显著降低了。

图 5.22 所示为一个典型的固体电介质的单相高压电缆。电缆用的是半导体屏蔽层包围的铝绞线导体，半导体屏蔽层能产生一个光滑的表面，减小了绞合引起的电场集中。电缆是通过交联聚乙烯（PEX）介质绝缘的，由终止电场的半导体层覆盖。接地的金属丝构成外面的屏蔽，该屏蔽层适合承载短路电流和作为低中压电缆的中性线。最后，有个防水的外层保护电缆，这一层是由 PVC（聚氯乙烯）、高密度的 PEX 或者橡胶组成的。较老的高压电缆使用充满着高压油的绝缘纸。

图 5.23 所示为用于居民区的三相固体绝缘介质的配电电缆图。电缆有三股铝导线，每股导线都有半导体屏蔽层包围，固体 PEX 介质给每根导线提供了绝

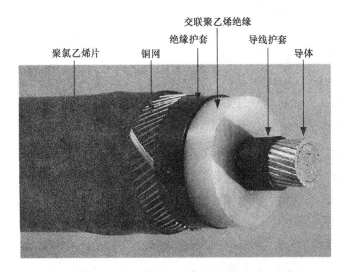

图 5.22　固体电介质的单相高压电缆

缘。接地的半导体层覆盖绝缘导体保证一个圆柱形的场分布。在每相之间放置填料来保证圆柱截面。包围每相绝缘导体的接地铜线形成了外面的屏蔽，最后，有一个防水的 PVC 板来防止环境的影响。

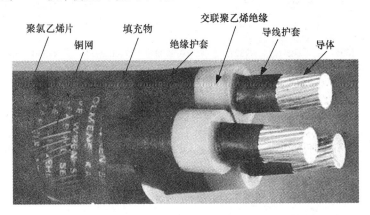

图 5.23　有固定电介质的三相配电电缆

5.4　输电线的电气参数

输电线通电后有电流，电流产生磁场，电压产生电荷，线路周围会产生电场，产生的电场导致线路有线电感和线电容。此外，该导体具有与温度和频率有关的电阻。

表 5.1　钢骨铝线

名称	横截面			绞合线		直径		层数
	铝/ 线径英寸	铝/ mm^2	总计/ mm^2	铝	钢	导线/in	线芯/in	
—	2776	1407	1521	84×0.1818	19×0.1091	2.000	0.546	4
Joree	2515	1274	1344	76×0.1819	19×0.0849	1.880	0.425	4
Thrashef	2312	1171	1235	76×0.1744	19×0.0814	1.802	0.407	4
Kiwi	2167	1098	1146	72×0.1735	7×0.1157	1.735	0.347	4
Bluebird	2156	1092	1181	84×0.1602	19×0.0961	1.762	0.480	4
Chukar	1781	902	976	84×0.1456	19×0.0874	1.602	0.437	4
Falcon	1590	806	908	54×0.1716	19×0.1030	1.545	0.515	3
Lapwing	1590	806	832	45×0.1880	7×0.1253	1.504	0.376	3
Parrot	1510	765	862	54×0.1672	19×0.1003	1.505	0.502	3
Nuthatch	1510	765	818	45×0.1832	7×0.1221	1.465	0.366	3
Plover	1431	725	817	54×0.1628	19×0.0977	1.465	0.489	3
Bobolink	1431	725	775	45×0.1783	7×0.1189	1.427	0.357	3
Martin	1351	685	772	54×0.1582	19×0.0949	1.424	0.475	3
Dipper	1351	685	732	45×0.1733	7×0.1155	1.386	0.347	3
Pheatanl	1272	645	726	54×0.1535	19×0.0921	1.382	0.461	3
Bittern	1272	644	689	45×0.1681	7×0.1121	1.345	0.336	3
Grackle	1192	604	681	54×0.1486	19×0.0892	1.338	0.446	3
Bunting	1193	604	646	45×0.1628	7×0.1085	1.302	0.326	3
Finch	1114	564	636	54×0.1436	19×0.0862	1.293	0.431	3
Bluejay	1113	564	603	45×0.1573	7×0.1049	1.258	0.315	3
Curlew	1033	523	591	54×0.1383	7×0.1383	1.245	0.415	3
Ortolan	1033	523	560	45×0.1515	7×0.1010	1.212	0.303	3
Cardinal	954	483	546	54×0.1329	7×0.1329	1.196	0.399	3
Rail	954	483	517	45×0.1456	7×0.0971	1.165	0.291	3
Drake	795	403	469	26×0.1749	7×0.1360	1.108	0.408	2

资料来源：美国电力研究协会（Electric Power Research Institute，EPRI），输电线参考书 345 及以上，第 2 版。主编 J. J. LaForest, Palo Alto, CA, 1982, p.110。

导体的技术数据

重量/每1000ft的磅数	强度/千磅	电阻/Ω（mile）					GMR/ft	载流容量/A
		直流	60Hz 交流					
		25℃	25℃	50℃	75℃	100℃		
3219	81.6	0.0338	0.0395	0.0421	0.0452	0.0482	0.0667	
2749	61.7	0.0365	0.0418	0.0450	0.0482	0.0516	0.0621	3390
2526	57.3	0.0397	0.0446	0.0482	0.0518	0.0554	0.0595	3218
2303	49.8	0.0424	0.0473	0.0511	0.0550	0.0589	0.0570	3080
2511	60.3	0.0426	0.0466	0.0505	0.0544	0.0584	0.0588	3106
2074	51.0	0.0516	0.0549	0.0598	0.0646	0.0695	0.0534	2751
2044	54.5	0.0578	0.0602	0.0657	0.0712	0.0767	0.0521	2545
1792	42.2	0.0590	0.0622	0.0678	0.0234	0.0790	0.0497	2543
1942	51.7	0.0608	0.0631	0.0689	0.0748	0.0806	0.0508	2460
1702	40.1	0.0622	0.0652	0.0711	0.0770	0.0830	0.0485	2459
1840	49.1	0.0642	0.0663	0.0725	0.0787	0.0849	0.0494	2375
1613	38.3	0.0656	0.0685	0.0747	0.0810	0.0873	0.0472	2375
1737	46.3	0.0680	0.0700	0.0765	0.0831	0.0897	0.0480	2288
1522	36.2	0.0695	0.0722	0.0788	0.0855	0.0922	0.0459	2289
1635	43.6	0.0722	0.0741	0.0811	0.0881	0.0951	0.0466	2200
1434	34.1	0.0738	0.0764	0.0835	0.0906	0.0977	0.0445	2200
1533	41.9	0.0770	0.0788	0.0863	0.0938	0.1013	0.0451	2108
1344	32.0	0.0787	0.0811	0.0887	0.0963	0.1039	0.0431	2110
1431	39.1	0.0825	0.0842	0.0922	0.1002	0.1082	0.0436	2015
1255	29.8	0.0843	0.0866	0.0947	0.1029	0.1111	0.0416	2017
1331	36.6	0.0909	0.0924	0.1013	0.1101	0.1190	0.0420	1924
1165	27.7	0.0909	0.0930	0.1018	0.1106	0.1195	0.0401	1921
1229	33.8	0.0984	0.0998	0.1094	0.1191	0.1287	0.0404	1825
1075	25.9	0.0984	0.1004	0.1099	0.1195	0.1291	0.0385	1824
1094	31.5	0.1180	0.1190	0.1306	0.1422	0.1538	0.0375	1662

电阻

绞合导体交流电阻的计算式复杂而且结果不准确，比较实用的方法是使用导体表。表 5.1 列出了 ACSR 的技术数据。正如表中第一列所示，导线是以鸟类的名字来命名的。表中给出了导体的几何形状，包括横截面、层数和导线的尺寸等，这些数据是根据导体的重量和机械强度给出的，直流电阻是在 25℃ 时，而交流电阻列出了几个不同的温度，这些数据用来确定输电线的电阻。从下一列到最后一列，几何平均半径（GMR）用于线路电感的计算。

对于线路电气参数的计算，导线直径、几何平均半径、在适当环境温度下的导线交流电阻都是需要的。电阻的温度对电压降计算的影响较小，但是对线路的损耗影响显著。

"Cardinal" 导线经常在高压线上使用，作为表 5.1 使用的一个例子，提取 Cardinal 导线的线路参数，这种导线的直径 $d = 1.196\text{in}$，几何平均半径为 0.0404ft，导线在 60Hz 交流频率下，25℃ 时交流电阻为 $0.0998\Omega/\text{m}$，75℃ 时为 $0.1191\Omega/\text{m}$。由于亚利桑那州的沙漠气候，如果考虑了电流的热效应，在 25℃ 时的电阻可对应于冬季的条件，考虑了电流和阳光直射引起的辐射热量，75℃ 就代表了夏天的条件。

5.5 输电线电磁场

导体中的电流在导体内部和周围产生了磁场，在孤立长直圆形导线中的电流产生的磁通线都是同心圆。图 5.24 描述了磁场在导体内外的分布情况。如图 5.25 所示的右手定则，给出了磁场的方向。如果右手拇指指的是电流的方向，那么右手手指卷曲的方向就是磁场的环绕方向。例如，如图 5.24 所示的顺时针方向转动。

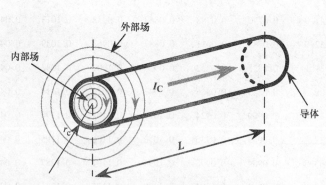

图 5.24 导体产生的磁场

交流和直流线路都能产生磁场，磁场强度和电流成正比，直流电流产生的磁场是恒定的。直流线路产生的磁场并没有被视为一个健康问题，因为它是一个常数并且远低于地球的磁场，大概为一高斯的一半（~0.5G⊖），然而，由于交流线路产生的磁场，会根据系统的频率时刻变化，因此大家比较关注，尽管它们的规模也远远低于地球的磁场。

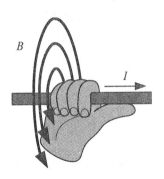

图 5.25　右手定则用来判断一个载流导体产生的磁场方向

线路电抗的计算需要内部和外部磁场的计算。输电线环境影响的评估涉及离地面约 1m 的磁场计算。在线路附近工作和走动的人群都置身于外部磁场中。

磁场和产生磁场的电流之间的关系是由安培定律或麦克斯韦第一方程式描述的。安培定律是这样描述的：沿闭合路径的磁场强度矢量的线积分等于在闭合路径中电流的总和。安培定律给出的积分形式为

$$\sum I_i = \oint \vec{H} \cdot \vec{dl} \tag{5.1}$$

式中，H 是磁场强度矢量，单位是安每米（A/m）；I_i 是产生磁场的电流；$\vec{dl}$ 是基本路径长度矢量；$\vec{H} \cdot \vec{dl}$ 是一个标量（点）乘。

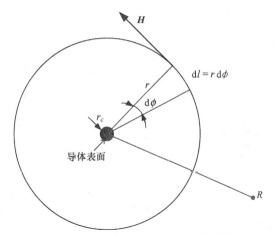

图 5.26　安培定律对于一个小圆柱导体磁场的应用（电流垂直纸面向外）

电流在长直圆形实心导体的情况下，磁力线都是圆形的，如图 5.24 和图 5.26 所示。磁场沿着磁力线是恒定的，这样可以简化积分。这种情况如图 5.26 所示，图中说明了在这里使用的量的定义。

在这种情况下，积分可以简化为

$$I = \int_0^{2\pi} Hr d\phi = Hr \int_0^{2\pi} d\phi = 2\pi r H \tag{5.2}$$

磁场强度可以从上面的等式中计算得出：

$$H = \frac{I}{2\pi r} \tag{5.3}$$

⊖　$1G = 10^{-4}T$——译者注。

对磁场进行分析需要计算出磁通密度 B，这是自由空间磁导率 μ_0 和磁场强度的乘积，磁通密度为

$$B = \mu_0 H = \mu_0 \frac{I}{2\pi r} \tag{5.4}$$

磁通密度以特斯拉（T）或者高斯（$10^4 \, G = 1T$）为单位，从附录 C 可以查到自由空间磁导率为

$$\mu_0 = 4 \times \pi \times 10^{-7} H/m \tag{5.5}$$

磁通量是磁通密度在表面 F 的积分：

$$\Phi = \int_F \vec{B} \times d\vec{F} \tag{5.6}$$

式中，$\vec{B} \times d\vec{F}$ 是矢量（叉乘）。

举一个例子，在图 5.26 所示的导线表面 r_c 到点 R 之间的磁通量为

$$\Phi = \int_F \vec{B} \times d\vec{F} = \mu_0 \int_{r_c} \frac{I}{2\pi r} dr = I \frac{\mu_0}{2\pi} \ln\left(\frac{R}{r_c}\right) \tag{5.7}$$

这个等式中假设导线长度为 1，磁通量单位为韦伯（Wb）或者特斯拉·平方米。1 韦伯等于 1 伏秒（Wb = V·s），1 特斯拉等于 1 伏秒每平方米（T = V·s/m²）

5.5.1 磁场能量

磁场是由电流产生的，磁场的保持需要有电能的输入，磁场能存储能量。瞬时电能输入为

$$dW = eidt = \frac{d\Phi}{dt} idt = id\Phi = idBF \tag{5.8}$$

式中，B 是磁通密度；F 是所选择的区域面积；e 是感应电压；i 是产生电场的电流。

使用安培定律，i 用磁场强度 H 取代，$i = H\ell$，B 由磁场强度和自由空间磁导率的乘积替代，用这些表达式替代上面的等式，我们可以得到

$$dW = idBF = (H\ell)(\mu_0 dH) F = \mu_0 HdH(\ell F) = \mu_0 HdHV_{ol} \tag{5.9}$$

式中 ℓ 是指所选择的路径长度，在这个等式中 $\ell F = V_{ol}$ 是所选择区域的体积，通过这个公式可以计算出磁场储存的能量。

上面表达式的积分给出了在所选体积内的磁场能量为

$$W = \mu_0 \int HdHV_{ol} = \mu_0 \frac{H^2}{2} V_{ol} \tag{5.10}$$

5.5.2 单个导线产生的磁场

图 5.27 所示为在导体周围产生的磁场和任意一点的磁场矢量，导线坐标是

x_c 和 y_c，选定的点坐标是 x 和 y，该点电流方向为流入平面。

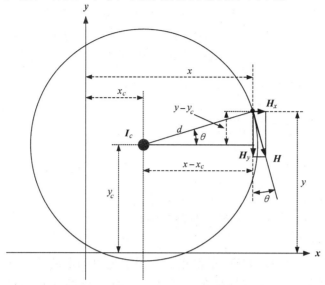

图 5.27　磁场矢量（电流垂直纸面向里）

在导体外的磁场强度（H）可用式（5.3）的安培公式计算：

$$H(x, y) = \frac{I_c}{2\pi d} = \frac{I_c}{2\pi \sqrt{(x-x_c)^2 + (y-y_c)^2}} \tag{5.11}$$

式中，I_c 是导线的电流；x_c，y_c 是导线中心点坐标；x，y 是任意一点的坐标。

从图 5.27 的大三角形可以看出，θ 的余弦和正弦是

$$\cos\theta = \frac{x-x_c}{\sqrt{(x-x_c)^2 + (y-y_c)^2}} \quad \sin\theta = \frac{y-y_c}{\sqrt{(x-x_c)^2 + (y-y_c)^2}}$$

从较小的矢量三角形可以看出，磁场的 x 和 y 分量是

$$H_x(x, y) = \frac{I_c}{2\pi d}\sin(\theta) = I_c \frac{y-y_c}{2\pi[(x-x_c)^2 + (y-y_c)^2]} \tag{5.12}$$

$$H_y(x, y) = \frac{I_c}{2\pi d}\cos(\theta) = I_c \frac{x-x_c}{2\pi[(x-x_c)^2 + (y-y_c)^2]} \tag{5.13}$$

总磁场强度是 x 和 y 分量的矢量和：

$$H(x, y) = H_x(x, y)\hat{i} + H_y(x, y)\hat{j} \tag{5.14}$$

式中，$\hat{i}$ 和 $\hat{j}$ 是分别在 x 和 y 方向上的单位矢量，相应的整个磁场强度大小为

$$|H(x, y)| = \sqrt{|H_x(x, y)|^2 + |H_y(x, y)|^2} \tag{5.15}$$

磁通密度（B）是

$$B(x, y) = \mu_0 H(x, y) \tag{5.16}$$

例 5.1：导体周围磁场的 MATLAB 绘制

为了对磁场有更好的理解和认识，绘制导体周围的磁场是有用的。首先，通过式（5.12）和式（5.13），我们创建一个 MATLAB 函数来计算距离单根导线任意位置的磁场，这个名为"hmagfield. m"的函数在本章节也会应用于其他例子。

```
function [Hx,Hy] = hmagfield(Icond, xc, yc, x, y)

% Icond    : 导线电流(相位)
% xc, yc   : 导线中心坐标
% x, y     : 要计算的磁场的坐标
% 计算导线与计算的场点之间的距离
d2 = (x-xc)^2 + (y-yc)^2;        % 距离的二次方

% 计算x和y两个方向的磁场分量
Hx = Icond*(y-yc)/(2*pi*d2);
Hy = Icond*(x-xc)/(2*pi*d2);

return
```

假设一个导体距地面 70ft 的高度，导线中流过的电流为 1000A。坐标设定 $y=0$ 是在地面上，$x=0$ 在导体的正下方，上面的函数 x 值的范围为 $-100 \sim +100$ft，y 值的范围是从地面（$y=0$）到垂直地面的 100ft。式（5.15）用于计算磁场大小。然后，我们利用 MATLAB 在导体的附近建立一个磁场强度的图，如图 5.28 所示。

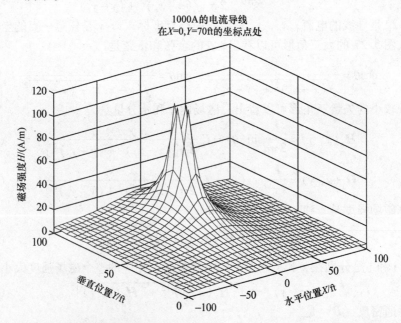

图 5.28　流过 1000A 电流的导线周围的磁场强度（在导线的坐标中，磁场强度趋于无穷大）

```
%
%     MagneticFieldPlot.m
%
conv = 3.281; % 英尺转化为米的转换关系

% 设置导线位置  (ft) 和电流  (A)
xcond = 0;      ycond = 70;
Icond = 1000 + 0j;

% 生成x和y的位置矢量  (ft)
x = (-100 : 5 : 100);
y = (0 : 5 : 100);

% 计算期望点的磁场  (A/m)
for i = 1:size(x,2)
     for j = 1:size(y,2)
          [Hx, Hy] = hmagfield(Icond,xcond,ycond,x(i),y(j));
          Hmag(j,i) = sqrt(abs(Hx)^2 + abs(Hy)^2) * conv;
     end
end

% 绘制磁场大小与场点位置的函数关系图
mesh(x,y,Hmag)
set(gca, 'fontname','Times', 'fontsize',11);
xlabel('Horizontal Position, X (ft)')
ylabel('Vertical Position, Y (ft)')
zlabel('Magnetic Field Intensity, H (A/m)')
title([num2str(abs(Icond)),' Amp Conductor at X=',...
          num2str(xcond),', Y=',num2str(ycond),' ft'])
```

在执行上述计算时是在导体中心，由于导体中心的距离为零，因此出现了被零除的情况。建议读者等待 MATLAB 发出警告，如果有必要，这个可以通过明智地建立 x 和 y 矢量来避免包含导体的位置（即略去 $x = 0$，$y = 70$）的情况，例如，用下面的语句取代上面的代码：

```
% 生成x和y的位置矢量(ft)
% while avoiding the conductor location
x = (-98 : 4 : 98);
y = (0 : 4 : 100);
```

此外，MATLAB 中可以利用一个能在 60×60 点的网格上绘制网格图的单一调用函数完成整个计算。具体为

```
>>ezmesh('1000*3.281/(2*pi*sqrt(x^2+(y-70)^2))',...
                    [-100,100,0,100])
```

5.5.3 复数空间矢量的数学运算

要了解在接下来两部分将讲到的多种导体周围的磁（后面电）场的 Mathcad

和 MATLAB 计算，有必要停下来仔细看一下复数空间矢量的叠加，例如交流线路产生的磁场和电场。考虑两个复数空间矢量：

$$\vec{v}_1 = v_{1x}\hat{i} + v_{1y}\hat{j} = (a+jb)\hat{i} + (c+jd)\hat{j} \tag{5.17}$$

$$\vec{v}_2 = v_{2x}\hat{i} + v_{2y}\hat{j} = (e+jf)\hat{i} + (g+jh)\hat{j} \tag{5.18}$$

要将这两个复数矢量加在一起需要将 x 和 y 方向上的复数矢量分别相加，特别是前面提到的两个矢量的总和是

$$\vec{v}_T = \vec{v}_1 + \vec{v}_2 = (v_{1x}\hat{i} + v_{1y}\hat{j}) + (v_{2x}\hat{i} + v_{2y}\hat{j})$$

$$= [(a+e)+j(b+f)]\hat{i} + [(c+g)+j(d+h)]\hat{j}$$

$$= (p+jq)\hat{i} + (s+jt)\hat{j} \tag{5.19}$$

由于存在分布在两个空间(x 和 y)坐标的两个复数的实部和虚部，早期空间矢量的可视化需要四维空间。因为早期复杂矢量的可视化困难，因此只考虑 x 和 y 方向矢量的大小会更加方便。全矢量在 x 和 y 方向上的大小（和相位角）是

$$\vec{v}_T = \sqrt{p^2+q^2} \angle \arctan\left(\frac{q}{p}\right)\hat{i} + \sqrt{s^2+t^2} \angle \arctan\left(\frac{t}{s}\right)\hat{j} \tag{5.20}$$

全矢量的总大小是

$$|\vec{v}_T| = \sqrt{(p^2+q^2)+(s^2+t^2)} = \sqrt{|v_{Tx}|^2 + |v_{Ty}|^2}$$

$$= \sqrt{(a+e)^2+(b+f)^2+(c+g)^2+(d+h)^2} \tag{5.21}$$

以类似的方式，原始复数矢量的大小是

$$|\vec{v}_1| = \sqrt{(a^2+b^2)+(c^2+d^2)}$$

$$|\vec{v}_2| = \sqrt{(e^2+f^2)+(g^2+h^2)} \tag{5.22}$$

从式（5.21）和式（5.22），我们注意到以下的不等式：

$$|\vec{v}_T| \neq \sqrt{|\vec{v}_1|^2 + |\vec{v}_2|^2} \tag{5.23}$$

因此，该部分不能通过简单地将矢量大小相加来计算，而是两个方向分量必须单独相加，如式（5.19）所示。

5.5.4 三相输电线产生的磁场

三相线路每一相导体都会产生自己的磁场，总磁场强度（H_T）是每相产生磁场的矢量（H_A，H_B，H_C）和。

$$\vec{H}_T = \vec{H}_A + \vec{H}_B + \vec{H}_C \tag{5.24}$$

这个计算方法在 Mathcad 用数值例子进行了说明。

例 5.2：图 5.29 提供了一个 500kV 输电线的导线分布。线电流为 1500A，这对应于负载约为 1300MW，该线路导线的坐标是

$$x_A := -35\text{ft} \quad x_B := 0\text{ft} \quad x_C := 35\text{ft}$$

$$y_A := 70\text{ft} \quad y_B := y_A \quad y_C := y_A$$

复数线电流是

$$I_A := 1500\text{A} \quad I_B := I_A \cdot e^{-j \cdot 120°} \quad I_C := I_A \cdot e^{-j \cdot 240°}$$

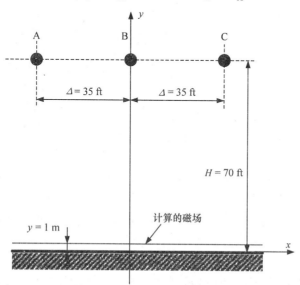

图 5.29　输电线的导线分布

我们在 Mathcad 中必须明确定义，磁场用毫高斯（mG）为单位：

$$\text{mG} := 10^{-3}\text{G}$$

自由空间磁导率是

$$\mu_0 = 4 \times \pi \times 10^{-7}\text{H/m}$$

通常是计算距离输电线下的地面 1m 以上位置的磁场，通过计算导线 C 正下方的磁场来检验等式计算结果的正确性；坐标为：$x := 35\text{ft}$ $y := 1\text{m}$。

首先通过确定每相导体 x 和 y 方向上的磁场分量来计算总磁场矢量（$\boldsymbol{H}_T$）。相电流产生 x 方向的磁场分量都能通过等式（5.12）来计算。三相导线每相磁场强度的计算结果是

$$H_{Ax}(x, y) := I_A \cdot \frac{y - y_A}{2 \cdot \pi \cdot [(x - x_A)^2 + (y - y_A)^2]} \qquad H_{Ax}(x, y) = -5.59\text{A/m}$$

$$H_{Bx}(x, y) := I_B \frac{y - y_B}{2 \cdot \pi \cdot [(x - x_B)^2 + (y - y_B)^2]} \qquad H_{Bx}(x, y) = (4.60 + 7.97\text{j})\,\text{A/m}$$

$$H_{Cx}(x, y) := I_C \cdot \frac{y - y_C}{2 \cdot \pi \cdot \left[(x - x_C)^2 + (y - y_C)^2 \right]} \qquad H_{Cx}(x, y) = (5.87 - 10.17j)\,\mathrm{A/m}$$

通过三个分量值相加可以得到所有磁场强度的 x 方向上的分量和：

$$H_x(x, y) := H_{Ax}(x, y) + H_{Bx}(x, y) + H_{Cx}(x, y) \qquad H_x(x, y) = (4.88 - 2.19j)\,\mathrm{A/m}$$

从使用的角度出发，磁场的大小或者绝对值是用来确定磁场强度的，计算值是：

$$|H_x(x, y)| = 5.355\,\mathrm{A/m}$$

相电流产生的 y 方向上的磁场分量通过式（5.13）来计算。结果是

$$H_{Ay}S(x, y) := I_A \cdot \frac{x - x_A}{2 \cdot \pi \cdot \left[(x - x_A)^2 + (y - y_A)^2 \right]} \qquad H_{Ay}(x, y) = 5.86\,\mathrm{A/m}$$

$$H_{By}(x, y) := I_B \cdot \frac{x - x_B}{2 \cdot \pi \cdot \left[(x - x_B)^2 + (y - y_B)^2 \right]} \qquad H_{By}(x, y) = (-2.41 - 4.18j)$$

$\mathrm{A/m}$

$$H_{Cy}(x, y) := I_C \cdot \frac{x - x_C}{2 \cdot \pi \cdot \left[(x - x_C)^2 + (y - y_C)^2 \right]} \qquad H_{Cy}(x, y) = 0.00\,\mathrm{A/m}$$

y 方向上总磁场是

$$H_y(x, y) := H_{Ay}(x, y) + H_{By}(x, y) + H_{Cy}(x, y) \qquad H_y(x, y) = (3.45 - 4.18j)\,\mathrm{A/m}$$

它的大小是

$$|H_y(x, y)| = 5.421\,\mathrm{A/m}$$

之前的计算产生了 x 和 y 分量（$\boldsymbol{H_x}$，$\boldsymbol{H_y}$），这是复杂的矢量通过 90° 空间分离得到的（即正交）。

是通过分别执行实数和虚数分量的矢量加法［见式（5.19）］来得到总磁场矢量（$\boldsymbol{H_T}$）的实部和虚部分量。然而，如果磁通密度或者磁场大小都是唯一所需的量，那么磁场的大小能直接通过 x 和 y 分量利用式（5.15）计算出来，在选定点的磁场的大小是

$$H_{mag}(x, y) := \sqrt{(|H_x(x, y)|)^2 + (|H_y(x, y)|)^2} \qquad H_{mag}(x, y) = 7.619\,\mathrm{A/m}$$

磁通密度（B）用来评估磁场环境的影响，磁通密度是

$$B_{field}(x, y) := \mu_o \cdot H_{mag}(x, y) \qquad B_{field}(x, y) = 95.7\,\mathrm{mG}$$

$$\mu := 10^{-6} \qquad B_{field}(x, y) = 9.57\,\mathrm{\mu T}$$

由 IEEE 标准 644 - 1994（R2008）定义的合成磁场是

$$B_{res}(x, y) := \frac{B_{field}(x, y)}{\sqrt{2}} \qquad B_{res}(x, y) = 6.77\,\mathrm{\mu T}$$

如图 5.30 所示为在横向距离的范围内距离输电线下 1m 高度的磁通密度的分布。

最大磁通发生在中间（B 相）导线的正下方。

$$B_{max} := B_{res}(0ft,1m) = 77.7mG \quad B_{max} = 77.7mG$$

在 1m 高处，导体 A 和 C 下的磁通密度是

$$B_{res}(x_A, 1m) = 67.7mG \quad B_{res}(x_C, 1m) = 67.7mG$$

在公用线路 100 ~ 250ft 边缘处磁通密度是

$$B_{res}(100ft, 1m) = 30.5mG \quad B_{res}(250ft, 1m) = 6.4mG$$

$$x := -300ft, -299ft .. 300ft \qquad y := 3.281ft$$

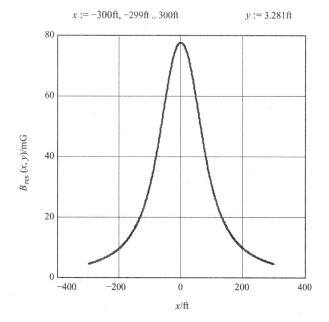

图 5.30　在输电线下 1m 高度的磁通密度

　　如图 5.30 所示为磁场随着距离增加快速减小。在本示例中，如果距离中心线大于 250ft，那么磁通密度小于 10mG。

　　一些研究调查到了由于磁场暴露的健康问题。一些研究将长期暴露与癌症发病率的增加和儿童白血病[一]关联起来。其他的研究人员，包括美国环境保护局[二]，声明没有来自磁场的不利影响。IEEE 安全水平标准（C95.6 – 2002）给出了人体暴露在 0 ~ 3kHz 范围内磁场的最大允许暴露（Maximum Permissible Exposure，MPE）水平。表 5.2 给出了两个值，一个是公众，另一个是可控制的环境指的是维护电源线的员工。根据 IEEE 标准 C95.6，在公路输电线下的磁场应该

　⊖ London，S. J.，et al.，"Exposure to residential electric and magnetic fields and risk of childhood leukemia"，*American Journal of Epidemiology*，131（9），923 – 937，1991.

　⊖ U. S. Environmental Protection Agency，"Evaluation of the Potential Carcinogenicity of Electromagnetic Fields，" EPA/600/6 – 90/005B，October 1990.

小于 0.904mT（9.04G），这是非常高的值，电力公司通常限制输电线下面的磁场小于几百毫高斯。像这样的行业标准等都提供可接受的规范，但不具有法律效力。

表 5.2 磁场最大允许暴露水平：头部和躯干暴露

频率范围/Hz	公众		受控环境	
	$B-\mathrm{rms}/\mathrm{mT}$	$H-\mathrm{rms}/\mathrm{A/m}$	$B-\mathrm{rms}/\mathrm{mT}$	$H-\mathrm{rms}/\mathrm{A/m}$
<0.153	118	9.39×10^4	353	2.81×10^5
0.153~20	18.1/f	$1.44\times10^4/f$	54.3/f	$4.32\times10^4/f$
20~759	0.904	719	2.71	2.16×10^3
759~3000	687/f	$5.47\times10^5/f$	2060/f	$1.64\times10^6/f$

f 是单位为赫兹的频率
资料来源：IEEE 标准 C95.6-2002

例 5.3：用于计算三相导线的磁场的 MATLAB 程序

这里我们用例 5.1 中的 MATLAB 函数来计算和绘制在图 5.29 几何图上的三相导线的合成磁场

```
%
%    MagneticFieldThreePhase.m
%
conv = 3.281; % 英尺转化为米的转换关系

xa = -35;   ya = 70;   % 导线   A 的位置 (ft)
xb = 0;     yb = ya;   % 导线   B 的位置 (ft)
xc = -xa;   yc = ya;   % 导线   C 的位置 (ft)
Ia = 1500 + 0j;                    % A 相电流 (A)
Ib = Ia * exp(-120j*pi/180);       % B 相电流 (A)
Ic = Ia * exp(-240j*pi/180);       % C 相电流 (A)
```

接下来，这个 hmagfeild 函数在每个位置都反复调用，是为了计算每相导线产生的磁场的 x 和 y 分量。然后通过式（5.24）和式（5.15）来确定总的磁场大小。

```
% 生成x和y的位置矢量
x = (-97.5 : 5 : 97.5);
y = (2.5 : 5 : 97.5);

% 计算期望点的磁场
for i = 1:length(x)
    for j = 1:length(y)
        % 计算每相电流产生的磁场 (A/ft)
        [Hax, Hay] = hmagfield(Ia, xa, ya, x(i), y(j));
        [Hbx, Hby] = hmagfield(Ib, xb, yb, x(i), y(j));
        [Hcx, Hcy] = hmagfield(Ic, xc, yc, x(i), y(j));

        % x和y方向的总磁场 (A/m)
        Hx = (Hax + Hbx + Hcx) * conv;
        Hy = (Hay + Hby + Hcy) * conv;

        % 确定磁场大小 (A/m)
        Hmag(j,i) = sqrt(abs(Hx)^2 + abs(Hy)^2);
    end
end
```

用下面的 MATLAB 代码绘出的图形如图 5.31 所示：

```
mesh(x,y,Hmag(1:length(y),1:length(x)))
set(gca, 'fontname','Times', 'fontsize',11);
xlabel('Horizontal Position, X (ft)')
ylabel('Vertical Position, Y (ft)')
zlabel('Magnetic Field, H (A/m)')
title([num2str(abs(Ia)),' A Three-Phase Line at height ',...
     'of ',num2str(ya),' ft, and spacing of ',num2str(xc),' ft'])
```

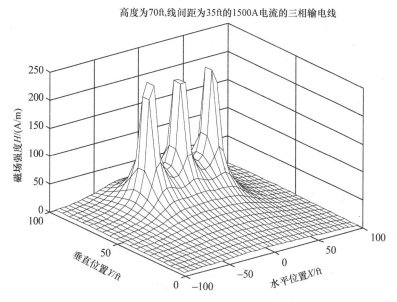

图 5.31　工作电流为 1500A 的相导线周围的磁场强度

5.6　输电线电感

导体中的交流电流会在导体内外产生磁场，如图 5.24 所示，磁力线都是同心圆。线路电感的确定需要计算导体内外的磁通量。

5.6.1　外部磁通量

考虑半径为 r_c 的载流导体承载电流为 I_c，如图 5.32 所示。对于外部磁通量的计算，我们选择了一个半径为 x 的磁力线，磁场强度通过安培定律计算，从式（5.3）可得磁场强度为

$$H = \frac{I_c}{2\pi x} \tag{5.25}$$

从式（5.4）可得磁通密度为

$$B = \mu_0 H = \mu_0 \frac{I_c}{2\pi x} \qquad (5.26)$$

为了计算磁通密度，我们选择一
个小的管状截面，截面的厚度是 dx，
长度为 L，根据式（5.7），在长度 L 和
厚度 dx 的管状元件中的外部磁场是

$$d\boldsymbol{\Phi} = \mu_0 \frac{I_c L}{2\pi x} dx \qquad (5.27)$$

穿过 P_1 和 P_2 之间平面的磁通量通
过对 D_1 和 D_2 间的磁通密度进行积分计
算，磁通量为

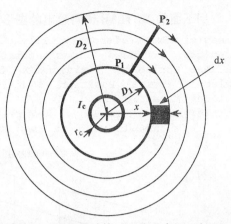

图 5.32 磁通量计算（电流垂直纸面向里）

$$\boldsymbol{\Phi}_{12} = \int_{D_1}^{D_2} \mu_0 \frac{I_c L}{2\pi x} dx = \mu_0 \frac{I_c L}{2\pi} \ln\left(\frac{D_2}{D_1}\right) \qquad (5.28)$$

这个等式将用来计算相导线产生的磁通量和电感。

5.6.2 内部磁通量

为了计算导线的内部磁场，我们选择一个小的管状截面，如图 5.33 所示，

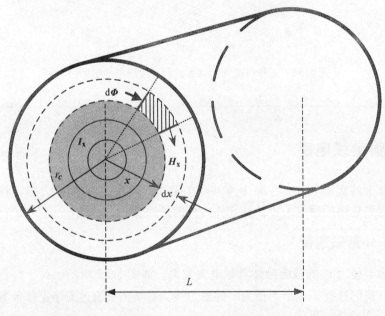

图 5.33 导线中的内部磁场

如果电流（I_c）在导线中是均匀分布的，在圆形截面的电流（I_x）与选择的那部分和整个导线的横截面面积比成正比：

$$I_x = \frac{\pi x^2}{\pi r_c^2} I_c = \frac{x^2}{r_c^2} I_c \tag{5.29}$$

安培定律被应用到圆形截面，通过阴影线标记。通过将式（5.19）代入到式（5.3）中得到磁场强度：

$$H_x = \frac{I_x}{2\pi x} = \frac{x}{2\pi r_c^2} I_c \tag{5.30}$$

磁通密度是

$$B_x = \mu_0 H_x = \mu_0 \frac{x}{2\pi r_c^2} I_c \tag{5.31}$$

厚度 dx 和长度 L 的管状元件的体积是

$$dV = L \times 2\pi x dx \tag{5.32}$$

根据式（5.10），存储在厚度为 dx、长度为 L 的管状元件中的磁场能量是

$$dW_x = \frac{1}{2}\mu_0 H_x^2 dV = \frac{\mu_0}{2}\left(\frac{I_c x}{2\pi r_c^2}\right)^2 \times L \times 2\pi x dx \tag{5.33}$$

导线中的磁场能量通过对之前的 $0 \sim r_c$ 的距离进行积分得到。上面表达式在整个系统的积分为

$$W_x = \frac{1}{2}\int_V \mu_0 H_x^2 dV = \frac{1}{2}\int_0^{r_c} \mu_0 \left(\frac{I_c x}{2\pi r_c^2}\right)^2 L \times 2\pi x dx = \mu_0 \frac{I_c^2 L}{4\pi r_c^4}\int_0^{r_c} x^3 dx \tag{5.34}$$

$$W_x = \mu_0 \frac{I_c^2 L}{4\pi r_c^4}\int_0^{r_c} x^3 dx = \mu_0 \times \frac{I_c^2 L}{4\pi r_c^4} \times \frac{r_c^4}{4} = \mu \frac{I_c^2 L}{2\pi} \times \frac{1}{8} \tag{5.35}$$

磁场能量可以用导线内部电感或者内部磁通量表示，磁通量和电感的关系是

$$\Phi_{int} = I_c L_c \tag{5.36}$$

电感中的磁场能量一般等式是

$$W = \frac{1}{2} I_c^2 L_c \tag{5.37}$$

这两个等式的结合给出了能量和磁通量的关系：

$$W_x = \frac{1}{2} I_c \Phi_{int} \tag{5.38}$$

将式（5.35）代入上面的关系式计算出导体的磁通量：

$$\Phi_{int} = \mu_0 \times \frac{I_c L}{2\pi} \times \frac{1}{4} \tag{5.39}$$

有趣的结论是载流导线的内部磁通量与半径是相互独立的。

5.6.3　导体的总磁通量

导体产生的总的磁通量是内部磁通量和外部磁通量的总和。式（5.28）给出了穿过 P_1 和 P_2 两点之间平面的磁通量，如图 5.34 所示。P_1 和 P_2 与导体中心的距离分别为 D_1 和 D_2。

为了确定导体外部一点的磁通量，P_1 放置在导体表面，如图 5.34 所示。在这种情况下，D_1 等于导体的半径 r_c，将 $D_1 = r_c$ 代入式（5.28），用 D 代替 D_2 得出了外部磁通量的一般表达式：

$$\Phi_{\text{ext}} = \mu_0 \frac{I_c L}{2\pi} \ln \frac{D}{r_c} \qquad (5.40)$$

式中，D 是与导体中心的距离；r_c 是导体的半径；I_c 是导体电流；L 是导线长度。

导体产生的总磁通量是内部磁通量和外部磁通量的总和，总磁通量是

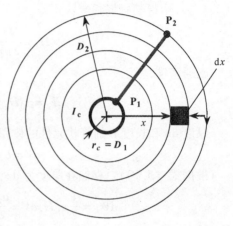

图 5.34　导体和外面一点之间的磁通量

$$\Phi_c = \mu_0 \frac{I_c L}{2\pi} \ln\left(\frac{D}{r_c}\right) + \mu_0 \frac{I_c L}{2\pi} \frac{1}{4} = I_c \frac{\mu_0 L}{2\pi}\left[\ln\left(\frac{D}{r_c}\right) + \frac{1}{4}\right] \qquad (5.41)$$

尽管这一公式适用于计算，但是可以通过 $1/4 = \ln(1/e^{-1/4})$ 替代上面的表达式进行改进，这两个自然对数的结合，可以得到简化的表达式。进一步简化是假设 L 是单位长度，使得磁通量为韦伯每单位长度。在美国，韦伯每英里是首选的单位，然而在欧洲，用的是韦伯每千米。

$$\frac{\Phi_c}{L} = I_c \frac{\mu_0}{2\pi}\left[\ln\left(\frac{D}{r_c}\right) + \frac{1}{4}\right] = I_c \frac{\mu_0}{2\pi} \ln\left(\frac{D}{e^{-0.25} r_c}\right) = I_c \frac{\mu_0}{2\pi} \ln\left(\frac{D}{\text{GMR}}\right) \qquad (5.42)$$

式中，GMR 是几何平均半径。

对于绞合导线来说 $\text{GMR} = r_c e^{-0.25}$，但是对于绞合导线来说，GMR 值在导体表中会给出。例如，从表 5.1 可以查出，Cardinal 导体的 GMR 值是 0.0404ft。

式（5.42）用来计算导线产生的磁通量。这个等式能够解释实际导线（管）被理想导线的 GMR 替代的情况。理想导体管内部的磁场为零。

5.6.4　三相导线电感

在三相线路的情况下，各相导线的电流会产生磁场。磁场是围绕导体的同心圆。

导线 A 会有三个磁通量。

1. $\boldsymbol{\Phi}_{\mathrm{AA}}$，A 相电流产生的磁通量；

2. $\boldsymbol{\Phi}_{\mathrm{AB}}$，B 相电流产生的磁通量；

3. $\boldsymbol{\Phi}_{\mathrm{AC}}$，C 相电流产生的磁通量。

一个对称系统的三相线路的电感通常被称为正序电感，它是假定线路调换顺序，线电流对称。

例 5.4：采用一个数值例子来计算线路的电感。用 Cardinal 导线建立的如图 5.29 所示的三相线路，几何数据如下：

相间间隔：$D_{\mathrm{AB}} := 25\mathrm{ft}$　$D_{\mathrm{BC}} := D_{\mathrm{AB}}$　$D_{\mathrm{AC}} := 2D_{\mathrm{AB}}$

导线高度和几何平均半径：$H_{\mathrm{line}} := 70\mathrm{ft}$　$\mathrm{GMR} := 0.0404\mathrm{ft}$

线电流相量为

$$\boldsymbol{I}_{\mathrm{A}} := 1500 \cdot \mathrm{e}^{-\mathrm{j}0°}\mathrm{A} \quad \boldsymbol{I}_{\mathrm{B}} := \boldsymbol{I}_{\mathrm{A}} \cdot \mathrm{e}^{-\mathrm{j}120°} \quad \boldsymbol{I}_{\mathrm{C}} := \boldsymbol{I}_{\mathrm{A}} \cdot \mathrm{e}^{-\mathrm{j}240°}$$

远处一点 F（见图 5.35）的坐标是

$$D_{\mathrm{AF}} := 1000\mathrm{ft} \quad D_{\mathrm{BF}} := D_{\mathrm{AF}} \quad D_{\mathrm{CF}} := D_{\mathrm{AF}}$$

导线的长度是 $L := 100\mathrm{mile}$。

与导线 A 有关的磁通量由导线 A 和任意选定的远点 F 间的磁通路径的计算确定。导线 A 中的电流在 A 和 F 点间产生磁通，如图 5.35 所示。磁通量能够用式（5.42）计算。

$$\boldsymbol{\Phi}_{\mathrm{AA}} := \boldsymbol{I}_{\mathrm{A}} \cdot \frac{\mu_0}{2 \cdot \pi} \cdot \ln\left(\frac{D_{\mathrm{AF}}}{\mathrm{GMR}_{\mathrm{c}}}\right) \cdot L \tag{5.43}$$

数值是 $\boldsymbol{\Phi}_{\mathrm{AA}} = 488.4\mathrm{Wb}$。

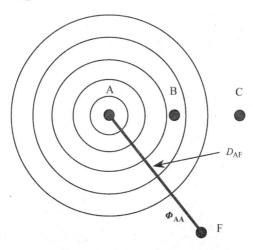

图 5.35　A 和 F 点间 *A* 相产生的磁链

A 和 F 点间，导线 B 中的电流产生了磁通量 $\boldsymbol{\Phi}_{AB}$，如图 5.36 所示，磁通量可以通过式（5.28）计算：

$$\boldsymbol{\Phi}_{AB}: \ = I_B \cdot \frac{\mu_0}{2 \cdot \pi} \cdot \ln\left(\frac{D_{BF}}{D_{AB}}\right) \cdot L \tag{5.44}$$

数值是 $\boldsymbol{\Phi}_{AB} = (-80.9 - 140.2j)$ Wb。

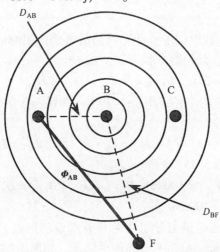

图 5.36 A 和 F 点间，B 相产生的磁链

类似地，A 和 F 点间，导线 C 中的电流产生了磁通量 $\boldsymbol{\Phi}_{AC}$，如图 5.37 所示，磁通量的计算为

$$\boldsymbol{\Phi}_{AC}: \ = I_c \cdot \frac{\mu_0}{2 \cdot \pi} \cdot \ln\left(\frac{D_{CF}}{D_{AC}}\right) \cdot L \tag{5.45}$$

数值是 $\boldsymbol{\Phi}_{AC} = (-64.2 + 111.2j)$ Wb $|\boldsymbol{\Phi}_{AC}| = 128.4$ Wb

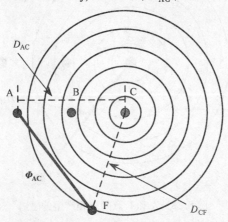

图 5.37 A 和 F 点间，C 相产生的磁链

导线 A 的总磁链是相电流产生的磁通量的总和，也就是说，是式（5.43）、式（5.44）和式（5.45）的相加。

$$\Phi_{\mathrm{A}} = I_{\mathrm{A}} \frac{\mu_0}{2\pi}\ln\left(\frac{D_{\mathrm{AF}}}{\mathrm{GMR}}\right)L + I_{\mathrm{B}}\frac{\mu_0}{2\pi}\ln\left(\frac{D_{\mathrm{BF}}}{D_{\mathrm{AB}}}\right)L + I_{\mathrm{C}}\frac{\mu_0}{2\pi}\ln\left(\frac{D_{\mathrm{CF}}}{D_{\mathrm{AC}}}\right)L \qquad (5.46)$$

同理，等式也适用于导线 B 和 C 的总磁链计算。

对称的条件下，三相电流之和为零，因此可以在之前的表达式中消除 I_{C}，在用 $I_{\mathrm{C}} = -I_{\mathrm{A}} - I_{\mathrm{B}}$ 式子替代后，简化的表达式为

$$\Phi_{\mathrm{A}} = I_{\mathrm{A}} \frac{\mu_0}{2\pi}\ln\left(\frac{D_{\mathrm{AC}}}{\mathrm{GMR}}\frac{D_{\mathrm{AF}}}{D_{\mathrm{CF}}}\right)L + I_{\mathrm{B}}\frac{\mu_0}{2\pi}\ln\left(\frac{D_{\mathrm{AC}}}{D_{\mathrm{AB}}}\frac{D_{\mathrm{BF}}}{D_{\mathrm{CF}}}\right)L \qquad (5.47)$$

这个等式通过计算导线 A 和远处任意一点 F 的磁通路径得出了 A 相磁链，将 F 点置于无穷远处，使得 $D_{\mathrm{AF}} = D_{\mathrm{BF}} = D_{\mathrm{CF}}$，将这些值代入，可得

$$\Phi_{\mathrm{A}}: = I_{\mathrm{A}} \cdot \frac{\mu_0}{2 \cdot \pi} \cdot \ln\left(\frac{D_{\mathrm{AC}}}{\mathrm{GMR}_{\mathrm{c}}}\right) \cdot L + I_{\mathrm{B}} \cdot \frac{\mu_0}{2 \cdot \pi}\ln\left(\frac{D_{\mathrm{AC}}}{D_{\mathrm{AB}}}\right)L \qquad (5.48)$$

数值是：$|\Phi_{\mathrm{A}}| = 344.5\mathrm{Wb}$。

B 和 C 相可以推导出类似的等式。式（5.48）表明，如果导线有不同的导线间距，那么即使电流是对称的，沿着导线的电压降也将不对称。换句话说，如果导线是由三相对称电压供电，在导线另一端的相电压将不同。公用工程通常将导线换位来避免不对称的电压。图 5.38 解释了导线换位的概念，每相位置占导线长度的三分之一。

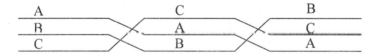

图 5.38　换位三相线

换位的作用是使导线各相平衡，可以用平均间距即所谓的几何平均距离来计算磁通量，几何平均距离的计算式为

$$\mathrm{GMD}: = \sqrt[3]{D_{\mathrm{AB}}D_{\mathrm{AC}}D_{\mathrm{BC}}} \qquad (5.49)$$

相应的数值是 GMD = 13.44m。

如果采用换位，那就意味着 D_{AB}、D_{BC} 和 D_{AC} 可能会被几何平均距离取代，将式（5.49）代入式（5.48），消除式（5.48）右手边的第二项，简化的磁通量等式是

$$\Phi_{\mathrm{A}}: = I_{\mathrm{A}} \cdot \frac{\mu_0}{2 \cdot \pi}\ln\left(\frac{\mathrm{GMD}}{\mathrm{GMR}_{\mathrm{c}}}\right) \cdot L \qquad (5.50)$$

对应的数值是 $|\Phi_{\mathrm{A}}| = 337.7\mathrm{Wb}$。

A 相的电感可以利用式（5.36）中描述磁通量和电感的关系计算得出，等

式给出的电感是

$$L_{A\_ind}: \quad = \frac{\Phi_A}{I_A} \tag{5.51}$$

对应的数值是 $L_{A\_ind} = 0.225\mathrm{H}$。

将式（5.50）代入式（5.51）中得到了单位长度电感是

$$L_{A\_inductance}: \quad = \frac{\mu_0}{2 \cdot \pi} \cdot \ln\left(\frac{\mathrm{GMD}}{\mathrm{GMR}_c}\right) \tag{5.52}$$

对应的数值是 $L_{A\_inductance} = 2.25\mathrm{mH/mile}$。

每相导线单位长度的阻抗：

$$X_A: \quad = \omega\frac{\mu_0}{2 \cdot \pi}\ln\left(\frac{\mathrm{GMD}}{\mathrm{GMR}_c}\right) \tag{5.53}$$

对于一个系统频率 $\omega = 2\pi \times 60\mathrm{Hz}$ 的系统，对应的数值是 $X_A = 0.849\Omega/\mathrm{mile}$。

许多高压输电线采用的是分裂导线，分裂导线的应用减小了线路阻抗，用等效导线替代分裂导线，该导线的几何平均半径由分裂导线数和分裂导线间的距离决定。分裂导线的等效几何平均半径是

两分裂导线：

$$\mathrm{GMR}_{eq} = \sqrt{d\mathrm{GMR}_C} \tag{5.54}$$

三分裂导线：

$$\mathrm{GMR}_{eq} = \sqrt[3]{d^2\mathrm{GMR}_C} \tag{5.55}$$

四分裂导线：

$$\mathrm{GMR}_{eq} = 1.09\sqrt[4]{d^3\mathrm{GMR}_C} \tag{5.56}$$

式中，GMR_C 是从导线表中查出的导线几何平均半径；d 是分裂导线之间的距离。对于分裂导线，GMR_{eq} 的值用在式（5.52）和式（5.53）中 GMR_C 的位置来分别确定电感和阻抗。

5.7 输电线电容

通电的输电线携带电荷。这些电荷会在导线周围产生电场，这一节计算长直实心圆导线的电容。

5.7.1 电场的产生

电场是由电荷产生的。通常，一个带电的球面状例子产生径向电场矢量。如图 5.39 所示，从图中可以看出，电场矢量的方向取决于电荷的极性。具体地说，对于一个正电荷，电场向外辐射，而对于一个负电荷，电场指向电荷的方向，等势面都是同心球体。

电通密度 $\vec{D}$，在一个闭合曲面内的电荷由高斯定律确定：

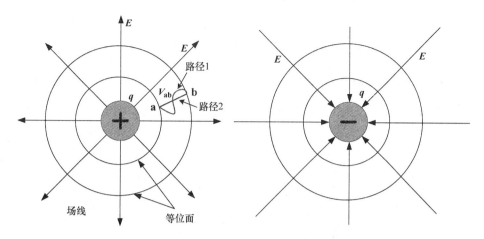

图 5.39 球面状电荷（粒子）产生的电场

$$q = \int_F \vec{D} \times \mathrm{d}\vec{F} \qquad (5.57)$$

式中，q 是电荷量，单位是库仑（C）或者安培秒；$\vec{D}$ 是电通密度矢量，单位是 C/m^2；F 是围绕电荷的表面面积，单位是平方米。

空气中，电荷产生的电场强度可以由电通密度除以自由空间介电常数来计算：

$$\vec{E} = \frac{\vec{D}}{\varepsilon_0} \qquad (5.58)$$

式中，$\vec{E}$ 是电场强度矢量，单位是 V/m，或者 V/cm；ε_0 是自由空间介电常数，单位是法拉每米。

自由空间磁导率是一个普适常数，可用于空气中，值为

$$\varepsilon_0 = \frac{10^{-9}}{36\pi} \mathrm{F/m} \qquad (5.59)$$

两点之间电场强度的积分是电压或者电势差。这个积分的值与路径无关。如图 5.39 所示，积分沿着场线（路径 2）或者任何其他的线（路径 1），都能得到同样的结果：

$$V_{ab} = \int_a^b \vec{E} \cdot \mathrm{d}\vec{l} \qquad (5.60)$$

通电导线会在导线中产生电荷，电荷会在线路周围产生电场。地面的电势被视为零，线路附近一点与地面间的电场强度的积分给出了所选点的空间电势。导线和地面间的电势差称为线路对地电压，在三相系统中两导线间的电压被称为线

电压。

5.7.2 导线周围的电场

图5.40 所示为通电导线和从导线处往外传出的径向电场线。导体中的电场为零。恒定电场（电势）线都是同心圆（没有标出），为了计算电通密度 $\vec{D}$，我们选择了一个以 x 为半径的恒定电场线，如图5.41 所示。

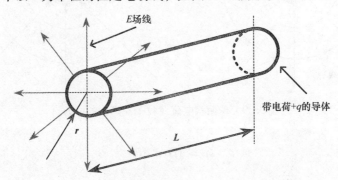

图5.40 导线周围的电场

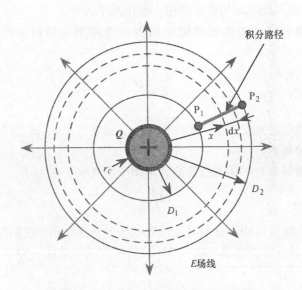

图5.41 围绕导电体的电场和等电位线

根据高斯定律，每单位长度的电通密度是

$$|\vec{D}| = \frac{Q}{2\pi x} \tag{5.61}$$

式中，Q 表示的是每单位长度的电荷量。

电场强度是电通密度和自由空间电导率的比值：

$$|\vec{E}| = \frac{|\vec{D}|}{\varepsilon_0} = \frac{Q}{2\pi\varepsilon_0}\frac{1}{x} \tag{5.62}$$

空气的介电常数可以认为是真空。在 P_1 和 P_2 点间的电势差是电场强度沿着两点的路径的积分，电势差是

$$V_{12} = \int_{P_1}^{P_2} |\vec{E}|\,\mathrm{d}x = \frac{Q}{2\pi\varepsilon_0}\int_{D_1}^{D_2}\frac{1}{x}\mathrm{d}x = \frac{Q}{2\pi\varepsilon_0}\ln\left(\frac{D_2}{D_1}\right) \tag{5.63}$$

该等式适用于计算输电线附近的电势差。

例 5.5：电场强度的可视化

之前的推导表明，计算单个导线附近的电场强度成了一个相当简单的程序。考虑到导线对地电压，V_{ln} 作为一个对称三相电压是通过线电压除以 $\sqrt{3}$ 得来。由于电场线是从导线径向向外延伸，导线到地面的电势差 V_{12} 被认为是 V_{ln}。然而，从导线到地面的距离（D_2）、随着图 5.42 中所示角度 θ 的变化而变化。

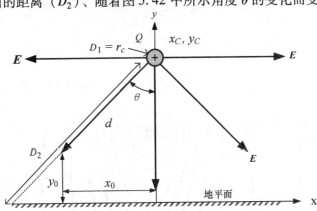

图 5.42　单根导线的电场几何

为了确定，首先，将式（5.63）代入式（5.62）来消除表达式中的电荷，并设置 x 等于 d 以对应于图 5.42 中从导线到任意一点的距离。

$$|\vec{E}| = \frac{V_{\mathrm{ln}}}{d\ln\left(\dfrac{D_2}{D_1}\right)} \tag{5.64}$$

式中，D_1 是导线的半径 r_{c}，导线中心到任意一点的距离是

$$d = \sqrt{(x_C - x_0)^2 + (y_C - y_0)^2}$$

任意一点到地面的导体直线距离是

$$D_2 = \frac{y_C}{\cos(\theta)} = \frac{y_C}{\left(\dfrac{y_C - y_0}{d}\right)}$$

使用这个表达式，一个 MATLAB 程序能够用来计算和绘制位于 70ft 高度处单根 500kV 导线附近的电场强度。执行程序，产生 3 幅可视化的电场图形。图 5.43 提供了导线下的电场强度的曲面图。导线周围的等势线如图 5.44 的等值线图表所示。MATLAB 能将曲面图和等值线图结合成一个图，如图 5.45 所示。

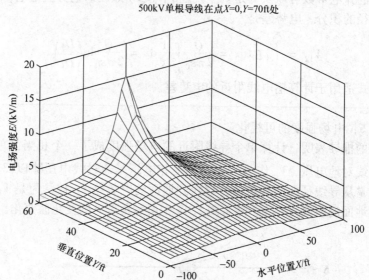

图 5.43　在 500kV 单根导线下 70ft 高度处的电场强度

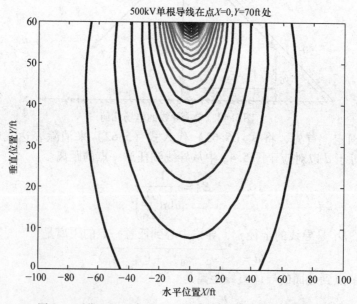

图 5.44　位于 70ft 高度处，单根 500kV 导线下的等势线

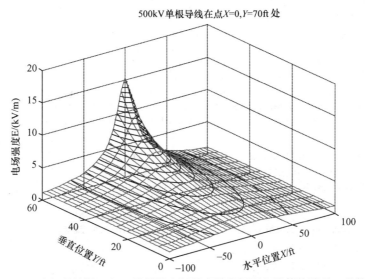

图 5.45　叠加在单根 500kV 的导线电场强度的曲面图上的等势线的三维轮廓

```
%
%      EFieldSingleConductor.m
%
conv = 3.281;     % 英尺转化为米的转换关系

eps0 = 1e-9/(36*pi);       % 空气的介电常数(F/m)

% 设置导线的位置(ft)
xcond = 0;      ycond = 70;

  rc = 0.147;              % 导线半径  (ft)
  Vline = 500e3;           % 线电压  (V)
  Vln = Vline/sqrt(3);     % 相电压

  % 生成x和y的位置矢量  (ft)
  x = (-100 : 5 : 100);
  y = (0 : 5 : 60);

% 计算期望点的电场    (V/m)
for i = 1:size(x,2)
     for j = 1:size(y,2)
          % 计算导线与已选点之间的距离 (m)
          d = sqrt((x(i)-xcond)^2 + (y(j)-ycond)^2) / conv;
          % 计算与地面法线之间的距离
          theta = atan2(x(i)-xcond,y(j)-ycond);
          % 计算沿此路径从导线到地面之间的距离  (ft)
          dist = ycond / cos(theta);
          % 注意cos(theta) 与 (ycond-y(j))/d 相等
          Efield(j,i) = Vln / (d * log(abs(dist/rc)));
     end
end
```

```
%  绘制电场大小与场点位置的函数关系图
mesh(x,y,Efield/1000)
set(gca, 'fontname','Times', 'fontsize',11);
xlabel('Horizontal Position, X (ft)')
ylabel('Vertical Position, Y (ft)')
zlabel('Electric Field Intensity, E (kV/m)')
title([num2str(Vline/1000),' kV Line Conductor at X=',...
        num2str(xcond),', Y=',num2str(ycond),' ft'])

figure;
contour(x,y,Efield/1000,20,'LineWidth',2.5)
set(gca, 'fontname','Times', 'fontsize',11);
xlabel('Horizontal Position, X (ft)')
ylabel('Vertical Position, Y (ft)')
title([num2str(Vline/1000),' kV Line Conductor at X=',...
        num2str(xcond),', Y=',num2str(ycond),' ft'])

figure
contour3(x,y,Efield/1000,20)
surface(x,y,Efield/1000,'EdgeColor',[0.8 0.8 0.8],...
    'FaceColor','none');
set(gca, 'fontname','Times', 'fontsize',11);
xlabel('Horizontal Position, X (ft)')
ylabel('Vertical Position, Y (ft)')
zlabel('Electric Field, E (kV/m)')
title([num2str(Vline/1000),' kV Line Conductor at X=',...
        num2str(xcond),', Y=',num2str(ycond),' ft'])
```

5.7.3   三相输电线产生的电场

通电导线的三相输电线产生了电场，电场有不良的环境影响。

① 导体表面的高电场产生电晕放电造成广播和电视的干扰。

② 地面的电场可能会产生小的冲击，妨碍输电线下走动的人。

5.7.3.1   电晕放电

当导体表面的电场强度超过 20 ~ 25kV/cm 时，就会发生电晕放电。电晕放电是导体附近的空气发生击穿。图 5.46 所示为一个典型的电晕放电。这种情况是，导体上的一个水滴产生放电。一般地，导体表面的水滴、灰尘和金属突起导致局部电场增加，产生电晕放电。高湿度减小了导体周围空气的击穿强度，进一步增加了放电的强度。导体上强烈的电晕放电在夜晚可见。当下雨和天气潮湿时，电晕放电强度增加。

其他来源包括雾霾天气绝缘子的污染，在这种情况下，可能发生干带电弧。电晕放电也发生在正常的天气情况下。这大多发生在支撑导线的有锋利边缘和突起表面的硬件上，因为锋利的边缘和突起的表面会增加电场强度引起电晕放电。

图 5.46　潮湿导体的电晕放电。资料来源：EPRI 输电线的参考书，红皮书

电晕放电对电场的影响是产生高频的电流脉冲，会对广播和电视产生干扰。这些影响引起了公众的抗议和抱怨。电力公司通过使用分裂导线来消除或者减少电视塔和广播的干扰，如图 5.16 中所示。

5.7.3.2　地面上的电场

地面上的电场会产生轻微的干扰，例如，停在输电线下面或者靠近输电线的没有接地的火车可能积累电荷，接地的人（即站在地面上）接触到货车的时候就会受到轻微的电击。如果电场产生的泄漏或者放电电流小于 5mA 时是没有危险的。但是，如果工人因为是小电击就降低了对设备的要求，即使是小电流也会引起事故。事实上，在日本，工程师通过让人们拿着一把雨伞在输电线下走动来测试干扰的水平。然后，当人接触金属轴伞，他会受到一个轻微的冲击。如果冲击让试验者烦心，那么工程师就认为电场强度是不可接受的。

在输电线下的行人的皮肤可能会有刺痛感和头发会出现排斥。通常地，当地面上的电场在 1 ~ 3kV/m 时，这些烦心的影响就会发生。感知水平取决于个人和天气状况等。

人体暴露电磁场的 IEEE 安全水平标准（C95.6 - 2002）是，在 0 ~ 3kHz 范围内定义电场的最大允许暴露（MPE）水平，表 5.3 给出了两个值，一个是公众，另一个是可控制的环境，指的是维护电源线的员工（即职业暴露者）。根据 IEEE 标准 C95.6，对于应用的电力传输频率，有通行权的输电线下的电场要小于 5kV/m。然而，注意对于标准允许 10kV/m 是对于行走在安全距离的公众成员。500kV 输电线的安全距离是 125ft，对于 220kV 输电线大概是 75 ~ 90ft。

表5.3　环境电场的最大允许人体暴露（MPE）水平

公众		受控环境	
频率范围/Hz	E 的有效值/（V/m）	频率范围/Hz	E 的有效值/（V/m）
1～368	5000	1～272	20000
368～3000	$1.84 \times 10^6 / f$	272～3000	$5.44 \times 10^6 / f$
3000	614	3000	1813

注：f 是频率，单位为 Hz。

资料来源：IEEE Std. C95.6－2002。

5.7.3.3　电场电荷计算

电场和线路电荷都是由时变的电源电压产生的，这意味着电荷变化也是正弦。输电线产生的电场的计算需要计算导体上积累的电荷的方均根，因此，我们只考虑电场的大小，不考虑其随时间的变化。通电的导体同时会在导体上和导体下的地面产生电荷。地面的影响通过放置镜像导体模拟，如图 5.47 所示。镜像导体携带等量的负电荷，放置在距离地面等距离的位置。

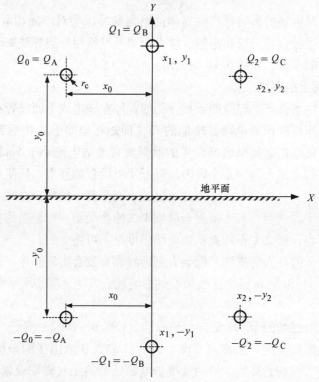

图 5.47　电场计算的输电线布局

5.7.3.4　电荷计算概念

电荷产生的电场中，已知两点间（1 和 2）的电势差，通过式（5.63）可计算出电场，重复如下：

$$V_{1,2} = \frac{Q}{2\pi\varepsilon_0}\ln\left(\frac{D_2}{D_1}\right) \tag{5.65}$$

图 5.47 所示为在三相输电线的情况下，六个电荷（例如：Q_A，Q_B，Q_C 和它们的负镜像电荷）产生的电场。

电荷计算的概念最初是用简化的布局来呈现的，这个布局只包含两个导体 k 和 m，如图 5.48 中所示。这个图标出了电荷和距离，这些都是分析必需的。电荷 k 与它镜像电荷的电势差等于两倍的相电压：

$$V_{k,-k} = 2V_{ln,k} \tag{5.66}$$

同时，导体 k 和镜像导体 –k 之间的电势差可以通过计算导体表面所有电荷产生的电势差的总和计算出来。在这种情况下，Q_k 与其镜像 $-Q_k$ 之间由电荷 Q_k，$-Q_k$，Q_m 和 $-Q_m$ 产生的电势差是

$$V_{k,-k} = \frac{Q_k}{2\pi\varepsilon_0}\ln\left(\frac{D_{kk}}{r_c}\right) + \frac{-Q_k}{2\pi\varepsilon_0}\ln\left(\frac{r_c}{D_{kk}}\right) +$$

$$\frac{Q_m}{2\pi\varepsilon_0}\ln\left(\frac{D_{km}}{d_{km}}\right) + \frac{-Q_m}{2\pi\varepsilon_0}\ln\left(\frac{d_{km}}{D_{km}}\right) \quad (5.67)$$

由于 $-\ln(x) = \ln(1/x)$，所有前两项和后两项是完全相同的。因此结合前两项和后两项，等式可简化为

$$V_{k,-k} = 2\left[\frac{Q_k}{2\pi\varepsilon_0}\ln\left(\frac{D_{kk}}{r_c}\right) + \frac{Q_m}{2\pi\varepsilon_0}\ln\left(\frac{D_{km}}{d_{km}}\right)\right]$$

$$\tag{5.68}$$

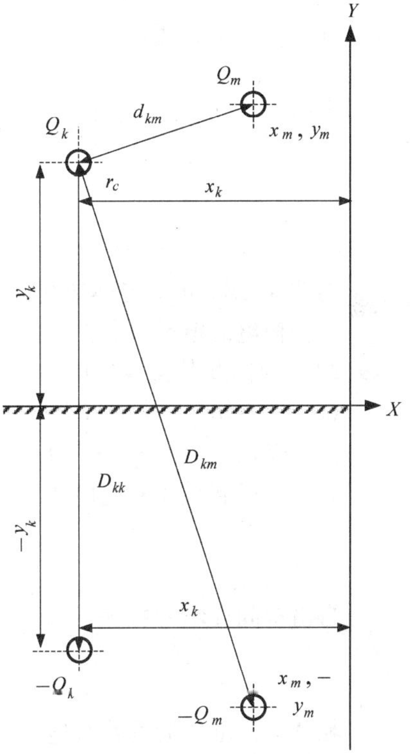

图 5.48　两个导体的简单线路布局

联合式（5.66）和式（5.68）得出一个适用于电荷计算的表达式，在重新排列后，最终的等式为

$$V_{ln,k} = \left[\frac{1}{2\pi\varepsilon_0}\ln\left(\frac{D_{kk}}{r_c}\right)\right]Q_k + \left[\frac{1}{2\pi\varepsilon_0}\ln\left(\frac{D_{km}}{d_{km}}\right)\right]Q_m \tag{5.69}$$

在这个等式中，电荷的系数称作电位系数，进一步简化后得

$$V_{ln,k} = p_{kk}Q_k + p_{km}Q_m \tag{5.70}$$

这里：

$$p_{km} = \frac{1}{2\pi\varepsilon_0}\ln\left(\frac{D_{km}}{d_{km}}\right) \tag{5.71}$$

当 $k = m$ 时，$d_{km} = r_c$。导体 m 与其镜像的导体 –m 间的电势差能够用相似的等式计算出：

$$V_{\text{ln,m}} = p_{\text{mk}}Q_{\text{k}} + p_{\text{mm}}Q_{\text{m}} \tag{5.72}$$

这两个电压方程形成了一组线性方程。在每个导体上的电荷量能够通过这个耦合方程计算得到：

$$V_{\text{ln,k}} = p_{\text{kk}}Q_{\text{k}} + p_{\text{km}}Q_{\text{m}}$$

$$V_{\text{ln,m}} = p_{\text{mk}}Q_{\text{k}} + p_{\text{mm}}Q_{\text{m}} \tag{5.73}$$

这些方程可以通过矩阵形式表示出来：

$$V_{\text{ln}} = PQ \tag{5.74}$$

式中，V_{ln} 是线对地电压矢量；Q 是导体电荷矢量；P 是电位系数矩阵：

$$P = \begin{bmatrix} p_{\text{kk}} & P_{\text{km}} \\ p_{\text{mk}} & p_{\text{mm}} \end{bmatrix}$$

例 5.6：Mathcad 导体电荷计算

三相输电的电荷计算通过一个数值例子来描述。输电线额定电压为 500kV（线线），导体及其镜像导体的坐标是

$$x_0 := -35\text{ft} \qquad x_1 := 0\text{ft} \qquad x_2 := 35\text{ft}$$
$$y_0 := 70\text{ft} \qquad y_1 := 70\text{ft} \qquad y_2 := 70\text{ft}$$

导体半径和线路对地电压为

$$r_{\text{c}} := 1.76\text{in} \qquad V\_{\text{ln}} := \frac{500\text{kV}}{\sqrt{3}}$$

自由空间介电常数为

$$\varepsilon_{\text{o}} := \frac{10^{-9}}{36 \cdot \pi}\text{F/m}$$

相 A，B 和 C 的线路对地电压形成一个矢量表达式：

$$k := 0..2 \qquad V_{\text{ln}_k} := V\_{\text{ln}} \cdot e^{-j \cdot k \cdot 120°} \qquad V_{\text{ln}} = \begin{pmatrix} 288.7 \\ -144.3 - 250.0j \\ -144.3 + 250.0j \end{pmatrix}\text{kV}$$

电荷计算需要相导体（正电荷）之间的距离（参考图 5.48）：

$$d_{k,i} := \sqrt{(x_k - x_i)^2 + (y_k - y_i)^2} \quad \begin{array}{l} i := 0..2 \\ d_{k,k} := r_{\text{c}} \end{array} \qquad d = \begin{pmatrix} 0.147 & 35 & 70 \\ 35 & 0.147 & 35 \\ 70 & 35 & 0.147 \end{pmatrix}\text{ft}$$

在 Mathcad 中用索引变量 i 代替 m，以避免与长度单位冲突。相导体和镜像导体（正电荷和负电荷之间）之间的距离是

$$D_{k,i} := \sqrt{(x_k - x_i)^2 + (y_k + y_i)^2} \qquad D = \begin{pmatrix} 140.0 & 144.3 & 156.5 \\ 144.3 & 140.0 & 144.3 \\ 156.5 & 144.3 & 140.0 \end{pmatrix}\text{ft}$$

电位系数是

$$p_{k,i} : \frac{1}{2 \cdot \pi \cdot \varepsilon_0} \cdot \ln\left(\frac{D_{k,i}}{d_{k,i}}\right) \quad p = \begin{pmatrix} 76.74 & 15.84 & 9.00 \\ 15.84 & 76.74 & 15.84 \\ 9.00 & 15.84 & 76.74 \end{pmatrix} \text{mile/}\mu\text{F}$$

电压 – 电荷关系由先前式（5.74）导出的矩阵表达式表示，矩阵表达式的解给出了导体表面电荷：

$$Q : = p_{-1} \cdot V_{\ln} \qquad Q = \begin{pmatrix} 4.48 + 0.38j \\ -2.41 - 4.18j \\ -1.91 + 4.08j \end{pmatrix} \text{mC/mile}$$

5.7.3.5　电场计算

对于一个三相输电线，在计算电场之前，计算的思路是用一个导体（k）和其镜像导体（–k）来描述。图 5.49 所示为导体的布局。计算选定的一点，坐标为 x_o 和 y_o 的场强。图中标出了由 Q_k 和 $-Q_k$ 产生的两个电场矢量 E_{pk} 和 E_{nk}。特别地，当 p 和 n 表示正负电荷时，从图 5.49 中可看到矢量分为 x 和 y 方向上的两个分量。整个电场是这些分量的矢量之和。

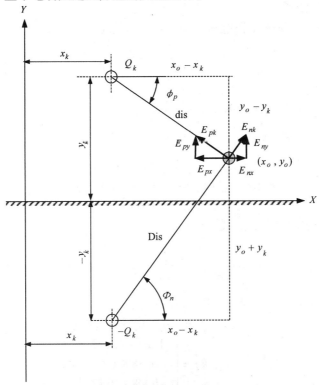

图 5.49　导体 k 和它的镜像导体产生的电场

对于三相量的计算，将变量 $k = 0$，1，2 代入等式中，$k = 0$ 表示电场由 A 相产生，$k=1$ 表示电场由 B 相产生，$k=2$ 表示电场由 C 相产生。式（5.62）为计算电场的基本等式，重复写为

$$|\vec{E}_k| = \frac{Q_k}{2\pi\varepsilon_0 D_{ko}} \tag{5.75}$$

式中，Q_k 是每单位长度电荷；D_{ko} 是导体到某一点的距离。

三相输电线附近的电场是由图 5.47 中所示的六个电荷产生的。每个电荷产生一个电场矢量。整个电场强度是六个电荷产生的电场矢量的总和：

$$\vec{E}_T = \sum_k \vec{E}_k + \vec{E}_{-k} \tag{5.76}$$

接下来的例子将计算三相输电线产生的电场。

例 5.7：Mathcad 电场计算

计算利用电压、电荷和电场矢量的方均根值，不考虑时间变化。计算导体 k 在某一点产生的电场，点坐标是

$$x_o := 40\text{ft} \qquad y_o := 3\text{ft}$$

导体正电荷产生的电场

见图 5.49，导体 k 带正电荷，与选定一点的距离是

$$\text{dis}(x_o, y_o, k) := \sqrt{(x_o - x_k)^2 + (y_o - y_k)^2} \quad \text{dis}(x_o, y_o, k) = \begin{pmatrix} 100.6 \\ 78.0 \\ 67.2 \end{pmatrix}\text{ft}$$

正电荷产生电场矢量的大小是

$$E_p(x_o, y_o, k) := \frac{Q_k}{2 \cdot \pi \cdot \varepsilon_0 \cdot \text{dis}(x_o, y_o, k)}$$

$$E_p(x_o, y_o, k) = \begin{pmatrix} 1.64 + 0.14j \\ -1.13 - 1.97j \\ -1.04 + 2.23j \end{pmatrix}\text{kV/m}$$

电场矢量的空间角度 ϕ_p 是

$$\phi_p(x_o, y_o, k) := \text{asin}\left(\frac{y_o - y_k}{\text{dis}(x_o, y_o, k)}\right) \quad \phi_p(x_o, y_o, k) = \begin{pmatrix} -41.8 \\ -59.2 \\ -85.7 \end{pmatrix}$$

正电场矢量的 x 分量是

$$E_{px}(x_o, y_o, k) := E_p(x_o, y_o, k) \cdot \cos(\phi_p(x_o, y_o, k))$$

$$E_{px}(x_o, y_o, k) = \begin{pmatrix} 1.22 + 0.10j \\ -0.58 - 1.01j \\ -0.08 + 0.17j \end{pmatrix}\text{kV/m}$$

正电场矢量的 y 分量是

$$E_{py}(x_o, y_o, k) := E_p(x_o, y_o, k) \cdot \sin(\phi_p(x_o, y_o, k))$$

$$E_{py}(x_o, y_o, k) = \begin{pmatrix} -1.09 - 0.09j \\ -0.97 + 1.69j \\ 1.04 - 2.22j \end{pmatrix} kV/m$$

导体负（镜像）电荷产生的电场

负电荷产生的电场可以通过相似的等式进行计算，带负电荷的镜像导体 $-k$ 与选定一点的距离是

$$Dis(x_o, y_o, k) := \sqrt{(x_o - x_k)^2 + (y_o + y_k)^2} \quad Dis(x_o, y_o, k) = \begin{pmatrix} 104.7 \\ 83.2 \\ 73.2 \end{pmatrix} ft$$

负电荷产生的电场矢量的大小为

$$E_n(x_o, y_o, k) := \frac{-Q_k}{2 \cdot \pi \cdot \varepsilon_0 \cdot Dis(x_o, y_o, k)} \quad E_n(x_o, y_o, k) = \begin{pmatrix} -1.57 - 0.13j \\ 1.06 + 1.84j \\ 0.96 - 2.04j \end{pmatrix} kV/m$$

从图 5.49 可知，电场矢量的空间角度 ϕ_n 是

$$\Phi_n(x_o, y_o, k) := asin\left(\frac{y_o + y_k}{Dis(x_o, y_o, k)}\right) \quad \Phi_n(x_o, y_o, k) = \begin{pmatrix} 44.2° \\ 61.3° \\ 86.1° \end{pmatrix}$$

负电荷电场矢量的 x 和 y 分量是

$$E_{nx}(x_o, y_o, k) := E_n(x_o, y_o, k) \cdot \cos(\Phi_n(x_o, y_o, k))$$

$$E_{nx}(x_o, y_o, k) = \begin{pmatrix} -1.13 - 0.10j \\ 0.51 + 0.89j \\ 0.07 - 0.14j \end{pmatrix} kV/m$$

$$E_{ny}(x_o, y_o, k) := E_n(x_o, y_o, k) \cdot \sin(\Phi_n(x_o, y_o, k))$$

$$E_{ny}(x_o, y_o, k) = \begin{pmatrix} -1.10 - 0.09j \\ 0.93 + 1.62j \\ 0.95 - 2.04j \end{pmatrix} kV/m$$

整个电场的 x 和 y 分量来源于所有 x 和 y 分量的总和，特别地，是导体与其镜像的总和：

$$E_x(x_o, y_o) := \sum_k (E_{px}(x_o, y_o, k) + E_{nx}(x_o, y_o, k))$$

$$E_x(x_o, y_o) = (10.9 - 88.1j) V/m$$

$$E_y(x_o, y_o) := \sum_k (E_{py}(x_o, y_o, k) + E_{ny}(x_o, y_o, k))$$

$$E_y(x_o, y_o) = (1.7 - 1.1j) kV/m$$

电场的 x 和 y 分量是复杂矢量，都是正交的。整个的电场大小能直接从下面式子计算：

$$E_{mag}(x_o, y_o) := \sqrt{(|E_x(x_o, y_o)|)^2 + (|E_y(x_o, y_o)|)^2} \quad E_{mag}(x_o, y_o) = 2.06 kV/m$$

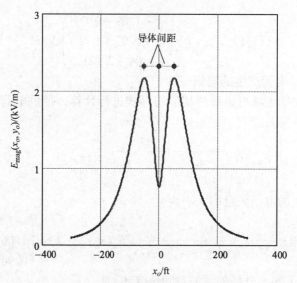

图 5.50　距离地面 3ft 的电场分布

整个电场绘制在 3ft 的高度，也就是 $y_o = 3$ft，如图 5.50 所示。圆点表示相导体接近的位置。此图表明了最大的电场发生在导体 A 和 C 的下方，增加导体间距离电场急剧减小。这种情况下，距离导体 300ft 以上，场强是可以忽略的。

例 5.8：电场计算的 MATLAB 程序

从对行人的干扰到造成白血病的恐惧，电场和磁场有显著的环境效应。用之前导出的等式，开发的 MATLAB 程序用来计算三相输电线产生的电场。

应用 MATLAB 计算如图 5.51 所示塔布局的 345kV 双回路输电线产生的电场。每个相导体都有 1.762 的直径，相导体的坐标是

电路 1（右边）	x/ft	y/ft
相 $A1$	14.3	70
相 $B1$	21.3	94
相 $C1$	14.3	118
电路 2（左边）		
相 $A2$	−14.3	70
相 $B1$	−21.3	94
相 $C2$	−14.3	118

MATLAB 程序流程图如图 5.52 所示，MATLAB 程序开始时首先要确定物理数据：

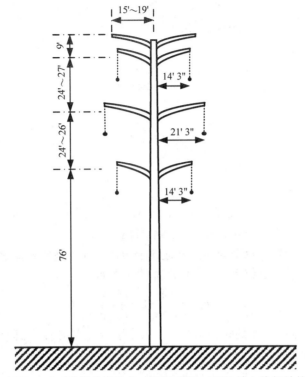

图 5.51　双回路 345kV 线路的塔分布。资料来源：EPRI 输电线相关的书，红皮书

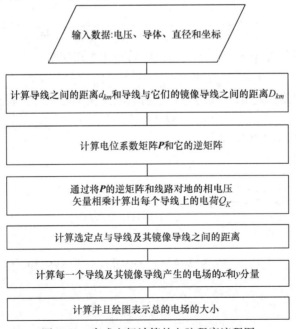

图 5.52　完成电场计算的电脑程序流程图

```
%
%       EFieldDoubleCircuitLine.m
%
clear all
conv = 3.281;        % 米转换为英尺的转换关系
eps0 = 1e-9/(36*pi);      % 空气的电导率 (F/m)

% 输入数据
nc = 6;                   % 导线数
rc = 1.762 / 12;          % 导线半径 (ft)
Vline = 345e3             % 线电压 (V)
Vln = Vline/sqrt(3);      % 相电压

% 生成导线位置的矢量 (ft)
```

$$x_c = [14.3, 21.3, 14.3, -14.3, -21.3, -14.3]$$
$$y_c = [70, 94, 118, 70, 94, 118]$$

接下来，要计算出每个导体到其他 5 个导体和 6 个镜像导体之间的距离。利用这些距离可以形成电位系数（**P**）矩阵的元素如下：

$$p_{km} = \frac{1}{2\pi\varepsilon_0}\ln\left(\frac{D_{km}}{d_{km}}\right) \tag{5.77}$$

式中，D_{km} 是导体 k 到镜像导体 m 的距离，d_{km} 是导体 k 到导体 m 的距离，距离计算式如下：

$$D_{km} = \sqrt{(x_k - x_m)^2 + (y_k + y_m)^2} \tag{5.78}$$

$$d_{km} = \begin{cases} r_c & k = m \\ \sqrt{(x_k - x_m)^2 + (y_k + y_m)^2} & k \neq m \end{cases} \tag{5.79}$$

式中，r_c 是导体半径，电压矢量由线对地相电压得到：

$$\boldsymbol{V} = [V_{ln}e^{-j0°} \quad V_{ln}e^{-j120°} \quad V_{ln}e^{-j240°}\cdots] \tag{5.80}$$

电荷矢量是通过电位系数的逆和之前的电压矢量相乘计算得到的，也就是

$$\boldsymbol{Q} = \boldsymbol{P}^{-1}\boldsymbol{V}$$

这些用 MATLAB 实现如下：

```
%  生成电位系数矩阵
for k=1 : nc
    for m = k:nc
        % 确定导体k与m之间的距离
        if k == m              % 如果k=m，则距离等于
            dkm = rc;          % 导线半径
        else
            dkm = sqrt((xc(k)-xc(m))^2 + (yc(k)-yc(m))^2);
```

```
        end
    % 计算导线k与镜像m之间的距离
    Dkm = sqrt((xc(k)-xc(m))^2 + (yc(k)+yc(m))^2);
    % 计算电位系数
    P(k,m) = log(Dkm/dkm) / (2*pi*eps0);
    P(m,k) = P(k,m);   % 对称矩阵
    end
end
% 生成导线与大地之间的电压矢量
vlg = [Vln; Vln*exp(-j*pi*2/3); Vln*exp(-j*pi*4/3);  ...
       Vln; Vln*exp(-j*pi*2/3); Vln*exp(-j*pi*4/3)];

% 计算每根导线上的电荷
q = inv(P) * vlg;
```

现在已知每个导体上的电荷，导体 k 上正电荷与其镜像导体上负电荷产生的电场都通过式（5.62）计算得到。特别地，某一点 o 点的电场取决于导体 k，为

$$\vec{E}_{ko} = \frac{Q_k}{2\pi\varepsilon_0 d_{ko}} \tag{5.81}$$

电场是个复数矢量，利用图 5.49 中描述的几何关系能够将其分解成 x 和 y 方向上的分量：

$$\vec{E}_{ko} = E_{kx}\hat{i} + E_{ky}\hat{j}$$
$$= \frac{Q_k}{2\pi\varepsilon_0 d_{ko}}\left[\cos(\phi_p)\hat{i} + \sin(\phi_p)\hat{j}\right] \tag{5.82}$$

式中，$\hat{i}$ 和 $\hat{j}$ 是正交单位矢量。总电场强度是所有导体及其镜像导体的 x 和 y 方向上电场分量相加得到的：

$$E_x = \sum_{k=1}^{N} E_{kx} + E_{-kx}$$
$$= \sum_{k=1}^{N} \frac{Q_k}{2\pi\varepsilon_0 d_{ko}}\cos(\phi_{kp}) + \frac{-Q_k}{2\pi\varepsilon_0 D_{ko}}\cos(\Phi_{kp}) \tag{5.83}$$
$$= \sum_{k=1}^{N} \frac{Q_k}{2\pi\varepsilon_0}\left[\frac{x_o - x_k}{d_{ko}^2} - \frac{x_o - x_k}{D_{ko}^2}\right]$$

$$E_y = \sum_{k=1}^{N} E_{ky} + E_{-ky}$$
$$= \sum_{k=1}^{N} \frac{Q_k}{2\pi\varepsilon_0 d_{ko}}\sin(\phi_{kp}) + \frac{-Q_k}{2\pi\varepsilon_0 D_{ko}}\sin(\Phi_{kp}) \tag{5.84}$$
$$= \sum_{k=1}^{N} \frac{Q_k}{2\pi\varepsilon_0}\left[\frac{y_o - y_k}{d_{ko}^2} - \frac{y_o + y_k}{D_{ko}^2}\right]$$

电场大小可以通过 x 和 y 方向上电场分量计算得到：

$$|\vec{E}| = \sqrt{|E_x|^2 + |E_y|^2} \tag{5.85}$$

这些可以用 MATLAB 程序实现如下：

```
%  创建矢量x和y的位置  (ft)
x = (-100 : 5 : 100);
y = (0 : 5 : 60);

%  计算期望位置的电场  (V/m)
for i = 1:size(x,2)
    for j = 1:size(y,2)
        Ex = 0;  Ey = 0;
        for k = 1:nc
            %  导线与选择点之间的距离  (ft)
            dist = sqrt((x(i)-xc(k))^2 + (y(j)-yc(k))^2);
            %  镜像导线与选择点之间的距离  (ft)
            Dist = sqrt((x(i)-xc(k))^2 + (y(j)+yc(k))^2);
            %  计算电场的x分量
            Ex = Ex + q(k)/(2*pi*eps0) * ...
                (x(i)-xc(k)) * (1/dist^2 - 1/Dist^2);
            %  计算电场的y分量
            Ey = Ey + q(k)/(2*pi*eps0) * ...
                ((y(j)-yc(k))/dist^2 - (y(j)+yc(k))/Dist^2);
        end
        %  计算总的电场幅值  (V/m)
        Efield(j,i) = sqrt(abs(Ex)^2+abs(Ey)^2) * conv;
    end
end
```

使用下面的 MATLAB 代码，结果的轮廓曲面图如图 5.53 所示：

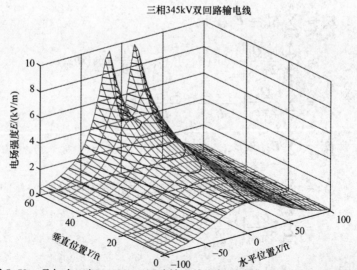

图 5.53   叠加在三相 345kV 双回路输电线电场强度曲面图上的三维等势线

```
%  绘制电场幅值与坐标的函数关系
contour3(x,y,Efield/1000,20)
surface(x,y,Efield/1000,'EdgeColor',[0.8 0.8 0.8],...
    'FaceColor','none');
set(gca, 'fontname','Times', 'fontsize',11);
xlabel('Horizontal Position, X (ft)')
ylabel('Vertical Position, Y (ft)')
zlabel('Electric Field Intensity, E (kV/m)')
title([num2str(Vline/1000),...
        'kV Three-Phase Double Circuit Transmission Line'])
```

5.7.4 三相输电线电容

忽略地面影响，并假设输电线是可互换的，对于对称系统三相输电线电容通常称作正序电容。

图 5.54 所示为一个简化的没有接地的三相输电线，导线表面的电荷（Q）在导线间产生了电势差，电势差等于线电压。

导线 A 上电荷在导线 A 和导线 B 中产生电势差。电势差通过对 Q_A 在导线 A 和 B 间产生的电场积分计算得到。将 $D_1 = r_c$ 和 $D_2 = D_{AB}$ 代入式（5.63）得到 Q_A 在导线 A 和 B 间产生的电势差为

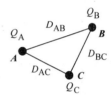

图 5.54 简化的
三相输电线

$$V_{AB\_A} = \frac{Q_A}{2\pi\varepsilon_0}\ln\left(\frac{D_{AB}}{r_c}\right) \tag{5.86}$$

导线 B 上的电荷也在导线 A 和 B 之间产生了电势差。电压可以通过对 Q_B 在导线 B 和 A 间产生的电场积分计算得到，将 $D_1 = D_{AB}$ 和 $D_2 = r_c$ 代入式（5.63）可得 Q_B 在导线 A 和 B 间产生的电势差是

$$V_{AB\_B} = \frac{Q_B}{2\pi\varepsilon_0}\ln\left(\frac{r_c}{D_{AB}}\right) \tag{5.87}$$

同理，导线 C 上电荷在导线 A 和 B 之间产生电压。电势差通过 Q_C 在导线 A 和 B 间产生的电场积分计算得到，将 $D_1 = D_{AC}$ 和 $D_2 = D_{BC}$ 代入到式（5.63）可得：

$$V_{AB\_C} = \frac{Q_C}{2\pi\varepsilon_0}\ln\left(\frac{D_{BC}}{D_{AC}}\right) \tag{5.88}$$

导线 A 和 B 之间的总电压是三相输电线产生的电压之和。相加的结果为

$$V_{AB} = V_{AB\_A} + V_{AB\_B} + V_{AB\_C}$$

$$= \frac{Q_A}{2\pi\varepsilon_0}\ln\left(\frac{D_{AB}}{r_c}\right) + \frac{Q_B}{2\pi\varepsilon_0}\ln\left(\frac{r_c}{D_{AB}}\right) + \frac{Q_C}{2\pi\varepsilon_0}\ln\left(\frac{D_{BC}}{D_{AC}}\right) \tag{5.89}$$

导线 A 和 C 之间的电势差可以使用类似于上述推导的方法。导线 A 和 C 之间的电势差为

$$V_{AC} = \frac{Q_A}{2\pi\varepsilon_0}\ln\left(\frac{D_{AC}}{r_c}\right) + \frac{Q_B}{2\pi\varepsilon_0}\ln\left(\frac{D_{BC}}{D_{AB}}\right) + \frac{Q_C}{2\pi\varepsilon_0}\ln\left(\frac{r_c}{D_{AC}}\right) \tag{5.90}$$

如果输电线换位，导线间的距离用平均距离 GMD 替换。GMD 可以通过式（5.49）计算得到，这里重复赘述：

$$\text{GMD} = \sqrt[3]{D_{AB}D_{BC}D_{AC}} \tag{5.91}$$

GMD 替换后的结果为

$$V_{AB} = \frac{Q_A}{2\pi\varepsilon_0}\ln\left(\frac{\text{GMD}}{r_c}\right) + \frac{Q_B}{2\pi\varepsilon_0}\ln\left(\frac{r_c}{\text{GMD}}\right) = \frac{(Q_A - Q_B)}{2\pi\varepsilon_0}\ln\left(\frac{\text{GMD}}{r_c}\right) \tag{5.92}$$

$$V_{AC} = \frac{Q_A}{2\pi\varepsilon_0}\ln\left(\frac{\text{GMD}}{r_c}\right) + \frac{Q_C}{2\pi\varepsilon_0}\ln\left(\frac{r_c}{\text{GMD}}\right) = \frac{(Q_A - Q_C)}{2\pi\varepsilon_0}\ln\left(\frac{\text{GMD}}{r_c}\right) \tag{5.93}$$

两个电压的总和为

$$V_{AB} + V_{AC} = \frac{(2Q_A - Q_B - Q_C)}{2\pi\varepsilon_0}\ln\left(\frac{\text{GMD}}{r_c}\right) = \frac{3Q_A}{2\pi\varepsilon_0}\ln\left(\frac{\text{GMD}}{r_c}\right) \tag{5.94}$$

因为对称源中 $Q_A = -Q_B - Q_C$。

在对称系统中，线电压和相电压为

$$V_{AB} = \sqrt{3}V_{AN}e^{j30°} = \sqrt{3}V_{AN}(\cos30° + j\sin30°) \tag{5.95}$$

$$V_{AC} = -V_{CA} = \sqrt{3}V_{AN}e^{-j30°} = \sqrt{3}V_{AN}(\cos30° - j\sin30°) \tag{5.96}$$

两个电压总和是

$$V_{AB} + V_{AC} = 2\sqrt{3}V_{AN}\cos(30°) = 2\sqrt{3}V_{AN}\frac{\sqrt{3}}{2} = 3V_{AN} \tag{5.97}$$

结合式（5.94）和式（5.97）得出相电压结果为

$$V_{AN} = \frac{V_{AB} + V_{AC}}{3} = \frac{Q_A}{2\pi\varepsilon_0}\ln\left(\frac{\text{GMD}}{r_c}\right) \tag{5.98}$$

单位长度的相电容是

$$C_{AN} = \frac{Q_A}{V_{AN}} = \frac{2\pi\varepsilon_0}{\ln\left(\dfrac{\text{GMD}}{r_c}\right)} \tag{5.99}$$

许多高压输电线使用的都是分裂导线。分裂导线的应用增加了线路电容。用一个等效的导线代替分裂导线，导线等效半径取决于分裂导线中导线的数量和分裂导线中导线间的距离。分裂导线的等效半径是

双分裂导线：
$$r_{eq} = \sqrt{dr_c} \tag{5.100}$$

三分裂导线：
$$r_{eq} = \sqrt[3]{d^2 r_c} \tag{5.101}$$

四分裂导线：
$$r_{eq} = 1.09 \sqrt[4]{d^3 r_c} \tag{5.102}$$

式中，r_c 是导线半径；d 是分裂导线间的距离。在分裂导线的情况下，式 (5.99) 中的导线半径 r_c 由适当的 r_{eq} 替代。

5.8　输电线网络

现在分别利用不同长度的输电线模型计算通过磁场和电场分析得出的线路电感和电容。

5.8.1　对称系统的等效回路

这一节提出了对称系统的等效输电线电路，这些电路通常被称为正序输电线等效电路。输电线参数是到中性点的电阻、电抗和电容。每单位长度和每相的这些参数会计算出来并假设线路电流对称并且换位。因此可以用单相电路对应 A 相来表示。B 相和 C 相电流和电压偏移 120° 和 240°。单相等效电路分别承载三分之一的线路功率，由相电压供能。

参数沿导线均匀分布，输电线模型的类型取决于长度：

短距离	$0 \sim 50 \text{mile}$
中长距离	$50 \sim 150 \text{mile}$
长距离	150mile 或更多

上面提到的值是典型的；然而，电容是否忽略取决于电压。线路电压影响电容电流。因此，相比于负载电流，必须选择适当的线路模型来准确代表电容电流。例如，如果相比于负载电流，电容电流是忽略的，那么短距离输电模型就是准确的。同样地，对于高电压来说，如果电容电流与负载电流具有可比性，那么即使线路小于 150mile 也应该使用长距离输电模型。

短距离输电线的电容是可以忽略的，将等效电路简化，如图 5.55 所示。当线路长度小于 50mile 时使用该电路。电阻可以直接通过表 5.1 的导体数据获得，线路单位长度电感可通过式 (5.52) 计算得到：

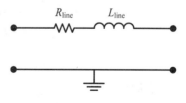

$$L_{line} = \frac{\mu_0}{2\pi} \ln\left(\frac{GMD}{GMR_{eq}}\right) \tag{5.103}$$

图 5.55　短线路的等效电路

式中，GMD 是分裂导线 [见式 (5.49)] 间距离相乘后的三次方根。对于分裂股数达到 $n = 3$ 的导线，等效 GMR 是

$$\text{GMR}_{\text{eq}} = (d^{n-1}\text{GMR}_{\text{C}})^{1/n} \quad \text{其中 } n = 1,2,3 \tag{5.104}$$

式中，d 是分裂导线中导线间的距离，表 5.1 中可得到导线 GMR_{C} 的值。

一个中长线输电线可用 Π（pi）形电路来表示。图 5.56 表示为中长距离输电线的单相等效电路。这个回路适用的长度为 $50 \sim 150\text{mile}$。通过 5.10 节的数值算例将介绍中长距离输电线等效电路的应用。在这个电路中，线路电阻和电感集中在中间部分，线路电容的一半放在线路的开头，另一半放在线路的末端。每单位长度的电容可通过式（5.99）计算得到：

$$C_{\text{line}} = \frac{2\pi\varepsilon_0}{\ln\left(\dfrac{\text{GMD}}{r_{\text{eq}}}\right)} \tag{5.105}$$

式中，对于分裂股数达到 $n=3$ 的等效导体半径是

$$r_{\text{eq}} = (d^{n-1}r_{\text{c}})^{1/n} \quad \text{其中 } n = 1,2,3 \tag{5.106}$$

单个导线的半径（r_{c}）可从表 5.1 中查找。

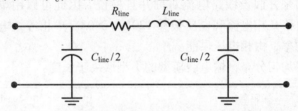

图 5.56　中长距离输电线的等效电路

长距离输电线被分为几个短的部分，如图 5.57 所示。每一部分由串联的电抗、电阻和并联到地面上的电容组成。等效的 Π（pi）形电路模型可通过求解系统微分方程得到，这将在下面的小节介绍，对于长度超过 $150 \sim 200\text{mile}$ 的线路是必要的。

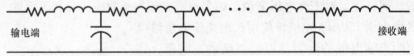

图 5.57　长距离输电线的等效电路

例 5.9：

对于一个三相 345kV 输电线，利用了两组水平放置分裂导线，横向的相间距为 25.5ft，分裂导线内导线间的间隙为 18in，确定输电线 50℃时的电阻、电感和电容。

解决方法：表 5.1 中直接提供了基本的数据。对于一个单轨导线，50℃时电阻、GMR 和导体直径分别为：

$$R_{\text{rail}} := 0.1099\Omega/\text{mile} \quad \text{GMR}_{\text{rail}} := 0.0385\text{ft} \quad d_{\text{rail}} := 1.165\text{in}$$

输电线被指定分裂导线是分开的，分裂导线中导线间的距离和一个分裂导线中导线的根数为

$$D_{345} := 25.5\text{ft} \quad d := 18\text{in} \quad n := 2$$

由于一束中的导线是电并联关系，每相的线路电阻是

$$R_{345} := \frac{R_{\text{rail}}}{n} = 0.0550\Omega/\text{mile}$$

由式（5.49）可得出 GMD：

$$\text{GMD}_{345} := \sqrt[3]{D_{345} \cdot D_{345} \cdot 2 \cdot D_{345}} = 32.13\text{ft}$$

分裂导线等效的 GMR 是

$$\text{GMR}_{\text{bun}} := \sqrt{\text{GMR}_{\text{rail}} \cdot d} = 2.884\text{in}$$

因此每单位长度的电感是

$$L_{345} := \frac{\mu_0}{2 \cdot \pi} \cdot \ln\left(\frac{\text{GMD}_{345}}{\text{GMR}_{\text{bun}}}\right) = 1.576\text{mH/mile}$$

在频率为 60Hz 时，对应的电感电抗是

$$X_{\text{L}345} := \omega \cdot L_{345} = 0.594\Omega/\text{mile}$$

在计算了单个导线半径后，分裂导线的半径可以通过计算得到：

$$r_{\text{rail}} := \frac{d_{\text{rail}}}{2} = 0.583\text{in} \quad r_{\text{bun}} := \sqrt{r_{\text{rail}} \cdot d} = 3.238\text{in}$$

最后，每单位长度的电容是

$$C_{345} := \frac{2 \cdot \pi \cdot \varepsilon_0}{\ln\left(\dfrac{\text{GMD}_{345}}{r_{\text{bun}}}\right)} = 18.73\text{nF/mile}$$

对应的电容电抗为

$$X_{\text{C}345} := \frac{-1}{\omega \cdot C_{345}} = -141.6\text{k}\Omega \cdot \text{mile}$$

注意电感电抗要乘以线路长度，然而电容电感要除以线路长度。

5.8.2　长距离输电线

输电线电阻、电感和电容是沿输电线分布的。输电线模型是通过将输电线分割成小的长为 dx 的单元来建立的。每一单元都有串联的电阻、电感和并联接到地面的电容。图 5.58 所示为长距离输电线的长为 dx 的单元的分布参数。电阻（R）的测量单位是欧姆每英里，电感为亨利每英里，电容为法拉每英里。在稳态条件下，单位长度线路部分的阻抗是 $z_{RL} = \boldsymbol{R} + \text{j}\omega L$，单位长度部分的电容电抗是 $z_{\text{C}} = 1/(\text{j}\omega C)$。

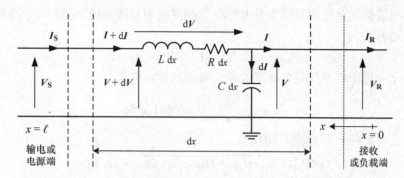

图 5.58　长距离输电线的一个长为 dx 部分的等值电路

如图 5.58 所示，长度为 dx 的等效电路的电压回路（KVL）方程为

$$(V + dV) - Iz_{RL}dx - V = 0 \tag{5.107}$$

这个公式的重新排列可得到一个电压的一阶微分方程：

$$\frac{dV}{dx} = z_{RL}I \tag{5.108}$$

等效电路的节点（KCL）方程为

$$(I + dI) - \frac{Vdx}{z_C} - I = 0 \tag{5.109}$$

由于 $1/(j\omega Cdx) = Z_C/dx$，这个表达式重新排列可得出一个电流的一阶微分方程：

$$\frac{dI}{dx} = \frac{V}{z_C} \tag{5.110}$$

将节点方程式（5.110）代入电压方程的导数式（5.108），得到一个描述沿线电压变化的二阶微分方程：

$$\frac{d}{dx}\left(\frac{dV}{dx}\right) = \frac{d}{dx}z_{RL}I$$

$$\frac{d^2V}{dx^2} = \frac{z_{RL}}{z_C}V \tag{5.111}$$

二阶齐次微分方程的解是

$$V(x) = Ae^{\gamma x} + Be^{-\gamma x} \tag{5.112}$$

式中，A 和 B 是由边界条件确定的常数，$\gamma = \sqrt{z_{RL}/z_C}$ 是传播常数。

电压的解代入原始的电压微分方程式（5.108）中，得到电流的一个线路位置的函数表达式是

$$I(x) = \frac{1}{z_{RL}}\frac{dV}{dx} = \frac{1}{z_{RL}}\frac{d}{dx}(Ae^{\gamma x} + Be^{-\gamma x})$$

$$= \frac{\gamma}{z_{RL}}(A e^{\gamma x} - B e^{-\gamma x}) \tag{5.113}$$

该方程引入波阻抗可简化为

$$Z_{sur} = \frac{z_{RL}}{\gamma} = \frac{z_{RL}}{\sqrt{z_{RL}/z_C}} = \sqrt{z_{RL}z_C} \tag{5.114}$$

简化的电流方程是

$$I(x) = \frac{1}{Z_{sur}}(A e^{\gamma x} - B e^{-\gamma x}) \tag{5.115}$$

边界条件是在接收（负载）端的电压和电流：

$$I(0) = I_R \quad V(0) = V_R \tag{5.116}$$

将边界值代入电压和电流的方程式中得到：

$$V(0) = A e^{\gamma 0} + B e^{-\gamma 0} = A + B = V_R \tag{5.117}$$

$$I(0) = \frac{1}{Z_{sur}}(A e^{\gamma 0} - B e^{-\gamma 0}) = \frac{1}{Z_{sur}}(A - B) = I_R \tag{5.118}$$

解上面两个联立的方程得到 A 和 B 的公式：

$$A = \frac{1}{2}(V_R + I_R Z_{sur})$$

$$B = \frac{1}{2}(V_R - I_R Z_{sur}) \tag{5.119}$$

接下来将 A 和 B 代入电压的关系式中：

$$V(x) = \frac{1}{2}(V_R + I_R Z_{sur})e^{\gamma x} + \frac{1}{2}(V_R - I_R Z_{sur})e^{-\gamma x}$$

$$= V_R\left(\frac{e^{\gamma x} + e^{-\gamma x}}{2}\right) + I_R Z_{sur}\left(\frac{e^{\gamma x} - e^{-\gamma x}}{2}\right) \tag{5.120}$$

$$= V_R\cosh(\gamma x) + I_R Z_{sur}\sinh(\gamma x)$$

同样地，A 和 B 代入电流的方程式中得到：

$$I(x) = \frac{1}{Z_{sur}}\left[\frac{1}{2}(V_R + I_R Z_{sur})e^{\gamma x} - \frac{1}{2}(V_R - I_R Z_{sur})e^{-\gamma x}\right]$$

$$= \frac{V_R}{Z_{sur}}\left(\frac{e^{\gamma x} - e^{-\gamma x}}{2}\right) + \frac{I_R Z_{sur}}{Z_{sur}}\left(\frac{e^{\gamma x} + e^{-\gamma x}}{2}\right) \tag{5.121}$$

$$= \frac{V_R}{Z_{sur}}\sinh(\gamma x) + I_R\cosh(\gamma x)$$

总之，沿着长距离输电线的电压和电流的变化描述如下：

$$V(x) = V_R\cosh(\gamma x) + I_R Z_{sur}\sinh(\gamma x)$$

$$I(x) = \frac{V_R}{Z_{sur}}\sinh(\gamma x) + I_R\cosh(\gamma x) \tag{5.122}$$

$$Z_{\text{sur}} = \sqrt{z_{\text{RL}} z_C} \quad \gamma = \sqrt{z_{\text{RL}}/z_C}$$

如图5.59所示为沿一条300mile长的输电线的电压分布。接收端或者负载端电压在 $x=0$ 时是500kV。电源或者输电端的电压为545kV。但是对于所选负载的最大电压为552kV左右，位置距离负载端215mile处或者距离电源端85mile处。

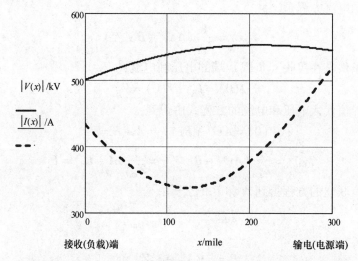

图5.59　沿着一条300mile长500kV的输电线的电压和电流分布

图5.59也显示了沿着这个500kV，300mile长的输电线的电流分布图，接收端或者负载端电流为430A；电源端或者输电端电流在520A左右，但是电流最小值发生在距离负载端125mile处。这个例子清楚地说明电压和电流沿着长距离输电线的分布是非线性的。

5.8.2.1　长距离输电线的等效电路

将输电线长度代入到前面提到的表达式中得到电源电压和电流与负载电压和电流的关系：

$$\boldsymbol{V}_{\text{S}} = \boldsymbol{V}(\ell) = \boldsymbol{V}_{\text{R}}\cosh(\boldsymbol{\gamma}\ell) + \boldsymbol{I}_{\text{R}}\boldsymbol{Z}_{\text{sur}}\sinh(\boldsymbol{\gamma}\ell)$$

$$\boldsymbol{I}_{\text{S}} = \boldsymbol{I}(\ell) = \frac{\boldsymbol{V}_R}{\boldsymbol{Z}_{\text{sur}}}\sinh(\boldsymbol{\gamma}\ell) + \boldsymbol{I}_{\text{R}}\cosh(\boldsymbol{\gamma}\ell) \tag{5.123}$$

对于长距离输电线得到的方程式可以表示为图5.60中的等效pi电路。等效Π电路的串联和并联阻抗为

$$\boldsymbol{Z}_s = \boldsymbol{Z}_{\text{sur}}\sinh(\boldsymbol{\gamma}\ell)$$

$$\boldsymbol{Z}_p = \frac{\boldsymbol{Z}_s}{\cosh(\boldsymbol{\gamma}\ell) - 1} \tag{5.124}$$

鼓励读者验证等效pi电路（见图5.60）的有效性。当线路长度超过150mile

时，这个网络可以用来计算输电线的运行参数。

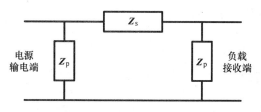

图 5.60　长距离输电线的等效 pi 电路

例 5.10：

计算一个 270mile 长距离输电线的参数，输电线电阻是 $0.03\Omega/\text{mile}$，电感是 $1.57\text{mH}/\text{mile}$，电容是 19nF/mile，网络工作频率为 60Hz。

解决方法：首先要定义系统频率和导线长度：

$$f := 60\text{Hz} \qquad \omega := 2 \cdot \pi \cdot f = 377.0\,\frac{1}{\text{s}} \qquad \text{Len}_{\text{line}} := 270\text{mile}$$

已知的线路基本数据为

$$R_{\text{line}} := 0.03\Omega/\text{mile} \qquad L_{\text{line}} := 1.57\text{mH}/\text{mile} \qquad C_{\text{line}} := 19\text{nF}/\text{mile}$$

单位长度线路阻抗和电容是

$$z_{\text{line}} := R_{\text{line}} + \text{j} \cdot \omega \cdot L_{\text{line}} = (0.03 + 0.592\text{j}) \cdot \Omega/\text{mile}$$

$$z_{\text{cap}} := \frac{1}{\text{j} \cdot \omega \cdot C_{\text{line}}} = -139.6\text{jk}\Omega \cdot \text{mile}$$

长距离输电线的传播常数和特性阻抗可以从式（5.122）中得到：

$$\gamma_{\text{line}} := \sqrt{\frac{z_{\text{line}}}{z_{\text{cap}}}} = (0.052 + 2.06\text{j}) \cdot 10^{-3}/\text{mile}$$

$$Z_{\text{surge}} := \sqrt{z_{\text{line}} \cdot z_{\text{cap}}} = (287.5 - 7.3\text{j})\Omega$$

利用式（5.124），等效 pi 电路参数确定为

$$Z_{\text{ser}} := Z_{\text{surge}} \cdot \sinh(\gamma_{\text{line}} \cdot \text{Len}_{\text{line}}) = (7.3 + 151.7\text{j})\Omega$$

$$Z_{\text{par}} := \frac{Z_{\text{ser}}}{\cosh(\gamma_{\text{line}} \cdot \text{Len}_{\text{line}}) - 1} = (1.4 - 1007.4\text{j})\Omega$$

为了比较，计算这种长距离输电线的线路参数时，我们将其当作中长距离输电线处理。等效中长距离输电线参数是

$$Z_{\text{MedRL}} := z_{\text{line}} \cdot \text{Len}_{\text{line}} = (8.1 + 159.8\text{j})\Omega$$

$$Z_{\text{MedC}} := \frac{1}{\text{j} \cdot \omega \cdot \dfrac{C_{\text{line}} \cdot \text{Len}_{\text{line}}}{2}} = -1034.1\text{j}\Omega$$

中长距离输电线参数与长距离输电线的参数值能很好地吻合，从而提供了一个长距离输电线参数计算的验证。

5.9 输电线保护

图 5.61 所示为电力系统中的一个典型结构，图中显示了断路器（CB）、电流互感器和隔离开关都连接到输出的输电线上。断路器是线路保护的主要元件。在出现故障的情况下，现代的断路器能在 2 ~ 5 个周期中断故障电流和断开线路。电流和电压互感器驱动继电保护，也就是今天的数字继电器。一些保护只需要电流信号（例如：过电流保护），而其他的同时需要电流和电压信号（例如：距离保护）。继电器检测故障并将信号传送到 CB。

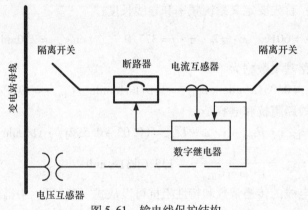

图 5.61　输电线保护结构

5.9.1 输电线故障

输电线故障是导体和地面间短路或者导体之间短路。故障会产生大电流。在配电系统中，故障电流小于 10kA，但是在高电压并且关闭发电机时，故障电流能够达到 40 ~ 50kA。故障能够杀死或者伤害操作者、引起火灾、损坏设备和产生长期断电。

短路电流取决于故障的位置。因为输电线路阻抗限制了短路电流，这个可以用一个数值的例子来说明。

例 5.11：一个 220kV 的变电站为一条 150mile 长的线路供电，短路电流为 2kA，线路阻抗是 $(0.06 + j0.65)\Omega/mile$。图 5.62 所示为单行线路的示意图和等效电路。

相电压和电源的戴维南等效是

$$V_{\text{net\_ln}} := \frac{220\text{kV}}{\sqrt{3}} = 127.0\text{kV}$$

$$I_{\text{short}} := 20\text{kA}$$

$$X_{\text{net}} := \frac{V_{\text{net\_ln}}}{I_{\text{short}}} = 6.351\Omega$$

$$Z_{\text{net}} := j \cdot X_{\text{net}} = 6.351j\Omega$$

线路阻抗与距离成正比，当 $x = 0$ 时是位于电源端。

$$Z_{\text{lin}}(x) := (0.06 + j \cdot 0.65)(\Omega/\text{mile}) \cdot x$$

短路电流是与电源之间距离的一个函数即

$$I_{\text{short}}(x) := \frac{V_{\text{net\_ln}}}{Z_{\text{net}} + Z_{\text{lin}}(x)}$$

$$|I_{\text{short}}(1\text{mile})| = 18.1\text{kA}$$

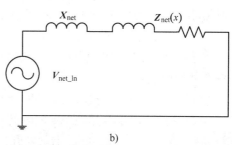

$$|I_{\text{short}}(150\text{mile})| = 1.22\text{kA}$$

$$x := 0\text{mile}, 1\text{mile}, \cdots, 150\text{mile}$$

图 5.62　故障处的短路电流
a）单行线路示意图　b）等效电路

图 5.63 所示为短路电流随与电源端距离的变化情况，从这个图中以及之前的数值结果可知，距离变电站 1mile 处，短路电流为 18.1kA，末端的一个短线路（$x = 150$mile）处只产生了 1.22kA 的短路电流。保护必须独立地识别出故障位置然后起动断路器操作。

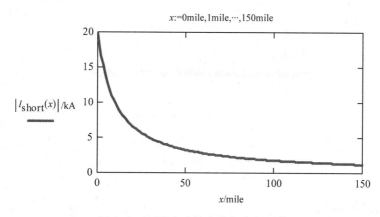

图 5.63　短路电流输电线长度的函数

图 5.64 所示为电力科学研究院（Electric Power Research Institute，EPRI）的

研究结果，列出了输电线故障的原因。如图 5.64 所示，输电线发生最频繁的故障是由于雷击或者与树接触引起的单相接地短路故障。雷击或者与树接触会发生闪络，引起大电流。保护触发断路器，在下一个过零点到来的时候中断电流从而切断了线路。在大多数情况下，闪络和电弧不会损坏绝缘子或者线路的其他部分，因此，线路可以立即重新闭合。重合闸意味着在电流中断后关闭断路器。断路器需要配备一个特殊的开关，称为自动开关，能够允许三次重合。系统命名是 0 - 15 - 30 重合闸，意味着：

① 第一次重合，用 0 表示，当前电流中断后没有刻意的时间延迟动作（这是一个立即的重合）。

② 第二次重合是紧接着 15s 的时间延迟后动作。

③ 最后的一次重合是在 30s 的时间延迟后动作。

如果故障依然存在，断路器就断开，闭锁打开。

统计数据显示，重合闸在大多数情况下是成功的，在几秒钟之后就能恢复电力供应。

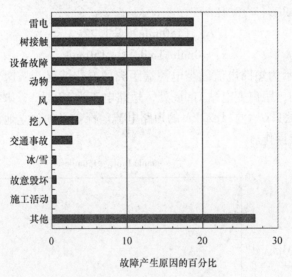

图 5.64 在 EPRI 故障研究中的故障原因测量（资料来源 J. J. Burke，D. J. Lawrence，IEEE Trans. Power Apparatus and Systems，vol. 103，Jan. 1984，pp. 1 - 6.；EPRI 1209 - 1，1983）

5.9.2 保护方法

输电线的保护和电力网络是一个先进的学科，需要进一步的研究，它超出了本书的范围。然而，基本的短路保护方法和选择性输电线保护的概念是现在要讲述的。

5.9.3　熔断保护

大部分旁边街道上的中压架空配电线是由如图 5.5 中所示的熔断器保护的，熔断器安装在配电变压器上，与配电线串联连接在一起。如图 5.65 所示的是复合绝缘子支持爆炸式熔断的现代熔断器的一张图片。

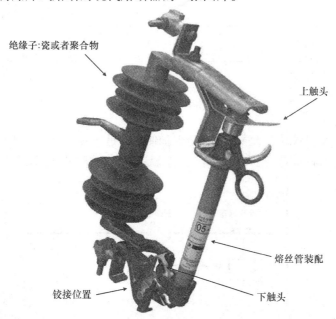

绝缘子:瓷或者聚合物

上触头

熔丝管装配

铰接位置

下触头

图 5.65　复合绝缘子熔断器和熔丝（麦克莱恩电力系统提供）

典型的非线性融合的特点如图 5.66 所示，图中显示了具有最小熔断时间曲线和最大清除时间曲线的 10A 熔断器的特点。当电流超过了最小熔断时间曲线，熔丝会损坏。当电流超过最大清除时间曲线的值时，熔丝会清除故障。

如图 5.66 所示，这个 10A 熔断器在刚超过 20A 时开始熔断，熔化时间超过了 100s。当电流是 30A 时，在 5s 后熔丝就会被损坏，在 10s 后切断 30A 的电流。如果短路电流是 100A，清除时间减小到 0.15s，这意味着在靠近电源端发生故障大大缩短了清除时间。

5.9.4　过电流保护

主馈线和高电压辐射线路都要通过过电流继电器进行保护。辐射线路一端有电压源。今天，大多数公司使用数字继电器。过电流保护装置如图 5.67 所示。电流互感器（CT）将线路电流减小到可测量的值。选择典型的电流互感器的一次电流要比线路最大负载电流要大，在额定一次电流情况下二次电流为 1~5A。电流信号传送到数字继电器，对输入电流进行数字化和评估。如果电流超过了继电器设定值，继电器

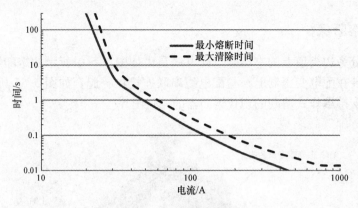

图 5.66　10A 熔丝特性

会触发断路器断开线路，大多数过电流保护使用的是非线性特征，如图 5.68 例子中所示，最小动作时间范围是 1.5 ~ 2s。当电流增加时，动作时间会减小。

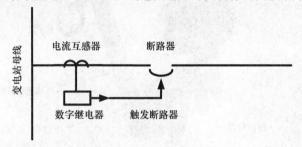

图 5.67　过电流的保护概念

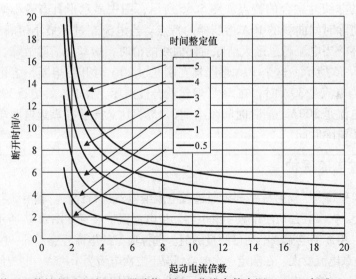

图 5.68　普通逆特性的过电流继电器动作时间。曲线参数来源于 IEEE 标准 C37.112 – 1996

作为一个例子，我们选择时间整定值为5。当起动倍数（MOP）是5时，动作时间将在9s左右。当起动倍数为10倍，动作时间将减少到6.5s左右。起动倍数取决于最大预期负载电流和电流互感器比例。这种方法将根据故障位置消除短路时间延迟。

对于非径向线路，增加一个方向元件能够使得过电流保护性能得到提高，确保在继电器后面的故障保护不动作。

图5.69所示为输电线过电流保护的概念。时间延迟确保了每个线段的保护，虽然在第一段的延迟时间超过了最后一段的。

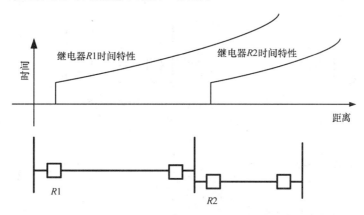

图5.69　输电线路过电流保护的概念

5.9.5　远程保护

高压和超高压线路通过比较继电器保护和距离保护作为后备保护。大多数500kV和765kV线路使用相位比较或者方向比较继电器作为一级保护。对于相位比较，线路两端的电流相位做比较，如果两端相位有明显差异，在线路两端的断路器就会跳闸。对于方向比较，比较的是线路两端的功率，这里通常被称为控制继电器。为了比较和转换跳闸信号，需要提供两端之间的通信波道。典型使用的沟通渠道是电话线，微波传输或者线路上本身的高频载波信号。二级（后备）保护通常是阻抗（距离）保护继电器。

距离保护继电器测量电流和电压以及计算表面的阻抗或者导纳。在正常操作中，距离保护继电器测量复合线路和负载阻抗。当故障发生时，继电器测量故障阻抗，这取决于故障处与继电器的距离。这种保护的优点是它是独立于电流大小的，而且它能够区分故障和正常运行以及在特定区域或者其他位置的故障。

典型的距离保护继电器有3个时区，如图5.70所示。图中显示的继电器R1保护的区域1调整到线路长度80% ~90%，而区域2调整到第二条线路的中间或者60%。第二条线路的大概80%的范围由 $R2$ 的区域1保护。这种布局确保了在线路主要部分发生故障时进行快速的保护，同时区域二和区域三提供了后备保护。

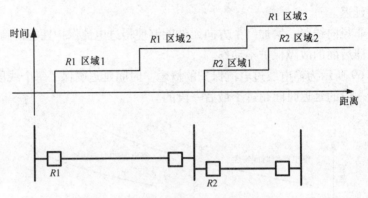

图5.70　差动继电器时间和距离的特性

5.10　应用实例

5.10.1　Mathcad 实例

这一节中提出了一组耦合的 Mathcad 例子。第一个计算包括输电线参数的计算，用于后面的输电线运行分析。

5.10.1.1　输电线参数的计算

一个500kV的输电线是格构式塔架建成的，每相有一个 Bluebird 双分裂导线。图5.71所示为一个典型的塔式布局，线路数据为

额定线路电压：$V_{line} := 500\mathrm{kV}$。

线路长度：$L_{line} := 103\mathrm{mile}$。

运行频率：$f := 60\mathrm{Hz}$　$\omega := 2 \cdot \pi \cdot f$。

分裂导线中导线间的距离：$d := 18\mathrm{in}$。

每个分裂导线中导线根数：$n := 2$。

相之间的距离：$D := 32\mathrm{ft}$。

从表5.1中可以得到 Bluebird 导线的数据：

导线半径：

$$r_c := \frac{1.762}{2}\mathrm{in}$$

几何平均半径是

$$\mathrm{GMR}_c: = 0.0588\mathrm{ft}$$

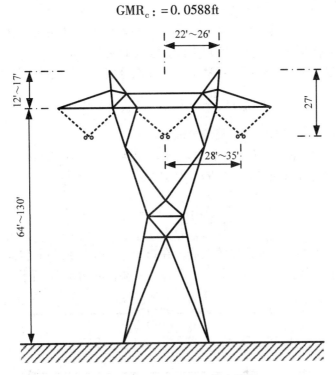

图 5.71　Cholla – Saguaro 输电线塔

75℃时每英里交流电阻是

$$R_{75}: = 0.0544\Omega/\mathrm{mile}$$

通用常数是

$$\varepsilon_0: = \frac{10^{-9}}{36\pi}\mathrm{F/m} \quad \mu_0: = 4\cdot\pi\cdot10^{-7}\mathrm{H/m}$$

双分裂导线的几何平均距离通过式（5.54）可以得到：

$$\mathrm{GMR}: = \sqrt{d\cdot\mathrm{GMR}_c} \quad \mathrm{GMR} = 3.56\mathrm{in}$$

双分裂导线的等效半径可由式（5.100）确定：

$$r_{\mathrm{equ}}: = \sqrt{d\cdot r_c} \quad r_{\mathrm{equ}} = 3.98\mathrm{in}$$

利用式（5.49），相导线之间的几何平均距离：

$$\mathrm{GMD}: = \sqrt[3]{D\cdot D\cdot 2\cdot D} \quad \mathrm{GMD} = 40.3\mathrm{ft}$$

线路单位长度电抗可通过式（5.53）计算得到，电抗是

$$X_{\mathrm{L}}: = \omega\cdot\frac{\mu_0}{2\cdot\pi}\ln\left(\frac{\mathrm{GMD}}{\mathrm{GMR}}\right) \quad X_{\mathrm{L}} = 0.596\Omega/\mathrm{mile}$$

线路总电抗是

$$X_{\text{Line}} := X_{\text{L}} \cdot L_{\text{Line}} \quad X_{\text{Line}} = 61.4\Omega$$

线路运行温度由周围的环境、太阳辐射和负载电流的发热决定。在亚利桑那州，谨慎的做法是使用 75℃（167°F）来计算导线的交流电抗。

分裂导线中的两个导线是并联的，因此双分裂导线的线路电抗是

$$R_{\text{Line}} := \frac{R_{75}}{n} \cdot L_{\text{Line}} \quad R_{\text{Line}} = 2.80\Omega$$

线路电阻和电抗是串联的，线路的全部阻抗是

$$Z_{\text{Line}} := R_{\text{Line}} + j \cdot X_{\text{Line}} \quad Z_{\text{Line}} = (2.8 + 61.4j)\,\Omega$$

单位长度对地电容可通过式（5.99）计算得到，对地电容是

$$C_{\text{Line}} := \frac{2 \cdot \pi \cdot \varepsilon_0}{\ln\left(\dfrac{\text{GMD}}{r_{\text{equ}}}\right)} \quad C_{\text{Line}} = 18.6\text{nF/mile}$$

通过单相等效电路来研究线路的性能。在这个电路中，线路电容被分为两部分：一半电容放置在线路的源端，另一半电容在末端，如图 5.72 所示。

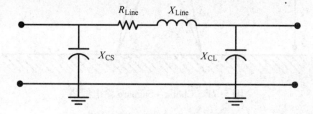

图 5.72　单相等效电路图

电源端电容电抗是

$$X_{\text{CS}} := \frac{-1}{\omega \cdot \dfrac{C_{\text{Line}}}{2} \cdot L_{\text{Line}}} \quad X_{\text{CS}} = -2.77\text{k}\Omega$$

负载端电容电抗也是一样：

$$X_{\text{CL}} := X_{\text{CS}} = -2.77\text{k}\Omega$$

电容可以用其阻抗表示：

$$Z_{\text{CS}} := j \cdot X_{\text{CS}} = -2.77\text{jk}\Omega \quad Z_{\text{CL}} := j \cdot X_{\text{CL}} = -2.77\text{jk}\Omega$$

5.10.1.2　输电线的运行分析

使用图 5.73 中的电路来进行输电线运行分析。在这个电路中，网络 1 通过线路给负载和另一个网络（网络 2）供能。如图 5.72 所示的 Π 电路代表的是中长距离输电线。这两个网络通过戴维南等效电路建模，其中包含一个电压源和串联在一起的电抗。

一个大型网络的开路电压接近额定相电压。网络电抗能通过短路电流计算出

图 5.73 输电线运行分析电路

来，短路电流可以从实用操作网络中得到。对于这个数值例子，我们假设网络 1 和 2 的电压和短路电流值如下：

$$V_{\text{net1}} := 500\text{kV} \quad I_{\text{net1\_short}} := -\text{j} \cdot 10\text{kA}$$

$$V_{\text{net2}} := V_{\text{net1}} \quad I_{\text{net2\_short}} := -\text{j} \cdot 15\text{kA}$$

这里参考的角度是每个网络中的开路线电压。早期有人假设短路电流是感应电流，这是很好的近似。利用这些值，将线电压转换为相电压，网络阻抗可用欧姆定律计算出来，得到的阻抗值为

$$V_{\text{net1\_ln}} := \frac{V_{\text{net1}}}{\sqrt{3}} = 288.7\text{kV} \quad V_{\text{net2\_ln}} := \frac{V_{\text{net2}}}{\sqrt{3}} = 288.7\text{kV}$$

$$Z_{\text{net1}} := \frac{V_{\text{net1\_ln}}}{I_{\text{net1\_short}}} \quad Z_{\text{net1}} = 28.9\text{j}\Omega$$

$$Z_{\text{net2}} := \frac{V_{\text{net2\_ln}}}{I_{\text{net2\_short}}} \quad Z_{\text{net2}} = 19.2\text{j}\Omega$$

在随后的章节中，我们将进行四个不同的分析：

1. 短路电流计算

首先，当线路中发生短路时，确定线路电流。短路电流能用来设置保护装置和选择断路器。

2. 开路电压计算

接下来，确定由网络 1 电源产生的开路电压，用于找出戴维南等效电路和电压调整。

3. 网络 1 给负载供能

当线路与负载连接时，分析的目的是确定电压调整率和传输效率。电压调整率需要小于 5%。传输效率是负载吸收的有功功率和电源提供的有功功率的比例。

4. 连接两个网络的输电线

当线路连接第二个网络（网络 2），分析的目的是确定从一个网络传送到其他网络的功率。

5.10.1.3 短路电流计算

断路器的选择和保护协调需要计算出短路电流。图 5.74 所示为短路电流计算的等效电路图。短路电流在线路负载端，短路电流消除了线路的末端电容。

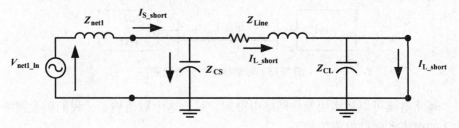

图 5.74　短路电流计算的等效电路

如图 5.74 所示，线路电源端线路阻抗和电容是并联的。更进一步的是，网络 1 的电抗与这个阻抗串联。总的等效阻抗是

$$Z_{short} := Z_{net1} + \cfrac{1}{\cfrac{1}{Z_{CS}} + \cfrac{1}{Z_{Line}}} \qquad Z_{short} = (2.93 + 91.63j)\,\Omega$$

网络 1 中电流是

$$I_{S\_short} := \frac{V_{net1\_ln}}{Z_{short}} \quad |I_{S\_short}| = 3.15\text{kA} \quad \arg(I_{S\_short}) = -88.2°$$

利用电流分流，线路电流取决于短路电流：

$$I_{L\_short} := I_{S\_short} \cdot \frac{Z_{CS}}{Z_{CS} + Z_{Line}}$$

$$|I_{L\_short}| = 3.22\text{kA} \quad \arg(I_{L\_short}) = -88.2°$$

短路电流水平可以产生显著的电阻加热，如果电流在几个周期内没有关断，可能会使线路导线退火。高电流能产生导线之间的机械力，如果线路设计不当可能危及系统。这个例子表明，短路电流的快速中断对于保持电力系统的安全是必要的。短路电流是由串联在电路中的断路器切断的。通常，断路器安装在线路的两端，如图 5.75 中所示。线路中的短路电流会引发断路器的动作。断路器通常在 3~5 个周期内中断（短路）电路。

图 5.75　在输电线末端的电路断路器（CB）装置

5.10.1.4　开路电压计算

为了确保对于可变负载保持足够的电压调整，需要确定恒定电源电压的实际开路电压。图 5.76 所示为开路电压计算的等效电路。线路末端的线路阻抗和电容是串联的。支路的阻抗是

$$Z_{Line\_CL} := Z_{Line} + Z_{CL} = (2.8 - 2703.7j)\,\Omega$$

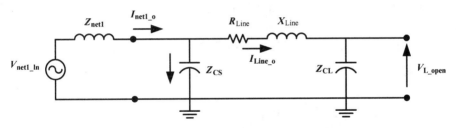

图 5.76　开路电压计算的等效电路

分支和线路电源端的电容是并联的。网络电抗和这个阻抗是串联的。系统阻抗的总和为

$$Z_{\text{Line\_CL\_CS}} := \cfrac{1}{\cfrac{1}{Z_{\text{Line\_CL}}} + \cfrac{1}{Z_{\text{CS}}}} + Z_{\text{net1}} = (0.72 - 1338.17\text{j})\,\Omega$$

网络 1 电流由电压除以计算出的阻抗得到

$$I_{\text{net1\_o}} := \frac{V_{\text{net1\_ln}}}{Z_{\text{Line\_CL\_CS}}} \quad |I_{\text{net1\_o}}| = 215.7\text{A} \quad \arg(I_{\text{net1\_o}}) = 89.97°$$

图 5.76 揭示了网络电流在线路和电源端电容间进行了分流。线路电流通过电流分流等式可得

$$I_{\text{Line\_o}} := I_{\text{net1\_o}} \cdot \frac{Z_{\text{CS}}}{Z_{\text{Line\_CL}} + Z_{\text{CS}}}$$

$$|I_{\text{Line\_o}}| = 109.1\text{A} \quad \arg(I_{\text{Line\_o}}) = 89.94°$$

开路电压是线路负载端电容两端的电压降：

$$V_{\text{L\_open}} := I_{\text{Line\_o}} \cdot Z_{\text{CL}} \quad |V_{\text{L\_open}}| = 301.6\text{kV} \quad \arg(V_{\text{L\_open}}) = -0.06°$$

这个电压在后面也会用到，用于确定戴维南等效网络。

5.10.1.5　网络 1 通过输电线给负载供能

图 5.77 所示为系统的等效电路。负载功率是变化的，但是功率因数是常数。计算的策略是用来确定电流和负载电压是恒定电源电压的函数。

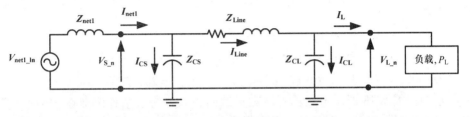

图 5.77　电力系统的等效电路（网络通过一条线路给负载供能）

将节点分析法应用于该网络。在电源端电容节点上应用 KCL，可得

$$I_{\text{net1}} = I_{\text{CS}} + I_{\text{Line}}$$

$$\frac{V_{\text{net1\_ln}} - V_{\text{S\_n}}}{Z_{\text{net1}}} = \frac{V_{\text{S\_n}}}{Z_{\text{CS}}} + \frac{V_{\text{S\_n}} - V_{\text{L\_n}}}{Z_{\text{Line}}}$$

在负载端电容节点上利用 KCL 得到第二个独立的关系：

$$I_{\text{Line}} = I_{\text{CL}} + I_{\text{L}}$$

$$\frac{V_{\text{S\_n}} - V_{\text{L\_n}}}{Z_{\text{Line}}} = \frac{V_{\text{L\_n}}}{Z_{\text{CL}}} + \frac{P_{\text{L}}}{3 \cdot V_{\text{L\_n}} \cdot \text{pf}_{\text{L}}} e^{-j \cdot \text{acos}(\text{pf}_{\text{L}})}$$

后面一项除以 3 是由于单相等效电路只占了三相功率的三分之一。

对于两个未知的节点电压的数值解可以通过利用 Mathcad Find 方程解算器来获得：

$$\text{测试值：} V_{\text{L\_n}} := \frac{500\text{kV}}{\sqrt{3}} + j \cdot 2\text{kV} \quad V_{\text{S\_n}} := V_{\text{L\_n}}$$

假设

$$\frac{V_{\text{net1\_ln}} - V_{\text{S\_n}}}{Z_{\text{net1}}} = \frac{V_{\text{S\_n}}}{Z_{\text{CS}}} + \frac{V_{\text{S\_n}} - V_{\text{L\_n}}}{Z_{\text{Line}}}$$

$$\frac{V_{\text{S\_n}} - V_{\text{L\_n}}}{Z_{\text{Line}}} = \frac{V_{\text{L\_n}}}{Z_{\text{CL}}} + \frac{P_{\text{L}}}{3 V_{\text{L\_n}} \cdot \text{pf}_{\text{L}}} e^{-j \cdot a \cos(\text{pf}_{\text{L}})}$$

$$\begin{pmatrix} V_{\text{S\_n}} (P_{\text{L}}) \\ V_{\text{L\_n}} (P_{\text{L}}) \end{pmatrix} := \text{Find} (V_{\text{S\_n}}, V_{\text{L\_n}})$$

负载功率是在 0 ~ 500MW 之间变化的，功率因数 $\text{pf}_{\text{L}} := 0.8$（滞后）。在 $P_{\text{L}} := 400\text{MW}$ 的测试负载下的节点电压是

$$|V_{\text{S\_n}} P_{\text{L}}| = 287.3\text{kV} \quad \arg(V_{\text{S\_n}}(P_{\text{L}})) = -3.2°$$

$$|V_{\text{L\_n}} P_{\text{L}}| = 279.3\text{kV} \quad \arg(V_{\text{L\_n}}(P_{\text{L}})) = -10.2°$$

在测试值上的电压调整为

$$\text{Reg}(P_{\text{L}}) := \frac{|V_{\text{L\_n}}(0\text{MW})| - |V_{\text{L\_n}}(P_{\text{L}})|}{|V_{\text{L\_n}}(P_{\text{L}})|} \quad \text{Reg}(P_{\text{L}}) = 8.0\%$$

电压调整率应该小于 5%。在调节达到 5% 时，负载功率和电压是由下面式子确定的：

$$\text{测试值} \quad P_{\text{L}} := 200\text{MW}$$

$$P_{\text{L\_5\%}} := \text{root}(\text{Reg}(P_{\text{L}}) - 5\% , P_{\text{L}}) = 200.3\text{MW}$$

$$V_{\text{L\_5\%}} := V_{\text{L\_n}}(P_{\text{L\_5\%}}) \quad |V_{\text{L\_5\%}}| = 287.2\text{kV}$$

绘制如图 5.78 所示电压调整率和负载的关系是为了估计调节在 5% 时的负载值。图中显示了电压调整是一个直到功率大约为 200MW 的负载接近线性的函数。在这个线性区域内，这种计算是电力系统行为的一个很好的近似。在 200MW 以上，电压调整率超过了 5%，趋势是非线性的，解决方案变得不准确，

因为在现实中，负载取决于负载电压。

$$P_L := 0, 1\mathrm{MW}, \cdots, 500\mathrm{MW}$$

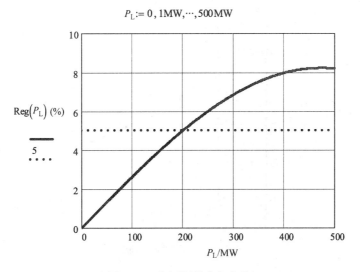

图 5.78　电压调整率与负载

接下来，需要评估输出（负载）和输入（电源）功率的比例，也就是系统运行（传输）的效率。为了计算传输效率，有必要确定电源功率。电源电流能利用之前进行的节点分析的一部分来计算。特别是我们发现输入功率调整在 5% 的条件下：

$$I_{\mathrm{net1}}(P_L) := \frac{V_{\mathrm{S\_n}}(P_L) - V_{\mathrm{L\_n}}(P_L)}{Z_{\mathrm{Line}}}$$

$$I_{\mathrm{net1\_5\%}} := I_{\mathrm{net1}}(P_{L\_5\%}) \qquad |I_{\mathrm{net1\_5\%}}| = 259.0\mathrm{A}$$

对应于给三相网络供能的实际的功率是

$$P_{\mathrm{net1}}(P_L) := 3 \cdot \mathrm{Re}(\overline{I_{\mathrm{net1}}(P_L)} \cdot V_{\mathrm{net1\_ln}})$$

$$P_{\mathrm{net1\_5\%}} := P_{\mathrm{net1}}(P_{L\_5\%}) = 219.8\mathrm{MW}$$

这导致了电压调整率在 5% 时的传输效率是

$$\mathrm{effic}(P_L) := \frac{P_L}{P_{\mathrm{net1}}(P_L)} \qquad \mathrm{effic}(P_{L\_5\%}) = 91.1\%$$

为了确定趋势和估计效率的最大值，效率和负载的关系绘制如图 5.79 所示。该图显示了系统（线路）效率在 0 ~ 500MW 的范围内，在低负载达到最高点并且随着负载的增加，效率逐渐降低。最大的效率可以通过 Mathcad 中的最大值函数来计算，负载的猜测值是 $P_L := 2.5\mathrm{MW}$：

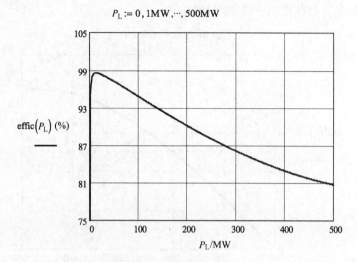

$$P_L := 0, 1\text{MW}, \cdots, 500\text{MW}$$

图 5.79 效率和负载

假设

$P_L > 0$

$P_{L\_max} := \text{Maximize}(\text{effic}, P_L)$ $P_{L\_max} = 13.8\text{MW}$

$\text{effic}_{Max} := \text{effic}(P_{L\_max})$ $\text{effic}_{Max} = 99.6\%$

最大的效率表明对于长距离能量的传递，输电线是一种经济的方式。

5.10.1.6 两个网络间的输电线

如图 5.80 所示为连接网络 1 和网络 2 的一条 500kV 的输电线系统的等效电路。网络都有发电或者吸收有功和无功的能力。换句话说，网络都能当作发电机或者负载工作。

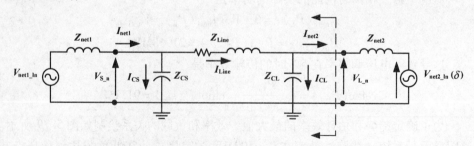

图 5.80 连接两个网络的输电线的电力系统的等效电路

电力工程师用不同的模型近似网络特性，最简单的模型是网络的戴维南等效。在一个大网络中，一个相对小的负载对电压几乎没有影响；因此，开路电压能近似为相电压（额定或者实际运行值）。戴维南等效阻抗用电抗近似代替，电抗是相电压和短路电流的比值。

我们假设网络 1 的电压等于额定电压，相角度为零。网络 2 的电压是额定电压的 0.95 倍，但是相角度在 −180°~180°的范围内变化。

中长距离输电线由一个 ∏ 电路来表示。并且每个网络由电压源和电抗来表示，参数值在 5.10.1.1 节的例子中给出了。

分析是为了确定当相位角 δ 变化时，两个网络间的功率转移。尤其重要的是确定最大传送功率。最大传送功率称作静态稳定极限。

网络 2 的相角度是变化的，但是为了验证方程，我们最初选择了一个相位角 δ: = 50°。

网络的相电压是

$$V_{\text{net1\_ln}} : = \frac{500\text{kV}}{\sqrt{3}} = 288.7\text{kV} \qquad V_{\text{net2\_ln}}(\delta) : = V_{\text{net1\_ln}} \cdot 0.95e^{\text{j} \cdot \delta}$$

$$V_{\text{net2\_ln}}(\delta) = 274.2\text{kV} \qquad \arg(V_{\text{net2\_ln}}(\delta)) = -50.0°$$

分析的第一步是网络 1 由输电线（见图 5.80 左边虚线的部分）的戴维南等效电路替换。戴维南等效包含了一个电压源和串联的阻抗，如图 5.81 所示。当网络 2 被移去时，电源电压就是系统的开路电压。如果电压源被短路了，阻抗就是系统的输入阻抗。

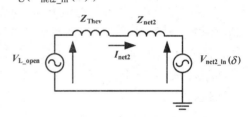

图 5.81　图 5.80 中系统的戴维南等效电路

戴维南阻抗的计算

戴维南阻抗计算的等效电路如图 5.82 所示。将网络 1 中的电源电压短路。

网络 1 的阻抗和电源端线路电容并联在一起。等效的并联阻抗与线路阻抗串联。这些阻抗结合在一起的结果是

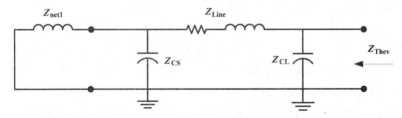

图 5.82　戴维南阻抗计算的等效电路

$$Z_{\text{net\_CS\_Line}} = \cfrac{1}{\cfrac{1}{Z_{\text{net1}}} + \cfrac{1}{Z_{\text{CS}}}} + Z_{\text{Line}} \qquad Z_{\text{net\_CS\_Line}} = (2.8 + 90.5\text{j})\,\Omega$$

等效电路表明了负载电容与之前得到的阻抗是并联的。组合这些阻抗得出戴维南阻抗为

$$Z_{\text{Thev}} := \cfrac{1}{\cfrac{1}{Z_{\text{net\_CS\_Line}}} + \cfrac{1}{Z_{\text{CL}}}} \qquad Z_{\text{Thev}} = (2.99 + 93.61j)\,\Omega$$

求出戴维南阻抗和开路电压以后，图5.81的等效电路就能够用来计算从网络1到网络2的流动电流。电流是电势差除以戴维南和网络2的阻抗总和：

$$I_{\text{net2}}(\delta) := \frac{V_{\text{L\_open}} - V_{\text{net2\_ln}}(\delta)}{Z_{\text{Thev}} + Z_{\text{net2}}}$$

$$|I_{\text{net2}}(\delta)| = 2.16\,\text{kA} \qquad \arg(I_{\text{net2}}(\delta)) = -29.3°$$

功率传送

有功和无功功率传送的方向可以利用关联参考方向的结果来确定，分析可以确定哪一个网络作为电源（供应者）工作，哪一个作为负载（接收者）工作。图5.81表示对于 I_{net2} 选择的电流方向是流进网络2电源的正电压端。因此如果得到的网络2功率是正值，那么网络是吸收功率的，相反地，如果功率是负值，网络2就是释放功率的，网络2的复功率为

$$S_{\text{net2}}(\delta) := 3 \cdot V_{\text{net2\_ln}}(\delta) \cdot \overline{I_{\text{net2}}(\delta)} \qquad S_{\text{net2}}(\delta) = (1666 - 628j)\,\text{MV} \cdot \text{A}$$

网络2的有功功率为

$$P_{\text{net2}}(\delta) := \text{Re}(S_{\text{net2}}(\delta)) \qquad P_{\text{net2}}(\delta) = 1666.1\,\text{MW}$$

为了分析功率流动的方向，我们画出了如图5.83所示网络2的有功功率和功率角的曲线。图中显示了当功率角为负时，网络2的功率大多都为正，这意味着功率从网络1流向网络2，如图5.81所示。当 $\delta < 0$ 时，结论是网络1是供能者，而网络2是吸收者（负载）。图5.83表明当功率角为正时，网络2的有功功率是负的。这意味着当功率角为正时，网络2是供能者，而网络1是吸收者。

用同样的方式，网络2的无功功率是

$$Q_{\text{net2}}(\delta) := \text{Im}(S_{\text{net2}}(\delta)) \qquad Q_{\text{net2}}(\delta) = -628.4\,\text{MV} \cdot \text{A}$$

网络2的无功功率与功率角的关系绘制如图5.84所示。图中显示了对于功率角在 $-25° \sim +25°$ 网络2吸收无功功率，对于其他角度，网络2产生无功功率。实际上，无功功率的流动是由电压控制的。

如图5.83所示，传输的最大有功功率发生在 $-90°$ 附近。利用Mathcad的Maximize函数可计算出准确值。估计值是：$\delta = -90°$。最大功率传输的准确角度和最大传输功率为

$$\delta_{\max} := \text{Maximize}(P_{\text{net2}}, \delta) \qquad \delta_{\max} = -88.5°$$

$$P_{\max} := P_{\text{net2}}(\delta_{\max}) \qquad P_{\max} = 2145\,\text{MW}$$

系统安全运行需要传输功率小于最大功率。注意对实际系统，必须分析暂态

$\delta := -180° , -179° , \cdots , 180°$

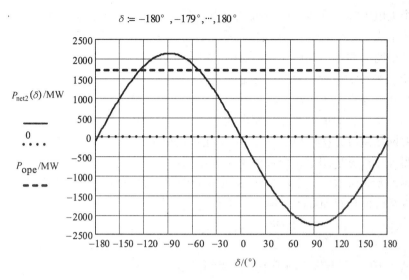

图 5.83 网络 2 的有功功率和功率角

稳定性、电压调节热和热负荷状态来确定安全运行极限——分析超出了本书的范围。

$\delta := -180° , -179° , \cdots , 180°$

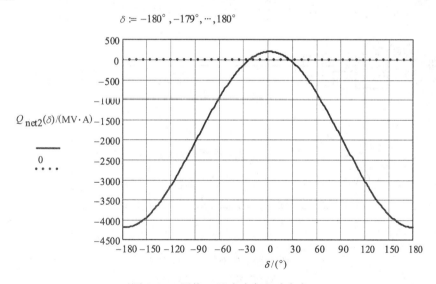

图 5.84 网络 2 无功功率和功率角

5.10.2 PSpice：输电线中的暂态短路电流

最频繁的输电线故障是雷击引起的绝缘子闪络和后续发生的短路。短路产生了一个大电流冲击导线，产生机械应力。短路电流的计算是很重要的，因为得到的值用来进行保护协调，如第 1 章所讨论的输电线的短路保护。通常，断路器被安装在线路的两端，如图 5.75 所示。在短路的情况下，保护监测到异常电流或者电压，触发断路器。短路电流通常在 3 ~ 5 个周期后就会被中断了。

短路电流引起了暂态电流。通常，电流的最大值发生在第一周期，然后逐渐减小到一个稳定的值。暂态短路电流的计算在这个例子中会说明。暂态电流的计算需要网络微分方程的解，这个可以利用 PSpice 电路仿真程序的暂态分析选项来获得。计算方法用了一个数值例子来说明。

图 5.85a 所示为一个给输电线供电的网络。系统的等效电路如图 5.85b 所示。网络线电压是 500kV，得到电源相电压的大小是

$$V_{network} = \frac{500kV}{\sqrt{3}} = 288.68kV \cdot rms = 408kV（峰值）$$

从 5.10.1.2 小节的例子中可以得到网络阻抗值为

$$L_{network} = \frac{X_{network}}{\omega} = \frac{28.868\Omega}{2\pi 60Hz} = 0.07657H$$

一条线路阻抗是（5.603 + j100.676）Ω，用来计算线路电感：

$$L_{line} = \frac{X_{line}}{\omega} = \frac{100.67\Omega}{2\pi 60Hz} = 0.26705H$$

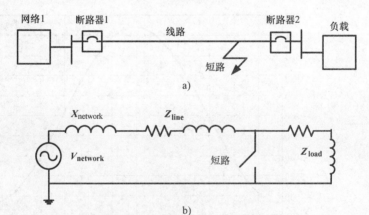

图 5.85 暂态短路电流计算

a) 连接图 b) 等效电路

取电感负载为 266 + j200Ω，得到了 0.5305H 的负载电感。这个电路的元件值来建立图 5.86 所示的 PSpice 电路。一个常开开关，在一个用户定义的时间里即时关断表示了短路。进行短暂交流分析需要利用电压正弦波部分取代常规的交流电压源。在这个仿真中开关（U1）设定关闭的时间为 50ms。

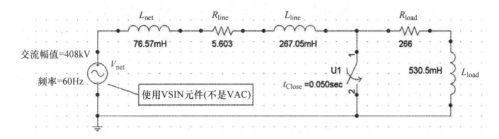

图 5.86　输电线短路仿真的 PSpice 电路图

图 5.87 所示为 400ms 时间内通过线路和开关的电流仿真图。在开关激活之前，电流在 ±1kA 之间振荡，开关电流为零。在开关关上之后，线路和开关电流对于所有实际目的都是相同的。通过 Probe 中的 Cursor Max 函数可以找出电流峰值，然后利用 Probe 中的 Mark Label 函数注释在图 5.87 上。最大的电流大约是

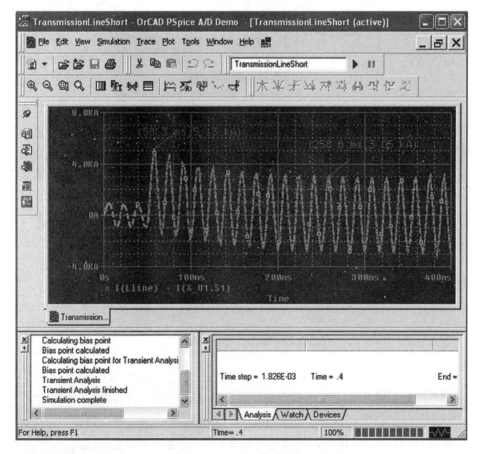

图 5.87　PSpice 仿真结果

5.13kA，发生在这个模拟中的 58.3ms（例如发生在短路后的 8.3ms）。大概需要 8～10 个周期达到稳态短路电流值，电流峰峰值大约是 3kA。短路电流的最大值接近大约 2 倍的稳态短路电流。

在之前的分析中，电源阻抗被认为是常数。实际上，电感值在单位长度 0.15～1.1 倍的范围内变化。

5.10.3 PSpice：输电线通电

输电线的突然通电会在线路两端产生严重的过电压，用 PSpice 可以研究这种现象。典型的这种情景是将报废线路重新投入使用中。图 5.88 所示为一个断电的输电线，由网络供能。线路两端的断路器是打开的。为了使线路投入使用，线路其中一端的断路器首先要关闭，这种做法可能会在线路开着的一端引起严重的过电压。

图 5.88　输电线通电

通常，线路在合适的准确度前提下，用一个等效的 ∏ 形电路来表示。一条长距离线路可以分成 5～10mile 长的部分，然后每一部分用 ∏ 形电路模拟。这些得到的 ∏ 形电路是串联在一起的。更准确的方法是用分布式电路来表示长距离输电线。例如，选择一条 10mile 长的线路，然后用单个的 ∏ 形电路来建模。给线路供能的电力网络，用图 5.89 所示的戴维南等效电路来表示：电压源和阻抗串联。

系统电路参数如下。网络戴维南等效值是

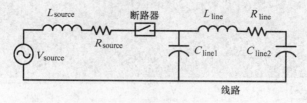

图 5.89　线路通电的等效电路

$$V_{\text{source}} = 408.25\text{kV} \quad R_{\text{source}} = 0.01\Omega \quad L_{\text{source}} = 98.483\text{mH}$$

输电线数据是

$$L_{\text{line}} = 15.783\text{mH} \quad R_{\text{line}} = 0.254\Omega \quad C_{\text{line1}} = C_{\text{line2}} = 93.292\text{nF}$$

图 5.90 是 PSpice 模型，这是基于图 5.89 等效电路基础上的。

断路器由脉冲触发器控制，在 TD = 21ms 的延迟时间后打开电源端断路器，

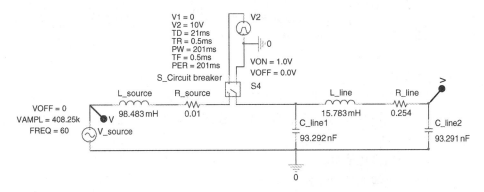

图 5.90　PSpice 模型用于计算线路通电产生的过电压

这个时间对应于电源电压接近出现峰值的时刻。控制脉冲的上升时间（TR）和下降时间（TF）任意设置为 0.5ms。脉冲宽度（PW）和脉冲周期（PER）都要选择得足够长，使其能够对瞬变阻尼进行评估。选择值 PW = 201ms，PER = 201ms。电压源是正弦波（VSIN）。直流偏置电压假设是 0（VOFF = 0）。正弦波的大小是 V_{source}，频率为 60Hz，延迟角度为零。

　　图 5.91 所示为仿真结果，包含了电源电压和线路末端电压。我们可以看到线路通电产生了一个高频瞬时线电压，叠加在 60Hz 电源电压上。高频瞬时线电压的最大值大约是电源电压峰值的 2 倍或者 850kV。这个高频瞬时线电压可能会损坏绝缘子。过电压的峰值取决于通电时间。当线路在电源电压出现峰值瞬间通电时，过电压是最大的。当在电源电压过零点时刻通电时，过电压就是最小的。

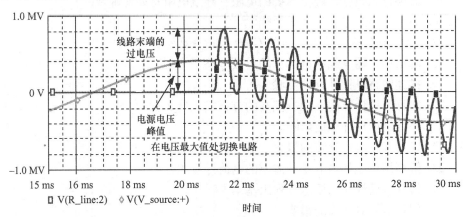

图 5.91　线路通电产生的过电压

　　鼓励读者变化延迟时间（TD），研究开关时间的影响。高频瞬时线电压衰减很慢，读者也可以确定高频瞬时线电压的衰减常数和瞬时电压的频率。

5.11　练习

输电线结构

1. 确定输电线的组成部分。画出高压线路示意图。

2. 解释悬架塔和终端塔的使用。为了提高输电线的使用寿命，这些结构是怎样排列的？

3. 画出双路高压输电线。

4. 讨论输电线的接地方式。

5. 描述高压导线结构。

6. 描述 ASCR 导线。

7. 描述高温导线及其应用。

8. 描述分裂导线。

9. 复合绝缘子的结构是什么？画一个草图。

10. 描述标准的瓷悬式绝缘子，画一个草图。

11. 描述支柱式绝缘子，画一个草图。

12. 描述支柱式复合绝缘子，画一个草图。

13. 描述单导线和分裂导线的导线架。

输电线参数（电阻、电抗、电容、磁场和电场）

14 为什么绞合导线的交流电阻大于直流电阻？

15. 需要什么数据来确定导线的电阻？导线电阻是如何确定的？

16. 温度对导线电阻有什么影响？

17. GMD 是什么？单根导线的 GMR 是指什么？分裂导线呢？

18. 画出用于输电线电抗计算的等效电路。

19. 描述线路电抗计算的步骤。

20. 解释磁场计算的概念。基本的方程式是什么？

21. 解释磁场对环境的影响。

22. 描述线路电容计算的概念。

23. 解释用于三相输电线导体上的电荷计算的方法。

24. 解释电场计算的概念，列出基本方程式。

25. 解释电场对环境的影响。

26. 画出短距离和中长距离输电线的等效电路。

27. 长距离输电线等效电路的概念是什么？

28. 讨论长距离输电线的方程。

29. 解释沿长距离输电线的电压和电流分布。

30. 长距离输电线无负载电压是什么？比电源电压要小还是大？

31. 电压降和电压调整率的定义是什么？

32. 线路损耗的定义是什么？

33. 描述熔断保护的方法。

34. 什么是过电压保护？

35. 描述距离保护。

电晕放电和闪络保护

36. 描述电晕产生的概念并列出电晕产生的影响。

37. 雨对于电晕产生的影响是什么？

38. 无线电和电视干扰是什么？

39. 描述用于输电线的雷击保护方法。

5.12 习题

习题 5.1：

计算一个 60Hz 配电线的电感和电抗。A 和 B 相间的距离是 24in，B 和 C 相间的距离是 12in，导线的平均几何距离是 0.4ft。

习题 5.2：

计算水平排列的配电线的电容。A 和 B 相间的距离是 24in，B 和 C 相是 12in（因此，A 到 C 距离是 24in + 12in = 36in），导线的直径是 1.15in。讨论电容是否可以忽略不计。

习题 5.3：

三相 220kV 输电线，线路用的是垂直分布的非分裂 Drake 导线，相分隔距离为 23ft。计算输电线 25℃时的电阻、单位长度电感和电容。

习题 5.4：

三相 500kV 输电线，使用的是三分裂 Bluebird 导线三角形分布，横向相分隔距离为 9.5m，分裂导线中气隙是 30cm。计算输电线 75℃时的每千米电阻、电感和电容。

习题 5.5：

300km 的输电线运行频率为 60Hz。每千米的电阻、电感和电容分别是 0.015Ω、1.0mH 和 10nF。求①等效长线参数；②等效 pi 电路参数。

习题 5.6：

短的三相配电线给平衡负载供电。如果负载线电压是 13.8kV，计算需要的电源电压和电压调整。其中负载功率是 3MW，功率因数是 0.82（滞后）。线路长度是 12mile，线路电抗是 0.12Ω/mile，线路电感是 0.35Ω/mile。

习题 5.7：

短的三相配电线给平衡负载供电。假设电源线电压是 13.8kV，计算负载电压和电压调整率。其中负载是 3MW，功率因数是 0.82（滞后）。线路长度是 12mile，线路电抗是 0.12Ω/mile，线路电感是 0.35Ω/mile。

习题 5.8：

一个燃料电池，位于城镇外 15mile 处，给城镇里的三相配电线网络供电。燃料电池的电压保持在 12.47kV。当地的网络电压也保持在这个水平。计算燃料电池和当地的网络电压需要的相角度，其中燃料电池给网络提供 15MW 的能量，线路阻抗是(0.23 + j0.45)Ω/mile。

习题 5.9：

图 5.92 所示为一个输电线塔和导线排列。线路每相使用的是三分裂导线，水平排列。相邻分裂导线中心间的距离是 $D = 9$m，平均导线高度是 20m。每个分裂导线里导线间都是 $d = 45$cm 等距离的，线路用的是 Bluebird 导线构造的。线路长度是 120km，输电线的电源电压是 345kV，60Hz。

求：①输电线的电阻和感抗是多少 Ω/km？②线路每相的电容是多少 μF/km，电容导纳是多少 μs/km？③画出等效电路图。④如果输电线连接到一个对称的三相星形联结的负载，其中每相阻抗是 $\mathbf{Z_Y} = 150 + j250\Omega$，计算负载电流和负载电压。

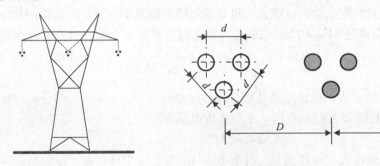

图 5.92 输电线塔和导线排列

习题 5.10：

一个三相 60Hz 的采用 ASCR 导线的输电线，导线直径是 0.680in。GMR = 0.0230in，50℃ 的交流电抗是 0.342Ω/mile。导线中心间是等距离（三角形）的，$D = 1.7$m，如图 5.93 所示。输电线长 50km，给 5MW 的负载供电。负载线电压是 13.2kV。

① 找出线路的总阻抗；②对下面不同负载情况，求出电源端电压、电流、有功功率和无功功率：（a）$pf_1 = 0.85$（滞后），（b）$pf_2 = 0.91$（超前），（c）

$pf_2 = 1$；②假设输电线长度在 1~50km 的范围内，画出电源电压（利用 pf_1 求出）和输电线长度的关系图。

习题 5.11：

一个三相 60Hz 的长为 180mile 的输电线，由 Cardinal 三分裂导线组成。导线间等距离为 35cm。分裂导线垂直排列，中心间有间距，如图 5.94 所示（$x = 5m$，$y = 6.5m$）。一个 500kV 的网络给线路供电，电源短路电流是 22kA。①求出线路的总电阻、感抗和电容导纳。②画出等效电路。③得出从负载终端视角看的戴维南

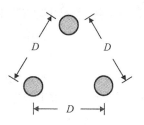

图 5.93 习题 5.10 的导线间距离

等效电路图。④画出短路电流和距离的关系图，假设短路可能发生在输电线的任意一点。⑤如果短路发生在线路的末端，求出电流的大小。

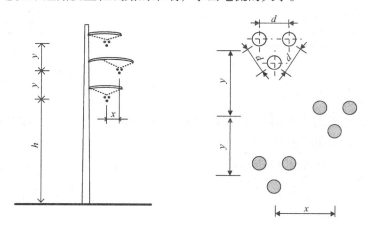

图 5.94 三相输电线和分裂导线间的间距

习题 5.12：

一个 230kV 的输电线连接两个 60Hz 的电源。下面的数据是可用的：

电源 1：短路功率 = 12000MV·A

电源 2：短路功率 = 19000MV·A

电源短路功率是相电压和短路电流乘积的三倍。输电线长度是 125mile。每个分裂导线里有三个 Falcon 导线，导线间的距离是 14in，采用的是水平分布，相间距离是 22ft，如图 5.92 所示。①找出输电线路和电源参数。②画出等效电路。③如果电源 1 和电源 2 电压的绝对值与额定电压相等，计算并绘制传输的正功率和功率角的关系，并确定传输功率的最大值。这里的功率角定义为电源 1 和电源 2 电压之间的角度。

习题 5.13：

一个三相 50Hz 的输电线，采用的是 Bluejay 双分裂导线，如图 5.95 所示。

分裂导线中导线距离是15ft。邻近相中心间距是30ft。线路高度是60ft。线路长度是90mile，给负载传输的功率最大值是1000MV·A，功率因数为0.85（滞后）。负载端的电压是345kV。①求出输电线的总电阻、电感和电容；②画出等效电路；③得出所需的电源电压和复功率；④画出电源电压和电压调整率与负载的关系图，并求出当电压调整率为10%时的负载值。

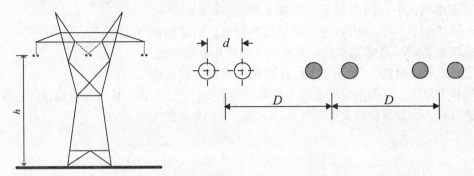

图5.95　输电线塔和导线排列

习题5.14：

计算并绘制出在500kV输电线下的总磁场强度。三相对称500kV输电线相导线垂直分布在同一水平位置，坐标为$x_0 = 15$ft。相导线承载电流为1000A，位于距地面80ft、100ft和140ft的高度。求地面上方1m处最大的H值。

第6章 机电能量转换

一些电气工程师设计的设备都利用了机电能量转换。在很多情况下，能量转换需要利用磁场和电场。对使用机电能量转换的设备分类如下：

① 换能器将其他形式的能量转化成电信号；典型的例子是传声器，扬声器，传感器和电拾音器；

② 驱动器利用电信号传递或者控制另一种设备，这些包含继电器，螺线管和电磁铁；

③ 连续的能量转换设备，例如电动机和发电机；

本章讨论机电能量转换的原理，提出用于分析不同设备运行的主要方程。这些原理的实际应用通过驱动器的运行分析来说明。传感器和驱动器也可以用压电材料来制造。这种材料受到压力时会产生电荷。连续的能量转换设备，例如电动机和发电机在本书后面都会详细介绍。为了提供电磁场耦合的工作知识，首先对磁路进行详细说明。

6.1 磁路

电力设备，例如变压器，发电机和电动机以及电器，都有磁性元件，利用磁场耦合来实现能量转移，这就需要研究磁路。典型的磁路包含有一个或者多个绕组的叠片铁心。用 $B-H$ 曲线来描述铁心的磁性，如图 6.1 给出的磁通密度（B）和磁场强度（H）的关系。图中所给的四种材料中，钢板的性能最好，因为它的磁导率在三种材料中是最大的。优质钢板是一种低碳硅钢，含有 3% 或者更少的锰。例如，硅钢是电力变压器的专用材料。

铁心被交流电流线圈磁化。交流磁化强度在正周期中增强，负周期中减弱。每个周期中使铁里的偶极子旋转。图 6.2 所示为铁磁材料的 $B-H$ 磁化曲线变化的过程。a 到 b 的路径是初始磁化曲线。如果磁场强度减小，磁通密度不归零，而是沿着 b 和 c 的路径，这里存在剩余的磁通密度，即磁滞效应。实际的磁场必须反向以驱动 B 到零（即 d 点）。同时，磁通量变化会在铁心内部产生涡流。涡流的产生促使铁心叠片块抑制涡流。这两种现象都在铁心里产生了损耗，特别是

① 磁滞损耗。这是由每一周期的铁中偶极子旋转和重新排列引起的。

② 涡流损耗。这取决于铁心中交流磁通产生的电流。铁心的叠片结构能显著减少涡流损耗。

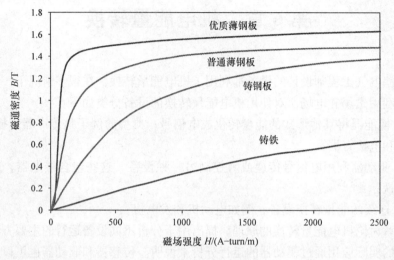

图 6.1 B–H 磁滞曲线

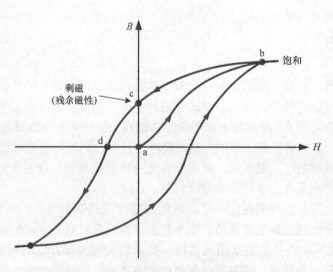

图 6.2 铁磁材料的磁滞效应

损耗会引起铁心发热，典型的硅钢损耗曲线如图 6.3 所示。

6.1.1 磁路理论

在进行磁路完整分析之前，这一小节介绍典型磁路的控制关系，如图 6.4 所

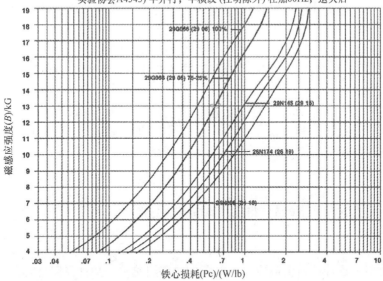

图 6.3　磁化损耗曲线（Tempel Steel 公司）

示。给线圈绕组供电的磁化电流（I_m）产生了磁场。用右手定则，磁通量（Φ）沿环面顺时针方向。根据安培环路定律磁场强度与当前电流有关。如果气隙中的磁场强度（H）是恒定的，可以用场强和长度的乘积代替线积分：

$$I_m N_m = H\ell \tag{6.1}$$

式中，N_m 是线圈绕组匝数；ℓ 是磁路长度。磁路长度是磁通路径的平均距离。如果线圈的磁导率 μ 已知，那么在 $B - H$ 特性的线性区磁通密度可以求得：

$$B = \mu H \tag{6.2}$$

磁导率被定义为衡量一种材料承载磁通的能力，一种材料的相对磁导率 μ_r 被定义为材料磁导率与真空磁导率 μ_0 的比值：

$$\mu_r = \frac{\mu}{\mu_0} \tag{6.3}$$

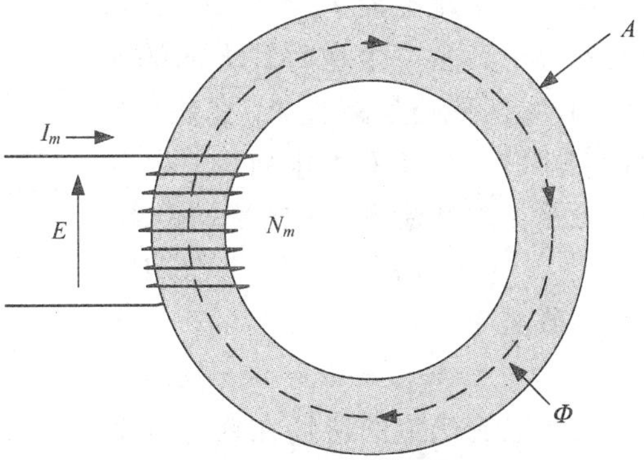

图 6.4　简单环形磁路

式中，$\mu_0 = 4\pi \times 10^{-7} \text{H/m}$。磁通量是 B 与圆环体铁心材料横截面积（A）的

乘积。

$$\Phi = BA \qquad (6.4)$$

法拉第感应定律提供了一种将感应电压（E）与磁通量联系的方式：

$$E = N_{\mathrm{m}} \frac{\mathrm{d}\Phi}{\mathrm{d}t} \qquad (6.5)$$

我们将式（6.1）、式（6.2）和式（6.4）代入到之前的表达式（以相反的顺序）发现：

$$E = N_{\mathrm{m}} \frac{\mathrm{d}(BA)}{\mathrm{d}t} = AN_{\mathrm{m}} \frac{\mathrm{d}(\mu H)}{\mathrm{d}t} = \mu AN_{\mathrm{m}} \frac{\mathrm{d}}{\mathrm{d}t}\left(\frac{I_{\mathrm{m}} N_{\mathrm{m}}}{\ell}\right) = \frac{\mu AN_{\mathrm{m}}^2}{\ell} \frac{\mathrm{d}I_{\mathrm{m}}}{\mathrm{d}t} \qquad (6.6)$$

感应电压与螺旋绕组产生的电感（L）也有联系：

$$E = L \frac{\mathrm{d}I_{\mathrm{m}}}{\mathrm{d}t} \qquad (6.7)$$

联立这个表达式与式（6.6）得出线圈电感的公式：

$$L = \frac{\mu AN_{\mathrm{m}}^2}{\ell} \qquad (6.8)$$

在下一章节，这种分析会被应用到更多的磁路回路中，并且我们会得出相同的结果。除此以外，我们也会证明线圈中任意时刻储存的能量为

$$\mathrm{Energy} = \frac{LI_{\mathrm{m}}^2}{2} \qquad (6.9)$$

6.1.2　磁路分析

图6.5所示为一个有励磁绕组铁心的磁路。交流电流 I_{m} 给绕组供电，会在铁心中产生一个逆时针方向的交流磁通 Φ_{m}。磁路是磁通 Φ_{m} 在铁心中穿过的路线，如图6.5中所标注。相应的磁路长度是磁通通过的平均距离：

$$\ell = 4a + 2w + 2h \qquad (6.10)$$

铁心横截面为

$$A_{\mathrm{core}} = ab \qquad (6.11)$$

交流电流产生的磁场在铁心横截面内是均匀分布的。磁场强度是利用式（6.1）的安培定律计算得到的：

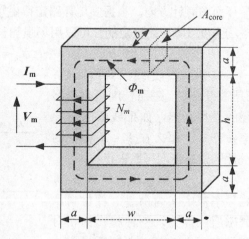

图6.5　铁心的磁路

$$H = \frac{I_{\mathrm{m}} N_{\mathrm{m}}}{\ell} \qquad (6.12)$$

磁通量密度可以由 $B - H$ 磁化曲线或者材料磁导率中得到。图6.6所示为具

有代表性的铁心材料的 B – H 磁化曲线和相对磁导率与其磁场强度关系的曲线。在这个图中，磁场强度以奥斯特为单位，$1Oe=79.577A$（匝）/m。另一种方法是计算磁场强度与磁导率的乘积来计算出磁通密度，而不是从 B – H 曲线上得出磁通密度：

$$B=\mu_0\mu_r H \tag{6.13}$$

将式（6.12）代入到式（6.13）中得到一个磁通密度更简单的表达式：

$$B=\mu_0\mu_r\frac{I_m N_m}{\ell} \tag{6.14}$$

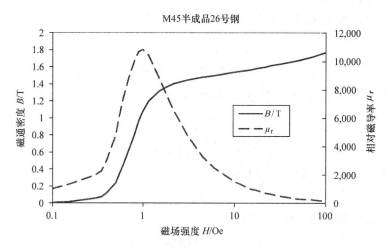

图 6.6 高质量变压器钢片的磁化曲线 B – H 和相对磁导率曲线

6.1.2.1 磁通量

如果磁通密度是均匀分布在铁心中，磁通量就是铁心横截面与磁通密度的乘积：

$$\Phi_m=BA_{core} \tag{6.15}$$

将式（6.14）代入到式（6.15）得出：

$$\Phi_m=\mu_0\mu_r\frac{I_m N_m}{\ell}A_{core} \tag{6.16}$$

励磁电流是按照正弦变化的交流电流。电流的时间函数是

$$I_{mag}(t)=\sqrt{2}I_m\cos(\omega t) \tag{6.17}$$

对应的磁通时间函数是

$$\Phi_m(t)=\mu_0\mu_r\frac{A_{core}N_m}{\ell}I_{mag}(t) \tag{6.18}$$

将式（6.17）代入到之前的表达式中得：

$$\Phi_{\mathrm{m}}(t) = \mu_0 \mu_{\mathrm{r}} \frac{A_{\mathrm{core}} N_{\mathrm{m}}}{\ell} \sqrt{2} I_{\mathrm{m}} \cos(\omega t) \tag{6.19}$$

磁通量最大值发生在余弦值为1时：

$$\Phi_{\mathrm{max}} = \mu_0 \mu_{\mathrm{r}} \frac{A_{\mathrm{core}} N_{\mathrm{m}}}{\ell} \sqrt{2} I_{\mathrm{m}} \tag{6.20}$$

联立式（6.19）和式（6.20）得出，磁通量时间函数可以表示为

$$\Phi_{\mathrm{m}}(t) = \Phi_{\mathrm{max}} \cos(\omega t) \tag{6.21}$$

6.1.2.2 感应电压

根据法拉第定律 $\mathrm{d}\Phi = e\mathrm{d}t$，当磁通量通过线圈时，每匝线圈都会感应一个电压，感应电压与磁通量变化速度成正比。整个线圈的感应电压可以通过所有线圈匝数的感应电压求得：

$$E_{\mathrm{ind}}(t) = N_{\mathrm{m}} \frac{\mathrm{d}}{\mathrm{d}t} \Phi_{\mathrm{mag}}(t) \tag{6.22}$$

可以推出总感应电压的另一种表达形式。首先，将式（6.21）代入式（6.22）：

$$E_{\mathrm{ind}}(t) = N_{\mathrm{m}} \frac{\mathrm{d}}{\mathrm{d}t} \Phi_{\mathrm{max}} \cos(\omega t) \tag{6.23}$$

接下来，对上面的方程求导得：

$$E_{\mathrm{ind}}(t) = - N_{\mathrm{m}} \Phi_{\mathrm{max}} \omega \sin(\omega t) \tag{6.24}$$

正弦感应电压的方均根值是

$$E_{\mathrm{rms}} = \frac{N_{\mathrm{m}} \Phi_{\mathrm{max}} \omega}{\sqrt{2}} \tag{6.25}$$

将 $\omega = 2\pi f$ 代入式（6.25）并化简得到感应电压一个简化表达式：

$$E_{\mathrm{rms}} = \sqrt{2} \pi f N_{\mathrm{m}} \Phi_{\mathrm{max}} \tag{6.26}$$

如果同样的铁心（见图6.5）具有二次绕组，磁通量同样穿过绕组。对于匝数为 N_2 的二次绕组，从方程（6.25）可以得出二次绕组感应的方均根电压是

$$E_{\mathrm{rms},2} = \frac{N_2 \Phi_{\mathrm{max}} \omega}{\sqrt{2}} \tag{6.27}$$

6.1.2.3 线圈电感

线圈电感通常需要进行电路计算。电感可以通过感应电压方程计算出来：

$$E_{\mathrm{ind}}(t) = L_{\mathrm{ind}} \frac{\mathrm{d}}{\mathrm{d}t} I_{\mathrm{mag}}(t) \tag{6.28}$$

将式（6.22）代入到之前的公式中，得到下面的表达式：

$$N_{\mathrm{m}} \frac{\mathrm{d}}{\mathrm{d}t} \Phi_{\mathrm{mag}}(t) = L_{\mathrm{ind}} \frac{\mathrm{d}}{\mathrm{d}t} I_{\mathrm{mag}}(t) \tag{6.29}$$

上面的关系积分后解出电感的表达式：

$$L_{ind} = \frac{N_m \Phi_{mag}(t)}{I_{mag}(t)} \qquad (6.30)$$

将电流和磁通量的时间函数式（6.17）和式（6.21）分别代入到上面的表达式得出：

$$L_{ind} = \frac{N_m \Phi_{max} \cos(\omega t)}{\sqrt{2} I_m \cos(\omega t)} = \frac{N_m \Phi_{max}}{\sqrt{2} I_m} \qquad (6.31)$$

记得 $I_m \sqrt{2}$ 是电流的峰值。上面的公式简化后可得出电感的另一个实用关系：

$$L_{ind} = \frac{N_m \Phi_{max}}{I_{max}} \qquad (6.32)$$

根据式（6.32），线圈的电感能够通过匝数和磁通量的乘积除以产生磁通量的电流算出。然而，电感是只取决于绕组的尺寸和铁心材料的一个几何量。实际上，电感是独立于电流的。通过将式（6.20）代入到式（6.31）来说明，得到的结果是

$$L_{ind} = \frac{N_m \mu_0 \mu_r \dfrac{A_{core} N_m}{\ell} \sqrt{2} I_m}{\sqrt{2} I_m} \qquad (6.33)$$

将上面表达式进行简化得到一个新的电感公式：

$$L_{ind} = \mu_0 \mu_r \frac{A_{core} N_m^2}{\ell} \qquad (6.34)$$

例 6.1：磁路分析

对图 6.5 的磁路进行特定情况的分析。铁心的物理尺寸是

$$w := 3 in \quad h := w \quad a := 1 in \quad b := 1.5 a$$

电路由方均根磁化电流为 I_m、匝数为 N_m 绕组供电：

$$I_m := 2A \quad N_m := 20 \quad f := 60 Hz \quad \omega := 2 \cdot \pi \cdot f$$

磁路长度 L_m 为

$$L_m := 2 \cdot (w + a) + 2 \cdot (h + a) = 40.64 cm$$

线圈横截面（见图 6.5 中标注）为

$$A_{core} := a \cdot b = 9.677 cm^2$$

根据安培定律可以求出磁场强度为

$$H_m := \frac{I_m \cdot N_m}{L_m} = 1.237 Oe$$

磁通密度能从图 6.6 中提取出来，得到的值是当 $H_m := 1.24 Oe$ 时 $B_m := 1.22 T$。另外，当 $H_m := 1.24 Oe$ 时，从图 6.6 中可以得出钢的相对磁导率大约为 $\mu_r := 10^{-4}$，然后确定磁通密度为

$$B_m = \mu_0 \cdot \mu_r \cdot H_m = 1.237\text{T}$$

这里真空和空气磁导率是

$$\mu_0 := 4 \times \pi \times 10^{-7}\text{H/m}$$

这两个 B_m 数值有微小的偏差是因为从图 6.6 中读数据不精确造成的。

利用磁通密度和铁心横截面的乘积，磁通量容易被计算出来：

$$\Phi_m := B_m \cdot A_{core} = 0.001\text{Wb}$$

这样的小通量值可以通过 Mathcad 更精确地计算，即利用定义的通用前缀毫 $(m) := 10^{-3}$，因此通量用毫韦伯单位表示为 $\Phi_m = 1.197\text{m} \cdot \text{Wb}$。对于这种情况，最大的磁通量是

$$\Phi_{max} := \sqrt{2} \cdot \left(\mu_o \cdot \mu_r \cdot \frac{A_{core} \cdot N_m}{L_m}\right) \cdot I_m = 1.693\text{m} \cdot \text{Wb}$$

最后，通过一些公式得到电感的表达式和计算结果为

$$L_{ind} := \mu_o \cdot \mu_r \cdot \frac{A_{core} \cdot N_m^2}{L_m} = 11.97\text{mH}$$

6.1.3 磁场能量

从电源传输到磁线圈的瞬时功率是

$$p(t) = I_{mag}(t) E_{ind}(t) \tag{6.35}$$

将式（6.28）代入到上面的表达式中得到：

$$p(t) = I_{mag}(t) L_{ind} \frac{\mathrm{d}}{\mathrm{d}t} I_{mag}(t) \tag{6.36}$$

表达式积分得到能量的函数：

$$\begin{aligned}\text{Energy}(t) &= \int_{-\infty}^{t} L_{ind} I_{mag}(t) \cdot \frac{\mathrm{d}I_{mag}(t)}{\mathrm{d}t}\mathrm{d}t \\ &= L_{ind} \int_{I_{mag}(-\infty)}^{I_{mag}(t)} I_{mag}\mathrm{d}I_{mag} \\ &= \frac{1}{2} L_{ind} I_{mag}^2 \bigg|_{I(-\infty)}^{I(t)} \end{aligned} \tag{6.37}$$

由于电感的初始能量必须为零，则 $I(-\infty) = 0$，于是

$$\text{Energy}(t) = \frac{1}{2} L_{ind} I_{mag}^2(t) \tag{6.38}$$

有趣的是，电感中储存的能量在一些特殊的时刻，只是一个关于电流瞬时值的函数。这表示正（交流）周期，电源给电感传输能量，在负周期，电感反过来将能量传输给电源。如果忽略一些不能避免的损耗，这个能量的波动就是无功功率。

6.1.4　磁化曲线

磁化曲线是磁通密度关于所施加的磁场强度的函数曲线。磁化曲线是典型的非线性曲线，简称为 $B-H$ 曲线。磁化（$B-H$）曲线分为三个区域：

① 线性区域，在这个区域中材料的磁导率是常数；

② 过渡或者膝区。这个区域中材料的磁导率达到饱和状态；

③ 饱和区域。

图 6.7 所示为硅钢材料的三个区域。多数设备，例如变压器和电机，运行在线性区域。变压器铁心是硅钢材料制造的，其中合金中硅含量为 1% ~ 3%。高频变压器和线圈用铁氧体磁心，铁氧体是一种陶瓷材料。

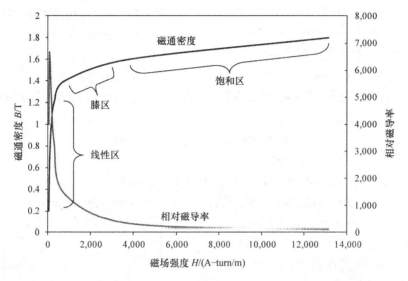

图 6.7　磁化曲线区域和高硅变压器钢的相对磁导率

从 $B-H$ 曲线可以推出磁导率，也就是 $B-H$ 曲线的斜率。由图 6.7 可见，磁导率在线性区域中是最高的，在饱和区域中磁导率明显减小。

如果在更高的 B 值开始饱和，铁的性能会更好。同样相对磁导率越高，斜率越陡，这是有利的，可以用一个数值例子说明。

例 6.2：比较常用的钢片和铸钢的电感。计算电感需要的数据是

$$L_{iron} := 15cm \quad A_{iron} := 4cm^2 \quad N_m := 150 \quad I_{exc} := 0.6A$$

通过安培定律计算磁场强度：

$$H_{iron} := \frac{I_{exc} : N_m}{L_{iron}} \quad H_{inon} = 600A/m$$

利用图6.1的 $B-H$ 曲线，铸钢和硅钢的磁通密度是

$$B_{C\_steel}:=0.8\text{T} \quad B_{Si\_steel}:=1.2\text{T}$$

铁心中的磁通量是：

$$\Phi_{C\_Steel}:=B_{C\_steel}\cdot A_{iron}=3.2\times10^{-4}\text{Wb}$$

$$\Phi_{Si\_Steel}:=B_{Si\_steel}\cdot A_{iron}=4.8\times10^{-4}\text{Wb}$$

每个线圈的电感是

$$L_{ind\_C\_Steel}:=\frac{\Phi_{C\_Steel}\cdot N_m}{I_{exc}}=80\text{mH}$$

$$L_{ind\_Si\_Steel}:=\frac{\Phi_{Si\_Steel}\cdot N_m}{I_{exc}}=120\text{mH}$$

这个例子说明了由硅钢制造出的线圈电感明显高于碳钢制造的线圈电感。

例6.3：有空气气隙的磁路

这里用一个数值例子来说明推导出的磁回路分析方程的应用。图6.8所示为一个有空气气隙的磁路和不同的横截面的磁路。铁心设有励磁绕组，没有在图中显示。

铁心的直径是

$$a:=3\text{cm} \quad b:=2\text{cm} \quad c:=4\text{cm}$$

$$g:=0.2\text{cm} \quad w:=10\text{cm} \quad h:=11\text{cm}$$

磁路的运行（rms）数据是：$B_{gap}=0.8\text{T}$ $I_m=8\text{A}$

空气（真空）气隙的磁导率定义为

$$\mu_o:=4\times\pi\times10^{-7}\text{H/m}$$

在这个例子中，我们可以计算：

① 铁心不同位置的磁通量（Φ）和磁通密度（B）；

② 铁心不同位置的磁场强度（H）；

③ 如果电流是 $I_m:=8\text{A}$，保持磁通量所需要的线圈匝数；

④ 铁心在忽视和包含两种情况下的电感。

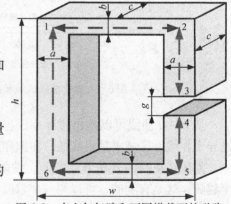

图6.8 有空气气隙和不同横截面的磁路

（1）磁通量和磁通密度的计算

为了计算铁心中的磁通量和磁通密度，磁路被分为三个部分：竖直部分（路径1-6，2-3和4-5），水平部分（路径1-2和5-6）和气隙部分。铁心在竖直和水平部分的横截面是不同的。气隙和竖直部分有相同的横截面积。在所有位置磁通量（Φ）是相同的。

竖直部分的长度和横截面积是

$$L_{\text{vert}} := (h - b) + (h - b - g) \quad L_{\text{vert}} = 17.8 \, \text{cm}$$

$$A_{\text{vert}} := c \cdot a \qquad\qquad A_{\text{vert}} = 12 \, \text{cm}^2$$

水平部分的长度和横截面积是

$$L_{\text{horz}} := 2 \cdot (w - a) \quad L_{\text{horz}} = 14 \, \text{cm}$$

$$A_{\text{horz}} := c \cdot b \qquad\quad A_{\text{horz}} = 8 \, \text{cm}^2$$

气隙的横截面积是

$$A_{\text{g}} := c \cdot a = 12 \, \text{cm}^2$$

利用式（6.15）和空气气隙中已知的磁通密度可计算出磁通量：

$$\Phi_{\text{gap}} := B_{\text{gap}} \cdot A_{\text{g}} = 9.6 \times 10^{-4} \, \text{Wb}$$

同样地，在竖直和水平部分的磁通密度为

$$B_{\text{vert}} := \frac{\Phi_{\text{gap}}}{A_{\text{vert}}} \quad B_{\text{vert}} := 0.8 \, \text{T}$$

$$B_{\text{horz}} := \frac{\Phi_{\text{gap}}}{A_{\text{horz}}} \quad B_{\text{horz}} = 1.2 \, \text{T}$$

（2）磁场强度的计算

这里，我们求出在铁心不同位置的磁场强度（H）。利用式（6.13），气隙的磁场强度是：

$$H_{\text{gap}} := \frac{B_{\text{gap}}}{\mu_{\text{o}}} = 6.366 \times 10^5 \, \text{A/m}$$

在水平和竖直部分的磁场强度（H）可以直接从图 6.9 $B - H$ 曲线中读出，B_{vert} 和 B_{horz} 对应的值：

$$H_{\text{vert}} := 140 \, \text{A/m} \quad H_{\text{horz}} := 400 \, \text{A/m}$$

注意求得的值是方均根值。

（3）绕组匝数的计算

为了计算出需要保持磁通量不变所需的绕组匝数，利用了安培环路定律（$\oint H \, \mathrm{d}l = I$）的扩展公式，即式（6.12）。电流和匝数的乘积等于磁场强度和磁路长度的乘积：

$$N_{\text{m}} := \frac{H_{\text{gap}} \cdot g + H_{\text{vert}} \cdot L_{\text{vert}} + H_{\text{horz}} \cdot L_{\text{horz}}}{I_{\text{m}}} \quad N_{\text{m}} = 169.3$$

在膝点以下，B 和 H 的关系是线性的。在这一点，铁心出现饱和，如图 6.7 所示。铁的磁导率在线性区域是几千，但是在饱和区域，明显减少。维持铁中磁通量不变所需的安匝数也明显小于维持气隙磁通量不变所需要的安匝数。因此，如果忽略铁心，那么需要的安匝数是

$$N_{\text{no\_iron}} := \frac{H_{\text{gap}} \cdot g}{I_{\text{m}}} \quad N_{\text{no\_iron}} = 159.2$$

忽略磁心稍微减少了匝数。

（4）电感计算

我们计算两种情况的电感：①铁心忽略不计；②包含铁心。利用式（6.32），当包含铁心时的电感为

$$L_{\text{with\_iron}} := \frac{\Phi_{\text{gap}} \cdot N_{\text{m}}}{I_{\text{m}}} \qquad L_{\text{with\_iron}} = 20.3\,\text{mH}$$

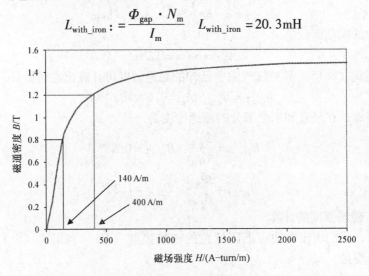

图 6.9　$B-H$ 磁化曲线

忽略磁心时的电感为

$$L_{\text{without\_iron}} := \frac{\Phi_{\text{gap}} \cdot N_{\text{no\_iron}}}{I_{\text{m}}} \qquad L_{\text{without\_iron}} = 19.1\,\text{mH}$$

两个电感值之间的偏差百分比是

$$\frac{L_{\text{with\_iron}} - L_{\text{without\_iron}}}{L_{\text{without\_iron}}} = 6.4\%$$

相对小的偏差表明，在许多场合铁心是可以忽略不计的。

6.1.5　磁化曲线模型

磁化曲线是通过测量得到的，用平均值表示。这些曲线可以数字化并且可以通过曲线拟合的方法得到成 $B(H)$ 或者 $H(B)$ 的函数方程。这样的拟合方程明显地简化了含有饱和铁心的磁路分析。

例6.4：为了演示这种方法，从图6.6所示钢片的 $B-H$ 曲线中读出对应的 B 和 H 值。从钢的 $B-H$ 曲线中得到的 $B(H)$ 值为

$$
H_\mathrm{o}:=\begin{pmatrix}0.3\\0.4\\0.5\\0.6\\0.8\\1\\1.5\\2\\3\\5\\10\\20\\40\\50\\80\\100\end{pmatrix}\qquad B_\mathrm{o}:=\begin{pmatrix}0.06\\0.12\\0.24\\0.42\\0.8\\1.06\\1.32\\1.4\\1.44\\1.48\\1.52\\1.59\\1.66\\1.68\\1.72\\1.76\end{pmatrix}
$$

　　磁化曲线中的 *B* 和 *H* 分别用奥斯特和千高斯为单位。求得的 *H* 和 *B* 值都分别转换成安培每米和特斯拉:

$$Ho:=H_\mathrm{o}\cdot Oe\qquad Bo:=B_\mathrm{o}\cdot T$$

B － H 曲线绘制如图 6.10 所示以证实这个过程。

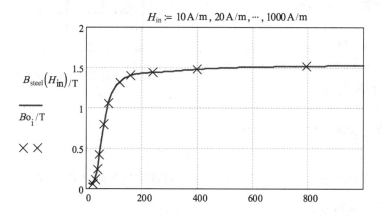

$$H_\mathrm{in}:=10\,\mathrm{A/m},20\,\mathrm{A/m},\cdots,1000\,\mathrm{A/m}$$

$H_\mathrm{in}\,/(\mathrm{A/m}),Ho_\mathrm{i}$

图 6.10　从图 6.1 曲线中读出磁场 *B* 和 *H* 值，得到合适的数据样条

接下来，用 Mathcad 三次多项式插值函数来拟合提取的数据:

$$v:=cspline\ (Ho,\ Bo)$$

然后，用 Mathcad 插值函数来创建用户描述 $B(H)$ 或者 $H(B)$ 曲线的函数，具体来说：

$$B_{\text{steel}}(H_{\text{steel}}) := \text{interp}(v, Ho, Bo, H_{\text{steel}})$$

$$B_{\text{iron}}(B_{\text{iron}}) := \text{interp}(v, Bo, Ho, B_{\text{iron}})$$

这些函数高精度近似原始的 $B-H$ 曲线（见图 6.10），并且能够计算 B 或者 H 值而不需要长时间从图中读出。例如，函数可用来找出与 300A/m 的磁场强度（H）对应的磁通密度（B）：

$$H_{\text{steel}} := 300\text{A/m} \quad B_{\text{steel}}(H_{\text{steel}}) = 1.45\text{T}$$

同样，对应一个特定磁通密度（B）的磁场强度（H）可以用下列式子计算：

$$B_{\text{iron}} := 1.32\text{T} \quad H_{\text{iron}}(B_{\text{iron}}) = 119\text{A/m}$$

MATLAB 也有一个类似的插值函数，叫作 spline，来近似 $B-H$ 曲线。

例 6.5： $B(H)$ 方程的使用方法演示

考虑这种情况，由于制造误差，小变压器的铁心有一个小的空气气隙，需要测量变压器的空载或者磁化电流。设计者担心铁心饱和。这个练习的目的是计算铁心中的磁通密度。图 6.11 描述了变压器的构造。

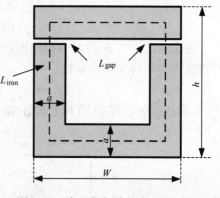

变压器的几何数据为

$a := 2\text{cm} \quad h := 7\text{cm} \quad w := 8\text{cm}$

$L_{\text{gap}} := 1\text{mm} \quad A_{\text{gap}} := 4\text{cm}^2 \quad A_{\text{iron}} := A_{\text{gap}}$

如图 6.11 所示，忽略空气气隙厚度（L_{gap}），磁路长度为

$L_{\text{iron}} := 2 \cdot (h - a + w - a) \quad L_{\text{iron}} = 22\text{cm}$

图 6.11　有空气气隙的小型变压器

线圈电流和一次线圈匝数为

$$I_{\text{c}} := 5\text{A} \quad N_{\text{p}} := 150 \quad \mu_0 = 4 \times \pi \times 10^{-7}\text{H/m}$$

应用安培环路定律（$\oint H\,\mathrm{d}\ell = I$），我们将空气气隙和铁心部分的贡献值分开，得到下面的方程：

$$I_{\text{c}} \cdot N_{\text{p}} = H_{\text{gap}} \cdot 2 \cdot L_{\text{gap}} + H_{\text{iron}}(B_{\text{iron}}) \cdot L_{\text{iron}} \qquad (6.39)$$

铁心和气隙磁通量（Φ）是相等的，这使得每一区域都能运用式（6.15）来计算通量密度：

$$B_{\text{iron}} = \frac{\Phi}{A_{\text{iron}}} \quad B_{\text{gap}} = \frac{\Phi}{A_{\text{gap}}}$$

气隙区域的磁场强度为

$$H_{\text{gap}} = \frac{B_{\text{gap}}}{\mu_{\text{o}}} \quad H_{\text{gap}} = \frac{\Phi}{\mu_{\text{o}} \cdot A_{\text{gap}}}$$

这些表达式都代入到式（6.39）中，得到结果为

$$I_{\text{c}} \cdot N_{\text{p}} = \frac{B_{\text{gap}}}{\mu_{\text{o}}} \cdot 2 \cdot L_{\text{gap}} + H_{\text{iron}}(B_{\text{iron}}) \cdot L_{\text{iron}}$$

$$I_{\text{c}} \cdot N_{\text{p}} = \frac{\Phi}{\mu_{\text{o}} \cdot A_{\text{gap}}} \cdot 2 \cdot L_{\text{gap}} + H_{\text{iron}}\left(\frac{\Phi}{A_{\text{iron}}}\right) \cdot L_{\text{iron}}$$

这个方程中的磁通量是未知的。磁通量可以用 Mathcad 软件 Find 方程求解器计算，因为对于上面的例子，样条插值函数是可用的。磁通量的假设值为

$$\Phi := A_{\text{gap}} \cdot 1.3\text{T}$$

假设：

$$I_{\text{c}} \cdot N_{\text{p}} = \frac{\Phi}{\mu_{\text{o}} \cdot A_{\text{gap}}} \cdot 2 \cdot L_{\text{gap}} + H_{\text{iron}}\left(\frac{\Phi}{A_{\text{iron}}}\right) \cdot L_{\text{iron}}$$

$$\Phi_{\text{iron}} := \text{Find}(\Phi) \quad \Phi_{\text{iron}} = 1.86 \times 10^{-4}\text{Wb}$$

运用式（6.15），磁通密度为

$$B_{\text{iron}} := \frac{\Phi_{\text{iron}}}{A_{\text{iron}}} \quad B_{\text{iron}} = 0.464\text{T}$$

磁通密度小于1T；这表明铁心不饱和（见图6.6）。气隙磁场强度比铁心中的要大：

$$H_{\text{iron}}(B_{\text{iron}}) = 49.6\text{A/m} \quad H_{\text{gap}} := \frac{B_{\text{iron}}}{\mu_{\text{o}}} = 3.70 \times 10^{5}\text{A/m}$$

例6.6：有并行路径的磁路

因为制造的差错小变压器的硅钢铁心有空气气隙，如图6.12所示。当一次线圈由额定电压供电时，这些气隙会在 E 形铁心中产生不均匀的磁通分布。不均匀的磁通分布可能会产生饱和以及额外的磁化电流。

这个研究的目的是确定变压器每个柱上的磁化电流和磁通密度。图6.12显示了小变压器的铁心，铁心中，一次和二次线圈（没有画出）都放在变压器中间的柱上。

变压器的几何数据为

$$a := 2\text{cm} \quad b := 4\text{cm} \quad L_{\text{gap1}} := 0.2\text{mm} \quad \mu_{\text{o}} := 4 \times \pi \times 10^{-7}\text{H/m}$$

$$h := 8\text{cm} \quad w := 15\text{cm} \quad L_{\text{gap2}} := 0.1\text{mm} \quad L_{\text{gap3}} := 1\text{mm}$$

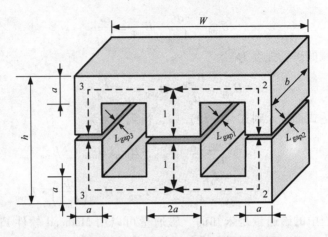

图 6.12 有空气气隙和并联磁路的小变压器的铁心

变压器的电路数据为

$$N_p := 250 \quad N_s := 500 \quad V_p := 120V \quad V_s := 240V$$

如图 6.12 所示，磁路的长度和横截面是

$$L_1 := h - a - L_{gap1} = 5.98cm \qquad A_1 := 2a \cdot b = 16.00cm^2$$

$$L_2 := 2 \times \left(\frac{w}{2} - \frac{a}{2} \right) + (h - a) - L_{gap2} = 19.0cm \qquad A_2 := a \cdot b = 8.00cm^2$$

$$L_3 := 2 \times \left(\frac{w}{2} - \frac{a}{2} \right) + (h - a) - L_{gap3} = 18.90cm \qquad A_3 := A_2$$

在中心柱（路径 1）上，一次线圈产生的最大磁通量可以通过感应电压计算出来，其中感应电压是通过式（6.25）得出的，频率为 50Hz：

$$\omega := 2 \times \pi \times 50Hz \quad \Phi_1 := \frac{\sqrt{2} \cdot V_p}{N_p \cdot \omega} = 2.16 \times 10^{-3} Wb$$

利用式（6.15）可求出路径 1 中的磁通密度为

$$B_1 := \frac{\Phi_1}{A_1} \quad B_1 = 1.35T$$

气隙 1 中的磁场强度可以从式（6.13）中得出：

$$H_{gap\_1} := \frac{B_1}{\mu_o} \quad H_{gap\_1} = 1.07 \times 10^6 A/m$$

如图 6.13 所示的硅钢 $B - H$ 曲线样条插值可以简单地找出在路径 1 铁心中的磁场强度：

$$H_1 := H_{iron}(B_1) \quad H_1 = 135A/m$$

位于路径 1 中的一次线圈产生的磁场分为两条路径（2 和 3），如图 6.12 所示。磁通量方程是

$$k := 0 \cdots 15$$

$$v := \mathrm{cspline}(Ho, Bo)$$

$Ho_k :=$	$Bo_k :=$
0.3Oe	0.06T
0.4Oe	0.12T
0.5Oe	0.24T
0.6Oe	0.24T
0.8Oe	0.8T
1Oe	1.06T
1.5Oe	1.32T
2Oe	1.4T
3Oe	1.44T
5Oe	1.48T
10Oe	1.52T
20Oe	1.59T
40Oe	1.66T
50Oe	1.68T
80Oe	1.72T
100Oe	1.76T

$$B_{\mathrm{steel}}(H_{\mathrm{steel}}) := \mathrm{interp}(v, Ho, Bo, H_{\mathrm{steel}}) \qquad B_{\mathrm{steel}}(1Oe) = 1.06T$$

$$H_{\mathrm{iron}}(B_{\mathrm{iron}}) := \mathrm{interp}(v, Bo, Ho, B_{\mathrm{iron}}) \qquad H_{\mathrm{iron}}(1.06T) = 1Oe$$

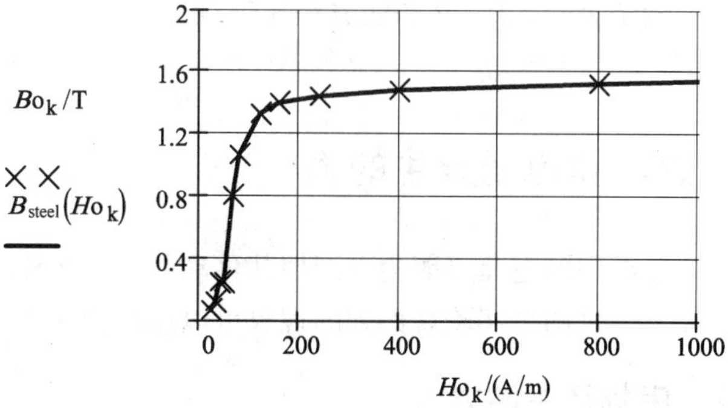

$$Bo_k / T$$
$$\times \times$$
$$B_{\mathrm{steel}}(Ho_k)$$
$$\underline{\qquad}$$

$$Ho_k / (\mathrm{A/m})$$

图 6.13　硅钢 $B-H$ 磁化曲线样条拟合方程和图像

$$\Phi_1 = \Phi_2 + \Phi_3$$
$$B_1 \cdot A_1 = B_2 \cdot A_2 + B_3 \cdot A_3$$

安培定律被应用到两个回路中，得到两个方程：

$$I_{\mathrm{p}} \cdot N_{\mathrm{p}} = H_1 \cdot L_1 + H_{\mathrm{gap\_1}} \cdot L_{\mathrm{gap1}} + H_{\mathrm{iron}}(B_2) \cdot L_2 + \frac{R_2}{\mu_{\mathrm{o}}} \cdot L_{\mathrm{gap2}}$$

$$I_{\mathrm{p}} \cdot N_{\mathrm{p}} = H_1 \cdot L_1 + H_{\mathrm{gap\_1}} \cdot L_{\mathrm{gap1}} + H_{\mathrm{iron}}(B_3) \cdot L_3 + \frac{B_3}{\mu_{\mathrm{o}}} \cdot L_{\mathrm{gap3}}$$

未知的磁化电流 I_{p} 和磁通密度 B_1 和 B_2 都能够通过 Mathcad find 方程求解器计算出。这在附录 A 中有详细解释。假设值是

$$I_{\mathrm{p}} := 7A \quad B_3 := 0.5T \quad B_2 := 0.4T$$

方程的求解对一次线圈电流和磁通密度加了适当的约束：

假设　$I_{\mathrm{p}} > 0A \quad B_2 > 0.0T \quad B_3 > 0.0T$

$$B_1 \cdot A_1 = B_2 \cdot A_2 + B_3 \cdot A_3$$

$$I_{\mathrm{p}} \cdot N_{\mathrm{p}} = H_1 \cdot L_1 + H_{\mathrm{gap\_1}} \cdot L_{\mathrm{gap1}} + H_{\mathrm{iron}}(B_2) \cdot L_2 + \frac{B_2}{\mu_{\mathrm{o}}} \cdot L_{\mathrm{gap2}}$$

$$I_{\mathrm{p}} \cdot N_{\mathrm{p}} = H_1 \cdot L_1 + H_{\mathrm{gap\_1}} \cdot L_{\mathrm{gap1}} + H_{\mathrm{iron}}(B_3) \cdot L_3 + \frac{B_3}{\mu_{\mathrm{o}}} \cdot L_{\mathrm{gap3}}$$

$$\left.\begin{pmatrix} I_{\mathrm{p}} \\ B_2 \\ B_3 \end{pmatrix}\right\} := \mathrm{Find}(I_{\mathrm{p}}, B_2, B_3)$$

$$I_{\mathrm{p}} = 4.22\mathrm{A} \quad B_2 = 1.67\mathrm{T} \quad B_3 = 1.03\mathrm{T}$$

结果表明，由于不均匀的气隙分布，路径2的磁通密度明显增加了，并出现在饱和区域（见图6.6）。同时，路径3的磁通密度从1.35T减少到1.01T。

这个例子表明，$B-H$曲线方程易于对有并联路径铁心的磁路进行计算。

6.2 磁场和电场产生的力

放在电场中的电荷可能会受到使其移动的力。同样地，如果电荷在磁场中移动也会受力。这两个实验观察到的现象可以用洛伦兹力方程来描述。

6.2.1 电场产生的力

电场力矢量是电荷和电场强度的乘积。电场力方程式：

$$\vec{F}_{\mathrm{e}} = q\vec{E} \tag{6.40}$$

式中，q是库伦为单位的粒子电荷；$\vec{E}$是以伏/米为单位的电场矢量；$\vec{F}_{\mathrm{e}}$是电场产生的力的矢量，单位为牛顿。

图6.14所示为电场在正电荷和负电荷上产生的力。如果电荷是正的，电荷沿着电场线移动，相反地，负电荷沿着电场线的反方向移动。这个图中所示电场为两个带相反极性的电荷所产生。电场可以通过两个平行直流带相反电极性的导体来实现。

静电力的一个实际应用是静电除尘。含尘粒的空气被吹到两电极之间。高电场产生的力促使尘粒移动到两极并清洁空气。这是在一些燃煤电厂静电除尘器的基础。

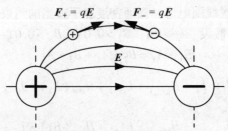

图6.14 电场对正电荷和负电荷产生的力

6.2.2　磁场产生的力

如果一个电荷在磁场中以速度v运动，就会产生力。图 6.15 所示为磁场产生力的方向。带正电粒子以垂直于均匀磁场的速度v运动。磁场通量密度是B。磁场与移动粒子之间的相互作用产生了力，方向是磁场B矢量和速度矢量来确定平面的法线方向。换句话说，力与磁场矢量和粒子的移动路径垂直。

力的矢量可以通过速度和磁场密度矢量的叉乘与电荷相乘。洛伦兹磁力方程式为

$$\vec{F}_{\text{mag}} = q\ (\vec{v} \times \vec{B}) \qquad (6.41)$$

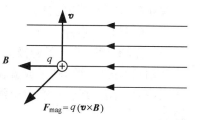

式中，$\vec{v}$表示正电荷粒子的速度，单位为米/秒；$\vec{B}$表示磁通密度，单位为特斯拉；$\vec{F}_{\text{mag}}$表示磁场产生的力，单位为牛顿。

图 6.15　磁场对带正电粒子产生的力

力的方向可以用右手定则来确定，如图 6.16 所示。力的方向是垂直于右手的手掌，其中拇指指向正电荷粒子的移动方向，食指指向磁场的方向。正交可以用式（6.41）中的叉乘（×）来说明。

这个定则的实际应用是当载流导体放置在磁场当中，如图 6.17 所示。产生的力与导体和磁场都垂直。电流可以表示成单位长度电荷与其速度的乘积。磁场力方程可变为

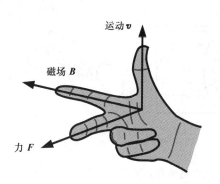

图 6.16　右手定则用于确定在磁场（B）中以速度v运动的带正电粒子受力（F）的方向

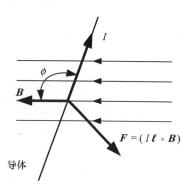

图 6.17　磁场对载流导体产生的力

$$\vec{F}_{\text{mag}} = I\vec{\ell} \times \vec{B} \qquad (6.42)$$

式中，ℓ是导体的长度，单位是米；I是电流，单位是安培。

磁场力的大小是

$$F_{\text{mag}} = B\ell I \sin(\phi) \qquad (6.43)$$

式中，ϕ 是导体与磁场之间的小夹角。如果导体在磁场中运动，切割磁力线会在导体中感应出电压。感应电压为

$$V = B\ell v \tag{6.44}$$

式中，v 是导体垂直于磁场的速度。这是麦克斯韦第二个方程式的另一个公式。实际上，在所有重要工程的情况下，B，ℓ 和 v 在设计中都是互相垂直的。

例6.7：电机转矩的计算

式（6.43）可以用来计算电机转矩。图6.8所示为一个简化的电机。两个磁极产生磁场。$N-S$ 定子磁极会或多或少地在气隙中产生均匀的磁场，由高磁导率硅钢制作的圆柱形转子放置在两极之间。转子的高磁导率确保了磁场垂直于转子圆柱面。圆柱形转子有单个线圈放置在两个凹槽 a 和 b 中。直流电流在线圈中流动。

电流和磁场方向是垂直的。磁场和电流的相互作用在导体线圈的两边都产生了力。力的方向如图6.18中所示。第二个图描绘了上面的导体，并用三维图显示了电流、磁场和力的矢量。电流和磁场的角度是90°。在上面的导体（＋）中，电流流入纸面；下面的导体（－）中，电流流出纸面。根据右手定则，生成两个切向力。图6.18a表明两个力在电机中产生了一个逆时针转矩。定子和转子的高磁导率是为了保证磁通线都是垂直于表面的。也就是说，载流导体气隙中的磁通线垂直转子和定子表面。

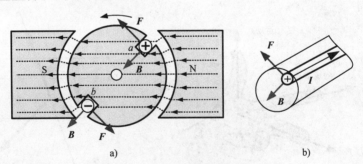

图6.18　简化电机中力的产生

用一个数值例子来说明力和转矩的计算。线圈长度和导体间的距离是

$$L_{mot}: = 1.2\text{m} \quad D_{mot}: = 30\text{cm}$$

在这个举例中，用有多匝绕组的线圈代替单个导体，因此线圈导体的总长度是匝数与单匝长度的乘积。线圈中的匝数和线圈电流是

$$N_o: = 20 \quad I_c: = 700\text{A}$$

磁通密度是 $\boldsymbol{B}: = 1.2\text{T}$。

利用式（6.43）和 $\phi = 90°$ 的条件，线圈产生的力是

$$F_{mag} := I_c \cdot N_o \cdot L_{mot} \cdot B \quad F_{mag} = 20.16kN$$

从力学分析上，两个导体产生的转矩是力和转子直径的乘积：

$$T_c := F_{mag} \cdot D_{mot} \quad T_c = 6048N \cdot m$$

产生的力可以通过分析线圈（螺线管）产生的磁场来解释。图 6.19 所示为铁磁铁心包围的线圈产生的磁场。可以看到，线圈产生了南（N）北（S）两极。

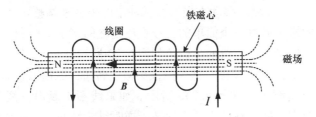

图 6.19　线圈产生的磁场

在简化电机的情况下，电机中的线圈产生了一个磁场，如图 6.20 所示。结果是在转子上形成 N 极和 S 极。当定子被激励，定子上的 S 极吸引在转子上的 N 极，就会产生使转子转动的力。

另一种解释是利用磁场排成直线。图 6.21 显示的是放置在磁场中的两个铁磁材料杆。磁场产生力的作用，使得杆排在一条线上。这个排列缩短了磁通线，同时降低了系统能量。

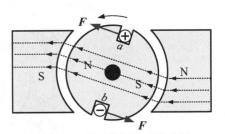

图 6.20　转子线圈产生的磁场

图 6.22 布满了转子线圈和定子产生的磁场。如果定子和转子产生了磁场，就会产生力使定子转动以实现转子和定子的磁场在一条线上。这个图也表明了当两个磁场在一条线时旋转就停止了。在实际的直流电机中，开关（换向器）改变电流方向以保持旋转。

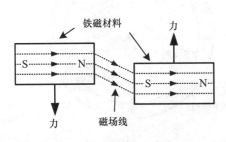

图 6.21　磁场排成直线

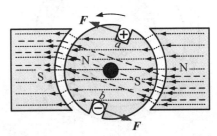

图 6.22　定子和转子产生的磁场

这种运行类型的典型的例子是步进电机，它是通过一个精确的角度来驱动转子转动。步进电机的常规应用包括机床，$X-Y$ 或笔触驱动绘图仪控制。通常步进电机是数字控制的。步进电机有一个可变的电抗或者永久磁铁转子和直流电流励磁的定子磁极。定子和转子极数是不同的，电机通常是三相或者四相定子绕组。

步进（或步）电机是通过持续时间短的直流脉冲串来控制的。每个脉冲通过一个步进角来驱动定子向前或向后移动。脉冲串有特定脉冲的数量切换到电机上，从而将等于步进角与脉冲数乘积的角度来驱动转子转动。典型的步进角是每脉冲 15°，7°，5° 和 2.5°。移动方向通过脉冲串的极性来调整。

这种运行的概念通过一个简单的三极直流励磁的定子磁极和双极永磁或铁磁钢转子组成的步进电机。电机的步进角如图 6.23 所示是 60°。用正电流给线圈 1 通电使得磁极 1 变成一个 N 极。这个磁极会吸引转子的铁磁或者永磁 S 极，使 S 极与 N 极在一条直线上，如图 6.23a 所示。如果线圈 1 断电，线圈 2 通入负电流，磁极 2 会变成 S 极。新产生的力使转子逆时针旋转 60°，如图 6.23b 所示。

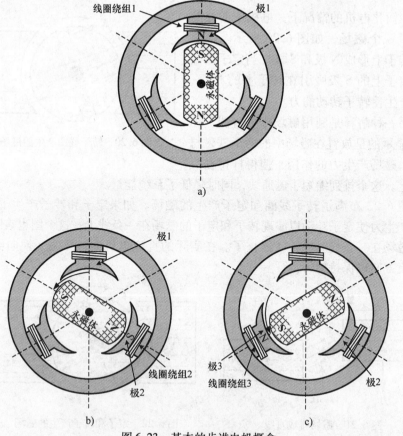

图 6.23 基本的步进电机概念

线圈 3 随后通入正电流，使磁极 3 变成 N 极。产生的力促使电机再逆时针转动 60°，如图 6.23c 所示。旋转方向通过电流的极性来改变：正极产生 N 极，负极产生 S 极。

图 6.24 描绘了有 12 极的步进电机的定子。每一个定子磁极都可以通过印刷回路终端，由外部电源通电。转子有 4 个永磁铁，形成四个 N，S，N，S 磁极。四定子磁极的适当通电（例如：极 1 是 S，极 4 是 N，极 7 是 S，极 10 是 N）会产生力的作用，因为定子和转子的 N 和 S 极相互吸引。这些力使定子和转子产生的磁场在一条直线上。此时，相邻的定子磁极（2，5，8，11）被通电，维持旋转的力，合适的定子磁极的顺序切换会产生恒定转速。顺序切换需要监测转子的位置。

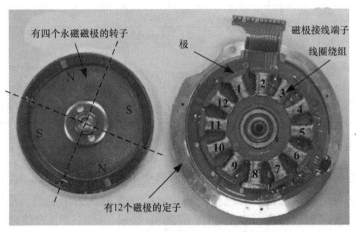

图 6.24　四永磁磁极的 12 极步进电动机

6.3　机电系统

在一个机电系统中，电力和机械系统通过电场和磁场耦合，如图 6.25 所示。整个系统的能量守恒可以描述为

图 6.25　机电系统

$$\mathrm{d}W_\mathrm{f} = \mathrm{d}W_e + \mathrm{d}W_\mathrm{m} \tag{6.45}$$

式中，W_f 是场中储存的能量；W_e 和 W_m 分别是输入的电力和机械能量。输入电

能的微分是在 $\mathrm{d}t$ 时间内传输的功率 $P_{\mathrm{e}}(t)$：

$$\mathrm{d}W_{\mathrm{e}} = P_{\mathrm{e}}(t)\mathrm{d}t = i(t)v(t)\mathrm{d}t \tag{6.46}$$

除了电场能量储存外，一些设备的配置也可能在弹簧或者运动的部件里分别包含势能和动能。以电机为例，输入的是电能，输出的是机械能，定子和转子线圈保持磁场能量，转子集中储存动能。如果转子速度恒定，储存的动能就没有变化。在电机中，有摩擦损耗和电阻发热。如果忽略电损耗（例如，由于电阻发热）和机械损耗（例如来自摩擦），这就是个无损的机电系统。

在下面的小节中会分析两个通用的机电系统：①存储电能的电容。②存储磁场能量的电感。在这些分析预测中，电感和电容的一般关系提供在表 6.1 中。

表 6.1 电容和电感的关系

关系	电容	电感
$I-V$	$i(t) = \dfrac{\mathrm{d}(Cv(t))}{\mathrm{d}t}$	$v(t) = L\dfrac{\mathrm{d}i(t)}{\mathrm{d}t}$
功率	$p(t) = Cv(t)\dfrac{dv(t)}{\mathrm{d}t}$	$p(t) = Li(t)\dfrac{\mathrm{d}i(t)}{\mathrm{d}t}$
能量	$w(t) = \dfrac{1}{2}Cv(t)^2$	$w(t) = \dfrac{1}{2}Li(t)^2$

6.3.1 电场

能量守恒首先应用于电容储能的机电系统中。这里，电容由一个固定的板和一个活动的板组成。通常，在电路分析中，电容值被认为恒定的。然而，如果电容是机电设备的组成部分，例如如图 6.26 中所示，这时，电容值随两个并联极板之间的距离而变化：

$$C = \frac{\varepsilon A}{x} \tag{6.47}$$

式中，ε 是电解质（空气）的介电常数；A 是极板表面面积。通过可变电容的电流可以写成：

$$i(t) = \frac{\mathrm{d}q}{\mathrm{d}t} = \frac{\mathrm{d}}{\mathrm{d}t}(Cv) = C\frac{\partial v}{\partial t} + v\frac{\partial C}{\partial t} \tag{6.48}$$

利用方程（6.45），由此产生的这个系统的基本能量守恒是

$$\mathrm{d}W_{\mathrm{f}} = \mathrm{d}W_{\mathrm{e}} + \mathrm{d}W_{\mathrm{m}}$$

$$\mathrm{d}\left(\frac{1}{2}Cv^2\right) = iv\mathrm{d}t + F\mathrm{d}x \tag{6.49}$$

式中，F 是一个施加到可移动极板的外力。当可移动板移动了 $\mathrm{d}x$ 的距离，两板之间的间距减小，从而电容值增加了，对应的电场

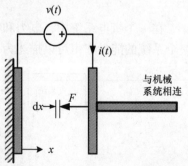

图 6.26 基于电容的机电系统

中储存的能量就会增加。

将式（6.48）代入到式（6.49）中，并将第一项利用导数链式定则扩展成：

$$Cv\mathrm{d}v + \frac{1}{2}v^2\mathrm{d}C = vC\mathrm{d}v + v^2\mathrm{d}C + F\mathrm{d}x$$

上面的式子简化为

$$F = -\frac{1}{2}\cdot v^2\cdot\frac{\mathrm{d}C}{\mathrm{d}x} \tag{6.50}$$

将式（6.47）的导数代入到上面的表达式中得到：

$$F = -\frac{1}{2}\cdot v^2\cdot\frac{\mathrm{d}}{\mathrm{d}x}\cdot\left(\frac{\varepsilon A}{x}\right) = \frac{1}{2}\cdot v^2\cdot\frac{\varepsilon A}{x^2} \tag{6.51}$$

这个结果表明一个外（输入）力使两极板之间的距离减小。值得注意的是力是独立于电压极性的。

6.3.2　磁场

图 6.27 所示为一个磁驱动器，它由一个伸入闭合位置的磁性材料棒组成。能量从电力系统传输到代表磁回路的电感中：

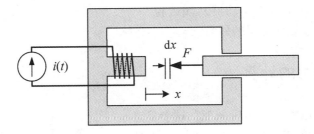

图 6.27　基于磁体的机电系统

$$\mathrm{d}W_\mathrm{e} = iv\mathrm{d}t = i\left(L\frac{\mathrm{d}i}{\mathrm{d}t}\right)\mathrm{d}t = Li\mathrm{d}i \tag{6.52}$$

在磁场条件下，储存的能量是

$$W_\mathrm{f} = \frac{1}{2}Li^2 \tag{6.53}$$

将磁场能量取微分得到：

$$\mathrm{d}W_\mathrm{f} = \mathrm{d}\left(\frac{1}{2}Li^2\right) = Li\mathrm{d}i + \frac{1}{2}i^2\mathrm{d}L \tag{6.54}$$

将 $\mathrm{d}W_\mathrm{e}$ 和 $\mathrm{d}W_\mathrm{f}$ 代入到基本的的能量守恒式（6.45）中，得：

$$\mathrm{d}W_\mathrm{f} = \mathrm{d}W_\mathrm{e} + \mathrm{d}W_\mathrm{m} \tag{6.55}$$

$$Li\mathrm{d}i + \frac{1}{2}i^2\mathrm{d}L = Li\mathrm{d}i - F\mathrm{d}x$$

力的这项是为负，因为机械系统没有提供力（如前面基于电容的电场装置）而是输出力到机械部件。简化上面的方程式得到：

$$F = -\frac{i^2}{2} \cdot \frac{\mathrm{d}L}{\mathrm{d}x} \qquad (6.56)$$

利用①磁链的定义 $\lambda = iL = N\Phi$；②磁通量为 $\Phi = BA = \mu_0 HA$ 和③安培环路定律 $Hx = Ni$，电感是空气气隙长度的一个函数：

$$L(x) = \frac{N\Phi}{i} = \frac{N\mu_0 HA}{Hx/N} = \frac{\mu_0 N^2 A}{x} \qquad (6.57)$$

由于如图 6.28 所示的边缘磁场将增加有效横截面积，我们假设忽略杂散磁场。因此，力可以写成：

$$F = -\frac{i^2}{2}\frac{\mathrm{d}L}{\mathrm{d}x} = -\frac{(Hx/N)^2}{2}\left(\frac{-\mu_0 N^2 A}{x^2}\right)$$

$$= \frac{\mu_0 H^2 A}{2} = \frac{B^2 A}{2\mu_0} \qquad (6.58)$$

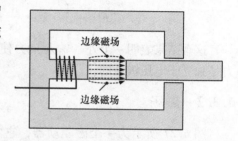

图 6.28　气隙横截面外的边缘磁场

除了确定磁场施加的力，这里介绍的方法也能用来确定将驱动器从闭合位置移动到打开位置所需的外力。

6.4　电磁力的计算

电磁铁将电能转化为机械能。这个概念在图 6.29 所示的单激励系统中说明。图中所示为一个高磁导率材料制造的铁心和一个线圈。铁心有一个固定的部分和一个移动的部分。当电流（I）给线圈提供电流，会产生磁通量（Φ）。磁通在铁心中形成磁极。当磁通从铁心中出来，产生的是 N 极，从铁心中进入是产生的是 S 极。异名磁极相互吸引。结果使得力（F_m）将铁心移动的部分拉向固定部分。产生的力减小了总气隙（x），最大限度地减小了系统的能量。

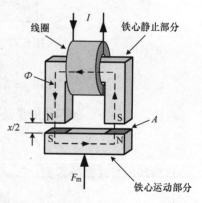

图 6.29　磁性开关

因为总气隙是 x，指定两个气隙的间距都是 $x/2$。因此，描述这种情况的式（6.32）和那些基于磁场的机电系统的公式是一样的。然后另一种方法会在随后的段落中说明，并导出与上面给出的式

（6.58）同样的最终表达式。特别是，如果线圈中电流的恒定的，也就是 $\mathrm{d}i = 0$，根据式（6.52），$\mathrm{d}W_e = Li\,\mathrm{d}i = 0$。这意味着在这种情况下，式（6.45）的基本能量守恒会简化为

$$\mathrm{d}W_f = \mathrm{d}W_m \tag{6.59}$$

磁场含有的能量可以从 6.1.3 节和表 6.1 推导出来。磁场能量可用下面的表达式来说明：

$$W_{\mathrm{mag}} = \frac{1}{2}I^2 L = \frac{1}{2}\Phi NI \tag{6.60}$$

式中，I 是线圈电流；L 是线圈电感；Φ 是线圈产生的磁通量；N 是线圈中的匝数。

如果假设铁的磁导率非常高，磁通密度在饱和点以下，上面的公式可以被简化。这表明可以忽略铁心，Φ，B 和 H 可以只利用空气气隙数据来计算，也就是 $\Phi = BA$，$H = NI/x$ 和 $B = \mu_0 H$。图 6.29 表明这两个空气气隙是串联的，因为穿过每一个气隙的磁通量是相同的。这表示总空气气隙长度是 x，但是气隙面积是 A。将这些关系代入式（6.60）得到另一个磁场能量的表达式：

$$W_{\mathrm{mag}} = \frac{1}{2}\Phi NI = \frac{1}{2}(BA)(Hx) = \frac{1}{2}\mu_0 H^2 Ax = \frac{\mu_0 (NI)^2 A}{2x} \tag{6.61}$$

式中，B 是气隙中的磁通密度；H 是在两个气隙中的磁场强度；A 是每个空气气隙的横截面积；x 是空气气隙的总长度。

磁场产生了力，力将使气隙减小。这个力代表了一个机械能量（W_m），可以描述为

$$\mathrm{d}W_m = -F_m \mathrm{d}x \tag{6.62}$$

因此，这个力产生一个位移。磁场能量的改变在机械能量中产生了同等的变化：

$$\mathrm{d}W_{\mathrm{mag}} = \mathrm{d}W_m = -F_m \mathrm{d}x \tag{6.63}$$

表达式整理可得出磁场产生的力：

$$F_m = -\frac{\mathrm{d}W_{\mathrm{mag}}}{\mathrm{d}x} \tag{6.64}$$

磁场产生的力与磁场能量的导数相等。将式（6.61）代入到上面的关系中得到：

$$F_m = -\frac{\mathrm{d}W_{\max}}{\mathrm{d}x} = -\frac{\mathrm{d}}{\mathrm{d}x}\frac{\mu_0 (NI)^2 A}{2x} = \frac{\mu_0 (NI)^2 A}{2x^2} \tag{6.65}$$

这与式（6.58）是相等的，因为：

$$F_m = \frac{\mu_0 (NI)^2 A}{2x^2} = \frac{\mu_0 (Hx)^2 A}{2x^2} = \frac{B^2 A}{2\mu_0} \tag{6.66}$$

与电容装置类似，这个力是独立于电流方向的。

在上面 F_m 表达式的推导中，我们假设当线圈通电时，只有总气隙长度 (x) 变化。然而，在一些机电系统中，气隙面积改变而气隙长度保持不变。图 6.34 所示的例子，就是面积变化，这不能使用上面简化的力的关系式。

实际上，这样的机电系统不是无损的。当输入的电能（功率的时间积分）产生磁能，但是引起了损耗，能量守恒就变成了：

$$dW_{mag} - dW_{loss} = dW_e + dW_m \tag{6.67}$$

忽略机械和磁损耗，电损耗取决于线圈电阻 (R_c) 是 $W_{loss} = I^2 R_c$。对损耗项取微分 (dW_{loss})，特别有趣的结果出现了：

$$dW_{loss} = d(I^2 R_c) = R_c 2I dI = 0 \tag{6.68}$$

因此，对于恒定电流的情况，忽略电阻发热是合适的。

例 6.8：静电和电磁装置对比

对相等的位移 (x) 和场横截面积 (A) 的结构，我们比较实现相同的力所需的电源。一个直流电压 V_e 和一个直流电流 I_m，给电场和磁场装置分别充电。比较式（6.51）和式（6.65）对于磁场和电场产生的力分别是

$$F_e \Leftrightarrow F_m$$

$$\frac{\varepsilon_0 A V_e^2}{2x^2} \Leftrightarrow \frac{\mu_0 A (NI_m)^2}{2x^2}$$

$$\varepsilon_0 V_e^2 \Leftrightarrow \mu_0 (\cdot NI_m)^2$$

注意 μ_0 比 ε_0 要大 5 个数量级，表示对于基于电容的驱动器施加的电压，例如图 6.26 所示，产生同样的力明显地大于磁性开关的输入电流 I_m，如图 6.29 所示。此外，该电压受击穿电场限制，这比在电流上的线圈绕组可能过热的限制更严格。空气中击穿场强是 3kV/nm，因此，由静电设备产生的力明显地小于电磁装置产生的力，这就是后者更广泛被采用的原因。

例 6.9：磁场力的计算

通过一个恒定气隙面积的数值例子来说明磁场力的计算。图 6.30 所示为一个可以用来做驱动器的电磁铁。磁性开关的直径和运行数据是：

$$h: = 3cm \quad w: = 4cm \quad d: = 1cm \quad c: = 1cm$$

$$N_o: = 800 \quad I_o: = 4A \quad x: = 6mm$$

如果铁心的影响忽略不计，线圈电流产生的磁场和磁通密度通过安培环路定律来计算。这里假设铁心的磁导率非常高。这表示只有当磁通密度在饱和点以下，下面的推出的方程式才有效。磁场强度和磁通密度是施加的电流和总气隙长度的函数：

$$H_o(x, I_o) := \frac{I_o \cdot N_o}{x}$$

$$H_o(x, I_o) = 5.33 \times 10^5 \text{A/m}$$

$$B_o(x, I_o) := \mu_0 \cdot H_o(x, I_o)$$

$$B_o(x, I_o) = 0.67 \text{T}$$

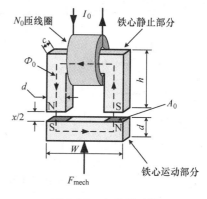

图 6.30　电磁驱动器

磁通量通过磁通密度和铁心的横截面积相乘（$\Phi = BA$）来计算，得到的结果是

$$A_o := d \cdot c = 1 \text{cm}^2$$

$$\Phi_o(x, I_o) := B_o(x, I_o) \cdot A_o$$

$$\Phi_o(x, I_o) = 6.70 \times 10^{-5} \text{Wb}$$

利用式（6.60），磁场能量是

$$W_{\text{mag}}(x, I_o) := \frac{1}{2} \cdot \Phi_o(x, I_o) \cdot N_o \cdot I_o \quad W_{\text{mag}}(x, I_o) = 0.107 \text{J}$$

从式（6.64）中看出，磁场产生的力是磁能的导数：

$$F_{\text{mech}}(x, I_o) := -\frac{\text{d}}{\text{d}x} W_{\text{mag}}(x, I_o) \quad F_{\text{mech}}(x, I_o) = 17.87 \text{N}$$

Mathcad 能够在内部对先前的表达式进行联立和微分来得到上面提到的 F_{mech} 的值。手工计算将遵循式（6.65）中证明的过程。采用式（6.66）的两种形式对 F_{mech} 数值进行检验：

$$F_{\text{ma}} := \frac{\mu_0 \cdot (N_o \cdot I_o)^2 \cdot A_o}{2 \cdot x^2} = 17.87 \text{N} \quad F_{\text{ma}} = 1.822 \text{kgf}$$

$$F_{\text{mb}}(x, I_o) := \frac{B_o(x, I_o)^2 \cdot A_o}{2 \cdot \mu_0} \quad F_{\text{mb}}(x, I_o) = 17.87 \text{N}$$

从实用的角度看，距离对于力的变化是重要的。图 6.31 和图 6.32 画出了磁场力和磁通密度关于气隙距离 x 的函数曲线。图 6.31 表明磁场力随着气隙长度的增加而减小，根据之前推出的方程（6.66），当气隙长度为零时，磁场力就变成无穷大了。然而图 6.32 表明磁通密度也会随着气隙长度的减小而增加。当磁通密度大于 1.5T 时会产生饱和，饱和对磁场力产生了限制。之前的推导忽略了铁心的影响。如果铁心没有饱和的话这是个好的近似。然而，当气隙减小时，铁心会饱和，这时推导的磁场力的方程是无效的。饱和约束了 B，这又限制了磁场力。

上面的分析忽略了磁滞和能量损耗的影响。

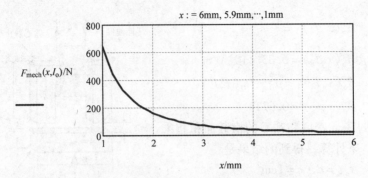

图6.31 磁场产生的力与气隙距离的关系

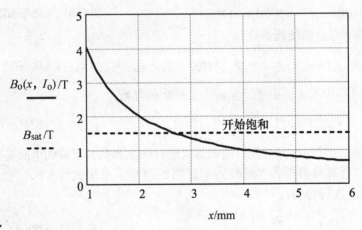

图6.32 磁场产生的通量密度与气隙距离的关系。饱和发生在 $B_0 > 1.5T$

6.5 应用

这一节将介绍一些电磁装置应用的例子，包括驱动器、换能器和传感器。

6.5.1 驱动器

工业上经常会用到磁性驱动器，典型的例子是图6.33中展示的磁性开关。给线圈通入直流或交流电吸引移动的部分来减小气隙。不考虑电流的方向，产生的磁场试图使N极和S极在一起。移动的部分对应地通过机械联动关闭或者打开开关触点。

汽车行业在每个车辆中使用了一些磁性驱动器。典型的应用是磁性驱动器被用来开或关车门的锁或者运行挡风玻璃刮水器。驱动器的概念如图6.34所示，驱动器由螺线管线圈、一个圆柱形活塞和磁轭形成闭合回路组成。活塞和磁轭都

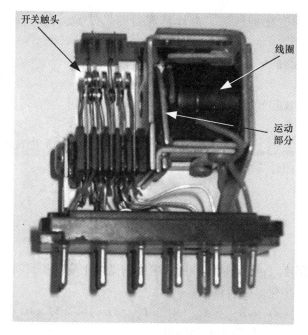

图 6.33　磁性开关

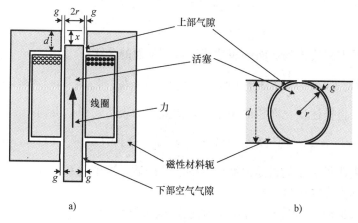

a)　　　　　　　　　　　　　　　b)

图 6.34　磁性驱动器

a）剖面图　b）顶视图

是铁磁材料构成的。给线圈通电，把柱塞拉起来关闭上面的空气气隙。

例 **6.10**：磁性驱动器

这个例子说明了典型磁性驱动器的运行。图 6.34 中不考虑柱塞的位置，下面的气隙是恒定的。为了简化计算，我们假设下面的气隙为零，这样，驱动器实际只有一个面积变化的气隙。力计算需要的尺寸为：$d := 3\text{cm}$ $g := 4\text{mm}$
$r := 1.5\text{cm}$。

圆柱螺旋线圈的电流和匝数为

$$I_c := 5\text{A}   N_c := 800$$

在磁轭和活塞间气隙的面积是变化的。当活塞往上拉的时候气隙面积增大。可变面积的关系为

$$A_{\text{gap}}(x) := 2\pi \cdot r \cdot (d - x)   A_{\text{gap}}(1\text{cm}) = 18.85\text{cm}^2$$

通过安培定律计算出磁场强度：

$$H_{\text{gap}} := \frac{I_c \cdot N_c}{g}   H_{\text{gap}} = 1000\text{kA/m}$$

磁通密度是

$$B_{\text{gap}} := \mu_0 \cdot H_{\text{gap}}   B_{\text{gap}} = 1.26\text{T}$$

因为气隙厚度（g）是恒值，所以磁通密度是不变的；只有当活塞移动时气隙面积随之发生变化。磁通量是

$$\Phi_{\text{gap}}(x) := B_{\text{gap}} \cdot A_{\text{gap}}(x)   \Phi_{\text{gap}}(1\text{cm}) = 2.37 \times 10^{-3}\text{Wb}$$

利用式（6.60），气隙中的磁能是

$$W_{\text{gap}} := \frac{1}{2} \cdot N_c \cdot \Phi_{\text{gap}}(x) \cdot I_c$$

$$W_{\text{gap}}(1\text{cm}) = 4.74\text{J}$$

将磁通方程代入到上面的表达式中得到下面的公式：

$$W_{\text{gap}}(x) := \frac{1}{2} \cdot N_c \cdot (B_{\text{gap}} \cdot A_{\text{gap}}(x)) \cdot I_c   W_{\text{gap}}(1\text{cm}) = 4.74\text{J}$$

最后，将描述变化面积的关系代入到上面的表达式中，得到：

$$W_{\text{gap}}(x) := \frac{1}{2} \cdot N_c \cdot B_{\text{gap}} \cdot [2\pi \cdot r \cdot (d - x)] \cdot I_c   W_{\text{gap}}(1\text{cm}) = 4.74\text{J}$$

公式表明了磁场能量是活塞位移的线性函数。这个关系也说明了磁场能量集中在气隙本身而非磁性材料。

如式（6.64）的推导，假设电流恒定意味着力为

$$F_g(x) := -\frac{\text{d}}{\text{d}x}W_{\text{gap}}(x)   F_g(1\text{cm}) = 236.9\text{N}$$

将能量关于 x 求导，得到了下面力的关系：

$$F := \frac{1}{2} \cdot N_c \cdot B_{\text{gap}} \cdot (2\pi \cdot r) \cdot I_c   F = 236.9\text{N}$$

能量方程的推导得到了一个恒定的力，与活塞的位移和位置无关。这也是我们希望的，因为当活塞移动时，气隙和磁通密度是恒定的。力的方程可以进一步简化为

$$F: = \mu_0 \cdot I_c^2 \cdot N_c^2 \cdot \frac{\pi \cdot r}{g} \quad F = 236.9\text{N}$$

$$F = 24.15\text{kgf}$$

必须指出，力的简化表达式（6.58）是不适当的，因为空气气隙是可变的，面积是恒定的。如果用式（6.58）计算力，结果为

$$F_{\text{gap}}(x): = \frac{B_{\text{gap}}^2 \cdot A_{\text{gap}}(x)}{2 \cdot \mu_0} \quad F_{\text{gap}}(1\text{cm}) = 1184\text{N}$$

这个公式（不正确地）会得出一个更大的力。

6.5.2 换能器

工业上用到的换能器有一个可移动线圈和固定铁心。在大多数情况下，铁心是永磁铁激励。用换能器最频繁的是扬声器和计算机硬盘臂的移动驱动。在数字化仪器普及之前，一些电压表和电流表使用移动线圈换能器。

图 6.35 说明了永磁激励换能器的概念。图中显示了插入铁心中腿部的永磁铁，移动线圈被放置在气隙中。能够看到磁场与铁心导体是垂直的，由横穿的磁通和线圈电流相互作用产生的力，如图 6.36 所示。这个图说明了力取决于电流方向。如果线圈有一小团，线圈随电流的变化移动。通常，扬声器中的线圈电流可以达到 20kHz。如果气隙磁场是均匀的，力的方程为

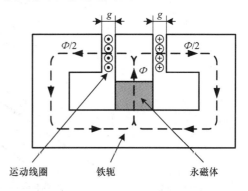

图 6.35 永磁激励移动线圈换能器

$$F_{\text{coil}} = 2\ell_{\text{coil}}I_{\text{coil}}N_{\text{coil}}B_{\text{gap}} \tag{6.69}$$

式中，B_{gap} 是气隙中磁通密度；ℓ_{coil} 是线圈长度，如图 6.36 中标注的；I_{coil} 是线圈电流；N_{coil} 是匝数。

6.5.2.1 永磁铁产生的磁场

永磁铁通常取代直流激励线圈用来产生恒定磁场，优点是免维持运行。如果磁铁放置在转子或者移动的部件上是尤其有效的。缺点是永磁铁只对相对小的设备能产生一个磁场，因为磁铁的尺寸被可用的制造技术限制和磁性材料的高成本。除此之外，励磁线圈电流产生退磁，这可能导致不稳定性。关于永磁铁详细的讨论超出了本书的范围，但是我们在随后的一些章节会对基本概念进行说明。

永磁铁可以用 $B-H$ 磁化曲线来描述。图 6.37 所示为最常用的磁性材料的 B

-H 磁化曲线。材料可以分为四类：

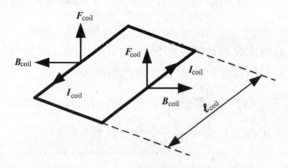

图 6.36 在图 6.35 换能器线圈上产生的磁力

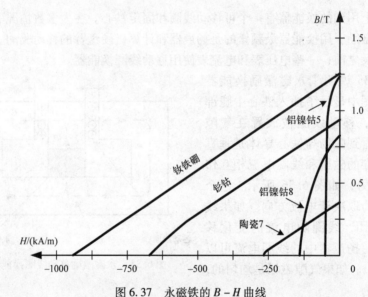

图 6.37 永磁铁的 B-H 曲线

① 铝镍钴 5，8 磁铁：铝铁合金，镍和钴；

② 铁氧体（陶瓷）磁铁：铁氧化物，钡或碳酸锶；

③ 稀土磁体：钕铁硼；

④ 钐钴磁铁。

对于永磁铁系统的分析，曲线可以用曲线拟合技术的方程近似。更简单的，钕铁硼和钐钴磁铁磁化曲线 B-H 是直线可以用线性方程（例如：$B = b + (b/a) H$）来表示，后面会给出。使用 Mathcad 的 if 语句磁通密度可被限制成非负值：

（a）钕-铁-硼（Nd-Fe-B）：

$$a_{NdFeB} := 940 \frac{kA}{m} \quad b_{NdFeB} := 1.25T$$

$$B_{NdFeB}(H_{pmag}) := b_{NdFeB} + \frac{b_{NdFeB}}{a_{NdFeB}} \cdot H_{pmag}$$

$$B_{NdFeB}(H_{pmag}) := if(B_{NdFeB}(H_{pmag}) < 0, 0, B_{NdFeB}(H_{pmag}))$$

（b）钐钴（SmCo）：

$$a_{SmCo} := 675 \frac{kA}{m} \quad b_{SmCo} := 0.94T$$

$$B_{SmCo}(H_{pmag}) := b_{SmCo} + \frac{b_{SmCo}}{a_{SmCo}} \cdot H_{pmag}$$

$$B_{SmCo}(H_{pmag}) := if(B_{SmCo}(H_{pamg}) < 0, 0, B_{SmCo}(H_{pmag})).$$

图 6.37 表明 SmCo 方程实际上只是一个近似，因为钐钴永磁磁化曲线不完全是线性。

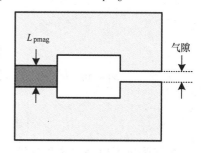

图 6.38　有气隙的永磁铁激励的铁心

通常情况下，将永磁铁插入铁心，如图 6.38 所示，如果铁心的磁导率高，用安培定律可以计算气隙中的磁场强度：

$$H_{gap} \cdot gap + H_{pmag} \cdot L_{pmag} = 0$$

$$H_{gap} = \frac{-H_{pmag} \cdot L_{pmag}}{气隙}$$

气隙的磁通密度是

$$B_{gap} = \mu_0 \cdot H_{gap} = -\mu_0 \cdot \frac{H_{pmag} \cdot L_{pmag}}{气隙}$$

当气隙和永磁铁中的磁通密度相等时，出现稳态运行点。上面的表达式描述为一条直线。方程可以重写为

$$B_{pgap}(H_{pmag}) := -\mu_0 \cdot \frac{H_{pmag} \cdot L_{pmag}}{气隙}$$

永磁铁 $B - H$ 磁化曲线与这条直线的交点给出了工作点。如图 6.39 所示，钕铁硼（Nd - Fe - B）和钐钴（SmSo）$B - H$ 曲线都与气隙 $B - H$ 线画在一起。如果线圈电流产生的退磁可忽略，这定义了两种可能的工作点。

可以通过图 6.39 确定出工作点的 **B** 和 **H**，或者通过解方程计算出。后面的方法可以用 SmCo 来证明。在交点，SmCo 磁铁的磁通密度和气隙中的是一样的，可以通过下面的方程来表示：

$$-\mu_0 \cdot \frac{H_{pmag} \cdot L_{pmag}}{气隙} = b_{SmCo} + \frac{b_{SmCo}}{a_{SmCo}} \cdot H_{pmag}$$

将上面公式的代数重新排列得到：

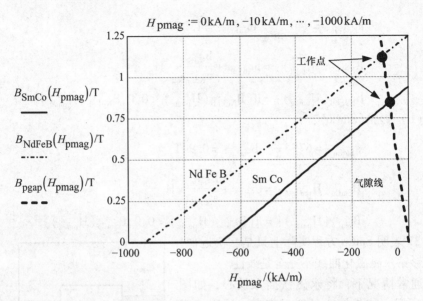

图 6.39　气隙线与 SoCo 和 Nd－Fe－B 的 $B-H$ 曲线的交点

$$H_{pmag} \cdot \left(\mu_0 \cdot \frac{L_{pmag}}{\text{气隙}} + \frac{b_{SmCo}}{a_{SmCo}} \right) = -b_{SmCo}$$

磁场强度可以通过方程计算出，结果为

$$H_{pmag} := \frac{-b_{SmCo}}{\left(\mu_0 \cdot \dfrac{L_{pmag}}{\text{气隙}} + \dfrac{b_{SmCo}}{a_{SmCo}} \right)} \qquad H_{pmag} = -67.3 \text{kA/m}$$

与 H 值对应的磁通密度为

$$B_{pgap} \ (H_{pmag}) \ = 0.846 \text{T}$$

如果我们在气隙中放置一个移动的线圈，力与电流的函数可以通过式 (6.69) 求出。线圈数据是

$$L_{coil} := 4 \text{cm} \qquad N_{coil} := 20$$

力与电流的方程是

$$F_{coil} \ (I_{coil}) := 2 B_{pgap} \ (H_{pmag}) \ \cdot L_{coil} \cdot N_{coil} \cdot I_{coil} \qquad F_{coil} \ (1A) \ = 1.35 \text{N}$$

电流可以是用在传声器或扬声器的高频信号，或者是控制线圈位置的直流信号。

6.5.2.2　基于永磁铁的应用

几种不同的能量转换技术用来实现声波电信号的转换，反之亦然。采用永磁铁的一个实例是扬声器，如图 6.40 介绍。永磁铁产生一个恒定磁场。音圈用来建造电磁铁。扬声器将一个变化的电流转换成一个音圈的横向运动。声音机械地连接到扬声器纸盆，因此螺旋锥单元的移动使扬声器前面的空气运动。从而产生气压波（例如声音）。通过音圈的电流方向的交变，电磁铁的极性方向根据永磁铁产生的磁场对应地在排斥和吸引中转化。交叉磁场和电流相互作用产生力。这个过程结合图 6.35 一起讨论。音圈的速度和位移决定了声波的频率和振幅，是频率和线圈电流大小的函数。动圈式传声器可以用与扬声器非常类似的方式构造。

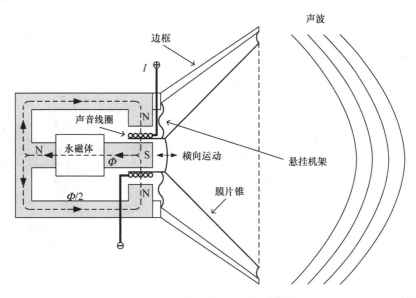

图 6.40　使用永磁铁的扬声器

　　传声器的另一种使用了永磁铁的设计是动电枢传声器，如图 6.41 所示。膜片通过一个驱动杆机械地与衔铁连接在一起。声波在隔膜电枢组件中产生了横向运动。金属线圈绕着电枢。压缩波和稀疏波使绕着线圈的电枢分别向右和向左偏。这样的振动使电枢中的磁通量变化并通过线圈。当隔膜不工作时，线圈在永磁铁产生的 N－S 极中间。虽然磁通通过磁极之间的气隙，但是在电枢中没有磁通量的产生。然而，当电枢偏转，一些磁通就会通过电枢。特别地，当一个压缩波使电枢向右偏时，磁通部分从右上的 N 极穿过减小的气隙再向下到穿过电枢。相反地，稀疏波引起电枢向左偏，使得一些磁通从永磁铁的 N 极向上穿过电枢，穿过减小的气隙然后穿进在左上方的 S 极。因此，膜片振动引起在电枢中磁通的改变，相应地，在线圈中感应出电压。电压信号与影响膜片的声波有相同的波形。尽管动臂传声器就灵敏性，阻抗和频率响应方面来说，与动圈式传声器有相似的特征，但前者更耐冲击和振动。

　　这里说明永磁铁的另一个有趣的应用概念是驱动控制计算机的硬盘驱动臂。图 6.42 所示为一个硬盘驱动臂。移动的线圈如图右边所示。由永磁铁和铁磁材

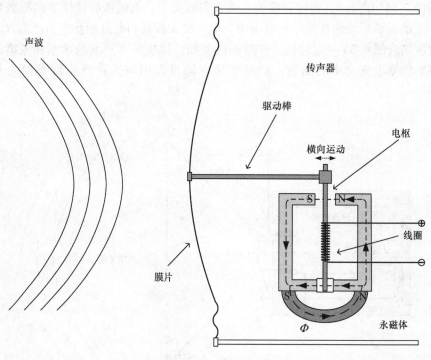

声波

传声器

驱动棒

横向运动

电枢

S　N

线圈

膜片

S　N

Φ

永磁体

图 6.41　动臂传声器

料组成的垂直圆柱产生的磁场保证了一个交叉的磁场。线圈电流控制了硬盘驱动臂的位置。控制回路中的反馈回路确保了在硬盘驱动臂末端的传感器在硬盘中找到需要的数据。

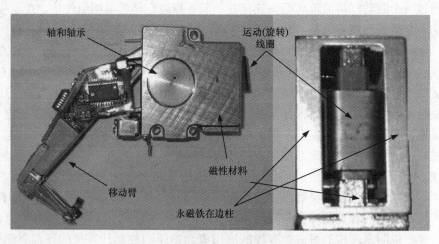

轴和轴承

运动(旋转)线圈

移动臂

磁性材料

永磁铁在边柱

图 6.42　永磁辅助动圈驱动的硬盘驱动臂

6.5.3 永磁铁电动机和发电机

另一个应用是永磁铁电动机和发电机，这是利用永磁铁连续旋转地驱动较小的几千瓦的机器。永磁铁产生直流励磁磁通可以用来激励同步电机、电动机和发电机。永磁铁激励在一些情况下简化了结构，减小了尺寸，降低了成本。

小型同步电机可以用永磁铁代替转子磁极来建造，不需要直流励磁就能产生磁通量。永磁体可以被晶体取代成铁氧体磁铁或者更高质量和更昂贵的钕和钐钴或镍钴磁铁。永磁铁励磁发电机与同步电机运行的方式相同，这将在第 8 章描述。主要的运行问题是在短路的情况下永磁铁的退磁。由于消除了用直流电流给转子供电的需要，所以采用永磁铁减小了发电机的尺寸并且明显地简化了构造。

永磁铁励磁也能用于小型同步电机，这些电机的起动需要笼型短路绕组，把电机当作感应电机起动。永磁铁放置在鼠笼中。

直流永磁电机通过用永磁铁取代定子直流励磁磁极来构造，这提供了一个恒定的励磁通量。这种有恒定励磁功能的电机称为并励电机。图 6.43 显示了永磁铁并励电机。强大的永磁铁放入主磁极和换向极。转子绕组和换向器将在第 10 章分析的其他直流电机一样保持不变。由于其速度和转矩的线性特征，这种电机常用在控制电路中。图 6.44 所示为用于驱动无线电控制的模型飞机的直流永磁电机的部件。

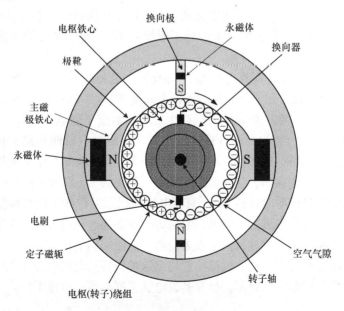

图 6.43　永磁铁直流并励电机

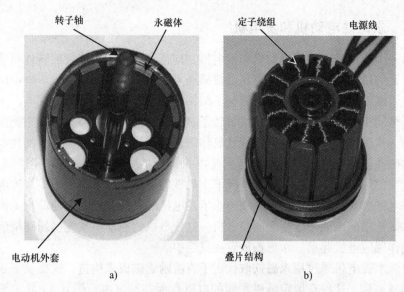

图 6.44　转子绕定子的永磁无刷直流电机的部件
a）14 极转子　b）12 极定子

6.5.3.1　永磁无刷直流电机

　　直流永磁电机中最薄弱的环节是换向器，当换向器将电流从一个线圈转到其他线圈时会中断电流。在一个永磁无刷直流电机中换向器由一个电子开关电路替代。图 6.24 所示为一个有 4 个永磁转子磁极和 12 个定子磁极的永磁无刷直流电机。

　　图 6.45 描述了无刷直流电机运行的概念。这种电机的转子配备了永磁铁 M1～M6 的 6 个磁极。定子有 4 个磁极，由线圈 W1～W4 激励。图中的转子和通电的定子磁极刻意不在一条直线上以产生磁力。给定子通电，串联的 W2 和 W4 线圈会分别向转子产生 N 极和 S 极。给这两个绕组供电就能在定子和转子间产生力的作用。尤其是，M3 的 S 极被 W2 的 N 极吸引，被 M2 的 N 极排斥。类似的相互作用同时发生在 M6，W4 和 M5。由于串联的 W1 和 W3 这个时候没有通电，磁力就会使电机顺时针转 30°。直流电压到线圈的持续顺序切换使得线圈旋转。这种电机由方形直流脉冲供电，电机的速度是通过供应方波电压的频率来调节的。电子回路产生了方波，由于强大的电子励磁回路的成本高，因此这些类型的电机主要用于低功率驱动。值得注意的是这种类型的电机的起动和停止需要慢慢增加和减小供应电压的频率。也就是说电机速度必须上升或下降。

6.5.4　微机电系统

　　一些换能器被用作传感器的部分，许多的这些传感器的机电设备不利用磁

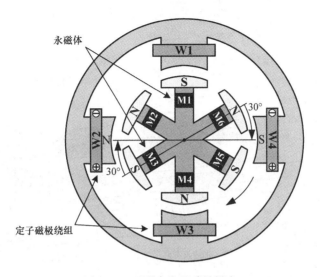

图 6.45 无刷直流电动机概念

场。多数仪器将被测信号变成电信号来传输和处理。因此，这些传感器的核心是能量转换装置。传感技术包括，但不局限于那些基于 PE 和压阻材料的将机械压力和拉力变为电输出的装置。最近，利用半导体制造技术，这些设备已经被制造成小型化的微机电系统（Micro Electro Mechanical Systems，MEMS）传感器。

压阻材料的特性是当物质上有压力（例如运动、压力或振动）时，电抗就会发生变化。大多数材料都能表现出这种效果，但它是具有很强的可利用的半导体材料，例如硅和锗。压阻式传感器将压力转换成电抗的变化，随后转换成电压输出 V_{out}。通常使用一个惠斯顿电桥电路如图 6.46 所示，网络分析表明正常的电桥输出取决于激励电压 V_{ex}：

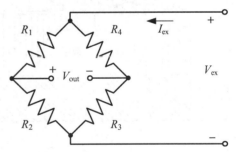

图 6.46 四臂的惠斯顿电桥网络

$$V_{out} = V_{ex} \frac{R_2 R_4 - R_1 R_3}{(R_1 + R_2)(R_3 + R_4)} \qquad (6.70)$$

压阻（MEMS）加速器用于汽车安全囊调度部分。在图 6.47 所示的加速计中，两个压阻都安放在绞链的对面。它们穿过固定铁心和动惯性质量间的气隙。在活动中心部分感应的加速力分别在两个压敏电阻上产生了拉伸力和压力。压阻式传感技术的另一个应用是 MEMS 压力传感器，如图 6.48 所示，施加在压力传感器顶面的压力在四嵌入式硅压敏电阻器上产生电抗变化。

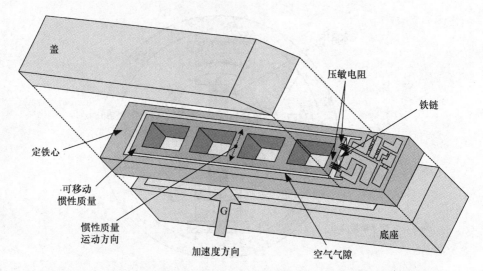

图 6.47　一个 MEMS 加速计的内部图，"G"箭头标注的是对加速度敏感的轴

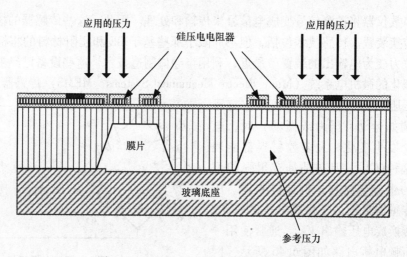

图 6.48　MEMS 压力传感器结构的侧视图

　　一些材料有压电特性，在受到机械应力时会产生电荷。轻小的基于某些氧化物的 PE 性质的换能器被广泛应用在加速度计、压力传感器和声发射传感器中。声发射传感器应用于过程的监控，例如电机状态监控和早期故障检测。通常生产的用于换能器的 PE 陶瓷包括钛酸铅（PT）和锆钛酸铅（PZT）。传感器制造商在传感器中堆叠多个 PE 磁盘，如图 6.49 所示，以得到更大的输出信号，磁盘机械耦合串联能产生更多的电荷，因此增加了灵敏性。磁盘是电并联的，因此传感器总电容更大，从而传感器阻抗更小。

　　PE 材料的一个扩展应用是微电源。PE 材料可以放入 MEMS 结构中，产生的

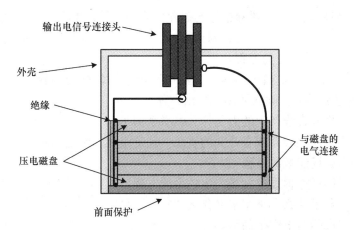

输出电信号连接头

外壳

绝缘

压电磁盘

前面保护

与磁盘的
电气连接

图 6.49 堆叠 PE 光盘的声发射传感器

功率供给外电路或者用于本身的装置中（例如：一个自供应的自治系统）。一种常见的实现目标是在当前的环境中清除来自运动和振动的能量。所谓的能源收集的应用实例包括医疗移植，嵌入式传感器和移动电子设备。MEMS 设备产生微瓦（μW）级的功率，而更大的设备（例如在鞋类和背包中的）能设计出产生毫瓦（mW）水平的功率。典型的运动驱动设计采用了能引起设备机架振动共鸣的弹簧质点系统。除了基于 PE 的结构，微发电机利用电磁和静电方法将位移转换成电。

6.6 小结

这一章节介绍了利用磁场的能量传输和转换技术。这里描述的原理对于主要的设备例如变压器、电机和发电机是基础性的。下一章节，将介绍变压器，随后的章节是同步电机、感应电机和直流电机。举一个应用实例，电动和混合动力汽车制造商利用了所有三种类型的电机，包括无刷直流电机，交流感应电机和永磁同步电机。

6.7 练习

1. 描述安培定律。
2. 定义磁通量，通量密度和磁场强度。给出这些量当中描述它们关系的方程。
3. 定义线圈的电感，列出电感计算的方程。
4. 讨论在磁路中的气隙的影响。
5. 描述 $B - H$ 曲线。饱和是什么？

6. 磁滞损耗是什么？磁滞损耗与磁化曲线的关系是怎样的？

7. 解释电场产生的机械力，列出方程。这个力有一些实际的应用吗？

8. 解释洛伦兹磁力的方程。

9. 计算一个简化电机的转矩。直流电源产生均匀的径向磁场。转子绕组由恒定的直流电流供电。画出简图，列出方程。

10. 磁场排成直线产生的力是什么？举个例子。

11. 解释磁性驱动器或者开关的概念。确定组件，画出简图。

12. 列出磁场能量的方程。

13. 通过能量方程推出磁场产生的力的方程。

14. 变换器是什么，是用来做什么的？

15. 解释换能器上产生的力。

16. 忽略铁心的影响，求出在一个包含气隙和铁心的简单磁路中永磁铁产生的磁通量。

17. 画出一个永磁铁激励的磁性换能器的简图。

6.8 习题

习题 6.1：

在例 6.5 中，磁路长度是通过忽略气隙厚度来计算的。如果考虑气隙厚度，重新计算磁通量、磁场强度和磁通密度。如果忽略气隙厚度，百分误差是多少？

习题 6.2：

一个圆形截面的环形磁心，由高质量的钢片（见图 6.1）制造的，用作电感。它的外直径和内直径分别是 25 和 15cm。励磁绕组有 280 匝，放置在铁心的周围。如图 6.50 所示。沿圆环的平均直径上需要产生 1.25T 的磁通密度，求：①从 $B-H$ 曲线中得出磁场强度（H）和相对磁导率 μ_r；②磁通量 Φ 和产生磁通量所需要的线圈励磁电流；③线圈的电感；④假设在环形面的空气气隙是 8mm，计算需要产生同样磁通量的线圈励磁电流。

习题 6.3：

感应器如图 6.51 所示，有一个 300 匝的线圈包围着铸铁心。线圈磁化电流 4.5A。系统的尺寸为是

$a = 4.5$cm	$b = 4.5$cm	$c = 5.5$cm	$d = 5.5$cm
$w = 23$cm	$h = 28$cm	气隙 = 2.5mm	

忽略铁心，求：①总磁通量 Φ 是多少，单位是 Wb；②穿过气隙的 H 和 B；③线圈电感 L；④如果考虑铁心的实际磁导率，计算：需要维持与②部分同样 B 值的通过线圈的电流；⑤线圈电感 L_b。

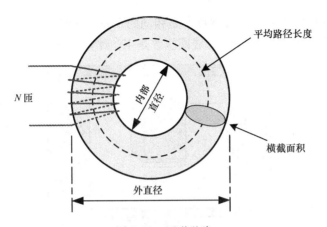

图 6.50　环形磁路

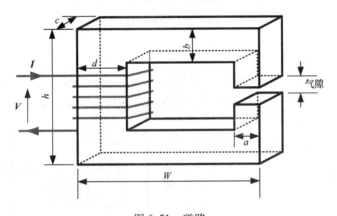

图 6.51　磁路

习题 6.4：

一个在短路时承受 15kA 的直流母线。正负母线的距离是 25cm。两个支撑母线绝缘子之间的距离是 3m。①画出简图，显示导线排列和力的方向；②计算每个导线位置的磁场强度和磁通密度；③计算两道线之间的力。

习题 6.5：

三相高压母线在短路时承受的电流是 6kA。支柱绝缘子支撑着每相的母线。支撑点之间的距离是 5m。水平排列 A–B–C 三相相邻的距离是 0.5m。每相的电流幅值相同，但是在 A 和 B 间的相角变化是 –120°。A 和 C 之间的相角变化为 –240°。①画出显示物理布局和力的方向的简图；②计算每相配对的力；③哪一相承受的力是最大的。

习题 6.6：

一个音频变压器的线性度是由插入到铁心中的空气隙来确定的，如图 6.52

所示。铁心中间柱的宽度①和深度②是相同的5cm。气隙尺寸（g）是1mm。一次绕组电压是15V，频率60Hz，线圈匝数是40. 计算铁心两部分之间的力。

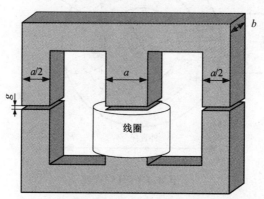

图6.52 有气隙的音频变压器

习题6.7：

磁性驱动器如图6.53所示，用来控制车门的锁。当800匝的螺线管通入2A的直流电流，活塞往上移动，门锁关闭。变化的气隙（g_1）变化范围是 0.5 ~ 2.5cm，其他气隙（g_2）是固定的长度1mm。垂直于g_1的横截面积（A_1）是25cm^2，每个A_2面积是$A_1/2$。忽略铁心，计算磁通密度和当气隙减小时磁场力的变化。

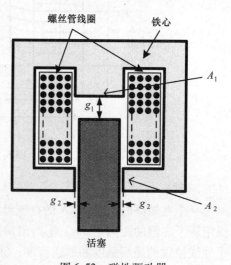

图6.53 磁性驱动器

习题6.8：

一个大磁铁用来提起一个200kg$_f$的铁轨，如图6.54所示。螺线管线圈产生磁场，在两个磁铁到轨道接触的位置，平均气隙是3mm，接触面积是50cm^2。200匝线圈有一个4Ω的电阻。忽略铁心，计算需要提起铁轨的线圈电压。

习题6.9：

图6.55所示为一个扬声器的横截面积。铁心的励磁电流为4A直流电流激励的300匝线圈。线圈在气隙中产生横向磁场。30匝扬声器音圈高度h为4cm，放置在气隙中。磁心直径是$a = b = 2$cm，b是铁心的厚度，$c = 5$cm，气隙尺寸为4mm。求：①气隙中的磁通密度；②线圈中的力与线圈电流的关系，并画出。

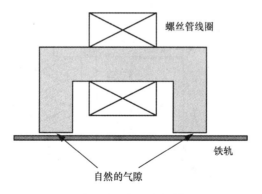

图 6.54　起重电磁铁

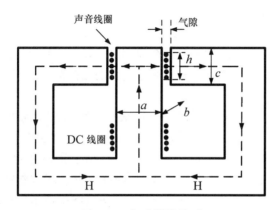

图 6.55　扬声器横截面

习题 6.10:

图 6.56 显示的是磁性继电器,用来控制电机的开和关。继电器由 1.5cm 的圆柱形铁心,300 匝螺线管来运行的。继电器铰接的移动部分通常通过弹簧保持开的状态。电磁激发吸引了继电器的铰接移动部分,使继电器闭合(没有画出)。圆柱铁心和移动部件间的平均气隙移动范围是 1 ~ 4mm。当气隙为最大 4mm 时,需要 0.5kg$_f$ 的磁场力来起动关闭。①计算需要运行继电器的电流;②忽略弹簧的影响,画出磁场力与气隙的关系图,最小的力是多少? ③画出磁通密度与气隙的关系图,会发生饱和吗?

习题 6.11:

扬声器的直流励磁线圈由钐钴永磁取代,如图 6.55 所示。钐钴有线性的 $B-H$ 磁性曲线。在 $H=0$ 时, $B=0.87T$, 在 $B=0$ 时, $H=-640kA/m$。①计算在如问题 6.9 中的直流线圈中产生同样磁通密度(0.377T)的永磁铁的长度;②计算在音圈上产生 0.5N 力的声音线圈电流。

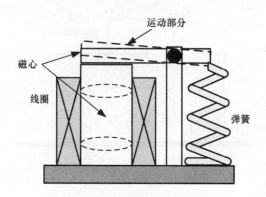

图 6.56 磁驱动的继电器

习题 6.12：

如图 6.54 所示提起铁轨的磁铁，由于导轨的非均匀界面。在 N−S 极和铁轨间的自然气隙在磁铁的左边和右边分别是 2~5mm。如果线圈电流是 20A，计算磁极与轨道之间的力，利用习题 6.8 中给出的磁铁数据。

习题 6.13：

四个钐钴永磁铁，放置在转子中，用来在如图 6.57 所示的永磁发电机的定子和转子间 5mm 的气隙中产生磁场。钐钴永磁铁有一个线性的 $B−H$ 磁性曲线：$H=0$ 时，$B=0.87T$，在 $B=0$ 时，$H=−640kA/m$。永磁铁的厚度是 4cm。发电机的直径是 10cm，长度是 20cm，速度是 3600r/min。①当忽略铁心时，计算气隙中磁通密度；②如果匝数是 200，计算在定子线圈中产生的感应电压。

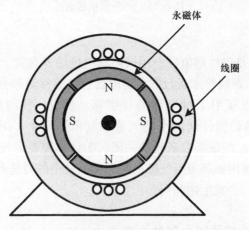

图 6.57 永磁发电机

第7章 变 压 器

20世纪初，电能传输的距离受到输电线电压降的限制。变压器的发明对电能的传输起到了革命性的作用。变压器的作用是升高或降低电压，从而降低或升高电流。

发电机的电压限于20～26kV，这样的电压仅适合在8～16km的距离传送5～10MW的功率。变压器的发展可以使传输电压上升到数百千伏并相应地减少传输电流，因此可以把大量的电能输送到几百英里以外。

对于变压器，一次和二次电路之间以及它们对地的绝缘是重要的安全因素，良好的绝缘可以避免高电压引起的事故。

本章先说明变压器的结构，然后介绍变压器的等效电路，最后对单相和三相变压器的运行进行分析。

7.1 结构

图7.1给出了单相变压器的基本结构，包括叠片铁心以及一次、二次绕组。一次绕组由交流电压源供电，在铁心中产生交变的磁通。磁通在二次绕组中产生交流的感应电动势。二次绕组的负载在二次和一次绕组中产生电流。也就是说，由磁场把电能从一次侧传递到二次侧。一次和二次电压和电流的比值取决于匝数比 T，T 为变压器一次绕组和二次绕组的匝数之比，即

$$T = \frac{N_p}{N_s} \qquad (7.1)$$

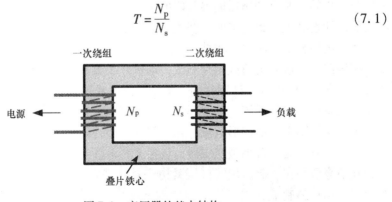

图7.1 变压器的基本结构

实际的变压器中，一次绕组和二次绕组通常绕在铁心的同一个柱上，如图 7.2 所示。从图中可看出，二次绕组绕在一次绕组外部。这种排布方式可以增强磁场的耦合并减少绕组中的漏磁通。按惯例，一次绕组的出线端标为 H_1 和 H_2，二次的标为 X_1 和 X_2。实际中采用这样的命名方法，可以保证当 H_1 和 H_2 连接电压源时，X_1 和 X_2 端感应出的电压与之同相位。

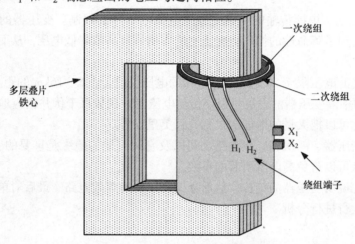

图 7.2　单相变压器的绕组

变压器绕组可以顺时针或者逆时针方向绕制。绕组绕制的方向决定了电压的极性。图 7.3 说明了绕组方向对极性的影响。在图 7.3a 中，两个绕组按同方向绕制，因此图中一次和二次电压为同相。图 7.3b 中极性有了变化：二次绕组绕制的方向与一次绕组相反，因此一次和二次电压为反相（相位差为 180°）。变压器的极性对于并联运行非常重要。变压器并联运行时，要求各变压器一次和二次电压分别相等。两个变压器能够并联的条件，除了要求电压比相同，一次和二次绕组的极性也必须一致。当两个绕组串联时，如果绕组极性相同，则电压相加，如果绕组极性相反，则电压相减。

变压器叠片铁心由薄硅钢片制成，硅钢片叠置在一起构成铁心。硅钢片材料成分中包含约 3% 的硅。硅钢片的一侧涂有薄漆或薄膜层进行绝缘。采用叠片的作用是减少铁心中的涡流。其原理是，在绕组中产生感应电动势的交变磁通也在铁心中产生了不必要的环形电流，相互绝缘的叠片可以阻碍电流的通路。

图 7.4 所示为一台小型变压器，包括 E 形和 I 形叠片及绕组。E 形和 I 形叠片相互绝缘层叠在一起，用螺钉压紧构成叠片铁心。绕组的结构如图 7.5 所示。绕组支架用塑料制成，或者用更廉价的纸制作。分层的绕组由漆包绝缘导线绕制。每层之间用薄垫纸或塑料进行绝缘。一次和二次绕组之间采用若干层相似但较厚的绝缘进行隔离。

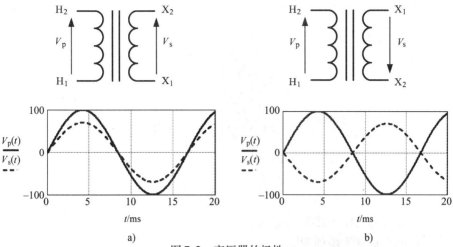

图 7.3 变压器的极性

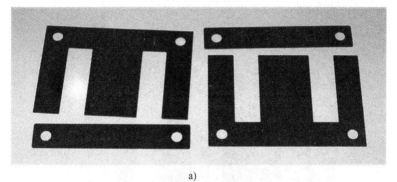

a)

b)

图 7.4 小型变压器的结构

a) 叠片 b) 铁心和绕组

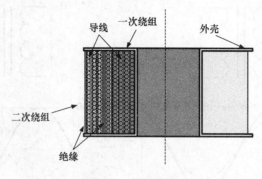

图7.5 绕组结构

　　一台较大的三相干式配电变压器如图7.6所示。变压器绕组浸渍在环氧树脂绝缘中并进行真空干燥处理。

图7.6 三相干式配电变压器（西门子公司，德国埃朗根）

　　大型变压器采用油冷却和绝缘。组装好铁心和绕组的变压器干燥后被放入铁箱中，然后在真空条件下注入热的变压器油，并把绕组的出线端连接至套管。油可以通过外部散热器进行循环和冷却。为了提高散热水平以增大变压器的容量，采用风扇向散热器输送流动空气，绝缘油采用油泵强迫循环。图7.7所示为一台油绝缘和冷却的变压器。该变压器装有冷却散热器，通过强制通风进行冷却。冷却用风扇安装在散热器下方。为了评价变压器的运行性能，对油的温度和压力进行监测。

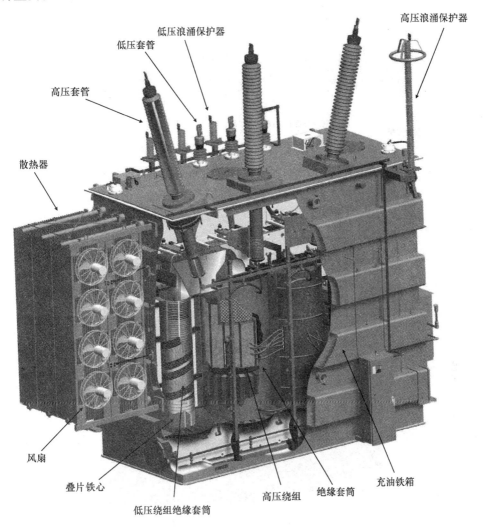

图 7.7 油绝缘和冷却的变压器（SPX 变压器公司，版权所有）

变压器绕组通过套管连接电力系统。变压器套管是空心的陶瓷绝缘子，具有伞裙状表面，以增大泄漏电流距离，在恶劣天气时可增大闪络电压。为了保证绝缘，该绝缘子充满变压器油。铝或铜制的导电杆穿过陶瓷，使变压器绕组端与外部母线相连接。图 7.8 所示是一个高压的电容式变压器套管，由一个内置的电容提供绝缘，电容安装在法兰和接地套筒之间。电容采用铝箔导电层和高介电性能纸绕制在导电杆上，然后放入套管内部形成电容，从而使法兰区域的电场分布均匀。图 7.9 所示为一台大型油冷变压器及其低压和高压套管。

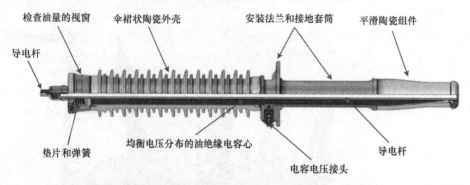

图 7.8　高压电容式变压器陶瓷套管（Hubbell 电力系统公司）

图 7.9　大型油冷高压变压器

7.2　单相变压器

单相变压器包括叠片铁心和 2 个绕组。心式变压器的 2 个绕组安装在铁心的不同柱上，如图 7.10a 所示。这种变压器铁心由 2 个 L 形或 U 形和 1 个 I 形叠片构成的磁路组成。壳式变压器由 E 形和 I 形叠片组成铁心，2 个绕组都安装在铁心的中间柱上，如图 7.10b 所示。壳式变压器的漏电感比心式变压器的小。

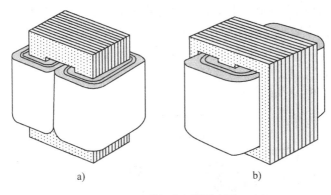

图 7.10　单相变压器的结构

a）心式　b）壳式

7.2.1　理想变压器

理想变压器的绕组没有电阻，铁心没有损耗。变压器由交流电压 V_p 供电，二次侧空载时，V_p 在一次绕组中产生励磁电流 I_m。励磁电流 I_m 在铁心中产生交变的磁通。交变磁通在二次和一次绕组中都产生感应电动势。供电电压等于一次绕组的感应电动势 E_p。图 7.11 给出了励磁电流、感应电动势和磁通。主

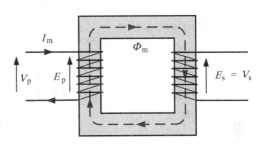

图 7.11　空载理想变压器的电流、电压和磁通

磁通 Φ_m 的方向根据右手螺旋定则来确定。具体的，右手的四指按绕组中电流的方向弯曲，拇指所指就是产生磁通的方向。在图 7.11 中，磁通为顺时针方向。

感应电动势的方均根可以根据式（6.25）计算。一次和二次感应电动势为

$$E_p = \frac{N_p \Phi_m \omega}{\sqrt{2}} \text{ 和 } E_s = \frac{N_s \Phi_m \omega}{\sqrt{2}} \tag{7.2}$$

式中，N_p 为一次绕组的匝数；N_s 为二次绕组的匝数；Φ_m 为主磁通；f 为频率，在美国是 60Hz，$\omega = 2\pi f$；E_p 为一次绕组感应电动势的方均根值；E_s 为二次绕组感应电动势的方均根值。

匝数比（电压比）T 定义为一次和二次绕组匝数的比值。两个感应电动势（绝对值）方程相除可得电压比的表达式：

$$T = \frac{N_p}{N_s} = \frac{E_p}{E_s} \tag{7.3}$$

　　如果变压器的二次侧带上负载，二次感应电动势引起负载电流。二次电流产生磁通 Φ_s，其方向与主磁通相反，如图 7.12 所示。由于一次感应电动势 E_p 与不变的供电电压 V_p 保持相等，主磁通不能因此而减少。为了保持主磁通不变，产生一次电流 I_p，I_p 产生一次磁通 Φ_p 以补偿二次电流产生的磁通 Φ_s。图 7.12 中给出了二次和一次电流及其产生的磁通，以说明这一现象。

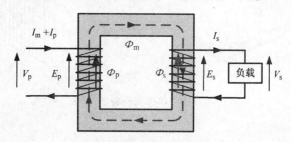

图 7.12　负载运行的理想变压器中的电流和磁通

　　理想变压器没有损耗，如果忽略励磁电流，输入和输出的复功率相等，$S_p = S_s$。复功率的方程确定了电流和感应电动势的关系，于是一次和二次复功率为

$$E_p I_p^* = S_p = S_s = E_s I_s^* \tag{7.4}$$

如果只考虑电动势和电流的绝对值，可得

$$T = \frac{E_p}{E_s} = \frac{I_s}{I_p} \tag{7.5}$$

　　进一步对方程变形，可得理想变压器电动势和电流的关系：

$$E_p = TE_s \text{ 和 } I_p = \frac{I_s}{T} \tag{7.6}$$

　　式（7.6）表明，变压器使电压升高时，电流随之降低，反之亦然。图 7.13 给出了理想变压器的等效电路（忽略励磁电流）。需要注意，式（7.6）的成立要求电流方向和电压极性必须符合图 7.13 电路中的规定。具体而言，一次和二次电压极性一致，一次和二次电流的方向相反。通常，一次电流的方向流向绕组的正极性端（与电压正方向相同），而二次电流从绕组正极性端流出（与电压正方向相反）。

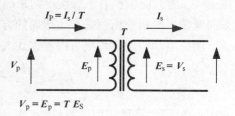

图 7.13　理想变压器的等效电路

7.2.1.1　变压器对阻抗的折算

　　理想变压器的一个实用技术就是把阻抗或电源由一次侧向二次侧折算（或

反方向）。根据图 7.14a 所示的网络，其目的是将二次负载 $\mathbf{Z}_{\text{load}}$ 转移到一次侧，就可以从电路里把变压器去掉。这种分析方法本质上是用一个戴维南等效电路来表示理想变压器和负载阻抗。为了建立该网络右侧部分的戴维南等效电路，需要获取一次电流和电压的关系。即戴维南等效电路中的阻抗 $\mathbf{Z}_P$ 可表示为

$$Z_P = \frac{V_P}{I_P} \tag{7.7}$$

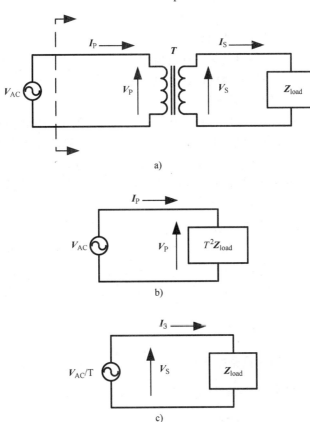

图 7.14　理想变压器的戴维南等效电路

a）含理想变压器的原始电路　b）二次阻抗折算到一次侧、去掉理想变压器的等效电路

c）一次侧电源折算到二次侧、去掉理想变压器的等效电路

根据已知的一次和二次电压、电流与电压比的关系，可得

$$Z_P = \frac{V_P}{I_P} = \frac{TV_S}{\left(\dfrac{I_S}{T}\right)} = T^2 \frac{V_S}{I_S} \tag{7.8}$$

最后，二次负载电阻定义为二次电压与电流的比值。于是可以把等效阻抗放

在一次侧，并去掉变压器和二次负载，如图7.14b所示，即

$$Z_P = T^2 Z_{load} \tag{7.9}$$

用同样的方式处理，可以把一次侧电源转移到二次侧，并去掉变压器。折算后的一次电压相量为 V_{AC}/T，如图7.14c所示。

前面提到的方法可以推广到用电压比的二次方把任意阻抗（并联或串联）从一次侧折算到二次侧（或相反方向）。把二次阻抗 Z_s 折算到一次侧的方法为

$$Z_P = T^2 Z_s \tag{7.10}$$

把一次阻抗折算到二次侧可以得到同样的公式。如果折算前的阻抗是与变压器绕组串联的，折算后的值与另一侧的绕组串联。同样，如果原始阻抗是与绕组并联，折算后也需要与另一侧的绕组并联。

7.2.1.2 用变压器降低电网损耗

由于变压器具有改变电压等级的作用，使电网得到了快速的发展。通常情况下，电力负载通过输电线获得供电。允许的传输距离和负载大小取决于电压等级。用户侧的电压水平必须高于额定电压的95%，供电电压不能高于额定电压的105%。也就是要求系统压降或变化应当小于10%。同时，线路上的损耗应当尽量减小。增大电压等级可以减小电流，从而减少输电线上的电压降和损耗。

下面用一个数值例子来说明电压等级的影响。图7.15a所示为一个电力传输系统，一台发电机通过线路和两端的变压器向负载供电。图7.15b所示为该系统一相的等效电路。系统可通过对理想变压器和发电机的处理进行简化。然后把发电机折算到变压器1的二次侧，把负载折算到变压器2的一次侧，如图7.15c所示。

根据第3章的电压调整率定义，即

$$电压调整率 = \frac{|V_{no-load}| - |V_{load}|}{|V_{load}|} \times 100\% \tag{7.11}$$

由图7.15c，空载电压等于折算后的发电机电压，可得

$$电压降 = \frac{|V_{gen}| - |V_{load}|}{|V_{load}|} \times 100\% \tag{7.12}$$

为了计算发电机的电压，先计算负载的电流，即

$$I_{line} = \frac{P_{load}/3}{pf_{load}\frac{V_{load}}{\sqrt{3}}} e^{-jarccos(pf_{load})}$$

发电机的相电压等于负载相电压与线路阻抗电压降之和，即

$$V_{gen} = V_{load\_ln} + I_{line}Z_{line}$$

三相总的线路损耗为

$$损耗 = 3|I_{line}|^2 R_{line}$$

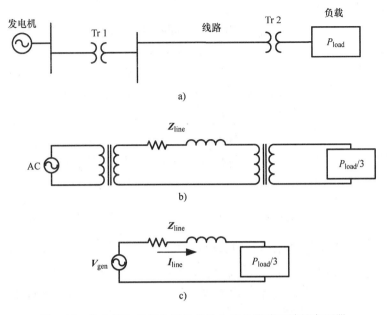

图 7.15 发电机和负载之间的单输电线及线路两端的变压器

a）系统的单线图　b）一相等效电路　c）折算电源和负载后的一相等效电路

以下使用 Mathcad 计算，把电流和电压作为函数，把线路长度、负载电压和负载功率作为变量，研究这些参数的影响。分析方法是在一定约束条件下对方程求解，比如约定当电压调整率达到 10% 作为计算终止的条件。

例 7.1：变压器的影响

用一个数值例子分析系统的运行。可变的三相负载如下：

$$P_{load} := 0W、100kW \cdots 20MW \quad pf_{load} := 0.8 \text{ 滞后}$$

通常发电机的电压为 22kV，变压器可以把电压提高到一个标准的输电电压。本例中，选线路电压分别为 22kV、120kV、220kV 和 500kV。为了简化计算，假设负载的电压为系统额定电压。计算的目的是确定发电机的电压折算到传输端变压器高压侧的值（其中 22kV 实际对应没有变压器的情况，即发电机和负载直接通过输电线连接）。

线路阻抗在不同的电压等级下会变化，简单起见，阻抗取为不随电压变化的平均值。线路的电阻和电抗为

$$R_{line} = 0.1\Omega/mile \quad X_{line} := 0.8\Omega/mile$$

输电线单位长度的阻抗为

$$Z_{line} := R_{line} + jX_{line}$$

线路的长度是可变的：

$$L_{\text{line}} := 0\text{mile}、1\text{mile}\cdots150\text{mile}$$

为了对方程进行验算，运行条件取下列数据：

$$V_{\text{sup}} := 120\text{kV} \quad L_{\text{line}} := 120\text{mile} \quad P_{\text{load}} := 20\text{MW} \quad V_{\text{load}} := 122\text{kV}$$

功率因数为 0.8（滞后）的三相负载其中一相的线电流为

$$I_{\text{line}}(P_{\text{load}}, V_{\text{load}}) := \frac{P_{\text{load}}}{\sqrt{3}\,\text{pf}_{\text{load}}\,V_{\text{load}}}e^{-\text{jacos}(\text{pf}_{\text{load}})}$$

$$|I_{\text{line}}(P_{\text{load}}, V_{\text{load}})| = 118.3\text{A} \quad \arg(I_{\text{line}}(P_{\text{load}}, V_{\text{load}})) = -36.9°$$

要求的发电机电压为

$$V_{\text{gen\_ln}}(P_{\text{load}}, L_{\text{line}}, V_{\text{load}}) := \frac{V_{\text{load}}}{\sqrt{3}} + Z_{\text{line}}L_{\text{line}}I_{\text{line}}(P_{\text{load}}, V_{\text{load}})$$

$$|V_{\text{gen\_ln}}(P_{\text{load}}, L_{\text{line}}, V_{\text{load}})| = 78.8\text{kV}$$

$$\arg(V_{\text{gen\_ln}}(P_{\text{load}}, L_{\text{line}}, V_{\text{load}})) = 6.0°$$

为了计算给定负载功率和线路长度时的负载电压，利用 Mathcad 的 root 函数求解前面的供电电压方程：

$$V_{\text{load\_1}}(P_{\text{load}}, V_{\text{sup}}, L_{\text{line}}) := \text{root}\left(V_{\text{gen\_ln}}(P_{\text{load}}, L_{\text{line}}, V_{\text{load}}) - \frac{V_{\text{sup}}}{\sqrt{3}}, V_{\text{load}}\right)$$

开路电压和功率为 20MW 时的负载电压为

$$V_{\text{load\_1}}(0\text{MW}, V_{\text{sup}}, L_{\text{line}}) = 120.0\text{kV}$$

$$|V_{\text{load\_1}}(P_{\text{load}}, V_{\text{sup}}, L_{\text{line}})| = 109.0\text{kV}$$

于是得电压调整率：

$$\text{Reg}(P_{\text{load}}, L_{\text{line}}, V_{\text{sup}}) := \frac{|V_{\text{load\_1}}(0\text{MW}, V_{\text{sup}}, L_{\text{line}})| - |V_{\text{load\_1}}(P_{\text{load}}, V_{\text{sup}}, L_{\text{line}})|}{|V_{\text{load\_1}}(P_{\text{load}}, V_{\text{sup}}, L_{\text{line}})|}$$

$$\text{Reg}(P_{\text{load}}, L_{\text{line}}, V_{\text{sup}}) = 10.0\%$$

电压调整率应当低于 10%，以下对电压变化率为 5% 对应的最大负载进行求解：

$$P_{\text{load\_5\%}}(L_{\text{line}}, V_{\text{sup}}) := \text{root}(\text{Reg}(P_{\text{load}}, L_{\text{line}}, V_{\text{sup}}) - 5\%, P_{\text{load}})$$

$$P_{\text{load-5\%}}(L_{\text{line}}, V_{\text{sup}}) = 8.62\text{MW}$$

另一个指标是电能传输的效率，可以根据线路损耗来计算。输电线上的电流为

$$I_{\text{Line}}(P_{\text{load}}, L_{\text{line}}, V_{\text{sup}}) := \frac{P_{\text{load}}}{\sqrt{3}\,\text{pf}_{\text{load}}\,V_{\text{load\_1}}(P_{\text{load}}, V_{\text{sup}}, V_{\text{line}})}e^{-\text{jacos}(\text{pf}_{\text{load}})}$$

$$|I_{\text{Line}}(P_{\text{load}}, L_{\text{line}}, V_{\text{sup}})| = 132.4\text{A}$$

三相总的电阻损耗功率为

$$\text{Loss}(P_{\text{load}}, L_{\text{line}}, V_{\text{sup}}) := 3 \cdot (|I_{\text{Line}}(P_{\text{load}}, L_{\text{line}}, V_{\text{sup}})|)^2 \cdot L_{\text{line}} \cdot R_{\text{line}}$$

对应5%的变化率时的功率，损耗为

$$\text{Loss}(P_{\text{load\_5\%}}(L_{\text{line}}, V_{\text{sup}}), L_{\text{line}}, V_{\text{sup}}) = 106.6\text{kW}$$

于是可得到传输系统的效率为

$$\text{effi}(P_{\text{load}}, L_{\text{line}}, V_{\text{sup}}) := \frac{P_{\text{load}}}{P_{\text{load}} + \text{Loss}(P_{\text{load}}, L_{\text{line}}, V_{\text{sup}})}$$

$$\text{effi}(P_{\text{load\_5\%}}(L_{\text{line}}, V_{\text{sup}}), L_{\text{line}}, V_{\text{sup}}) = 98.8\%$$

根据相关的定义，可以比较4种不同情况下的系统性能。首先，用 Mathcad 的 root 函数计算线路长度为20mile 时，4 种电压等级下产生5%电压调整率对应的负载功率。

情况1：22kV

$$V_{\text{sup}} := 22\text{kV} \quad P_{\text{load\_5\%}}(L_{\text{line}}, V_{\text{sup}}) = 9.79\text{MW}$$

$$|V_{\text{load\_1}}(P_{\text{load\_5\%}}(L_{\text{line}}, V_{\text{sup}}), V_{\text{sup}}, L_{\text{line}})| = 21.0\text{kV}$$

情况2：22kV

$$V_{\text{sup}} := 120\text{kV} \quad P_{\text{load\_5\%}}(L_{\text{line}}, V_{\text{sup}}) = 51.7\text{MW}$$

$$|V_{\text{load\_1}}(P_{\text{load\_5\%}}(L_{\text{line}}, V_{\text{sup}}), V_{\text{sup}}, L_{\text{line}})| = 114.3\text{kV}$$

情况3：220kV

$$V_{\text{sup}} := 220\text{kV} \quad P_{\text{load\_5\%}}(L_{\text{line}}, V_{\text{sup}}) = 173.8\text{MW}$$

$$|V_{\text{load\_1}}(P_{\text{load\_5\%}}(L_{\text{line}}, V_{\text{sup}}), V_{\text{sup}}, L_{\text{line}})| = 209.5\text{kV}$$

情况4：500kV

$$V_{\text{sup}} := 500\text{kV} \quad P_{\text{load\_5\%}}(L_{\text{line}}, V_{\text{sup}}) = 897.7\text{MW}$$

$$|V_{\text{load\_1}}(P_{\text{load\_5\%}}(L_{\text{line}}, V_{\text{sup}}), V_{\text{sup}}, L_{\text{line}})| = 476.2\text{kV}$$

结果清楚地表明，增大输电线的电压可以显著提高最大负载功率。

对后3种电压等级，线路长度的影响可用电压调整率与线路长度的关系曲线来说明（功率都是10MW），如图7.16所示。在22kV线路中，10MW的负载功率产生5%的电压降时对应的线路长度为

$$\text{假设} \quad L_{\text{line}} := 1\text{mile}$$

$$\text{root}(\text{Reg}(10\text{MW}, L_{\text{line}}, 22\text{kV}) - 5\%, L_{\text{line}}) = 3.5\text{mile}$$

这个数据（22kV 传输距离为 3.5mile）以及图7.16中的曲线清楚地表明了提高输电电压的优势。120kV 线路可以传输10MW功率100mile，而500kV线路可以传输几百英里。

图7.17给出了线路功率损耗与线路长度的关系。从图中可以看出，传送一定的功率时，增加线路电压可以降低线路的功率损耗，也就是提高了系统传送功率的效率。图7.16中的曲线说明了为满足电压调整率条件所需要的限制。电力

系统中针对一定长度的线路，可以综合考虑成本、损耗，通过改变电压等级或导体型号等进行优化。

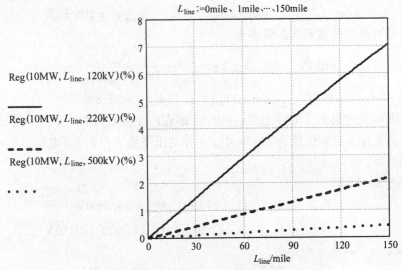

图 7.16　负载为 10MW 时电压调整率与线路长度的关系

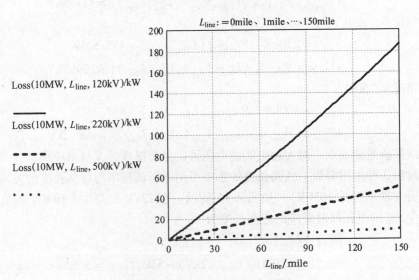

图 7.17　线路功率损耗与线路长度的关系（负载功率为 10MW）

7.2.2　实际变压器

本节将介绍实际变压器的等效电路。实际变压器的一次和二次绕组存在电阻和漏电抗，励磁电流和铁心损耗也不能忽略。等效电路包括一个理想变压器和由电阻和电抗构成的网络。

与理想变压器类似，实际变压器空载时，一次侧供电电压在一次绕组中产生励磁电流。励磁电流产生主磁通，在一次和二次绕组中产生感应电动势。主磁通的产生可以由电流流过等效励磁电抗 X_m 来表示，X_m 并联在一个理想变压器的一次侧。励磁电感可利用铁心尺寸和一次绕组匝数，根据式（6.34）计算。于是，励磁电抗 X_m 为

$$X_\mathrm{m} = \omega L = \omega \mu_0 \mu_\mathrm{r} \frac{A_\mathrm{core} N_\mathrm{p}^2}{\ell_\mathrm{p}} \tag{7.13}$$

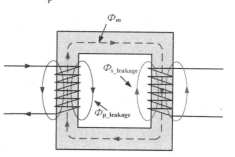

实际的变压器铁心存在涡流和磁滞损耗，可以用一个等效的铁损耗电阻 R_c 来表示，R_c 与励磁电抗并联。

实际铁心的磁导率并不是无穷大，因此会有漏磁通产生，如图 7.18 所示。可以看出，漏磁通不是与一次和二次绕组都有连接。一次和二次漏磁通各用一个等效电抗来表示。漏电抗 X_p 和 X_s 分别串联在理想变压器模型的一次侧和二次侧。

图 7.18　实际变压器中的漏磁通

一次和二次绕组都有电阻。电阻在变压器模型中与等效的漏电抗串联。一次绕组的电阻 R_p 串联在一次侧，二次绕组的电阻 R_s 串联在二次侧。

一次和二次元件连接于一个用电压比来表示的理想变压器，得到如图 7.19 所示的实际变压器等效电路。

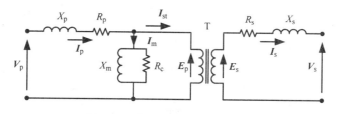

图 7.19　实际变压器的等效电路

通过把二次漏电抗和绕组电阻折算到一次侧，可以改造等效电路，如图 7.20a 所示。阻抗折算的公式如下：

$$R_\mathrm{st} = R_\mathrm{s} T^2 \text{ 和 } X_\mathrm{st} = X_\mathrm{s} T^2 \text{ 或 } \boldsymbol{Z}_\mathrm{st} = \boldsymbol{Z}_\mathrm{s} T^2 \tag{7.14}$$

式中，下角 s 表示二次参数，st 表示折算到一次参数。反之，一次侧的电路参数包括励磁电阻和励磁电抗可以折算到二次侧，如图 7.20b 所示。这种情况下，电

路参数折算的公式为

$$R_{pt} = \frac{R_p}{T^2} \text{和} X_{pt} = \frac{X_p}{T^2} \text{或} Z_{pt} = \frac{Z_p}{T^2} \tag{7.15}$$

$$R_{ct} = \frac{R_c}{T^2} \text{和} X_{mt} = \frac{X_m}{T^2} \tag{7.16}$$

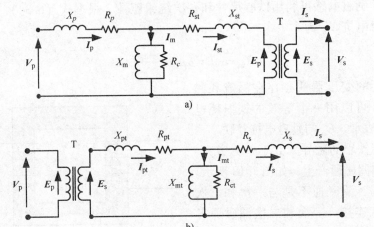

图 7.20 改造的实际变压器等效电路

a）变压器参数折算到一次侧 b）变压器参数折算到二次侧

实际变压器运行时功率损耗来自于一次、二次绕组和铁心损耗。图 7.21 画出了三相变压器损耗与额定容量的关系。从中可以看出，小型变压器相对损耗较大，但总的功率损耗仅为 1% ~ 2% 。

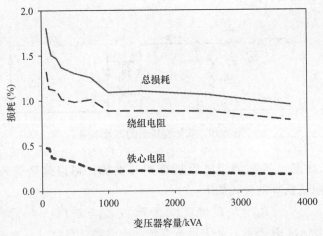

图 7.21 某 480V/277V 变压器相对损耗与容量的关系

例 **7.2**：单相变压器运行分析

为了加深理解，下面用方程的推导结合数值例子来分析单相变压器的运行。

系统参数

电压恒定的电网向一台小型变压器供电。变压器的负载为一台负载变化、功率因数恒定的电动机。图 7.22 给出了系统的等效电路。

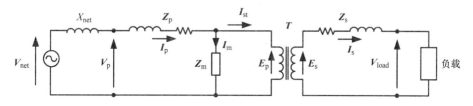

图 7.22 电网通过变压器向负载供电

本例分析的内容为计算变压器输入功率、功率因数、电压调整率和效率与可变负载的关系。另外求出电压降为 5% 时的负载功率和变压器效率。

变压器的额定数据为

$$S_{tr} := 45 kV \cdot A \quad V_{p\_rated} := 440 V \quad V_{s\_rated} := 220 V$$

变压器一次阻抗为 $Z_p := (0.03 + j0.14)\Omega$。

励磁阻抗为电阻和电抗的并联，其结果在一次侧的值为 $Z_m := (300 + j120)\Omega$。二次阻抗为 $Z_s := (0.01 + j0.04)\Omega$。

可变的负载数据为

$$P_{load} := 0 kW、1 kW \cdots 1.4 S_{tr} \quad pf_{load} := -0.8 滞后 \quad V_{load} := 220 V$$

供电电网的参数：$V_{net\_rated} := 440 V \quad I_{net\_short} := 3000 A$。

变压器的额定电流是指变压器在不过热情况下能承载的最大电流。根据变压器的额定数据可获得额定电流，用于判断后续计算的合理性。变压器的额定电流为

$$I_{p\_rated} := \frac{S_{tr}}{V_{p\_rated}} \quad I_{p\_rated} = 102.3 A$$

$$I_{s\_rated} := \frac{S_{tr}}{V_{s\_rated}} \quad I_{s\_rated} = 204.5 A$$

系统分析

确定电压调整率和效率需要计算电网和负载的电流。首先把电网阻抗和负载电流表示为负载功率的函数。然后用负载功率 $P_{load} = 40 kW$ 进行验算。

供电电网的电抗根据电网额定值确定，设电网阻抗为纯电抗：

$$X_{net} := \frac{V_{net\_rated}}{I_{net\_short}} \quad X_{net} = 0.147\Omega$$

功率因数滞后时的负载复功率为

$$S_{\text{load}}\left(P_{\text{load}}\right) := \frac{P_{\text{load}}}{\text{pf}_{\text{load}}}e^{\text{jacos}(\text{pf}_{\text{load}})}$$

40kW 时的数据为 $S_{\text{load}}(P_{\text{load}}) = (40.0 + 30.3\text{j})\,\text{kV} \cdot \text{A}$

负载（二次）电流为

$$I_{\text{s}}(P_{\text{load}}) := \frac{\overline{S_{\text{load}}(P_{\text{load}})}}{V_{\text{load}}}$$

功率 40kW 时电流的数值为

$$|I_{\text{s}}(P_{\text{load}}, V_{\text{load}})| = 227.3\text{A} \quad \arg(I_{\text{s}}(P_{\text{load}}, V_{\text{load}})) = -36.9°$$

对图 7.22 中的等效电路应用 KVL，二次电动势 E_{s} 为二次阻抗上的电压降与负载电压之和，即

$$E_{\text{s}}(P_{\text{load}}, V_{\text{load}}) := V_{\text{load}} + I_{\text{s}}(P_{\text{load}}, V_{\text{load}})Z_{\text{s}}$$

电压的数值结果为

$$|E_{\text{s}}(P_{\text{load}}, V_{\text{load}})| = 227.3\text{V} \quad \arg(E_{\text{s}}(P_{\text{load}}, V_{\text{load}})) = 1.5°$$

根据式（7.3）利用变压器额定值计算电压比：

$$T_{\text{R}} := \frac{V_{\text{p\_rated}}}{V_{\text{s\_rated}}} \quad T_{\text{R}} = 2$$

一次感应电动势 E_{p} 和二次折算电流 I_{st} 根据式（7.6）计算：

$$E_{\text{p}}\left(P_{\text{load}}, V_{\text{load}}\right) := T_{\text{R}}E_{\text{s}}\left(P_{\text{load}}, V_{\text{load}}\right)$$

$$I_{\text{st}}\left(P_{\text{load}}, V_{\text{load}}\right) := \frac{I_{\text{s}}\left(P_{\text{load}}, V_{\text{load}}\right)}{T_{\text{R}}}$$

数值结果为

$$|E_{\text{p}}(P_{\text{load}}, V_{\text{load}})| = 454.7\text{V} \quad \arg(E_{\text{p}}(P_{\text{load}}, V_{\text{load}})) = 1.5°$$

$$|I_{\text{st}}(P_{\text{load}}, V_{\text{load}})| = 113.6\text{A} \quad \arg(I_{\text{st}}(P_{\text{load}}, V_{\text{load}})) = -36.9°$$

根据欧姆定律计算励磁电流：

$$I_{\text{m}}(P_{\text{load}}, V_{\text{load}}) := \frac{E_{\text{p}}(P_{\text{load}}, V_{\text{load}})}{Z_{\text{m}}}$$

数值结果为

$$|I_{\text{m}}\left(P_{\text{load}}, V_{\text{load}}\right)| = 1.41\text{A} \quad \arg\left(I_{\text{m}}\left(P_{\text{load}}, V_{\text{load}}\right)\right) = -20.3°$$

根据 KCL，一次电流为励磁电流与二次折算电流之和，即

$$I_{\text{p}}(P_{\text{load}}, V_{\text{load}}) := I_{\text{m}}(P_{\text{load}}, V_{\text{load}}) + I_{\text{st}}(P_{\text{load}}, V_{\text{load}})$$

数值结果为

$$|I_{\text{p}}(P_{\text{load}}, V_{\text{load}})| = 115.0\text{A} \quad \arg(I_{\text{p}}(P_{\text{load}}, V_{\text{load}})) = -36.7°$$

应用 KVL，电网供电电压为一次感应电动势与电网阻抗、一次阻抗电压降之和，即

$$V_{\text{net}}(P_{\text{load}}, V_{\text{load}}) := E_{\text{p}}(P_{\text{load}}, V_{\text{load}}) + I_{\text{p}}(P_{\text{load}}, V_{\text{load}})(jX_{\text{net}} + Z_{\text{p}})$$

数值结果为

$$|V_{\text{net}}(P_{\text{load}}, V_{\text{load}})| = 478.4\text{V} \quad \arg(V_{\text{net}}(P_{\text{load}}, V_{\text{load}})) = 4.3°$$

随着以上关系式的建立，给定供电电压和负载功率时的负载电压可以用 Mathcad 中的 root 函数求解系列方程来获得，即

$$V_{\text{load.o}}(P_{\text{load}}) := \text{root}(V_{\text{net}}(P_{\text{load}}, V_{\text{load}}) - 440\text{V}, V_{\text{load}})$$

空载和给定负载时的电压为

$$|V_{\text{load.o}}(0\text{MV})| = 219.9\text{V} \quad \arg(V_{\text{load.o}}(0\text{MW})) = -0.0°$$

$$|V_{\text{load.o}}(40\text{kW})| = 198.6\text{V} \quad \arg(V_{\text{load.o}}(40\text{kW})) = -5.2°$$

然后计算电压调整率：

$$\text{reg}(P_{\text{load}}) := \frac{|V_{\text{load.o}}(0\text{kW}) - V_{\text{load.o}}(P_{\text{load}})|}{|V_{\text{load.o}}(P_{\text{load}})|} \quad \text{reg}(40\text{kW}) = 14.3\%$$

该电压调整率从运行方面来说，超过了许可值。对应于 5% 电压变化率的负载为

$$P_{\text{load\_5\%}} := \text{root}(\text{reg}(P_{\text{load}}) - 5\%, P_{\text{load}}) = 15.9\text{kW}$$

此时的负载电压为

$$V_{\text{load\_5\%}} := V_{\text{load.o}}(P_{\text{load\_5\%}})$$

$$|V_{\text{load\_5\%}}| = 212.2\text{V} \quad \arg(V_{\text{load\_5\%}}) = -2.0°$$

接下来计算传输效率，即输出（负载）功率与输入（供电）功率的比值。根据电压调整率计算的结果，后面用负载功率 $P_{\text{load}} = 10\text{MW}$ 进行公式的验算。利用上述的过程，计算给定负载时的负载电压。

根据负载功率计算二次电流，并折算到一次侧，结果为

$$I_{\text{s}}(P_{\text{load}}) := \overline{\frac{S_{\text{load}}(P_{\text{load}})}{V_{\text{load.o}}(P_{\text{load}})}} \quad I_{\text{st}}(P_{\text{load}}) := \frac{I_{\text{s}}(P_{\text{load}})}{T_{\text{R}}}$$

变压器二次电动势和一次电动势为

$$E_{\text{s}}(P_{\text{load}}) := V_{\text{load.o}}(P_{\text{load}}) + I_{\text{s}}(P_{\text{load}})Z_{\text{s}}$$

$$E_{\text{p}}(P_{\text{load}}) := T_{\text{R}}E_{\text{s}}(P_{\text{load}})$$

励磁电流和供电电流为

$$I_{\text{m}}(P_{\text{load}}) := \frac{E_{\text{p}}(P_{\text{load}})}{Z_{\text{m}}} \quad I_{\text{p}}(P_{\text{load}}) := I_{\text{m}}(P_{\text{load}}) + I_{\text{st}}(P_{\text{load}})$$

电网电压为额定值，则输入复功率为

$$S_{\text{net}}(P_{\text{load}}) := 440\text{V} \, \overline{I_{\text{p}}(P_{\text{load}})}$$

对应电压调整率为 5% 的输入有功功率为

$$P_{\text{net}}(P_{\text{load}}) := Re(S_{\text{net}}(P_{\text{load}})) \quad P_{\text{net}}(P_{\text{load\_5\%}}) = 16.6\text{kW}$$

功率因数是复功率相位角的余弦：

$$pf_{net}(P_{load}) := \cos(\arg(S_{net}(P_{load})))$$

对应 5% 电压调整率的数值为 $\quad pf_{net}(P_{load\_5\%}) = 0.784$

另外，功率因数还等于有功功率与复功率绝对值的比值，即

$$pf2_{net}(P_{load}) := \frac{P_{net}(P_{load})}{|S_{net}(P_{load})|} \quad pf2_{net}(P_{load\_5\%}) = 0.784$$

系统的效率为输出（负载）功率与输入（供电）功率的比值，即

$$effi(P_{load}) := \frac{P_{load}}{P_{net}(P_{load})}$$

在电压调整率为 5% 的工作点，效率为 $effi(P_{load\_5\%}) = 95.8\%$。

图 7.23 所示为电压调整率、效率和功率因数与负载功率的变化关系。可见，电压调整率与负载成线性关系。效率随着负载增大而快速增大，到一定程度后接近常数。

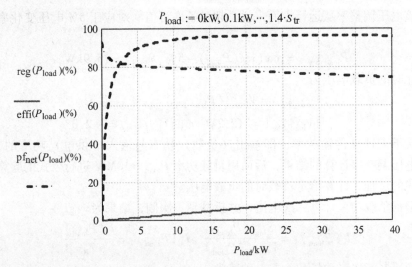

图 7.23　电压调整率、效率和功率因数与负载功率的关系

7.2.3　变压器等效电路参数的确定

变压器等效电路的参数可以通过开路和短路试验来确定。每个试验中测量输入电压、输入电流和功率，根据测试的数据计算等效电路的参数。根据可用的电源情况，试验可以在一次侧或二次侧进行。通过试验获得的等效电路参数位于变压器的同一侧。本节的分析中，开路试验在一次侧加压，短路试验在二次侧加压。

以下通过相关推导和数值例子，介绍根据开路和短路试验确定变压器参数的

方法。一台单相变压器的额定值为

$$M := 10^6 \quad S_{tr} := 20\mathrm{MV \cdot A} \quad V_p := 12.7\mathrm{kV} \quad V_s := 69.28\mathrm{kV}$$

7.2.3.1 短路试验

图 7.24 所示为短路试验的等效电路，图示为在二次侧加压和试验。变压器的一次侧短路，二次侧施加降低了电压的电源。电源电压降低到使变压器的电流接近额定值的水平。在二次侧测量的电流、电压和功率结果为

$$V_{sh\_s} := 6\mathrm{kV} \quad I_{sh\_s} := 290\mathrm{A} \quad P_{sh\_s} := 0.8\mathrm{MW}$$

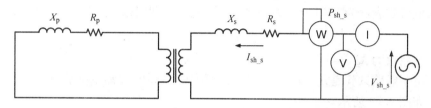

图 7.24　短路试验的等效电路（在二次侧加压和试验）

7.2.3.2 短路试验分析

短路试验的结果可以得到变压器的串联阻抗。首先根据式（7.14）把一次阻抗和短路情况折算到二次侧，即可在电路里去掉变压器，得到如图 7.25 所示的简化电路。然后把折算后的一次阻抗与二次阻抗进行合并，得到进一步简化的电路，如图 7.26 所示，图中：

$$R_{e\_s} = \frac{R_p}{T^2} + R_s$$

$$X_{e\_s} = \frac{X_p}{T^2} + X_s$$

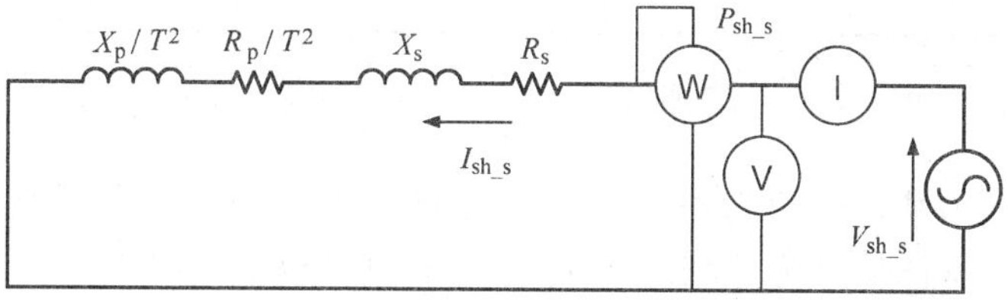

图 7.25　短路试验的简化等效电路

图 7.26 所示的简化电路表明，变压器的短路阻抗为一个电阻和一个电抗的串联。电路中电源输入的功率等于电阻上的损耗。因此电阻可以根据短路试验测量的输入功率与电流直接进行计算，即

$$R_{e\_s} := \frac{P_{sh\_s}}{I_{sh\_s}^2} \tag{7.17}$$

相应的数据为 $R_{e\_s} = 9.51\Omega$。

电抗的绝对值等于电源与电流的比值，即

$$Z_{sh\_s} := \frac{V_{sh\_s}}{I_{sh\_s}} \quad (7.18)$$

数值为 $Z_{sh\_e} = 20.7\Omega$。

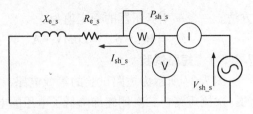

图 7.26 计算串联阻抗的简化电路

阻抗时电阻和电抗的串联，其绝对值可以表示为 $|Z| = \sqrt{R^2 + X^2}$，根据该式可得电抗为

$$X_{e\_s} := \sqrt{Z_{sh\_s}^2 - R_{e\_s}^2} \quad (7.19)$$

其数值为 $X_{e\_s} = 18.4\Omega$。

由于短路试验是在二次侧进行的，所得电阻和电抗都是折算到二次侧的数值，如图 7.29 所示。

7.2.3.3 开路试验

开路试验时，变压器的二次侧开路，在一次侧施加接近于额定电压的电源，如图 7.27 所示。在一次侧测量的电流、电压和输入功率结果

$$V_{o\_p} := 13\text{kV} \quad I_{o\_p} := 170\text{A} \quad P_{o\_p} := 1.1\text{MW}$$

7.2.3.4 开路试验分析

图 7.27 给出了开路试验的等效电路，图示为在一次侧加压和试验。试验结果可确定变压器的励磁电抗和铁心损耗电阻。

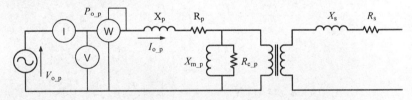

图 7.27 开路试验的等效电路（在一次侧加压和试验）

二次电流为 0，一次绕组中的电流也为 0（$I_p = I_s/T$），可以从图 7.27 的电路中去掉理想变压器（需要注意二次侧开路，但电压不为 0）。另外，一次阻抗与励磁阻抗相比可以忽略，得到如图 7.28 所示的简化等效电路。可以看出，励磁支路由一个电阻 R_{c_p} 和一个电抗 X_{m_p} 并联。根据电路，铁心电阻直接与输入电源并联，可以直接根据输入功率和电压进行计算，即

$$R_{c\_p} := \frac{(V_{o\_p})^2}{P_{o\_p}} \quad (7.20)$$

其数值结果为 $R_{c\_p} = 153.6\Omega$。该数值远远大于前面所得的串联电阻 $R_{e\_s} = 9.51\Omega$，证明了在图 7.27 的电路中确实可以忽略串联电阻 R_p。

励磁支路的导纳时开路试验时电流和电压的比值，即

$$Y_{\text{o\_p}} := \frac{I_{\text{o\_p}}}{V_{\text{o\_p}}} \quad (7.21)$$

数值为 $Y_{\text{o\_p}} = 0.013\text{S}$。

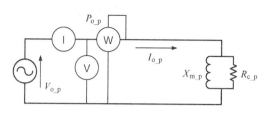

图 7.28 开路试验的简化等效电路

电阻和电抗的并联导纳绝对值可以表示为 $|\boldsymbol{Y}| = \sqrt{G^2 + B^2}$，其中 $G = 1/R$，$B = 1/X$。代入电导 G 和电纳 B 可得

$$|\boldsymbol{Y}| = \sqrt{\frac{1}{R^2} + \frac{1}{X^2}} \quad (7.22)$$

励磁电抗可以根据该导纳方程经整理得到，即

$$X_{\text{m\_p}} := \frac{1}{\sqrt{Y_{\text{o\_p}}^2 - \dfrac{1}{R_{\text{c\_p}}^2}}} \quad (7.23)$$

数值结果为 $X_{\text{m\_p}} = 88.2\Omega$。该数据远远大于前面所得的串联电抗 $R_{\text{e\_s}} = 9.51\Omega$，证明了在图 7.27 的电路中确实可以忽略串联电抗 X_{p}。

由于开路试验是在一次侧进行的，所得的励磁电抗和铁心损耗电阻位于变压器的一次侧，如图 7.29 所示。

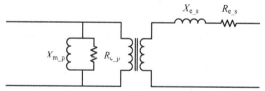

图 7.29 根据开路和短路试验获得的实际变压器等效电路

根据前面的计算结果，可得实际变压器的等效电路。图 7.29 所示的电路可以用于变压器运行的分析。该电路也可以修改为传统形式的等效电路。比如按惯例，根据式 (7.14) 把串联阻抗由二次侧折算到一次侧，并把折算后的阻抗一分为二。其中一半在励磁阻抗之前，另一半在励磁阻抗之后。这是在无法得到准确数值时经常采用的一种近似方法。修改后的电路如图 7.30 所示。

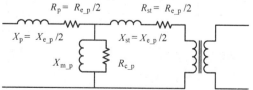

图 7.30 修改后的变压器等效电路（开路状况）

例7.3：变压器并联运行

电网通过两台并联的不匹配变压器和输电线，向负载供电。图 7.31 给出了该系统的单线图。两台变压器的电压比和电抗有一些小的差异。这种不匹配状况可能导致变压器的过载。

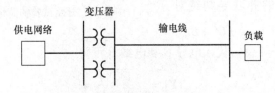

图 7.31　变压器并联运行分析

本例的内容是用数值例子计算变压器的供电电压和负载电流。首先给出系统的参数。电网的额定电压和短路电流为

$$V_{net} := 7.97kV \quad I_{net\_short} := 4kA$$

变压器的额定值为

$$S_{tr1} := 60kV \cdot A \quad V_{tr1\_p} := 7.4kV \quad V_{tr1\_s} := 460V \quad x_{tr1} := 5.0\%$$

$$S_{tr2} := 60kV \cdot A \quad V_{tr2\_p} := 7.8kV \quad V_{tr2\_s} := 460V \quad x_{tr2} := 7.5\%$$

式中，变压器的电抗为基于变压器额定值的标幺值。

输电线的阻抗和长度为

$$Z_{line} := (0.2 + j0.5)\Omega/mile \quad L_{line} := 1500ft$$

负载的功率、功率因数和电压为

$$P_{load} := 80kW \quad pf_{load} := 0.8 \quad （滞后） \quad V_{load} := 440V$$

图 7.32 为图 7.31 中网络的等效电路。其中用戴维南等效电路来表示电网，即一个电压源 V_{net} 与一个电抗 X_{net} 的串联。电网的电抗是电网额定电压与短路电流的比值（设 $X_{net} \gg R_{net}$），即

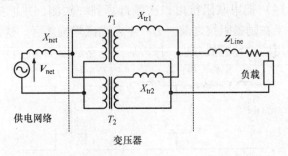

图 7.32　图 7.31 网络的等效电路

$$X_{\text{net}} := \frac{V_{\text{net}}}{I_{\text{net\_short}}} \quad X_{\text{net}} = 1.99\Omega$$

变压器的电抗都放在二次侧，输电线用阻抗 $\mathbf{Z}_{\text{line}}$ 表示。

把供电电网分为 2 个独立电网，各向一台变压器供电，可以使电路化简。独立电网的供电电压与原来的相同，电抗则是原来的 2 倍。分为两部分的电网如图 7.33 所示。

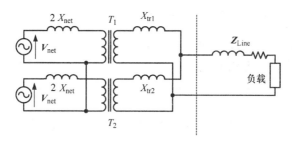

图 7.33　分开电源后的简化等效电路

根据 2 台变压器的额定值计算电压比：

$$T_1 := \frac{V_{\text{tr1\_p}}}{V_{\text{tr1\_s}}} = 16.09 \quad T_2 := \frac{V_{\text{tr2\_p}}}{V_{\text{tr2\_s}}} = 16.96$$

2 台变压器的串联电抗为

$$X_{\text{tr1}} := x_{\text{tr1}} \cdot \frac{V_{\text{tr1\_s}}^2}{S_{\text{tr1}}} \quad X_{\text{tr1}} = 0.176\Omega$$

$$X_{\text{tr2}} := x_{\text{tr2}} \cdot \frac{V_{\text{tr2\_s}}^2}{S_{\text{tr2}}} \quad X_{\text{tr2}} = 0.265\Omega$$

计算时忽略变压器的串联电阻和励磁阻抗。根据式（7.6）和式（7.14）把电网电压和电抗折算到变压器的二次侧，可以使电路进一步简化，如图 7.34 所示。计算时需注意，由于电网被一分为二（见图 7.33），拆分后的电网电抗是整个电网阻抗的 2 倍。然后把电网电抗折算到变压器二次侧，即

$$X_{\text{net1}} := \frac{2X_{\text{net}}}{T_1^2} \quad X_{\text{net1}} = 0.015\Omega$$

$$X_{\text{net2}} := \frac{2X_{\text{net}}}{T_2^2} \quad X_{\text{net2}} = 0.014\Omega$$

负载电流（功率验算滞后）的相量为

$$\mathbf{I}_{\text{load}} := \frac{P_{\text{load}}}{V_{\text{load}}\text{pf}_{\text{load}}} \text{e}^{-j\text{acos}(\text{pf}_{\text{load}})}$$

$$|\mathbf{I}_{\text{load}}| = 227.3\text{A} \quad \arg(\mathbf{I}_{\text{load}}) = -36.9°$$

根据 KVL，节点 a 对地 g 的电压为

$$V_{ag} := V_{load} + I_{load}Z_{line}L_{line} = (469.7 + 18.1j)\,V$$

$$|V_{ag}| = 470.0\,V \quad \arg(V_{ag}) = 2.204°$$

电源支路 1 的阻抗为 $Z_1 := jX_{tr1} + jX_{net1} = 0.192j\,\Omega$。

电源支路 2 的阻抗为 $Z_2 := jX_{tr2} + jX_{net2} = 0.278j\,\Omega$。

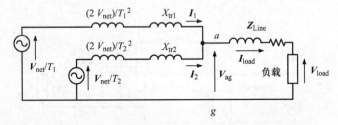

图 7.34　分析变压器并联运行的简化等效电路

电网供电电压根据节点电压方程来计算。每条支路的电流等于电压差与支路阻抗的比值。2 条支路电流之和等于负载电流。节点 a 的 KCL 方程为

$$\frac{\dfrac{V_{net}}{T_1} - V_{ag}}{Z_1} + \frac{\dfrac{V_{net}}{T_2} - V_{ag}}{Z_2} = I_{load}$$

用 Mathcad 的 Find 函数求解该方程。求解时给出一个含有虚部的试探值（初始值），以便 Mathcad 得到复数的解，即

$$V_{net} := 7200\,V + j10\,V$$

假设

$$\frac{\dfrac{V_{net}}{T_1} - V_{ag}}{Z_1} + \frac{\dfrac{V_{net}}{T_2} - V_{ag}}{Z_2} = I_{load}$$

$$V_{network} := Find\ (V_{net})$$

$$|\,V_{network}\,| = 8.00\,kV \quad \arg\ (V_{network}) = 4.56°$$

支路 1 的电流相量为

$$I_1 := \frac{\dfrac{V_{network}}{T_1} - V_{ag}}{Z_1} = (112.0 - 134.8j)\,A$$

$$|I_1| = 175.2\,A \quad \arg(I_1) = -50.3°$$

根据图 7.34，I_1 是变压器 1 的负载电流，即流过变压器 1 二次绕组的电流。下面的计算可以证明，变压器 1 的额定电流小于该负载电流，即变压器 1 严重超载。

$$I_{tr1\_s\_rating} := \frac{S_{tr1}}{V_{tr1\_s}} = 130.4A$$

支路 2 的电流为

$$I_2 := \frac{\dfrac{V_{network}}{T_2} - V_{ag}}{Z_2} = (69.84 - 1.56j)\,A$$

$$|I_2| = 69.9A \quad \arg(I_2) = -1.28°$$

根据图 7.34, I_2 是变压器 2 的负载电流。下面的计算可以证明, 变压器 2 的额定电流大于该负载电流:

$$I_{tr2\_s\_rating} := \frac{S_{tr2}}{V_{tr2\_s}} = 130.4A$$

结果表明, 由于 2 台变压器的电压比和阻抗不匹配, 导致变压器 1 出现过载。

如果是相同的变压器并联, 负载电流将在变压器之间均为分配, 每个变压器的负载电流为 $|I_{load}|/2 = 113.6A$, 这个值小于各个变压器的额定电流。

本例说明, 即使并联运行的变压器只存在很小的不匹配, 也会导致过载的发生。

7.3 三相变压器

一台超人型电力变压器如图 7.35 所示。多数三相变压器采用三柱铁心, 如图 7.36 所示。也可以用 3 台单相变压器连接成三相变压器组。三相变压器的规格由总视在功率 (容量) 和额定电压来表示。不论变压器如何连接, 额定功率为三相总功率, 额定电压指线电压。出线端对中性点 (如果有) 的电压并非额定电压。额定电流是对应额定容量的线电流。额定相电流与连接方式 (星形或三角形) 有关。如果是星形联结, 额定相电流等于额定线电流, 可以根据额定电压对应的相电压来计算, 即

$$I_{rate}^{Y} = \frac{|S|/3}{V_{rate}/\sqrt{3}} = \frac{|S|}{\sqrt{3}V_{rate}} \tag{7.24}$$

如果变压器是三角形联结, 额定电流为

$$I_{rate}^{\triangle} = \frac{|S|/3}{V_{rate}} = \frac{|S|}{3V_{rate}} \tag{7.25}$$

相应的线电流为

$$I_{line}^{\triangle} = \sqrt{3}I_{rate}^{\triangle} = \sqrt{3}\frac{|S|}{3V_{rate}} = \frac{|S|}{\sqrt{3}V_{rate}} \tag{7.26}$$

图 7.35 超大型电力变压器（西门子公司，德国埃朗根）

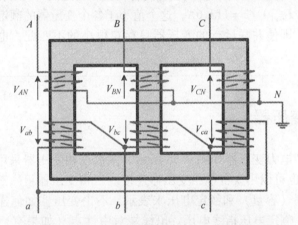

图 7.36 三铁心柱星形 – 三角形联结的三相变压器

因此线电流的计算与连接方式无关，注意所有的 V_{rate} 都是指线电压。

三相变压器常用的连接方式如下：

星形 – 星形（丫 – 丫）：存在不平衡和三次谐波问题，很少使用。

星形 – 星形 – 三角形（丫 – 丫 – △）：常用于高压（240kV/345kV）电网互连。通过三角形绕组滤掉三次谐波、均衡不平衡电流并提供接地电流的路径。

星形 – 三角形（丫 – △）：常用于降压变（345kV/69kV）。

三角形 – 三角形（△ – △）：用于中压（15kV）系统，其中一个绕组可去掉（开环三角形）。

三角形 – 星形（△ – 丫）：发电厂的升压变。

多数情况下，星形绕组的中性点为了安全而接地。

图 7.36 所示为一台典型的三相三柱式变压器。其铁心有 3 个等横截面积的铁心柱。每个铁心柱上绕制有一次和二次绕组。图中变压器一次侧（*ABC*）为星形联结，二次侧（*abc*）为三角形联结。变压器可选择前面列出的任何一种连接方式。

变压器通常由三相对称的电源供电，在每个铁心柱中产生磁通。三相磁通之和为 0，因此不需要另外的磁通返回路径。磁通在线圈中产生感应电动势。当变压器带上负载时，在一次和二次绕组中都会产生电流。同一个铁心柱上的两个绕组的电动势和电流分别同相位。因此在星形 – 三角形联结的变压器中，相电压 V_{AN}、V_{BN} 和 V_{CN} 对应线电压 V_{ab}、V_{bc} 和 V_{ca}。

以下用数值例子分析三相变压器的运行。

7.3.1　Y – Y 联结

图 7.37 给出了一台星形 – 星形联结的三相变压器，其一次电压、电流与二次电压、电流分别同相位。中性点接地。变压器的电压比为

$$T_{Y-Y} = \frac{N_p}{N_s} = \frac{V_{AN}}{V_{an}} = \frac{I_a}{I_A} \tag{7.27}$$

式中，N_p 为一次绕组的匝数；N_s 为二次绕组的匝数；V_{AB} 为一次侧 *A* 相对 *B* 相的线电压；V_{ab} 为二次侧 *a* 相对 *b* 相的线电压；V_{AN} 为一次侧 *A* 相的相电压；V_{an} 为二次侧 *a* 相的相电压；I_A 为一次侧 *A* 相的线电流；I_a 为二次侧 *a* 相的线电流。

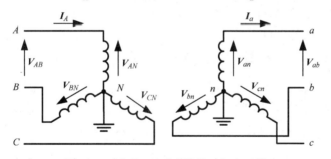

图 7.37　星形 – 星形联结的三相变压器

变压器每侧有 2 个独立电压和 1 个电流。线电压与相电压的比值为 $\sqrt{3}\angle 30°$，即

$$V_{AB} = \sqrt{3}\,V_{AN}\mathrm{e}^{\mathrm{j}30°}$$

$$V_{ab} = \sqrt{3}\,V_{an}\mathrm{e}^{\mathrm{j}30°} \tag{7.28}$$

星形 – 星形联结变压器的电压比可以扩展为

$$T_{Y-Y} = \frac{N_p}{N_s} = \frac{V_{AB}}{V_{ab}} = \frac{V_{AN}}{V_{an}} = \frac{I_a}{I_A} \tag{7.29}$$

电压比的表达式还可以扩展到 B 相和 C 相的电压、电流，即

$$T_{Y-Y} = \frac{N_p}{N_s} = \frac{V_{AN}}{V_{an}} = \frac{I_a}{I_A} = \frac{V_{BN}}{V_{bn}} = \frac{I_b}{I_B} = \frac{V_{CN}}{V_{cn}} = \frac{I_c}{I_C} \tag{7.30}$$

在三相对称的情况下，可用一相的等效电路来简化分析。

例 7.4： 星形－星形联结变压器

以下用数值例子来说明星形－星形联结变压器的运行。三相对称的电网通过一台星形－星形联结变压器向对称负载供电。系统的单线图如图 7.38 所示。计算的目标是负载电压、供电电压、负载功率和功率因数。

首先给出系统的参数，定义乘数 $M =$
10^6。变压器的额定值包括三相复功率、一次和二次线电压以及电抗标幺值，即

$$S_{tr\_3f} := 20MV \cdot A \quad X_{tr} := 11\%$$
$$V_{p\_ll} := 220kV \quad V_{s\_ll} := 120kV$$

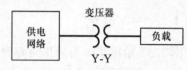

图 7.38 三相电网通过变压器向负载供电

三相负载的参数为

$$P_{load} := 15MW \quad pf_{load} := 0.8 （滞后）$$

三相供电电网的线电压和短路电流为

$$V_{net\_ll} := 225kV \quad I_{net\_short} := 15kA$$

供电电网用戴维南等效电路来表示，即一个电压源与一个电抗的串联（忽略电阻）。变压器的电抗 X_{tr_s} 位于二次侧。忽略变压器的绕组电阻、励磁电抗和铁心损耗电阻。图 7.39 给出了三相等效电路。

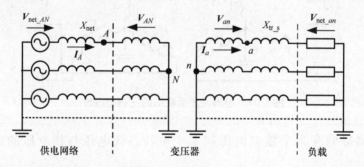

图 7.39　图 7.38 中星形－星形联结变压器系统的等效电路

图 7.39 表明，变压器中性点的接地线为一次和二次电流提供了回流路径。因此可把每相表示为独立的一相等效电路。图 7.40 即 A 相的等效电路，同理可

得 B 相和 C 相的电路。一相等效电路的供电电压为电网的相电压。

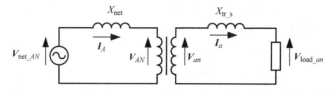

图 7.40　图 7.39 三相星形 – 星形联结变压器系统 A 相的等效电路

首先，计算等效电路的参数，包括变压器的电压比、变压器阻抗、电网相电压和阻抗以及一相的负载。

电网的相电压和阻抗为

$$V_{\text{net\_ln}} := \frac{V_{\text{net\_ll}}}{3} \quad V_{\text{net\_ln}} = 129.9 \text{kV}$$

$$X_{\text{net}} := \frac{V_{\text{net\_ln}}}{I_{\text{net\_short}}} \quad X_{\text{net}} = 8.66\Omega$$

对于对称负载，每个电路的负载功率为总三相功率的 1/3，即

$$P_{\text{load\_lp}} := \frac{P_{\text{load}}}{3} \quad P_{\text{load\_lp}} = 5.00 \text{MW}$$

根据式（7.27）和变压器的额定值计算电压比：

$$T_{\text{tr}} := \frac{V_{\text{p\_ll}}}{V_{\text{s\_ll}}} \quad T_{\text{tr}} = 1.833$$

变压器阻抗为

$$X_{\text{tr\_s}} := x_{\text{tr}} \cdot \frac{V_{\text{s\_ll}}^2}{S_{\text{tr\_3f}}} \quad X_{\text{tr\_s}} = 79.2\Omega$$

本例的分析中以负载电压为变量，用以下数据进行验算：

$$V_{\text{load}} := 120 \text{kV}$$

负载的相电压为

$$V_{\text{load\_ln}}(V_{\text{load}}) := \frac{V_{\text{load}}}{\sqrt{3}} \quad V_{\text{load\_ln}}(V_{\text{load}}) = 69.3 \text{kV}$$

负载电流根据一相功率、相电压和功率因数计算，即

$$I_{\text{load}}(V_{\text{load}}) := \frac{P_{\text{load\_lp}}}{V_{\text{lpad\_ln}}(V_{\text{load}}) \text{pf}_{\text{load}}} e^{-\text{jacos}(\text{pf}_{\text{load}})}$$

$$|I_{\text{load}}(V_{\text{load}})| = 90.2 \text{A} \quad \arg(I_{\text{load}}(V_{\text{load}})) = -36.9°$$

根据 KVL，理想变压器二次电动势等于负载电压加上负载电流在变压器电抗上的电压降，即

$$E_s(V_{load}) := V_{load\_ln}(V_{load}) + jX_{tr\_s}I_{load}(V_{load})$$

$$|E_s(V_{load})| = 73.8\text{kV} \quad \arg(E_s(V_{load})) = 4.44°$$

变压器二次电流等于负载电流，即

$$I_s(V_{load}) := I_{load}(V_{load})$$

$$|I_s(V_{load})| = 90.2\text{A} \quad \arg(I_s(V_{load})) = -36.9°$$

根据二次电动势乘以电压比，二次电流除以电压比，计算变压器一次电压 V_{AN} 和电流 I_A，可得

$$E_p(V_{load}) := E_s(V_{load})T_{tr}$$

$$|E_p(V_{load})| = 135.3\text{kV} \quad \arg(E_p(V_{load})) = 4.44°$$

$$I_p(V_{load}) := \frac{I_s(V_{load})}{T_{tr}}$$

$$|I_p(V_{load})| = 49.2\text{A} \quad \arg(I_p(V_{load})) = -36.9°$$

根据图 7.40 中的电路，供电电压与变压器一次电动势加上电网电抗上的电压降，供电电压与负载电压的关系为

$$V_{sup\_ln}(V_{load}) := E_p(V_{load}) + jX_{net}I_p(V_{load})$$

$$|V_{sup\_ln}(V_{load})| = 135.6\text{kV} \quad \arg(V_{sup\_ln}(V_{load})) = 4.6°$$

可根据求解以下方程，获得供电电压为额定电压时的负载电压，即

$$V_{net\_ln} = V_{sup\_ln}(V_{load})$$

在 Mathcad 中求解的结果为

$$V_{load} := 120\text{kV} + j10\text{kV}$$

假设

$$V_{net\_ln} = V_{sup\_ln}(V_{load})$$

$$V_{load\_ll} := \text{Find}(V_{load})$$

负载的线电压为

$$|V_{load\_ll}| = 116.4\text{kV} \quad \arg(V_{load\_ll}) = -5.5°$$

运行时要求系统的电压调整率小于 5%，该负载时的实际电压调整率为

$$\text{Reg} := \frac{V_{net\_ll} - |V_{load\_ll}T_{tr}|}{|V_{load\_ll}T_{tr}|} \quad \text{Reg} = 5.4\%$$

该数据表明系统过载。

上述方法也可以分析不对称负载，在每相的独立等效电路中进行计算，得到 3 个不同的方程。求解可利用 Mathcad 或 MATLAB，得到每相的负载电压。

7.3.2 Y-△联结

图 7.41 给出了星形-三角形联结三相变压器的电路图。其中一次绕组 AN

与二次绕组 ab 位于同一个铁心柱上，如图 7.36 所示。因此一次相电压 V_{AN} 与二次线电压 V_{ab} 同相位，一次电流 I_A 与二次电流 I_{ba} 同相位。该星形 – 三角形联结变压器的实际电压比为

$$T_{Y-\triangle} = \frac{N_p}{N_s} = \frac{V_{AN}}{V_{ab}} = \frac{I_{ba}}{I_A} \qquad (7.31)$$

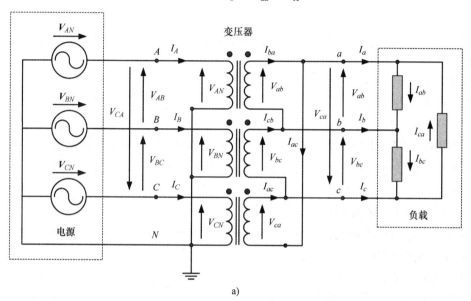

a)

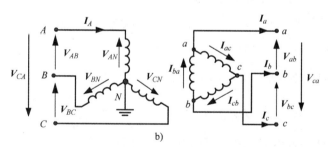

b)

图 7.41 星形 – 三角形联结变压器

a）电路连接详图 b）变压器的电流和电压

同理，V_{BN} 与 V_{bc} 位于同一个铁心柱，两者相位相同，大小关系也适用式（7.31）中的电压比。另外 C 相的 V_{CN} 和 V_{ca} 具有相似的关系。如图 7.41a 所示。

一次线电压是相电压的 $\sqrt{3}$ 倍，在对称系统中两者相位差为 30°，即

$$V_{AB} = V_{AN} - V_{BN} = V_{AN} - V_{AN}e^{-j120°} = \sqrt{3}V_{AN}e^{j30°} \qquad (7.32)$$

另外，由于一次相电压与二次线电压同相位，一次线电压和二次线电压之间的相位差也是 30°。

图7.41a 表明，二次线电压向负载提供电流。产生负载电流 I_{ab} 由节点 a 流向节点 b，以及变压器绕组电流 I_{ba} 由节点 b 流向节点 a。在对称负载情况下，根据图7.41，二次线电流 I_a 为

$$I_a = I_{ba} - I_{ac} = I_{ba} - I_{ba}e^{-j240°} = \sqrt{3}I_{ba}e^{-j30°} \tag{7.33}$$

这时，三角形联结的二次绕组电流 I_{ba} 与一次电流 I_A 同相位，因此一次线电流和二次线电流之间有 30° 的相位差。

上述分析表明，星形–三角形联结的变压器使线电流和线电压都产生 30° 的相位移动。具体地，二次线电流落后相应一次线电流 –30°，二次线电压落后一次线电压 –30°。

一相等效电路

在对称负载和对称电源情况下，图7.42 所示的一相等效电路可以表示星形–三角形联结的三相变压器。二次侧的三角形联结绕组可以用星形绕组等效。等效星形绕组的线电压与三角形绕组的相同。二次相电压等于线电压除以 $\sqrt{3}$，即

$$V_{ab} = \sqrt{3}V_{an}e^{j30°} \tag{7.34}$$

问题在于，等效的星形电路不能产生 30° 的相移。这需要通过在电压比上人为加上 30° 的相移来解决。用于星形–三角形联结变压器一相等效电路的人为电压比定义为

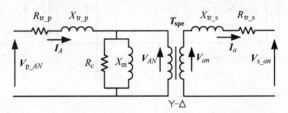

图7.42 星形–三角形联结变压器一相等效电路

$$T_{Y-\triangle}^{spe} \equiv \frac{V_{AB}}{V_{ab}} \tag{7.35}$$

该比值是一个复数。把式（7.32）和式（7.34）代入式（7.35），可得

$$T_{Y-\triangle}^{spe} = \frac{V_{AB}}{V_{ab}} = \frac{V_{AN}\sqrt{3}e^{j30°}}{V_{ab}} = \frac{V_{AN}}{V_{an}} \tag{7.36}$$

式（7.31）表明 V_{AN} 与 V_{ab} 同相位（位于同一铁心柱）。同理，V_{AB} 领先 V_{ab} 30°，V_{AN} 领先 V_{an} 30°。把式（7.31）代入式（7.36），得电压比的实用表达式：

$$T_{Y-\triangle}^{spe} = \frac{V_{AB}}{V_{ab}} = T_{Y-\triangle}\sqrt{3}e^{j30°} = \left|\frac{V_{AB}}{V_{ab}}\right|e^{j30°} \tag{7.37}$$

另外，变压器一次和二次复功率相等，即

$$S_P = S_S$$

$$V_{AN}I_A^* = V_{an}I_a^* \tag{7.38}$$

将上面第2个式子与式（7.36）相比较，可得

$$T_{\curlyvee-\triangle}^{\mathrm{spe}} \equiv \frac{V_{\mathrm{AN}}}{V_{\mathrm{an}}} = \frac{I_{\mathrm{a}}^*}{I_{\mathrm{A}}^*} \tag{7.39}$$

如果把式（7.33）代入上式，可得进一步的表达式，仅对该星形 – 三角形电路有效：

$$T_{\curlyvee-\triangle}^{\mathrm{spe}} = \frac{I_{\mathrm{a}}^*}{I_{\mathrm{A}}^*} = \frac{(I_{\mathrm{ba}}\sqrt{3}\mathrm{e}^{-\mathrm{j}30°})^*}{I_{\mathrm{A}}^*} \tag{7.40}$$

该人为电流比是一个数学表达式，作用是把对称负载的星形 – 三角形联结三相变压器表示为一相等效电路。如图 7.42 所示。该等效电路可用于计算电压降、电压调整率和效率等。

7.3.3 △ – 丫联结

图 7.43 所示为三角形 – 星形联结三相变压器的连接图。其中一次绕组 AB 与二次绕组 an 位于同一个铁心柱上。因此一次线电压 V_{AB} 与二次相电压 V_{an} 同相位，一次电流 I_{AB} 与二次电流 I_{a} 同相位。该 △ – 丫联结变压器的实际电压比为

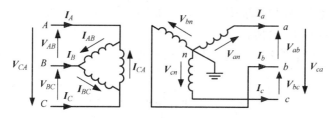

图 7.43　三角形 – 星形联结变压器

$$T_{\triangle-\curlyvee} = \frac{N_{\mathrm{p}}}{N_{\mathrm{s}}} = \frac{V_{\mathrm{AB}}}{V_{\mathrm{an}}} = \frac{I_{\mathrm{a}}}{I_{\mathrm{AB}}} \tag{7.41}$$

该变压器产生 30° 的相移。在对称负载和电源的情况下，三角形电源可用星形电源等效。与前面的星形 – 三角形联结变压器类似，采用一个带有 – 30° 的相移的人为电压比可以建立一相等效电路，两种变压器等效电路的形式是一样的。类似于式（7.35）定义复数电压比如下：

$$T_{\triangle-\curlyvee}^{\mathrm{spe}} = \frac{V_{\mathrm{AB}}}{V_{\mathrm{ab}}} \tag{7.42}$$

前面星形 – 三角形联结变压器相关推导方式在这里同样适用，于是可得

$$T_{\triangle-\curlyvee}^{\mathrm{spe}} = \frac{V_{\mathrm{AB}}}{V_{\mathrm{ab}}} = \frac{V_{\mathrm{AB}}}{V_{\mathrm{an}}}\frac{\mathrm{e}^{-\mathrm{j}30°}}{\sqrt{3}} = \frac{V_{\mathrm{AN}}}{V_{\mathrm{an}}} = \frac{I_{\mathrm{a}}^*}{I_{\mathrm{A}}^*} \tag{7.43}$$

式（7.41）表明 V_{AB} 与 V_{an} 同相位（位于同一铁心柱）。同理，V_{AB} 领先 V_{ab} 为 – 30°，V_{AN} 领先 V_{an} 为 – 30°。把式（7.41）代入式（7.43），得三角形 – 星形

联结变压器人为电压比的表达式：

$$T^{spe}_{\triangle\text{-}Y} = \frac{V_{AB}}{V_{ab}} = \frac{T_{\triangle\text{-}Y}}{\sqrt{3}}e^{-j30°} = \left|\frac{V_{AB}}{V_{ab}}\right|e^{-j30°} \tag{7.44}$$

根据图7.43，一次线电流 I_A 与相电流 I_{AB} 可以表示为

$$I_A = I_{AB} - I_{CA} = I_{AB} - I_{AB}e^{-j240°} = \sqrt{3}I_{AB}e^{-j30°} \tag{7.45}$$

把该式代入（7.43）得仅对此△-丫变压器成立的关系式：

$$T^{spe}_{\triangle\text{-}Y} = \frac{I_a^*}{I_A^*} = \frac{I_a^*}{(\sqrt{3}I_{AB}e^{-j30°})^*} \tag{7.46}$$

7.3.4 △-△联结

图7.44所示为三角形-三角形联结三相变压器。其一次和二次线电压和线电流分别同相位，即变压器不产生相移。三角形联结绕组可以用星形联结等效。在对称负载情况下，

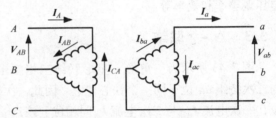

图7.44 三角形-三角形联结变压器

可用一相等效电路来表示。变压器电压比等于一次线电压与二次线电压的比值，即

$$T_{\triangle\text{-}\triangle} = \frac{N_p}{N_s} = \frac{V_{AB}}{V_{ab}} = \frac{I_a}{I_A} = \frac{I_{ba}}{I_{AB}} \tag{7.47}$$

三角形-三角形联结变压器没有相移，不需要使用人为电压比。

7.3.5 小结

三相变压器的连接方式及其特点总结在表7.1中。在对称负载情况下，三相变压器可用一相等效电路来表示。对于星形-三角形或三角形-星形变压器，等效电路中电压比需要乘以 $e^{\pm j30°}$。

表7.1 三相变压器连接关系

变压器连接方式	一次和二次电压相位关系	相移[①]	位于同一铁心柱的绕组
星形-星形	V_{AN} 与 V_{an} 同相位	0	A 和 a
星形-三角形	V_{AN} 与 V_{ab} 同相位	30°	A 和 ab
三角形-星形	V_{AB} 与 V_{an} 同相位	-30°	AB 和 a
三角形-三角形	V_{AB} 与 V_{ab} 同相位	0	AB 和 ab

① 相移是指线电压之间（V_{AB} 与 V_{ab}）、相电压之间（V_{AN} 与 V_{an}）或电流之间（I_A 与 I_a）的相位差。

7.3.6 三相变压器分析

前面提到过，3台单相变压器可以连接为1台三相变压器组。下面分析该三

相变压器组带对称电感性负载的情况。分析时把变压器视作理想变压器，忽略串联阻抗和励磁电流。计算 4 种情况时的变压器一次和二次电压、电流。

① 星形 – 星形。

② 星形 – 三角形。

③ 三角形 – 星形。

④ 三角形 – 三角形。

每台单相变压器的额定值为

$$S_{tr}: = 100 \text{kV} \cdot \text{A} \quad V_p: = 7.967 \text{kV} \quad V_s: = 120 \text{V}$$

三相负载的数据为

$$P_{load}: = 240 \text{kW} \quad \text{pf}_{load}: = 0.8 \ （滞后）$$

每台变压器的负载为该负载的 1/3：

$$S_{tr\_load}: = \frac{P_{load}}{3 \cdot \text{pf}_{load}} e^{\text{jacos}(\text{pf}_{load})} = (80 + 60\text{j}) \text{kV} \cdot \text{A} \quad |S_{tr\_load}| = 100 \text{kV} \cdot \text{A}$$

例 7.5：星形 – 星形联结

下面根据图 7.37 来分析星形 – 星形联结变压器。变压器所加的电源三相对称，且相电压等于单台变压器一次额定值。由于 3 台单相变压器为星形联结，系统的标称相电压即为单台变压器的额定电压。选电压 V_{AN} 为参考相量，其相位角为 0，则有

$$V_{AN}: = V_p = 7.967 \text{kV} \quad |V_{AN}| = 7.97 \text{kV} \quad \arg(V_{AN}) = 0.0°$$

$$V_{BN}: = V_{AN} e^{-\text{j}120°} \quad |V_{BN}| = 7.97 \text{kV} \quad \arg(V_{BN}) = -120.0°$$

$$V_{CN}: = V_{AN} e^{-\text{j}240°} \quad |V_{CN}| = 7.97 \text{kV} \quad \arg(V_{CN}) = 120.0°$$

根据 KVL，电源的线电压 V_{AB} 为

$$V_{AB}: = V_{AN} - V_{BN} \quad |V_{AB}| = 13.8 \text{kV} \quad \arg(V_{AB}) = 30.0°$$

在对称系统中，电压 V_{BC} 和 V_{CA} 具有同样的有效值，相位分别落后 V_{AB} 为 120°和 240°，即

$$V_{BC}: = V_{BN} - V_{CA} \quad |V_{BC}| = 13.8 \text{kV} \quad \arg(V_{BC}) = -90.0°$$

$$V_{CA}: = V_{CN} - V_{AN} \quad |V_{CA}| = 13.8 \text{kV} \quad \arg(V_{CA}) = 150.0°$$

A 相一次线电流为

$$I_A: = \left(\overline{\frac{S_{tr\_load}}{V_{AN}}} \right) \quad |I_A| = 12.55 \text{A} \quad \arg(I_A) = -36.9°$$

电流 I_B 和 I_C 具有同样的有效值，相位分别为 $-36.87° - 120° = -156.87°$ 和 $-36.87° - 240° = -276.87°$（或 83.13°），即

$$I_B: = \left(\overline{\frac{S_{tr\_load}}{V_{BN}}} \right) \quad |I_B| = 12.55 \text{A} \quad \arg(I_B) = -156.9°$$

$$I_C := \left(\overline{\dfrac{S_{\text{tr\_load}}}{V_{\text{CN}}}} \right) \quad |I_C| = 12.55\text{A} \quad \arg(I_C) = 83.1°$$

变压器组的二次相电压等于单台变压器二次额定电压，赋予相位可得：

$$V_{\text{an}} := V_s = 120\text{V} \quad |V_{\text{an}}| = 120\text{V} \quad \arg(V_{\text{an}}) = 0.0°$$

$$V_{\text{bn}} := V_{\text{an}}e^{-j120°} \quad |V_{\text{bn}}| = 120\text{V} \quad \arg(V_{\text{bn}}) = -120.0°$$

$$V_{\text{cn}} := V_{\text{an}}e^{-j240°} \quad |V_{\text{cn}}| = 120\text{V} \quad \arg(V_{\text{cn}}) = 120.0°$$

根据 KVL，二次线电压 V_{ab} 为

$$V_{\text{ab}} := V_{\text{an}} - V_{\text{bn}} \quad |V_{\text{ab}}| = 207.8\text{V} \quad \arg(V_{\text{ab}}) = 30.0°$$

该电压可以直接由下式确定：

$$V_{\text{ab}} := \sqrt{3} \cdot V_{\text{an}}e^{j30°} \quad |V_{\text{ab}}| = 207.8\text{V} \quad \arg(V_{\text{ab}}) = 30.0°$$

电压 V_{bc} 和 V_{ca} 具有同样的有效值，相位分别为 $30° - 120° = -90°$ 和 $30° - 240° = -210°$（或 $150°$），即

$$V_{\text{bc}} := V_{\text{bn}} - V_{\text{cn}} \quad |V_{\text{bc}}| = 207.8\text{V} \quad \arg(V_{\text{bc}}) = -90.0°$$

$$V_{\text{ca}} := V_{\text{cn}} - V_{\text{an}} \quad |V_{\text{ca}}| = 207.8\text{V} \quad \arg(V_{\text{ca}}) = 150.0°$$

与一次侧同样方法得二次线电流为

$$I_a := \left(\overline{\dfrac{S_{\text{tr\_load}}}{V_{\text{an}}}} \right) \quad |I_a| = 833.3\text{A} \quad \arg(I_a) = -36.9°$$

$$I_b := \left(\overline{\dfrac{S_{\text{tr\_load}}}{V_{\text{bn}}}} \right) \quad |I_b| = 833.3\text{A} \quad \arg(I_b) = -156.9°$$

$$I_c := \left(\overline{\dfrac{S_{\text{tr\_load}}}{V_{\text{cn}}}} \right) \quad |I_c| = 833.3\text{A} \quad \arg(I_c) = 83.1°$$

以上结果表明，一次电压、电流和二次电压、电流分别同相位。理想的星形-星形联结变压器不产生相移。

在对称负载的情况下，可以用一相等效电路表示星形-星形联结变压器。理想变压器的电压比为

$$T_{\text{Y\_Y}} := \dfrac{V_{\text{AN}}}{V_{\text{an}}} \quad T_{\text{Y\_Y}} = 66.4$$

利用式（7.27）电压比还可以用几个不同的公式来计算：

$$\dfrac{V_{\text{AB}}}{V_{\text{ab}}} = 66.4 \quad \dfrac{I_a}{I_A} = 66.4 \quad \dfrac{V_p}{V_s} = 66.4$$

例7.6：星形-三角形联结

星形-三角形联结变压器的一次侧参数的计算与上面的例题相同（因为都是星形联结）。下面采用一个略有不同的计算方法计算电压和电流。一次绕组所

加对称电源的相电压等于单台变压器的额定电压，即

$$V_{AN} := V_p \quad V_{AN} = 7.967 \text{kV}$$

电源的线电压（如 V_{AB}）可根据式（7.32）计算，即

$$V_{AB} := V_{AN}\sqrt{3}e^{j30°} \quad |V_{AB}| = 13.8 \text{kV} \quad \arg(V_{AB}) = 30.0°$$

电压 V_{BC} 和 V_{CA} 具有同样的有效值，相位分别为 $30° - 120° = -90°$ 和 $30° - 240° = -210°$（或 $150°$）。

一次侧的 A 相电流为

$$I_A := \overline{\left(\frac{S_{tr\_load}}{V_{AN}}\right)} \quad |I_A| = 12.55 \text{A} \quad \arg(I_A) = -36.9°$$

电流 I_B 和 I_C 具有同样的有效值，相位分别为 $-36.87° - 120° = -156.87°$ 和 $-36.87° - 240° = -276.87°$（或 $83.13°$）。

对于二次侧为三角形联结的情况，变压器组的二次线电压等于单台变压器的二次额定电压（见图 7.41a），即

$$V_{ab} := V_s = 120 \text{V} \quad |V_{ab}| = 120 \text{V} \quad \arg(V_{ab}) = 0.0°$$
$$V_{bc} := V_s e^{-j120°} \quad |V_{bc}| = 120 \text{V} \quad \arg(V_{bc}) = -120.0°$$
$$V_{ca} := V_s e^{-j240°} \quad |V_{ca}| = 120 \text{V} \quad \arg(V_{ca}) = 120.0°$$

三角形联结绕组的相电流为

$$I_{ba} := \overline{\left(\frac{S_{tr\_load}}{V_{ab}}\right)} \quad |I_{ba}| = 833.3 \text{A} \quad \arg(I_{ba}) = -36.9°$$

$$I_{cb} := \overline{\left(\frac{S_{tr\_load}}{V_{bc}}\right)} \quad |I_{cb}| = 833.3 \text{A} \quad \arg(I_{cb}) = -156.9°$$

$$I_{ac} := \overline{\left(\frac{S_{tr\_load}}{V_{ca}}\right)} \quad |I_{ac}| = 833.3 \text{A} \quad \arg(I_{ac}) = 83.1°$$

以上相电流与星形 - 星形联结变压器二次绕组的线电流相等。根据 KCL 可得星形 - 三角形联结变压器二次线电流，即

$$I_a := I_{ba} - I_{ac} \quad |I_a| = 1.443 \text{kA} \quad \arg(I_a) = -66.9°$$
$$I_b := I_{cb} - I_{ba} \quad |I_b| = 1.443 \text{kA} \quad \arg(I_b) = 173.1°$$
$$I_c := I_{ac} - I_{cb} \quad |I_c| = 1.443 \text{kA} \quad \arg(I_c) = 53.1°$$

一次和二次线电压、线电流的相移为

$$\phi_V := \arg(V_{AB}) - \arg(V_{ab}) \quad \phi_V = 30.0°$$
$$\phi_I := \arg(I_A) - \arg(I_a) \quad \phi_I = 30.0°$$

即一次和二次线电压、线电流的相移为 $30°$。所以理想的星形 - 三角形联结变压器产生 $30°$ 的相移，一次线变量领先二次侧相应的线变量 $30°$。

变压器实际的电压比为

$$\frac{V_{\mathrm{p}}}{V_{\mathrm{s}}} = 66.4 \quad \frac{V_{\mathrm{AN}}}{V_{\mathrm{ab}}} = 66.4 \quad \frac{I_{\mathrm{ba}}}{I_{\mathrm{A}}} = 66.4$$

在对称负载的情况下，可以用一相等效电路表示星形 – 三角形联结变压器。等效电路中二次相电压为

$$V_{\mathrm{an}} := \frac{V_{\mathrm{ab}} e^{-\mathrm{j}30°}}{\sqrt{3}} \quad |V_{\mathrm{an}}| = 69.3\mathrm{V} \quad \arg(V_{\mathrm{an}}) = -30.0°$$

根据式（7.35）可给出一相等效电路中理想变压器的人为复数电压比，即

$$T_{\mathrm{Y-\triangle}} := \frac{V_{\mathrm{AB}}}{V_{\mathrm{ab}}} = 99.6 + 57.5\mathrm{j} \quad |T_{\mathrm{Y-\triangle}}| = 115.0 \quad \arg\left(T_{\mathrm{Y-\triangle}}\right) = 30.0°$$

根据式（7.36）和式（7.40）可以得到相同的结果，即

$$\frac{V_{\mathrm{AN}}}{V_{\mathrm{an}}} = 99.6 + 57.5\mathrm{j} \quad \frac{V_{\mathrm{AN}}}{V_{\mathrm{ab}}}\sqrt{3}e^{\mathrm{j}30°} = 99.6 + 57.5\mathrm{j}$$

$$\frac{\overline{I_{\mathrm{a}}}}{\overline{I_{\mathrm{A}}}} = 99.6 + 57.5\mathrm{j} \quad \frac{\left(\overline{I_{\mathrm{ba}}\sqrt{3}e^{-\mathrm{j}30°}}\right)}{\overline{I_{\mathrm{A}}}} = 99.6 + 57.5\mathrm{j}$$

例 7.7：三角形 – 星形联结

根据图 7.43 所示的三角形 – 星形联结变压器，设电源线电压等于单台变压器一次额定电压，即

$$V_{\mathrm{AB}} := V_{\mathrm{p}} = 7.967\mathrm{kV} \quad |V_{\mathrm{AB}}| = 7.967\mathrm{kV} \quad \arg(V_{\mathrm{AB}}) = 0.0°$$

$$V_{\mathrm{BC}} := V_{\mathrm{p}} e^{-\mathrm{j}120°} \quad\quad |V_{\mathrm{BC}}| = 7.967\mathrm{kV} \quad \arg(V_{\mathrm{BC}}) = -120.0°$$

$$V_{\mathrm{CA}} := V_{\mathrm{p}} e^{-\mathrm{j}240°} \quad\quad |V_{\mathrm{CA}}| = 7.967\mathrm{kV} \quad \arg(V_{\mathrm{CA}}) = 120°$$

一次绕组（相）电流为

$$I_{\mathrm{AB}} := \left(\overline{\frac{S_{\mathrm{tr\_load}}}{V_{\mathrm{AB}}}}\right) \quad |I_{\mathrm{AB}}| = 12.55\mathrm{A} \quad \arg(I_{\mathrm{AB}}) = -36.9°$$

$$I_{\mathrm{BC}} := \left(\overline{\frac{S_{\mathrm{tr\_load}}}{V_{\mathrm{BC}}}}\right) \quad |I_{\mathrm{BC}}| = 12.55\mathrm{A} \quad \arg(I_{\mathrm{BC}}) = -156.9°$$

$$I_{\mathrm{CA}} := \left(\overline{\frac{S_{\mathrm{tr\_load}}}{V_{\mathrm{CA}}}}\right) \quad |I_{\mathrm{CA}}| = 12.55\mathrm{A} \quad \arg(I_{\mathrm{CA}}) = 83.1°$$

该电流的大小与前两个例子中的相同。

根据图 7.43 和 KCL，一次线电流（电源电流）为

$$I_{\mathrm{A}} := I_{\mathrm{AB}} - I_{\mathrm{CA}} \quad |I_{\mathrm{A}}| = 21.7\mathrm{A} \quad \arg(I_{\mathrm{A}}) = -66.9°$$

$$I_{\mathrm{B}} := I_{\mathrm{BC}} - I_{\mathrm{AB}} \quad |I_{\mathrm{B}}| = 21.7\mathrm{A} \quad \arg(I_{\mathrm{B}}) = 173.1°$$

$$I_{\mathrm{C}} := I_{\mathrm{CA}} - I_{\mathrm{BC}} \quad |I_{\mathrm{C}}| = 21.7\mathrm{A} \quad \arg(I_{\mathrm{C}}) = 53.1°$$

该电源电流的大小是星形联结的 1.732 倍。

对于星形联结的二次绕组，变压器组的相电压等于单台变压器二次额定电压。

$$V_{an} := V_s = 120V$$

二次线电压根据式（7.34）直接计算，即

$$V_{ab} := V_{an}\sqrt{3}e^{j30°} \quad |V_{ab}| = 207.8V \quad arg(V_{ab}) = 30.0°$$

电压 V_{bc} 和 V_{ca} 具有同样的有效值，相位分别为 $30° - 120° = -90°$ 和 $30° - 240° = -210°$（或 $150°$）。

二次侧的 a 相电流为

$$I_a := \overline{\left(\frac{S_{tr\_load}}{V_{an}}\right)} \quad |I_a| = 833.3A \quad arg(I_a) = -36.9°$$

电流 I_b 和 I_c 具有同样的有效值，相位分别为 $-36.87° - 120° = -156.87°$ 和 $-36.87° - 240° = -276.87°$（或 $83.13°$）。

一次和二次线电压、线电流的相移为

$$\phi_V := arg(V_{AB}) - arg(V_{ab}) \quad \phi_V = -30.0°$$

$$\phi_1 := arg(I_A) - arg(I_a) \quad \phi_1 = -30.0°$$

即一次和二次线电压、线电流的相移为 $-30°$。所以理想的星形 – 三角形联结变压器产生 $-30°$ 的相移，一次变量超前二次侧相应的量 $-30°$。

在对称负载的情况下，可以用一相等效电路表示三角形 – 星形联结变压器。根据式（7.43）和式（7.46）可以得到一相电路中理想变压器的人为电压比，即

$$T_{\triangle-Y} := \frac{V_{AB}}{V_{ab}} = 33.2 - 19.2j \quad |T_{\triangle-Y}| = 38.3 \quad arg(T_{\triangle-Y}) = -30°$$

$$\frac{V_{AN}}{V_{an}} = 33.2 - 19.2j \quad \frac{V_{AB}e^{-j30°}}{V_{an}\sqrt{3}} = 33.2 - 19.2j$$

$$\frac{\overline{I_a}}{I_A} = 33.2 - 19.2j \quad \frac{\overline{I_a}}{(I_{AB}\sqrt{3}e^{-j30°})} = 33.2 - 19.2j$$

例7.8：三角形 – 三角形联结

与三角形 – 星形联结变压器类似，三角形 – 三角形联结变压器一次电源的线电压等于单台变压器的一次额定电压：

$$V_{AB} := V_p = 7.967kV$$

根据图7.44，一次绕组（相）电流为

$$I_{AB} := \overline{\left(\frac{S_{tr\_load}}{V_{AB}}\right)} \quad |I_{AB}| = 12.55A \quad arg(I_{AB}) = -36.9°$$

其他两相的电流（I_{BC} 和 I_{CA}）大小和相位关系跟前面的例子一样，不再

赘述。

根据式（7.45）计算一次线电流 I_A，得

$$I_A := I_{AB} - I_{CA} \quad |I_A| = 21.7\mathrm{A} \quad \arg(I_A) = -66.9°$$

电流 I_B 和 I_C 具有同样的有效值，相位分别为 $-66.87° - 120° = -186.87°$（或 $173.13°$）和 $-66.87° - 240° = -306.87°$（或 $53.13°$）。

变压器组的二次线电压等于单台变压器二次额定电压，V_{bc} 和 V_{ca} 分别落后 V_{ab} $120°$ 和 $240°$。

$$V_{ab} := V_s = 120\mathrm{V}$$

二次侧 a 相的相电流为

$$I_{ba} := \left(\overline{\frac{S_{\mathrm{tr\_load}}}{V_{ab}}} \right) \quad |I_{ba}| = 833.3\mathrm{A} \quad \arg(I_{ba}) = -36.9°$$

二次侧 a 相的线电流可以根据 KCL 或式（7.33）计算，得

$$I_a := I_{ba}\sqrt{3}\mathrm{e}^{-\mathrm{j}30°} \quad |I_a| = 1.44\mathrm{kA} \quad \arg(I_a) = -66.9°$$

电流 I_b 和 I_c 具有同样的有效值，相位分别为 $-66.87° - 120° = -186.87°$（或 $173.13°$）和 $-66.87° - 240° = -306.87°$（或 $53.13°$）。

一次和二次线电压、线电流的相移为

$$\phi_V := \arg(V_{AB}) - \arg(V_{ab}) \quad \phi_V = 0.0°$$

$$\phi_I := \arg(I_A) - \arg(I_a) \quad \phi_I = 0.0°$$

即一次和二次线电压、线电流分别同相位。理想的三角形－三角形联结变压器不产生相移。

在对称负载的情况下，可以用一相等效电路表示三角形－三角形联结变压器。根据式（7.47）可以得到一相电路中理想变压器的电压比，即

$$T_{\triangle-\triangle} := \frac{V_{AB}}{V_{ab}} = 66.4 \quad \frac{V_p}{V_s} = 66.4$$

$$\frac{V_{AB}}{V_{ab}} = 66.4 \quad \frac{I_a}{I_A} = 66.4 \quad \frac{I_{ba}}{I_{AB}} = 66.4$$

7.3.7 三相变压器等效电路的参数

以上对不同连接对称系统的分析表明，三相变压器可用一相的等效电路表示，如图 7.40 和图 7.42 所示。可以根据短路试验和开路试验来确定等效电路中的参数。

7.2.3 节中介绍了确定变压器等效电路参数的方法。对三相变压器的试验要测量三相功率、线电流和线电压。

图 7.45 和图 7.46 分别给出了三相变压器开路和短路试验的电路。变压器电源为三相对称。测量输入功率、线电压和线电流以进行等效电路参数的计算。

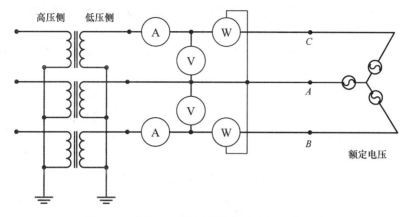

图 7.45　用于三相变压器参数确定的开路试验

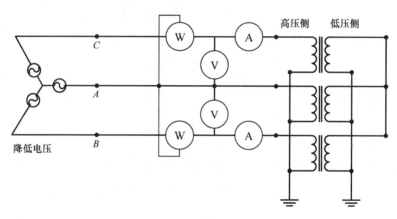

图 7.46　用于三相变压器参数确定的短路试验

图中可见，电流和电压的测量用 2 个电流表和 2 个电压表即可，2 个表的读数应该相等。如果读数有一些小的差异，可以使用其平均值。电压表测量的是线电压，计算中用到的相电压可以用线电压除以$\sqrt{3}$来计算。

功率采用两表法测量。2 个功率表读数之和为三相功率，读数之差乘以$\sqrt{3}$是三相的无功功率［见式（4.6）］。在三相变压器参数计算时，测量所得三相功率除以 3 得到相应的一相功率。以下通过数值例子来说明实际的计算。

例 7.9：

设一台星形 – 星形联结的变压器额定值为

$$S_{tr} := 100kV \cdot A \quad V_p := 4600V \quad V_s := 230V$$

变压器试验的结果如下：

开路试验：一次侧开路，如图 7.45 所示，在二次侧测量的数据为

$$V_{o\_ll} := 230V \quad I_o := 13A \quad P_{o\_3p} := 550W$$

短路试验：二次侧短路，一次侧施加降低的电压，如图 7.46 所示。在一次侧测量的数据为

$$V_{s\_ll} := 160V \quad I_s := 16A \quad P_{s\_3p} := 1200W$$

注意，试验是在变压器不同侧进行的，可参看 7.2.3 节中的例子。

计算变压器参数

开路试验

根据测量的三相功率和线电压计算一相功率和相电压，即

$$V_{o\_ln} := \frac{V_{o\_ll}}{\sqrt{3}} \quad V_{o\_ln} = 132.8V$$

$$P_{o\_lp} := \frac{P_{o\_3p}}{3} \quad P_{o\_lp} = 183.3W$$

表示铁心损耗的电阻根据一相功率来计算，即

$$R_c := \frac{V_{o\_ln}^2}{P_{o\_lp}} \quad R_c = 96.18\Omega$$

电路的导纳为

$$Y_o := \frac{I_o}{V_{o\_ln}} \quad Y_o = 0.098S$$

励磁电抗可根据导纳和铁心损耗电阻来计算，即

$$X_m := \frac{1}{\sqrt{Y_o^2 - \frac{1}{R_c^2}}} \quad X_m = 10.27\Omega$$

还可以根据复功率和无功功率来计算励磁电抗，即

$$S_o := V_{o\_ln}I_o \quad S_o = 1.73kW$$

$$Q_o := \sqrt{S_o^2 - P_{o\_lp}^2} \quad Q_o = 1.72kV \cdot A$$

励磁电抗可根据无功功率来计算，即

$$X_m := \frac{V_{o\_ln}^2}{Q_o} \quad X_m = 10.27\Omega$$

获得的铁心损耗电阻和励磁电抗相互并联，位于等效电路的低压（二次）侧。

短路试验

根据测量的三相功率和线电压计算一相功率和相电压，即

$$V_{s\_ln} := \frac{V_{s\_ll}}{\sqrt{3}} \quad V_{s\_ln} = 92.38\,\mathrm{V}$$

$$P_{s\_lp} := \frac{P_{s\_3p}}{3} \quad P_{s\_lp} = 400\,\mathrm{W}$$

一次和二次电阻之和可以用一相功率和电流来计算，即

$$R_s := \frac{P_{s\_lp}}{I_s^2} \quad R_s = 1.56\,\Omega$$

电路阻抗的幅值为

$$Z_s := \frac{V_{s\_ln}}{I_s} \quad Z_s = 5.77\,\Omega$$

一次和二次漏电抗之和可以阻抗和电阻来计算，即

$$X_s := \sqrt{Z_s^2 - R_s^2} \quad X_s = 5.56\,\Omega$$

获得的组合电阻和组合电抗相互串联，位于等效电路的高压（一次）侧。

7.3.8 计算变压器参数的通用程序

确定单相和三相变压器等效电路的方法已分别在 7.2.3 节和 7.3.7 节中介绍了。下面介绍计算变压器参数的通用 MATLAB 程序，对单相和三相变压器都适用。程序中定义变量 n，$n = 1$ 表示单相，$n = 3$ 表示三相。表 7.2 中给出了通过开路试验可以得到的参数，表 7.3 中给出了通过短路试验可以得到的参数。

表 7.2 开路试验

测量			
	单相	三相	参数
变量	($n = 1$)	$n = 3$	
P_o	一相功率	三相功率	$R_m = \dfrac{(V_o/\sqrt{n})^2}{P_o/n}$
V_o	相电压	线电压	$\lvert Y_m \rvert = \dfrac{I_o}{V_o/\sqrt{n}}$
I_o	线电流	线电流	$X_m = \dfrac{1}{\sqrt{\lvert Y_m \rvert^2 - \dfrac{1}{R_m^2}}}$

表 7.3   短路试验

测量			参数
	单相	三相	
变量	$(n=1)$	$(n=3)$	
P_s	一相功率	三相功率	$R_s = \dfrac{P_s/n}{I_s^2}$
V_s	相电压	线电压	$\lvert Z_s \rvert = \dfrac{V_s/\sqrt{n}}{I_s}$
I_s	线电流	线电流	$X_s = \sqrt{\lvert Z_s \rvert^2 - R_s^2}$

以下给出 MATLAB 的 m 文件直接使用表中的公式进行计算：

```
%
%     TransformerParameters.m
%
clear all; n=0;

while n ~= 1 & n ~= 3
    % 提示用户输入变压器类型
    n = input('Enter no. of phases for transformer (1 or 3) > ');
end
% 提示用户输入开路试验结果
fprintf('\nEnter the open-circuit test measurement results:\n');
Vo = input('Enter open-circuit voltage measurement (volts) > ');
Io = input('Enter open-circuit current measurement (amps) > ');
Po = input('Enter open-circuit power measurement (watts) > ');

% 处理开路试验数据
% 根据并联励磁导纳

Rm = (Vo/sqrt(n))^2/(Po/n);
fprintf('\nMagnetizing (core loss) resistance = %g ohms', Rm);
% 计算并联励磁导纳

Ym = Io/(Vo/sqrt(n));
% 计算励磁电抗
Xm = 1/sqrt(Ym^2-1/Rm^2);
fprintf('\nMagnetizing reactance = %g ohms', Xm);

% 提示用户输入短路试验结果

fprintf('Enter the short-circuit test measurement results:\n');
Vs = input('Enter short-circuit voltage measurement (volts) > ');
Is = input('Enter short-circuit current measurement (amps) > ');
Ps = input('Enter short-circuit power measurement (watts) > ');
```

```
% 处理短路试验数据
% 根据单相功率计算串联绕组电阻
Rs = (Ps/n)/Is^2;
fprintf('\nWinding resistance = %g ohms', Rs);
% 计算串联绕组阻抗
% 线电压转换为相电压
Zs = (Vs/sqrt(n))/Is;
% 计算变压器串联电抗
Xs = sqrt(Zs^2-Rs^2);
fprintf('\nWinding reactance = %g ohms', Xs);
```

例7.10：

根据7.2.3节和7.3.7节的试验数据利用以上程序进行计算。

单相变压器的试验结果如下：

开路试验	$V_{oc} = 13\mathrm{kV}$	$I_{oc} = 170\mathrm{A}$	$P_{oc} = 1.1\mathrm{MW}$
短路试验	$V_{sc} = 6\mathrm{kV}$	$I_{sc} = 290\mathrm{A}$	$P_{sc} = 0.8\mathrm{MW}$

单相计算时与程序的交互如下：

```
>> transformerparameters
Enter number of phases of the transformer (1 or 3) > 1

Enter the open-circuit test measurement results:
Enter the open-circuit voltage measurement (volts) > 13e3
Enter the open-circuit current measurement (amps) > 170
Enter the open-circuit power measurement (watts) > 1.1e6

Magnetizing (core loss) resistance = 153.636 ohms
Magnetizing reactance = 88.168 ohms

Enter the short-circuit test measurement results:
Enter the short-circuit voltage measurement (volts) > 6e3
Enter the short-circuit current measurement (amps) > 290
Enter the short-circuit power measurement (watts) > 0.8e6

Winding resistance = 9.51249 ohms
Winding reactance = 18.3732 ohms
```

计算结果与7.2.3节中的一致。

三相变压器试验结果如下：

开路试验	$V_{oc} = 230\mathrm{V}$	$I_{oc} = 13\mathrm{A}$	$P_{oc} = 550\mathrm{W}$
短路试验	$V_{sc} = 160\mathrm{V}$	$I_{sc} = 16\mathrm{A}$	$P_{sc} = 1200\mathrm{W}$

单相计算时与程序的交互如下：

```
>> transformerparameters
Enter number of phases of the transformer (1 or 3) > 3

Enter the open-circuit test measurement results:
Enter the open-circuit voltage measurement (volts) > 230
Enter the open-circuit current measurement (amps) > 13
Enter the open-circuit power measurement (watts) > 550

Magnetizing (core loss) resistance = 96.1818 ohms
Magnetizing reactance = 10.2728 ohms

Enter the short-circuit test measurement results:
Enter the short-circuit voltage measurement (volts) > 160
Enter the short-circuit current measurement (amps) > 16
Enter the short-circuit power measurement (watts) > 1200

Winding resistance = 1.5625 ohms
Winding reactance = 5.55805 ohms
```

计算结果与 7.2.3 节中的一致。

可见在程序中加入变量 n 的应用，即可以同时适用于单相或三相变压器的计算。

7.3.9 应用实例

以下进行两个实际的三相变压器分析。

例 7.11：三相变压器的运行分析

本例中，电网通过一台 Y–Y 变压器和输电线向负载供电，如图 7.47 所示。变压器的二次侧并联了三角形联结的电容组，用于提高系统功率因数。另外在输电线上串联电容用于减少线路阻抗和电压降。

图 7.47　系统的单线图

系统频率为 60Hz，如图 7.48 所示，包含以下参数：

25mile 的输电线，阻抗为 $0.12 + j0.65\Omega/\text{mile}$；

供电电网的开路电压为 69kV，短路电流为 4kA；

三角形联结的电容组每个电容 $C_b = 0.1\mu F$；

线路串联的电容 $C_s = 400\mu F$；

变压器的额定容量 20MVA，一次、二次额定电压为 69kV/240kV。

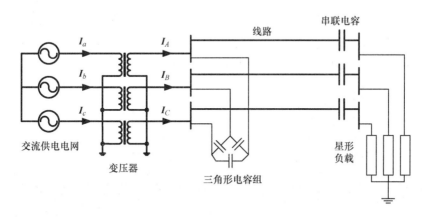

图 7.48   三相电网通过三相变压器和输电线向负载供电

在变压器高压（二次）侧进行的开路试验结果如下：
$$V_o = 240kV \quad I_o = 10A \quad P_o = 600kW$$
在变压器低压（一次）侧进行的短路试验结果如下：
$$V_s = 7kV \quad I_s = 170A \quad P_s = 1MW$$

本例中，V_{net} 为变化的，保持负载电压为 235kV，负载功率从 0～20MVA 变化，功率验算恒为 0.7（滞后）。首先给出系统的等效电路，如图 7.49 所示。

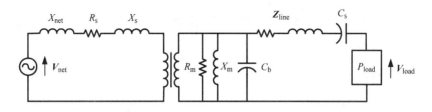

图 7.49   三相电网通过三相变压器和输电线向负载供电的等效电路

本例的分析内容包括：

计算变压器、电源和电容的阻抗；计算所有的电流和电压，以及电压调整率与负载功率的关系；画出电压调整率与负载的关系曲线；确定系统电压降为 5%时的负载大小。

首先用 MATLAB 程序进行系统数据的初始化和一相简单计算。包括根据电网开路电压和短路电流计算电网的电抗，由于开路电压为线电压，需要转换为相电压（V_{ln}），即

$$X_{\text{net}} = \frac{|V_{\text{ln}}|}{|I_{\text{short}}|} = \frac{V_{\text{open}}/\sqrt{3}}{I_{\text{short}}} \tag{7.48}$$

```
%
%     Transformer.m
%
omega = 2*pi*60;          % 系统角频率 (rad/s)

% 输电线阻抗 (Ω)
Z_line = (0.12 + j*0.65) * 25;

% 一次侧电网供电
Vnet_open = 69e3;         % V
Inet_short = 4e3;         % A
X_net = (Vnet_open/sqrt(3))/Inet_short;
```

根据 $Z_\triangle = 3Z_Y$，三角形联结电容组的阻抗除以 3 得到等效星形联结中的一相参数：

```
% 变压器侧并关联电容
Cbank = 0.1e-6;                   % 电容 (F)
Xbank = -1/(omega*Cbank);         % 三角形联结
Zbank = j*Xbank/3;                % 等效星形联结
```

计算串联电容的阻抗并与线路阻抗相加，得到变压器右侧的总阻抗（不包括负载）：

```
% 输电线末端串联电容
Cseries = 400e-6;                 % 电容 (F)
Zseries = -j/(omega*Cseries);
Z_rhs = Z_line + Zseries;
```

根据变压器一次和二次的额定值计算电压比：

```
% 变压器参数
Str = 20e6;               % 额定容量 (V·A)
Vp = 69e3;                % 一次电压 (V)
Vsec = 240e3;             % 二次电压 (V)
Tratio = Vp/Vsec;         % 电压比
```

根据变压器开路试验数据计算铁心损耗电阻 R_{m} 和励磁导纳 Y_{m}（进而得励磁电抗 X_{m}），然后置于变压器的二次侧。

$$R_{\text{m}} = \frac{(V_o/\sqrt{3})^2}{P_o/3}$$

$$|Y_{\text{m}}| = \frac{I_o}{V_o/\sqrt{3}} \tag{7.49}$$

$$X_{\mathrm{m}} = \frac{1}{\sqrt{|Y_{\mathrm{m}}|^2 - \dfrac{1}{R_{\mathrm{m}}^2}}}$$

```
%   开路试验
Vo = 240e3;          % 电压 (V)
Io = 10;             % 电流 (A)
Po = 600e3;          % 功率 (W)
% 根据单相功率计算励磁电阻
Rm = (Vo/sqrt(3))^2/(Po/3);
% 计算并联励磁导纳
Ym = Io/(Vo/sqrt(3));
% 计算励磁电抗
Xm = 1/sqrt(Ym^2-1/Rm^2);
```

另外一种计算励磁电抗的方法是根据每相的无功功率 Q_0：

$$|S| = \frac{V_{\mathrm{o}}}{\sqrt{3}} I_{\mathrm{o}}$$

$$\frac{Q_{\mathrm{o}}}{3} = \sqrt{|S|^2 - \left(\frac{P_{\mathrm{o}}}{3}\right)^2} \tag{7.50}$$

$$X_{\mathrm{m}} = \frac{(V_{\mathrm{o}}/\sqrt{3})^2}{Q_{\mathrm{o}}/3}$$

根据变压器短路试验数据计算绕组电阻 R_{s} 和阻抗幅值，进而得到绕组电抗 X_{s}，然后置于变压器的一次侧。

$$R_{\mathrm{S}} = \frac{P_{\mathrm{s}}/3}{I_{\mathrm{s}}^2}$$

$$|Z_{\mathrm{S}}| = \frac{V_{\mathrm{s}}/\sqrt{3}}{I_{\mathrm{s}}} \tag{7.51}$$

$$X_{\mathrm{S}} = \sqrt{|Z_{\mathrm{S}}|^2 - R_{\mathrm{S}}^2}$$

```
%   短路试验
Vs = 7e3;            % 线电压   (V)
Is = 170;            % 线电流   (A)
Ps = 1e6;            % 三相功率 (W)

% 根据单相功率计算串联绕组电阻
Rs = Ps/(3*Is^2)
% 计算串联绕组阻抗
% 线电压转换为相电压
Zs = (Vs/sqrt(3))/Is;
% 计算变压器串联绕组电阻
Xs = sqrt(Zs^2-Rs^2)
```

负载的电压和功率因数固定，负载功率从 0~20MVA 变化，步长设为 100kVA。

```
%  负载数据
Vload = 235e3;          %  伏特
pf_load = 0.7;          %  功率因数滞后
Sload = 6e6 : 0.1e6 : 20e6;      %  MV·A

for k=1: size(Sload,2);
```

本例主要过程是通过负载状况往回计算电网供电电压和电压降。首先计算负载电流，也就是线路电流，根据：

$$I_{\text{Load}} = \frac{|S|/3}{V_{\text{Load}}/\sqrt{3}} e^{-j\arccos(\text{pf})} \tag{7.52}$$

根据 KVL 计算变压器的二次电压：

$$V_{\text{sec}} = I_{\text{Load}}(Z_{\text{Line}} + jX_{\text{Cs}}) + \frac{V_{\text{Load}}}{\sqrt{3}}$$

该二次电压确定后，根据欧姆定律计算二次侧并联支路的电流：

$$I_{\text{bank}} = \frac{V_{\text{sec}}}{Z_{\text{bank}}}$$

$$I_{\text{Rm}} = \frac{V_{\text{sec}}}{R_{\text{m}}}$$

$$I_{\text{Xm}} = \frac{V_{\text{sec}}}{jX_{\text{m}}}$$

根据 KCL，变压器二次绕组的电流为

$$I_{\text{sec}} = I_{\text{Load}} + I_{\text{bank}} + I_{\text{Rm}} + I_{\text{Xm}}$$

根据变压器电流比计算一次电流：

$$I_{\text{prim}} = \frac{I_{\text{sec}}}{T}$$

根据一次侧电路的 KVL，计算一次相电压：

$$V_{\text{net}} = I_{\text{prim}}(jX_{\text{net}} + R_{\text{s}} + jX_{\text{s}}) + TV_{\text{sec}}$$

最后计算电压调整率如下：

$$\text{电压降} = \frac{|V_{\text{net}}| - T(V_{\text{Load}}/\sqrt{3})}{T(V_{\text{Load}}/\sqrt{3})}$$

```
%  根据负载参数计算负载和线路的电流
I_load = (Sload(k)/3)/(Vload/...
    sqrt(3))*exp(-j*acos(pf_load));
%  根据 KVL 计算变压器二次电压
V_tr_sec = Vload/sqrt(3) + I_load*Z_rhs;
%  根据欧姆定律计算并联电容的电流
I_bank = V_tr_sec/Zbank;
%  根据欧姆定律计算励磁支路的电流
Ixm = V_tr_sec/(j*Xm);
Irm = V_tr_sec/Rm;
%  根据KCL计算变压器二次电流
I_tr_sec = I_load + I_bank + Ixm + Irm;
%  根据电流比计算变压器一次电流
I_supply = I_tr_sec/Tratio;
%  根据KVL计算电网供电电压
Vnet = Tratio*V_tr_sec + I_supply*(Rs+j*Xs+j*X_net);
%  计算系统的电压降
Vdrop(k) = (abs(Vnet)-abs(Tratio*Vload/sqrt(3)))/...
    abs(Tratio*Vload/sqrt(3))*100;
end
```

剩下的 MATLAB 程序作用是在计算结果中搜索电压调整率为5%的值，并画出变化率与负载功率变化的关系。根据图 7.50，电压调整率为 5% 时负载功率为 9.776MVA。

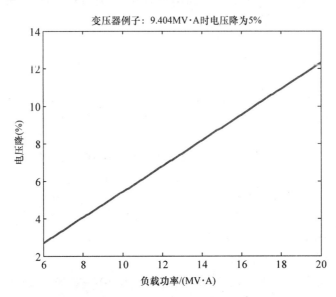

图 7.50　MATLAB 计算的电压调整率结果

```
%  根据数组索引寻找电压降为5%时的负载
drop = 5;
found = 0;
for k=1: size(Vdrop, 2)
        if (found == 0) && (abs(Vdrop(k)) > drop)
            found = k;
        end
end

%  根据5%结果进行插值
Pdrop = Sload(found) - (Sload(found)-Sload(found-1))*...
        (Vdrop(found)-drop)/(Vdrop(found)-Vdrop(found-1));

plot(Sload/1e6,Vdrop,'LineWidth',2.5)
set(gca,'fontname','Times','fontsize',12);
title(['Transformer Example: 5% Voltage Drop at ',...
        num2str(Pdrop/1e6,'%5.3f'),' MVA']);
xlabel('Load Power (MVA)');
ylabel('Voltage Drop (%)');
```

例7.12：三角形 - 星形联结三相变压器的分析

本例用于说明△－丫三相变压器中使用复数电压比是一种有效的解决方式。一台△－丫三相变压器通过输电线向两个对称负载供电，系统单线图如图7.51所示。三相变压器的额定值为

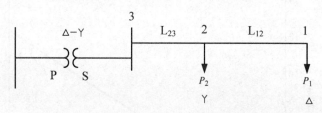

图 7.51　△－丫三相变压器通过输电线向两个对称负载供电的单线图

$$M: = 10^6 \qquad S_{tr}: = 50MV \cdot A \qquad x_{tr}: = 6\%$$

V_p: =220kV 三角形一次绕组

V_s: =120kV 星形二次绕组

输电线的长度和单位阻抗为

$$L_{12}: = 45mile \quad L_{23}: = 22mile \quad Z_{line}: = (0.107 + j \cdot 0.730) \Omega / mile$$

负载数据：

$$P_1: = 10MW \quad pf_1: = 0.75 \text{（滞后）} \quad V_1: = 115kV \quad 三角形联结$$

$$P_2: = 15MW \quad pf_2: = 0.85 \text{（滞后）} \qquad\qquad 星形联结$$

变压器串联阻抗（二次侧的值）为

$$X_{\text{tr\_s}} := x_{\text{tr}} \frac{V_s^2}{S_{\text{tr}}} \qquad X_{\text{tr\_s}} = 17.28 \, \Omega$$

系统的电路图如图 7.52 所示，等效电路如图 7.53 所示。

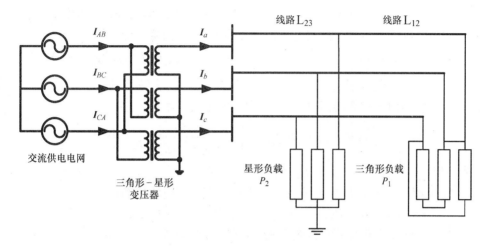

图 7.52 △ – Ｙ三相变压器通过输电线向两个对称负载供电的电路图

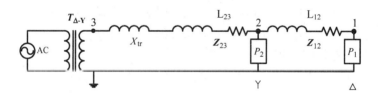

图 7.53 △ – Ｙ三相变压器通过输电线向两个对称负载供电的等效电路

从距离变压器最远的节点开始计算，即负载 1，并以电压 V_1 为参考相位。该三角形负载的线电压为

$$V_{\text{ab\_1}} := V_1 \qquad V_{\text{bc\_1}} := V_1 e^{-j120°} \qquad V_{\text{ca\_1}} := V_1 e^{-j240°}$$

每相的功率是负载功率的 1/3，根据滞后的功率因数，三角形各个支路的电流为

$$I_{\text{ab\_1}}(V_{\text{ab\_1}}, P_1) := \frac{P_1}{3 \text{pf}_1 V_{\text{ab\_1}}} e^{-j a \cos(\text{pf}_1)}$$

$$\left| I_{\text{ab\_1}}(V_{\text{ab\_1}}, P_1) \right| = 38.6 \text{A}$$

$$I_{\text{bc\_1}}(V_{\text{ab\_1}}, P_1) := I_{\text{ab\_1}}, (V_{\text{ab\_1}}, P_1) e^{-j120°}$$

$$I_{\text{ca\_1}}(V_{\text{ab\_1}}, P_1) := I_{\text{ab\_1}}(V_{\text{ab\_1}}, P_1) e^{j120°}$$

线电流为相应三角形支路电流的差值：

$$I_{a\_12}(V_{ab\_1}, P_1) := I_{ab\_1}(V_{ab\_1}, P_1) - I_{ca\_1}(V_{ab\_1}, P_1)$$

负载 1 的相电压为

$$V_{an\_1}(V_{ab\_1}) := \frac{V_{ab\_1}}{\sqrt{3}} e^{-j30°} \qquad |V_{an\_1}(V_{ab\_1})| = 66.4kV$$

根据计算所得负载 1 的电流，分析负载 1 和 2 之间的输电线。根据 KVL，负载 2 的相电压等于负载 1 的相电压加上线路 L_{12} 的电压降，即

$$V_{an\_2}(V_{ab\_1}, P_1) := V_{an\_1}(V_{ab\_1}) + Z_{line} L_{12} I_{a\_12}(V_{ab\_1}, P_1)$$

$$\sqrt{3}|V_{an\_2}(V_{ab\_1}, P_1)| = 118.0kV$$

星形联结的负载 2 的相电流（功率因数超前）为

$$I_{a\_2}(V_{ab\_1}, P_1, P_2) := \frac{P_2}{3pf_2 V_{an\_2}(V_{ab\_1}, P_1)} e^{jacos(pf_2)}$$

$$|I_{a\_2}(V_{ab\_1}, P_1, P_2)| = 86.4A$$

根据 KCL，线路 23 的电流为负载 1 和负载 2 的电流之和：

$$I_{23}(V_{ab\_1}, P_1, P_2) := I_{a\_2}(V_{ab\_1}, P_1, P_2) + I_{a\_12}(V_{ab\_1}, P_1)$$

变压器的电抗折算到二次侧，则变压器二次侧 a 相的电压为

$$V_{s\_a}(V_{ab\_1}, P_1, P_2) := V_{an\_2}(V_{ab\_1}, P_1) + I_{23}(V_{ab\_1}, P_1, P_2) \cdot (Z_{line} L_{23} + jX_{tr\_s})$$

其他 2 相的相电压为

$$V_{s\_b}(V_{ab\_1}, P_1, P_2) := V_{s\_a}(V_{ab\_1}, P_1, P_2) e^{-j120°}$$

$$V_{s\_c}(V_{ab\_1}, P_1, P_2) := V_{s\_a}(V_{ab\_1}, P_1, P_2) e^{-j240°}$$

变压器二次线电压为

$$V_{s\_ab}(V_{ab\_1}, P_1, P_2) := V_{s\_a}(V_{ab\_1}, P_1, P_2) - V_{s\_b}(V_{ab\_1}, P_1, P_2)$$

线电压还可以计算如下：

$$V_{s\_ab\_alt}(V_{ab\_1}, P_1, P_2) := \sqrt{3} \cdot V_{s\_a}(V_{ab\_1}, P_1, P_2) e^{j30°}$$

本例使用两种方法计算一次线电压 V_{AB}。其一，根据变压器物理（自然）电压比；其二，根据人为复数电压比。

方法一：物理电压比

注意变压器的额定电压为线电压值，星形联结二次绕组等效电路中用相电压值，然后根据变压器额定电压计算物理电压比：

$$T_{delta\_wye} := \frac{V_p}{\dfrac{V_s}{\sqrt{3}}} = 3.175$$

根据物理电压比计算一次侧 a 相的电压，二次相电压与一次线电压同相位，即

$$V_{\text{p\_AB}}(V_{\text{ab\_1}}, P_1, P_2) := T_{\text{delta\_wye}} V_{\text{s\_a}}(V_{\text{ab\_1}}, P_1, P_2)$$

$$|V_{\text{p\_AB}}(V_{\text{ab\_1}}, P_1, P_2)| = 212.4\text{kV}$$

$$\arg(V_{\text{p\_AB}}(V_{\text{ab\_1}}, P_1, P_2)) = -27.3°$$

变压器的相移为一次线电压和二次线电压的相位差，即

$$\arg(V_{\text{p\_AB}}(V_{\text{ab-1}}, P_1, P_2)) - \arg(V_{\text{s\_ab}}(V_{\text{ab\_1}}, P_1, P_2)) = -30.0°$$

于是一次相电压为

$$V_{\text{P\_AN}} := V_{\text{p\_AB}}(V_{\text{ab\_1}}, P_1, P_2) \frac{e^{-j30°}}{\sqrt{3}}$$

$$|V_{\text{P\_AN}}| = 122.6\text{kV} \quad \arg(V_{\text{P\_AN}}) = -57.3°$$

如果变压器和电源直接连接有阻抗，可根据阻抗上的电压降假设变压器一次相电压得到电源电压。

方法二：复数变比

根据式（7.44）得复数电压比：

$$T_{\triangle-\curlyvee} := \frac{V_{\text{p}}}{V_{\text{s}}} e^{-j30°} = 1.588 - 0.917\text{j}$$

在已知二次线电压时，一次线电压根据复数电压比直接计算，即

$$V_{\text{AB\_p}}(V_{\text{ab\_1}}, P_1, P_2) := T_{\triangle-\curlyvee} V_{\text{s\_ab}}(V_{\text{ab\_1}}, P_1, P_2)$$

$$|V_{\text{AB\_p}}(V_{\text{ab\_1}}, P_1, P_2)| = 212.4\text{kV}$$

$$\arg(V_{\text{AB\_p}}(V_{\text{ab\_1}}, P_1, P_2)) = -27.3°$$

该结果与用物理电压比计算的相同。

根据式（7.43），可根据二次相电压和复数电压比直接结算一次相电压，即

$$V_{\text{AN\_p}}(V_{\text{ab\_1}}, P_1, P_2) := T_{\triangle-\curlyvee} V_{\text{s\_a}}(V_{\text{ab\_1}}, P_1, P_2)$$

$$|V_{\text{AN\_p}}(V_{\text{ab\_1}}, P_1, P_2)| = 122.6\text{kV}$$

$$\arg(V_{\text{AN\_p}}(V_{\text{ab\_1}}, P_1, P_2)) = -57.3°$$

该结果与之前用物理电压比计算的相同。

一次线电压和二次线电压的相位差为

$$\arg(V_{\text{AB\_p}}(V_{\text{ab\_1}}, P_1, P_2)) - \arg(V_{\text{s\_ab}}(V_{\text{ab\_1}}, P_1, P_2)) = -30.0°$$

对大型网络分析时，采用复数电压比比较有效。

电压调整率或电压降

可以预测，距离发电机较远的负载 1 与电源相比的电压降应该最大。供电电压为 220kV 时，负载 1 相应的线电压为

$$V_{\text{1\_ll}}(P_1, P_2) := \text{root}(V_{\text{AB\_p}}(V_{\text{ab\_1}}, P_1, P_2) - 220\text{kV}, V_{\text{ab\_1}})$$

$$|V_{\text{1\_ll}}(P_1, P_2)| = 115.1\text{kV} \quad \arg(V_{\text{1\_ll}}(P_1, P_2)) = 28.9°$$

整个电路的电压降为

$$电压降：= \frac{220\text{kV} - \frac{220}{120} \cdot |V_{1\_\text{ll}}(P_1, P_2)|}{220\text{kV}} \qquad 电压降 = 4.1\%$$

在两个或多个负载的情况下计算电压调整率，需要对每个负载的空载和满载电压进行独立计算。

7.3.10 变压器保护的概念

变压器的保护属于前沿学科，超出了本书的范围。本节将进行变压器保护概念的介绍。变压器保护取决于其额定值。小型配电变压器采用串联在高压绕组中的熔断器进行保护。图 1.23 显示了绝缘杆上配电变压器的熔断器保护。容量小于 5010MVA 的变压器采用过电流保护。较大的则采用差动保护，过电流保护作为后备保护。此外，接地的星形联结三相变压器有专用的接地故障保护。

7.3.10.1 过电流保护

变压器必须防止过载，引起过载的原因有变压器、输电线发生短路，或者所带负载超过了变压器额定值。短路电流可能达到额定电流的 4~10 倍，需要配备速断保护。典型触发保护的过载电流超过变压器额定电流的两倍。在这种情况下，保护会有明显的延时。

变压器的过载保护应当与输电线的保护相配合。相连接线路的短路故障应当由线路保护切除。变压器的过载保护适当延时，作为后备保护。

图 7.54 说明了三相变压器过载和接地故障保护的概念。用电流互感器（CT）测量变压器的相电流用于过载保护。CT 测得的电流信号提供给过电流继电器，继电器具有的非线性特性如图 5.68 所示。如今多数电力公司使用具有相似特性的数字继电器。其动作时间与电流的大小有关。简单的过载时，延时为几秒钟，但是对于短路电流，动作时间在 10~20 个工频周期。

大型变压器操作时，由于铁心存在饱和，容易产生励磁涌流。这种非正弦暂态电流的幅值可达变压器额定电流的 8~30 倍，但是衰减很快。图 7.55 所示为典型的变压器励磁涌流。励磁涌流不应该触发变压器的保护动作。励磁涌流含有较高的二次谐波成分。因此用于变压器保护的继电器检测到二次谐波时应该阻挡触发信号。励磁涌流只对大型变压器比较重要。

发生过电压时会增大变压器磁通密度的峰值，使铁心进入饱和区。从而引起急剧增大的励磁电流，该电流为非正弦波形，具有正和负的峰值。通过傅里叶分析表明，铁心饱和会产生大量的谐波，特别是二次谐波。谐波会对计算机和其他敏感的电子元器件产生严重的干扰，因此需要使变压器铁心运行于非饱和的水平。

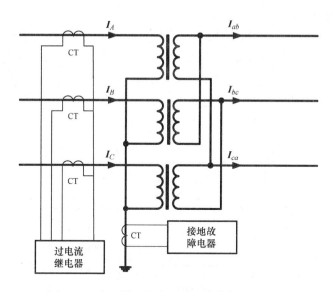

图 7.54 变压器过电流和接地故障保护的概念

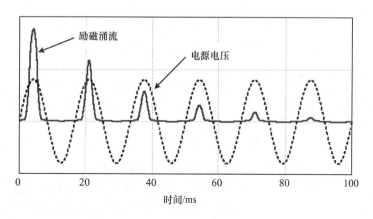

图 7.55 大型变压器的励磁涌流

7.3.10.2 接地故障保护

在相电压的作用下,相绕组导体对地产生接地故障电流。在星形－三角形联结有接地的情况下,电流通过接地导体返回变压器。通过 CT 测量接地导体的电流,CT 的二次电流提供给接地故障继电器,如图 7.54 所示。

对称负载情况下,接地电流为 0,非对称负载时则接近于相电流。接地故障使故障回路中产生巨大的电流,可能达到额定电流的 5～10 倍。接地故障继电器为过电流继电器,当接地电流超过设定值时触发断路器。

7.3.10.3 差动保护

对于大型变压器，差动保护用于保护变压器的内部故障。图 7.56 描述了差动保护的概念。用 CT 测量变压器的一次和二次电流，把变压器电流降低为设定值。通常对于变压器额定电流的设定值为 5A。差动继电器从二次侧 CT 测量电流中减去一次侧 CT 测量电流，并判断电流的方向。电流流入继电器时方向为正，流出继电器时方向为负。

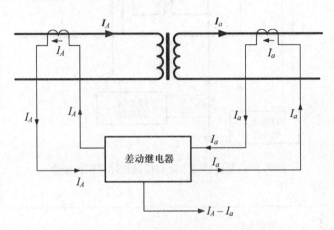

图 7.56　变压器差动保护的概念

当发生外部故障时，故障电流都是流入继电器，因此方向同为正。此时继电器检测的电流差为 0 或者近似为 0。多数情况下，CT 电流比与变压器电流比的匹配不是很准确，可能导致一定的电流差。

在变压器内部故障的情况下，电流方向一个为正另一个为负。电流差为两个电流之和。当电流差大于设定值时，继电器触发断路器。

差动保护为快速动作，通常故障变压器在 2~3 个工频周期内切断。

图 7.57 说明了用于星形 - 三角形联结三相变压器差动保护的方法，其概念与单相的情况类似。差动保护继电器用二次电流减去一次电流。如果电流差接近于 0，表明故障位于变压器之外。电流差较大，表明故障位于变压器内部，必须在 2~3 个工频周期内切断。

星形 - 三角形联结中，一次和二次电流存在 30° 的相位差，给直接比较带来一些问题。为了消除相移，星形联结侧的 CT 用三角形联结，三角形联结侧的 CT 用星形联结。图 7.57 给出了这种接法，两侧的电流之差提供给差动继电器。在星形联结侧，继电器电流为 $I_{AB} = I_A - I_B$、$I_{BC} = I_B - I_C$ 和 $I_{CA} = I_C - I_A$。在三角形联结侧，继电器电流为 $I_{ab} = I_a - I_b$、$I_{bc} = I_b - I_c$ 和 $I_{ca} = I_c - I_a$。结果中消除了 30° 的相移。

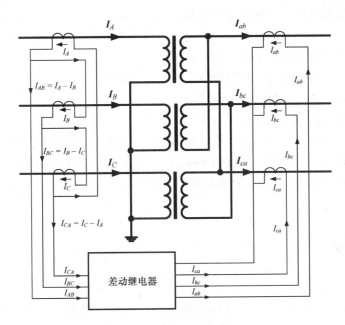

图 7.57 三相变压器的差动保护

7.4 练习

1. 为什么说变压器的发明加快了电力的发展和应用?

2. 描述小型变压器的结构。它包含哪些主要部件?

3. 画草图说明小型变压器的绕组结构。

4. 为什么铁心用叠片构成?

5. 说明干式变压器的结构。

6. 说明油绝缘和冷却变压器的结构。

7. 说明配电变压器的陶瓷套管的结构。

8. 什么是涡流损耗? 画草图说明减少涡流损耗的方法。

9. 为什么铁心损耗与频率有关?

10. 什么是变压器的铜损耗和铁损耗?

11. 说明单相变压器的等效电路。说明其中每个参数表示的物理意义。

12. 什么是励磁电抗和铁心损耗电阻?

13. 什么是漏电感? 画草图说明主磁通和漏磁通。

14. 说明通过试验确定变压器等效电路参数的方法。

15. 开路试验能确定哪些变压器参数?

16. 短路试验能确定哪些变压器参数？

17. 通常在圣诞节期间有大量配电变压器发生故障，原因是什么？

18. 小型变压器典型的故障模式有哪些？

19. 变压器并联运行给大负载供电时要注意哪些问题？

20. 画出三相变压器的铁心形状。

21. 三相变压器有哪些连接方式？

22. 画出星形－三角形变压器的连接图，一次和二次线电压的相移是多少？

23. 画出星形－星变形压器的连接图，一次和二次线电压的相移是多少？

24. 画出三角形－三角形变压器的连接图，一次和二次线电压的相移是多少？

7.5 习题

习题 7.1

一台单相变压器向 10kW 家用空调电动机供电，功率因数为 0.75（滞后）。电动机电压为 240V。变压器额定值为 15kVA、7.2kV/240V，漏电抗为 10%。计算变压器的供电电压。

习题 7.2

一台单相变压器向 4 个家庭供电。最大负载为 12kW，功率因数为 0.78（滞后）。负载电压为 235V。变压器额定值为 20kVA、7.2kV/240V，漏电抗为 12%。计算变压器的供电电压。

习题 7.3

一台 50kVA、7.2kV/240V、7% 的配电变压器由电网供电，电网相电压为 7.2kV，短路电流为 3kA（纯感性）。计算变压器二次侧发生短路时的电流。

习题 7.4

一台星形－三角形（接地）三相变压器（50kVA，12.47kV/480V，9.2%）向线电压为 480V 的负载供电。负载数据为：AB 相 25kW，功率因数 0.8（滞后），BC 相 10kVA，功率因数 0.75（滞后），CA 相 47kW，功率因数 0.85（滞后）。

计算：①三角形各相电流 I_{AB}、I_{BC}、I_{CA}；②星形电流 I_a、I_b、I_c；③每相的供电线电压和相电压；④星形侧的对地电流（提示，把变压器每相阻抗折算到星形侧）。

习题 7.5

一台三角形－星形联结变压器（50kVA，12.47kV/480V，9.2%），其二次（低压）侧 A 相对中性点短路，电源线电压为 13kV，计算短路电流。

习题7.6

一台120V/240V单相变压器由115V电源供电，二次侧连接电阻负载。把电源折算到二次侧，画出去掉变压器的简化等效电路，电源的等效电压为多少？

习题7.7

一台单相变压器（7.5MVA，110/15kV，15%），①变压器电抗折算到高压侧和低压侧的实际值。画出每种情况的等效电路；②确定半载时的负载电流和供电电压，设阻抗位于低压侧，负载电压为15kV，功率因数为1。

习题7.8

一台60Hz单相变压器容量为150kVA，其参数如下：

$R_p = 0.35\Omega$	$R_S = 0.002\Omega$	$R_c = 5.2k\Omega$
$X_p = 0.5\Omega$	$X_S = 0.008\Omega$	$X_m = 1.1k\Omega$

变压器一次电压、二次电压分别为2.8kV、230V。变压器二次电压为额定值，功率因数为0.83（滞后），负载功率0~300kW可变。

①二次侧短路时变压器总的输入阻抗；②满载（150kW）时的输入电流、电压、功率和功率因数；③画出电压调整率与负载的关系，确定变化率为5%时的负载。

习题7.9

一台单相变压器（135kVA，2.6kV/230V）参数如下：

$R_p = 1.7\Omega$	$R_S = 0.017\Omega$	$R_c = 4.8k\Omega$
$X_p = 1.95\Omega$	$X_S = 0.028\Omega$	$X_m - 1k\Omega$

①变压器二次电压为额定值，功率因数为0.8（滞后），负载为75%额定负载时的电压调整率；②画出效率与负载的关系曲线，负载在0~120%，功率因数分别为0.8（滞后）和0.9（超前）；③两种功率因数时的最大效率？

习题7.10

一台150kVA、2.5kV/240V变压器带电感负载。变压器开路和短路试验的结果如下：

开路试验（低压侧开路，高压侧测量）

$V_{oc} = 2500V$	$I_{oc} = 3.7A$	$P_{oc} = 2400W$

短路试验（高压侧短路，低压侧测量）

$V_{sc} = 28V$	$I_{sc} = 320A$	$P_{sc} = 1300W$

①确定等效电路的参数；②负载从额定容量的0~1倍变化（步长为0.01），

功率因数分别为 0.6、0.8（滞后）和 1 时，计算电压调整率和效率与负载的关系；③负载并联一个 1000μF 的电容，重复计算②；④说明电容对电压调整率和效率的影响。

习题 7.11

一台三相变压器（80kVA、2.2kV/220V），开路和短路试验的结果如下：

短路试验（低压侧短路，高压侧测量）

$V_{sc} = 48V$	$I_{sc} = 32A$	$P_{sc} = 800W$

开路试验（高压侧开路，低压侧测量）

$V_{oc} = 220V$	$I_{oc} = 5.7A$	$P_{oc} = 220W$

①画出等效电路，确定参数；②画出电压调整率和效率与负载的关系（功率因数为 0.6、0.8 和 0.9，滞后和超前），确定最大效率，负载电压等于变压器二次额定电压；③变压器一次侧施加额定电压，半载、功率因数为 0.8（滞后和超前）时，计算负载电压。

习题 7.12

3 台单相变压器（7MVA，24kV/2.4kV）连接为三相变压器，三相变压器的额定线电压为 34.5kV/2.4kV。负载三相功率为 10MW。

①画出三相电路图，说明连接方式；②确定变压器一次和二次线电流、相电流的大小和相位关系；③确定变压器一次和二次线电压、相电压的大小和相位关系（计算时以负载电压 V_{ab} 为参考相位）。

习题 7.13

一台星形 - 星形联结三相变压器组，600kVA、4.5/450kV。变压器的铁心损耗为 5kW，满载铜损耗为 6.8kW。变压器功率因数为 0.87（滞后），电压为二次额定电压。①计算负载为 82% 容量时的变压器效率；②画出变压器效率与负载的关系曲线，确定最大效率及其对应的负载功率。

习题 7.14

一台三角形 - 星形联结三相变压器，38MVA，345kV/125kV。变压器电抗为 10%，空载电流为 0.1，铁心损耗为 0.06（均为标幺值）。变压器负载为 21MW，功率因数为 0.8（滞后）。①画出等效电路；②确定折算到二次侧的等效电路参数；③计算励磁电流；④供电为额定电压，计算负载电流和电压。

第8章 同步电机

同步电机可以作为电动机或发电机来运行，通常用作发电机。大多数的电能是由汽轮机拖动的同步发电机产生的。同步发电机运行于同步转速，产生频率为50Hz或60Hz的电压，给电网提供电能。另外在系统频率为400Hz的飞机上也使用同步电机。

8.1 结构

同步发电机有两种类型：

1. 隐极转子发电机

用于化石燃料或者核能电厂。多数情况下由汽轮机来拖动，通常旋转速度较高，比如核能电厂和化石燃料电厂的电机转速分别为1800r/min和3600r/min。图8.1所示是一台两极的隐极式发电机。

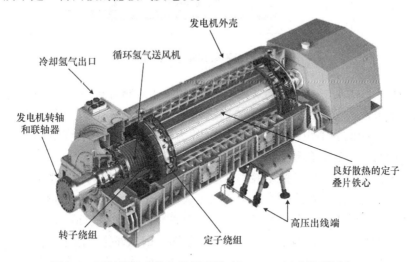

图8.1 两极隐极式发电机剖面图（Siemens AG 版权所有）

2. 凸极转子发电机

用于水力发电厂。多数情况下用水轮机来拖动，通常旋转速度较低，转速范围在150~900r/min。

8.1.1 隐极转子发电机

如图8.2所示，一台2极的隐极式发电机的主要部件为定子和转子。有时把定子称作电枢。

定子：定子包括环形薄片叠成的有槽的铁心，3个独立的相绕组置于槽中。

图8.2所示的定子，每相有8个（2×4）槽，其中4个属于正极性边，4个属于负极性边。

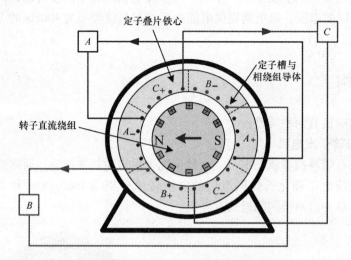

图8.2　两极隐极式发电机的主要部件

图8.3所示是一个典型的每相2×4槽的定子线圈排布图，图中定子被展开，槽为水平布置。安放在槽中的导体构成线圈，线圈的2个边之间的距离称作节距，对应180°的为整距线圈，小于180°的为短距线圈。定子绕组多数情况下采用短距线圈，每槽中有多个线圈，使波形更加接近正弦。

转子：转子位于定子的空腔中。隐极式转子是带有槽的钢制整体圆柱。槽中放置直流供电的励磁绕组，直流电流从正极性端子进入，产生磁通。根据右手定则，图8.2中磁通的方向由S极到N极，如图中转子上的标识。

图8.4所示是一台涡轮发电机的槽截面图。钢制外壳支撑定子铁心。铁心和外壳之间有冷却用的通风管道。该发电机用风扇驱动的循环空气冷却。大型发电机用氢气冷却。氢气冷却效果好，但可能引发火灾或爆炸等危险，外壳必须具有良好的密封性。大型发电机也可以采用液体冷却。轴承由高压的油进行润滑。定子包括叠制的铁心和三相绕组。左右两侧可以看到把发电机和电网连接的定子绕组的出线端。图中还给出了发电机的转子和转轴。转子为安装在转轴上的大型钢圆柱体，由轴承支撑。

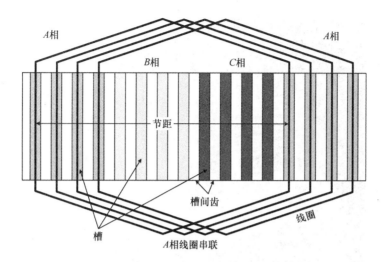

图 8.3 定子线圈的排布

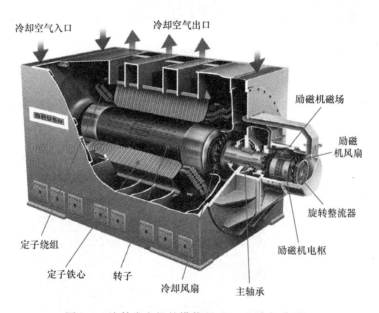

图 8.4 汽轮发电机的横截面（Brush 电机公司）

图 8.5 所示是发电机定子的详细图片。可以看到钢制外壳和环形薄片叠成的有槽铁心。其中一部分槽是空的，一部分嵌入了定子导体。定子导体是方形横截面的铜线棒，铜线棒之间用云母带进行绝缘。云母带缠绕在定子导体上。

某同步发电机的转子如图 8.6 所示，其结构为锻造钢制成的带有槽和转轴的圆柱体。图中槽是空的，直流励磁绕组将会置于其中。励磁绕组由含有绕带绝缘

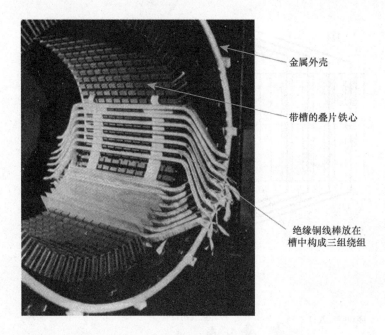

金属外壳

带槽的叠片铁心

绝缘铜线棒放在
槽中构成三组绕组

图 8.5 发电机定子详图（来源：G. McPherson and R. D. Laramore, An introduction to
Electrical Machines and Transformers, 2nd ed., John Wiley & Sons, New York, 1990)

的线棒构成。图 8.7 展示了槽中有直流绕组的转子，用铁制的槽楔保护这些绕组
的导体。绕组的尾端导体弯曲以形成环状。

极面

转轴

绕组槽

图 8.6 2 极发电机的转子体（Brush 电机公司）

图 8.7 槽中有导体的发电机转子（Brush 电机公司）

图 8.8 给出了一个完整组装的转子。注意直流励磁绕组的端部位于转轴的尾端，有钢制的保护环用于保护这些尾端的直流励磁绕组。转轴的尾端连接励磁发电机。这台发电机由电力控制的旋转变压器提供励磁。另外还有其他类型的励磁系统。

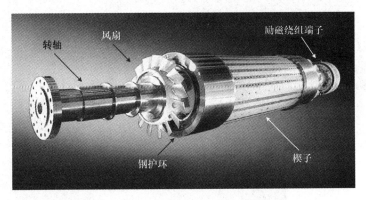

图 8.8 完整组装的大型发电机转子（西门子公司，德国埃朗根）

8.1.2 凸极转子发电机

图 8.9 给出了一台 2 极凸极同步发电机的主要部件。

定子：凸极式发电机的定子与隐极式发电机的定子相似。包括环形薄片叠成的有槽的铁心，三相绕组置于槽中。图 8.10 通过多极发电机的定子说明了大型凸极发电机的尺寸。图 8.11 展示了该大型水轮发电机相应的转子。凸极发电机往往用于极数多于 4 个的情况。

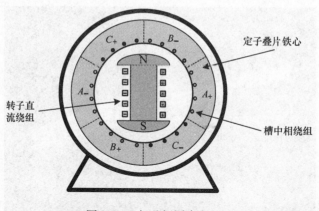

图 8.9　2 极凸极同步发电机

图 8.10　一台大型凸极水轮发电机的定子，插图为绝缘导体和垫片（Hydro – Québec 公司）

　　转子：产生主磁通的直流励磁绕组绕制在铁心上。每个磁极包含一个铁心及绕组。图 8.12 给出了一台 4 极凸极发电机的转子，可以看到其磁极、绕组和集电环。

　　图 8.13 所示是一台 4 极凸极发电机，可以与图 8.9 的 2 极凸极同步发电机比较。

　　在用于计算机和其他消费电子产品的小型电机中，定子和转子相互交换。即

图 8.11　大型水力发电机的垂直磁极（Hydro – Québec 公司）

图 8.12　一台 4 极凸极发电机的转子（西门子公司，德国埃朗根）

直流励磁绕组和磁极位于定子，交流绕组位于转子。这些电机也可以用永磁体替代直流励磁绕组。

8.1.3　励磁机

同步发电机运行时需要给转子绕组提供直流电流，以产生磁通。这个过程称作励磁，于是该直流电流被称作励磁电流或磁场电流。当汽轮机拖动转子旋转时，励磁电流产生的磁通在定子绕组中产生感应电动势。转子励磁就是直流励磁电流产生磁场。通常，大型发电机的励磁电流稳态运行时可达 10kA，短时可以达到 15kA。励磁机的直流电压在 500V 左右，额定功率 5MW。

励磁系统必须对过热、接地故障和转子开路等状况进行保护。通常，转子不接地，因此单点接地并不会产生故障电流，但是当有第二个接地故障发生时，导致转子绕组部分短路，将会产生不对称的磁场。不对称磁场带来的振动可能会造成转子轴承的损坏。另一个问题是不对称的磁场产生包含负序分量的三相不平衡电流，在转子铁心中引起 2 倍频电流并造成过热。励磁的损耗或者励磁绕组的开路削弱了电机励磁，使发电机行为感应发电机，对外提供超前性质的无功功率，最终引起发电机失去同步，必须退出运行。

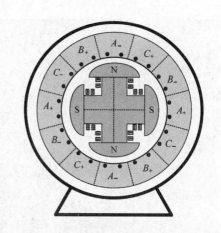

图 8.13　4 极凸极式同步发电机示意图

部分同步发电机用整流器产生直流电压和励磁电流。该直流电压和励磁电流通过集电环与电刷提供给电机的转子。图 8.12 展示了凸极同步发电机转子上的集电环。目前已经存在无刷励磁系统，即把整流器安装在电机转轴上，通过磁场耦合传递能量。

无刷励磁系统采用交流发电机和旋转整流器，产生发电机励磁绕组所需要的直流电压。图 8.14 所示为西屋公司制造的无刷励磁系统的结构图。励磁系统的定子配有一个直流绕组，产生直流磁场。装在发电机转轴上的励磁机转子配有三相交流绕组，在直流磁场中旋转时产生三相交流电压，发电机转轴上装有二极管整流桥，对三相交流电压进行整流，并通过导体连接到发电机的励磁绕组。

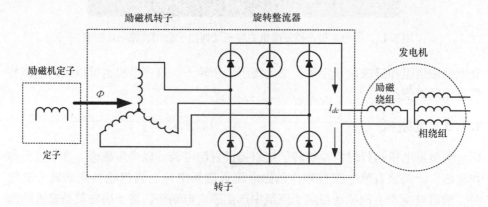

图 8.14　无刷励磁系统示意图

8.2　工作原理

用图 8.15 所示的简化同步发电机来说明同步发电机的运行原理。从图中可以看出，该电机为 2 极凸极式转子，定子有 24 个槽，每相有 2×4 个槽。

8.2.1　主旋转磁场

凸极转子施加直流电流，产生磁通 Φ_f。图 8.15 中画出了磁力线的近似走向，并把磁通表示为一个矢量。磁通的方向在磁极内部是从 S 极到 N 极，然后分为两部分穿过定子，经过定子以后，磁通重新汇合回到磁极的 S 极。

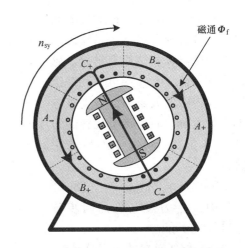

图 8.15　同步发电机的运行原理

转子由原动机拖动，以同步转速旋转。Φ_f 因此产生旋转磁通 Φ_{rot}。磁通在旋转过程中，链接的相绕组不断变化，如图 8.16 所示。在图 8.16a 中，磁通矢量与 A 相绕组垂直，即全部磁通穿过 A 相绕组（或者说与 A 相绕组链接）。在图 8.16b 中，磁通相量与 A 相绕组平行，也就是没有磁通与 A 相绕组链接。

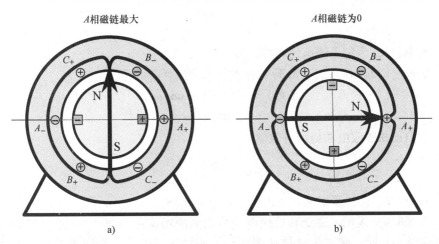

图 8.16　旋转产生的绕组磁链变化

a）磁通与 A 相绕组垂直　b）磁通与 A 相绕组平行

当转子旋转时，三相绕组产生正弦感应电动势。如果转子以顺时针方向旋转，将产生正的相序（A，B，C）。相反，如果转子以逆时针方向旋转，将产生负的相序（A，C，B）。

图 8.17 给出了一个任意瞬间的磁链。在这种情况下，只有磁通的垂直分量与 A 相绕组有链接。磁通的垂直分量（$\boldsymbol{\Phi}_{link}$）与 A 相绕组垂直。旋转磁通矢量 $\boldsymbol{\Phi}_{rot}$ 与竖直方向的夹角为 ωt，ω 为转子旋转的角速度，单位为 rad/s，由下式来计算：

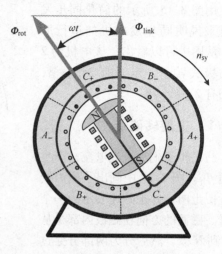

$$\omega = 2\pi n_{sy} \qquad (8.1)$$

式中，n_{sy} 为发电机的同步转速，单位为 r/min。

磁通与绕组链接的垂直分量为

$$\boldsymbol{\Phi}_{link}(t) = \boldsymbol{\Phi}_{rot}\cos(\omega t) \quad (8.2)$$

式中，$\boldsymbol{\Phi}_{rot}$ 是由直流励磁电流产生的旋转磁通。

图 8.17 旋转磁通与 A 相绕组的链接

式（8.2）表明，磁链为余弦函数。旋转引起的绕组磁通变化在各相绕组中产生感应电动势。感应电动势的频率取决于转速。感应电动势的大小是定子绕组匝数与磁链对时间导数的乘积。A 相绕组的感应电动势为

$$E_s(t) = N_{sta}\frac{d\boldsymbol{\Phi}_{link}(t)}{dt} \qquad (8.3)$$

式中，N_{sta} 为定子绕组每相的匝数。

把式（8.2）代入式（8.3），并进行求导计算，可得

$$\begin{aligned} E_s(t) &= -N_{sta}\boldsymbol{\Phi}_{rot}\omega\sin(\omega t) \\ &= N_{sta}\boldsymbol{\Phi}_{rot}\omega\cos(\omega t + 90°) \end{aligned} \qquad (8.4)$$

于是正弦感应电动势的有效值为

$$E_{sta} = \frac{N_{sta}\boldsymbol{\Phi}_{rot}\omega}{\sqrt{2}} \qquad (8.5)$$

式中，E_{sta} 为转子磁通产生的定子感应电动势。

式（8.4）表明，磁链和感应电动势之间的相位差为 90°。于是，当相绕组中的磁链为 0 时，感应电动势达到最大，此时转子磁极与相绕组平行，即如图 8.16b 所示。反之亦然，当转子磁极与相绕组垂直时，如图 8.16a 所示，该相绕组磁链最大，感应电动势则为 0。

各相绕组物理位置互相相差 120°, 所以各相感应电动势之间的相位差为 120°。三相绕组可以为星形联结或者三角形联结。发电机空载时,端电压 V_t 等于感应电动势。

发电机感应电动势的频率取决于转速。在 2 极电机中, 转子旋转 1 周产生 1 个完整正弦波。在 4 极电机中, 转子旋转 1 周产生 2 个完整正弦波。由此可得, 发电机转速为频率与磁极对数的比值:

$$n_{sy} = \frac{f}{p/2} \tag{8.6}$$

式中, 电机转速的单位为 r/s。

通常转速的单位是 r/m, 因此需要在式 (8.6) 中乘以 60s/min。如果用 Mathcad 来处理, 计算机会自动进行单位的转换。同步发电机向电网供电, 美国的频率为 60Hz, 欧洲为 50Hz。因此在美国, 2 极发电机的转速为 3600r/min, 4 极电机为 1800r/min, 36 极的水轮发电机转速则只有 200r/min。

8.2.2 电枢磁通

发电机带上负载以后, 相绕组中产生电流。三相平衡的电流会产生旋转的电枢磁通, 其幅值与电流大小成正比。电枢磁通也以同步转速旋转, 与转子磁通 Φ_{rot} 的转向相同。图 8.18 显示了发电机的励磁磁通和电枢磁通。旋转磁通的产生原理将在第 9 章介绍。

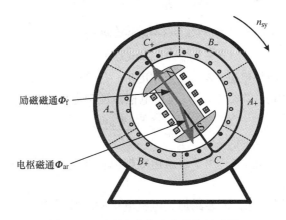

图 8.18 励磁和电枢产生的旋转磁通

设电枢磁通与相绕组的连接为 $\Phi_{arm}(t)$。采用同样的方法, 可得到形如式 (8.2), 用于表示电枢磁通与 A 相绕组链接的瞬时值:

$$\Phi_{arm}(t) = \Phi_{ar} \cos(\omega t) \tag{8.7}$$

式中, Φ_{ar} 为相绕组电流产生的旋转磁通幅值。

如果用 I_{sta} 表示定子电流的有效值，电流的瞬时值为 $I_{arm}(t)=\sqrt{2}I_{sta}\cos(\omega t)$。

电枢电流产生的旋转磁通在三相绕组中产生感应电动势。A 相绕组中的感应电动势可用形如式（8.3）的公式来计算，即

$$E_{ar}(t)=N_{sta}\frac{\mathrm{d}\boldsymbol{\Phi}_{arm}(t)}{\mathrm{d}t}=-N_{sta}\boldsymbol{\Phi}_{ar}\omega\sin(\omega t) \tag{8.8}$$

该正弦感应电动势的有效值为

$$E_{arm}=\frac{N_{sta}\boldsymbol{\Phi}_{ar}\omega}{\sqrt{2}} \tag{8.9}$$

式中，E_{arm} 表示电枢磁通产生的定子感应电动势。

发电机的端电压为主磁通感应电动势减去电枢磁通产生的感应电动势，即

$$V_{t}=\boldsymbol{E}_{sta}-\boldsymbol{E}_{arm} \tag{8.10}$$

式中，E_{sta} 是由转子磁通产生的感应电动势；E_{arm} 是由电枢磁通产生的感应电动势。

由式（8.8）计算的电枢磁通产生的感应电动势与负载电流成正比，这是因为负载电流产生了电枢磁通。可以用电枢的电感来表示，并用式（8.11）来计算感应电动势。

假设 A 相电流为余弦形式，即 $I_{arm}(t)=\sqrt{2}I_{sta}\cos(\omega t)$，则感应电动势为

$$\begin{aligned}E_{ar}(t)&=L_{arm}\frac{\mathrm{d}I_{arm}(t)}{\mathrm{d}t}=L_{arm}\frac{\mathrm{d}}{\mathrm{d}t}\sqrt{2}I_{sta}\cos(\omega t)\\&=-L_{arm}\omega\sqrt{2}I_{sta}\sin(\omega t)\\&=-X_{arm}\sqrt{2}I_{sta}\sin(\omega t)\end{aligned} \tag{8.11}$$

式中，L_{arm} 为电枢电感；X_{arm} 为电枢电抗；I_{sta} 为定子（负载）电流的有效值。

比较式（8.11）和式（8.8）可得电枢磁通与电枢电抗的关系：

$$X_{arm}=\frac{N_{sta}\boldsymbol{\Phi}_{ar}\omega}{\sqrt{2}I_{sta}} \tag{8.12}$$

这是一个虚构的感抗，用于表示由电枢电流产生磁通的影响。这种影响通常被称为电枢反应。

定子绕组有漏电感，需要添加到电枢电抗中。结果称作同步电抗，它描述了由负载引起的发电机端电压的变化量：

$$X_{syn}=X_{arm}+X_{leakage} \tag{8.13}$$

该电抗上的电压降表示了电枢磁通对端电压的全部影响，即

$$\boldsymbol{E}_{arm-syn}=\boldsymbol{I}_{sta}(\mathrm{j}X_{syn}) \tag{8.14}$$

如果忽略漏阻抗，$E_{arm-syn}$ 与 E_{arm} 相等。

发电机端电压是感应电动势减去同步电抗上的电压降：

$$V_t = E_{sta} - E_{arm-syn} = E_{sta} - I_{sta}jX_{syn} \tag{8.15}$$

由式（8.15）可以得出，发电机
的等效电路是由电压源 E_{sta} 与电抗 X_{syn}
的串联。如果考虑定子绕组的电阻
R_{sta}，也可加入等效电路中，得到如图
8.19 所示的同步发电机一相的等效
电路。

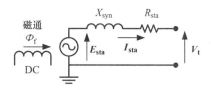

图 8.19　同步发电机一相的等效电路

例 8.1：发电机一相等效电路计算

用一个数值例子来介绍同步发电机一相等效电路的应用。一台大型 4 极，
250MV·A，星形联结的同步发电机，带额定负载运行，功率因数为 0.8（滞
后），发电机的端电压为额定电压（V_{gen}）。根据以下数据计算发电机定子感应电
动势：

$$f := 60\text{Hz} \qquad p := 4 \qquad M := 10^6$$

$$S_{gen} := 250\text{MV·A} \qquad V_{gen} := 24\text{kV} \qquad \text{r/min} := 1/\text{min}$$

$$X_{syn} := 125\% \qquad \text{pf}_{gen} := 0.8(\text{滞后})$$

发电机转速单位是 r/min，在 Mathcad 中有明确的定义。计算的第一步，是
把同步电抗标幺值转换为欧姆值：

$$X_{syn} := x_{syn} \cdot \frac{V_{gen}^2}{S_{gen}} \quad X_{syn} = 2.88\Omega$$

后面的计算中，要用到图 8.19 所示的一相等效电路。一相等效电路中的功
率为三相功率的 1/3。由于发电机是星形联结，电源电压采用相电压。如果是三
角形联结则采用线电压。

发电机带额定负载和功率因数滞后时的复功率为

$$S_{load} := \frac{S_{gen}}{3}e^{j\text{acos}(\text{pf}_{gen})} \qquad S_{load} = (66.7 + 50.0j)\text{MV·A}$$

发电机端电压（相值）为

$$V_{gen\_ln} := \frac{V_{gen}}{\sqrt{3}} \qquad V_{gen\_ln} = 13.86\text{kV}$$

发电机额定负载时的电流为

$$I_{gen} := \overline{\left(\frac{S_{load}}{V_{gen\_ln}}\right)} \qquad I_{gen} = (4.811 - 3.608j)\text{kA}$$

$$|I_{gen}| = 6.014\text{kA} \qquad \text{arg}(I_{gen}) = -36.9°$$

根据式（8.15），等效电路中的感应电动势为

$$E_{sta} := V_{gan\_ln} + I_{gen}(jX_{syn}) \qquad E_{sta} = (24.25 + 13.86j)\text{kV}$$

$$|E_{\text{sta}}| = 27.93\text{kA} \qquad \arg(E_{\text{sta}}) = 29.7°$$

发电机端电压与感应电动势之间的相位角称作功率角，本例中的数值计算结果为 29.7°。感应电动势与端电压的比值为

$$\frac{|E_{\text{sta}}|}{V_{\text{gen\_ln}}} = 2.016$$

计算结果表明，感应电动势大约为端电压的 2 倍。根据式（8.6），发电机的转速为

$$n_{\text{sy}} := \frac{f}{\dfrac{p}{2}} \qquad n_{\text{sy}} = 30\,\frac{1}{\text{s}} \qquad n_{\text{sy}} = 1800\text{r/min}$$

8.3　发电机的应用

同步电机可以作为发电机或电动机运行。电动机和发电机的具有相同的结构。如果断开发电机的原动机，它可以作为同步补偿机提供无功功率。如果转轴直接连接到机械负载，同步电机带动负载以同步转速运行。不过，大多数的同步电机作为发电运行，向电网提供电能。在大型电网中，数百台同步发电机并联运行。每台发电机运行于同步转速（例如，美国为 60Hz），将机械功率转换为电功率输入系统。

在本章中介绍的同步发电机主要用于大规模发电，但这并不意味着它不能使用在小规模电路。事实上，汽车交流发电机通常是 8~12 极的三相同步发电机。该发电机转子采用永磁磁极，定子采用多相绕组。永磁磁极的旋转产生旋转磁场在定子绕组产生变频的感应电动势。该感应电动势经二极管整流产生的直流电，电流的大小可以由电子器件控制。

8.3.1　负载

增加发电机的输入机械功率，可以增大发电机的输出电功率。输出功率常被称为发电机负载。对于在汽轮机，这需要增加蒸汽流量。输入功率的增加使端电压和感应电动势之间的角度，即功率角（δ）增大。发电机的速度几乎保持不变。发电机运行时，功率角必须小于 90°。通常情况下，功率角大约为 30°。发电机负载将在例 8.2 中用数值来说明。

8.3.2　无功功率调节

同步发电机能产生或消耗无功功率。可以通过调节直流励磁电流（发电机

励磁），来实现改变感应电动势。增加转子的励磁电流，可增加感应电动势。减少励磁电流则降低感应电动势。即

① 励磁电流增加，发电机的无功功率也增加；

② 励磁电流降低，发电机的无功功率也减小。

兆瓦级同步发电机的额定功率因数通常约为 0.8。当发电机发出无功功率时，必须增大励磁电流。为避免过热，这将受到转子额定电流的限制。因此也限制了发电机能产生的最大无功功率。另外受定子的电流承载能力限制，发电机容量在兆伏安级。于是在 $P - Q$ 图上形成了一个圆，由上述 2 种限制约束出有效的工作区域。该现象可用图 8.20 中的无功能力曲线来表示。另外，由欠励磁限制和定子线匝发热状况可确定曲线的下限（图中未示出）。其他的限制是原动机的最大功率输出。

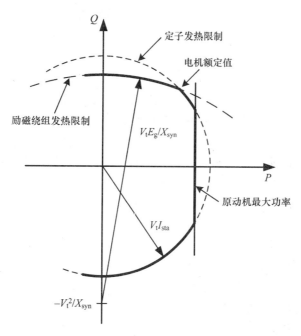

图 8.20　发电机无功能力曲线及原动机最大功率限制

8.3.3　同步并网

同步发电机需要通过其他机械装置（汽轮机、往复式发动机等）起动，使速度增加到同步转速。把同步发电机接入电网称为并网。

同步并网的步骤如下：

① 保证发电机和电网的相序相同。

② 调节驱动发电机的原动机转速，使得发电机电压频率与电网频率几乎相同。

③ 通过改变转子的直流励磁电流，调节发电机的端电压等于电网电压。可接受的误差范围是 5%。

④ 通过调节输入功率，调节发电机端电压的相位角与电网电压的相位角近似相等。可接受的误差范围是 15°。

测量发电机接入电网的断路器的端电压幅值和角度。当电压幅值小到 5% 以内，相位角在 15° 以内，且变化很缓慢时，将断路器（CB）闭合。使发电机并网，即与电网连接。

过去曾采用跨接在断路器两端的相灯来检测电压差。现在则用电子电路进行电压比较和控制发电机并网。不过，有些操作人员仍然倾向于手动进行同步发电的并网。并网失误可能会严重损坏发电机。并网完成后，可进一步调节发电机输入机械功率和感应电动势，使发电机的有功和无功功率达到所需要的值。

8.3.4 静态稳定性

大量的发电机和负载通过电网相互连接。发电机的输出功率需要针对不断变化的负载进行实时调整。由于电网不能存储能量，发电功率必须等于负载与电网损耗之和。在实际的电网中，最常用的操作策略是多数发电机按预定的有功功率输出，这些发电机的出力总和与负载总需求接近。若干个其他发电机承担补充差值的任务。

静态稳定性的概念由以下运行情况进行说明：一台发电机向具有恒定电压的无穷大电网供电。以发电机的静态稳定极限作为性能指标，即发电机能提供的最大功率。为了确定这一极限，发电机建模为电压源 $E_{\text{gen}}(\delta)$ 和同步电抗 X_{syn} 的

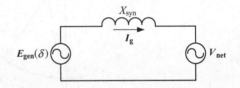

图 8.21 发电机向无穷大电网供电

串联。发电机的电阻很小，理想的情况下可忽略。如图 8.21 所示，发电机连接到电网，电网用电压源 V_{net} 来表示。

发电机电动势为

$$E_{\text{gen}}(\delta) = E_{\text{g}}[\cos(\delta) + \text{j}\sin(\delta)] \tag{8.16}$$

发电机的输出电流为

$$I_{\text{g}} = \frac{E_{\text{gen}}(\delta) - V_{\text{net}}}{\text{j}X_{\text{syn}}} = \frac{E_{\text{g}}[\cos(\delta) + \text{j}\sin(\delta)] - V_{\text{net}}}{\text{j}X_{\text{syn}}} \tag{8.17}$$

发电机向电网提供的复功率为

$$S_g = V_{net}I_g^* = V_{net}\left(\frac{E_g[\cos(\delta) + j\sin(\delta)] - V_{net}}{jX_{syn}}\right)^* \qquad (8.18)$$

令 $V_{net} = V_{net}\angle 0°$，将上式简化为

$$S_g = V_{net}\left(\frac{E_g[\cos(\delta) + j\sin(\delta)] - V_{net}}{jX_{syn}}\right)^* = V_{net}\left(\frac{E_g\cos(\delta) - V_{net} - jE_g\sin(\delta)}{-jX_{syn}}\right)$$

$$(8.19)$$

发电机向电网输出的有功功率为

$$P_g = \frac{V_{net}E_g\sin(\delta)}{X_{syn}} \qquad (8.20)$$

如果忽略发电机的电阻，当 $\delta = 90°$时，输出功率达到最大值。

在本节中，用以下两个数值例子来说明同步发电机与电网的连接：

① 一台同步发电机向具有恒定电压的大电网供电；

② 由 3 台同步发电机向大电网供电。

这两个例子用于说明在稳态条件下，电网和发电机之间相互作用的主要问题。同步发电机的动态运行分析超出了本书的范围，需要进一步研究。

例 8.2：同步发电机向电网供电（小系统的稳定性）

本例子中采用同步发电机的一相等效电路。一台小型三相发电机通过配电线连接到本地电网。图 8.22 所示为系统的单线图。这是一个典型的联合发电案例，工厂安装了发电机，供应本厂负荷以外，向电网供给剩余电能量。

图 8.22 一个简单电力系统的单线图

图 8.23 给出了该系统的一相等效电路。在这个电路中，用戴维南模型来等效电网，即由一个电压源（V_{net}）和一个电抗（X_{net}）串联。配电线用电抗和电阻的串联（Z_{line}）等效。发电机表示为具有电动势（E_{sta}）和同步电抗（X_{syn}）的电压源。

系统的额定数据为

发电机：$S_{gen} := 150\text{kV} \cdot \text{A}$ $V_{gen} := 12.47\text{kV}$ $x_{gen} := 128\%$

电网：$V_{net} := 12.47\text{kV}$ $I_{net\_short} := 2\text{kA}$

配电线：

$$L_{line} := 48\text{mile} \qquad z_L := (0.5 + j0.67)\,\Omega/\text{mile}$$

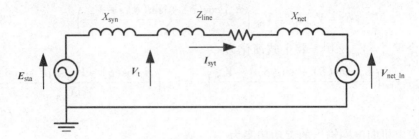

图 8.23 图 8.22 系统的一相等效电路

电网电压为常数，选作参考电压，相位角为 0。增加发电机的输入功率会使功率角增大。以下将研究把发电机的功率表示为功率角的函数。

首先计算各个阻抗，发电机的同步电抗为

$$X_{syn} := x_{gen}\frac{V_{gen}^2}{S_{gen}} \qquad X_{syn} = 1.327\text{k}\Omega$$

线路的阻抗为

$$Z_{line} := z_L L_{line} \qquad Z_{line} = (24.00 + 32.16\text{j})\Omega$$

电网的相电压和电抗为

$$V_{net\_ln} := \frac{V_{net}}{\sqrt{3}} \qquad V_{net\_ln} = 7.20\text{kV}$$

$$X_{net} := \frac{V_{net\_ln}}{I_{net\_short}} \qquad X_{net} = 3.60\Omega$$

发电机的直流励磁电流保持不变，发电机电动势选值是电网电压的 2 倍，$E_{sta} = 2V_{net\_in}$。这样选值的原因是对多数发电机，其同步电抗（标幺值）超过 100%。因此，发电机电动势为

$$E_{sta}(\delta) := 2(V_{net\_ln}\text{e}^{\text{j}\delta}) \qquad E_{sta}(60°) = (7.20 + 12.47\text{j})\text{kV}$$

式中，用功率角为 60°进行了试算。根据图 8.23 的等效电路，电流为电压差除以系统总的阻抗，即

$$I_{syt}(\delta) := \frac{E_{sta}(\delta) - V_{net\_ln}}{\text{j}X_{syn} + Z_{line} + \text{j}X_{net}} \qquad I_{syt}(60°) = (9.148 + 0.161\text{j})\text{A}$$

$$|I_{syt}(60°)| = 9.150\text{A} \qquad \arg(I_{syt}(60°)) = 1.01°$$

发电机和电网的三相复功率为

$$S_g(\delta) := 3E_{sta}(\delta)\overline{I_{syt}(\delta)} \qquad S_g(60°) = (203.6 + 338.8\text{j})\text{kV}\cdot\text{A}$$

$$S_{net}(\delta) := 3V_{net\_ln}\overline{I_{syt}(\delta)} \qquad S_{net}(60°) = (197.6 - 3.5\text{j})\text{kV}\cdot\text{A}$$

发电机和电网的三相有功功率为

$$P_g(\delta) := Re(S_g(\delta)) \qquad P_g(60°) = 203.6\text{kW}$$

$$P_{\text{net}}(\delta) := Re(S_{\text{net}}(\delta)) \qquad P_{\text{net}}(60°) = 197.6\text{kW}$$

发电机输出端的相电压和线电压为

$$V_t(\delta) := E_{\text{sta}}(\delta) - jX_{\text{syn}}I_{\text{syt}}(\delta) \qquad V_t(60°) = (7.413 + 0.331\text{j})\text{kV}$$

$$V_{t\_ll}(\delta) := \sqrt{3}\,|V_t(\delta)| \qquad V_{t\_ll}(60°) = 12.85\text{kV}$$

发电机输出端的电压调整率应当低于 5%：

$$\text{Reg}(\delta) := \frac{V_{t\_ll}(\delta) - V_{\text{net}}}{V_{\text{net}}} \qquad \text{Reg}(60°) = 3.1\%$$

发电机输出功率和提供给电网的功率表示为功率角的函数，曲线如图 8.24 所示。由图可知，随着发电机输出功率和电网吸收功率的增大，功率角增大，当功率角为 90°附近时功率达到最大。在 90°的工作点发电机运行不稳定。进一步增大功率角，会导致功率的下降，将使得发电机失去同步。

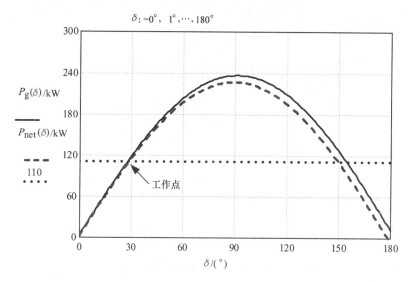

图 8.24 发电机和电网功率表示为功率角的函数

用 Mathcad 的 Maximize 函数计算发电机输出功率的最大值。功率角的试探值选为 $\delta = 60°$。发电机输出功率最大时的功率角为

$$\delta_{\text{max}} := \text{Maximize}(P_g, \delta) \qquad \delta_{\text{max}} = 91.0°$$

该数据在图 8.24 中可以确认，对应的最大功率为

$$P_{g\_max} := P_g(\delta_{\text{max}}) \qquad P_{g\_max} = 236.2\text{kW}$$

可以用发电机的静态稳定性曲线来衡量工作状况。例如，如果发电机的额定功率大于最大功率，发电机就不能完全出力。在实际工况时希望有 10% ~ 20% 的功率冗余。例如在图 8.24 中负载为 110kW。系统工作点是稳定性曲线（发电机输出功率）与 110kW 水平线的交点。用 Mathcad 的 root 函数计算负载为

110kW 时的功率角，得

$$\delta_{110kW} := \text{root}(P_g(\delta) - 110kW, \delta) \qquad \delta_{110kW} = 27.55°$$

输电线上的电压降应当低于 5%，即要求对电压调整率进行评估。电压调整率与功率角的关系如图 8.25 所示。由此可确定电压降对应的工作范围，即

$$\delta := 90°$$

假设

$$\text{Maximize}(\text{Reg}, \delta) = 33.9°$$

$$\text{Reg}_{max} := \text{Reg}(\text{Maximize}(\text{Reg}, \delta)) = 3.7\%$$

$$\text{Minimize}(\text{Reg}, \delta) = 213.9°$$

$$\text{Reg}_{min} := \text{Reg}(\text{Minimize}(\text{Reg}, \delta)) = -9.0\%$$

由图 8.25 可知，功率角在 0°～150°时电压调整率低于 5%。注意该曲线只在 $\delta < 90°$ 时有意义，因为 δ 超过 90°时系统不稳定。

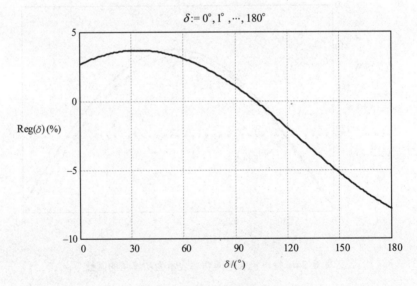

图 8.25　电压调整率与功率角的关系

例 8.3：3 台同步发电机向大型电网供电

如图 8.26 所示，3 台发电机通过 220kV 系统互相连接，向大型电网供电。大型电网吸收各发电机的功率，并保持其端电压 $V_0 = 220kV$ 不变。

每台发电机都通过一台变压器连接 220kV 系统。变压器高压侧（220kV 侧）电压保持不变。发电机的阻抗折算到变压器高压侧（二次侧），并与变压器的阻抗合并。用合并后的阻抗值 X_g 进行计算。

需要计算的目标是有功和无功功率潮流、每条线路的电流、各发电机的端电压以及电动势（含相位角）。

系统的参数如下。电网的线电压和相应的相电压为

$$V_{\text{net}} := 220\text{kV} \qquad V_{\text{net\_ln}} := \frac{V_{\text{net}}}{\sqrt{3}} = 127.0\text{kV} \qquad M := 10^6$$

每台发电机的额定容量、额定电压和电抗标幺值为

$$\text{发电机 } 1 : S_{\text{g1}} := 400\text{MV} \cdot \text{A} \quad V_{\text{gen1}} := 220\text{kV} \quad x_1 := 120\%$$

$$\text{发电机 } 2 : S_{\text{g2}} := 300\text{MV} \cdot \text{A} \quad V_{\text{gen2}} := 220\text{kV} \quad x_2 := 115\%$$

$$\text{发电机 } 3 : S_{\text{g3}} := 250\text{MV} \cdot \text{A} \quad V_{\text{gen3}} := 220\text{kV} \quad x_3 := 95\%$$

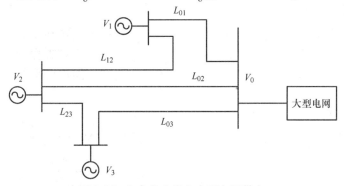

图 8.26 3 台发电机向大型电网供电

折算到电网电压的发电机一相阻抗为

$$n := 1 \cdots 3 \quad X_{\text{g}_n} := x_n \cdot \frac{\left(\dfrac{V_{\text{gen}_n}}{\sqrt{3}}\right)^2}{\dfrac{S_{\text{g}_n}}{3}} \qquad X_{\text{g}}^{\text{T}} = (145.2 \quad 185.5 \quad 183.9)\,\Omega$$

输电线单位长度的阻抗相同，但线路长度不同：

$$Z_{\text{line}} := 0.06\,\Omega/\text{mile} + \text{j}0.59\,\Omega/\text{mile} \qquad L_{12} := 35\text{mile} \qquad L_{23} := 40\text{mile}$$

$$L_{01} := 70\text{mile} \qquad\qquad\qquad L_{02} := 60\text{mile} \qquad L_{03} := 45\text{mile}$$

由此得到线路的阻抗为

$$Z_{01} := L_{01}z_{\text{line}} \qquad Z_{02} := L_{02}z_{\text{line}} \qquad Z_{03} := L_{03}z_{\text{line}}$$

$$Z_{12} := L_{12}z_{\text{line}} \qquad Z_{23} := L_{23}z_{\text{line}}$$

发电机的电压和功率为

$$V_{\text{rms\_n1}} := 225\text{kV} \quad V_{\text{rms\_n2}} := 232\text{kV} \quad V_{\text{rms\_n3}} := 228\text{kV}$$

$$P_1 := 365\text{MW} \qquad P_2 := 225\text{MW} \qquad P_3 := 178\text{MW}$$

计算发电机电流

计算之前，对发电机连接 220kV 系统的 3 个节点处的电压和无功功率给出

试探值。假设无功功率为 100MVA，线电压接近于额定值（加一个小的虚部）。该假设经历了试差的过程，这样的试探值改变有助于保证求解算法的收敛性。

单相无功功率和相电压的试探值为

$$V_{n1} := \frac{V_{rms\_n1} + j10kV}{\sqrt{3}} \qquad Q_1 = 100MV \cdot A$$

$$V_{n2} := \frac{V_{rms\_n2} + j10kV}{\sqrt{3}} \qquad Q_2 = 100MV \cdot A$$

$$V_{n3} := \frac{V_{rms\_n3} + j10kV}{\sqrt{3}} \qquad Q_3 = 100MV \cdot A$$

节点电压方程

对连接到发电机的每条线路进行节点分析。如图 8.27 所示，节点 1（位于发电机 1）与电网及发电机 2 相连接。根据 KCL，节点 1 的方程为发电机 1 的电流 I_{g1}、线路 12 的电流 I_{21} 与线路 01 的电流 I_{net1} 之和。同理可得节点 2 和 3 的节点方程。

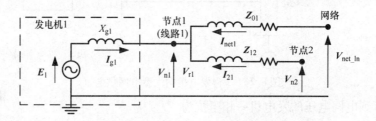

图 8.27　发电机 1 的一相等效电路

线路电流由电压之差除以线路阻抗来计算。发电机三相复功率除以 3 再除以发电机的相电压，所得结果的共轭复数等于发电机电流。

未知变量包括 3 台发电机的无功功率（Q_i，$i=1$，2，3），发电机电动势的相位角或者发电机电动势的复数值 V_{ni}。求解的约束条件是每台发电机的电压等于给定的运行电压。

节点方程由 Mathcad 的 Find 函数进行求解：

假设

$$Q_1 = Re(Q_1) \qquad Q_2 = Re(Q_2) \qquad Q_3 = Re(Q_3)$$

$$|V_{n1}| = \frac{V_{rms\_n1}}{\sqrt{3}} \qquad |V_{n2}| = \frac{V_{rms\_n2}}{\sqrt{3}} \qquad |V_{n3}| = \frac{V_{rms\_n3}}{\sqrt{3}}$$

$$\overline{\left(\frac{P_1 + jQ_1}{3V_{n1}}\right)} + \frac{V_{n2} - V_{n1}}{Z_{12}} + \frac{V_{net\_ln} - V_{n1}}{Z_{01}} = 0$$

$$\overline{\left(\frac{P_2+\mathrm{j}Q_2}{3V_{n2}}\right)}+\frac{V_{n1}-V_{n2}}{Z_{12}}+\frac{V_{\mathrm{net\_ln}}-V_{n2}}{Z_{02}}+\frac{V_{n3}-V_{n2}}{Z_{23}}=0$$

$$\overline{\left(\frac{P_3+\mathrm{j}Q_3}{3V_{n3}}\right)}+\frac{V_{n2}-V_{n3}}{Z_{23}}+\frac{V_{\mathrm{net\_ln}}-V_{n3}}{Z_{03}}=0$$

$$\begin{pmatrix}Q_{r1}\\Q_{r2}\\Q_{r3}\\V_{r1}\\V_{r2}\\V_{r3}\end{pmatrix}:=\mathrm{Find}(Q_1,Q_2,Q_3,V_{n1},V_{n2},V_{n3})$$

Mathcad 运行所得结果为

发电机 1：

$$V_{r1}=(126.9+27.7\mathrm{j})\,\mathrm{kV}\qquad\sqrt3\,|V_{r1}|=225\mathrm{kV}$$
$$\delta_{r1}:=\arg(V_{r1})\qquad\delta_{r1}=12.3°$$
$$Q_{r1}=-56.0\mathrm{MV\cdot A}$$

发电机 2：

$$V_{r2}=(132.0+22.5\mathrm{j})\,\mathrm{kV}\qquad\sqrt3\,|V_{r2}|=232\mathrm{kV}$$
$$\delta_{r2}:=\arg(V_{r2})\qquad\delta_{r2}=9.68°$$
$$Q_{r2}=198.2\mathrm{MV\cdot A}$$

发电机 3：

$$V_{r3}=(130.5+17.6\mathrm{j})\,\mathrm{kV}\qquad\sqrt3\,|V_{r3}|=228\mathrm{kV}$$
$$\delta_{r3}:=\arg(V_{r3})\qquad\delta_{r3}=7.69°$$
$$Q_{r3}=30.3\mathrm{MV\cdot A}$$

可见，每条线路的相电压值都等于约定的发电机运行电压，验证了结果的正确性。

发电机电流和功率

发电机电流的计算方法为：发电机三相复功率除以 3（得到一相的功率）再除以发电机的相电压，取所得结果的共轭复数。由此，发电机一相的电流为

$$I_{g1}(V_{r1},Q_{r1}):=\overline{\left(\frac{P_1+\mathrm{j}Q_{r1}}{3\cdot V_{r1}}\right)}\qquad I_{g1}(V_{r1},Q_{r1})=(884.5+339.9\mathrm{j})\,\mathrm{A}$$

$$I_{g2}(V_{r2},Q_{r2}):=\overline{\left(\frac{P_2+\mathrm{j}Q_{r2}}{3\cdot V_{r2}}\right)}\qquad I_{g2}(V_{r2},Q_{r2})=(634.9-392.2\mathrm{j})\,\mathrm{A}$$

$$I_{g3}(V_{r3},Q_{r3}) := \overline{\left(\frac{P_3 + jQ_{r3}}{3 \cdot V_{r3}}\right)} \qquad I_{g3}(V_{r3},Q_{r3}) = (456.9 - 15.7j)\,A$$

每台发电机三相的复功率为

$$S_{g1} := 3V_{r1}\overline{I_{g1}(V_{r1},Q_{r1})} \qquad S_{g1} = (365.0 - 56.0j)\,MV \cdot A$$

$$|S_{g1}| = 369.3\,MV \cdot A \qquad P_1 = 365\,MW$$

$$S_{g2} := 3V_{r2}\overline{I_{g2}(V_{r1},Q_{r2})} \qquad S_{g2} = (225.0 + 198.2j)\,MV \cdot A$$

$$|S_{g2}| = 299.9\,MV \cdot A \qquad P_2 = 225\,MW$$

$$S_{g3} := 3V_{r3}\overline{I_{g3}(V_{r3},Q_{r3})} \qquad S_{g3} = (178.0 + 30.3j)\,MV \cdot A$$

$$|S_{g3}| = 180.6\,MV \cdot A \qquad P_3 = 178\,MW$$

复功率结果的实部与约定的发电机功率相等，验证了结果的正确性。

系统的运行受发电机容量的限制。比较所得的复功率与发电机的额定值，可得判断发电机的负载状况。在本例中，3 台发电机的额定容量分别为400MV·A、300MV·A 和250MV·A。比较这些额定值与计算所得的$|S_{gi}|$表明，所有的发电机都没有超载。

可以通过增加发电机的负载和相应的系统负载，直到达到发电机的容量，由此来测试系统的运行极限。比如在本例中可以采取：达到约定的运行情况后，逐渐增大发电机 2 的输出功率，使其达到 $S_{g2} = 300\,MV \cdot A$，即 $P_2 = 225\,MW$。用试差法来估算系统的运行极限。相关的问题可用潮流计算软件来分析。

输电线的电流和功率潮流

系统的运行受限于线路的载流容量。通常在导体列表中给出导体载流容量的近似值，或者由公共事业单位（电力部门）指定线路的设计电流容量。例如，亚利桑那州公共服务公司设计的 Cholla – Saguaro500kV 线路容量为 2400A。该线路由 2 条蓝鸟（ACSR，1.762″84/19）导线组成。在各种负载情况下线路电流不能超过 2400A。

尽管在本例中电流没有达到额定值，但为了评价系统运行的安全性，必须把电流计算结果与允许的电流容量进行比较。

本节计算各条输电线 A 相的电流和传导的三相复功率。为了计算线路传导的功率，电流和电压的正方向应符合相关约定。本例的分析中，以电流方向流向节点为约定正方向。因此，如果有功或无功功率为正，表示该功率是从线路进入节点。如果有功或无功功率为负，表示是由节点提供该功率。

线路 12：

对于线路 12 应遵循节点 1 的正方向约定，假设电流由节点 2 流向节点 1。由节点 2 流向节点 1 的电流为

$$I_{21} := \frac{V_{r2} - V_{r1}}{Z_{12}} \qquad I_{21} = (-221.7 - 270.2j)\,A$$

电流的符号为负，表明实际电流方向是节点 1 流向节点 2。由线路 12 传导到节点 1 的功率为

$$S_{12} := 3 \times V_{r1} \overline{I_{21}} \qquad S_{12} = (-106.8 + 84.5j) \, MV \cdot A$$

该复功率结果表明，节点 1 向线路发出有功功率，从线路吸收无功功率。所以在此处节点 1 为电源，节点 2 为负载。同理，可计算节点 2 的复功率，计算时设电流由线路 12 流向节点 2。计算复功率时用 I_{12} 替代 I_{21}，即

$$I_{12} := -I_{21} \qquad I_{12} = (221.7 + 270.2j) \, A$$

$$S_{21} := 3 V_{r2} \overline{I_{12}} \qquad S_{21} = (106.1 - 92.1j) \, MV \cdot A$$

根据正方向约定规则可得节点 2 为有功功率电源，节点 2 为负载。即节点 2 吸收（$P_{21} > 0$）节点 1 发出的有功功率（$P_{12} < 0$）。节点 1 吸收（$Q_{12} > 0$）由节点 2 发出（$Q_{21} < 0$）的无功功率。总结起来，有功功率潮流方向由节点 1 向节点 2，无功功率潮流方向由节点 2 向节点 1。节点 1 发出与节点 2 吸收的有功功率之差为线路损耗。

线路 01：

电流应当为流入大型电网，因此选择电流正方向为节点 1 流向电网（节点 0）：

$$I_{\text{Inet}} := \frac{V_{r1} - V_{\text{net\_ln}}}{Z_{01}} \qquad I_{\text{Inet}} = (662.8 + 69.7j) \, A$$

电流符号为正，表明电流方向是由节点 1 流向电网，节点 1 为电源，电网为负载，复功率为

$$S_{1\_net} := 3 V_{r1} \overline{-I_{\text{Inet}}} \qquad S_{1 \, net} = (-258.2 - 28.5j) \, MV \cdot A$$

$$S_{net\_1} := 3 V_{\text{net\_ln}} \overline{I_{\text{Inet}}} \qquad S_{net\_1} = (252.6 - 26.5j) \, MV \cdot A$$

根据正方向约定，表明有功功率潮流方向是从节点 1 到电网。2 个节点的无功功率均为负，表明都是向线路发出无功功率。线路则吸收无功功率。

线路 02：

设电流由节点 2 流向电网：

$$I_{2net} := \frac{V_{r2} - V_{\text{net\_ln}}}{Z_{02}} \qquad I_{2net} = (644.0 - 76.4j) \, A$$

$$S_{2\_net} := 3 V_{r2} \overline{-I_{2net}} \qquad S_{2\_net} = (-249.9 - 73.8j) \, MV \cdot A$$

$$S_{net\_2} := 3 V_{\text{net\_ln}} \overline{I_{2net}} \qquad S_{net\_2} = (245.4 + 29.1j) \, MV \cdot A$$

根据所得复功率，节点 2 为电源，电网为负载。而且有功功率和无功功率潮流方向都是由节点 2 到电网。

线路 23：

$$I_{32} := \frac{V_{r3} - V_{r2}}{Z_{23}} \qquad I_{32} = (-212.6 + 45.6j) \, A$$

电流实部符号为负，表明有功功率潮流方向由节点 2 到节点 3。可以在计算复功率时用 I_{23} 替代 I_{32}：

$$S_{23} := 3V_{r2}\overline{I_{32}} \qquad S_{23} = (-81.2 - 32.4\mathrm{j})\,\mathrm{MV \cdot A}$$

$$I_{23} := -I_{32} \qquad I_{23} = (212.6 - 45.6\mathrm{j})\,\mathrm{A}$$

$$S_{32} := 3V_{r3}\overline{I_{23}} \qquad S_{32} = (80.8 + 29.1\mathrm{j})\,\mathrm{MV \cdot A}$$

该结果表明有功功率和无功功率的潮流方向都是由节点 2 到节点 3。

线路 03：

仍然假设电流方向是流向电网：

$$I_{3\mathrm{net}} := \frac{V_{r3} - V_{\mathrm{net\_ln}}}{Z_{03}} \qquad I_{3\mathrm{net}} = (669.6 - 61.3\mathrm{j})\,\mathrm{A}$$

$$S_{3\_\mathrm{net}} := 3V_{r3}\overline{-I_{3\mathrm{net}}} \qquad S_{3\_\mathrm{net}} = (-258.8 - 59.4\mathrm{j})\,\mathrm{MV \cdot A}$$

$$S_{\mathrm{net}\_3} := 3V_{\mathrm{net\_ln}}\overline{I_{3\mathrm{net}}} \qquad S_{\mathrm{net}\_3} = (255.1 + 23.4\mathrm{j})\,\mathrm{MV \cdot A}$$

所得功率的符号表明，有功功率和无功功率潮流方向都是由节点 2 到电网。

在图 8.28 中标出了输电系统所有的功率潮流。计算流入节点 0 的功率之和，可得提供给电网的总的三相复功率：

$$S_{\mathrm{net}} := S_{\mathrm{net}\_1} + S_{\mathrm{net}\_2} + S_{\mathrm{net}\_3} \qquad S_{\mathrm{net}} = (753.1 + 25.9\mathrm{j})\,\mathrm{MV \cdot A}$$

输电线上所有的有功功率损耗为

$$P_{\mathrm{loss}} := (P_1 + P_2 + P_3) - \mathrm{Re}(S_{\mathrm{net}}) \qquad P_{\mathrm{loss}} = 14.9\,\mathrm{MW}$$

线路吸收的有功功率占发电机发出有功功率的百分比为

$$P_{\mathrm{loss\%}} := \frac{P_{\mathrm{loss}}}{P_1 + P_2 + P_3} \qquad P_{\mathrm{loss\%}} = 1.94\%$$

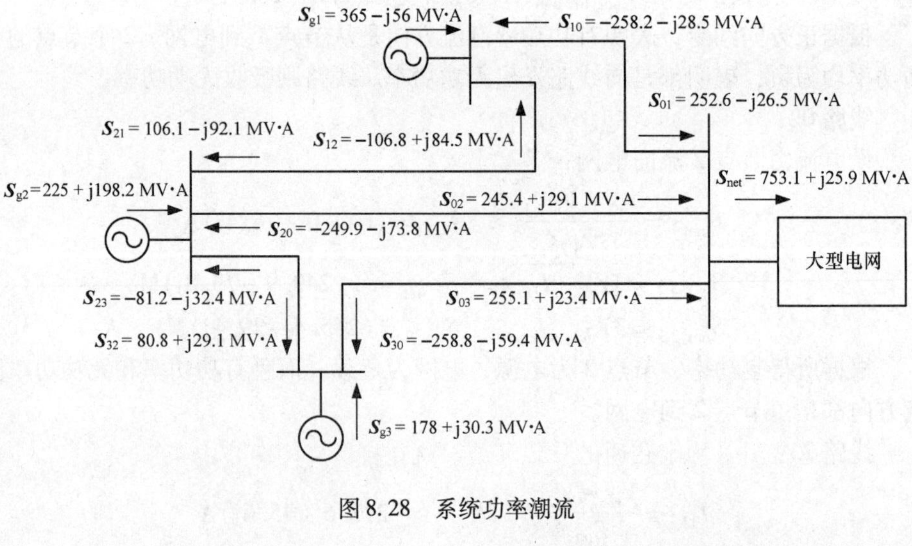

图 8.28　系统功率潮流

发电机电动势的相位角

在例 8.2 中计算了发电机电动势的相位角，用于确定发电机能够向电网发出的最大功率。结论是功率角接近 $90°$ 时功率达到最大值。发电机的功率角即电动势的相位角。根据式（8.15）或式（8.27），发电机电动势 E_i 为同步电抗上的电压降与端电压之和，可得

发动机 1：

$$E_1 := V_{r1} + jX_{g1}I_{g1}(V_{r1},Q_{r1}) \qquad E_1 = (77.6 + 156.1j)\,kV$$
$$|E_1| = 174.3\,kV \qquad\qquad \arg(E_1) = 63.6°$$

发动机 2：

$$E_2 := V_{r2} + jX_{g2}I_{g2}(V_{r2},Q_{r2}) \qquad E_2 = (204.8 + 140.3j)\,kV$$
$$|E_2| = 248.3\,kV \qquad\qquad \arg(E_2) = 34.4°$$

发动机 3：

$$E_3 := V_{r3} + jX_{g3}I_{g3}(V_{r3},Q_{r3}) \qquad E_3 = (133.34 + 101.65j)\,kV$$
$$|E_3| = 167.7\,kV \qquad\qquad \arg(E_3) = 37.3°$$

从结果可以看出，各个相位角都明显小于 $90°$。也就是在该负载情况下系统稳定性没有问题。在本例计算的系统中，由于计算时电压和电流取为发电机的额定值，发电机在相位角达到 $90°$ 之前就会过载。

8.4　感应电动势和电枢反应电抗的计算

发电机利用定子和转子的磁场耦合，把机械能转换为电能。本节的内容是通过磁路的分析，得到计算发电机参数的简便方法。发电机的参数包括感应电动势和同步电抗。根据式（8.15），这两个参数构成分析同步发电机稳定运行的电路模型。如果忽略漏磁通，同步电抗即为电枢反应电抗。感应电动势的有效值 E_{sta} 和电枢反应电抗 X_{arm} 与励磁电流的关系为

$$E_{sta} = \frac{\sqrt{2}}{\pi}\omega\mu_0 N_{sta}N_{rot}\frac{\ell_{sta}\ell_{rot}}{\ell_{gap}}I_f \tag{8.21}$$

$$X_{arm} = \frac{3}{\pi}\omega\mu_0 N_{sta}^2\frac{\ell_{sta}\ell_{rot}}{\ell_{gap}}I_f \tag{8.22}$$

式中，N_{rot} 为转子绕组的匝数，ℓ_{sta}、ℓ_{rot}、ℓ_{gap} 分别为定子、转子和定转子之间气隙的长度。

计算这些量是确定磁通的重要环节，将在接下来的两节中介绍。

应用 Mathcad 通过数值例子计算感应电动势与直流励磁电流的关系，电枢负载电流产生的旋转磁通以及电枢反应电抗。分析时对发电机进行了简化。定子和

转子绕组都用一个线圈表示。发电机三相功率和电压的额定值为
$$M:=10^6 \qquad S_{gen}:=10\text{MV}\cdot\text{A} \qquad V_{gen}:=22\text{kV}$$

本例中用到的发电机数据包括：转子直径 D_{rotor}、定子长度 L_{stator}、气隙厚度 L_{gap}、磁极数 p、转子绕组匝数 N_{rotor} 和定子匝数 N_{stator}、定子频率 f_A 和角速度 ω、转子直流励磁电流 I_{dc_rotot} 以及定子负载电流 I_{stator}。数据如下：

$$D_{rotor}:=75\text{cm} \qquad L_{stator}:=1.2\text{m} \qquad L_{gap}:=20\text{mm} \qquad p:=2$$
$$N_{rotor}:=400 \qquad N_{stator}:=50 \qquad f_A:=60\text{Hz}$$
$$I_{dc\_rotor}:=100\text{A} \qquad I_{stator}:=300\text{A} \qquad \omega:=2\cdot\pi f_A$$

8.4.1 感应电动势的计算

转子绕组流过直流励磁电流，产生磁场。当转子以同步转速旋转时，其磁场在定子每相绕组中产生 60Hz 的感应电动势。图 8.29 给出了简化的发电机和转子电流产生的磁力线。根据右手定则可知磁场的方向为向上进入转子。

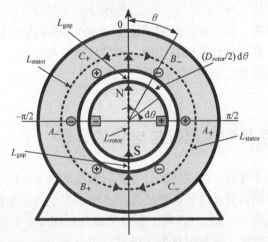

图 8.29　简化发电机中的转子磁场

由图 8.29 中可见，磁场的磁路分为 4 部分：①转子；②上方气隙；③定子；④下方气隙。对该闭合磁路应用安培环路定律，可得

$$2H_{gap}L_{gap} + H_{rotor}L_{rotor} + H_{stator}L_{stator} = I_{DC\_rotor}N_{rotor} \qquad (8.23)$$

式中，L_{gap} 为定子和转子之间的气隙厚度；$L_{rotor}=D_{rotor}$ 为转子中磁路的长度；L_{stator} 为定子中磁路的长度；I_{DC_rotor} 为转子的直流励磁电流；N_{rotor} 为转子绕组的匝数；H 为每部分的磁场强度。

由于转子和定子铁心具有较高的磁导率，可以在磁路中忽略，于是可将式（8.23）简化为

$$2H_{gap}L_{gap} = I_{DC\_rotor}N_{rotor} \qquad (8.24)$$

推导的目的是获得感应电动势与直流励磁电流的关系。首先根据式（8.24）

将磁场强度表示为励磁电流的函数:

$$H_{\text{gap}}(I_{\text{DC\_rotor}}) := \frac{I_{\text{DC\_rotor}} N_{\text{rotor}}}{2 L_{\text{gap}}} \tag{8.25}$$

根据给出的发电机数据,可得

$$H_{\text{gap}}(I_{\text{DC\_rotor}}) = 1 \times 10^{6}\,\text{A/m}$$

气隙中的磁通密度为

$$B_{\text{gap}}(I_{\text{DC\_rotor}}) := \mu_0 H_{\text{gap}}(I_{\text{DC\_rotor}}) \tag{8.26}$$

相应的数值结果为 $B_{\text{gap}}(I_{\text{DC\_rotor}}) = 1.257\text{T}$。

气隙中的磁通密度为常数。在发电机的上半部分,磁力线从转子发出,假设该磁场方向为正。在发电机的下半部分,磁力线进入转子,假设该磁场方向为负。于是气隙中磁通密度的分布为方波,可以表示为

$$B_{\text{rotor}}(I_{\text{DC\_rotor}}, \theta) := \text{sign}(\cos(\theta)) B_{\text{gap}}(I_{\text{DC\_rotor}}) \tag{8.27}$$

式中,$\theta = -90°$、$-89°\cdots 270°$。

图 8.30 所示为转子表面的磁通密度分布。取该方波分布曲线的基波进行感应电动势的计算。基波根据傅里叶系数来计算,对应 60Hz 的基频,即

$$B_{\text{base\_max}} := \frac{1}{\pi} \int_{\frac{-\pi}{2}}^{\frac{3\pi}{2}} B_{\text{rotor}}(I_{\text{DC\_rotor}}, \xi) \cos(\xi)\,\text{d}\xi = 1.6\text{T} \tag{8.28}$$

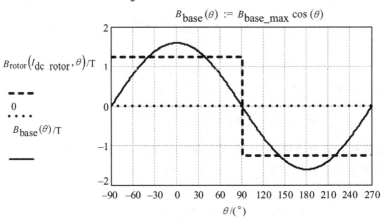

图 8.30 转子表面的磁通密度分布

式 (8.28) 可以用 Mathcad 进行符号运算。在工作区内输入该定积分,插入等号,可得

$$\frac{2}{\pi} \int_{\frac{-\pi}{2}}^{\frac{\pi}{2}} B_{\text{gap}}(I_{\text{DC\_rotor}}) \cos(\theta)\,\text{d}\theta \rightarrow \frac{4 B_{\text{gap}}(I_{\text{DC\_rotor}})}{\pi}$$

然后可得其基波，即基频对应的余弦波幅值：

$$B_{\text{base\_max}}(I_{\text{DC\_rotor}}) := \frac{4}{\pi}B_{\text{gap}}(I_{\text{DC\_rotor}}) \tag{8.29}$$

图 8.30 给出了基波所代表的正弦分布的磁通密度，即

$$B_{\text{base}}(\theta) := B_{\text{base\_max}}\cos(\theta) \tag{8.30}$$

把式（8.25）代入式（8.26），结果代入式（8.29），可得如下的最大磁通密度的表达式：

$$B_{\text{base\_max}}(I_{\text{DC\_roto}}) := \frac{4}{\pi}\mu_0\frac{I_{\text{DC\_rotor}}N_{\text{rotor}}}{2L_{\text{gap}}} \tag{8.31}$$

可以用数值验证其有效性：

$$B_{\text{base\_max}}(I_{\text{DC\_rotor}}) = 1.6\text{T}$$

励磁电流产生磁通时磁通密度在转子上表面的积分（$\Phi = B \times$ 面积），即

$$\Phi_{\text{rotor}}(I_{\text{DC\_rotor}}) := \int_{\frac{-\pi}{2}}^{\frac{\pi}{2}} B_{\text{base}}(\theta)\frac{D_{\text{rotor}}}{2}L_{\text{stator}}\text{d}\theta \tag{8.32}$$

磁通的数值结果为 $\Phi_{\text{rotor}}(I_{\text{DC\_rotor}}) = 1.44\text{Wb}$。

可以通过符号运算，得到磁通量的实际表达式：

$$\int_{\frac{-\pi}{2}}^{\frac{\pi}{2}} B_{\text{base\_max}}\cos(\theta)\frac{D_{\text{rotor}}}{2}L_{\text{stator}}\text{d}\theta \rightarrow B_{\text{base\_max}}D_{\text{rotor}}L_{\text{stator}}$$

$$\Phi_{\text{rotor}}(I_{\text{DC\_rotor}}) := B_{\text{base\_max}}(I_{\text{DC\_rotor}})D_{\text{rotor}}L_{\text{stator}} \tag{8.33}$$

把式（8.31）代入式（8.33）可得计算转子产生磁通量的公式：

$$\Phi_{\text{rotor}}(I_{\text{DC\_rotor}}) := \frac{4}{\pi}\mu_0\frac{I_{\text{DC\_rotor}}N_{\text{rotor}}}{2L_{\text{gap}}}D_{\text{rotor}}L_{\text{stator}} \tag{8.34}$$

可以通过计算磁通量的数值验证公式的有效性，即 $\Phi_{\text{rotor}}(I_{\text{DC\_rotor}}) = 1.44\text{Wb}$。

该磁通以同步转速旋转，因此定子每相绕组的磁链随时间变化。A 相绕组的磁链为

$$\Phi_{\text{A}}(I_{\text{DC\_rotor}},t) := \Phi_{\text{rotor}}(I_{\text{DC\_rotor}})\cos(\omega t) \tag{8.35}$$

根据法拉第定律，*A* 相绕组的感应电动势为该磁链的微分：

$$E_{\text{A}}(I_{\text{DC\_rotor}},t) := N_{\text{stator}}\frac{\text{d}}{\text{d}t}\Phi_{\text{A}}(I_{\text{DC\_rotor}},t) \tag{8.36}$$

感应电动势的有效值 E_{A} 可以根据第 3 章给出的定义直接计算：

$$T := \frac{1}{60}\text{s} \quad \sqrt{\frac{1}{T}\int_{0\text{s}}^{T}E_{\text{A}}(I_{\text{DC\_rotor}},t)^2\text{d}t} = 19.19\text{kV}$$

在 Mathcad 中把式（8.35）代入式（8.36）进行符号运算，可得

$$N_{\text{stator}}\frac{\mathrm{d}}{\mathrm{d}t}(\Phi_{\text{rotor}}(I_{\text{DC\_rotor}})\cos(\omega t)) \rightarrow -N_{\text{stator}}\omega\Phi_{\text{rotor}}(I_{\text{DC\_rotor}})\sin(\omega t)$$

于是可得

$$E_{\text{A}}(I_{\text{DC\_rotor}},t) = -N_{\text{stator}}\Phi_{\text{rotor}}(I_{\text{DC\_rotor}})\omega\sin(\omega t) \tag{8.37}$$

该正弦电压的有效值为最大值除以 $\sqrt{2}$，即

$$E_{\text{A\_rms}}(I_{\text{DC\_rotor}}) := \frac{\omega N_{\text{stator}}\Phi_{\text{rotor}}(I_{\text{DC\_rotor}})}{\sqrt{2}} \tag{8.38}$$

其数值结果为 $E_{\text{A\_rms}}(I_{\text{DC\_rotor}}) = 19.19\text{kV}$。

把式（8.34）代入式（8.38）可得感应电动势有效值的显式表达式。定子绕组每相感应电动势的有效值为

$$E_{\text{g\_rms}}(I_{\text{DC\_rotor}}) := \frac{\omega N_{\text{stator}}\left(\dfrac{4}{\pi}\mu_0\dfrac{I_{\text{DC\_rotor}}N_{\text{rotor}}}{2L_{\text{gap}}}D_{\text{rotor}}L_{\text{stator}}\right)}{\sqrt{2}} \tag{8.39}$$

数值验证的结果为 $E_{\text{g\_rms}}(I_{\text{DC\_rotor}}) = 19.19\text{kV}$。

式（8.39）可以简化，得到感应电动势与转子励磁电流最终关系式，即

$$E_{\text{g\_rms}}(I_{\text{DC\_rotor}}) := \omega\frac{N_{\text{stator}}}{\pi}\mu_0 I_{\text{DC\_rotor}}\frac{N_{\text{rotor}}}{L_{\text{gap}}}D_{\text{rotor}}L_{\text{stator}}\sqrt{2} \tag{8.40}$$

可以看出，如果忽略铁心磁通，感应电动势与直流励磁电流呈线性关系。图8.31 给出了定子电动势有效值与励磁电流的函数图。该图表明感应电动势与励磁电流成正比。不过，当电动势高到一定程度时，铁心会出现饱和，导致感应电动势发生饱和（公式和图中没有显示）。

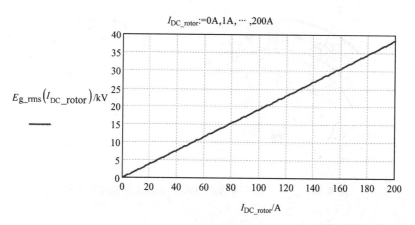

图 8.31　定子电动势有效值与励磁电流的关系

简化算法

定子槽沿着内表面分布。相绕组的导体放在槽中，然后构成一个个线圈（见图8.2）。前面提到，每个线圈相对边之间的距离称作节距。发电机绕组由整距线圈或短距线圈构成。

线圈的感应电动势等于磁链对时间的微分。当转子磁极与线圈垂直时，所有的磁通与该线圈交链，此时磁链达到最大值。相反，当线圈与磁极成一条直线时，磁链[一]为0。磁链还与线圈的面积成正比。这表明整距线圈的感应电动势要比短距线圈的感应电动势大。式（8.2）计算了整距线圈的感应电动势。短距线圈的面积比整距线圈小。因此短距线圈感应电动势计算时要乘以节距因数，即

$$k_p = 短距线圈感应电动势 / 整距线圈感应电动势 = \sin(\alpha/2) \tag{8.41}$$

式中，α 表示短距线圈对应的电角度。

式（8.2）表明一相绕组中所有导体的感应电动势大小相等。由图8.5可知相绕组的导体置于沿着定子内表面分布的槽中。举个例子，在图8.32a中，转子磁极与导体1成一条直线，所以此时导体1中的感应电动势达到最大值[二]。随着转子旋转，磁极然后会与导体2和3成一条直线（使体2和3中的感应电动势先后达到最大值）。这表明导体1、2和3中的交流感应电动势具有不同的相位。由于该相位差的存在，相绕组各导体总的感应电动势小于它们的代数相加。总的感应电动势等于各导体感应电动势的矢量和。

削弱的感应电动势通过乘以分布因数来计算，分布因数定义为

$$k_b = \frac{\sin(\beta/2)}{n\sin(\gamma/2)}, \tag{8.42}$$

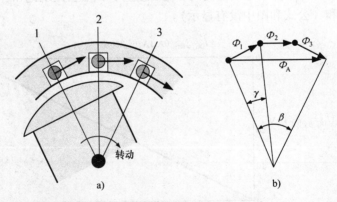

图8.32　由3个分布导体构成的A相绕组的感应电动势

[一] 原文误为电动势——译者注。

[二] 原文误为0——译者注。

式中，β 表示每相绕组包括的电角度；γ 表示相邻槽之间的电角度，如图 8.32b 所示；n 为每相绕组包括的槽数。

多数情况下，发电机的相绕组由若干线圈组串并联构成。线圈组之间的相位差会导致总感应电动势进一步的损失，于是分布因数的值随之降低。

相绕组由槽中线圈串联而成。如果采用短距线圈，感应电动势进一步减小。分布因数与节距因数结合可得到绕组因数，即

$$k_{\mathrm{w}} = k_{\mathrm{b}} k_{\mathrm{p}} \tag{8.43}$$

实际的感应电动势为式（8.5）的计算结果与绕组因数相乘，即

$$E_{\mathrm{sta}} = k_{\mathrm{w}} \frac{N_{\mathrm{sta}} \Phi_{\mathrm{rot}} \omega}{\sqrt{2}} \tag{8.44}$$

容纳导体的铁心槽之间存在齿，它会引起磁通密度增大，从而引起饱和对感应电动势带来影响。此处计算时忽略了这一影响因素。

用一个位于每相绕组中间位置的整距线圈替代分布式的该相绕组，来计算 A 相、B 相和 C 相绕组产生的定子磁通。该处理方法如图 8.33 所示，图中给出了分布式的 A、B、C 三相的导体和简化的集中导体。图 8.33 上部分给出了由集中导体产生的方波磁通。分布式定子线圈产生的磁通如图 8.34 所示。每个线圈产生方波磁通，然后把各个方波磁通进行叠加得到阶梯式的磁通。计算时可以把阶梯函数近似为斜的直线（图中虚线）。

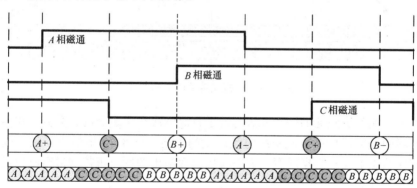

图 8.33 定子电流产生的磁通

用傅里叶分析计算方波的基波分量，根据基波计算磁通。分布式绕组产生的磁通比方波磁通（由式（8.28）分析）更接近正弦形。精确计算时，采用图 8.34 中的阶梯式磁通进行傅里叶分析得到基波分量。制造电机时往往更多采取其他方法（比如改变不同线圈中的导体数目）以获得更好的正弦波形，减少谐波。

同理对凸极式转子中的分布绕组进行排列，以得到正弦波。图 8.35 给出了

凸极式转子产生的实际磁通及其正弦形的基波。

8.4.2 电枢反应电抗的计算

发电机定子的三相负载电流产生旋转磁通，使端电压下降。电枢产生的旋转磁通与电流大小成正比。习惯上把磁通的影响用等效电抗来表示，即电枢反应电抗。以下忽略绕组因数和漏电感的影响，采用集中式的定子绕组进行电枢反应电抗的推导，即介绍电枢反应电抗的基本计算方法。

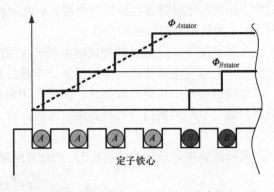

图 8.34　分布绕组产生的磁通分布情况

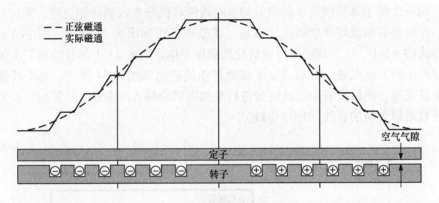

图 8.35　凸极式转子产生的磁通

定子电流产生磁通的计算方法与转子直流电流产生磁通的计算方法相似。可根据安培回路定律计算 A 相负载电流产生的磁通。图 8.36 中给出了磁力线和分析时需要的主要尺寸数据示意。下面应用前面给出的发电机数据进行电枢反应电抗的推导和计算。

可根据发电机的三相容量的 1/3 以及相电压来计算一相额定电流的有效值，即

$$I_{AC} := \frac{\dfrac{S_{gen}}{3}}{\dfrac{V_{gen}}{\sqrt{3}}} \qquad I_{AC} = 262.4A$$

该电流随时间正弦变化，于是 A 相电流可表示为

$$I_{A\_AC}(t) := \sqrt{2}I_{AC}\cos(\omega t) \tag{8.45}$$

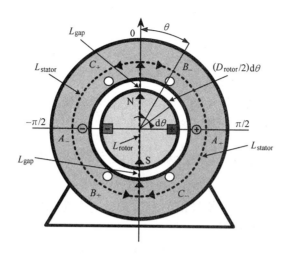

图 8.36 计算定子电流产生的磁通

A 相的交流电流产生交变的磁通。图 8.36 给出的磁力线对应电流为最大值时。磁通的磁路可分为 4 部分：①转子；②上方气隙；③定子；④下方气隙。对该闭合磁路应用安培环路定律，可得

$$2H_{A\_AC}L_{gap} + H_{A\_rotor}L_{rotor} + H_{A\_stator}L_{stator} = I_{A\_AC}(t)N_{stator} \qquad (8.46)$$

由于铁心具有较高的磁导率，可以在磁路中忽略定子和转子，于是可得磁场强度：

$$H_{A\_AC}(t) := \frac{I_{A\_AC}(t)N_{stator}}{2L_{gap}} \qquad (8.47)$$

用以下数据对计算进行验证：

$$t := \frac{1}{60}s \qquad H_{A\_AC}(t) = 4.64 \times 10^5 \, A/m$$

气隙中的磁通密度为

$$B_{A\_AC}(t) := \mu_0 H_{A\_AC}(t) \qquad (8.48)$$

代入数据，得该时刻 $B_{A\_AC}(t) = 0.583T$。

该磁通密度的值较小，意味着负载电流不会引起铁心的饱和。气隙中的磁通密度为常数，即产生的磁通密度沿气隙的分布为方波，与转子直流电流产生的磁通的分布是类似的。分析负载电流产生的磁通时，同样根据傅里叶系数计算该方波的基波成分。类比于式（8.29）和式（8.30），该磁通密度的基波为

$$B_{base\_A}(t, \theta) := \frac{4}{\pi} B_{A\_AC}(t)\cos(\theta) \qquad (8.49)$$

气隙磁通时磁通密度沿着转子表面的积分，即

$$\Phi_{A\_AC}(t) := \int_{\frac{-\pi}{2}}^{\frac{\pi}{2}} \frac{4}{\pi} B_{A\_AC}(t)\cos(\theta) L_{stator} \frac{D_{rotor}}{2} d\theta \tag{8.50}$$

数值结果为 $\Phi_{A\_AC}(t) = 0.668 \text{Wb}$。

代入式（8.47）和式（8.48）并对积分做符号运算，可得到磁通的显式表达式。前面进行过类似的计算，参考式（8.31）和式（8.34）可得

$$\Phi_{A\_AC}(t) := \frac{4}{\pi} \mu_0 \frac{I_{A\_AC}(t) N_{stator}}{2 L_{gap}} L_{stator} D_{rotor}$$

$$\Phi_{A\_AC}(t) = 0.668 \text{Wb} \tag{8.51}$$

式中的数值结果验证了推导出的表达式。把式（8.45）代入式（8.51）可得 A 相交变磁通的瞬时表达式：

$$\Phi_{A\_AC}(t) := \frac{4}{\pi} \mu_0 \frac{\sqrt{2} I_{AC} N_{stator}}{2 L_{gap}} L_{stator} D_{rotor} \cos(\omega t) \tag{8.52}$$

图 8.37 显示了该交变磁通的位置，以及磁通幅值随时间变化的关系。可见，A 相绕组产生的磁通方向与相绕组垂直，其大小随时间正弦变化。该磁通为脉振磁通，可以表示为一个随时间变化的矢量。

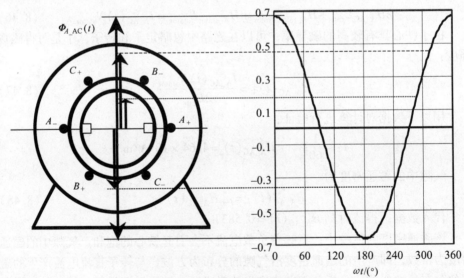

图 8.37 A 相负载电流产生的交变磁通

其他两相的电流产生类似的正弦交变磁通，区别在于 B 相和 C 相电流的相位分别落后于 A 相 120°和 240°。B 相和 C 相电流产生的交变磁通可表示为

$$\Phi_{B\_AC}(t) := \frac{4}{\pi} \mu_0 \frac{\sqrt{2} I_{AC} N_{stator}}{2 L_{gap}} L_{stator} D_{rotor} \cos(\omega t - 120°) \tag{8.53}$$

$$\Phi_{\text{C\_AC}}(t) := \frac{4}{\pi}\mu_0\frac{\sqrt{2}I_{\text{AC}}N_{\text{stator}}}{2L_{\text{gap}}}L_{\text{stator}}D_{\text{rotor}}\cos(\omega t - 240°) \tag{8.54}$$

图 8.37 表明，磁通矢量 $\boldsymbol{\Phi}_{\text{A\_AC}}$ 与 A 相绕组垂直，同理 B 相和 C 相电流的磁通矢量方向与各自的绕组垂直，如图 8.38 所示的三相磁通矢量。根据图中的几何关系，B 相和 C 相磁通矢量相对于 A 相磁通矢量，分别移动了 120°和 240°。

在图 8.38 中，B 相和 C 相磁通量只有竖直分量与 A 相绕组连接。根据 A 相绕组与其他两相绕组之间的角度，与 A 相绕组连接的磁通可用式（8.52）、式（8.53）、式（8.54）来表示，即

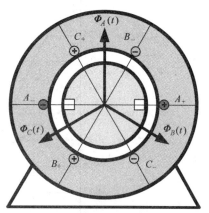

图 8.38 三相电流产生的交变磁通

$$\Phi_{\text{AA}}(t) := \frac{4}{\pi}\mu_0\frac{\sqrt{2}I_{\text{AC}}N_{\text{stator}}}{2L_{\text{gap}}}L_{\text{stator}}D_{\text{rotor}}\cos(\omega t) \tag{8.55}$$

$$\Phi_{\text{BA}}(t) := \frac{4}{\pi}\mu_0\frac{\sqrt{2}I_{\text{AC}}N_{\text{stator}}}{2L_{\text{gap}}}L_{\text{stator}}D_{\text{rotor}}\cos(\omega t - 120°)\cos(120°) \tag{8.56}$$

$$\Phi_{\text{CA}}(t) := \frac{4}{\pi}\mu_0\frac{\sqrt{2}I_{\text{AC}}N_{\text{stator}}}{2L_{\text{gap}}}L_{\text{stator}}D_{\text{rotor}}\cos(\omega t - 240°)\cos(240°) \tag{8.57}$$

A 相总磁链为三相链接磁通量的和，即

$$\Phi_{\text{A\_total}}(t) := \Phi_{\text{AA}}(t) + \Phi_{\text{BA}}(t) + \Phi_{\text{CA}}(t) \tag{8.58}$$

图 8.39 画出了 A、B 和 C 相产生的磁通与 A 相绕组的连接，以及 A 相绕组总的磁链。可以看出磁通均为正弦变化。根据三角函数公式 $\cos(\alpha + \beta) = \cos(\alpha)\cos(\beta) - \sin(\alpha)\sin(\beta)$ 化简式（8.55）、式（8.56）和式（8.57）、式（8.58），可得

$$\Phi_{\text{A\_total}}(t) := \frac{3}{2}\left(\frac{4}{\pi}\mu_0\frac{\sqrt{2}I_{\text{AC}}N_{\text{stator}}}{2L_{\text{gap}}}L_{\text{stator}}D_{\text{rotor}}\cos(\omega t)\right) \tag{8.59}$$

根据 $t = 0\text{ms}$ 时刻的数值对方程进行验证：

$$\Phi_{\text{A\_total}}(0\text{ms}) = 1.002\text{Wb}$$

比较式（8.51）和式（8.59），A 相的总磁链与 A 相绕组自身磁链的比值为

$$\frac{\Phi_{\text{A\_total}}(t)}{\Phi_{\text{A\_AC}}(t)} = 1.5$$

同理可得 B 相和 C 相绕组的总磁链：

$$\Phi_{\text{B\_total}}(t) := \frac{3}{2}\left(\frac{4}{\pi}\mu_0\frac{\sqrt{2}I_{\text{AC}}N_{\text{stator}}}{2L_{\text{gap}}}L_{\text{stator}}D_{\text{rotor}}\cos(\omega t - 120°)\right) \tag{8.60}$$

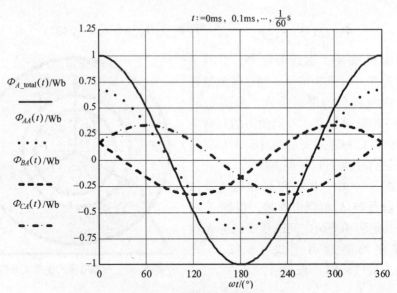

图 8.39　A 相绕组链接的磁通

$$\Phi_{\text{C\_total}}(t) := \frac{3}{2}\left(\frac{4}{\pi}\mu_0 \frac{\sqrt{2}I_{\text{AC}}N_{\text{stator}}}{2L_{\text{gap}}}L_{\text{stator}}D_{\text{rotor}}\cos(\omega t - 240°)\right) \quad (8.61)$$

图 8.40 给出了在 $\omega t = 0°$、$60°$、$120°$、$180°$、$240°$和 $300°$的时刻，A、B、C

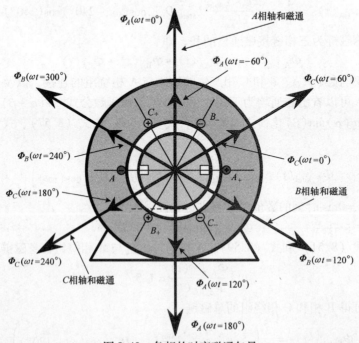

图 8.40　各相的时变磁通矢量

相磁通矢量的方向和大小。在给定的时刻，各矢量相加得到相电流产生的总磁通 $\boldsymbol{\Phi}_{ABC}$。可以证明，总磁通的幅值时任一相磁通幅值的 1.5 倍。考虑三相磁通矢量的方向进行相加，可得到任一时刻的合成磁通矢量。图 8.41 表明，三相的时变磁通矢量合成后，产生旋转的磁通矢量，其幅值为单相矢量幅值的 1.5 倍。

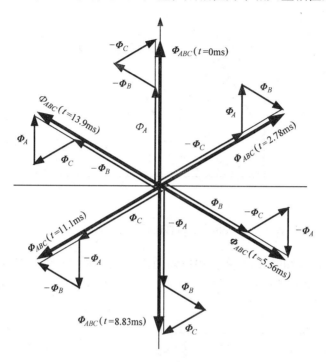

图 8.41 一台 2 极、60Hz 发电机中相电流产生的旋转磁通矢量

接下来，将式（8.59）、式（8.60）和式（8.61）转化为矢量形式，然后用三相磁通矢量相加得到合成的旋转磁通矢量。式（8.59）的相位角为 0，于是得到一个在 0°位置的时变矢量。式（8.60）表示 B 相磁通的时变特性，其相位角为 −120°，需要在式子中乘以 $e^{-j120°}$ 得到相应的时变矢量。同理，式（8.61）乘以 $e^{-j240°}$ 得到相应的位于 −240°位置的时变矢量。3 个磁通矢量相加，得到合成的旋转磁通矢量，即

$$\boldsymbol{\Phi}_{ABC}(t) := \boldsymbol{\Phi}_{A\_total}(t) + \boldsymbol{\Phi}_{B\_total}(t) e^{-j120°} + \boldsymbol{\Phi}_{C\_total}(t) e^{-j240°} \qquad (8.62)$$

合成磁通以同步转速旋转，且幅值不变。图 8.42 中画出了三相绕组的总磁通和合成旋转磁通矢量的幅值。分析表明：

$$\frac{|\boldsymbol{\Phi}_{ABC}(t)|}{\max(\boldsymbol{\Phi}_{A\_total}(t))} = 1.5$$

图 8.43 给出了归一化的旋转磁通幅值和相位角随时间变化的关系。可以看

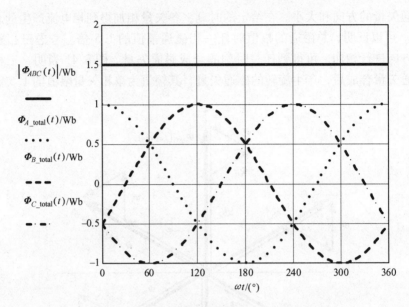

图 8.42 三相绕组的总磁通以及合成磁通的幅值

出，合成磁通矢量的幅值不变，相位角随位置（或时间）线性变化。图 8.44 所示为合成磁通随角度 ωt 变化的极坐标图，可见结果为一个圆，表明得到的 $\boldsymbol{\Phi}_{ABC}(t)$ 为旋转矢量。

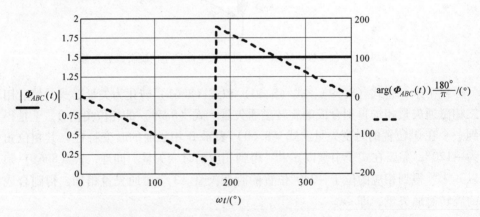

图 8.43 旋转磁通相量的幅值和相位角与时间的关系

各相绕组的电枢反应电抗可根据每相总磁通来计算。运用安培环路定律和法拉第电磁感应定律都可以计算。

8.4.2.1 法拉第电磁感应定律

相绕组电流产生的磁通与绕组链接并产生电枢感应电动势。计算发电机端电

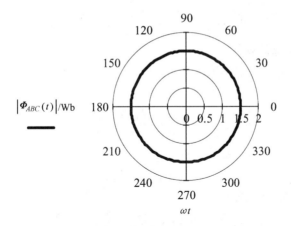

图 8.44　用极坐标图描述旋转磁通相量

压时，需要从励磁电动势中减去电枢电动势。A 相电流产生的感应电动势为

$$E_{\mathrm{A\_loat}}(t) := N_{\mathrm{stator}} \cdot \frac{\mathrm{d}}{\mathrm{d}t} \Phi_{\mathrm{A\_total}}(t) \tag{8.63}$$

数值结果为 $E_{\mathrm{A\_load}}(4\mathrm{ms}) = -18.85\mathrm{kV}$。

把式（8.59）代入式（8.63）得

$$E_{\mathrm{A\_load}}(t) := N_{\mathrm{stator}} \frac{\mathrm{d}}{\mathrm{d}t} \left[\frac{3}{2} \left(\frac{4}{\pi} \mu_0 \frac{\sqrt{2}I_{\mathrm{AC}}N_{\mathrm{stator}}}{2L_{\mathrm{gap}}} L_{\mathrm{stator}} D_{\mathrm{rotor}} \cos(\omega t) \right) \right]$$

即

$$E_{\mathrm{A\_load}}(t) := -\frac{3}{2} \left(\frac{4}{\pi} \mu_0 \frac{\sqrt{2}I_{\mathrm{AC}}N_{\mathrm{stator}}^2}{2L_{\mathrm{gap}}} L_{\mathrm{stator}} D_{\mathrm{rotor}} \omega \sin(\omega t) \right) \tag{8.64}$$

也可通过数值验证方程得到 $E_{\mathrm{A\_load}}(4\mathrm{ms}) = -18.85\mathrm{kV}$。

另外，交变磁通产生的感应电动势可按下式计算：

$$E_{\mathrm{A\_load}}(t) = L_{\mathrm{arm}} \frac{\mathrm{d}}{\mathrm{d}t} [I_{\mathrm{A\_AC}}(t)]$$

式中，L_{arm} 为电枢电感。

根据式（8.45）可得

$$E_{\mathrm{A\_load}(t)} := L_{\mathrm{arm}} \frac{\mathrm{d}}{\mathrm{d}t} (\sqrt{2}I_{\mathrm{AC}} \cos(\omega t)) \tag{8.65}$$

进一步得

$$E_{\mathrm{A\_load}(t)} := -L_{\mathrm{arm}} \omega \sqrt{2} I_{\mathrm{AC}} \sin(\omega t) \tag{8.66}$$

令 $X_{\mathrm{arm}} = L_{\mathrm{arm}} \omega$，称为电枢反应电抗。对比式（8.66）和式（8.64），电枢反应电抗可按下式计算：

$$X_{arm} : = \frac{3}{2}\left(\frac{4}{\pi}\mu_0 \frac{N_{stator}^2}{2L_{gap}}L_{stator}D_{rotor}\omega\right) \tag{8.67}$$

8.4.2.2　安培环路定律

电枢反应电抗也可根据安培环路定律计算。根据式（8.59）A 相总磁通的方均根值为

$$\Phi_{A\_rms} = 1.5\frac{4}{\pi}\mu_0 \frac{I_{AC}N_{stator}}{2L_{gap}}L_{stator}D_{rotor}$$

根据磁通量与电感的关系，即

$$N_{stator}\Phi_{A\_rms} = L_{arm}I_{AC}$$

电枢反应对应的电感为

$$L_{arm} = \frac{N_{stator}\Phi_{A\_rms}}{I_{AC}} = \frac{3}{\pi}\mu_0 \frac{N_{stator}^2}{L_{gap}}L_{stator}D_{rotor}$$

于是电枢反应电抗为

$$X_{arm} = \frac{3}{\pi}\mu_0\omega \frac{N_{stator}^2}{L_{gap}}L_{stator}D_{rotor}$$

电枢反应电抗的数值结果为 $X_{arm} = 50.89\Omega$。同步电抗为电枢反应电抗与绕组漏电抗之和。绕组漏电抗通常比较小，约 10%，而电枢反应电抗大于 100%。所以通常可用电枢反应电抗替代同步电抗。

同步电抗的标幺值为

$$x_{arm} : = X_{arm}\frac{S_{gen}}{V_{gen}^2} \qquad x_{arm} = 105.2\%$$

该结果是可信的，因为与发电机的额定功率和额定电压有关，电枢反应电抗通常在 90% ~ 130%。

8.5　发电机保护

接入电力系统的大型同步发电机必须对以下情况进行保护，包括短路、定子接地故障、转子接地故障以及发电机升压变压器故障。任何一种故障发生后，必须通过升压变压器高压侧的断路器把发电机从电网中断开，并切断发电机的励磁。由于转子绕组中存储的能量，切断励磁需要一定的时间，从而延长了故障电流存续时间并造成对发电机的永久损坏。定子故障比较少见，但发生时通常是毁灭性的。

第 7 章提出了差动保护的基本概念。本节将进行更深入的讨论。图 8.45 详细说明了差动保护的概念。如图所示，继电器由两个电流互感器供电，电流互感器的作用是把系统主电流 I_A 和 I_a 分别转换为测量电流 I_1 和 I_2。差动继电器按下

式产生制动电流：

$$I_r = \frac{|I_1| + |I_2|}{2} \tag{8.68}$$

以及差动电流：

$$I_d = |I_1 - I_2| \tag{8.69}$$

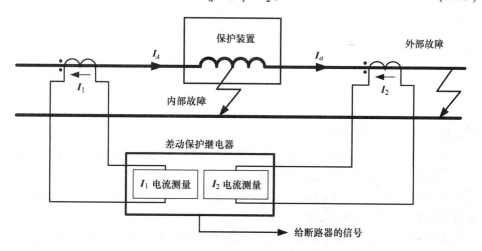

图 8.45　差动保护的概念

图 8.46 所示为典型的差动继电器特性。电流 I_d 和 I_r 达到黑线以上的值，表示断路器跳闸和切断励磁。在黑线以下，则不产生跳闸信号。继电器特性曲线可以表示为

$$I_{op} = \begin{cases} I_0 & I_r \leqslant I_0/K \\ KI_r & I_r > I_0/K \end{cases} \tag{8.70}$$

式中，I_{op} 为动作电流；I_0 为最小闭合电流，通常为 1A；K 为图 8.46 中斜线的斜率，通常在 10% ~ 60% 可调。

继电器根据式（8.70）和测量的制动电流计算 I_{op}，根据下式进行相应动作：

$$I_{op} < I_d \ \text{跳闸信号}$$

$$I_{op} > I_d \ \text{无跳闸信号} \tag{8.71}$$

数字继电器可以执行比图 8.46 所示更加精确的动作曲线。

发生外部故障时，进入和流出被保护设备（比如发电机）的故障电流是相同的。产生的差动电流为 0 或接近于 0（$I_d \approx 0$）。一些情况下，短路大电流的测量会有误差，产生大于 0 的差动电流。如果电流互感器性能理想则差动电流为 0。但是在电流互感器存在饱和或者比例误差时，会产生少量的差动电流。对于这样的小 I_d，执行继电器特性中的最小闭合电流 I_0，起到阻止断路器误动作的作

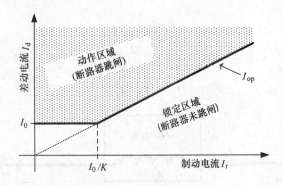

图 8.46 差动继电器的特性

用。因此，对于外部故障，继电器阻止断路器动作。

发生内部故障时，故障电流都是进入发电机。虽然内部故障产生的制动电流与外部故障产生的制动电流的大小相近，但由于 I_a 流入发电机，I_2 为负值，从而产生大的差动电流。差动电流达到了继电器特性中的动作电流值。于是继电器触发断路器，切除发电机励磁。

图 8.47 给出了三相星形联结发电机差动保护的基本连接。每相定子绕组两端各有一个电流互感器用于电流的测量。电流互感器可以使电流按比例减少到指定值，通常输出额定值为 5A 差动继电器记录每相的主电流和差动电流。差动电流是进入和流出发电机电流的和或差。

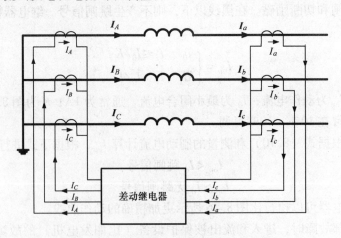

图 8.47 星形联结发电机定子差动保护

差动保护动作很快——通常故障发电机在 2 ~ 3 个工频周期内从电网中切除，同时通过打开励磁断路器切断励磁。由于存储的电磁能，故障电流还要持续一小段时间。电力工业中使用的数字差动保护可以执行更加精确的算法。

　　图 8.48 给出了联合发电机接地故障保护和过电流保护的电路图。3 个电流互感器提供测量电流给 1 个三相过电流保护继电器和 3 个保护发电机各相的独立继电器。过电流保护通过电流时间继电器来执行，对过载进行保护。表 8.1 列出了用于过电流保护的反时继电器的相关 IEEE 标准。计算故障电流相对于设定电流比 I_{ratio} 时，采用故障电流在电流互感器二次侧的测量值。在选择设定电流时，通常 I_{set} 小于最小故障电流的一半，因为继电器在此电流水平才能动作。另外，设定电流应当大于最大负载电流。例如可接受的 I_{set} 取值为最大负载电流的 2 ~ 3 倍。图 8.49 给出了 3 种不同的延时设定时，合适的继电器特性的几个例子。该图表明，电流增大需要减少动作的延时。

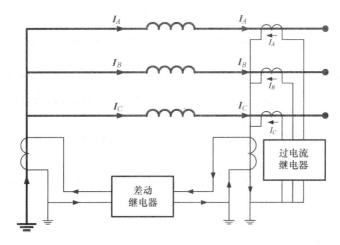

图 8.48　发电机接地故障保护和过电流保护

表 8.1　过电流保护继电器公式（国际电工委员会 IEC60255）

条件	延时，$t\,(I_r,\ \mathrm{TD})$
IEEE 中反时限	$\dfrac{\mathrm{TD}}{7}\left(\dfrac{0.0515}{I_{ratio}^{0.02}-1}+0.114\right)$
IEEE 非常反时限	$\dfrac{\mathrm{TD}}{7}\left(\dfrac{19.61}{I_{ratio}^{2}-1}+0.491\right)$
IEEE 极度反时限	$\dfrac{\mathrm{TD}}{7}\left(\dfrac{28.2}{I_{ratio}^{2}-1}+0.1217\right)$
US CO8 长反时限	$\dfrac{\mathrm{TD}}{7}\left(\dfrac{5.95}{I_{ratio}^{2}-1}+0.18\right)$
US CO2 短反时限	$\dfrac{\mathrm{TD}}{7}\left(\dfrac{0.02394}{I_{ratio}^{0.02}-1}+0.01694\right)$

　　其中 TD 为延时设定，I_{set} 为继电器设定电流，$I_{ratio}=I_{fault}/I_{set}$ 为故障电流与设定电流的比值。

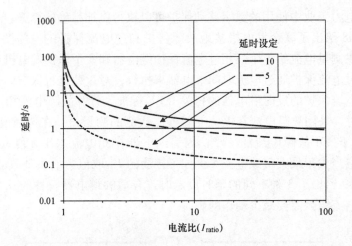

图 8.49　对同一设定电流，延时设定为 1、5 和 10 时，IEEE 推荐过电流继电器的特性

　　发电机的接地保护为零序差动保护，如图 8.48 所示。由两个电流互感器产生零序电流。其中一个电流互感器安装在发电机中性点的接地导体处，另一个测量发电机出线端的三相电流之和。

　　两个电流互感器提供测量电流给一个单相差动继电器，当发电机出现接地故障时，发出瞬时的跳闸信号。

　　差动保护、接地差动保护和过电流保护是应对发电机内部故障的主要保护方式。另外还有一些针对发电机异常运行状况的保护内容，如：

　　① 过电压。

　　② 励磁系统故障。

　　③ 电动机运行（失去原动机）。

　　④ 不平衡负载。

　　⑤ 失去同步。

　　⑥ 频率偏差（频率过高或过低）。

　　⑦ 暂态不稳定。

　　⑧ 次同步振荡。

　　⑨ 机械振动。

　　对这些异常运行状况的保护需要特定的传感器和精密的仪器。

8.6　应用实例

　　本节包括 4 个扩展的例子：

　　① 用 Mathcad 分析同步发电机。

② 用 MATLAB 分析静态稳定性。

③ 用 MATLAB 分析发电机负载运行。

④ 发电机暂态过程的 PSpice 仿真。

例 8.4： 用 Mathcad 分析同步发电机

一台三相同步发电机通过一台变压器和输电线向大型电网供电。系统的单线图如图 8.50 所示。

图 8.50 同步发电机系统的单线图

发电机的额定容量和额定电压为
$$M: =10^6 \qquad S_g: =450\text{MV} \cdot \text{A} \qquad V_g: =28\text{kV}$$
发电机的物理尺寸及参数如下：
$$N_{\text{rotor}}: =22 \qquad N_{\text{stator}}: =7 \qquad p: =2 \qquad f_A =60\text{Hz}$$
$$D_{\text{rotor}}: =120\text{cm} \qquad L_{\text{stator}}: =10\text{m} \qquad L_{\text{gap}}: =150\text{mm} \quad \omega: =2 \cdot \pi \cdot f_A$$
变压器的额定数据如下：
$$S_{\text{tr}}: =500\text{MV} \cdot \text{A} \quad V_p: =27\text{kV} \qquad V_s: =500\text{kV} \quad x_{\text{tr}}: =12\%$$
输电线的长度和单位长度阻抗如下：
$$L_{\text{line}}: -45\text{mile} \qquad z_{\text{line}}: =(0.1 + \text{j}0.65)\Omega/\text{milc}$$
电网的线电压为 $V_{\text{net}} =480\text{kV}$。

本例的分析内容如下：

① 画出系统一相的等效电路并进行简化。

② 当发电机带额定负载，功率因数为 0.8（滞后）且端电压为额定值时计算发电机电动势。

③ 计算并画出发电机向电网输出功率与功率角的关系。

④ 确定最大功率和相应的功率角，计算发电机向电网输出 400MW 功率时的功率角。

⑤ 根据②中得到的电动势值确定转子直流励磁电流的大小。

1. 简化等效电路

等效电路如图 8.51 所示，用感应电动势 E_{g_ln} 和同步电抗 X_{sy} 来表示发电机。变压器的电抗 X_{tr} 折算到二次侧。用阻抗 Z_{line} 表示输电线，忽略线路的电容。忽略电网的电抗，简化为一个电压源 $V_{\text{net\_ln}}$。

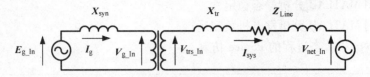

图 8.51　同步发电机系统的一相等效电路

发电机一相的同步电抗用式（8.67）中的电枢反应电抗加 10% 的漏电抗来计算，即

$$X_{\text{syn}} := 1.1\ \frac{3}{2}\left(\frac{4}{\pi}\mu_0\ \frac{N_{\text{stator}}^2}{2L_{\text{gap}}}\right)L_{\text{stator}}D_{\text{rotor}}\omega = 1.951\Omega$$

变压器折算到二次侧的电抗和电压比为

$$X_{\text{tr}} := x_{\text{tr}}\frac{V_s^2}{S_{\text{tr}}} := 60\Omega \qquad T := \frac{V_p}{V_s} = 0.054$$

为了进行电路的简化，把发电机电动势和同步电抗折算到变压器的二次侧。之后电路中可以去掉变压器，如图 8.52 所示。折算到变压器二次侧的发电机电动势和同步电抗为

$$E_{\text{g\_s}} := \frac{E_{\text{g\_ln}}}{T} \qquad X_{\text{syn\_s}} := \frac{X_{\text{syn}}}{T^2} = 669.0\Omega$$

线路的阻抗为

$$Z_{\text{Line}} := L_{\text{line}}z_{\text{line}} \qquad Z_{\text{Line}} = (4.5 + 29.25\text{j})\,\Omega$$

系统总的阻抗为 3 个串联阻抗相加：

$$Z_{\text{system}} := \text{j}X_{\text{syn\_s}} + \text{j}X_{\text{tr}} + Z_{\text{Line}} = (4.5 + 758.2\text{j})\,\Omega$$

系统的相电压为

$$V_{\text{net\_ln}} := \frac{V_{\text{net}}}{\sqrt{3}} \qquad V_{\text{net\_ln}} = 277.1\text{kV}$$

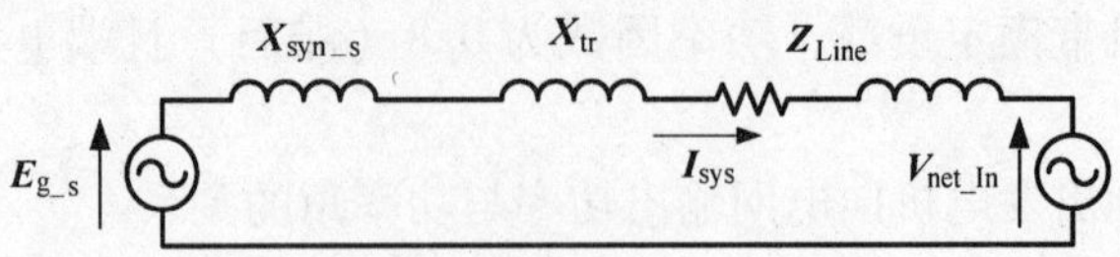

图 8.52　同步发电机系统的简化等效电路

2. 发电机电动势

发电机带额定负载，功率因数为 0.8（滞后）且端电压为额定值。发电机 A 相的额定复功率为

$$S_{\text{g\_a}} := \frac{S_g}{3}e^{\text{jacos}(\text{pf}_g)} \qquad S_{\text{g\_a}} = (120 + 90\text{j})\,\text{MV}\cdot\text{A}$$

发电机的相电压为

$$V_{g\_ln} := \frac{V_g}{\sqrt{3}} \qquad V_{g\_ln} = 16.17\text{kV}$$

发电机电流为

$$I_g := \overline{\left(\frac{S_{g\_a}}{V_{g\_ln}}\right)} \qquad I_g = (7.42 - 5.57\text{j})\,\text{kA}$$

$$|I_g| = 9.279\text{kA} \qquad \arg(I_g) = -36.9°$$

根据图 8.51，发电机电动势的相值为

$$E_{g\_ln} := V_{g\_ln} + I_g(jX_{syn}) = (27.03 + 14.48\text{j})\,\text{kV}$$

额定负载时，发电机电动势的幅值和功率角如下：

$$|E_{g\_ln}| = 30.66\text{kV} \qquad \arg(E_{g\_ln}) = 28.2°$$

根据图 8.52 把该电动势折算到变压器的二次侧：

$$E_{g\_s} := \frac{|E_{g\_ln}|}{T} \qquad E_{g\_s} = 567.8\text{kV}$$

3. 输出到电网的功率与功率角的关系

简化等效电路中的线路电流 $\boldsymbol{I}_{sys}$ 等于电压差值除以系统阻抗。以功率角作为变量，即发电机电动势与电网电压之间的相位角。暂时选择功率角为 60°，即

$$I_{sys}(\delta) := \frac{|E_{g\_s}|e^{j\delta} - V_{net\_ln}}{Z_{system}} \qquad I_{sys}(60°) = (648.6 - 5.1\text{j})\,\text{A}$$

输出到电网的三相有功功率为

$$P_{net}(\delta) := \text{Re}(3V_{net\_ln}\overline{I_{sys}(\delta)}) \qquad P_{net}(60°) = 539.2\text{MW}$$

输出到电网的功率与功率角的关系（功角曲线）如图 8.53 所示。

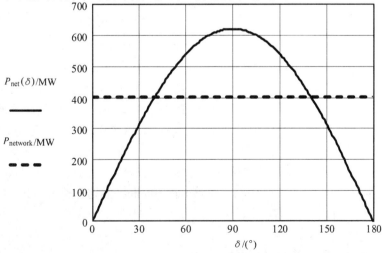

图 8.53　输出到电网的功率与功率角的关系

4. 最大功率和对应功率角

以下计算发电机最大功率和对应的功率角，以及输出 400MW 功率时的功率角。用 Mathcad 的 maximization 函数来求最大功率，试探值取 $\delta = 80°$。可得对应最大功率的功率角为

$$\delta_{\max} := \text{Maximize}(P_{\text{net}}, \delta) \qquad \delta_{\max} = 89.7°$$

该数值可以通过图 8.53 确认。如果忽略线路的电阻，最大功率正好出现在 90°处。

然后计算最大功率：

$$P_{\text{net\_max}} := P_{\text{net}}(\delta_{\max}) \qquad P_{\text{net\_max}} = 620.8\text{MW}$$

最后，确定所需负载对应的功率角：

$$\delta_{\text{network}} := \text{root}(P_{\text{net}}(\delta) - P_{\text{network}}, \delta) \qquad \delta_{\text{network}} = 39.9°$$

该角度与图 8.53 中所示的一致。

5. 转子的直流励磁电流

下面计算产生所需发电机电动势的励磁电流。式（8.40）给出了发电机感应电动势与励磁电流的关系，即

$$E_{\text{g\_ln}} = \omega \frac{N_{\text{stator}}}{\pi} \mu_0 I_{\text{dc\_rotor}} \frac{N_{\text{rotor}}}{L_{\text{gap}}} D_{\text{rotor}} L_{\text{stator}} \sqrt{2}$$

根据刚才所得的感应电动势 $E_{\text{g\_ln}}$ 计算励磁电流，即

$$I_{\text{DC\_rotor}} := \frac{|E_{\text{g\_ln}}|}{\omega \frac{N_{\text{stator}}}{\pi} \mu_0 \frac{N_{\text{rotor}}}{L_{\text{gap}}} D_{\text{rotor}} L_{\text{stator}} \sqrt{2}} = 11.7\text{kA}$$

根据式（8.31）计算气隙中的磁通密度：

$$B_{\text{base\_max}}(I_{\text{DC\_rotor}}) := \frac{4}{\pi} \mu_0 \frac{I_{\text{DC\_rotor}} N_{\text{rotor}}}{2L_{\text{gap}}} \qquad B_{\text{base\_max}}(I_{\text{DC\_rotor}}) = 1.369\text{T}$$

例 8.5：用 MATLAB 分析静态稳定性

一台三相同步发电机向 60Hz 电网供电，如图 8.54 所示。发电机额定值为 159MVA 和 23kV。定子长度为 1.3m，转子直径为 25cm，定子和转子之间的气隙宽度为 3cm。定子和转子绕组的匝数分别为 60 和 200。转子励磁电流为直流 380A。变压器的额定容量为 180MVA，一次和二次额定电压分别为 24kV 和 120kV，电抗标幺值为 13%。电网的线电压为 115kV，短路电流为 5kA。输电线单位长度阻抗为 $0.2 + j0.7\Omega/\text{mile}$，线路 1 长 70mile，线路 2 长 65mile。线路 1 安装有一个 70μF 的串联电容。

本例的分析内容如下：

① 计算励磁电动势和同步电抗。

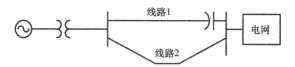

图 8.54 发电机通过变压器和两条线路向电网供电的单线图

② 画出等效电路并确定参数。

③ 计算并画出发电机输出到电网的有功功率与功率角的关系。

④ 确定最大功率和对应的功率角。

⑤ 计算输出功率为最大功率 80% 时的功率角。

首先在 MATLAB 中进行系统参数的初始化:

```
%
%      SynchGenerator1.m
%
clear all
omega = 2*pi*60;        % 系统角频率 (rad/s)
uo = 4*pi*1e-7;         % H/m

% 系统数据

% 发电机额定值
Sgen = 159e6;           % V·A
Vgen = 23e3;            % V
Lstator = 1.3;          % m
Drotor = 0.25;          % m
Lgap = 0.03;            % m
Irot_dc = 380;          % A
Nrotor = 200;
Nstator = 60;

% 变压器额定值
Str = 180e6;            % V·A
Vprim = 24e3;           % V
Vsec = 120e3;           % V
Xtr = 0.13;             % 标幺值
Tr = Vprim/Vsec;        % 电压比

% 网络数据
% 线电压
Vnet = 115e3;           % V
% line-to-neutral voltage
Vnet_ln = Vnet/sqrt(3);  % V
Ishort_net = 5e3;       % A

% 输电线数据
L1 = 70;      % mile
L2 = 65;      % mile
Zline = 0.2+0.7j;       % Ω/mile
Cline1 = 70e-6;         % F
```

1. 励磁电动势和同步电抗

根据式（8.21）和发电机尺寸计算感应电动势。根据式（8.22）计算同步电抗。为避免磁路饱和，磁通密度应当小于 1.6T。根据式（8.25）和式（8.26）确定磁通密度，即

$$B_{\text{gap}} = \mu_0 H_{\text{gap}} = \mu_0 \frac{N_{\text{rot}}}{2\ell_{\text{gap}}} I_{\text{f}}$$

```
% 计算转子产生的感应电动势和同步电抗
% 首先计算感应电动势(V)
Eg = (omega*sqrt(2)*uo*Irot_dc*Nrotor*Nstator*Drotor*...
    Lstator)/(pi*Lgap);
fprintf('\nInduced voltage magnitude = %g volts', Eg);
% 然后计算同步电抗(Ω)
Xsync = (omega*3*uo*Nstator^2*Drotor*Lstator)/(pi*Lgap);
fprintf('\nSynchronous reactance = %g ohms', Xsync);
% 最后计算发电机的磁密(T)
Bgen = (uo*Irot_dc*Nrotor)/(2*Lgap);
fprintf('\nFlux density = %g tesla', Bgen);
```

2. 等效电路及其参数

一相等效电路如图 8.55 所示。然后确定电网、输电线和发电机的阻抗。变压器的电抗根据其标幺值来计算：

$$X_{\text{tr\_s}} = \frac{V_{\text{sec}}^2}{S_{\text{tr}}} x_{\text{tr}}$$

电网的电抗根据戴维南等效原理，由电网的相电压和短路电流来计算，即

$$X_{\text{net}} = \frac{|V_{\text{net\_ln}}|}{|I_{\text{short\_net}}|}$$

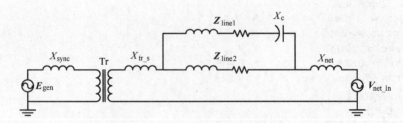

图 8.55 发电机通过变压器和两条线路向电网供电的一相等效电路

线路阻抗由线路 1（含串联电容）和线路 2 的阻抗并联所得：

$$Z_{\text{lines}} = \frac{1}{\dfrac{1}{Z_{\text{line1}} + jX_{\text{c}}} + \dfrac{1}{Z_{\text{line2}}}}$$

式中，$X_c = \dfrac{-1}{\omega C_{\text{line1}}}$

```
%  计算阻抗
%  变压器阻抗
Xtr_s = Xtr*Vsec^2/Str;
fprintf('\n\nTransformer reactance = %g ohms',Xtr_s);
%  输电线阻抗
Zline1 = L1*Zline;   %  线路  1  （Ω）
Zline2 = L2*Zline;   %  线路  2  （Ω）
Xc = -1/(omega*Cline1);
Zlines =  1/(1/(Zline1+j*Xc)+1/Zline2);
fprintf('\nOverall line impedance = %g + j %g ohms',...
    real(Zlines),imag(Zlines));
%  电网阻抗
Xnet = Vnet_ln/Ishort_net;
fprintf('\nNetwork reactance = %g ohms',Xnet);
```

根据变压器的电压比把发电机阻抗折算到 120kV 等级（二次侧），即

$$X_{\text{gen\_s}} = \frac{X_{\text{sync}}}{T_r^2}$$

图 8.56 给出了简化后的电路。系统总的阻抗是各个阻抗相加的和：

$$\boldsymbol{Z}_{\text{system}} = jX_{\text{gen\_s}} + jX_{\text{tr\_s}} + \boldsymbol{Z}_{\text{lines}} + jX_{\text{net}}$$

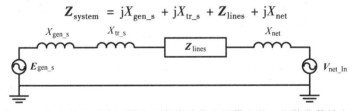

图 8.56　发电机通过变压器和两条线路向电网供电的一相简化等效电路

```
%  折算发电机阻抗
Xgen_s = Xsync/Tr^2;
fprintf('\nTransferred generator reactance = %g ohms',Xgen_s);

%  系统全部阻抗
Zsystem = j*Xgen_s+j*Xtr_s+Zline+j*Xnet;
```

3. 电网功率与功率角的关系

以电网电压为参考，其相位角为 0。令 $\boldsymbol{E}_{\text{gen}} = |\boldsymbol{E}_g| e^{j\delta}$，其中 $\boldsymbol{E}_g$ 为 1. 中所得的励磁电动势，δ 为功率角。功率角取值范围为 $0° \sim 180°$，步长为 $0.01°$。把发电机励磁电动势折算到变压器的二次侧：

$$\boldsymbol{E}_{\text{gen\_s}} = \frac{\boldsymbol{E}_{\text{gen}}}{T_r} = \frac{|\boldsymbol{E}_g| e^{j\delta}}{T_r}$$

根据欧姆定律计算电网电流：

$$I_{\text{g}} = \frac{E_{\text{gen\_s}} - V_{\text{net\_ln}}}{Z_{\text{system}}}$$

根据正方向选择，输出到电网的三相功率为

$$P_{\text{net}} = \text{Re}(S_{\text{net}}) = \text{Re}(3V_{\text{net\_ln}}I_{\text{g}}^{*})$$

```
% 计算电网电流和有功功率与功率角的关系
delta = 0 : 0.01 : 180; % 。
for k=1 : size(delta,2)
    % 折算发电机相电压
    Egen_s = Eg*exp(j*delta(k)/180*pi)/Tr;
    % 计算电网电流(A)
    Ig = (Egen_s-Vnet_ln)/Zsystem;
    % 确定系统三相有功功率
    Pnet(k) = real(3*Vnet_ln*conj(Ig));
end
% 绘制功率特性
plot(delta,Pnet/1e6,'LineWidth',2.5);
set(gca, 'fontname','Times', 'fontsize',12);
xlabel('Power Angle (°)');
ylabel('Network Power (MW)');
xlim([0 180]);
```

电网有功功率与功率角的关系如图 8.57 所示。

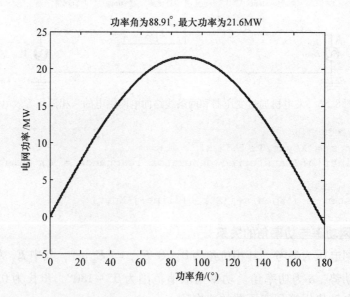

图 8.57 电网有功功率与功率角的关系

4. 最大功率和对应的功率角

下面计算最大功率和对应的功率角。

```
% 计算最大功率
[Pmax,J] = max(Pnet);
% 最大功率对应的功率角
delta_max = delta(J);
fprintf('\n\nMaximum power = %g watts',Pmax);
fprintf('\nPower angle at maximum power = %g°',...
    delta_max);
title(['Maximum power is ',num2str(Pmax/1e6,'%4.1f'),...
    ' MW at Power angle of ',num2str(delta_max),'°']);
```

5. 对应最大功率80%的功率角

最后，计算对应最大功率80%的功率角。该功率水平为允许值。

```
% 计算对应80%最大功率的功率角
Pop = Pmax*0.8;
[error,K] = min(abs(Pnet(1:fix(size(delta,2)/2))-Pop));
delta_op = delta(K);
fprintf('\n\nPower angle at 80%% of maximum power = %g°'
    delta_op);
```

MATLAB 程序的运行结果如下：

```
>> synchgenerator1
Induced voltage magnitude = 10535 volts
Synchronous reactance = 17.6432 ohms
Flux density = 1.59174 tesla

Transformer reactance = 10.4 ohms
Overall line impedance = 9.02589 + j 10.017 ohms
Network reactance = 13.2791 ohms
Transferred generator reactance = 441.08 ohms

Maximum power = 2.15657e+007 watts
Power angle at maximum power = 88.91°
Power angle at 80% of maximum power = 52.5°
```

例 8.6：用 MATLAB 分析发电机负载运行

两台三相发电机通过变压器和线路向一个可变负载和一个不变负载供电，如图 8.58 中的系统单线图所示。系统的数据如下：

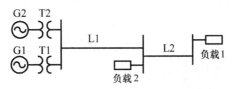

图 8.58　发电机、变压器、线路和负载系统单线图

	额定容量/MVA	额定电压/kV	电抗/（%）
发电机 1	150	22	120
发电机 2	180	22	110
变压器 1	150	23/220	13
变压器 2	180	23/220	11

输电线单位长度阻抗为（0.08 + j0.95）Ω/mile。线路 1 和线路 2 的长度分别为 35mile 和 48mile。负载状况如下：

	功率/MW	电压/kV	功率因数
负载 1	100	225	0.85（滞后）
负载 2	60	—	0.75（滞后）

系统的电路参数由以下程序输入 MATLAB：

```
%
%      SynchGenerator2.m
%
clear all
% 系统参数
% 发电机 1
Sg1 = 150e6;        % V-A
Vg1 = 22e3;         % V
xg1 = 1.2;          % 标幺值
% 发电机 2
Sg2 = 180e6;        % V·A
Vg2 = 22e3;         % V
xg2 = 1.1;          % 标幺值
% 变压器 1
Str1 = 150e6;       % V·A
Vtr1_p = 23e3;      % 一次电压
Vtr1_s = 220e3;     % 二次电压
xtr1 = 0.13;        % 电抗(标幺值)
% 变压器 2
Str2 = 180e6;       % V·A
Vtr2_p = 23e3;      % 一次电压
Vtr2_s = 220e3;     % 二次电压
xtr2 = 0.11;        % 电抗(标幺值)
% 线路
Zline = 0.08+j*0.95;        % Ω/mile
L1 = 35;                    % 线路 1 (mile)
L2 = 48;                    % 线路 2 (mile)
% 负载 1
Pload1 = 100e6;     % W
pfload1 = 0.85;     % 电感性
Vload1 = 225e3;     % V
% 负载 2
Pload2 = 60e6;      % W
pfload2 = 0.75;     % 电感性
```

本例的分析内容如下：

① 画出系统的等效电路并计算阻抗参数，把阻抗折算到 220kV 等级并化简

电路。

② 计算负载和线路的电流。

③ 计算发电机的感应电动势、电流和功率（设发电机的感应电动势相等）。

1. 等效电路

首先建立系统的一相等效电路。计算出所有参数后，把一次阻抗折算到 220kV 等级，从而简化电路。图 8.59 给出了系统的等效电路。发电机和变压器的阻抗根据其标幺值计算，即

$$X_{\text{gk}} = \frac{V_{\text{gk}}^2}{S_{\text{gk}}} x_{\text{gk}} \qquad X_{\text{trk\_p}} = \frac{V_{\text{trk\_p}}^2}{S_{\text{stk}}} x_{\text{trk}}$$

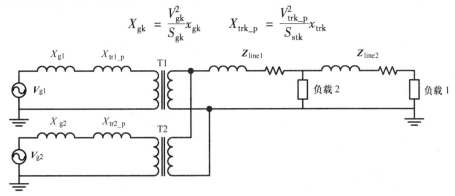

图 8.59 发电机、变压器、线路和负载系统等效电路

两个发电机 – 变压器组是并联关系，可以进行简化（简化后的电路见图 8.60），即

$$\dot{X}_{\text{g\_tr\_p}} = \frac{1}{\dfrac{1}{X_{\text{g1}} + X_{\text{tr1\_p}}} + \dfrac{1}{X_{\text{g2}} + X_{\text{tr2\_p}}}}$$

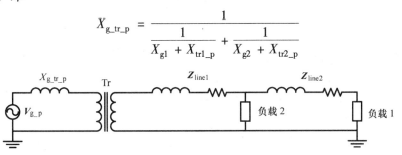

图 8.60 发电机、变压器、线路和负载系统简化等效电路

根据变压器电压比把发电机 – 变压器的阻抗折算到二次侧，可以进一步简化电路（见图 8.61），即

$$T = \frac{V_{\text{trk\_p}}}{V_{\text{trk\_s}}} \qquad X_{\text{g\_tr\_s}} = \frac{X_{\text{g\_tr\_p}}}{T^2}$$

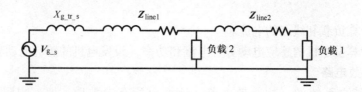

图 8.61　发电机、变压器、线路和负载系统进一步的简化等效电路

线路 1 与发电机 – 变压器组为串联关系，阻抗之和为

$$\boldsymbol{Z}_{\text{line\_g\_tr}} = \boldsymbol{Z}_{\text{line1}} + jX_{\text{g\_tr\_s}}$$

最终的简化等效电路如图 8.62 所示，然后用 MATLAB 计算电路参数。

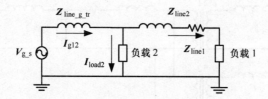

图 8.62　发电机、变压器、线路和负载系统最终简化等效电路

```
% 发电机和变压器阻抗(Ω)
Xg1 = xg1*Vg1^2/Sg1;
Xg2 = xg2*Vg2^2/Sg2;
% 变压器一次阻抗
Xtr1_p = xtr1*Vtr1_p^2/Str1;
Xtr2_p = xtr2*Vtr2_p^2/Str2;
% 发电机和变压器阻抗合并
Xg_tr1 = Xg1 + Xtr1_p;
Xg_tr2 = Xg2 + Xtr2_p;

% 合并 2 个并联参数
Xg_tr_p = 1/(1/Xg_tr1 + 1/Xg_tr2);

% 把合并后的阻抗折算到二次侧
T = Vtr1_p/Vtr1_s;         % 电压比
Xg_tr_s = Xg_tr_p/T^2;    % Ω

% 线路阻抗(Ω)
Zline1 = Zline * L1;
Zline2 = Zline * L2;

% 线路1与发电机变压器组合为串联
Zline_g_tr = Zline1 + j*Xg_tr_s;      % Ω
```

2. 电流

无论负载是星形还是三角形联结，根据第 4 章有关内容，线路电流与接法无关。首先，根据负载一相的功率和相电压，计算负载 1 的电流，计算时以负载 1

的相电压为参考，其相位角为 0（$V_{\text{load1\_ln}} = 225/\sqrt{3}\text{kV} \angle 0°$），可得

$$I_{\text{load1}} = \frac{P_{\text{load1}}/3}{\text{pf}_{\text{load1}} (V_{\text{load1}}/\sqrt{3} \angle 0°)} e^{-j\arccos(\text{pf}_{\text{load1}})}$$

根据图 8.62，负载 1 的电流即为线路 2 的电流。根据 KVL 可以计算负载 2 的相电压，即

$$V_{\text{load2\_ln}} = V_{\text{load1\_ln}} + I_{\text{load1}} Z_{\text{line2}}$$

根据负载 2 的电压和功率可以计算流入负载 2 的电流，即

$$I_{\text{load2}} = \frac{P_{\text{load2}}/3}{\text{pf}_{\text{load2}} V_{\text{load2\_ln}}} e^{-j\arccos(\text{pf}_{\text{load2}})}$$

注意，由于功率因数是滞后的，计算 I_{load1} 和 I_{load2} 的公式中指数部分需要负号。最后根据 KCL 得到线路 1 的电流，同样也是发电机的电流，即

$$I_{\text{g12}} = I_{\text{load1}} + I_{\text{load2}}$$

```
% 计算负载1(线路2)的电流
% 确定单相功率
Pl1_n = Pload1/3;              % W
% 计算负载1的相电压
Vl1_n = Vload1/sqrt(3);  % V
% 电感性负载时的负载电流
Iload1 = (Pl1_n/(pfload1 * Vl1_n)) * exp(-j*acos(pfload1)); % A
% 根据KVL计算负载2的电压
Vl2_n = Vl1_n + Iload1 * Zline2;      % V
% 确定负载2的单相功率
Pl2_n = Pload2/3;             % W
% 计算电感性负载时的负载2电流
Iload2 = (Pl2_n/(pfload2 * Vl2_n)) * exp(-j*acos(pfload2));
% A

% 根据KCL计算线路1的电流
Ig12 = Iload1 + Iload2;         % A
```

3. 发电机感应电动势和功率

设两台发电机的感应电动势相等，下面计算发电机的感应电动势和功率。根据图 8.62，发电机的端电压为

$$V_{\text{g\_s}} = V_{\text{load2\_ln}} + I_{\text{g12}} Z_{\text{line\_g\_tr}}$$

根据上式计算出的发电机端电压为折算到变压器二次侧的值，可根据电压比把相电压 $V_{\text{g\_s}}$ 和电流 $I_{\text{g12\_s}}$ 折算到变压器一次侧，即

$$V_{\text{g\_p}} = V_{\text{g\_s}} T \qquad I_{\text{g12\_p}} = \frac{I_{\text{g12\_s}}}{T}$$

应用分流原理把折算后的电流分配给各个发电机，发电机 1 的电流为

$$I_{g1\_p} = I_{g12\_p} \frac{X_{g\_tr2}}{X_{g\_tr1} + X_{g\_tr2}}$$

可以用类似公式计算发电机 2 的电流，或者根据 KCL 方程 $I_{g2\_p} = I_{g12p} - I_{g1\_p}$ 来计算。最后，计算每台发电机的三相功率，即

$$P_{gk} = \text{Re}(S_{gk}) = \text{Re}(3V_{g\_p}I_{gk\_p}^*)$$

```
%
% 假设发电机的感应电动势等于二次电压,计算发电机的感应电动势和功率
%
Vg_s = Vl2_n + Ig12 * Zline_g_tr;      % V
% 等效线电压
Vg_s_line = sqrt(3) * abs(Vg_s);       % V
% 相电压折算到一次侧
Vg_p = Vg_s * T;                       % V
fprintf('\nInduced line voltage = %g kV at %g degrees.', ...
    sqrt(3)*abs(Vg_p)/1e3, angle(Vg_p)*180/pi);

% 发电机电流为折算到一次侧的线路1电流
Ig12_p = Ig12/T;                       % A
% 根据分流原理计算每个发电机的电流
Ig1_p = Ig12_p * Xg_tr2/(Xg_tr1 + Xg_tr2);      % A
Ig2_p = Ig12_p * Xg_tr1/(Xg_tr1 + Xg_tr2);      % A
fprintf('\n\nGenerator 1 current = %g amps at %g degrees.', ...
    abs(Ig1_p), angle(Ig1_p)*180/pi);
fprintf('\nGenerator 2 current = %g amps at %g degrees.', ...
    abs(Ig2_p), angle(Ig2_p)*180/pi);

% 发电机的输入三相有功功率
Pg1 = real(3*conj(Ig1_p)*Vg_p);        % W
Pg2 = real(3*conj(Ig2_p)*Vg_p);        % W
fprintf('\n\nGenerator 1 real power = %g MW.', Pg1/1e6);
fprintf('\nGenerator 2 real power = %g MW.', Pg2/1e6);
```

MATLAB 中程序运行结果如下：

```
>> synchgenerator2

Induced line voltage = 39.6927 kV at 24.2093 degrees.

Generator 1 current = 2023.24 amps at -37.3127 degrees.
Generator 2 current = 2670.35 amps at -37.3127 degrees.

Generator 1 real power = 66.3244 MW.
Generator 2 real power = 87.5376 MW.
```

例 8.7：发电机暂态过程的 PSpice 仿真。

研究发电机的暂态过程需要进行大型非线性系统的分析，超出了本书的范围，但是可以用简化的电路来说明暂态现象。发电机一个重要的暂态过程就是短

路和通过断路器解除短路状况。

图 8.63 给出了典型的电路：一台发电机通过变压器向输电线供电，线路串联断路器进行保护。线路可能因雷击或者人为操作引起短路。最常见的是一相导体对地之间发生短路（即单相接地故障），三相同时短路的情况也会出现但很少见。《Westinghouse Transmission and Distribution Reference Book》给出了在高电压系统中各种故障出现的统计情况：

单相接地故障	70%
相间短路故障	15%
三相接地故障	5%
两相接地故障	10%

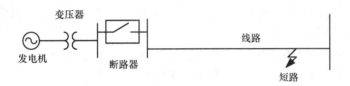

图 8.63　断路器切断短路故障

接地故障分析超出了本书范围，以下通过图 8.64 所示的一相等效电路来研究三相短路的情况。

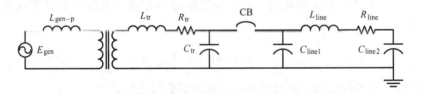

图 8.64　切除三相短路故障的一相等效电路

对短路进行精确分析的难点在于短路过程中发电机阻抗是变化的。短路发生时，阻抗最小，然后逐渐增大。历史上曾用 3 个阻抗来表示这样的时变系统。通常，在短路发生后 0～3 个工频周期使用次暂态阻抗，在 3～20 个周期间使用暂态阻抗，在 20 个周期之后使用同步阻抗。次暂态阻抗的标幺值在 8%～10%，暂态阻抗在 12%～20%，同步阻抗在 80%～130%。另外，阻抗中的电阻部分很小，通常可以忽略。在本例中，断路器在 3 个工频周期内动作，所以发电机用次暂态电抗来表示。

假设输电线发生了三相短路，产生了巨大的短路电流，然后由断路器切除。短路电流的突然中断使断路器对地之间产生过电压。从实用的角度，用短路电流最大值和过电压峰值来评价系统的运行状况。

用图 8.64 中的一相等效电路来表示该系统。线路用 Π 形等效电路表示，断路器用开关表示，变压器表示为一台理想变压器与电感 L_{tr} 和电阻 R_{tr} 串联，再并联一个电容 C_{tr}。假设线路为空载运行。在实际切断故障的过程中，断路器会产生电弧，直到电流过零点时被消除。本次仿真中采用理想开关替代实际断路器，可以在任意时刻切断电流。

变压器的绕组之间或者绕组对地都存在电容。在稳态运行分析时可以忽略这些电容，但在暂态分析时需要考虑。本例中用一个并联在变压器高压端的电容 C_{tr} 来表示绕组对地电容，忽略绕组之间的电容。

下面用一个数值例子进行 PSpice 仿真。系统中发电机的额定值为

$$\omega:\, = 2\pi 60\text{Hz} \qquad M:\, = 10^6 \qquad \text{pf}_{gen}:\, = 0.8 \text{ 滞后}$$

$$S_{gen}:\, = 1559\text{MV} \cdot \text{A} \quad V_{gen}:\, = 24\text{kV} \qquad X_{subtransient}:\, = 21\%$$

变压器的额定值为

$$S_{st}:\, = 1550\text{MV} \cdot \text{A} \quad V_{prim}:\, = 24\text{kV} \quad V_{sec}:\, = 525\text{kV}$$

$$x_{tr}:\, = 8\% \qquad C_{tr}:\, = 500\text{nF}$$

其中变压器位于高压侧。

输电线的数据如下：

$$\text{Len}:\, = 10\text{mile} \qquad Y_{len}:\, = 7.034 \times 10^{-6}\text{S/mile}$$

$$R_{len}:\, = 0.0254\Omega/\text{mile} \qquad X_{len}:\, = 0.595\Omega/\text{mile}$$

用 PSpice 进行系统仿真时，需要计算电路的参数。发电机的暂态电抗和相应的电感为

$$X_{gen}:\, = X_{subtransient} \frac{V_{gen}^2}{S_{gen}} = 0.078\Omega \qquad L_{gen\_p}:\, = \frac{X_{gen}}{\omega} = 0.206\text{mH}$$

根据变压器的电压比把发电机的电感折算到二次侧，即

$$T:\, = \frac{V_{prim}}{V_{sec}} = 0.046 \qquad L_{gen}:\, = \frac{L_{gen\_p}}{T^2} = 98.483\text{mH}$$

根据暂态电抗上的电压降和额定电压计算发电机暂态状况时的感应电动势。发电机的额定相电压为

$$V_{gen\_ln}:\, = \frac{V_{gen}}{\sqrt{3}} = 13.856\text{kV}$$

用发电机的额定电压和额定电流计算电抗的电压降。发电机的额定电流为

$$I_{gen}:\, = \frac{\dfrac{S_{gen}}{3}}{V_{gen\_ln}} e^{-j\text{acos}(\text{pf}_{gen})} = (30.00 - 22.50\text{j})\text{kA}$$

于是发电机的感应电动势为

$$\boldsymbol{E}_{\text{gen}} := V_{\text{gen\_ln}} + \boldsymbol{I}_{\text{gen}} j X_{\text{gen}} \qquad |\boldsymbol{E}_{\text{gen}}| = 15.78\text{kV}$$

根据电压比把该电动势折算到变压器二次侧：

$$\boldsymbol{E}_{\text{gen\_s}} := \frac{\boldsymbol{E}_{\text{gen}}}{T} \qquad |\boldsymbol{E}_{\text{gen\_s}}| = 345.08\text{kV}$$

PSpice 中的电压源要用到电动势的最大值，即

$$V_{\text{gen}} := \sqrt{2}\,|\boldsymbol{E}_{\text{gen\_s}}| = 488.015\text{kV}$$

变压器电抗和电感折算到二次侧，得

$$X_{\text{tr}} := x_{\text{tr}}\frac{V_{\text{sec}}^2}{S_{\text{tr}}} = 14.226\,\Omega \qquad L_{\text{tr}} := \frac{X_{\text{tr}}}{\omega} = 37.735\text{mH}$$

变压器的电阻用 60Hz 时电抗值的 1/10 来计算：$R_{\text{tr}} = 1.45\,\Omega$。

输电线的电阻、电感和电容为

$$R_{\text{line}} := R_{\text{len}}\text{Len} = 0.254\,\Omega$$

$$L_{\text{line}} := \frac{X_{\text{len}}}{\omega}\text{Len} = 15.783\text{mH}$$

$$C_{\text{line}} := \frac{Y_{\text{len}}}{2\cdot\omega}\text{Len} = 93.291\text{nF}$$

把发电机的电动势和电抗折算到高压侧后，电路中可以去掉变压器。把计算的参数输入到电路模型，使用 PSpice 原理图捕获接口可根据 SPICE 电路模型建立仿真程序。图 8.65 给出了 PSpice 电路，图中假设短路发生在线路的接收端。

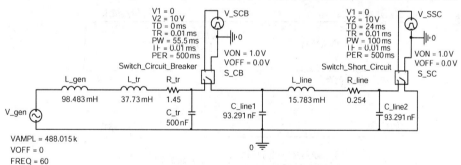

图 8.65　分析发电机短路故障的 PSpice 模型

本例中，将对短路电流的发展以及在切除三相临时故障时产生的过电压进行仿真。研究的情况为空载输电线发生三相短路，产生巨大的故障电流，从而触发断路器对线路进行保护。断路器在两个工频周期后切除故障，动作时在断路器的线路侧和发电机侧以及断路器的各个端口之间都将产生过电压。在真实系统中，实际的断路器不仅可以切除故障，还可以在故障切除后延时几个周期进行重合闸。对于暂时性的故障，重合闸使得系统仅仅中断几个周期后就可以继续运行。

在图 8.65 的 PSpice 模型中，用一个理想压控开关 S_SC 来产生短路，该开

关通过脉冲发生器 V_SSC 控制。断路器也表示为一个与线路串联的理想压控开关 S_CB，该开关由一个脉冲发生器控制，脉冲发生器发出的波形如图 8.66 所示。该脉冲包含一个初始延时（TD），以及上升沿（TR）、下降沿（TF）和脉宽（PW）。图 8.67 给出了仿真时实际采用的控制脉冲。从图 8.67a 中可以看出脉冲经过短暂的延时（V_SSC 的 TD）后起动短路。代表断路器的开关在仿真开始时立即切断，经过一个可变延时后打开。图 8.67b 所示为断路器的控制脉冲。两个控制脉冲持续时间都要长于仿真时间，避免重复开关操作。输电线用 Π 形等效电路来代替，也可以串联多个 Π 形电路以更准确地进行表示。变压器表示为一个与线路串联的电感和一个并联的电容。发电机用一个电压源和电感的串联来表示。

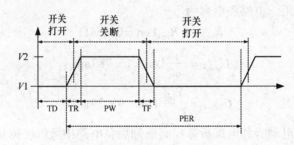

图 8.66　PSpice 的电压脉冲

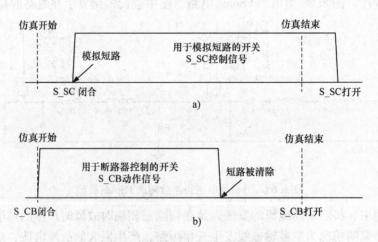

图 8.67　控制开关的电压脉冲信号

a）短路动作信号　b）断路器动作信号

图 8.68 和图 8.69 画出了两种状况仿真的结果，包括故障发生和断路器断开。图中给出了短路电流、发电机对地的端电压和断路器的端电压，其中所有发电机电流和电压都折算到发电机升压变压器的高压侧。根据变压器的电压比 $T =$

0.0457，发电机实际的短路电流为 $15/T = 328\text{kA}$，端电压为 $500T = 22.9\text{kV}$。图 8.68 中实际的过电压为 $750T = 34.3\text{kV}$。把过电压与发电机额定电压 24kV 比较，可以看出轻微的电流斩断就产生了较大的过电压。

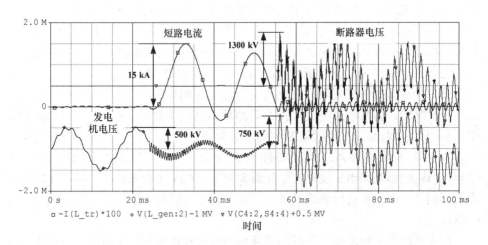

图 8.68 发电机短路电流和切断故障产生的过电压

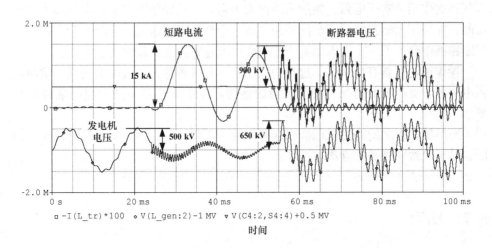

图 8.69 电流接近过零点时中断产生的过电压

发电机短路电流包含两个组成部分：交流分量和直流分量。如果忽略发电机电抗在短路期间的增大，短路电流交流分量的幅值保持不变。直流分量的初始值等于在短路发生时刻（$t = 0^+$）交流电流的瞬时值，由于电路中电阻的影响，直流分量逐渐衰减。因此，短路发生于电压为 0 时，短路电流达到最大值。两种状况仿真时，短路都是发生在发电机电压非常接近于 0 的时刻。读者可以自行改变脉冲发生器的延时（比如把 TD 由 24ms 改为 16.67ms 或其他值，见习题 8.14），然后观察短路电流的变化。短路电流包含显著的直流分量，并随时间衰减。

第 1 种状况的仿真中，代表断路器的开关在短路后不到两个周期、电流还没过零点的时刻断开。于是产生了电流斩波并引起较大的过电压，如图 8.68 所示。发电机出线端对地的过电压最大达到了 750kV，断路器的端电压达到 1300kV。过电压形成一个振荡的电压波形，在 60Hz 信号上叠加了高频分量。这种类型的电压通常称作操作过电压。断路器两端的电压称为瞬时恢复电压。

第 2 种状况的仿真表明，在电流过零点时切断电流，可以减少操作过电压。在这种情况中，切断短路电流选择在短路后不到两个周期、电流过零点的时刻。图 8.69 表明在电流过零点时切断短路电流降低了过电压。发电机端电压的最大值为 650kV（折算到高压侧，实际电压为 29.7kV），断路器两端电压约为900kV。作为比较，60Hz 发电机电压最大值为 500kV（折算到高压侧，实际电压为 22.9kV）。读者可自行修改 S_CB 的脉宽值，观察对电流斩波的影响（见习题8.15）。

真实系统发生短路后，实际的断路器断开时在触头间产生电弧。电弧在电流过零点时会自行熄灭。断路器中采用注入 SF_6 或高压空气以阻止电弧的重燃。注入气体的作用是吹灭电弧，使触头的间隙去电离，从而使短路电流在过零点时被切断。如果用大断路器切断小的短路电流，会产生电流斩波。这种情况在压缩空气断路器中容易发生，注入的高压空气在电流过零点之前就吹灭了电弧。

操作过电压具有危险性，过高的电压会引起设备绝缘或气隙的闪络，从而使供电中断。更严重的情况是使变压器的绝缘发生击穿，必须对相应的部件进行更换。

断路器端子之间的过电压会引起分离触头之间发生击穿，使短路电流无法切断，甚至导致断路器的爆炸或损坏。

8.7 练习

1. 同步发电机的有哪些主要部件？
2. 隐极转子和凸极转子发电机的区别是什么？画出草图。
3. 说明大型发电机的定子结构。
4. 说明大型发电机的转子结构。
5. 大型发电机如何冷却？
6. 什么是水轮发电机？描述它的转子结构。
7. 发电机的转子电流是什么性质？

8. 发电机的定子电流是什么性质？

9. 转子电流的作用是什么？

10. 画草图解释定子感应电动势的产生。

11. 什么是同步速度是多少？给出定义及其计算公式。

12. 推导根据同步电抗和端电压计算感应电动势的公式。

13. 讨论发电机负载对磁通和端电压的影响。

14. 同步电抗是什么？推导同步电抗的方程。

15. 说明同步发电机的一相等效电路。

16. 负载对同步发电机的运行有什么影响？

17. 说明同步发电机并网的过程。

18. 同步发电机是如何调节无功功率的？

19. 同步发电机是如何调节有功功率的？

20. 说明包含数百台同步发电机的电网运行概念。

21. 同步发电机如何连接一个大型电网？

22. 什么是同步发电机的静态稳定性问题？

23. 当发电机吸收或发出无功功率时，端电压和感应电动势的关系各是什么？

24. 说明确定静态稳定极限的方法。

25. 什么是功率角？功率角取多少时发电机的功率最大？

26. 指出发电机功率角特性曲线中稳定的和不稳定的区域。

27. 推导根据电机尺寸计算感应电动势的公式。

28. 推导根据电机尺寸计算同步电抗的公式。

29. 描述三相电流产生旋转磁通的过程。

30. 在发电机的等效电路是如何表示旋转磁通的？

8.8 习题

习题 8.1
美国的 6 极发电机同步转速是多少？
习题 8.2
欧洲的 8 极发电机同步转速是多少？
习题 8.3
图 8.28 中每个节点的功率是否平衡？
习题 8.4
一台 150MVA、24kV、123％的三相同步发电机带额定负载运行，功率因数为 0.83（滞后）。计算发电机的电动势和复功率。

习题 8.5

一台 150MVA、24kV、123% 的三相同步发电机，电动势为 2 倍额定相电压。计算发电机的电稳态短路电流。

习题 8.6

一台 150MVA、24kV、123% 的三相同步发电机向 27kV 的大型电网供电。电网电压与发电机感应电动势之间的相位角为 60°，电网吸收功率为 300MW，计算的发电机感应电动势。

习题 8.7

一台 150MVA、24kV、123% 的三相同步发电机向 27kV 的大型电网供电。发电机电动势为 2 倍额定相电压。电网吸收感性无功功率为 50MVA，计算功率角。

习题 8.8

一台 250MVA、24kV、125% 三相同步发电机向 27kV 的大电网供电。发电机电动势为 2 倍额定相电压。电网电压与发电机感应电动势之间的相位角为 56°，计算电网吸收的有功功率和无功功率。

习题 8.9

一台 4 极、40MVA、26kV、60Hz、0.86（同步电抗标幺值）、星形联结的三相同步发电机通过输电线向 24kV 大型电网供电，电网电压维持不变。调节发电机的励磁电流，可以使感应电动势在 0.75 ~ 1.5 倍额定电压之间变化。输电线阻抗为 $0.07 + j0.5\Omega/\text{mile}$，长度为 8mile。

① 发电机发出额定功率时，计算出感应电动势与功率因数的关系。然后根据感应电动势和电网电压计算电压调整率，画出电压调整率与功率因数的关系。领先性质的功率因数变化范围是 0.5 ~ 1。确定当电压调整率为 10% 时的功率因数。

② 感应电动势变化时，画出最大功率（对应功率角为 90°）与感应电动势的关系。确定发电机向电网输送最大功率时的感应电动势。

习题 8.10

一台 15MVA、2.2kV、60Hz 的三相同步发电机，每相同步电抗为 13Ω，转速为 1800r/min。

① 发电机端电压为额定值，功率因数为 0.8（滞后）时，计算并画出感应电动势与负载电流的变化关系。计算发电机在额定负载和开路时的感应电动势。

② 发电机短路时，根据①的感应电动势结果，计算并画出定子短路电流与负载的变化关系。确定开路和额定负载时的短路电流。

习题 8.11

一台 120MVA、20kV、60Hz 的三相同步发电机有 2 个磁极，每个磁极绕组匝数为 120。发电机感应电动势相值为额定线电压的 2 倍。转子的直径为 2.7m，转子和定子之间的气隙宽度为 2.2cm。定子长度为 13m，每相绕组的匝数为 60。计算：①发电机转速（r/min 和 rad/s）；②直流的磁通、磁通密度和磁场强度；③转子的直流励磁电流；④同步电抗；⑤画出等效电路并注明参数。

习题 8.12

如图 8.70 所示，一台 380MV·A、22kV 同步发电机通过两台变压器和输电线向电网供电。发电机电抗标幺值为 1.2。每台变压器为 480MVA，22kV/340kV，电抗标幺值为 15%。输电线长 45mile，0.07 + j0.5Ω/mile。忽略输电线的电容。电网电压为 21kV。

① 计算输电线、发电机和变压器的参数，画出等效电路；②发电机负载和端电压为额定值，功率因数为 0.88（滞后）时，计算感应电动势；③感应电动势大小同②的结果，计算发电机向电网提供的功率以及发电机功率角；④画出功率与功率角的关系，确定功率为 350MW 时的功率角。

图 8.70　习题 8.12 的单线图

习题 8.13

如图 8.71 所示，一台 750MVA、22.5kV 同步发电机通过两台变压器和输电线向电网供电。发电机电抗标幺值为 1.07。每台变压器为 800MVA，22.5kV/220kV，电抗标幺值为 16%。输电线长 120mile，0.07 + j0.5Ω/mile。输电线的总电容为 3μF。一个在 50 ~ 500μF 可调的电容与输电线串联。

① 计算系统的阻抗，画出一相等效电路；②发电机负载和端电压为额定值，功率因数为 0.83（滞后）时，计算感应电动势；③设功率角为 60°，画出发电机向电网输出的功率与串联电容的关系，感应电动势大小同②的结果，确定功率为 950MW 时的电容大小。

图 8.71　习题 8.13 的单线图

习题 8.14

利用例 8.7 中的数据，用 V_ SSC 的延时参数（TD）改变短路的时刻，分别对应电压相位角为 0°、45°、90° 和 135° 的时刻，计算并画出发电机短路电流和端电压波形。把所得的短路电流峰值和直流分量与例 8.7 进行比较。

习题 8.15

利用例 8.7 中的数据，研究断路器切断时间对电流斩波引起过电压的影响。改变 V_ SCB 的脉宽为 40 ~ 60ms，步长为 5ms。画出断路器的端电压和短路电流随时间的变化，估算短路电流和断路器过电压的大小。

第9章 感应电机

9.1 简介

　　单相感应电动机是世界上应用最广泛的电机，多数情况下，比如洗衣机、电冰箱等，都在使用它。图 9.1 是一台用于室内的小型单相感应电动机。在工业生产中则大量采用三相感应电动机来驱动各类机械。图 9.2 是一台用于工业驱动的三相感应电动机。由于电力电子装置提供的精确转速和转矩控制，感应电机的应用范围得到进一步的扩展。例如，在纺织工业中，电力电子控制的感应电动机逐渐取代了直流电机的地位。感应电动机得以广泛应用的优势在于其运行可靠、结构简单，可以用来带动工业的各种负荷机械。值得注意的是，感应电机也可以作为发电机运行，这种运行方式在本章接近结尾处介绍。

图 9.1　单相感应电动机

图 9.2 大型三相感应电动机（西门子公司）

9.2 结构

图 9.3 展示了取出的感应电机的各个部件，包括：定子、转子、端盖和风扇。交流感应电动机包括 3 个主要部件：电机外壳、定子和转子。

电机外壳包括 3 个部分：圆柱形的中段和 2 个端盖。定子铁心安装在中段，轴承安装在端盖上。电机外壳用铝或铁制成，3 个部分用长螺钉固定在一起。外壳中段的基座可以把电机和基座安装在一起。电机转轴上装有冷却风扇，用于定子的棱部结构中产生流动的空气，如图 9.3 所示。

图9.3 感应电机的部件

9.2.1 定子

一台大型三相感应电动机的定子如图9.4所示。大型感应电机定子绕组的结构与同步电机绕组相似。图9.5给出了一台单相电机的定子铁心。定子铁心为叠片制成的圆柱形结构，含有槽。这张图片中没有放入绕组，部分槽中放有绝缘垫纸。

图9.4 大型感应电动机的定子（西门子公司）

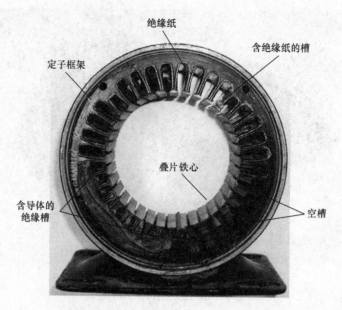

图9.5 不含绕组的定子铁心

三相电动机的三相绕组放在槽中。单相电机有2个绕组：主绕组和起动绕组。图9.6展示了单相电机的定子，其主绕组放在槽中。图中还可以看到绕组的线圈，通常用薄瓷片绝缘的导线制成。

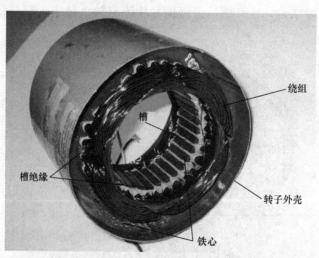

图9.6 含主绕组的单相电机定子

叠片铁心的材料为轧制硅钢片。定子铁心和转子铁心的叠片用绝缘螺栓固定在一起。图9.7展示了由定子铁心和转子铁心一起构成电机的磁路。

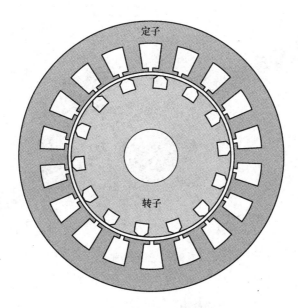

图9.7 定子和转子磁路

9.2.2 转子

图9.8给出了一个典型的大型感应电动机转子。感应电动机的转子包括2种类型:

图9.8 大型感应电动机的转子(西门子公司)

笼型转子:转子的叠片铁心带有槽,固定在转轴上。铸铝导条浇注在槽中,所有导条由两端的端环短路。小型转子的导条是倾斜的,以减小噪声。端环上的扇片在电机运行中可以作为风扇以加强冷却。另外一种转子结构是用铜来制造槽中的导条,用2个端环来短路。图9.9为一个笼型转子,包括铸铝导条和端环上的扇片。图9.10展示了去掉铁心和扇片的笼型转子的导条和端环。

绕线型转子:多数电机采用结构坚固和制造方便的笼型转子。另外,有些大

图 9.9　笼型转子

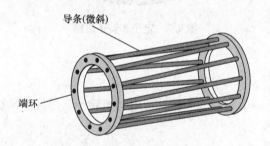

图 9.10　笼型转子结构

型和老式的电机采用三相绕线型转子。绕组连接为星形联结，其端部连接在 3 个集电环上。可以通过电刷把电阻或电源连接到集电环，从而减小起动电流或者进行调速。不过，近来半导体技术的进步，降低了电机电子控制器的成本，使得绕线型转子的使用范围减少。

9.3　三相感应电动机

9.3.1　工作原理

图 9.11 为一台三相 2 极笼型感应电动机的电气连接图。该电机的定子三相绕组连接为星形联结，每相占有 6 个槽，相间的电角度为 120°。笼型转子的导条之间相互短路。电动机的接线端供以对称的三相平衡的电压。定子三相绕组也

可以连接为三角形联结。

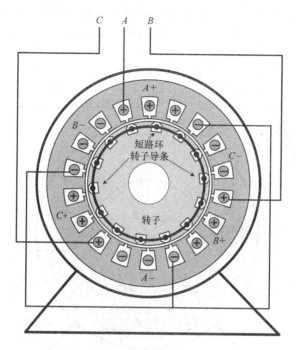

图 9.11　笼型转子 2 极感应电动机连接图

9.3.1.1　电动机的运行原理

首先分析三相电动机的运行。该运行方式的主要过程如下。

① 定子接通三相平衡的电压源，交流的在每相绕组中产生励磁电流。

② 每相绕组的励磁电流产生一个脉振的交流磁通。磁通的幅值随时间正弦变化，方向与相绕组正交。对于 2 极电动机，三相绕组产生的磁通在空间位置和时间上的相位差都是 120°。

③ 电机总的磁通是三相磁通之和。三相交流磁通合成一个旋转的磁通，该磁通的转速和幅值都是恒定的。

④ 旋转磁通在转子的短路导条中产生感应电动势，并在导条中产生电流。

⑤ 旋转磁通与转子电流相互作用，产生电磁力驱动电机运行。

交换任意两相定子绕组的电源，电机转轴的旋转方向将反向。例如，假设电动机的相序为 abc，交换 b 相和 c 相（相序由 abc 变为 acb）就会使电机的转向反向。

9.3.1.2　电动机运行分析

第 8 章已经详细分析了三相定子产生磁场的过程。图 9.12 展示了在转子导条中产生感应电动势和感应电流的旋转磁场。由图中可知，磁场的 3 个部分之间

的相位角为 −51°。每相磁场用一个矢量来表示。3 个矢量 $\boldsymbol{\Phi}_a$、$\boldsymbol{\Phi}_b$、$\boldsymbol{\Phi}_c$ 之和即为表示旋转磁场的矢量 $\boldsymbol{\Phi}_{\text{mag}}$，其幅值为每个单相矢量幅值的 1.5 倍（第 8 章对此有详细的推导），并且 $\boldsymbol{\Phi}_{\text{mag}}$ 顺时针方向以恒定的速度（同步转速）旋转。

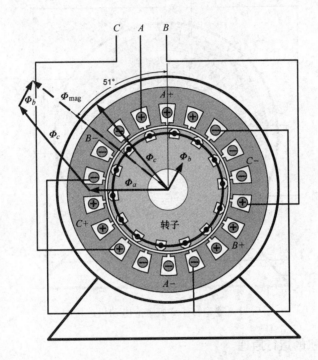

图 9.12 三相绕组产生旋转磁场

感应电动势和电磁力的产生

原理：分析感应电动机运行原理之前，复习一下法拉第电磁感应定律，即导体在磁场中做切割磁力线运动时将产生感应电动势，如图 9.13 所示。感应电动势的大小为

$$V = Blv \qquad (9.1)$$

式中，B 表示磁通密度；v 表示导体运行的速度；l 是导体的长度。

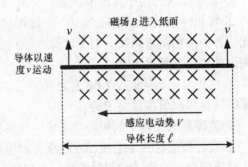

图 9.13 磁场中的运动导体产生感应电动势

另一个需要用到的理论是磁场力（洛伦兹力）：磁场和电流相互作用会产生电磁力。长度为 l 的导体受到的电磁力为

$$F = BIl\sin(\phi) \tag{9.2}$$

式中，Φ 表示 B 和 Il 的夹角。在感应电动机中，因为磁通密度 B 与导体垂直，$\Phi = 90°$。图 9.14 中给出了电磁力的方向，该方向由磁通密度和电流的方向确定。

电动机感应电动势：根据图 9.12 所示，三相感应电动机的定子绕组产生旋转磁场。转子的导条切割旋转磁场的磁力线，在导条中产生感应电动势。感应电动势的大小与磁场转速和转子转速之差成正比。根据法拉第定律，每个导条中的感应电动势为

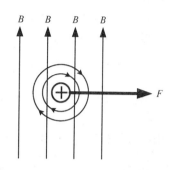

图 9.14 磁场中载流导体所受电磁力的方向，该磁场强于导体电流（流入纸面方向）产生的环形磁场

$$V_{\text{bar}} = Bl_{\text{rot}}(v_{\text{syn}} - v_{\text{mot}}) \tag{9.3}$$

式中，B 为旋转磁场的磁通密度；l 为导条的长度；v_{syn} 为旋转磁场在转子导条处的线速度；v_{mot} 为转子导条的线速度。

导条切割磁力线的速度是旋转磁场与转子线速度的差值。这两个速度可以通过转子导条处的半径与旋转速度来计算：

$$v_{\text{syn}} = 2\pi r_{\text{rot}} n_{\text{syn}}$$
$$v_{\text{mot}} = 2\pi r_{\text{rot}} n_{\text{mot}} \tag{9.4}$$

式中，n_{syn} 和 n_{mot} 分别是电机的同步转速和转子转速。把它代入法拉第电磁感应定律的方程，可得：

$$V_{\text{bar}} = 2\pi r_{\text{rot}} Bl_{\text{rot}}(n_{\text{syn}} - n_{\text{mot}}) \tag{9.5}$$

可见，转子导条中产生感应电动势和感应电流需要旋转磁场与转子有速度差。通常，转子的转速低于旋转磁场的转速，其转速差相对于同步转速的相对值称作转差率，由下式确定：

$$s = \frac{n_{\text{syn}} - n_{\text{mot}}}{n_{\text{syn}}} = \frac{\omega_{\text{syn}} - \omega_{\text{mot}}}{\omega_{\text{syn}}} \tag{9.6}$$

式中，s 表示转差率；n_{syn} 表示电机的同步转速（即旋转磁场的转速）；n_{mot} 为电机转子的实际转速；ω_{syn} 表示磁场旋转的角速度；ω_{mot} 表示转子旋转的角速度。

电动机的同步转速由电源的频率和电机的磁极数决定。图 9.11 中的电动机含有 2 个磁极，因为其定子绕组只有 1 组三相绕组。另外，定子绕组可以划分为两个部分，即槽中可以放入 2 组三相绕组，这样就构成了具有 4 个磁极的电动机。依此类推，可以设计出具有 6、8、10 或更多磁极的电动机。

下面举例来说明，某电动机定子含有 36 个槽，如果设计为 2 磁极的电动机，

每相含有 2×6 个槽。具体地，每相的槽数为 $36/3 = 12$。由于每个线圈含有 2 个导体边，每相的槽数写作 $2 \times 6 = 12$。2 磁极的电机中，A 相绕组和 B 相绕组位置相差 $120°$。对于 4 磁极电机，每相的槽数为 $36/(2 \times 3) = 6$。同样由于每个线圈含有 2 个导体边，4 磁极电机每相的槽数为 2×3。4 磁极的电机中，A 相绕组和 B 相绕组位置空间相差 $60°$。

同步转速由下式确定：

$$n_{\mathrm{syn}} = \frac{f}{p/2} \tag{9.7}$$

式中，f 表示电网电源的频率；p 表示电机的磁极数。磁场旋转的角速度为

$$\omega_{\mathrm{syn}} = 2\pi n_{\mathrm{syn}} \tag{9.8}$$

由式（9.5）和式（9.6）得：

$$V_{\mathrm{bar}} = 2\pi r_{\mathrm{rot}} B l_{\mathrm{rot}} s n_{\mathrm{syn}} \tag{9.9}$$

在短路的转子导条中，感应电动势产生感应电流，根据欧姆定律，电流大小为

$$I_{\mathrm{bar}} = \frac{V_{\mathrm{bar}}}{|\mathbf{Z}_{\mathrm{bar}}|} \tag{9.10}$$

式中，$\mathbf{Z}_{\mathrm{bar}}$ 表示转子导条的阻抗。把式中的感应电动势用公式替代，得到：

$$I_{\mathrm{bar}} = \frac{2\pi r_{\mathrm{rot}} B l_{\mathrm{rot}} s n_{\mathrm{syn}}}{|\mathbf{Z}_{\mathrm{bar}}|} \tag{9.11}$$

电动机中的电磁力。磁场的磁通密度 B 与导条的电流 I_{bar} 相互作用，产生电磁力 F 驱动电动机旋转，旋转的方向与旋转磁场的方向相同。图 9.15 中给出了磁场的磁通密度、转子电流和电磁力的方向。电磁力的大小为

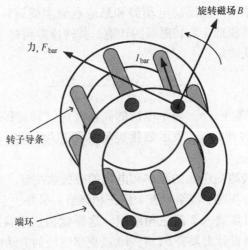

图 9.15　旋转磁场在转子导条产生电磁力

$$F_{\text{bar}} = Bl_{\text{rot}}I_{\text{bar}} \tag{9.12}$$

代入导条电流的表达式，得到：

$$F_{\text{bar}} = \frac{2\pi r_{\text{rot}}B^2 l_{\text{rot}}^2 sn_{\text{syn}}}{|\mathbf{Z}_{\text{bar}}|} \tag{9.13}$$

该式表明，电磁力的大小随磁通密度的增大而增大，也就是说，电机中应当采用具有高饱和点的导磁材料。即采用较好的材料在相同容量时可以减小电机的体积。

事实上，位于电机转子相对位置的导条会产生同样大小的电磁力，这就形成驱动的电磁转矩。电磁力产生的过程总结如下：

① 三相绕组产生旋转磁场。

② 旋转磁场在转子导条中产生感应电流。

③ 只有转子转速和旋转磁场转速存在转速差，才能产生感应电流。

④ 磁场与电流相互作用，产生驱动力。

9.3.2 等效电路

感应电动机含有 2 个通过磁场耦合的电路：定子电路和转子电路，后者为直接短路。这与二次绕组短路的变压器情况类似。电动机的三相电路是对称的，因此通常取一相电路来分析即可。

定子和转子电路都含有绕组或导体，因此具有电阻和漏电抗。这意味着感应电动机可以用等效电路来表示，定子电路可以表示为绕组的电阻 R_{sta} 和漏电感 L_{sta} 的串联，转子电路可以表示为绕组的电阻 R_{rot} 和漏电感 L_{rot} 的串联。变压器表示了 2 个电路的磁耦合。定子产生旋转磁场在 2 个绕组中产生感应电动势。用励磁电抗 X_{m} 和铁心电阻的并联表示产出的磁场，该电阻用于表示铁心中的涡流和磁滞损耗。图 9.16 给出了三相感应电动机一相的等效电路。

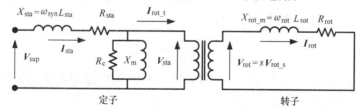

图 9.16 三相感应电动机一相的等效电路

电路中，与定子和转子都有交链的磁通在定子和转子中产生感应电动势。该磁通（即电机的主磁通）幅值为常数，以同步转速旋转。主磁通以同步转速切割定子绕组的导体，产生频率为 60Hz 的感应电动势。定子感应电动势的有效值为

$$V_{\text{sta}} = \frac{N_{\text{sta}} \Phi_{\text{max}} \omega_{\text{syn}}}{\sqrt{2}} \tag{9.14}$$

式中，N_{sta} 是定子一相的串联匝数；Φ_{max} 是旋转磁通的幅值。

磁通的旋转速度为同步转速，而转子转速为电机的转速。于是磁通切割转子导体的速度为同步转速与电机转速之差。根据式（9.6），该转速差为

$$\omega_{\text{rot}} = \omega_{\text{syn}} - \omega_{\text{mot}} = \omega_{\text{syn}} s \tag{9.15}$$

转子电路中的感应电动势为

$$V_{\text{rot}} = \frac{N_{\text{rot}} \Phi_{\text{max}} (\omega_{\text{syn}} - \omega_{\text{mot}})}{\sqrt{2}} = \frac{N_{\text{rot}} \Phi_{\text{max}} \omega_{\text{syn}} s}{\sqrt{2}} \tag{9.16}$$

把式（9.16）代入式（9.14）可得：

$$V_{\text{rot}} = \frac{N_{\text{rot}}}{N_{\text{sta}}} V_{\text{sta}} s = V_{\text{rot\_s}} s \tag{9.17}$$

式中，$V_{\text{rot\_s}}$ 是电机起动时的感应电动势，对应 $s = 1$。

转子电流的频率由转速差来确定，即

$$f_{\text{rot}} = \frac{\omega_{\text{rot}}}{2\pi} = \frac{\omega_{\text{syn}} - \omega_{\text{mot}}}{2\pi} = \frac{\omega_{\text{syn}} s}{2\pi} = s f_{\text{syn}} \tag{9.18}$$

感应电动机的转差率通常在 $2\% \sim 5\%$，也就是说转子电流的频率在 $0.02 \times 60 = 1.2 \text{Hz} \sim 0.05 \times 60 = 3 \text{Hz}$ 之间。

转子电路的漏电抗为

$$X_{\text{rot\_m}} = L_{\text{rot}} \omega_{\text{rot}} = L_{\text{rot}} \omega_{\text{syn}} s = X_{\text{rot}} s \tag{9.19}$$

式中，$X_{\text{rot\_m}}$ 是电机运行频率时的转子电抗；X_{rot} 是同步频率时的转子电抗。

图9.16 中标出了转子感应电动势和转子电抗。转子电流与转子感应电动势的关系可以由回路电压方程（即 KVL）来计算：

$$\boldsymbol{V}_{\text{rot}} = \boldsymbol{V}_{\text{rot\_s}} s = \boldsymbol{I}_{\text{rot}} (R_{\text{rot}} + jX_{\text{rot}} s) \tag{9.20}$$

由（9.20）除以转差率，可得：

$$\boldsymbol{V}_{\text{rot\_s}} = \boldsymbol{I}_{\text{rot}} \left(\frac{R_{\text{rot}}}{s} + jX_{\text{rot}} \right) \tag{9.21}$$

根据式（9.21）得到的等效电路如图9.17。该电路中定子和转子与一个匝数比为 $N_{\text{sta}} / N_{\text{rot}}$ 理想变压器连接。

把理想变压器转子一侧的阻抗折算到定子一侧，可以进一步简化电路，折算的方法是乘以匝数比的二次方，即转换后的阻抗为

$$\frac{R_{\text{rot\_t}}}{s} = \left(\frac{N_{\text{sta}}}{N_{\text{rot}}} \right)^2 \frac{R_{\text{rot}}}{s} \quad \text{和} \quad X_{\text{rot\_t}} = \left(\frac{N_{\text{sta}}}{N_{\text{rot}}} \right)^2 X_{\text{rot}} \tag{9.22}$$

经过折算电路中去掉了理想变压器，得到如图9.18所示的简化等效电路。

最后，把等效电路中的转子电阻分为2个部分：

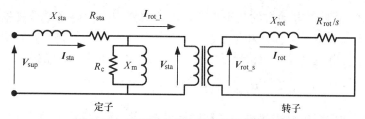

图 9.17 三相感应电动机折算的等效电路

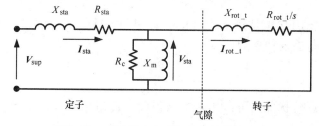

图 9.18 三相感应电动机简化的等效电路

$$\frac{R_{\text{rot\_t}}}{s} = R_{\text{rot\_t}} + \left(\frac{1-s}{s}\right)R_{\text{rot\_t}} \tag{9.23}$$

这样就得到了如图 9.19 所示的感应电动机的一相等效电路。电路中的电阻 $R_{\text{rot\_t}}(1-s)/s$ 用于表示电动机产生的总机械功率。

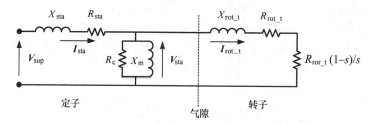

图 9.19 三相感应电动机最终的一相等效电路

9.3.3 电动机的运行状况

图 9.19 中的一相等效电路代表了三相电动机的 A 相。定子由定子漏电抗、定子电阻以及励磁电抗和电阻来表示。励磁电阻用于计算铁损耗。转子导体的漏电抗和电阻被折算到定子一侧。该等效电路可用于电机运行状况的分析。

对电动机做详细分析之前，在三相感应电动机用一相等效电路来表示的背景下，定义几个概念。根据图 9.19，电机三相总的输入有功功率为

$$P_{\text{sup}} = \text{Re}(S_{\text{sup}}) = \text{Re}(3V_{\text{sup}}I_{\text{sta}}^*) \tag{9.24}$$

如果电动机定子为星形联结，电源电压 V_{sup} 用相电压，如果电动机定子为三角形联结，电压用线电压。

图 9.20 说明了电动机的功率平衡。电机气隙中通过磁场耦合转换的功率等于输入功率减去定子铜损耗和定子铁损耗。电驱动功率 P_{dev} 是气隙功率与转子铜损耗的差值。电驱动功率可以由式（9.23）转子电阻的第 2 个部分来计算：

$$P_{dev} = 3 \left| I_{rot\_t} \right|^2 \left(R_{rot\_t} \frac{1-s}{s} \right) \tag{9.25}$$

从电驱动功率中减去机械通风和摩擦损耗，得到电机输出的机械功率：

$$P_{out} = P_{dev} - P_{mloss} \tag{9.26}$$

电动机的输出功率常用马力（hp）做单位，$1 hp = 745.7 W$。电机总体的效率是输出功率与输入功率的比值：

$$\eta = \frac{P_{out}}{P_{sup}} \tag{9.27}$$

电动机的运行状况也可以用转矩来说明。转矩用于表示电动机旋转力的大小，其数学定义为

$$T = \frac{P_{out}}{\omega_{mot}} \tag{9.28}$$

转矩的单位等同于焦耳，也可用牛顿或磅·英尺来做单位。

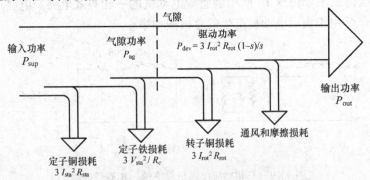

图 9.20　电动机能量平衡流程图

9.3.4　电动机的最大输出

感应电动机输出的最大功率和最大转矩的表达式可以由戴维南等效电路推导。图 9.21 给出了电动机电路的戴维南等效形式。戴维南等效电路由电网的 2 个基本量构成：①开路电压；②等效阻抗。

根据图 9.22，容易由网络的分压得到开路电压 V_{Th} 为

$$V_{Th} = V_{sup} \frac{Z_m}{Z_{sta} + Z_m} \tag{9.29}$$

类似地，把输入电压短路，如图 9.23 所示，戴维南等效阻抗，是由原电路去除支路后的两个输出端看进来的阻抗，即

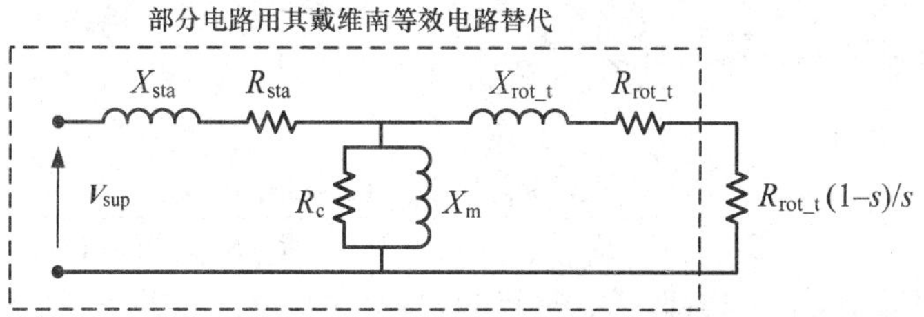

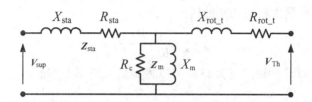

部分电路用其戴维南等效电路替代

图9.21 三相感应电动机一相的等效电路（形成戴维南等效电路之前）

图9.22 用于计算开路电压的感应电动机电路

$$Z_{\text{Th}} = Z_{\text{rot\_t}} + \frac{Z_{\text{sta}} Z_{\text{m}}}{Z_{\text{sta}} + Z_{\text{m}}} \tag{9.30}$$

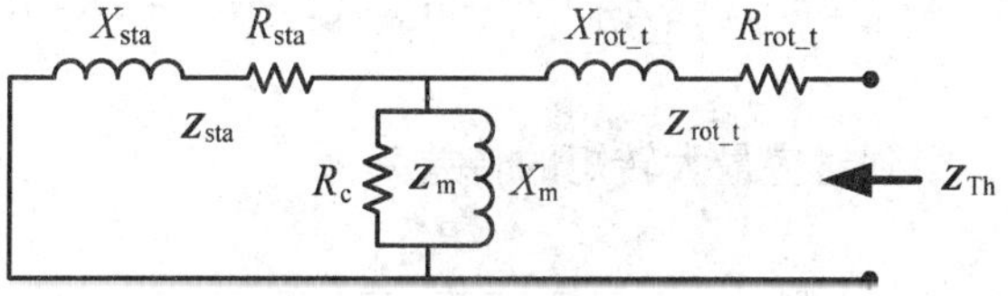

图9.23 用于计算戴维南等效阻抗的感应电动机网络

这两个量确定后，形成的戴维南等效电路如图9.24所示。根据欧姆定律，转子电流为

$$I_{\text{rot\_t}} = \frac{V_{\text{Th}}}{Z_{\text{Th}} + R_{\text{rot\_t}}(1-s)/s} \tag{9.31}$$

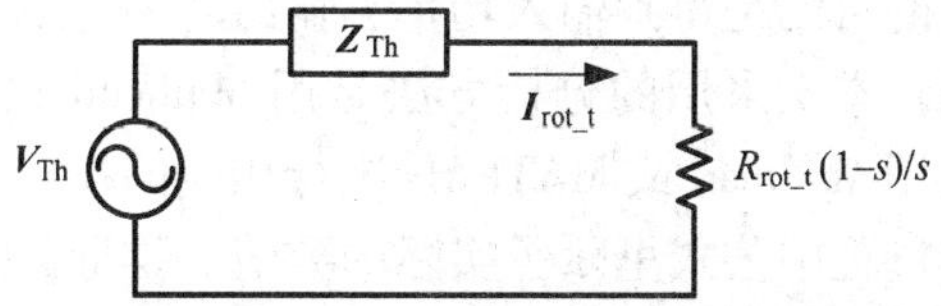

图9.24 三相感应电动机一相的戴维南等效电路

把式（9.31）中的转子电流代入式（9.25），可计算输出功率，在这样的情况下，有：

$$|\boldsymbol{I}_{\rm rot\_t}|^2 = \boldsymbol{I}_{\rm rot\_t}\boldsymbol{I}_{\rm rot\_t}^* = \left(\frac{\boldsymbol{V}_{\rm Th}}{\boldsymbol{Z}_{\rm Th}+R_{\rm rot\_t}(1-s)/s}\right)\left(\frac{\boldsymbol{V}_{\rm Th}^*}{\boldsymbol{Z}_{\rm Th}^*+R_{\rm rot\_t}(1-s)/s}\right) \quad (9.32)$$

于是可得：

$$P_{\rm dev} = \frac{3|\boldsymbol{V}_{\rm Th}|^2 R_{\rm rot\_t}(1-s)/s}{|\boldsymbol{Z}_{\rm Th}|^2+(R_{\rm rot\_t}(1-s)/s)^2+2R_{\rm Th}R_{\rm rot\_t}(1-s)/s} \quad (9.33)$$

式中，$R_{\rm Th}$ 是 $\boldsymbol{Z}_{\rm Th}$ 的实部。为了得到对应最大功率的转差率，可将上式对 s 求导，并令导数为 0，得到关于 s 的二次方程：

$$(|\boldsymbol{Z}_{\rm Th}|^2 - R_{\rm rot\_t}^2)s^2 + 2R_{\rm rot\_t}^2 s - R_{\rm rot\_t}^2 = 0 \quad (9.34)$$

对应电动机最大输出功率的转差率为

$$s_{\rm P,max} = \frac{R_{\rm rot\_t}}{R_{\rm rot\_t}+|\boldsymbol{Z}_{\rm Th}|} \quad (9.35)$$

将式（9.35）代回式（9.33）可以得到最大输出功率的表达式：

$$P_{\rm max} = \frac{3|\boldsymbol{V}_{\rm Th}|^2}{2(|\boldsymbol{Z}_{\rm Th}|+R_{\rm Th})} \quad (9.36)$$

同理可得最大转矩。忽略机械损耗（即 $p_{\rm mloss}=0$），由戴维南等效电路计算电机转矩，即

$$T = \frac{P_{\rm dev}}{2\pi n_{\rm syn}(1-s)} = \frac{3|\boldsymbol{V}_{\rm Th}|^2 R_{\rm rot\_t}s}{2\pi n_{\rm syn}\left[|\boldsymbol{Z}_{\rm Th}|^2 s^2 + R_{\rm rot\_t}^2(1-s)^2 + 2R_{\rm Th}R_{\rm rot\_t}s(1-s)\right]}$$

$$(9.37)$$

令 $\mathrm{d}T/\mathrm{d}s = 0$，得到对应最大转矩的转差率为

$$s_{\rm T,max} = \frac{R_{\rm rot\_t}}{\sqrt{|\boldsymbol{Z}_{\rm Th}|^2 + R_{\rm rot\_t}^2 - 2R_{\rm Th}R_{\rm rot\_t}}} \quad (9.38)$$

对应的最大转矩为

$$T_{\rm max} = \frac{3|\boldsymbol{V}_{\rm Th}|^2}{4\pi n_{\rm syn}\left[R_{\rm Th}-R_{\rm rot\_t}+\sqrt{|\boldsymbol{Z}_{\rm Th}|^2 + R_{\rm rot\_t}^2 - 2R_{\rm Th}R_{\rm rot\_t}}\right]} \quad (9.39)$$

9.3.5 运行分析

电动机运行分析的目的是得到输入功率、输出功率、电机效率和电机转矩与电机转速的变化关系。本文采用的分析方法是用 Mathcad 根据相应公式来推导。读者可在计算机上使用 Mathcad 或 MATLAB 进行相应的推导。为了避免字体字号引起的错误，在推导过程中公式里赋予实际的数值。推导的公式可用于作为电动机分析的工具。由于电动机的转速大小与其应用领域有关，本文的推导以转差率为基础。以 $s_{\rm test}=3\%$ 为试探值。

以下所用数据来自一台 20hp、440V、星形联结的三相电动机。电机为 4 极，频率 60Hz，其参数为

$$P_{\text{motor}} := 20\text{hp} \qquad V_{\text{mot}} := 440\text{V} \qquad p := 4$$

$$R_{\text{sta}} := 0.44\Omega \qquad X_{\text{sta}} := 1.25\Omega \qquad f_{\text{syn}} := 60\text{Hz}$$

$$R_{\text{rot\_t}} := 0.40\Omega \qquad X_{\text{rot\_t}} := 1.25\Omega \qquad \omega_{\text{syn}} := 2 \cdot \pi \cdot f_{\text{syn}}$$

$$R_{\text{c}} := 350\Omega \qquad X_{\text{m}} := 27\Omega \qquad P_{\text{mloss}} := 262\text{W}$$

9.3.5.1　电动机的阻抗表示为 *s* 的函数

转子的阻抗为 2 个电阻之和与转子漏电抗的串联，如图 9.19 所示。

$$Z_{\text{rot\_t}}(s) := j \cdot X_{\text{rot\_t}} + R_{\text{rot\_t}} + R_{\text{rot\_t}} \cdot \frac{(1-s)}{s} \tag{9.40}$$

代入数值可得 $Z_{\text{rot\_t}}(s_{\text{test}}) = (13.33 + 1.25j)\,\Omega$。

励磁电抗和励磁电阻并联为励磁支路。励磁阻抗与转差率无关：

$$Z_{\text{m}} := \frac{j \cdot X_{\text{m}} \cdot R_{\text{c}}}{j \cdot X_{\text{m}} \cdot R_{\text{c}}} \tag{9.41}$$

代入数值可得 $Z_{\text{m}} = (2.07 + 26.84j)\,\Omega$。

定子阻抗是定子电阻与定子漏电抗之和，与转差率无关：

$$Z_{\text{sta}} := R_{\text{sta}} + j \cdot X_{\text{sta}} \tag{9.42}$$

代入数值可得 $Z_{\text{sta}} = (0.44 + 1.25j)\,\Omega$。

将阻抗进行组合可以简化等效电路，如图 9.25 所示。

励磁支路与转子阻抗并联，再与定子阻抗相加，可得到整个电动机的等效阻抗，该结果与 *s* 有关：

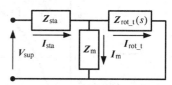

图 9.25　简化的电动机等效电路

$$Z_{\text{mot}}(s) := Z_{\text{sta}} + \frac{Z_{\text{m}} \cdot Z_{\text{rot\_t}}(s)}{Z_{\text{m}} + Z_{\text{rot\_t}}(s)} \tag{9.43}$$

其数值结果为 $Z_{\text{mot}}(s) = (10.22 + 6.82j)\,\Omega$。

9.3.5.2　计算电动机的电流

电动机为星形联结，则输入电压为相电压：

$$V_{\text{sup}} := \frac{V_{\text{mot}}}{\sqrt{3}} = 254.0\text{V}$$

电动机的输入（定子）电流为输入电压与电动机阻抗的比值：

$$I_{\text{sta}}(s) := \frac{V_{\text{sup}}}{Z_{\text{mot}}(s)} \tag{9.44}$$

$$I_{\text{sta}}(s_{\text{test}}) = (17.20 - 11.48j)\,\text{A}$$

$$|I_{\text{sta}}(s_{\text{test}})| = 20.7\text{A} \qquad \arg(I_{\text{sta}}(s_{\text{test}})) = -33.7°$$

该相位角表明定子电流为电感性，即滞后的电流。

转子电流可根据式（9.25）中的分流关系来确定：

$$I_{\text{rot\_t}}(s) := I_{\text{sta}}(s) \cdot \frac{Z_{\text{m}}}{Z_{\text{m}} + Z_{\text{rot\_t}}(s)}$$

(9.45)

$$I_{\text{rot\_t}}(s_{\text{test}}) = (17.14 - 2.84\text{j})\,\text{A}$$

$$|I_{\text{rot\_t}}(s_{\text{test}})| = 17.4\text{A} \qquad \arg(I_{\text{rot\_t}}(s_{\text{test}})) = -9.4°$$

由相位角可以看出转子电流也是电感性，即滞后的电流。

在式 (9.44) 中令 $S_{\text{start}} = 1$ 可以计算电动机的起动电流：

$$I_{\text{start}} := I_{\text{sta}}(s_{\text{start}})$$

$$I_{\text{start}} = (30.93 - 93.57\text{j})\,\text{A} \qquad |I_{\text{start}}| = 98.6\text{A}$$

通常，电动机起动电流与额定电流的比值约为 6。如果供电性能较弱，比如电源阻抗比较大的情况，这样的大电流可能导致电压的下降。

输入的定子电流随转子转速而变化。图 9.26 绘出了输入电流与转差率的关系。电动机运行时的转差率通常在 1%～5% 之间。图中可以看出，在这个范围内，电流与转差率的关系接近于线性。其中 $s = 1$ 处对应电动机起动时的大电流。

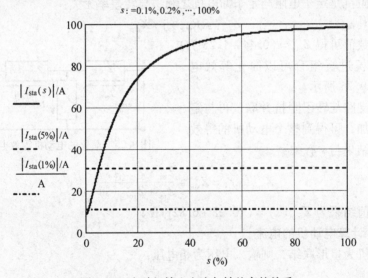

图 9.26　电动机输入电流与转差率的关系

计算电动机的输入功率：输入的复功率是输入电压与输入电流共轭的乘积的 3 倍。

$$S_{\text{sup}}(s) := 3 \cdot V_{\text{sup}} \cdot \overline{I_{\text{sta}}(s)}$$

$$|S_{\text{sup}}(s_{\text{test}})| = 15.8\text{kV} \cdot \text{A} \qquad S_{\text{sup}}(s_{\text{test}}) = (13.1 + 8.8\text{j})\,\text{kV} \cdot \text{A}$$

(9.46)

有功功率和无功功率为

$$P_{\text{sup}}(s) := \text{Re}(S_{\text{sup}}(s))$$

(9.47)

$$Q_{\text{sup}}(s) := \text{Im}(S_{\text{sup}}(s))$$

(9.48)

$$P_{\text{sup}}(s_{\text{test}}) = 13.1\text{kW} \qquad Q_{\text{sup}}(s_{\text{test}}) = 8.8\text{kV} \cdot \text{A}$$

功率因数等于有功功率与视在功率的比值，也等于复功率相位角的余弦。

$$\mathrm{pf_{sup}}(s) := \cos(\arg(S_{\mathrm{sup}}(s))) \tag{9.49}$$

$$\mathrm{Pf_{sup}}(s) := \frac{P_{\mathrm{sup}}(s)}{|S_{\mathrm{sun}}(s)|} \tag{9.50}$$

滞后的功率因数数值计算结果可以检验方法是否有效。

$$\mathrm{pf_{sup}}(s_{\mathrm{test}}) = 0.832 \qquad \mathrm{Pf_{sup}}(s_{\mathrm{test}}) = 0.832$$

计算电动机的输出功率：

根据图 9.20，负载阻抗功率的 3 倍为电动机的驱动功率：

$$P_{\mathrm{dev}}(s) := 3 \times (|I_{\mathrm{rot\_t}}(s)|)^2 \cdot R_{\mathrm{rot\_t}} \cdot \frac{(1-s)}{s}$$

$$P_{\mathrm{dev}}(s_{\mathrm{test}}) = 11.7\mathrm{kW} \tag{9.51}$$

这个函数有一个奇点：$s=0$，即电机转速为同步转速。在这个点，感应电动势为 0，也即没有电流和功率。这个奇点可以忽略，把曲线的起始点取在最小转差率对应的非 0 值位置。

驱动功率减去机械通风和摩擦损耗，得到电动机输出的机械功率：

$$P_{\mathrm{mech}}(s) := P_{\mathrm{dev}}(s) - P_{\mathrm{mloss}}$$

$$P_{\mathrm{mech}}(s_{\mathrm{test}}) = 15.4\mathrm{hp} \tag{9.52}$$

图 9.27 给出了输出机械功率与转差率的变化关系。图中可以看出，功率有一个峰值点 $P_{\max}$，对应转差率为 $s_{\max}$。转差率小于 $s_{\max}$ 时，增加电动机的负载导致转差率上升，转速下降，直至负载功率达到最大功率 $P_{\max}$。继续增加负载将导致功率失衡，电动机的输出功率低于负载功率，导致电机转速下降直至停止。也就是说，转差率大于 $s_{\max}$ 时，增加转差率导致电机转速下降，并降低了电动机的输出功率。电动机稳定运行的区域是 s 在 $0 \sim s_{\max}$ 之间。

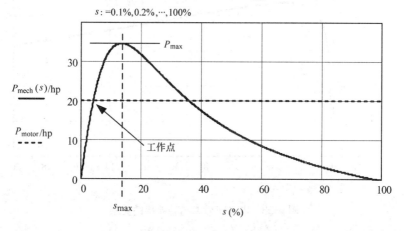

图 9.27　输出机械功率与转差率的关系

用 Mathcad 中的 maximize 函数可以求出电动机最大功率的准确数值。以 $s: = 10\%$ 为最大化计算的初始值：

$$s_{\max}: = \text{Maximize}(P_{\text{mech}}, s) \qquad s_{\max} = 13.4\%$$

$$P_{\max}: = P_{\text{mech}}(s_{\max}) \qquad P_{\max} = 34.6\text{hp}$$

对应电动机额定功率的转差率可以用 Mathcad 中的 root 函数计算，即求解非线性方程 $P_{\text{mech}} - P_{\text{motor}} = 0$。root 函数需要一个初始值，此处选为 $s = 2\%$：

$$s_{\text{rated}}: = \text{root}(P_{\text{mech}}(s) - P_{\text{motor}}, s) \qquad s_{\text{rated}} = 4.1\%$$

如图 9.27 所示，该转差率在图中对应电动机的工作点。

三相感应电动机的效率：电动机的效率是输出机械功率与输入电功率的比值：

$$\eta(s): = \frac{P_{\text{mech}}(s)}{P_{\text{sup}}(s)} \qquad (9.53)$$

$$\eta(s_{\text{test}}) = 87.4\%$$

电动机效率与转差率的关系如图 9.28 所示。可以看出，效率存在一个最大值，可以由图中确定或者用 Mathcad 中的 maximize 函数来计算。计算最大值的初始值为 $s = 2\%$。

$$s_{\text{max\_eff}}: = \text{Maximize}(\eta, s) \qquad s_{\text{max\_eff}} = 2.9\%$$

$$\eta_{\max}: = \eta(s_{\text{max\_eff}}) \qquad \eta_{\max} = 87.4\%$$

对应额定功率的效率接近于最大值。

$$\eta_{\text{rated}}: = \eta(s_{\text{rated}}) \qquad \eta_{\text{rated}} = 86.7\%$$

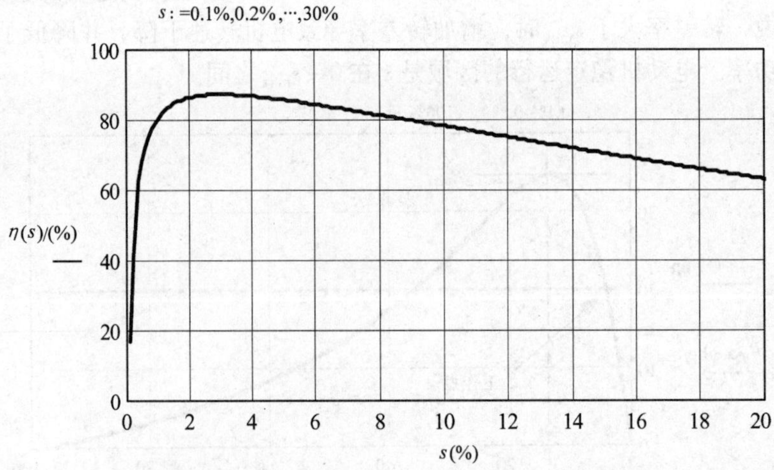

$$s: = 0.1\%, 0.2\%, \cdots, 30\%$$

图 9.28　电动机效率与转差率的关系

9.3.5.3 电动机转速

电动机的同步转速可以由式（9.7）计算。实际中常用每分钟的转数（r/min）作为电机转速的单位。在 Mathcad 中定义该单位：

$$\text{r/min} := \frac{1}{\min} \qquad n_{\text{syn}} := \frac{f_{\text{syn}}}{\dfrac{p}{2}} \qquad n_{\text{syn}} = 1800\text{r/min}$$

电机转速与转差率的关系可由式（9.6）给出：

$$n_{\text{mot}}(s) := n_{\text{syn}} \cdot (1-s)$$
$$n_{\text{mot}}(s_{\text{test}}) = 1746\text{r/min} \tag{9.54}$$

电动机的角速度为

$$\omega_{\text{mot}}(s) := 2 \cdot \pi \cdot n_{\text{mot}}(s) \tag{9.55}$$

把式（9.54）代入式（9.55）得到：

$$\omega_{\text{mot}}(s) := 2 \cdot \pi \cdot n_{\text{syn}} \cdot (1-s)$$
$$\omega_{\text{mot}}(s_{\text{test}}) = 182.8\text{rad/s} \tag{9.56}$$

9.3.5.4 电动机转矩

电动机转矩为输出机械功率与电动机角速度的比值：

$$T_{\text{mot}}(s) := \frac{P_{\text{mech}}(s)}{\omega_{\text{mot}}(s)} \tag{9.57}$$

从该关系分子分母的表达式可以看出，函数有 2 个奇点，即 $s=0$ 和 $s=1$。另外，该电动机转矩方程在转差率接近于 1 和 0 的区域是不准确的，在 s 从 0.5% 到 80% ~ 90% 的范围内具有一定的准确性。图 9.29 所给出的转矩特性即在这个可用的范围以内。

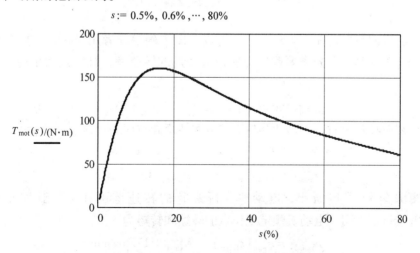

$$s := 0.5\%, \ 0.6\%, \cdots, 80\%$$

图 9.29 电动机转矩与转差率的关系

当转差率接近于 0 时，电机转速接近于同步转速，其感应电动势、转子电流和驱动功率接近于 0。当电机转速很低时，电动机的驱动功率将低于机械损耗功率，而机械损耗功率是一种被动的功率，无法驱动电机运行。因此该表达式在转速为很小的数值时不适用，可能导致计算出的转矩为负值。

当转差率接近于 1 时，电动机转速很低。机械损耗不再与转速无关，通风损耗随着速度的降低而减小。因此，该电动机转矩的表达式不适用于电机低速起动和运行时。

电动机的机械特性（转矩–转速特性）是一种重要的性质，在实际中可以用作分析电机的性能。电动机的机械特性如图 9.30 所示。

$$s := 0.5\%, \, 0.6\% \,, \cdots, 80\%$$

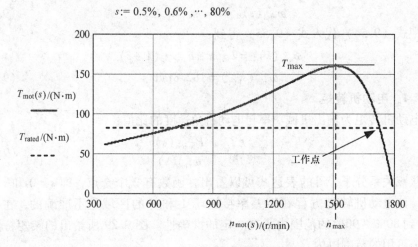

图 9.30　电动机的机械特性曲线

电动机的转矩存在一个最大值，可以由图中确定或者用 Mathcad 中的 maximize 函数来计算。首先需要确定对应最大转矩的转差率，计算最大值的初始值为 $s = 20\%$。

$$s_{\max} : = \text{Maximize}(T_{\text{mot}}, s) \qquad s_{\max} = 16.1\%$$

得到该转差率后，可以计算相应的最大转矩和对应的转速。

$$T_{\max} : = T_{\text{mot}}(s_{\max}) \qquad T_{\max} = 160.4 \text{Nm}$$

$$n_{\max} : = n_{\text{mot}}(s_{\max}) \qquad n_{\max} = 1511 \text{r/min}$$

由图 9.30 可以看出，电动机实际运行的转速范围在 $n_{\max}$ 到同步转速（1800r/min）之间。电动机额定工作点的转速和转矩为

$$n_{\text{rated}} : = n_{\text{mot}}(s_{\text{rated}}) \qquad n_{\text{rated}} = 1726 \text{r/min}$$

$$T_{\text{rated}} : = T_{\text{mot}}(s_{\text{rated}}) \qquad T_{\text{rated}} = 82.5 \text{Nm}$$

图 9.30 中标出了这个额定的工作点。

9.3.5.5 起动转矩

当电动机起动时，$s=1$，通风损耗为 0，而摩擦损耗为被动功率。被动功率不会驱动电机反转。因此 $s=1$ 时，电动机的机械损耗可认为是 0。于是，计算电动机的起动转矩时，可以用驱动功率带代替输出机械功率。把式（9.52）、式（9.51）和式（9.56）代入式（9.57），并设 $P_{mloss}=0$，可以消除驱动功率的奇点 $s=1$，于是得：

$$T_{start}(s) := \frac{3 \cdot (\,|\,I_{rot\_t}(s)\,|\,)^2 \cdot R_{rot\_t} \cdot \dfrac{(1-s)}{s}}{2 \cdot \pi \cdot n_{syn} \cdot (1-s)}$$

该表达式可以简化为

$$T_{start}(s) := \frac{3 \cdot (\,|\,I_{rot\_t}(s)\,|\,)^2 \cdot \dfrac{R_{rot\_t}}{s}}{2 \cdot \pi \cdot n_{syn}} \tag{9.58}$$

该表达式即电动机的起动转矩，代入数值可得 $T = 56.4 \text{Nm}$。

例 9.1：用 Mathcad 计算电动机拖动泵

下面用一个数值例子来说明转矩曲线的应用。用前述的电机拖动一个泵负载。泵的负载转矩与转速有关，其机械特性曲线由下式确定：

$$T_p(n_p) := 30 \text{N} \cdot \text{m} + n_p^2 \times 3 \times 10^{-5} \cdot \frac{\text{N} \cdot \text{m}}{(\text{r/min})^2} \tag{9.59}$$

$$T_p(1000 \text{r/min}) = 60 \text{N} \cdot \text{m}$$

分析中设电动机和泵同轴安装，即转速相同。图 9.31 中给出了电动机和泵的转矩曲线。绘制曲线时，式（9.59）中的泵转速用电机转速代替。于是泵的转矩可以表示为电动机转差率的函数：

$$T_{pump}(s) := 30 \text{N} \cdot \text{m} + n_{mot}(s)^2 \times 3 \times 10^{-5} \frac{\text{N} \cdot \text{m}}{(\text{r/min})^2} \tag{9.60}$$

图 9.31 给出了电动机和泵的机械特性曲线。系统的工作点由两条曲线的交点确定。图中可以看出，电动机的起动转矩和驱动转矩高于泵的负载转矩。这样，转矩之差作用于泵使其加速，直到它们的转矩相等为止。两条曲线的交点即为稳定的工作点。工作点对应的转矩和转速可由图 9.31 确定，或者通过解以下方程来计算：

$$T_{mot}(s) - T_{pump}(s) = 0$$

通过 Mathcad 的 root 函数求解该方程，取初始值 $s = 6\%$：

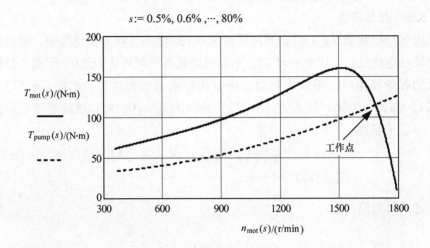

图 9.31　泵和电动机的机械特性曲线

$$s_{\text{p\_op}} := \text{root}(T_{\text{mot}}(s) - T_{\text{pump}}(s), s) \qquad s_{\text{p\_op}} = 6.4\%$$

$$n_{\text{mot}}(s_{\text{p\_op}}) = 1684\text{r/min}$$

$$T_{\text{pump\_op}} := T_{\text{pump}}(s_{\text{p\_op}}) \qquad T_{\text{pump\_op}} = 115.1\text{Nm}$$

即电动机 - 泵的系统运行于这个速度。如果泵负载发生改变（例如管道中的流体受到某种限制），系统的转速将随转矩曲线的改变而改变。

9.3.6　电动机参数的试验确定

图 9.19 中感应电动机等效电路中的电阻和电抗参数可以通过一系列的试验来确定。这些试验包括：

① 空载试验。用于确定励磁电抗和励磁电阻。

② 堵转试验。可以得到定子、转子的电阻和电抗之和。

③ 定子电阻的测量。

以下进行电动机参数计算的相关推导。并用数值例子对所得方程进行验证。

一台三相、4 极、星形联结、60Hz 的电动机，额定功率 6hp，额定电压 208V，其空载和堵转试验的结果如下：

空载试验：

$$V_{\text{no load}} := 208\text{V} \qquad I_{\text{no load}} := 4.5\text{A} \qquad P_{\text{no\_load}} := 285\text{W}$$

15Hz 电源时的堵转试验：

$$V_{\text{blocked}} := 38\text{V} \qquad I_{\text{blocked}} := 13\text{A} \qquad P_{\text{blocked}} := 480\text{W}$$

定子每相电阻的测试结果为 $R_{\text{sta}} := 0.41\Omega$

9.3.6.1 空载试验

进行空载试验时，电动机转轴不带任何负载，施加以额定电压，测量输入电压、输入电流和输入功率。对于三相电动机，测量线电压、线电流，并用两表法测量三相的总功率。三相功率的测量方法详见第 4 章。

图 9.32 给出了电动机空载试验时，一相的等效电路。空载时，电动机的转速接近于同步转速，转差率接近于 $0(s \sim 0)$，因此转子和定子的电流都很小。因为 $s \sim 0$，表示机械功率的电阻 $R(1-s)/s \sim \infty$，所以转子电路近似于开路，可以从等效电路中去掉。由于励磁阻抗远远大于定子阻抗，电路中忽略定子阻抗不会带来很大的误差。通常空载时的电流低于额定电流的 10%，因此定子阻抗上的电压降非常小，于是可以从图 9.32 的等效电路里去掉定子阻抗。忽略转子电路和定子阻抗后，简化的电路如图 9.33 所示。

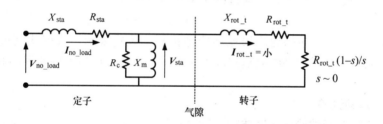

图 9.32 电动机空载时的等效电路

该电路表明，励磁电抗和励磁电阻可以通过空载试验的结果来计算。即图 9.33 为电动机的一相等效电路，比如可以表示 A 相。在计算功率时，需要把测量值（三相总功率）除以 3。定子为星形联结，输入电压为相电压。如果定子为三角形联结，则输入电压为线电压。

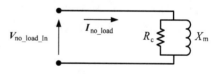

图 9.33 简化的电动机空载时的
等效电路

A 相的相电压和功率为

$$V_{\text{no\_load\_ln}} := \frac{V_{\text{no\_load}}}{\sqrt{3}} \qquad V_{\text{no\_load\_ln}} = 120.1\text{V}$$

$$P_{\text{no\_load\_A}} := \frac{P_{\text{no\_load}}}{2} \qquad P_{\text{no\_load\_A}} = 95\text{W}$$

励磁电阻可用空载时的输入功率和输入电压来计算：

$$R_{\mathrm{c}} := \frac{V_{\mathrm{no\_load\_ln}}^2}{P_{\mathrm{no\_load\_A}}} \qquad (9.61)$$

可得 $R_{\mathrm{c}} = 151.8\Omega$。

空载时的视在功率（复功率的绝对值）为

$$S_{\mathrm{no\_load\_A}} := V_{\mathrm{no\_load\_ln}} \cdot I_{\mathrm{no\_load}} \qquad (9.62)$$

$$S_{\mathrm{no\_load\_A}} := 540.4\mathrm{V} \cdot \mathrm{A}$$

可以根据功率三角形计算无功功率：

$$Q_{\mathrm{no\_load\_A}} := \sqrt{S_{\mathrm{no\_load\_A}}^2 - P_{\mathrm{no\_load\_A}}^2} \qquad (9.63)$$

$$Q_{\mathrm{no\_load\_A}} := 532.0\mathrm{V} \cdot \mathrm{A}$$

于是励磁电抗为

$$X_{\mathrm{m}} := \frac{V_{\mathrm{no\_load\_ln}}^2}{Q_{\mathrm{no\_load\_A}}} \qquad (9.64)$$

$$X_{\mathrm{m}} = 27.1\Omega$$

事实上，空载运行时，电动机的功率平衡方程为

$$P_{\mathrm{no\_load}} = P_{\mathrm{stator\_loss}} + P_{\mathrm{cors\_loss}} + P_{\mathrm{rotate\_loss}}$$

式中，$P_{\mathrm{rotate\_loss}}$ 包括通风损耗和摩擦损耗。该式表明，根据式（9.61）计算的用于表示铁损耗的励磁电阻实际上包括了铁损耗、机械损耗和很小的空载定子损耗。

9.3.6.2 堵转试验

电动机的转子被堵住无法转动，试验时降低了所加电源的电压和频率。所加电压降低为使电动机的电流接近于额定电流。电源频率通常降为 15Hz。由于转子静止，$n_{\mathrm{rot}} = 0$，转差率为 1，于是转子电路中没有了 $R(1-s)/s$ 这一项。图 9.34 给出了堵转试验时电动机的等效电路。

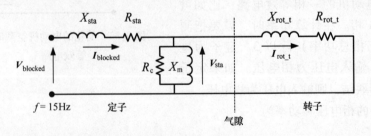

图 9.34 电动机堵转时的等效电路

试验中降低电源的电压和频率很大程度上降低了励磁电流和铁损耗。因此可以在等效电路这忽略励磁阻抗以简化电路。图 9.35 给出了简化的电路，由此，

定子和转子的阻抗之和可以根据堵转试验的结果来计算。即该图为电动机的一相等效电路，比如表示 A 相。定子为星形联结，输入电压为相电压。如果定子为三角形联结，则输入电压为线电压。在计算功率时，需要把测量值（三相总功率）除以 3。一相的电压和功率为

$$V_{\text{blocked\_ln}} := \frac{V_{\text{blocked}}}{\sqrt{3}} \qquad V_{\text{blocked\_ln}} = 21.9\,\text{V}$$

$$P_{\text{blocked\_A}} := \frac{P_{\text{blocked}}}{3} \qquad P_{\text{blocked\_A}} = 160\,\text{W}$$

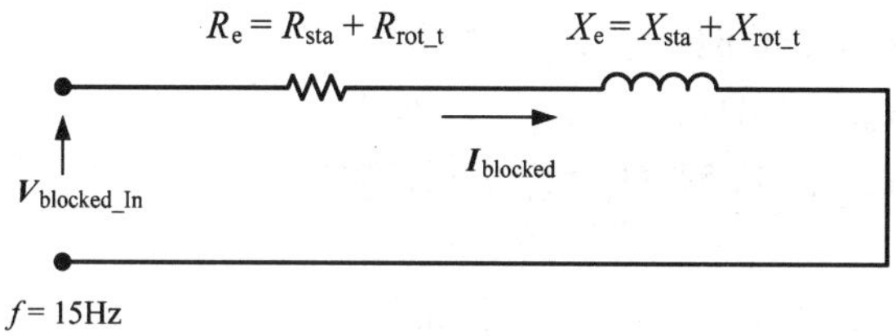

图 9.35　电动机堵转时的简化等效电路

电动机的等效电阻根据堵转试验时输入的有功功率和电流来计算：

$$R_{\text{e}} := \frac{P_{\text{blocked\_A}}}{I_{\text{blocked}}^2} \tag{9.65}$$

$$R_{\text{e}} = 0.947\,\Omega$$

定子的电阻可以直接测量，每相电阻的测量值为 R_{sta}。转子电阻可由式（9.65）得到的计算结果减去定子电阻来得到：

$$R_{\text{rot\_t}} := R_{\text{e}} - R_{\text{sta}}$$
$$R_{\text{rot\_t}} = 0.537\,\Omega \tag{9.66}$$

接下来计算电路阻抗的大小：

$$Z_{\text{blocked}} := \frac{V_{\text{blocked\_ln}}}{I_{\text{blocked}}} \tag{9.67}$$

$$Z_{\text{blocked}} = 1.688\,\Omega$$

频率为 15Hz 时的等效电抗为

$$X_{\text{e\_15Hz}} := \sqrt{Z_{\text{blocked}}^2 - R_{\text{e}}^2} \tag{9.68}$$

$$X_{\text{e\_15Hz}} := 1.397\,\Omega$$

频率为 60Hz 时的等效电抗为

$$X_{\text{e}} := X_{\text{e\_15Hz}} \cdot \frac{60\,\text{Hz}}{15\,\text{Hz}} \tag{9.69}$$

$$X_{\text{e}} = 5.588\,\Omega$$

定子和转子的漏电抗无法通过以上试验来分离。通常的做法是认为这两个电抗相等：

$$X_{sta}: = \frac{X_e}{2} \qquad X_{sta} = 2.794\Omega$$

$$X_{rot\_t}: = \frac{X_e}{2} \qquad X_{rot\_t} = 2.794\Omega$$

9.3.6.3 总结

本节分析的结果为电动机等效电路的参数，可用于电动机性能的估算。等效电路如图 9.36 所示，每相的电抗和电阻参数如下：

励磁电路：$R_c = 151.8\Omega$ $X_m = 27.1\Omega$

定子阻抗：$R_{sta} = 0.41\Omega$ $X_{sta} = 2.79\Omega$

转子阻抗：$R_{rot\_t} = 0.537\Omega$ $X_{rot\_t} = 2.79\Omega$

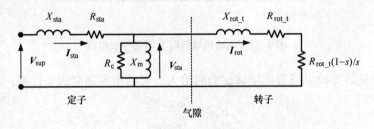

图 9.36 三相感应电动机一相的等效电路

例 9.2：用 MATLAB 计算感应电动机的参数

本例子中，计算一台三相感应电动机的参数，其定子为三角形联结。通过直接测量得到电动机定子电阻为 0.6Ω，其余的试验结果如下表：

	输入电压/V	输入电流/A	输入功率/W
空载试验	208	5	200
堵转试验	17	10	450

该电动机为欧洲标准，即频率是 50Hz。由于本例的电动机时三角形联结，其输入电压为线电压。

首先在 MATLAB 中对试验数据进行初始化，程序如下：

```
%  InductionMotorParameters.m

%  系统/同步频率 (Hz)
fsyn = 50;

%  测量结果; 三角形联结

%  空载测试
Vnoload = 208;              %  V
Inoload = 5;               %  A
Pnoload = 200;             %  W

%  堵转试验
Vblock = 17;               %  V
fblock = 15;               %  电源频率
Iblock = 10;               %  A
Pblock = 450;              %  W

%  直流测量定子电阻
Rstator = 0.6;             %  Ω
```

用空载试验的结果来确定励磁电抗和铁损耗电阻。一相等效电路的铁损耗电
阻为

$$R_c = \frac{V_{no\_load}^2}{P_{no\_load}/3} \tag{9.70}$$

根据图 9.33，励磁电抗和铁损耗电阻为并联关系，于是有：

$$\frac{I_{no\_load}}{V_{no\_load}} = |Y| = \sqrt{G^2 + B^2} \tag{9.71}$$

$$B = \frac{1}{X_m} = \sqrt{\left(\frac{I_{no\_load}}{V_{no\_load}}\right)^2 - \frac{1}{R_c^2}}$$

然后用堵转试验的结果来计算定子、转子阻抗之和。如图 9.35 所示，一相
等效电路中的等效串联电阻和转子电阻分别是

$$R_e = \frac{P_{blocked}/3}{I_{blocked}^2}$$

$$R_{rot} = R_e - R_{sta} \tag{9.72}$$

计算电抗的值时对应试验频率，需要转换为同步频率：

$$X_{e\_test} = \sqrt{\left(\frac{V_{blocked}}{I_{blocked}}\right)^2 - R_e^2}$$

$$X_{e\_syn} = X_{e\_test}\frac{f_{syn}}{f_{test}}$$

定子和转子的漏电抗分别为该电抗值的一半。

计算电动机参数的 MATLAB 程序如下：

```
%  根据空载试验计算励磁电阻(Ω)
Rcore = Vnoload^2/(Pnoload/3);
%  计算励磁电阻(Ω)
Xmag = 1/sqrt((Inoload/Vnoload)^2-1/Rcore^2);

fprintf('\nCore loss resistance = %5.1f ohms', Rcore);
fprintf('\nMagnetizing reactance = %5.2f ohms', Xmag);

%  根据堵转试验计算串联电阻(Ω)
Re = (Pblock/3)/Iblock^2;
%  计算转子电阻(Ω)
Rrotor = Re-Rstator;
%  计算试验频率时的串联电抗
Xetest = sqrt((Vblock/Iblock)^2-Re^2);
%  把电抗由试验频率转换为系统频率
Xesyn = Xetest*fsyn/fblock;
%  认为定子与转子的电抗(Ω)相等
Xstator = Xesyn/2;
Xrotor = Xstator;

fprintf('\n\nStator resistance = %4.1f ohms', Rstator);
fprintf('\nStator reactance = %4.1f ohms', Xstator);

fprintf('\n\nRotor resistance = %4.1f ohms', Rrotor);
fprintf('\nRotor reactance = %4.1f ohms', Xrotor);
```

MATLAB 运行结果如下：

```
>> InductionMotorParameters

Core loss resistance = 649.0 ohms
Magnetizing reactance = 41.69 ohms

Stator resistance =  0.6 ohms
Stator reactance =  1.3 ohms

Rotor resistance =  0.9 ohms
Rotor reactance =  1.3 ohms
```

例 9.3：用 MATLAB 进行感应电动机运行分析

一台三相感应电动机由一台微型燃气轮机三相发电机通过变压器和两条并联输电线供电，如图 9.37 所示。发电机的频率为 60Hz，额定容量为 80kVA，线电压为 2200V，同步电抗的标幺值为 1.2。变压器的额定容量为 75kVA，一次电压和二次电压分别为 2100V 和 460V。变压器的开路和短路试验结果如下表：

试验内容	功率/W	电压/V	电流/A
空载试验（在一次侧试验）	1200	2000	1.3
堵转试验（在二次侧试验）	1800	60	52

输电线单位长度的阻抗为 $0.3 + j0.6\Omega/\text{mile}$。线路 1 长度为 2mile，线路 2 比线路 1 长 50% 。

4 极电动机的额定功率为 80hp，线电压为 450V，电动机每相的参数为

	电阻/Ω	电抗/Ω
定子（串联）	0.4	0.9
转子（串联）	0.3	0.9
励磁支路（并联）	600	200

图 9.37 发电机通过变压器和两条并联输电线向电动机供电的单线图

该例题的分析步骤为

① 画出等效电路；

② 计算变压器、输电线和发电机的参数；

③ 假设发电机的感应电动势是额定线电压的 2 倍，把全部电流参数表示为电动机转速的函数；

④ 画出电动机的机械特性曲线，确定其最大转矩；

⑤ 画出电动机功率与速度的关系曲线。

系统的数据由下列 MATLAB 程序进行输入：

```
% InductionMotor1.m
% 三相发电机通过1台变压器和两条线路向三相感应电动机供电

clear all

fsys = 60;          % 系统频率 (Hz)

% 发电机数据
Sg = 80e3;          % 额定容量 (V·A)
Vg = 2200;          % 额定线电压 (V)
xg = 1.2;           % 电抗标幺值

% 变压器数据
Str = 75e3;         % 额定容量 (V·A)
Vprim = 2100;       % 一次电压 (V)
Vsec = 460;         % 二次电压 (V)
```

```
% 在变压器一次侧进行开路试验
Pop = 1200;          % 功率     (W)
Vop = 2000;          % 线电压    (V)
Iop = 1.3;           % 电流     (A)
% 在变压器二次侧进行短路试验
Psh = 1800;          % 功率     (W)
Vsh = 60;            % 线电压    (V)
Ish = 52;            % 电流     (A)

% 输电线数据
Zline = 0.3+j*0.6;   % Ω /mile
L1 = 2;              % 线路1长度  (mile)
L2 = L1*1.5;         % 线路2长度  (mile)
Zline1 = Zline*L1;   % 线路1阻抗  ( Ω )
Zline2 = Zline*L2;   % 线路2阻抗  ( Ω )

% 电动机数据
Prated = 80*746;     % 额定功率   (W)

Vrated = 450;        % V
poles = 4;
Rsta = 0.4;          % 定子电阻   ( Ω )
Xsta = 0.9;          % 定子电抗   ( Ω )
Rrot = 0.3;          % 转子电阻   ( Ω )
Xrot = Xsta;         % 转子电抗   ( Ω )
Xmag = 200;          % 励磁电抗   ( Ω )
Rcor = 600;          % 励磁电阻   ( Ω )
```

图 9.38 给出了该系统的等效电路。根据该等效电路，可分别用第 7 章和第 8 章的相应公式来求取变压器和发电机的参数。发电机的同步电抗由其标幺值和发电机额定值来计算。

$$X_{\text{gen}} = \frac{V_{\text{gen}}^2}{|S_{\text{gen}}|} x_{\text{g}}$$

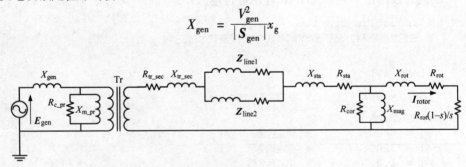

图 9.38　发电机通过变压器和两条并联电线向电动机供电的等效电路

变压器的参数由前面表中的开路和短路试验数据，根据 7.3.8 节中的公式来确定。用开路试验中的线电压、电流以及三相功率，可以计算铁损耗电阻（$R_{\text{c\_pr}}$）和励磁导纳（$Y_{\text{m\_pr}}$），并根据励磁导纳来获得励磁电抗（$X_{\text{m\_pr}}$），得

到它们折算到一次侧的参数:

$$R_{c\_pr} = \frac{(V_{op}/\sqrt{3})^2}{P_{op}/3} \qquad |Y_{m\_pr}| = \frac{I_{op}}{V_{op}/\sqrt{3}} \qquad X_{m\_pr} = \frac{1}{\sqrt{|Y_{m\_pr}|^2 - \frac{1}{R_{c\_pr}^2}}}$$

根据图9.38，励磁电阻和电抗为并联，故一次励磁阻抗为

$$Z_{mag\_pr} = \frac{1}{\frac{1}{R_{c\_pr}} + \frac{1}{jX_{m-pr}}}$$

变压器短路试验的数据（V_{sh}、I_{sh} 和 P_{sh}）用于计算折算到二次绕组电阻和阻抗，并由此计算二次电抗:

$$R_{tr\_sec} = \frac{P_{sh}/3}{I_{sh}^2} \qquad |Z_{sr}| = \frac{V_{sh}/\sqrt{3}}{I_{sh}} \qquad X_{tr\_sec} = \sqrt{|Z_{sr}|^2 - R_{tr\_sec}^2}$$

```
% 开始计算；全部 R, X, Z 值单位为Ω

% 计算发电机参数
Xgen = xg*Vg^2/Sg;          % 发电机每相电抗(Ω)

% 计算变压器数据
Vop_n = Vop/sqrt(3);        % 开路相电压
% 变压器一次侧每相励磁阻抗
Rc_pr = Vop_n^2/(Pop/3);             % 一次侧铁心电阻
Ypr = Iop/Vop_n;                     % 一次侧铁心导纳 (S)
Xm_pr = 1/sqrt(Ypr^2 - 1/Rc_pr^2);      % 一次侧铁心电抗
Zmag_pr = 1/(1/(j*Xm_pr) + 1/Rc_pr);    % 一次侧铁心阻抗
% 计算变压器二次侧每相数值
Rtr_sec - (Psh/3)/Ish^2;             % 二次电阻
Zsr = (Vsh/sqrt(3))/Ish;             % 二次阻抗
Xtr_sec = sqrt(Zsr^2-Rtr_sec^2);     % 二次电抗
```

接下来计算变压器二次侧的所有阻抗。具体包括：电动机的整体阻抗，并联输电线的阻抗和变压器二次阻抗。电动机转子阻抗和励磁阻抗为

$$Z_{rot} = \frac{R_{rot}}{s} + jX_{rot} \qquad Z_{mag} = \frac{1}{\frac{1}{R_{cor}} + \frac{1}{jX_{mag}}}$$

根据图9.38，转子阻抗和励磁阻抗并联之后与定子阻抗串联:

$$Z_{r\_m} = \frac{1}{\frac{1}{Z_{mag}} + \frac{1}{Z_{rot}}} \qquad Z_{mot} = R_{sta} + jX_{sta} + Z_{r\_m}$$

两条并联输电线与电动机和变压器的二次阻抗串联，这样形成了二次侧电路的整体阻抗:

$$Z_{\text{line\_12}} = \frac{1}{\dfrac{1}{Z_{\text{line1}}} + \dfrac{1}{Z_{\text{line2}}}} \qquad Z_{\text{sec}} = R_{\text{tr\_sec}} + jX_{\text{tr\_sec}} + Z_{\text{line\_12}} + Z_{\text{mot}}$$

转差率 s 取值 3% 代入公式进行试算：

```
% 选定一个转差率的试探值
s = 0.03;
% 电动机阻抗
Zrot = Rrot/s + j*Xrot;        % 转子阻抗  （Ω）
% 并联的励磁电抗和铁心损耗电阻
Zmag = 1/(1/(j*Xmag)+1/Rcor);  % 励磁阻抗  （Ω）
Zr_m = 1/(1/Zmag + 1/Zrot);    % 转子和铁心并联
Zmot = Rsta+j*Xsta + Zr_m;     % 电动机的总阻抗  （Ω）

% 线路1和2的并联阻抗  （Ω）
Zline_12 = 1/(1/Zline1 + 1/Zline2);

% 计算二次侧的总阻抗  （Ω）
Zsec = j*Xtr_sec + Rtr_sec + Zline_12 + Zmot;
```

然后把发电机阻抗和变压器的励磁阻抗折算到二次侧，得到如图 9.39 所示的简化等效电路。折算的公式如下：

$$T_{\text{ratio}} = \frac{V_{\text{prim}}}{V_{\text{sec}}} \qquad X_{\text{gen\_sec}} = \frac{X_{\text{gen}}}{T_{\text{ratio}}^2} \qquad Z_{\text{m\_pr\_sec}} = \frac{Z_{\text{mag\_pr}}}{T_{\text{ratio}}^2}$$

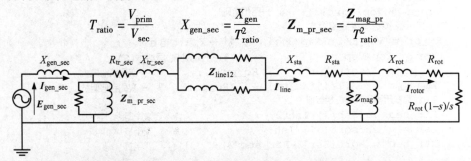

图 9.39　发电机通过变压器和两条并联输电线向电动机供电的简化等效电路

这些阻抗折算到二次侧之后，可以得到整个电路的阻抗：

$$Z_{\text{sys}} = jX_{\text{gen\_sec}} + \frac{1}{\dfrac{1}{Z_{\text{m\_pr\_sec}}} + \dfrac{1}{Z_{\text{sec}}}}$$

根据假设，发电机的感应电动势为额定相电压的 2 倍，且以感应电动势的相位为参考相位（相位角为 0°），折算到二次侧如下：

$$E_{\text{gen}} = 2V_g \angle 0° \qquad E_{\text{gen\_sec}} = \frac{E_{\text{gen}}}{T_{\text{ratio}}}$$

发电机折算后的电流为

$$I_{\text{gen\_sec}} = \frac{E_{\text{gen\_sec}}}{Z_{\text{sys}}}$$

```
% 把变压器一次侧和发电机阻抗折算到二次侧
Tratio = Vprim/Vsec;                    % 电压比
Xgen_sec = Xgen/Tratio^2;               % 发电机阻抗

Zm_pr_sec = Zmag_pr/Tratio^2;           % 励磁阻抗

% 计算系统总阻抗 （Ω）
Zsys = j*Xgen_sec + 1/(1/Zm_pr_sec+1/Zsec);

% 设发电机感应电动势是额定线电压的2倍
Egen = 2*Vg;
Egen_sec = Egen/Tratio;       % 折算到二次侧的感应电动势
Igen_sec = Egen_sec/Zsys;     % 发电机电流 （A）
```

根据分流原理，电动机的输入线电流为

$$I_{\text{line}} = I_{\text{gen\_sec}} \frac{Z_{\text{m\_pr\_sec}}}{Z_{\text{m\_pr\_sec}} + Z_{\text{sec}}}$$

转子电流可以由转子阻抗和励磁阻抗的分流原理来确定，即

$$I_{\text{rotor}} = I_{\text{line}} \frac{Z_{\text{mag}}}{Z_{\text{mag}} + Z_{\text{rot}}}$$

```
% 电动机线电流 （A）
Iline = Igen_sec*Zm_pr_sec/(Zm_pr_sec+Zsec);

% 电动机转子电流 （A）
Irotor = Iline*Zmag/(Zmag+Zrot);
```

现在把转差率的取值范围设为 $0.01\% \sim 99.99\%$，重新计算以上结果可得到它们随转差率变化的函数关系。联合式（9.6）和式（9.7），得到根据转差率计算电动机转速的公式如下：

$$n_{\text{m}} = (1-s)n_{\text{sy}} = (1-s)\frac{f}{p/2} \tag{9.73}$$

根据式（9.25）和式（9.28），可分别把电动机的转矩和输出机械功率表示为转速的函数。

```
    % 不同的感应电动机转差率；计算速度和转速
for k = 1:9999
    s = k/10000;
    Zrot = Rrot/s+j*Xrot;
    Zr_m = 1/(1/Zmag+1/Zrot);
    Zmot = Rsta+j*Xsta+Zr_m;
    Zsec = Zmot+Zline_12+j*Xtr_sec+Rtr_sec;
    Zsys = j*Xgen_sec+1/(1/Zm_pr_sec+1/Zsec);
    Igen_sec = Egen_sec/Zsys;
    Iline = Igen_sec*Zm_pr_sec/(Zm_pr_sec+Zsec);
    Irotor = Iline*Zmag/(Zmag+Zrot);
    % 计算总输出机械功率
    Pout(k) = 3*(abs(Irotor))^2*Rrot*(1-s)/s;
    nm(k) = 60*fsys*(1-s)/(poles/2);
    Tmot(k) = Pout(k)/(2*pi*nm(k)/60);
end
```

图 9.40 给出了电动机转矩与转速的变化关系。

```
% 绘制电动机机械特性曲线
plot(nm,Tmot,'LineWidth',1.5)
set(gca,'fontname','Times','fontsize',12);
axis([1200 1800 0 1000])
xlabel('Motor Speed (rpm)');
ylabel('Motor Torque (N·m)');
```

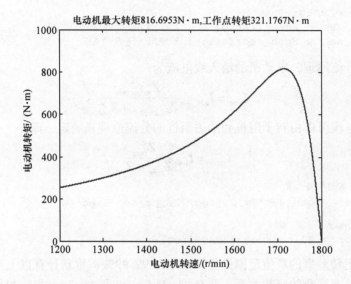

图 9.40　电动机转矩与转速的变化关系

用 MATLAB 中的 max 函数求取最大转矩及其在数组中的索引号。根据数组的索引号可以得到最大转矩对应的转差率和转速。

```
% 计算电动机最大转矩
[Tmax, imax] = max(Tmot);
smax = imax/10000;
% 计算最大转矩对应的转速
nmax = 60*fsys*(1-smax)/(poles/2);
fprintf('Operating torque of %g N·m at a speed of %g rpm.',...
    Trated, nrated);
```

对输出功率的数组，定义一个 for 循环进行搜索，找到额定功率 P_{rated} 和额定转矩。图 9.40 的标题中给出了电动机的最大转矩和工作点转矩。

```
% 计算额定运行点的转矩
found = 0;
k = 1;
while (found == 0)
    if Pout(k) > Prated
        found = k;
    end
    k = k + 1;
end
srated = found/10000;
nrated = 60*fsys*(1-srated)/(poles/2);
Trated = Tmot(found);
fprintf('Operating torque of %g N·m at a speed of %g rpm.',
    Trated, nrated);

title(['Maximum Motor Torque = ',num2str(Tmax),' N·m; ',...
    'Operating Torque = ',num2str(Trated),' N·m']);
figure;
```

最后，画出电动机输出机械功率与转速的关系，如图 9.41 所示。

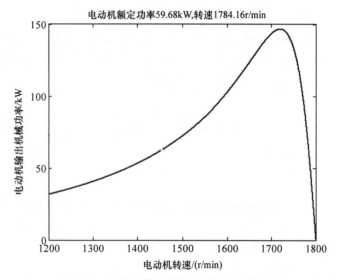

图 9.41 电动机输出机械功率与转速的关系

```
% 绘制电动机输出功率与转速的关系
plot(nm,Pout/1e3,'LineWidth',1.5)
set(gca,'fontname','Times','fontsize',12);
axis([1200 1800 0 150])
xlabel('Motor Speed (rpm)');
ylabel('Motor Mechanical Power Output (kW)');
title(['Rated Motor Power = ',num2str(Prated/1e3),' kW ',...
    'at a speed of ',num2str(nrated),' rpm']);
```

该程序的计算结果为

```
>> InductionMotor1
Maximum torque of 816.695 N·m at a speed of 1714.32 rpm.
Operating torque of 321.177 N·m at a speed of 1784.16 rpm.
```

例9.4：MATLAB 分析电动机驱动风扇

一台三相、星形联结的电动机由220V电网通过馈线供电。通过并联于电网的电容提高供电的功率因数。电动机的频率为60Hz，用于驱动风扇。本例题的目的是确定合适的电容值，使功率因数等于1。

图9.42给出了220V电网通过馈线向电动机驱动风扇供电的单线图。馈线长度为0.5mile，单位长度的阻抗值为 $0.25 + j0.55\Omega/mile$。风扇的机械特性如下：

$$T_{fan}(n) = 1.6\frac{N \cdot m}{s}n + 7N \cdot m \tag{9.74}$$

式中，n 为转轴的转速。电动机为6极，额定功率为35hp，线电压为208V。电动机定子和转子的阻抗分别为 $0.85 + j1.3$ 和 $0.65 + j1.3\Omega$。电动机每相的铁损耗电阻为 25Ω，励磁电抗为 35Ω，二者为并联关系。

图9.42 电网通过馈线向电动机驱动风扇供电的单线图

系统的数据由以下 MATLAB 程序输入：

```
% InductionMotor2.m
% Matlab induction motor example 2
% 电网通过馈线向电动机-风扇系统供电

fsys = 60;          % 系统频率 （Hz）

% 电网线电压
Vnet  =  220;    % V

% 星形联结的感应电动机数据
Pmotor = 35;       % hp
Vmotor = 208;      % V
poles = 6;
```

```
Rsta = 0.85;        % 定子电阻  （Ω）
Xsta = 1.3;         % 定子电抗  （Ω）
Rrot = 0.65;        % 转子电阻  （Ω）
Xrot = Xsta;        % 转子电抗  （Ω）
Xmag = 35;          % 励磁电抗  （Ω）
Rcor = 25;          % 铁心损耗电阻 （Ω）

% 馈线数据
Zfeeder = 0.25+j*0.55;          % Ω/mile
Lfeeder = 0.5;                  % 长度 (mile)
Zfeed = Zfeeder*Lfeeder;        % 馈线阻抗 （Ω）
```

该例题的分析步骤：

① 画出等效电路，计算转差率为 5% 时的系统参数；

② 计算并画出电动机和风扇的机械特性曲线，确定最大转矩和工作点的转矩、转速；

③ 计算当转差率为 5% 时，把功率因数提高到 1 所需要的电容值。

电网的相电压的相位为参考相位，即相位角为 0°。

$$V_{\text{net\_ln}} = \frac{V_{\text{net}}}{\sqrt{3}} \angle 0°$$

根据图 9.43 给出的系统等效电路图，计算转差率为 5% 时的各个阻抗。这些阻抗也将用于确定把功率因数提高到 1 所需要的电容值。首先计算电动机转子阻抗和励磁阻抗，以及整个电动机的阻抗：

$$\boldsymbol{Z}_{\text{rot}} = \frac{R_{\text{rot}}}{s} + jX_{\text{rot}} \qquad \boldsymbol{Z}_{\text{mag}} = \frac{R_{\text{cor}}jX_{\text{mag}}}{R_{\text{cor}} + jX_{\text{mag}}} \qquad \boldsymbol{Z}_{\text{mot}} = R_{\text{sta}} + jX_{\text{sta}} = \frac{1}{\dfrac{1}{\boldsymbol{Z}_{\text{mag}}} + \dfrac{1}{\boldsymbol{Z}_{\text{rot}}}}$$

根据图 9.43，系统总的阻抗是馈线阻抗与电动机阻抗的串联：

$$\boldsymbol{Z}_{\text{sys}} = \boldsymbol{Z}_{\text{feed}} + \boldsymbol{Z}_{\text{mot}}$$

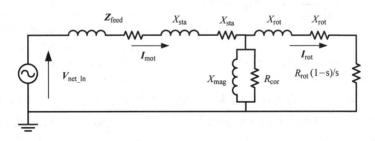

图 9.43　电网通过馈线向电动机驱动风扇供电的等效电路

根据欧姆定律可以得到电动机电流：

$$I_{\text{mot}} = \frac{V_{\text{net\_ln}}}{Z_{\text{sys}}}$$

转子电流由分流原理来确定：

$$I_{\text{rot}} = I_{\text{mot}} \frac{Z_{\text{mag}}}{Z_{\text{mag}} + Z_{\text{ret}}}$$

如果忽略了机械损耗，电动机输出的机械功率即为式（9.25）中的电驱动功率，即

$$P_{\text{out}} = 3 \times |I_{\text{rot}}|^2 R_{\text{rot}} \frac{1-s}{s}$$

输入的有功功率为

$$P_{\text{in}} = \text{Re}(S_{\text{in}}) = \text{Re}(3 \times V_{\text{net\_ln}} I_{\text{mot}}^*)$$

电动机和风扇的转矩分别用式（9.28）和式（9.74）来计算。

```
%  分析开始
%  用于电容计算的转差率
s = 0.05;
Vnet_ln = Vnet/sqrt(3);                   %  电网相电压（V）
nsy = 60*fsys/(poles/2);                  %  同步频率  （Hz）
Zrot = Rrot/s+j*Xrot;                     %  转子阻抗   （Ω）
%  励磁电抗和铁心损耗电阻并联
Zmag = Rcor*j*Xmag/(Rcor+j*Xmag);          %  励磁阻抗（Ω）
Zmot = Rsta +j*Xsta + 1/(1/Zmag+1/Zrot);   %  转子阻抗（Ω）
Zsys = Zfeed+Zmot;                        %  系统含电容的阻抗（Ω）
Imot = Vnet_ln/Zsys;                      %  供电电流  = 电动机电流（A）
Irot = Imot*Zmag/(Zmag+Zrot);             %  供电电流  = 电动机电流（A）
S_in = 3*Vnet_ln*conj(Imot);              %  供电复功率  （V·A）
P_in = real(S_in);                        %  供电有功功率 （W）
Pout = 3*(abs(Irot))^2*(1-s)*Rrot/s;          %  供电有功功率（W）
nm = nsy*(1-s);                           %  电动机-风扇轴的转速  r/min
Tmot = Pout/(2*pi*nm/60);                 %  电动机转矩  （N·m）
Tfan = 7+1.6*nm/60;                       %  风扇转矩（N·m）
```

然后，取转差率的变化范围为 0.0001～0.9999，步长为 0.0001。根据电源输入的功率和电动机输出的功率来计算电动机的各电流。电动机和风扇的转矩分别作为转速的函数。

```
%  改变转差率
for k = 1 : 9999
    s = k/10000;
    Zrot = Rrot/s+j*Xrot;                  %  转子阻抗 （Ω）
    Zmag = Rcor*j*Xmag/(Rcor+j*Xmag);      %  励磁阻抗
    Zmot = Rsta+j*Xsta + 1/(1/Zmag+1/Zrot); %  转子阻抗 （Ω）
    Zsys = Zfeed+Zmot;                     %  系统阻抗
    Imot = Vnet_ln/Zsys;                   %  电动机电流 （A）
    Irot = Imot*Zmag/(Zmag+Zrot);          %  转子电流 （A）
    Sin = 3*Vnet_ln*conj(Imot);            %  供电复功率
    Pin = real(Sin);                       %  供电有功功率 （W）
    Pout = 3*(abs(Irot))^2*(1-s)*Rrot/s;   %  电动机输出功率 （W）
    nm(k) = nsy*(1-s);                     %  电动机 - 风扇转速 （r/min）
    Tmot(k) = Pout/(2*pi*nm(k)/60);        %  电动机转速 （N·m）
    Tfan(k) = 7+1.6*nm(k)/60;              %  风扇转速 （N·m）
end
```

图 9.44 中给出了电动机和风扇的转矩 – 转速（机械特性）曲线。

```
%  绘制电动机和风扇的机械特性曲线
plot(nm,Tmot,nm,Tfan,'--','LineWidth',1.5);
set(gca,'fontname','Times','fontsize',12);
legend('Motor torque','Fan torque','Location','NorthWest');
xlabel('Shaft speed (rpm)');
ylabel('Torque (N·m)');
```

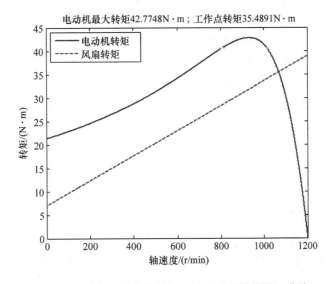

图 9.44 电动机和风扇的转矩 – 转速（机械特性）曲线

接下来计算电动机的最大转矩以及对应的转差率和转速：

```
% 计算电动机最大转矩
[Tmax, imax] = max(Tmot);
% 最大转矩对应的转差率和转速
smax = imax/10000;
nmax = nsy*(1-smax);
fprintf('Maximum torque of %g N·m at a speed of %g rpm.\n',...
    Tmax,nmax);
```

系统的工作点是电动机和风扇机械特性的交点，找到该点即可确定转差率和转速：

```
% 计算工作点
found = 0;
k = 9999;
while (found == 0)
    if Tfan(k) >= Tmot(k)
        found = k;
    end
    k = k - 1;
end
sop = found/10000;
nop = nsy*(1-sop);
Top = Tmot(found);
fprintf('Operating torque of %g N·m at a speed of %g rpm.\n',...
    Top,nop);
title(['Maximum Motor Torque = ',num2str(Tmax),' N·m; ',...
    'Operating Torque = ',num2str(Top),' N·m']);
```

最后，在电源上并联一个电容，计算使系统的功率因数（pf）为 1 时的电容值。pf = 1 时电源输入的复功率为纯有功功率，即电容提供的无功功率与并联电容之前电路吸收的无功功率相等，即

$$S_{new} = P_{in} \qquad Q_{cap} = S_{in} - S_{new} = Q_{in}$$

电容的值按以下方法确定：

$$X_{cap} = \frac{(V_{net}/\sqrt{3})^2}{Q_{cap}/3} = \frac{V_{net}^2}{Q_{cap}} \qquad C_{cap} = \frac{1}{\omega X_{cap}}$$

```
% 含并联电容的计算
pfnew = 1.0;                    % 含电容的供电功率因数
S_new = P_in/pfnew;             % 供电复功率 (V·A)
Q_cap = imag(S_in-S_new);       % 供电无功功率 (var)
Xcap = Vnet^2/Q_cap;            % 电容的电抗 (Ω)
C_cap = 1/(2*pi*fsys*Xcap);     % 需要的电容
fprintf('For unity pf, capacitance of %g μF is required.',...
    C_cap*1e6);
```

MATLAB 中运行的结果为：

```
>> InductionMotor2
Maximum torque of 42.7748 N·m at a speed of 929.28 rpm.
Operating torque of 35.4891 N·m at a speed of 1068.6 rpm.
For unity pf, capacitance of 113.444 μF is required.
```

9.4 单相感应电动机

单相感应电动机应用广泛，比如常用的冰箱、洗衣机、钟表、钻、压缩机、泵和电动机等等。

单相感应电动机的定子包含叠片铁心以及两个垂直排列的绕组。其中一个绕组是主绕组，另一个是辅助绕组或起动绕组，如图 9.45 所示。这意味着"单相"电机实际上是两相电机。电动机采用笼型转子，包含叠片有槽铁心。槽中安放成型的铝导条，两端用端环短路。

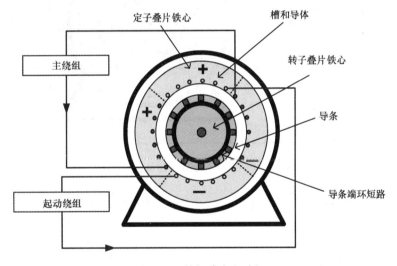

图 9.45 单相感应电动机

9.4.1 工作原理

采用以下 2 个理论来分析单相感应电动机的运行原理：

① 双旋转磁场理论。

② 交磁场理论。

其中双旋转磁场理论更容易理解，首先对前者的理论进行了详细介绍，随后简要描述交磁场理论。

9.4.1.1 双旋转磁场理论

主绕组由单相交流电源供电，产生脉振磁场。用数学方法可将脉振磁场可分为两个方向相反的旋转磁场。两个磁场与转子中感应电流作用，产生方向相反的转矩。在这种情况下，如果只有主绕组通电，电机将无法起动（旋转磁场见图 9.46）。然而，如果有一个外部的转矩向任意一个方向对电机作用，电机将开始旋转，并与同向旋转磁场产生一个正的转差率：

$$s_{\text{pos}} = (n_{\text{syn}} - n_{\text{mot}})/n_{\text{syn}} \tag{9.75}$$

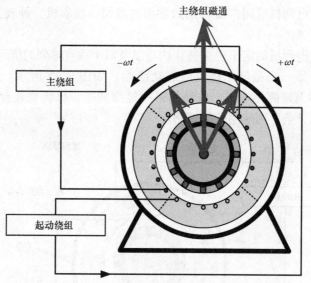

图 9.46　单相电动机的主绕组产生两个旋转磁场，二者方向相反、互相抵消

该正转差率比较小，约 1% ~ 5%。同时，外部转矩还将产生一个与反向旋转磁场的负转差率：

$$s_{\text{neg}} = (n_{\text{syn}} + n_{\text{mot}})/n_{\text{syn}} \tag{9.76}$$

该负转差率较大，约 1.95 ~ 1.99。将式（9.75）和式（9.76）联合可得：

$$s_{\text{pos}} = 2 - s_{\text{neg}} \tag{9.77}$$

根据式（9.58），三相感应电动机的起动转矩与转差率成反比，$T_{\text{start}} \propto 1/s$。于是较小的正转差率（1% ~ 5%）相比较大的负转差率（1.95 ~ 1.99），可以产生较大的转矩。两个转矩之差驱动电动机，使得电机在没有外力作用下能够按原方向持续旋转。

两个旋转磁场都在转子中产生感应电动势，并产生感应电流和电磁转矩。可以用与图 9.19 所示的三相电机一样的等效电路来分析每个磁场的作用。两个电路中的参数用转差率来表示。两个等效电路串联。图 9.47 给出了单相电动机运

行时的等效电路。可以根据等效电路计算电动机的电流、功率和转矩，将在 9.4.2 节中讨论。电动机的输入功率为

$$S_{\text{in}} = V_{\text{sta}} I_{\text{sta}}^*$$ (9.78)

计算电驱动功率时，需要包括正向和反向磁场的功率：

$$P_{\text{dev}} = |I_{\text{pos}}|^2 \frac{R_{\text{rot}}}{2} \frac{1 - s_{\text{pos}}}{s_{\text{pos}}} + |I_{\text{nge}}|^2 \cdot \frac{R_{\text{rot}}}{2} \cdot \frac{1 - s_{\text{neg}}}{s_{\text{neg}}}$$ (9.79)

式中，I_{pos} 和 I_{neg} 分别是正、负转差率在转子导体中产生的电流。

9.4.1.2 交磁场理论

单相感应电动机的定子包含主绕组和起动绕组，笼型转子包含短路的导条，如图 9.45 所示。图 9.48 为一台没有起动绕组的静止电动机。由单相电压源给定子主绕组供电，在绕组中产生电流，电流产生脉振的正弦磁场，其磁通用图 9.48 中的定子磁通 Φ_{stator} 表示。定子磁场在转子导条中产生感应电动势，感应电动势在短路的转子导条中产生电流。转子电流产生转子磁通 Φ_{rotor}，与主绕组的磁通相平衡。图 9.48 中展示了定子和转子磁通及相应的电流。定子磁通与转子电流相互作用，产生电磁力，试图驱动转子顺时针方向旋转。相反的，转子磁通和定子电流相互作用，产生的电磁力为逆时针方向。这两个力相互平衡，因此电动机无法起动。

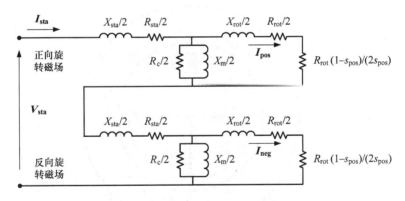

图 9.47　单相电动机运行时的等效电路

如果电动机的转轴向任一方向转动，电机将沿着该方向开始旋转，并发出功率和转矩。图 9.49 展示了电动机起动后的情况，转子导条以速度 v_{mot} 旋转。

转子旋转时在导条中产生感应电动势，并在导条中产生电流。该电流产生脉振的正弦磁场，其方向与定子主绕组产生的磁场垂直。可以用右手定则来判断磁通的方向。磁通的大小取决于转子的转速。两个磁通时间上存在 90°相移，产生的磁场在空间有 90°的位移，如图 9.49 所示。

能够证明，两正弦磁场合成一个旋转磁场，驱动电机的方向为开始时的转

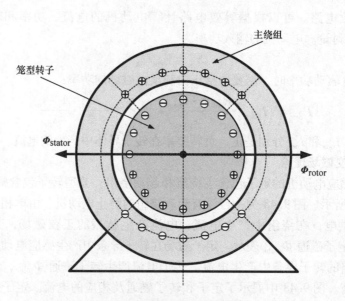

图 9.48 单相电动机静止状态（转子不动）的磁通

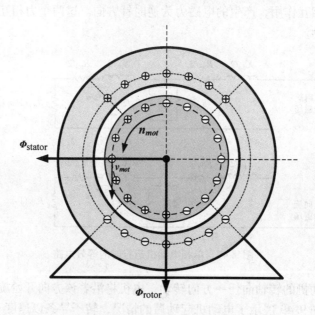

图 9.49 单相电动机中旋转磁场的产生

向。交磁场理论详情超出了本书的范围。然而，所提供的解释可以帮助读者更好地理解单相电动机的运行。

9. 4. 2 单相感应电动机的运行分析

以下利用方程的推导分析单相电动机的性能。用数值例子来分析双旋转磁场理论。

一台单相电动机的额定值如下：

$$V_s := 120\text{V} \qquad P_{\text{rated}} := 0.25\text{hp} \qquad p := 4 \qquad f_{\text{syn}} := 60\text{Hz}$$

其等效电路参数为

$$R_{\text{sta}} := 2\Omega \qquad X_{\text{sta}} := 2.5\Omega \qquad P_{\text{mloss}} := 50\text{W}$$

$$R_{\text{rot}} := 4.1\Omega \qquad X_{\text{rot}} := 2.2\Omega$$

$$R_c := 400\Omega \qquad X_m := 51\Omega$$

根据式（9.7）计算电动机的同步转速，即

$$n_{\text{syn}} := \frac{f_{\text{syn}}}{\dfrac{p}{2}} \qquad \text{r/min} := \frac{1}{\min} \qquad n_{\text{syn}} = 1800\text{r/min}$$

选取电动机转速 n_{mot} 作为独立变量，根据式（9.75）和式（9.76）把正、负转差率表示为转速的函数。用 $n_m = 1760\text{r/min}$ 的数值来验证结果：

$$s_{\text{pos}}(n_{\text{mot}}) := \frac{n_{\text{syn}} - n_{\text{mot}}}{n_{\text{syn}}} \tag{9.80}$$

$$s_{\text{neg}}(n_{\text{mot}}) := \frac{n_{\text{syn}} + n_{\text{mot}}}{n_{\text{syn}}} \tag{9.81}$$

则相应的数值结果为

$$s_{\text{pos}}(n_m) = 2.22\% \qquad s_{\text{neg}}(n_m) = 197.8\%$$

根据图 9.47，对应正、负转差率的转子阻抗为

$$Z_{\text{pr}}(n_{\text{mot}}) := \frac{R_{\text{rot}}}{2} + \frac{j \cdot X_{\text{rot}}}{2} + \frac{R_{\text{rot}}}{2} \cdot \left(\frac{1 - s_{\text{pos}} - (n_{\text{mot}})}{s_{\text{pos}}(n_{\text{mot}})} \right) \tag{9.82}$$

$$Z_{\text{nr}}(n_{\text{mot}}) := \frac{R_{\text{rot}}}{2} + \frac{j \cdot X_{\text{rot}}}{2} + \frac{R_{\text{rot}}}{2} \cdot \left(\frac{1 - s_{\text{neg}} - (n_{\text{mot}})}{s_{\text{neg}}(n_{\text{mot}})} \right) \tag{9.83}$$

$$Z_{\text{pr}}(n_m) = (92.2 + 1.1\text{j})\Omega \qquad Z_{\text{nr}}(n_m) = (1.04 + 1.10\text{j})\Omega$$

对两个转差率，励磁阻抗是相同的，即

$$Z_{\text{mag}} := \frac{\dfrac{R_c}{2} \cdot \dfrac{j \cdot X_m}{2}}{\dfrac{R_c}{2} + \dfrac{j \cdot X_m}{2}} \tag{9.84}$$

$$Z_{\text{mag}} = (3.20 + 25.09\text{j})\Omega$$

如图 9.47 所示，转子阻抗和励磁阻抗并联，然后与定子阻抗串联，于是总

的电动机阻抗为

$$Z_{\text{pmot}}(n_{\text{mot}}) := \frac{R_{\text{sta}}}{2} + \frac{\text{j} \cdot X_{\text{sta}}}{2} + \frac{1}{\dfrac{1}{Z_{\text{mag}}} + \dfrac{1}{Z_{\text{pr}}(n_{\text{mot}})}} \tag{9.85}$$

$$Z_{\text{nmot}}(n_{\text{mot}}) := \frac{R_{\text{sta}}}{2} + \frac{\text{j} \cdot X_{\text{sta}}}{2} + \frac{1}{\dfrac{1}{Z_{\text{mag}}} + \dfrac{1}{Z_{\text{nr}}(n_{\text{mot}})}} \tag{9.86}$$

$$Z_{\text{pmot}}(n_{\text{m}}) = (9.8 + 23.1\text{j})\,\Omega \qquad Z_{\text{nmot}}(n_{\text{m}}) = (1.95 + 2.33\text{j})\,\Omega$$

根据欧姆定律，电动机的电流（与转速有关）为

$$I_{\text{mot}}(n_{\text{mot}}) := \frac{V_{\text{s}}}{(Z_{\text{nmot}}(n_{\text{mot}}) + Z_{\text{pmot}}(n_{\text{mot}}))} \tag{9.87}$$

$$I_{\text{mot}}(n_{\text{m}}) = (1.79 - 3.89\text{j})\,\text{A}$$

电动机输入的电功率为

$$P_{\text{in\_mot}}(n_{\text{mot}}) := \text{Re}(V_{\text{s}} \cdot \overline{I_{\text{mot}}(n_{\text{mot}})}) \tag{9.88}$$

$$P_{\text{in\_mot}}(n_{\text{m}}) = 215.4\,\text{W}$$

根据分流原理，对应正、负转差率的转子电流（与转速有关）如下：

$$I_{\text{pos}}(n_{\text{mot}}) := I_{\text{mot}}(n_{\text{mot}}) \cdot \frac{Z_{\text{mag}}}{Z_{\text{mag}} + Z_{\text{pr}}(n_{\text{mot}})} \tag{9.89}$$

$$I_{\text{neg}}(n_{\text{mot}}) := I_{\text{mot}}(n_{\text{mot}}) \cdot \frac{Z_{\text{mag}}}{Z_{\text{mag}} + Z_{\text{nr}}(n_{\text{mot}})}, \tag{9.90}$$

$$I_{\text{pos}}(n_{\text{m}}) = (1.093 + 0.042\text{j})\,\text{A} \quad I_{\text{neg}}(n_{\text{m}}) = (1.83 - 3.64\text{j})\,\text{A}$$

电驱动功率为两个转差率对应的负载电阻所消耗的功率：

$$P_{\text{dev}}(n_{\text{mot}}) := (\,|I_{\text{pos}}(n_{\text{mot}})|\,)^2 \cdot \frac{R_{\text{rot}}}{2} \cdot \frac{1 - s_{\text{pos}}(n_{\text{mot}})}{s_{\text{pos}}(n_{\text{mot}})} + (\,|I_{\text{neg}}(n_{\text{mot}})|\,)^2 \cdot$$

$$\frac{R_{\text{rot}}}{2} \cdot \frac{1 - s_{\text{neg}}(n_{\text{mot}})}{s_{\text{neg}}(n_{\text{mot}})}$$

$$P_{\text{dev}}(n_{\text{m}}) = 0.122\,\text{hp} \tag{9.91}$$

在同步转速时转差率为 0，因此上式存在一个奇点 $n_{\text{mot}} = n_{\text{sys}}$。

电驱动功率减去机械损耗，得到输出的机械功率：

$$P_{\text{mech}}(n_{\text{mot}}) := P_{\text{dev}}(n_{\text{mot}}) - P_{\text{mloss}} \tag{9.92}$$

$$P_{\text{mech}}(n_{\text{m}}) = 0.055\,\text{hp}$$

图 9.50 中画出了输出机械功率和电驱动功率与电机转速的关系。图中可以看出，驱动功率和输出机械功率都存在最大值，它们出现在同一个转速上，可以用 Mathcad 中的 Maximize 函数来确定。该函数的初始值设为 $n_{\text{m}} = 1500\text{r/min}$。

$$n_{\text{m\_max}} := \text{Maximize}(P_{\text{mech}}, n_{\text{m}}) \qquad n_{\text{m\_max}} = 1420\text{r/min}$$

$$P_{\text{mech\_max}} := P_{\text{mech}}(n_{\text{m\_max}}) \qquad\qquad P_{\text{mech\_max}} = 375.9\text{W}$$

$$P_{\text{dev\_max}} := P_{\text{dev}}(n_{\text{m\_max}}) \qquad\qquad P_{\text{dev\_max}} = 425.9\text{W}$$

电动机稳定的运行范围为转速在同步转速（1800r/min）和对应最大转矩的转速（$n_{\text{m\_max}}$）之间。电动机运行的转速应该大于 $n_{\text{m\_max}}$。在这个范围内，随着负载转矩增大，电动机转速下降。最大电驱动功率指出了电动机所能拖动的最大负载。负载高于此值时，电动机将失速，这意味着转速突然降为 0，即电动机停止，从而产生很大的电流。多数电动机配备有热动保护开关，以切断绕组的电流。

使用 Mathcad 的 root 函数，可以计算电动机在额定负载时的转速：

$$n_{\text{rated}} := \text{root}(P_{\text{mech}}(n_{\text{m}}) - P_{\text{rated}}, n_{\text{m}}) \qquad n_{\text{rated}} = 1689\text{r}/\text{min}$$

$$P_{\text{mech}}(n_{\text{rated}}) = 186.4\text{W} \qquad\qquad P_{\text{mech}}(n_{\text{rated}}) = 0.250\text{hp}$$

电动机相应的机械功率如图 9.50 所示。

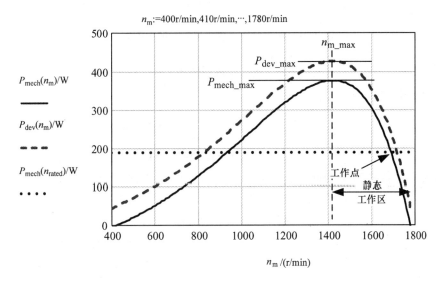

图 9.50　单相感应电动机输出机械功率和电驱动功率与转速的关系

电动机的效率是输出机械功率与输入电功率的比值：

$$\eta(n_{\text{mot}}) := \frac{P_{\text{mech}}(n_{\text{mot}})}{P_{\text{in\_mot}}(n_{\text{mot}})} \tag{9.93}$$

额定负载时的效率为 $\eta(n_{\text{rated}}) = 46.4\%$。如图 9.51 所示，电动机效率表示为转速的函数。通常，单相感应电动机的效率低于三相电动机。

9.4.2.1　电动机转矩

根据电动机的转速求出角速度：

$$\omega_{\text{mot}}(n_{\text{mot}}) := 2 \cdot \pi \cdot n_{\text{mot}} \tag{9.94}$$

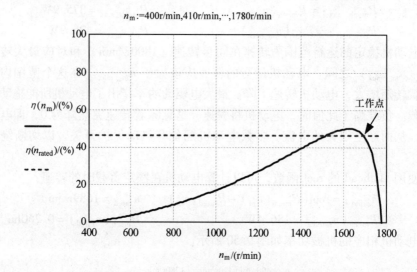

$n_m:=400r/min,410r/min,\cdots,1780r/min$

图 9.51　单相感应电动机效率与转速的关系

$$\omega_{mot}(n_{rated}) = 176.9rad/s$$

电动机的转矩为

$$T_{mot}(n_{mot}) := \frac{P_{mech}(n_{mot})}{\omega_{mot}(n_{mot})} \tag{9.95}$$

$$T_{mot}(n_{rated}) = 1.054N \cdot m$$

转矩函数在转速为同步转速和 0 的位置有两个奇点。图 9.52 给出了电动机转矩与转速的变化关系（机械特性）。

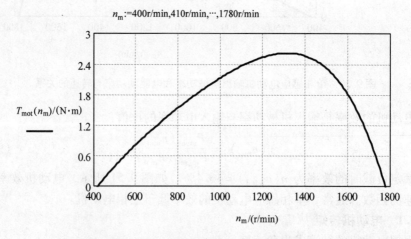

$n_m:=400r/min,410r/min,\cdots,1780r/min$

图 9.52　单相感应电动机的机械特性

9. 4. 2. 2　起动转矩

　　由于主绕组磁场为单相脉振磁场，单相感应电动机的起动转矩为 0。电动机的起动需要产生类似三相电动机中的旋转磁场。2 个方向垂直且电流相位相差 90°的线圈可以产生起动所需要的旋转磁场。因此单相感应电动机配有 2 个垂直的绕组。相位差的产生可通过在起动绕组中串入电阻、电感或者电容来实现。

　　图 9.53 为电动机加电容产生起动转矩的连接图。当电动机达到运行速度时，由离心式开关断开起动绕组。采用离心式开关的原因在于，多数电动机起动采用廉价的电解电容，它只能在短时间内承受交流电流。选择合适的电容，将产生 90°相移和较大的起动转矩。

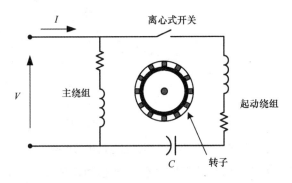

图 9.53　单相感应电动机的连接

　　一个典型小型电机的机械特性如图 9.54 所示。电容产生高起动转矩使电动机快速加速。如图 9.54 所示，当电机转速达到 1370r/min 时，离心式开关断开起动绕组和电容。这将使转矩降低。然后电机工作在主绕组的转矩－速度曲线（机械特性）。电动机继续加速，直到到达负载转矩曲线和主绕组机械特性的交点，即满负载时的工作点。在加速过程中，电流较大，使得 2 个绕组产生相当大的发热。

　　一个不太有效但较经济的方法是使用离心式开关和电阻与起动绕组串联。起动绕组电路中的大电阻使得产生的电流与电压的几乎同相位。而在主绕组中，由于电感较大、电阻很小，产生的是滞后电流。由于相位差，两绕组产生了幅值变化的旋转磁场。这就是裂相式电动机，它的起动转矩小，适用于各种家用电器。

　　用罩极式电机可以解决单相感应电动机的起动问题。图 9.55 说明了单相罩极式电机原理。电动机有 2 个交流励磁的凸转极。每个磁极包括一小部分短路线圈。这部分磁极称为罩极。主绕组产生脉振磁通，与笼型转子连接。在短路线圈中产生感应电动势，感应电动势产生电流。该电流产生的磁通，与罩极（即带有短路线圈的磁极部分）中的主磁通相反。于是，在磁极的非罩极部分和罩极部分的磁通不相等，它们的幅值和相位角都是不同的。这两种磁通将产生不平衡

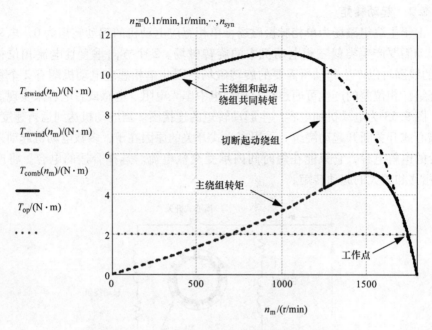

$n_{\mathrm{m}}:=0.1\mathrm{r/min},1\mathrm{r/min},\cdots,n_{\mathrm{syn}}$

$T_{\mathrm{stwind}}(n_{\mathrm{m}})/(\mathrm{N}\cdot\mathrm{m})$

$T_{\mathrm{mwind}}(n_{\mathrm{m}})/(\mathrm{N}\cdot\mathrm{m})$

$T_{\mathrm{comb}}(n_{\mathrm{m}})/(\mathrm{N}\cdot\mathrm{m})$

$T_{\mathrm{op}}/(\mathrm{N}\cdot\mathrm{m})$

主绕组和起动绕组共同转矩

切断起动绕组

主绕组转矩

工作点

$n_{\mathrm{m}}/(\mathrm{r/min})$

图 9.54　一台小型单相感应电动机的机械特性

的旋转磁场，即磁场的幅值在旋转时变化。该起动转矩较小，但足以驱动风扇和其他起动转矩小的家用设备。这类电动机的效率很差，但价格便宜。图 9.56 是罩极式电动机驱动的家用风扇的照片。

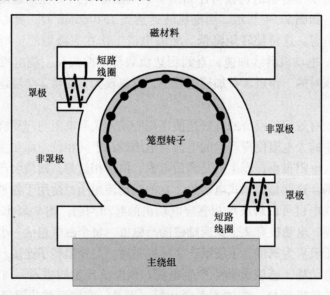

图 9.55　单相罩极式电动机的原理

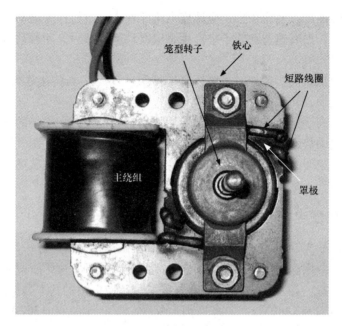

图 9.56 驱动家用风扇的罩极式电动机

9.5 感应发电机

感应电机可以作为发电机运行，此时需要拖动其转速超过同步速度，并供以三相电压源。三相电压源的作用是提供励磁电流或无功功率，并保持系统的频率。典型的例子是，2 极感应电机需要拖动到 3600r/min 以上，4 极感应电机需要拖动到 1800r/min 以上才能发出有功功率。发电机不需要同步，靠外部网络维持电源频率。发电机提供的功率与高于同步速度的转差率有关。通常，感应发电机发出最大功率的转差率在高于同步转速 3%~5%之间。这表明 4 极发电机运行转速在 1850~1890 之间。

感应（或者说异步）发电机无法单独给网络供电，并且不适合黑起动。发电机具有黑起动能力是指在没有其他电源的情况下可以起动电网。这个缺点使得感应发电机无法广泛应用。不过，近年来感应发电机大量安装在风力电站和微型水轮发电机，因为感应电机可以运行于不同的转速。感应发电机采用齿轮变速箱来增加转速，使其高于同步转速，即可在风速变化的情况下也能向电网提供有功功率。另外，感应电机的优点还在于具有简单、坚固和耐用的结构。感应发电机不需要集电环、换向器和电刷，因此结构简单。

运行原理

感应发电机由连接于电网的三相定子和笼型短路转子构成。转子的三相感应电流产生旋转磁场，在定子中产生感应电流。首先，电机作为电动机起动。在这种运行方式下，由转速差在转子中产生感应电动势。然后，用原动机拖动增加转子的转速。

转子转速低于同步转速时，电机从电网吸收功率。当转速达到同步转速时，没有功率的交换，转子电流实际上为0。

转子转速高于同步转速时，转子导体切割定子产生旋转磁场的磁力线，使转子获得感应电动势和感应电流。这是发电机向电网传递功率的源。换句话说，转速高于同步转速时，转速差在转子中产生感应电流，从而产生磁场，向电网传递有功功率。另外，由电网维持电源频率和提供励磁无功功率。

9.5.1 感应发电机的分析

可以用图9.57所示的感应发电机等效电路做运行分析。分析发电机运行时，采用9.3.5节中用到的感应电动机的数据。此处的分析方法无所谓感应电机是发电机还是电动机。该4极、440V、60Hz的三相感应电机的基本数据如下：

$$V_{\text{mac}} := 440\text{V} \qquad p := 4 \qquad P_{\text{mloss}} := 262\text{W}$$

$$R_{\text{sta}} := 0.44\,\Omega \qquad X_{\text{sta}} := 1.25\,\Omega \qquad f_{\text{syn}} := 60\text{Hz}$$

$$R_{\text{rot\_t}} := 0.40\,\Omega \qquad X_{\text{rot\_t}} := 1.25\,\Omega$$

$$R_{\text{c}} := 350\,\Omega \qquad X_{\text{m}} := 27\,\Omega$$

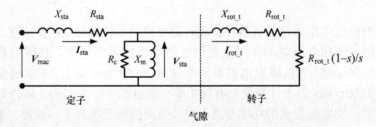

图9.57 三相感应发电机一相的等效电路

易得出定子阻抗和励磁阻抗为

$$Z_{\text{sta}} := R_{\text{sta}} + \text{j} \cdot X_{\text{sta}} = (0.44 + 1.25\text{j})\,\Omega$$

$$Z_{\text{m}} := \frac{R_{\text{c}} \cdot \text{j} \cdot X_{\text{m}}}{R_{\text{c}} + \text{j} \cdot X_{\text{m}}} = (2.07 + 26.84\text{j})\,\Omega$$

转子阻抗是转差率的函数：

$$Z_{\text{rot\_t}}(s) := R_{\text{rot\_t}} + \text{j} \cdot X_{\text{rot\_t}} + R_{\text{rot\_t}} \cdot \left(\frac{1-s}{s}\right)$$

式中，转差率 s 为正对应电动机状态，为负对应发电机运行。做节点分析可得：

$$\frac{V_{\text{mac}} - V_{\text{sta}}}{Z_{\text{sta}}} - \frac{V_{\text{sta}}}{Z_{\text{m}}} - \frac{V_{\text{sta}}}{Z_{\text{rot\_t}}(s)} = 0$$

根据上式把定子电压表示为转差率的函数：

$$V_{\text{sta}}(s) := \frac{V_{\text{mac}} \cdot Z_{\text{m}} \cdot Z_{\text{rot\_t}}(s)}{Z_{\text{m}} \cdot Z_{\text{sta}} + (Z_{\text{m}} + Z_{\text{sta}}) \cdot Z_{\text{rot\_t}}(s)}$$

定子和转子电流为

$$I_{\text{sta}}(s) := \frac{V_{\text{mac}} - V_{\text{sta}}(s)}{Z_{\text{sta}}} \qquad I_{\text{rot\_t}}(s) := \frac{V_{\text{sta}}(s)}{Z_{\text{rot\_t}}(s)}$$

根据电压和电流的关联方向约定，感应发电机三相的复功率和有功功率为

$$S_{\text{mac}}(s) := 3 \cdot V_{\text{mac}} \cdot \overline{I_{\text{sta}}(s)} \qquad P_{\text{mac}}(s) := Re(S_{\text{mac}}(s))$$

输入（发电机）或者输出（电动机）机械功率为驱动功率去掉损耗：

$$P_{\text{mech}}(s) := 3 \cdot (\,|I_{\text{rot\_t}}(s)|\,)^2 \cdot R_{\text{rot\_t}} \cdot \left(\frac{1-s}{s}\right) - P_{\text{mloss}}$$

在转差率为 ±2% 时，电机的电功率和机械功率为

发电机状态　　　　电动机状态

$$P_{\text{mac}}(-2\%) = -24.7\text{kW} \qquad P_{\text{mac}}(2\%) = 27.5\text{kW}$$

$$P_{\text{mech}}(-2\%) = -27.9\text{kW} \qquad P_{\text{mech}}(2\%) = 24.3\text{kW}$$

计算了发电机和电动机的功率，绘制在图 9.58 中。图中可以看出，在电动机状态（$s>0$），电机的电功率大于机械功率（$P_{\text{mac}} > P_{\text{mech}}$），在发电机状态（$s<0$），电机的输入机械功率大于输出电功率功率（$|P_{\text{mech}}| > |P_{\text{mac}}|$）。在电动机状态下，较大的输入电功率即为 $s=1$ 时的起动功率。实际情况下，感应电机运行的转速范围很小，对应的转差率在 ±4% 左右。

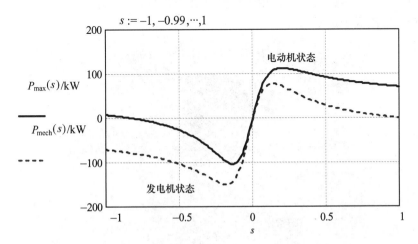

图 9.58　感应电机的电功率和机械功率

9.5.2 双馈感应发电机

双馈感应电动机和发电机是近一个世纪前发展起来的。通过集电环把电阻连接到转子以控制电机的转速。双馈感应电机的特点有：

① 对大惯性负载有优良的起动转矩；

② 比笼型感应电动机起动电流低；

③ 调节电阻可使速度在 50%～100% 满速度范围内变化；

④ 与笼型电动机相比需要对电刷和集电环进行维护。

然而，由于笼型感应电动机电力电子调速系统的快速发展，以及集电环维修成本高，双馈感应电机的使用场合下降，逐渐走向技术的瓶颈。

近年来，风力发电的快速增长和风力发电机的变速特性使得的双馈感应发电机的使用又开始增多。电力电子控制的双馈电机的特殊优势在于，其一，它能够发出或吸收无功功率；其二，即使在风速的变化使风力发电机转速脱离了网络同步频率的情况下，它依然具有传输功率的能力。电力电子控制使得发电机能够在电网存在扰动时提高电力系统稳定性。

电力电子控制的双馈感应电机

双馈感应发电机是一种绕线转子感应电机，定子和转子都具有三相绕组，其连接方式可见图 9.11。转子绕组连接到 3 个集电环。该类电机的转子可以由集电环通过电刷连接 3 个电阻负载或三相电源。

图 9.59 为一台双馈电机的转子和集电环。照片显示，转子叠片铁心的槽中线圈形成三相电路。三相绕组的端部焊接在铜制的集电环上。定子和转子绕组结构相似，但在大多数设计中，转子绕组匝数比定子多。因此，转子的电压比定子高，转子电流低于定子电流。

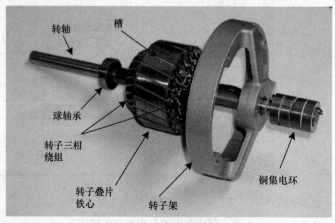

图 9.59 三相双馈（绕线式转子）感应电机的转子和集电环

图 9.60 所示为电力电子控制转子的双馈感应电机的基本连接图。风力发电机驱动齿轮变速箱,以增加感应发电机的转速。定子由本地电网供电,以保持电源频率。三相电压由可控整流器整流,再通过逆变器给感应发电机的转子提供频率可调的电压和电流。通过这样的方式,当风力发电机速度变化时,发电机可以向电网提供可控的有功功率和无功功率。此外,在电网受到严重干扰的情况下,这种发电机可以对系统的暂态稳定性提供支持。

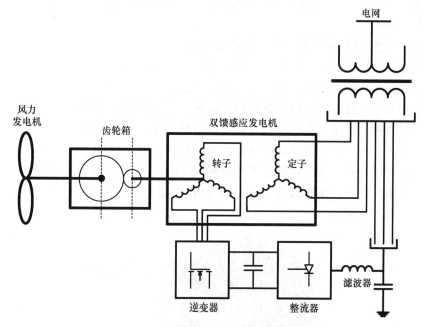

图 9.60 风力发电机驱动的电力电子控制的双馈感应发电机

整流 – 逆变电路配备直轴矢量控制或直接转矩控制。三相逆变器采用绝缘栅双极晶体管(IGBT)开关,工作方式为脉冲宽度调制(PWM)(这些内容将在第 11 章介绍)。逆变器通常是用来承担约总功率的 25%,约为几兆瓦。PWM 驱动可以降低滤波要求并减少主电网的谐波污染。

9.6 电动机保护概述

过热产生的热应力是引起感应电机故障的主要原因。在大多数情况下,高温会破坏定子绕组的绝缘,导致接地故障或绕组导体短路,如匝间短路。所有的内部故障都会产生大的短路电流,通常为额定电流的 8 ~ 10 倍,造成电机永久性的损伤,必须进行修理。非常严重的过热也会使笼型转子的导体产生变形甚至熔化,还可能损坏电机的轴承,造成转子的错位和其他部件的机械损伤。

典型的工作状况下引起电机过热的原因有：

① 过载。

② 非对称加载，引起的原因有：松散的连接、一相缺失、电源电压畸变或接地故障引起的不对称电流。

③ 重复起动：典型的起动电流峰值为额定电流的 6 倍，正常情况只持续几秒钟，但重复起动使电动机过热。

④ 欠电压运行，为保持机械负载而提高了电动机的电流。

⑤ 过电压运行。

⑥ 电机过载导致停机：过载导致电机停机。

⑦ 机械堵塞导致起动失败，这也会使电流增大到堵转时的数值。堵转电流的水平为额定电流的 6 ~ 10 倍，引起绝缘过热。

大多数电机配备温度传感器进行热保护。在小型低压电机中，用双金属片与定子绕组串联。通常，在电机每相绕组的端部安装双金属片开关。双金属元件的工作原理是：两个耦合的金属条热膨胀系数存在差异（例如，钢和铜），温度升高时双金属片弯曲，从而切断定子电流和关闭电机，电机冷却一段时间后，双金属片开关重新闭合使电机起动。图 9.61 给出了电机定子绕组中采用的可自动复位的热过载保护器。

图 9.61　安装热过载保护器的交流电动机定子（博大电气公司提供）

大型电动机则在定子绕组中可能出现热点位置安装电阻温度探测器（RTD）。RTD 的电阻与温度近似呈线性关系。RTD 与热继电器耦合，当发生过热时切断电机。此外，RTD 可用于检测电机的通风损耗、冷却损耗和环境温度。

小型低压电动机用磁性或电子起动器（保护继电器）保护，它们由可调的电流传感器触发。过电流时起动传感器，触发磁性开关切断电动机。数字式电子起动器可以调节电机电压（线电压的30% ~80%），使电机加速或减速，并降低起动时的大电流。加速和减速的时延通常在 1 ~20s 之间可调。此外，该装置可提供过载、过电流、堵转、缺相和相序的保护。

大型电动机的保护方式类似于同步发电机，结合了过电流、接地故障和差动保护。如图 9.62 所示，一台大型电机通过断路器和一组电流互感器（CT）提供差动保护，3 个 CT 用于过载和过电流保护，1 个电压互感器（PT）用于方向保护。

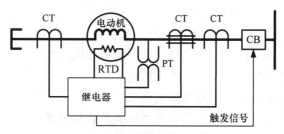

图 9.62 大型电动机的保护

可用于大型电机保护的继电器有：

① 定子差动。

② 热过载。

③ RTD 偏热过载。

④ 定子 RTD 传感器。

⑤ 轴承 RTD 传感器。

⑥ 机械堵塞。

⑦ 瞬时过电流。

⑧ 时限过电流。

⑨ 断路器失效。

⑩ 电流不平衡。

⑪ 相序反。

⑫ 方向功率过流保护。

⑬ 欠电压、过电压。

⑭ 欠频、超频。

这个列表表明，与电机的作用有关，有大量的保护继电器可以采用。然而，在大多数情况下，差动、过电流和电阻继电器即可提供对电机足够的保护。

9.7 练习

1. 描述三相感应电动机的定子结构，画出草图。

2. 描述三相感应电动机的转子结构，画出草图。

3. 描述笼型转子，画出草图。

4. 什么是绕线式转子？有何用途？

5. 描述单相感应电动机的定子结构，画出草图。

6. 描述单相感应电动机的转子结构，画出草图。

7. 在单相电机的运行中，电容和离心式开关的作用是什么？

8. 离心式开关什么时候动作？

9. 小型电机是如何冷却的？

10. 描述在三相感应电动机中如何产生旋转磁场。

11. 描述在笼型电动机中如何产生转矩。

12. 什么是转差率？说明其典型值和公式。

13. 什么是同步速度？给出其公式和相关参数的定义。

14. 为什么感应电动机的转速低于同步转速？

15. 画出三相感应电动机的等效电路，说明其中的参数。

16. 什么是驱动功率？解释并写出公式。

17. 说明计算输出功率的方法。

18. 说明感应电动机的功率平衡。

19. 画出三相感应电动机的转矩 - 转速特性，说明其工作范围。

20. 列出的感应电动机中的损耗。

21. 什么是感应电动机的堵转试验？

22. 根据堵转试验结果，可以计算电机的什么参数？

23. 什么是空载试验？

24. 根据空载试验结果，可以计算电机的什么参数？

25. 说明感应电动机起动时产生的问题。

26. 三相感应电动机起动时转差率是多少？

27. 说明电动机调速的概念。

28. 解释单相感应电动机的运行原理。

29. 画出单相感应电动机的等效电路，说明其中的参数。

30. 画出单相感应电动机的转矩 - 转速特性，说明其工作范围。

31. 单相感应电动机的起动转矩是多少？为什么？

32. 说明单相感应电机起动的方法。

33. 通过转矩 - 转速特性说明电容起动的影响。

34. 列出三相和单相感应电动机的典型应用。

9.8 习题

习题 9.1

一台 8 极三相感应电动机的定子有 48 个槽，①每相的槽数是多少？②每相之间的距离角度？

习题 9.2

一台 25hp、480V 的三相感应电动机，带额定负载时的功率因数为 0.74（滞后），电动机的效率是 96%。计算电机的输入功率，无功功率和电流。

习题 9.3

一台 25hp、480V 的三相感应电动机，带额定负载时的功率因数为 0.7（滞后），效率为 96%。如果将电机的功率因数提高到 0.95（滞后）需要并联多大的电容？

习题 9.4

一台 4 极、480V 的感应电动机等效电路参数如下表，计算其起动电流。

	电阻/Ω	电抗/Ω
转子（串联）	0.125	0.4
定子（串联）	0.1	0.35
励磁（并联）	65	35

习题 9.5

习题 9.4 中的感应电机电源频率为 60Hz，计算其转速为 1720r/min 时的输入电流。

习题 9.6

习题 9.4 中的感应电动机带动泵运行，感应电动机转速为 1150r/min 时的输出功率为 23hp。计算感应电动机的输入电压和电流。

习题 9.7

一台 60Hz 的三相感应电动机，额定功率 140hp，电源电压为 240V，拖动负载运行，转速为 3510r/min 时转差率为 2.5%。计算：①同步转速；②定子的极数；③转子的频率；④功率因数为 0.8（滞后）时的电流。

习题 9.8

一台 8 极、60Hz 的三相感应电动机，电源电压为 230V。其等效电路参数如下表：

	电阻/Ω	电抗/Ω
转子（串联）	0.2	0.4
定子（串联）	0.3	0.5
励磁（并联）	120	15

电机的旋转损耗为 400W。①画出电动机一相的等效电路；②计算转差率为 2.5% 时的电机转速；③把输入电流和输入功率表示为转差率（在 0% ~ 100% 之间变化）的函数；④画出电磁转矩和输出转矩与转速的变化关系，确定输出转矩为 150Nm 时的转速；⑤画出效率与转速的变化关系，确定最大效率及其对应的转速。

习题 9.9

一台 4 极、星形联结、60Hz 的三相感应电动机，额定功率 50hp，电源电压为 240V，拖动负载运行时的转差率为 6%，电动机的机械损耗（摩擦、通风）为 300W。①计算电机转速；②计算气隙功率、电磁转矩和负载转矩。

习题 9.10

一台 4 极、60Hz 的三相感应电动机，额定功率 100hp，电源线电压为 2100V，其空载试验和堵转试验的结果为：

空载试验	60Hz	2100V	5A	3600W
堵转试验	17Hz	450V	3.5A	120W

定子每相电阻为 1.4Ω。①计算电动机一相等效电路的参数；②画出等效电路；③画出转矩、输出功率和效率与转差率的关系曲线，确定转差率为 10% 时相应的值。

习题 9.11

一台 2 极、60Hz 的三相感应电动机，额定功率为 6hp，电源电压为 240V，满负载运行时转子铜损耗为 500W，机械损耗为 400W。计算①输出机械功率；②气隙功率；③转速；④转轴的转矩。

习题 9.12

一台 4 极、60Hz、星形联结的三相感应电动机额定功率 40hp，电源电压 440V，运行时转差率为 5%，铁心损耗为 300W，机械损耗为 150W。一相等效电路的参数为：励磁电抗 22Ω，定子阻抗 $0.4 + j1.4\Omega$，转子阻抗 $0.35 + j1.5\Omega$。如果电动机由 445V 电网供电，电网的短路电流为 800A（电感性），计算：①电网线电流、功率因数和电机端电压（线电压）；②输入的有功功率和无功功率；③气隙功率；④电磁功率和电磁转矩；⑤转轴的输出机械功率和转矩；⑥效率。（提示：把铁心损耗转换为等效电阻 R_c 代入等效电路）

习题 9.13

一台 6 极、60Hz 的三相感应电动机额定功率 20hp，电源线电压 240V。一相等效电路的参数为：定子阻抗 $0.25 + j0.38\Omega$，转子阻抗 $0.2 + j0.3\Omega$；励磁电抗 32Ω。旋转损耗（摩擦损耗、通风损耗和铁心损耗之和）为 620W。13.8kV 电网通过一台变压器给该电动机供电，电网的电感性短路电流为 1000A，变压器额定功率 20kW，一次额定电压和二次额定电压分别为 13.8kV 和 250V，电抗标幺值为 0.12。

①画出习题的单线图和等效电路，当电动机转速为 1120r/min 时，计算：②转差率和功率因数；③输出转矩；④效率；⑤起动电流和起动转矩；⑥如果电动机带可变负载，绘出其机械特性曲线。确定最大转矩和对应的转差率，从图中确定起动转矩。

习题 9.14

一台 4 极、星形联结的三相感应电动机，额定功率 380hp，电源线电压为 480V。其空载和堵转试验的结果为

空载试验	60Hz	480V	3.8A	850W
堵转试验	250Hz	48V	29A	1150W
定子电阻测量	DC 20V，DC 55A			

电动机驱动一台泵，泵的机械特性为

$$T(n) = 60\text{Nm} + 0.2\text{Nm} \cdot s^2 n^2$$

用转速为 1750r/min 验证计算。

①画出一相的等效电路，确定参数；②确定定子和转子电流与电机转速的关系；③确定电机转矩与电机转速的关系；④确定系统的工作点（电机与泵机械特性的交点）。

习题 9.15

一台 6 极、0.5hp 的单相感应电动机由 120V 电网供电。其电机参数为：①转子折算到定子侧的电阻 4.2Ω，电抗 3.4Ω；②定子阻抗 $2.3 + j2.9\Omega$；③并联的励磁电阻和电抗分别为 550Ω 和 55Ω。

①画出等效电路，计算额定功率因数为 0.6（滞后）时的电流；②计算并画出定子和转子电流与转速的关系，确定电机的额定转速；③计算并画出功率因数与转速的关系，确定功率因数为 0.6（滞后）时的转速；④计算输入功率和输出功率与转速的关系，画出输出功率与转速的关系曲线，确定半载时的转速；⑤计算并画出输出转矩与转速的关系，确定最大转矩和对应的转速。

习题 9.16

一台 4 极、0.75hp 的单相感应电动机，电源电压为 110V，转速为

1750r/min，等效电路参数为：定子电阻和电抗分别为 1.55Ω 和 2.6Ω，励磁电阻和电抗分别为 58Ω 和 62Ω，转子电阻和电抗分别为 3.0Ω 和 2.9Ω。机械损耗为 12W，计算：①定子电流和转子正向、反向电流；②输出功率和输入功率；③电动机的效率。

第 10 章   直 流 电 机

直流电机可以作为电动机或发电机运行，更为常见的是用作电动机。直流电动机的主要优点在于它具有良好的速度和转矩调节特性。其多应用于磨粉机、矿用电机和火车机车。例如，地铁列车的运行使用直流电动机。早期的汽车装备将直流发电机用于电池的充电。即使到了现在，内燃发动机的起动仍然依靠的是串励直流电动机。另外，直流发电机可用于同步发电机的励磁。不过，由于现代电力电子技术的发展，直流电动机和发电机的用处在不断减少。电力控制的交流拖动系统在各种应用场合已经快速替代直流电动机。然而，仍有大量的直流电机在工业中使用，每年还有数以千计的直流电机投入运行。

10.1   结构

图 10.1 为直流电机的总体示意图。与交流电机不同的是，直流电机的定子包含磁极，其通过直流电流产生磁场。磁极有时包括 2 个直流励磁绕组，一个与转子绕组并联，另一个与转子绕组串联。在磁场中性区域或者 2 个磁极交界的位置，安装有换向磁极，用于减少电机换向时产生的电火花。换向器的作用是改变电机电流的方向。换向磁极也是用直流电流来励磁。补偿绕组与主磁极安装在一起，它是一个短接的绕组，用于减少转子的振动。所有的磁极安装在铁心上，构成闭合的磁路。

电机外壳支撑铁心、电刷和轴承。转子包括含有槽的叠片状铁心。一定匝数的线圈放置在槽中。线圈的两个有效边之间的距离接近 180° 的电角度。线圈的每个端部都连接在一个换向片上，并通过换向片把各线圈串联起来。各个换向片之间相互绝缘。两个电刷与换向器保持接触，形成电流通路。为了减少电弧，电刷安放在磁场近似为 0 的磁场中性区域。

换向器把电路从一个转子线圈切换到相邻线圈，引起线圈电流的中断。电感电路中电流的突变会产生很高的感应电压（$v = L di/dt$），有可能在换向器和电刷之间引起闪络和电弧。可以通过削弱电刷侧的磁场来减少电弧的产生。

图 10.2 是一个 2 极转子的换向器和转子线圈的连接示意图。当转子旋转时，换向器切换各线圈电流的引入和引出。例如，图 10.2 中电机电流从换向片 1 流入，从换向片 5 流出。如果转子顺时针旋转，下一个换向片将与电刷接触，流入和流出换向片就分别变为 8 和 4。电刷把转子电路分为 2 个并联支路。转子被电

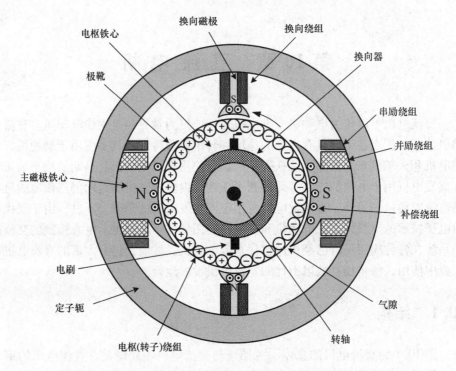

图 10.1　直流电机示意图

刷分为 2 个半周，它们的电流方向是相反的。

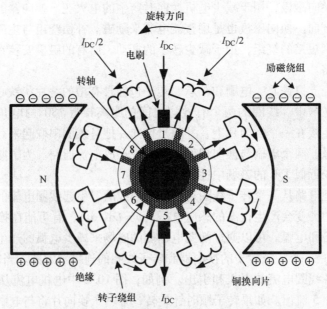

图 10.2　2 极直流电动机中换向器与转子线圈的连接

图 10.3 是一个实际的换向器。换向器的换向片用铜制作，片间用云母进行绝缘。转子线圈的端部焊接在换向片上。

片间云母绝缘

铜换向片

云母绝缘

铜导体

图 10.3　直流电机换向器详图

图 10.4 给出了一个小型 4 极直流电机的定子图片。定子铁心由铁制外壳支撑，铁心磁极绕有励磁绕组，用绑带固定。大型直流电机的主磁极之间有换向磁极，用以削弱电刷所在的中性区域的磁场，从而消除换向时产生的电火花。

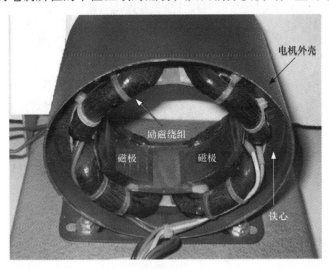

电机外壳

励磁绕组

磁极　磁极

铁心

图 10.4　直流电机定子磁极

图 10.5 是一个带有换向器的直流电机转子。转子包含有槽的叠片铁心，线圈放置在槽中。图中可以看到线圈端部与换向器的连接，转轴由球轴承支撑。

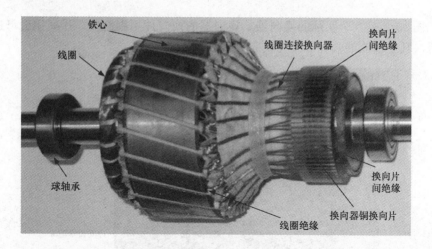

图 10.5　直流电机的转子

　　转子、换向器和电刷的装配如图 10.6 所示。电机转轴右侧的扇片用于电机的冷却。石墨电刷用弹簧按压在换向器上。方形的电刷架安装在电机外壳上，用于固定石墨电刷。该电动机有 2 个电刷。

图 10.6　直流电机剖视图

10.2　工作原理

10.2.1　直流电动机

　　直流电动机的定子磁极供以直流励磁电流，产生直流磁场。电动机的转子通过电刷和换向器供以直流电流。定子磁场和转子电流相互作用，产生驱动电动机的电磁力。下面用一个简化的直流电动机来分析这个过程。

图 10.7 所示为一台简化的直流电动机，含有 2 个磁极，转子只有 1 个线圈。线圈有 2 条换向器，一个在槽 a 中，另一个在槽 b 中。线圈的出线端连接在 2 个换向片上，通过 2 个电刷通入直流电流（I_{DC}）。位于槽 a 的线圈出线端连接换向片 1，位于槽 a 的线圈出线端连接换向片 2。磁极的线圈同样通上直流电流，以产生磁场。简单起见，图 10.7 中没有画出磁极上的励磁线圈，在图 10.2 中则画了出来。

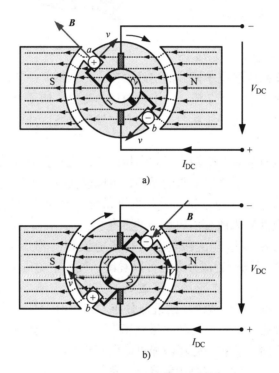

图 10.7　简化直流电动机的电磁力产生和换向
a）转子电流由片 1 到片 2（从槽 a 到槽 b）　　b）转子电流由片 2 到片 1（从槽 b 到槽 a）

图 10.7 中，磁力线由磁极的 N 极进入转子，再进入磁极的 S 极。定子磁极产生的磁场与转子中载流导体（图中单个线圈的边）的方向垂直。磁场和转子线圈电流相互作用产生洛伦兹力，其方向与磁场和导体都垂直。该洛伦兹力驱动电动机旋转，每个导体中的力为 $\vec{F} = I_{DC}\,\vec{l}_{cond} \times \vec{B}$。根据图 10.8 所示的电动机左手定则，食指指向磁场的方向，中指指向磁场的方向，则大拇指指向电磁力的方向（也就是电动机的旋转方向）。

产生的电磁力使转子顺时针方向旋转，直到线圈到达磁极之间的中性点位置。在该位置，垂直于转子电流方向的磁场为 0，产生的电磁力也为 0。不过，在惯性作用下转子继续旋转并通过磁场的中性点，于是磁场的方向反向。由于换向器改变了导体中的电流方向，电磁力的方向不会反向，转子继续顺时针方向旋转。即在到达中性点之前，电流由换向片 1 流入、由换向片 2 流出，如图 10.7a 所示。

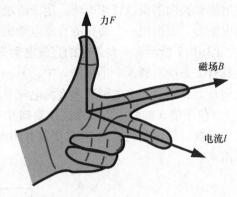

图 10.8　电动机左手定则

在这个阶段，电流从线圈位于槽 a 的出线端流入，从槽 b 一端流出。当转子经过中性点以后，电流由换向片 2 流入、由换向片 1 流出，如图 10.7b 所示。这样当转子经过中性点以后，转子线圈中电流的方向发生改变，从而维持了电磁力的方向和转子的旋转。

实际的直流电机含有多个转子线圈和换向片，这样会使电机旋转更加平滑和连续。通过改变定子励磁绕组电压的极性，可以改变电机的转向。电压的极性改变可以使磁极的 N 极和 S 极互换。另外也可以通过改变转子电流的方向（例如改变转子电压的极性）来改变电机旋转的方向。

电机定子的励磁绕组产生磁场，与转子电流相互作用驱动电机旋转。图 10.9 绘出了气隙中磁场的近似分布。可以看出，气隙中的磁通密度近似于常数。电枢（转子）电流也会建立磁场，该磁场的方向与主磁场大致是垂直的。图 10.10 给出了定子和转子合成磁场的近似分布。如图 10.11 所示，电枢磁场在右手边使主极磁场增强，在左手边使主极磁场削弱。结果导致气隙磁场的分布发生畸变，如图 10.10 所示。右边磁场增强可能引起磁路的饱和，导致感应电动势的降低。由电枢电流引起的感应电动势降低，称作电枢反应。多数情况下，电枢反应的影响较小，在本书中通常予以忽略。

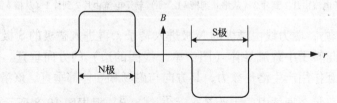

图 10.9　定子励磁绕组产生的磁通密度分布

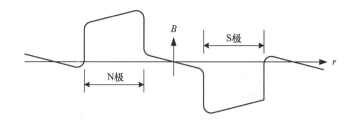

图 10.10 电枢电流对磁通密度分布的影响

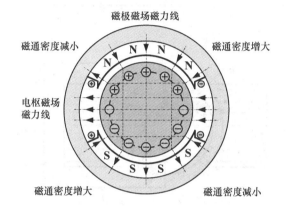

图 10.11 电枢电流对磁通密度的影响

10.2.2 直流发电机

可用图 10.12 中的简化发电机分析直流发电机的运行原理。N – S 产生直流磁场，转子线圈在磁场中旋转。通常，发电机的转子由汽轮机或其他动力机械拖动。转子槽中的导体切割磁力线，在转子线圈中产生感应电动势。线圈有 2 个换向器，一个在槽 a 中，一个在槽 b 中。根据图 10.8 所示的发电机右手定则，食指指向磁场的方向，中指指向旋转的方向，则大拇指指向感应电动势的方向。

图 10.12 给出了感应电动势的产生和换向的过程。在图 10.12a 中，槽 a 中的导体切割由磁极 N 极发出、进入转子的磁力线，槽 b 中的导体切割由转子流出、进入磁极 S 极的磁力线。

导体切割磁力线产生了感应电动势。线圈的 2 个换向器产生的感应电动势相加。线圈中的感应电动势大小与磁通的变化率成正比，即 $E = N\mathrm{d}\Phi/\mathrm{d}t$。磁通的变化率可以用电机的旋转速度来表示。于是感应电动势为

$$E_g = 2N_r B l_g v \tag{10.1}$$

式中，N_r 为线圈的匝数；B 为气隙中的磁通密度；l_g 为转子导体的长度；v 为转子导体的线速度。

感应电动势通过电刷和换向器输出到发电机的出线端。在图 10.12a 中，导

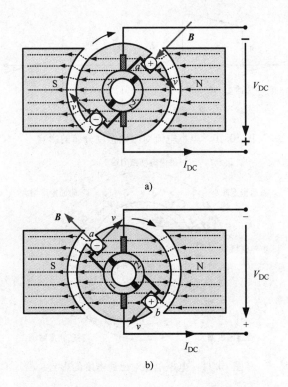

a)

b)

图 10.12　直流发电机的运行

a）转子电流由换向片 1 到换向片 2（从槽 a 到槽 b）

b）转子电流由换向片 2 到换向片 1（从槽 b 到槽 a）

体 b 中的感应电动势为正，导体 a 中的感应电动势为负。正极性输出端连接换向片 1，并与槽 b 中的导体连接。负极性输出端连接换向片 2，并与槽 a 中的导体连接。发电机右手定则如图 10.13 所示。

　　另外，当线圈经过了磁场中性点，槽 a 中的导体向 S 极靠近，切割由转子流出的磁力线，槽 b 中的导体切割由磁极 N 极发出、进入转子的磁力线。于是线圈中感应电动势的极

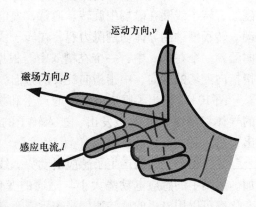

图 10.13　发电机右手定则（原图有错误）

性发生了改变，即导体 a 中的感应电动势为正，导体 b 中的感应电动势为负。同时，换向片连接的出线端也发生了交换，所以输出电压的极性（V_{DC}）不变。如图 10.12b 所示，正极性输出端连接换向片 1，并与槽 a 中的导体连接。负极性

输出端连接换向片 2，并与槽 b 中的导体连接。

定子的磁极做成一定的形状，使气隙中的磁通密度按正弦规律分布。这样转子绕组中产生正弦变化的感应电动势。换向器对输出电压进行整流。实际的直流发电机槽数很多，这样产生的感应电动势恒定并且无脉动。

10.2.3 等效电路

发电机运行时，旋转的转子（电枢）线圈与定子磁极产生的磁场作用，产生感应电动势。磁极的直流励磁电流产生磁通 Φ_{ag}。当发电机铁心不饱和时，磁通与励磁电流 I_f 成正比：

$$\Phi_{ag} = K_1 I_f \tag{10.2}$$

式中，K_1 为磁通比例常数。转子导体切割磁力线，在线圈中产生感应电动势，感应电动势的大小可根据式（10.1）计算，即

$$E_{ag} = 2N_r B l_g v \tag{10.3}$$

可根据以下关系，把发电机的转速和磁通代入其中。

$$v = \omega \frac{D_g}{2} \tag{10.4}$$

$$\Phi_{ag} = B l_g D_g \tag{10.5}$$

式中，D_g 为发电机转子的直径；ω 为发电机旋转的角速度。式（10.5）中假设了气隙的磁通密度与转子中心剖面的磁通密度相等。把式（10.4）和式（10.5）代入式（10.3），得到了感应电动势的常用表达式：

$$E_{ag} = 2N_r B l_g v = 2N_r B l_g \left(\omega \frac{D_g}{2} \right) = N_r (B l_g D_g) \omega = N_r \Phi_{ag} \omega \tag{10.6}$$

把式（10.2）代入式（10.6），并且把转子线圈匝数 N_r 和磁通比例常数 K_1 合并为一个新的常数 K_m（称作发电机常数），可得：

$$E_{ag} = N_r \Phi_{ag} \omega = N_r K_1 I_f \omega = K_m I_f \omega \tag{10.7}$$

当发电机带负载运行时，负载电流在转子绕组的电阻上产生电压降。另外，电刷接触产生几乎不变的约 $1 \sim 3V$ 的电压降。这两种电压降会降低发电机的输出端电压。端电压可根据 KVL 来计算，有：

$$E_{ag} = V_{DC} + I_{ag} R_a + V_{brush} \tag{10.8}$$

式中，V_{DC} 为发电机的输出端电压；I_{ag} 为负载电流；R_a 为发电机转子（电枢）绕组的电阻；V_{brush} 为电刷接触的电压降；E_{ag} 为励磁电流（定子电流）产生的感应电动势。

式（10.8）表明，直流发电机可以用一个电压源和一个电阻的串联来表示。必须注意的是，磁通由电感产生。准确的等效电路包括转子和定子的电感作为励磁电感。不过，直流稳态分析时可以忽略电感，因为直流电流不会在电感上产生

电压降。因此可以应用不包含电感的等效电路。图 10.14 给出了他励直流发电机的等效电路。图中由独立的直流电源 V_f 为定子提供励磁电流。发电机的感应电动势 E_{ag} 通过载产生电流 I_{ag}。感应电动势比发电机出线端和负载电压 V_{DC} 高，即 $E_{ag} > V_{DC}$。发电机需要用其他发动机或汽轮机来拖动。发电机输入的是转轴上的机械功率，输出的是负载上获得的电功率。

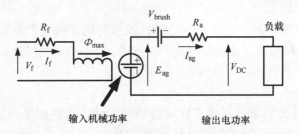

图 10.14   他励直流发电机的等效电路

图 10.15 给出了他励直流电动机的等效电路。电动机的等效电路与发电机的相似，但是电流 I_{am} 的方向是从直流电源流入电动机。这需要电动机的端电压高于感应电动势，即 $V_{DC} > E_{ag}$。电动机输入电功率，输出机械功率。

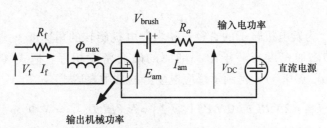

图 10.15   他励直流电动机的等效电路

电动机感应电动势 E_{am} 产生的方式与发电机感应电动势 E_{ag} 相同。电动机的端电压等于感应电动势、电枢电阻上的电压降以及电刷接触电压降之和，即

$$V_{DC} = E_{am} + I_{am}R_a + V_{brush} \tag{10.9}$$

$$E_{am} = K_m I_f \omega \tag{10.10}$$

电动机和发电机的运行分析将在 10.3 节进行，采用数值例子结合方程的推导。不管是哪种运行方式，电机转子的角频率与电机转轴转速的关系为

$$\omega = 2\pi n_m \tag{10.11}$$

式中，n_m 是转轴的转速，通常采用每分钟的转数（r/min）作为单位。

10.2.4 励磁方式

直流电动机和发电机有以下 4 种方式为磁极提供直流电流：
① 他励。

② 并励。

③ 串励。

④ 复励。

图 10.14 和图 10.15 分别给出了他励直流发电机和他励直流电动机。该方式需要为定子提供独立的直流电源。这种励磁方式的优点在于，电动机运行时的转速和发电机运行时的输出电压均可由励磁电流 I_f 来准确控制。不过，提供单独电源会增加系统的成本。

图 10.16 为并励直流电动机的连接。并励电机应用最为广泛。它只需要一个供电电源。负载的改变对电动机的转速和发电机的电压有一定的影响。

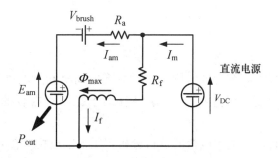

图 10.16 并励直流电动机连接的等效电路

图 10.17 给出了串励直流电动机的连接，其励磁电流和电枢电流相同。这种电机的起动转矩较大，适用于各类小车和有轨电车的拖动。串励电动机的机械负载突然减少时，会导致电机转速快速上升，可能导致机械故障。

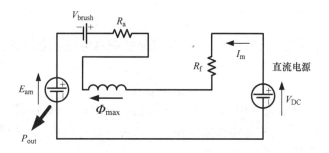

图 10.17 串励直流电动机连接的等效电路

图 10.18 为复励直流电动机连接的等效电路。即电机的定子磁极有 2 类励磁绕组，一个与转子绕组串联（R_{fs}），另一个与转子绕组并联（R_{fp}）。

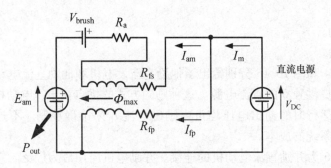

图 10.18 复励直流电动机的连接

10.3 运行分析

下面通过方程推导结合数值例子，对直流电动机和发电机的运行进行分析。读者可在计算机上进行这些推导，这将有助于提高对内容的理解，加快学习过程。

这里我们进行 3 种类型电机的运行分析：①他励电机；②并励电机；③串励电机。每类电机都是利用式（10.7）对等效电路进行分析。3 种方式都进行直流电动机运行方式分析，对于并励方式，还要进行发电机运行的分析。

在本节中给出一些电动机中通用的表达式。具体而言，如果忽略电刷接触电压降（即 $V_{brush} \approx 0$），电动机感应电动势可以用电机常数或电路 KVL 方程来表示：

$$K_m I_f \omega = E_{am} = V_{DC} - I_{am} R_m \tag{10.12}$$

式中，R_m 为电动机电枢电流 I_{am} 流过路径的总电阻。电动机输出的机械功率为

$$P_{out} = E_{am} I_{am} \tag{10.13}$$

实际中，需要在式（10.13）所得的输出功率中减去机械损耗（通风损耗和摩擦损耗）。本章分析中忽略机械损耗。读者可以自行试验机械损耗的影响，通常机械损耗为额定功率的 5% ~ 10%。

电动机的转矩为

$$T = \frac{P_{out}}{\omega} = K_m I_{am} I_f \tag{10.14}$$

另外，以后的分析可以了解到电动机输入的电功率与具体的励磁连接方式有关，因此无法对输入功率给出一个简单通用的表达式。通过进一步的分析，本节结束时将给出一个表格，对电动机运行的相关情况进行总结。

10.3.1　他励电机

首先我们分析他励电机作为电动机运行的情况，利用的是电机的额定值和一些试验数据。电机的额定值包括：

$$P_m := 40\text{kW} \qquad V_{DC} := 240\text{V} \qquad R_a := 0.25\Omega \qquad R_f := 120\Omega$$

直流电动机的试验比交流电动机的简单，可以在空载和负载状况下进行。在特定的试验条件下，得到以下实测数据用于电机常数的计算：

$$I_{mo} := 8\text{A} \qquad V_{mo} := V_{DC} \qquad \text{r/min} := \frac{1}{\text{min}}$$

$$I_{fo} := 2\text{A} \qquad n_{mo} := 1000\text{r/min}$$

分析中忽略电刷接触电压降和电机铁损耗。

10.3.1.1　电机常数

首先根据试验中测量的电流、转速和电压计算电机常数。图 10.19 给出了试验条件下他励直流电动机的等效电路，此时该他励直流电动机的角速度为

$$\omega_o := 2 \cdot \pi \cdot n_{mo} = 104.7\text{rad/s}$$

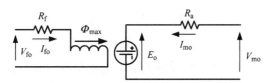

图 10.19　试验条件下的他励直流电动机

根据转子电路的回路电压方程（KVL）计算感应电动势：

$$E_o := V_{mo} - I_{mo} \cdot R_a \qquad E_o = 238\text{V}$$

根据感应电动势和式（10.10）可得电机常数：

$$K_m := \frac{E_o}{I_{fo} \cdot \omega_o} \qquad K_m = 1.136(\text{V} \cdot \text{s/A})$$

10.3.1.2　他励直流电动机的运行

图 10.20 为用于运行分析的等效电路。电动机供电电压等于额定电压 $V_m := V_{DC}$。

电动机可以通过励磁电流 I_f 来控制，把 I_f 作为一个变量。另外把电动机的转速 n_m 作为一个独立变量。然后把电动机的电枢电流 I_{am}、输出功率 P_{out} 和转矩 T_m 表示为这 2 个变量的函数。然后用数据 $n_m := 1000\text{r/min}$ 和 $I_f := 2\text{A}$ 进行各方程有效性的验证。

感应电动势与转速和励磁电流关系的计算要用到电动机的角速度，由下式计算：

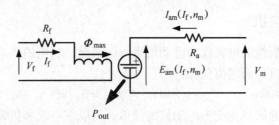

图 10.20　他励直流电动机简化等效电路

$$\omega_m(n_m) := 2 \cdot \pi \cdot n_m \tag{10.15}$$

感应电动势由式（10.10）来计算，可得：

$$E_{am}(I_f, n_m) := K_m \cdot I_f \cdot \omega_m(n_m) \tag{10.16}$$

代入相应数据，转速为 1000r/min 和励磁电流为 2A，得到 E_{am}（I_f, n_m）= 238V。

电动机电枢电流：电动机电枢电流根据转子电路的回路电压方程（KVL）计算：

$$I_{am}(I_f, n_m) := \frac{V_m - E_{am}(I_f, n_m)}{R_a} \tag{10.17}$$

其数值结果为 I_{am}（2A, 1000r/min）= 8A。

图 10.21 指出，对于不同的励磁电流，电动机的电流与转速之间都是线性变化的关系。另外还可以看出，当励磁电流为 4A、2A 和 1A 时，电动机电枢电流接

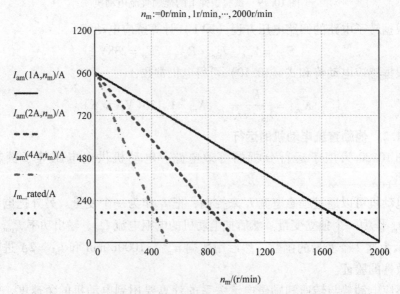

图 10.21　他励直流电动机不同励磁电流下，电枢电流与转速的关系

近于 0 时的转速分别是 500r/min、1000r/min 和 2000r/min。增大励磁电流，电动机电枢电流为 0 时的转速会降低。当转速高于此数时，由于电枢电流的方向改变，理论上电动机将会转为发电机运行，发电机运行则需要有外部力量的驱动。

将式（10.17）的电流方程中的转速设为 0，可以得到电动机的起动电流：

$$I_{start} := I_{am}(I_f, 0r/min) \tag{10.18}$$

其数值结果为：$I_{start} = 960A$。

电动机的起动电流与励磁电流无关，因为在起动时感应电动势为 0，即 $E_{am}(I_f, 0r/min) = 0V$，所以起动电流也可以直接按下式计算：

$$I_{start} := \frac{V_m}{R_a} = 960A$$

电动机的额定电流是额定功率除以额定电压：

$$I_{m\_rated} := \frac{P_m}{V_{DC}} \qquad I_{m\_rated} = 166.7A$$

起动电流相对于额定电流的比值为

$$\frac{I_{start}}{I_{m\_rated}} = 5.76$$

这样高的起动电流会产生过热并增加机械力，因此具有危险性。可以采取以下两种方法降低起动电流：

在起动过程中降低电动机的电源电压，当电动机获得一定转速后再逐步增大电压；

在电动机的电枢回路中串入电阻。

将式（10.15）和式（10.16）代入式（10.17）可以得到电动机电枢电流由励磁电流和电动机转速表示的表达式：

$$I_{am}(I_f, n_m) := \frac{V_m - K_m \cdot I_f \cdot 2 \cdot \pi \cdot n_m}{R_a} \tag{10.19}$$

如果忽略电动机铁心的饱和，当转速不变时，电枢电流与励磁电流的关系也是线性的。

电动机功率：电动机的输入功率和输出功率为相应的电流与电压（电动势）的乘积。包括励磁功率的输入电功率为

$$P_{in}(I_f, n_m) := V_m \cdot I_{am}(I_f, n_m) + I_f^2 \cdot R_f \tag{10.20}$$

当 $I_f = 2A$，$n_m = 1000r/min$ 时，$P_{in}(I_f, n_m) = 2.4kW$。

输出机械功率为

$$P_{out}(I_f, n_m) := E_{am}(I_f, n_m) \cdot I_{am}(I_f, n_m) \tag{10.21}$$

其数值结果：$P_{out}(2A, 1000r/min) = 1.90kW$

图 10.22 可以看出，电动机输出功率与转速的关系曲线类似钟的形状。每条

曲线都有一个最大输出机械功率的值。在最大值的右侧，随着电动机转速的下降，负载功率上升，电动机可以获得稳定的工作点。图中还表明，励磁电流的改变会影响运行的范围。例如，励磁电流为 1A 时，电动机可运行于 1000 ~ 2000r/min 之间。

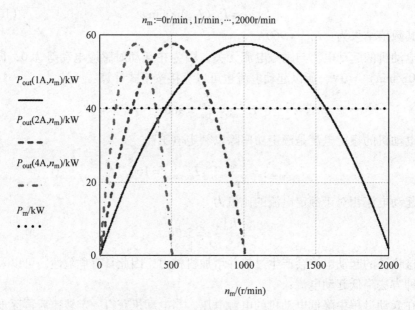

$$n_m := 0\,\text{r/min}, 1\,\text{r/min}, \cdots, 2000\,\text{r/min}$$

图 10.22　他励直流电动机不同励磁电流下，输出功率与转速的关系

接下来进行电动机稳定运行工作点的确定。电动机的额定功率 $P_m = 40\text{kW}$，用 MathCad 中的 root 函数求解对应的转速。首先用 $n_m = 1500\text{r/min}$ 作为试探值，额定负载时的电动机转速表示为励磁电流的函数：

$$n_{\text{rated}}(I_f) := \text{root}(P_{\text{out}}(I_f, n_m) - P_m, n_m)$$

对应几个不同励磁电流的转速为

$$n_{\text{rated}}(1\text{A}) = 1566\text{r/min} \quad n_{\text{rated}}(2\text{A}) = 782.9\text{r/min} \quad n_{\text{rated}}(4\text{A}) = 391.5\text{r/min}$$

这些结果与图 10.22 中的是一致的。

电动机的效率是输出功率与输入功率的比值：

$$\varepsilon(I_f, n_m) := \frac{P_{\text{out}}(I_f, n_m)}{P_{\text{in}}(I_f, n_m)} \tag{10.22}$$

根据给定的条件，效率的数值结果为 $\varepsilon(I_f, n_m) = 79.3\%$。

从图 10.23 可以看出，电动机的效率受励磁电流和转速的影响较大，另外也受电动机电压的影响。

电动机转矩：用输出功率除以电动机旋转角速度，可以得到电动机转矩，即

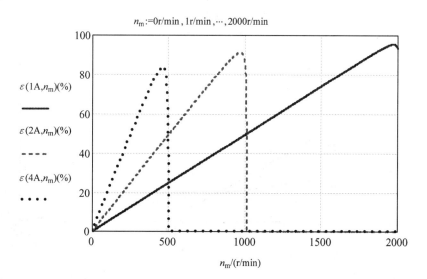

图 10.23　他励直流电动机不同励磁电流下，电动机效率与转速的关系

$$T_m(I_f, n_m) := \frac{P_{out}(I_f, n_m)}{\omega_m(n_m)} \qquad (10.23)$$

其数值结果：$T_m(2A, 1000r/min) = 18.2Nm$。

式 (10.23) 在转速为 0 处有一个奇点。可以用另一个在起动条件下适用的公式替换，以得到相应的转矩。首先，把式 (10.16) 代入式 (10.21) 得到以下关于输出机械功率的表达式：

$$P_{out}(I_f, n_m) := K_m \cdot I_f \cdot \omega_m(n_m) \cdot I_{am}(I_f, n_m) \qquad (10.24)$$

该公式表明，输出功率随着转速和电流的增大而增大。把式 (10.24) 代入式 (10.23)，可得到等效的转矩表达式 (无奇点)：

$$T_m(I_f, n_m) := K_m \cdot I_f \cdot I_{am}(I_f, n_m) \qquad (10.25)$$

图 10.24 表明，电动机转矩在给定励磁电流时，与电动机转速呈线性关系。励磁电流影响电动机的起动转矩和运行范围。通过控制励磁电流，可以调节电动机的工作点。

以下举例说明励磁电流的计算：电动机驱动风扇运行，转速为 500r/min 时负载转矩为 1000Nm。首先给 Mathcad 的 root 函数一个求解的试探值：

$$I_f := 5A \qquad n_m := 500r/min$$

求得所需励磁电流为

$$root(T_m(I_f, n_m) - 1000Nm, I_f) = 2.625A$$

10.3.2　并励直流电机

在并励直流电动机中，电机励磁绕组 (R_f) 与电源并联，见图 10.16。简单

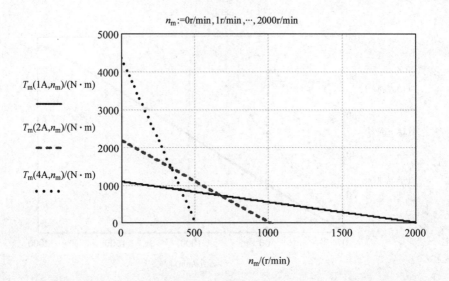

图 10.24　他励直流电动机不同励磁电流下，电动机转矩与转速的关系

起见，分析时忽略电刷接触电压降和电动机铁心饱和。采用与前面他励电动机相同的额定数据来分析并励电动机和发电机，即

$$P_m:=40\text{kW} \qquad V_{DC}:=240\text{V} \qquad R_a:=0.25\Omega \qquad R_f:=120\Omega$$

分析的目的是推导出并励电动机的运行特性，包括功率、效率和转矩与转速的关系。

电机常数

分析的第一步是根据测量数据确定电机常数：

$$I_{mo}:=8\text{A} \qquad \text{r/min}:=\frac{1}{\text{min}} \qquad n_{mo}:=1000\text{r/min} \qquad V_{mo}:=V_{DC}$$

电机常数的计算方法在前面分析他励直流电动机的运行时已经给出。计算时需要励磁电流，可以用电源电压 V_{mo} 除以励磁绕组的电阻 R_f 得到。根据图 10.16 运用欧姆定律，在试验条件下的稳态励磁电流为

$$I_{fo}:=\frac{V_{mo}}{R_f} \qquad I_{fo}=2\text{A}$$

根据 KCL，试验条件下的电枢电流为

$$I_{ao}:=I_{mo}-I_{fo} \qquad I_{ao}=6\text{A}$$

电动机的角速度为

$$\omega_o:=2\cdot\pi\cdot n_{mo} \qquad \omega_o=104.7\text{rad/s}$$

根据 KVL，感应电动势为

$$E_{mo}:=V_{mo}-I_{ao}\cdot R_a \qquad E_{mo}=238.5\text{V}$$

根据式（10.10）得电机常数为

$$K_m := \frac{E_{mo}}{I_{fo} \cdot \omega_o} \qquad K_m = 1.139 \text{V} \cdot \text{s/A}$$

10.3.2.1　并励直流电动机的运行

根据前面的计算，可总结出并励直流电动机的简化等效电路，如图 10.25 所示（忽略了电刷接触电压降）。

分析时，电源电压作为一个独立的变量，因为改变电压可以实现对电动机的控制。另一个独立变量是电机转速。将用 $n_m = 1000\text{r/min}$ 和 $V_m = V_{DC}$ 作为验证计算的数据。

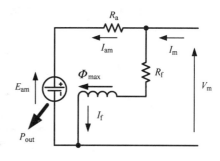

图 10.25　并励直流电动机的简化等效电路

感应电动势的计算需要用到角速度，即

$$\omega_m(n_m) := 2 \cdot \pi \cdot n_m \qquad (10.26)$$

对应转速 1000r/min 时的值为

$$\omega_m(n_m) = 104.7 \text{rad/s}$$

电动机的电流

稳态运行时的励磁电流根据欧姆定律有：

$$I_f := \frac{V_m}{R_f} \qquad (10.27)$$

根据式（10.10），感应电动势为

$$E_{am}(n_m) := K_m \cdot I_f \cdot \omega_m(n_m) \qquad (10.28)$$

相应的数值结果为 $E_{am}(n_m) = 238.5\text{V}$。

对图 10.25 所示电路应用回路电压方程，可得电动机的电枢电流，即

$$I_{am}(n_m, V_m) := \frac{V_m - E_{am}(n_m)}{R_a} \qquad (10.29)$$

其数值结果为 $I_{am}(1000\text{r/min}, 240\text{V}) = 6\text{A}$

应用 KCL，电动机的输入电流为励磁电流和电枢电流之和，即

$$I_m(n_m, V_m) := I_f + I_{am}(n_m, V_m) \qquad (10.30)$$

相应的数值结果为：$I_m(1000\text{r/min}, 240\text{V}) = 8\text{A}$

电动机的额定电流为

$$I_{m\_rated} := \frac{P_m}{V_{DC}} \qquad I_{m\_rated} = 166.7\text{A}$$

根据式（10.30），绘制了在额定电压下电动机电流与转速的关系，如图 10.26 所示，可以看出，电动机的电流随着转速的增加而线性地下降。电动机起

动时电流达到最大值。在电流表达式（10.30）中令转速为 0，可得起动电流，即

$$I_{start} := I_m(0r/min, V_m) \tag{10.31}$$

起动电流的数值结果是 $I_{start} = 962A$。

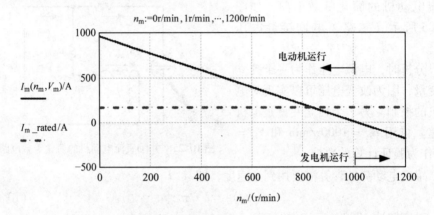

$n_m := 0r/min, 1r/min, \cdots, 1200r/min$

图 10.26　额定电压下并励直流电动机电流与转速的关系

起动电流与额定电流的比值与他励直流电动机几乎相同，其数值为

$$\frac{I_{start}}{I_{m\_rated}} = 5.77$$

通过减小电机起动时的电源电压，可以降低大起动电流。当电动机获得一定转速后再逐步增大电压到额定值。多数情况下，把起动电流限制在额定电流的 3 倍，可以据此计算电压降低后的值：

假设

$$I_m(0r/min, V_m) = 3I_{m\_rated}$$
$$Find(V_m) = 124.5V$$

降低后的电压大概是额定电压（$V_{DC} = 240V$）的一半。

图 10.26 表明，电动机转速接近 1000r/min 时电机电流为 0。若转速高于这个值，由于电枢电流方向的改变，理论上电动机将会转为发电机运行，发电机运行则需要有外部的驱动。

电动机功率

电动机输入的电功率由下式计算：

$$P_{in}(n_m, V_m) := V_m \cdot I_m(n_m, V_m) \tag{10.32}$$

输出的机械功率由下式计算：

$$P_{out}(n_m, V_m) := E_{am}(n_m) \cdot I_{am}(n_m, V_m) \tag{10.33}$$

当转速为 1000r/min，电压为 240V 时，功率相应的数值为：

$$P_{\text{in}}(n_{\text{m}}, V_{\text{m}}) = 1.92\text{kW} \qquad P_{\text{out}}(n_{\text{m}}, V_{\text{m}}) = 1.43\text{kW}$$

图 10.27 给出了并励直流电动机输入和输出功率与转速的关系。电动机起动时，输入功率达到最大值，然后随着转速的上升而下降。输出功率曲线的形状为钟形，在转速 500r/min 左右达到最大值。在计算最大功率时，电压变量从输入功率表达式（10.33）中去掉，即建立一个新的功率方程，其中只有一个变量（转速），电源电压取额定电压且保持不变，即

$$P_{\text{ou}}(n_{\text{m}}) := P_{\text{out}}(n_{\text{m}}, V_{\text{DC}})$$

求最大功率时，取试探值 $n_{\text{m}} = 500\text{r/min}$，可得：

$$n_{\text{max\_P}} := \text{Maximize}(P_{\text{ou}}, n_{\text{m}}) \qquad n_{\text{max\_P}} = 503.1\text{r/min}$$

然后得最大功率为

$$P_{\text{out}}(n_{\text{max\_P}}, V_{\text{DC}}) = 77.2\text{hp} \qquad P_{\text{out}}(n_{\text{max\_P}}, V_{\text{DC}}) = 57.6\text{kW}$$

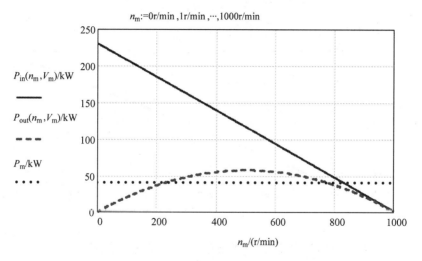

图 10.27　额定电压下并励直流电动机输入、输出功率与转速的关系

一个需要解决的问题是电动机在额定输出功率时的转速，从图 10.27 可以看出，该问题有 2 个解。求第一个解时，取试探值 $n_{\text{m}} = 200\text{r/min}$，用 Mathcad 的 Find 函数可得该解为

假设

$$P_{\text{out}}(n_{\text{m}}, V_{\text{m}}) = P_{\text{m}}$$

$$n_{\text{Prated}} := \text{Find}(n_{\text{m}}) = 225.0\text{r/min}$$

求第二个解时的试探值和所得解为

$$n_{\text{m}} := 700\text{r/min}$$

假设

$$P_{\text{out}}(n_{\text{m}}, V_{\text{m}}) = P_{\text{m}}$$

$$n_{\text{Prated}} := \text{Find}(n_{\text{m}}) = 781.3 \text{r/min}$$

图 10.27 表明，第二个解为稳态运行的工作点，因为此处当负载增大时，电动机的转速下降。第一个解为不稳定的工作点。

电动机的效率是输出功率与输入功率的比值：

$$\varepsilon(n_{\text{m}}, V_{\text{m}}) := \frac{P_{\text{out}}(n_{\text{m}}, V_{\text{m}})}{P_{\text{in}}(n_{\text{m}}, V_{\text{m}})} \tag{10.34}$$

当转速为 1000r/min，电压为 240V 时，效率相应的数值为 $\varepsilon(n_{\text{m}}, V_{\text{m}}) = 74.5\%$。

图 10.28 给出了并励直流电动机效率与转速的关系，可以看出，低速时效率非常低，随着转速的上升而增大。为了计算效率的最大值，从效率公式（10.34）中去掉电压变量，即

$$\text{effic}(n_{\text{m}}) := \varepsilon(n_{\text{m}}, V_{\text{DC}})$$

$$n_{\text{m}} := 0 \text{r/min}, 1 \text{r/min}, \cdots, 1000 \text{r/min}$$

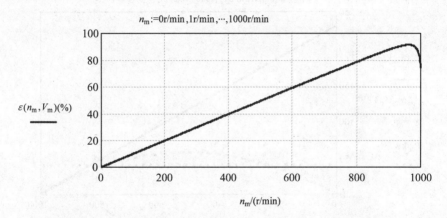

图 10.28　额定电压下并励直流电动机效率与转速的关系

最大化计算的试探值为 $n_{\text{m}} = 970 \text{r/min}$，对应最大效率时的转速为：

$$n_{\text{max}\_\varepsilon} := \text{Maximize}(\text{effic}, n_{\text{m}}) \qquad n_{\text{max}\_\varepsilon} = 962.4 \text{r/min}$$

对应该转速的最大效率为

$$\text{effic}(n_{\text{max}\_\varepsilon}) = 91.3\%$$

该最大效率对应的输入功率仅为 $P_{\text{out}} = 9.61 \text{kW}$，约为最大输出功率的 1/6。

电动机转矩：电动机转矩等于输出功率除以电动机旋转角速度，即

$$T_{\text{m}}(n_{\text{m}}, V_{\text{m}}) := \frac{P_{\text{out}}(n_{\text{m}}, V_{\text{m}})}{\omega_{\text{m}}(n_{\text{m}})} \tag{10.35}$$

当转速为 1000r/min，电压为 240V 时，数值结果为 $T_{\text{m}}(n_{\text{m}}, V_{\text{m}}) = 13.7 \text{Nm}$。

通过输出功率的等效表达式，可以消除式（10.35）中转矩公式的奇点。即根据式（10.33）把输出功率表示为电流和电压的表达式，再把式（10.28）中

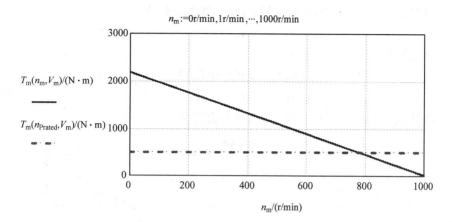

图 10.29 额定电压下并励直流电动机转矩与转速的关系

的感应电动势代入，可得：

$$T_{\mathrm{m}}(n_{\mathrm{m}}, V_{\mathrm{m}}) : = K_{\mathrm{m}} \cdot I_{\mathrm{f}} \cdot I_{\mathrm{am}}(n_{\mathrm{m}}, V_{\mathrm{m}}) \tag{10.36}$$

图 10.29 表明，随着电动机转速的上升，转矩线性地下降。从曲线可以看出电动机的起动转矩很大，这是一个很好的应用特性。额定负载时的转矩为

$$T_{\mathrm{m}}(n_{\mathrm{Prated}}, V_{\mathrm{m}}) = 489 \mathrm{Nm}$$

这样，并励直流电动机的运行分析就全部完成了。

10.3.2.2 发电机运行

并励直流电机也可以作为发电机运行。图 10.30 给出了并励直流发电机的等效电路。将用发电机给电池充电来分析发电机的运行。计算的目的是假定发电机或电池的电压不变，在获得特定负载（电池电流）时，发电机所需的转速。计算时采用的数据是电池电流 $I_{\mathrm{batt}} = 20\mathrm{A}$，电池电压 $V_{\mathrm{batt}} = 238\mathrm{V}$。

分析的第一步是根据欧姆定律计算稳态运行时，发电机的励磁电流，即

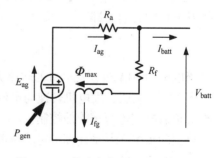

图 10.30 并励直流发电机的等效电路

$$I_{\mathrm{fg}} : = \frac{V_{\mathrm{batt}}}{R_{\mathrm{f}}} \tag{10.37}$$

其数值为 $I_{\mathrm{fg}} = 1.98\mathrm{A}$。

根据 KCL，发电机的电枢电流是电池电流和励磁电流之和，如图 10.30 所示，即

$$I_{\mathrm{ag}}(I_{\mathrm{batt}}) : = I_{\mathrm{fg}} + I_{\mathrm{batt}} \tag{10.38}$$

根据转子电路的回路电压方程 KVL 可得感应电动势：

$$E_{ag}(I_{batt}) := V_{batt} + R_a \cdot I_{ag}(I_{batt}) \qquad (10.39)$$

其数值为 $E_{ag}(I_{batt}) = 243V$。

发电机所需要的输入机械功率是感应电动势与发电机电流的乘积：

$$P_{gen}(I_{batt}) := I_{ag}(I_{batt}) \cdot E_{ag}(I_{batt}) \qquad (10.40)$$

图 10.31 中画出了输入功率与负载电流变化关系的曲线。

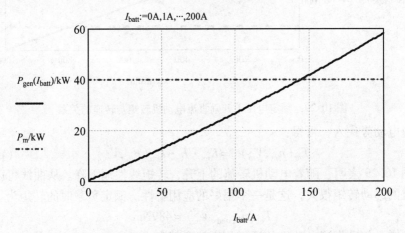

图 10.31 并励直流发电机输入功率与负载（电池）电流的关系

把式（10.26）代入式（10.28），得到另一种感应电动势的表达式，可用于计算发电机的转速，即

$$n_n(I_{batt}) := \frac{E_{ag}(I_{batt})}{2 \cdot \pi \cdot K_m \cdot I_{fg}} \qquad (10.41)$$

当电流为 20A 时，发电机的转速为 $n_n(I_{batt}) = 1029.5 \mathrm{r/min}$。

图 10.32 表明，发电机转速与电池电流的关系为线性。因此可以根据速度的调整对负载电流进行精确的控制。

典型的求解问题是计算给定功率时的转速，例如，额定功率 40kW。试探值取 $I_{batt} = 150A$，可得：

$$I_{rated} := root(P_{gen}(I_{batt}) - P_m, I_{batt}) \qquad I_{rated} = 144A$$

$$n_n(I_{rated}) = 1160 \mathrm{r/min}$$

10.3.3 串励直流电动机

本节分析的目的是串励直流电动机的运行特性，包括效率、转矩与转速的变化关系。采用数值例子来进行分析：一台 20kW、240V 的串励直流电动机，电枢电阻为 0.25Ω，励磁线圈的电阻为 0.3Ω，即

$$P_m := 20kW \qquad V_{DC} := 240V \qquad R_a := 0.25\Omega \qquad R_f := 0.3\Omega$$

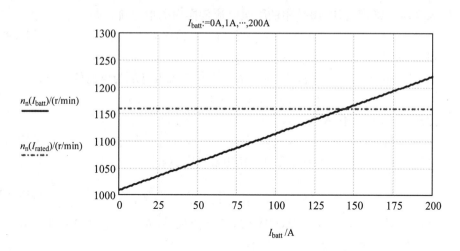

图10.32 并励直流发电机转速与负载（电池）电流的关系

测量了电动机的电流、转速和电压来确定电动机常数。在额定端电压下，电动机电流为8A，转速为500r/min：

$$V_{mo} := V_{DC} \qquad I_{mo} := 8A \qquad r/min := \frac{1}{min} \qquad n_{mo} := 500r/min$$

图10.33 给出了串励直流电动机的简化等效电路，忽略电刷接触电压降和电动机铁心的饱和。

电机常数：电动机在试验条件下的角速度为

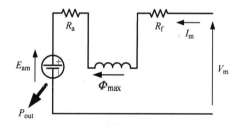

图10.33 串励直流电动机的简化等效电路

$$\omega_o := 2 \cdot \pi \cdot n_{mo} = 52.4 rad/s$$

根据图10.33 所示电路，应用回路电压方程计算感应电动势：

$$E_{mo} := V_{mo} - I_{mo} \cdot (R_a + R_f) \qquad E_{mo} = 235.6V$$

根据式（10.10）计算电机常数：

$$K_m := \frac{E_{mo}}{I_{mo} \cdot \omega_o} \qquad K_m = 0.562V \cdot s/A$$

电动机方程的推导：通过调节电源电压可以对串励电动机进行控制，因此把电压作为第一个独立变量。第二个变量为电动机的转速。计算用 $n_m = 100r/min$ 和 $V_m = V_{DC}$ 来进行数值验证。

第一步是计算电动机的角速度，即

$$\omega_m(n_m) := 2 \cdot \pi \cdot n_m \qquad \omega_m(n_m) = 10.5 rad/s$$

根据图10.33 所示等效电路可知，励磁电流与电枢电流相等，由转速和电源

电压来确定。将式（10.10）中的励磁电流替换为电枢电流，即

$$E_{am}(n_m) := K_m \cdot I_m(n_m, V_m) \cdot \omega_m(n_m) \tag{10.42}$$

电动机电流：

根据图10.33所示电路，应用回路电压方程可得电压与电流的关系：

$$I_m(n_m, V_m) \cdot (R_a + R_f) = V_m - E_{am}(n_m) \tag{10.43}$$

把式（10.43）代入式（10.42），得：

$$I_m(n_m, V_m) \cdot (R_a + R_f) = V_m - K_m \cdot I_m(n_m \cdot V_m) \cdot \omega_m(n_m) \tag{10.44}$$

对该式进行调整，得到计算电动机电流的公式：

$$I_m(n_m, V_m) := \frac{V_m}{R_a + R_f + K_m \cdot \omega_m(n_m)} \tag{10.45}$$

转速为100r/min，电压为240V时，电流的数值为 $I_m(n_m, V_m) = 37.3A$。
电动机的额定电流为

$$I_{m\_rated} := \frac{P_m}{V_{DC}} \qquad I_{m\_rated} = 83.3A$$

根据式（10.45），可画出在额定电压下，电动机电流与转速的函数关系，如图10.34所示，由图可知，随着电动机转速的上升，电动机电流下降得很快。该特性表明串励直流电动机在低速时具有较好的特性。本例中，对应额定电流的转速仅为40r/min。

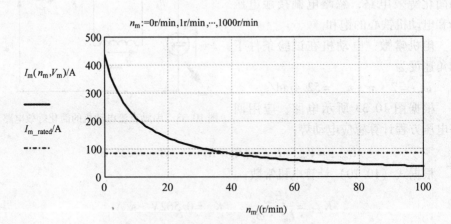

$n_m := 0\text{r/min}, 1\text{r/min}, \cdots, 1000\text{r/min}$

图10.34　串励直流电动机电流与转速的关系

在电流表达式（10.45）中令转速为0，可得起动电流，即

$$I_{start} := I_m(0\text{r/min}, V_m) \qquad I_{start} = 436A$$

起动电流与额定电流的比值为

$$\frac{I_{\text{start}}}{I_{\text{m\_rated}}} = 5.24$$

在式（10.42）中代入相应的电流，可以计算感应电动势的数值，即

$$E_{\text{am}}(n_{\text{m}}) := K_{\text{m}} \cdot I_{\text{m}}(n_{\text{m}}, V_{\text{m}}) \cdot \omega_{\text{m}}(n_{\text{m}}) \qquad E_{\text{am}}(n_{\text{m}}) = 219.5\text{V}$$

电动机功率：电动机的输入电功率和输出机械功率为电流与相应的电压（电动势）的乘积，即

$$P_{\text{in}}(n_{\text{m}}, V_{\text{m}}) := V_{\text{m}} \cdot I_{\text{m}}(n_{\text{m}}, V_{\text{m}}) \qquad\qquad (10.46)$$

$$P_{\text{out}}(n_{\text{m}}, V_{\text{m}}) := E_{\text{am}}(n_{\text{m}}) \cdot I_{\text{m}}(n_{\text{m}} \cdot V_{\text{m}}) \qquad\qquad (10.47)$$

转速为 100r/min，电压为 240V 时，功率的数值为

$$P_{\text{in}}(n_{\text{m}}, V_{\text{m}}) = 8.94\text{kW} \quad 和 \quad P_{\text{out}}(n_{\text{m}}, V_{\text{m}}) = 8.18\text{kW}$$

图 10.35 画出了输入功率和输出功率随转速变化的关系。可以看出，当电机起动时，输入电功率很大，而输出机械功率实际为 0。经过了输出功率的峰值后，随着转速上升，输入功率和输出功率都减少。可以用 Mathcad 的 Maximize 函数来确定输出机械功率的最大值，取试探值 $n_{\text{m}} = 10\text{r/min}$。可以定义如下的输出机械功率的单变量表达式（例如以电机转速为变量）：

$$P_{\text{mech}}(n_{\text{m}}) := P_{\text{out}}(n_{\text{m}}, V_{\text{m}})$$

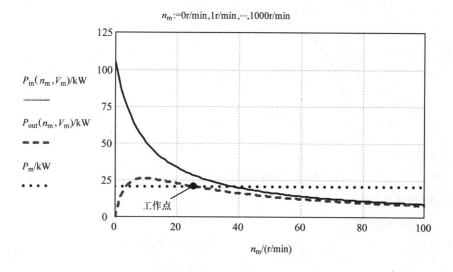

图 10.35　串励直流电动机输入功率、输出功率与转速的关系

用 Maximize 函数来确定对应最大输出功率的转速：
假设

$$n_{\text{Pmax}} := \text{Maximize}(P_{\text{mech}}, n_{\text{m}}) = 9.34\text{r/min}$$

实际的最大输出功率为

$$P_{\text{mech}}(n_{\text{Pmax}}) = 35.1\text{hp} \qquad P_{\text{mech}}(n_{\text{Pmax}}) = 26.2\text{kW}$$

同样，需要确定对应额定输出功率（P_{m}）的电动机转速。图 10.35 显示，存在 2 个可能的解，但只有对应稳定工作点的解才是有意义的，即位于曲线的右部，P_{out} 和 P_{in} 曲线之间，转速约 30r/min。可以用 Find 函数结合试探值来进行计算，即

$$n_{\text{m}} := 30\text{r/min}$$

假设

$$P_{\text{mech}}(n_{\text{m}}) = P_{\text{m}}$$

$$n_{\text{Prated}} := \text{Find}(n_{\text{m}}) = 27.0\text{r/min}$$

电动机的效率是输出功率与输入功率的比值：

$$\varepsilon(n_{\text{m}}, V_{\text{m}}) := \frac{P_{\text{out}}(n_{\text{m}}, V_{\text{m}})}{P_{\text{in}}(n_{\text{m}}, V_{\text{m}})} \qquad (10.48)$$

其数值结果为：$\varepsilon(100\text{r/min}, 240\text{V}) = 91.5\%$。

图 10.36 表明，电动机起动时效率很低，随着转速的上升，效率迅速增大。

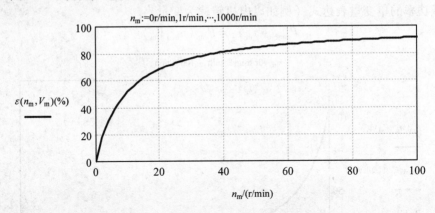

图 10.36　串励直流电动机效率与转速的关系

电动机转矩：

电动机的转矩为

$$T_{\text{m}}(n_{\text{m}}, V_{\text{m}}) := \frac{P_{\text{out}}(n_{\text{m}}, V_{\text{m}})}{\omega_{\text{m}}(n_{\text{m}})} \qquad (10.49)$$

其数值结果为：$T_{\text{m}}(100\text{r/min}, 240\text{V}) = 781\text{Nm}$。

根据输出功率表达式（10.42）和式（10.47），可以消除式（10.49）中转矩公式的奇点，即

$$T_{\text{m}}(n_{\text{m}}, V_{\text{m}}) := K_{\text{m}} \cdot I_{\text{m}}(n_{\text{m}}, V_{\text{m}})^2 \qquad (10.50)$$

由图 10.37 可以看出，串励直流电动机的起动转矩很大，但随着转速的上升，转矩迅速减小。起动转矩与额定转矩的比值可以超过 100，在需要大起动转

矩的应用场合有优势，比如火车和有轨电车。快速下降的转矩曲线表明，增大转速会降低转矩。当电动机突然甩负荷时，转速会上升到危险的数值。额定负载时的转矩为

$$T_m(n_{Prated}, V_m) = 7.08 \times 10^3 \text{Nm}$$

以上完成了串励直流电动机方程的推导和运行特性的分析。

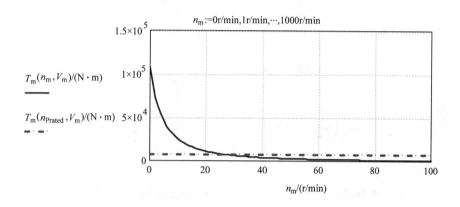

图 10.37　串励直流电动机转矩与转速的关系

10.3.4　小结

首先，前面的关于 3 种类型电机的推导，可以得到显著不同的公式。然而，更加详细的分析表明，忽略了电刷接触电压降和铁心饱和，能够得到适用全部 3 种电机特性的、通用的方程。表 10.1 给出了一般性的方程。某些表达式还可能进一步的简化，例如，利用串励直流电动机的 3 种电流都相等这个事实，电动机的转矩可以简化为 $T_m = K_m I_f^2$。

由于直流电动机便于控制，该类机器用途广泛，包括应用在机器人上。他励直流电动机的转速可以通过调节励磁电压而精确控制。如果电机不饱和，其转矩 – 速度的关系实际上是线性的。同样，并励直流电动机可以在励磁回路中串入可变电阻（R_c）来实现调速，如图 10.38a 所示。串励直流电动机的通过与励磁绕组并联可变电阻来实现调速，如图 10.38b 所示。这使励磁电流减少并低于电枢电流，导致电动机转速的上升。直流电动机可以通过降低电枢电压实现转速的下降。实现的途径有电力电子控制或简单的在电枢回路中串入电阻。这两种方法都是通过减低电枢电压来降低转速。直流电动机的控制是第 11 章的内容。

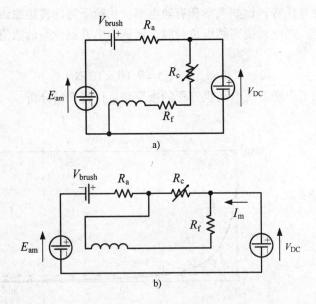

图 10.38 加入可变电阻（R_c）用于直流电动机的调速控制

a）并励电动机 b）串励电动机

10.4 应用实例

本节内容包括 4 个扩展的例子，包括：

① 电池供电的并励直流电动机。

② 电池动力车的发动机起动器。

③ 串励直流电动机驱动泵。

④ 考虑电刷和铜损耗的串励直流电动机。

例 10.1：电池供电的并励直流电动机

本例中，一台并励直流电动机由电池通过馈线供电。电动机转而驱动一个泵。泵的机械特性如下：

$$a := 1\text{N} \cdot \text{m} \qquad b := 0.002 \cdot \text{N} \cdot \text{m} \cdot \text{s}^2 \qquad T_{\text{pump}}(n) := a + b \cdot n^2$$

馈线的电阻为 $R_{\text{feeder}} = 0.2\Omega$。

电池充满电的电压和内阻为

$$V_{\text{batt}} := 25\text{V} \qquad R_{\text{batt}} := 0.05\Omega$$

电动机的参数如下：

$$P_{\text{rated}} := 1\text{hp} \qquad V_{\text{rated}} := 24\text{V} \qquad R_a := 0.1\Omega \qquad R_f := 10\Omega$$

电动机试验的测试数据如下：

$$V_{\text{test}} := V_{\text{rated}} \qquad I_{\text{test}} := 90\text{A} \qquad \text{r/min} := \text{min}^{-1} \qquad n_{\text{test}} := 850\text{r/min}$$

分析的目的是确定该系统的工作点，即电动机和泵的转矩、转速都相等。分析的主要步骤是

① 画出等效电路，计算电动机的参数。

② 把电流和电压表示为转速的函数。

③ 计算并画出电动机和泵的机械特性。

④ 确定工作点，即机械特性的交点。

（1）等效电路和电机常数

图 10.39 给出了系统的等效电路。根据电动机试验的数据和欧姆定律，励磁电流为

$$I_{\text{f\_test}} := \frac{V_{\text{test}}}{R_{\text{f}}} \qquad I_{\text{f\_test}} = 2.4\text{A}$$

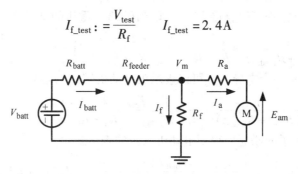

图 10.39 电池供电的并励直流电动机的等效电路

应用电枢回路的回路电压方程，得感应电动势为

$$E_{\text{test}} := V_{\text{test}} - R_{\text{a}} \cdot (I_{\text{test}} - I_{\text{f\_test}}) \qquad E_{\text{test}} = 15.24\text{V}$$

电动机的角速度为 $\qquad \omega_{\text{test}} := 2 \cdot \pi \cdot n_{\text{test}}$

根据感应电动势，由式（10.10）计算电机常数：

$$K_{\text{mot}} := \frac{E_{\text{test}}}{\omega_{\text{test}} \cdot I_{\text{f\_test}}} \qquad K_{\text{mot}} = 0.071\text{V} \cdot \text{s/A}$$

（2）把电流和电压表示为转速的函数

电动机的端电压

如图 10.39 所示，电动机的端电压为 V_{m}。该电压是可变的，可通过求解节点电压方程来确定。应用额定电压和一个任意给定的速度来验证方程的有效性：

$$V_{\text{m}} := V_{\text{rated}} \qquad n_{\text{m}} := 700\text{r/min}$$

联合式（10.10）和式（10.11）可以获得感应电动势，其中励磁电流用电动机的电压来表示：

$$E_{\text{am}}(n_{\text{m}}) := K_{\text{mot}} \cdot 2 \cdot \pi \cdot n_{\text{m}} \cdot \frac{V_{\text{m}}}{R_{\text{f}}} \qquad (10.51)$$

图 10.39 中标注 V_m 的节点电压方程（KCL）为

$$\frac{V_m - V_{batt}}{R_{batt} + R_{feeder}} + \frac{V_m}{R_f} + \frac{V_m - E_{am}(n_m)}{R_a} = 0 \tag{10.52}$$

把式（10.51）代入节点电压方程（10.52），得：

$$\frac{V_m - V_{batt}}{R_{batt} + R_{feeder}} + \frac{V_m}{R_f} + \frac{V_m}{R_a} - \frac{K_{mot} \cdot 2 \cdot \pi \cdot n_m \cdot V_m}{R_f \cdot R_a} = 0 \tag{10.53}$$

可以用 Mathcad 中的 Find 函数求解该方程。取试探值为 $V_m = 10V$。

假设

$$\frac{V_m - V_{batt}}{R_{batt} + R_{feeder}} + \frac{V_m}{R_f} + \frac{V_m}{R_a} - \frac{K_{mot} \cdot 2 \cdot \pi \cdot n_m \cdot V_m}{R_f \cdot R_a} = 0$$

$$V_{mot}(n_m) := Find(V_m) \qquad V_{mot}(n_m) = 11.3V$$

另外，节点方程可以直接求解。式（10.53）重排的结果为

$$\left[\frac{1}{(R_{batt} + R_{feeder})} + \frac{1}{R_f} + \frac{1}{R_a} - \frac{K_{mot} \cdot 2 \cdot \pi \cdot n_m}{R_a \cdot R_f} \right] \cdot V_m = \frac{V_{batt}}{R_{batt} + R_{feeder}}$$

V_m 的系数是一个电导，并可以表示为电动机转速的函数：

$$G_m(n_m) := \frac{1}{(R_{batt} + R_{feeder})} + \frac{1}{R_f} + \frac{1}{R_a} - \frac{K_{mot} \cdot 2 \cdot \pi \cdot n_m}{R_a \cdot R_f} \qquad G_m(n_m) = 8.87S$$

以上 2 个式子的联立，得到电动机电压的表达式：

$$V_m(n_m) := \frac{V_{batt}}{G_m(n_m) \cdot (R_{batt} + R_{feeder})} \qquad V_m(n_m) = 11.3V$$

电动机电流

根据式（10.51），感应电动势为

$$E_{am}(n_m) := K_{mot} \cdot 2 \cdot \pi \cdot n_m \cdot \frac{V_m(n_m)}{R_f} \qquad E_{am}(n_m) = 5.90V$$

根据图 10.39 可以计算各个电流。电动机的电枢电流为

$$I_a(n_m) := \frac{V_m(n_m) - E_{am}(n_m)}{R_a} \qquad I_a(n_m) = 53.8A$$

励磁电流为

$$I_f(n_m) := \frac{V_m(n_m)}{R_f} \qquad I_f(n_m) = 1.13A$$

根据 KCL，电池电流为

$$I_{batt}(n_m) := I_f(n_m) + I_a(n_m) \qquad I_{batt}(n_m) = 54.9A$$

（3）电动机和泵的机械特性

电动机的输出功率和转矩为

$$P_{out}(n_m) := E_{am}(n_m) \cdot I_a(n_m) \qquad P_{out}(n_m) = 0.425\,hp$$

$$T_{mot}(n_m) := \frac{P_{out}(n_m)}{2 \cdot \pi \cdot n_m} \qquad T_{mot}(n_m) = 4.33\,Nm$$

或者根据励磁电流和电枢电流来计算电动机的转矩

$$T_{mot}(n_m) := K_{mot} \cdot I_f(n_m) \cdot I_a(n_m) \qquad T_{mot}(n_m) = 4.33\,Nm$$

泵的转矩为

$$T_{pump}(n) := a + b \cdot n^2 \qquad T_{pump}(n_m) = 1.27\,Nm$$

电动机和泵的机械特性绘制在图 10.40 中。

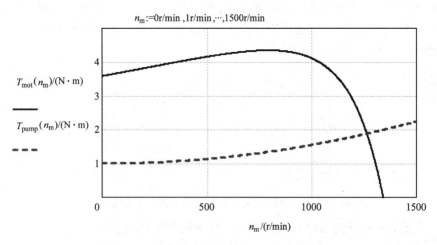

$n_m := 0r/min, 1r/min, \cdots, 1500r/min$

图 10.40　串励直流电动机和泵的机械特性

（4）工作点、转速和转矩

系统的工作点是图 10.40 中 2 条机械特性曲线的交点。该点对应的转速用 Mathcad 中的 root 函数来计算。根据该图给出的转速试探值为 $n = 1300r/min$。求得工作点的转速为

$$n_{op} := root(T_{mot}(n) - T_{pump}(n), n) \qquad n_{op} = 1261\,r/min$$

该工作转速对应的转矩和输出功率为

$$T_{op} := T_{mot}(n_{op}) \qquad T_{op} = 1.88\,Nm$$

$$P_{op} := P_{out}(n_{op}) \qquad P_{op} = 0.334\,hp$$

电动机的输入功率和效率为

$$P_{in} := V_m(n_{op}) \cdot I_{batt}(n_{op}) \qquad P_{in} = 310\,W$$

$$\varepsilon_{mot} := \frac{P_{op}}{P_{in}} \qquad \varepsilon_{mot} = 80.3\%$$

在该工作点，电池提供的输入功率为

$$P_{batt} := V_{batt} \cdot I_{batt}(n_{op}) \qquad P_{batt} = 362\,W$$

在该工作点系统的整体效率为

$$\varepsilon_{\text{sys}} := \frac{P_{\text{op}}}{P_{\text{batt}}} \qquad \varepsilon_{\text{sys}} = 68.7\%$$

例 10.2：电池动力车的发动机起动器。

用标称 12V 的电池为汽车的起动器供电。该电池由一个 12.5V 的电源和一个 0.05Ω 的电阻串联。起动器是一台串励直流电动机。电池和电动机由一条长 20ft、电阻为 0.2Ω 的电缆连接。电池汽车。电动机的额定功率为 50W，额定电压为 12V。电枢电阻和励磁电阻分别为 0.1Ω 和 0.2Ω。电机常数为 0.1V·s/A。电动机的等效电路如图 10.41 所示。

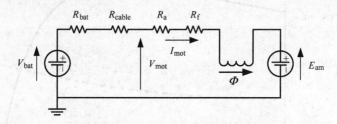

图 10.41　电池通过电缆向串励直流电动机（起动器）供电

系统的数据首先由以下 MATLAB 程序进行初始化。

```
% DCseriesMotorStarter.m
% 串励直流电动机用作汽车起动器
% 电池特性
Vbat = 12.5;        % 电压    (Vdc)
Rbat = 0.05;        % 电阻    (Ω)

% 电缆电阻  (Ω)
Rcable = 0.2;

% 电动机额定值
Pmot = 50;          % 额定功率  (W)
Vmot = 12;          % 额定电压  (V)
Kmot = 0.1;         % 电动机常数  (V·s/A)
Ra = 0.1;           % 电枢电阻  (Ω)
Rf = 0.2;           % 励磁线圈电阻  (Ω)
```

本例用 MATLAB 进行分析，内容包括：

① 确定电流和转矩随电动机转速上升的变化关系；

② 计算起动电流和起动转矩；

③ 画出电池供电时电动机电流、输出功率和转矩相对于转速的特性；

④ 计算额定负载时的转速。

对比以往的 MATLAB 程序，在这个例子中，将利用软件的矢量运算能力。特别地，在这里定义一个数组包含电机转速（n_m）从 0 ~ 1000r/min，步长为 1r/min。之后，根据 $\omega_m = 2\pi n_m$，建立一个相应的矢量表示角速度。

```
%  开始计算

%  生成电动机转速矢量  (r/min)
nm = 0 : 1000;

%  生成电动机角速度矢量  (rad/s)
wm = 2*pi*nm/60;
```

根据式（10.10）关于电动机感应电动势的公式，有：

$$E_{am} = K_{mot} I_{mot} \omega_m \tag{10.54}$$

根据图 10.41 并利用 KVL，可以得到电动机电流（I_m）用电池电压（V_{batt}）和其他电路参数来表示的公式：

$$V_{bat} - I_{mot}(R_{bat} + R_{cable} + R_a + R_f) - E_{am} = 0 \tag{10.55}$$

把式（10.54）代入式（10.55），可得：

$$I_{mot} = \frac{V_{bat}}{R_{bat} + R_{cable} + R_a + R_f + K_{mot}\omega_m} \tag{10.56}$$

计算的电流可与电动机的额定电流比较，后者可由输出功率和电压来确定，

$$I_{rate} = \frac{P_{mot}}{V_{mot}} \tag{10.57}$$

图 10.42 中画出了电动机电流与起动器转速的函数关系。可以看出，由于起动电流有较大的需求，电动汽车电池选取时需要特别的考虑其冷起动能力。

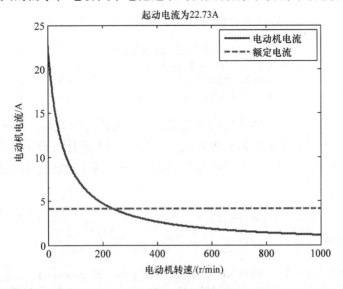

图 10.42 电动机电流与转速的关系

```
% 电动机电流矢量 (A)
Imot = Vbat ./ (Ra+Rf+Rcable+Rbat+Kmot*wm);
fprintf('Starting current = %g Amps.\n',Imot(1));

% 电动机电流额定值 (A)
Irate = Pmot/Vmot;
fprintf('Motor current rating is %g A.\n',Irate);
fprintf('Starting current is %g times rated current.\n',...
    Imot(1)/Irate);

% 绘制电机电流与速度
plot(nm,Imot,nm,Irate*ones(1,size(nm,2)),'--',...
    'LineWidth',2.5);
set(gca,'fontname','Times','fontsize',12);
legend('Motor current','Rated current');
xlabel('Motor Speed (rpm)');
ylabel('Motor Current (A)');
title(['Starting Current is ',num2str(Imot(1),'%5.2f'),...
    ' Amps']);
```

电动机电流确定后，可以根据式（10.54）计算实际的感应电动势。输出的机械功率即为电动机电流和感应电动势的乘积：

$$P_{out} = I_{mot}E_{am} \tag{10.58}$$

```
% 电动机感应电动势矢量 (V)
Eam = Kmot * Imot .* wm;

% 电动机输出功率矢量 (W)
Pout = Imot .* Eam;

% 绘制电动机输出功率与转速的关系
figure;
plot(nm,Pout,nm,Pmot*ones(1,size(nm,2)),'-',...
    'LineWidth',2.5);
set(gca,'fontname','Times','fontsize',12);
legend('Output power','Rated power');
xlabel('Motor Speed (rpm)');
ylabel('Output Mechanical Power (W)');
```

图10.43画出了起动器输出机械功率与电动机转速的关系，并标出了额定功率。可用以下程序计算额定输出功率对应的转速，该值在图标题中给出。MATLAB程序由最大速度开始搜索，找出输出功率刚好大于或等于额定值对应的速度。

```
nrated = 0;
k = size(nm,2);
while (nrated == 0)
    if Pout(k) >= Pmot
        nrated = k;
    end
    k = k-1;
end
fprintf('Rated power occurs at %g rpm.\n',nrated);
title(['Rated power occurs at ',num2str(nrated),' rpm']);
```

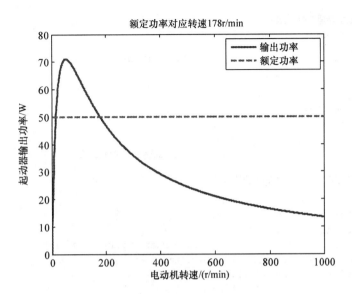

图 10.43 起动器输出机械功率与电动机转速的关系

可通过以下没有速度为 0 时奇点的通用表达式，计算电动机的转矩：

$$T_{out} = \frac{P_{out}}{\omega_m} = \frac{I_{mot}E_{am}}{\omega_m} = \frac{I_{mot}K_{mot}I_{mot}\omega_m}{\omega_m} = K_{mot}I_{mot}^2 \qquad (10.59)$$

图 10.44 画出了电动机转矩与转速的关系。

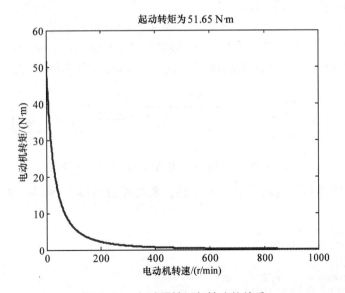

图 10.44 起动器转矩与转速的关系

```
% 电动机转矩矢量 (N·m)
Tout = Kmot * Imot.^2;

fprintf('Starting torque = %g N·m.\n',Tout(1));

% 绘制电动机转矩与转速的关系
figure;
plot(nm,Tout)
xlabel('Motor Speed (rpm)');
ylabel('Motor Torque (N·m)');
title(['Starting Torque is ',num2str(Tout(1)),' N·m']);
```

打印 MATLAB 程序的结果如下：

```
>> DCseriesMotorStarter
Starting current = 22.7273 Amps.
Motor current rating is 4.16667 A.
Starting current is 5.45455 times rated current.
Rated power occurs at 178 rpm.
Starting torque = 51.6529 N·m.
```

例 10.3： 串励直流电动机驱动泵；

如图 10.45 所示，直流电源通过馈线给一台串励直流电动机供电。长度为 1mile 的馈线电阻为 $0.5\Omega/\text{mile}$。电动机驱动一台泵，泵的转矩与转速为线性关系，其机械特性由下式确定：

$$T_{\text{pump}}(n_{\text{m}}) = 250\text{N} \cdot \text{m} + (70\text{N} \cdot \text{m} \cdot \text{s})n_{\text{m}} \qquad (10.60)$$

电动机电压 450V，额定功率 45hp，励磁电阻和电枢电阻分别为 0.35Ω 和 0.6Ω。电动机在空载条件下试验的测试数据为转速 950r/min，电压 460V，电流 3.2A。

图 10.45　直流电源给电动机 - 泵供电的单线图

图 10.46 给出了电动机的等效电路，系统参数由以下 MATLAB 程序进行初始化：

```
% DCseriesMotorPump.m
% 串励直流电动机驱动泵
% 泵的转矩常数
% Torque = G + D * nm
G = 250;        % N·m
D = 70;         % N·m·sec
% 馈线的特性
Lfeeder = 1;    % 长度 (mile)
```

```
Rfeeder = 0.5;        % 电阻 (Ω/mile)
Rfeed = Lfeeder*Rfeeder;    % 电阻 (Ω)

% 电动机额定值
Prated = 45;        % 功率 (hp)
Vrated = 450;       % 电压 (V)
Ra = 0.6;           % 电枢电阻 (Ω)
Rf = 0.35;          % 励磁电阻 (Ω)
```

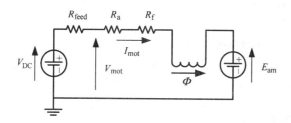

图 10.46　直流电源给电动机 – 泵供电的等效电路

本例中应用 MATLAB 分析以下内容：

① 根据试验数据确定电机常数；

② 确定电流和端电压与电动机转速关系；

③ 计算并画出电动机和泵的机械特性

④ 计算馈线电压为额定值时，系统的工作点（转矩和转速）

⑤ 要求起动电流为额定电流 2 倍时，计算供电电压和起动转矩。并确定在这样的约束下，电动机转矩是否足以起动泵。

首先，通过试验数据确定电机常数。在试验条件下，根据图 10.46 并运用 KVL 可计算感应电动势：

$$E_0 = V_0 - I_0(R_a + R_f) \tag{10.61}$$

然后计算电机常数：

$$K_m = \frac{E_0}{I_0 \omega_0} \tag{10.62}$$

```
% 电动机试验数据
Vo = 460;        % 试验电压 (V)
Io = 3.2;        % 试验电流 (A)
no = 950;        % 试验电转速 (r/min)

% 根据电动机试验数据获得电机常数
wo = 2*pi*no/60;        % 电动机角速度 (rad/s)
Eo = Vo-Io*(Ra+Rf);     % 感应电动势 (V)
Km = Eo/(Io*wo);        % 电动机常数 (V·s/A)
fprintf('The motor constant (Km) = %g V·sec/A.\n', Km);
```

下面先设直流电源的电压为电动机的额定电压，然后建立电动机转速（r/min）和角速度（rad/s）的数组，计算电动机电流。根据式（10.10）的感

应电动势和电动机电路的 KVL，可得电流为

$$I_{mot} = \frac{V_{DC}}{R_{feed} + R_a + R_f + K_m\omega_m} \tag{10.63}$$

根据 KVL，电动机的端电压为

$$V_{mot} = V_{DC} - I_{mot}R_{feed} \tag{10.64}$$

```
% 分析开始
% 设置电源电压为电动机的额定电压 (V)
Vdc = Vrated;

% 改变电动机-泵的转轴转速 (r/min)
nm = 0 : 1000;

% 电动机角速度矢量 (rad/s)
wm = 2*pi*nm/60;

% 电动机电流矢量 (A)
Imot = Vdc ./ (Rfeed+Ra+Rf+Km*wm);

% 电动机电压矢量 (V)
Vmot = Vdc - Imot*Rfeed;
```

根据式（10.59）计算串励直流电动机的转矩，根据式（10.60）计算泵的转矩。在图 10.47 中画出了电动机和泵的转矩与速度的关系（机械特性）。

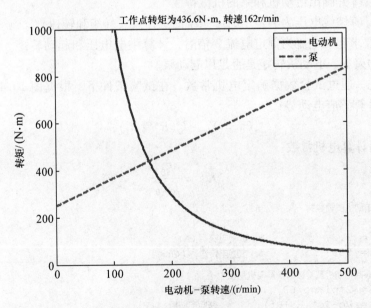

图 10.47　电动机和泵的机械特性曲线

```
% 电动机转矩矢量 (N·m)
Tmot = Km * Imot.^2;

% 泵转矩矢量 (N·m)
Tpump = G+D*nm/60;

plot(nm,Tmot,nm,Tpump,'--','LineWidth',2.5);
set(gca,'fontname','Times','fontsize',12);
legend('Motor','Pump');
xlabel('Motor-Pump Speed (rpm)');
ylabel('Torque (N·m)');
axis([0 500 0 1000]);
```

系统的工作点即电动机和泵机械特性曲线的交点。通过比较转矩的值来确定该交点。工作点可由程序输出，并标在了图 10.47 的图注上。

```
nop = 0;
k = 1;
while nop == 0
    if Tpump(k) >= Tmot(k)
        nop = k;
    end
    k = k+1;
end
fprintf('Operating torque is %g N·m at a speed of %g rpm.',...
    Tmot(nop), nm(nop));
title(['Operating Torque = ',num2str(Tmot(nop),'%5.1f'),...
    ' N·m at a Speed of ',num2str(nm(nop)),' rpm']);
```

根据式（10.57）计算额定电流，然后根据要求，将起动电流限定为额定电流的 2 倍。下面的程序计算限定电流后的起动转矩，并与转速为 0 时泵的负载转矩相比较：

```
% 电动机电流额定值 (A)
Irated = Prated*745.7/Vrated;    % 1 hp = 745.7 W
fprintf('Motor current rating is %g A.\n\n',Irated);

% 起动电流(A)限定为额定电流的2倍 (A)
Istart = 2*Irated;

% 限制后的起动电压 (V)
Vstart = Istart*(Ra+Rf);

fprintf('Limited current of %g A at a reduced voltage',...
    'of %g V.\n', Istart, Vstart);

% 限制后的起动转矩 (N·m)
Tstart = Km*Istart^2;
fprintf('Limited current produces a starting torque',...
    'of %g N·m.\n', Tstart);
```

```
%  泵的最小起动转矩
Tpump_start = G;
fprintf('Pump requires a minimum starting torque',...
     'of %g N·m.\n',G);
%  限制起动电流后的起动转矩与泵的最小起动转矩进行比较
if Tstart >= Tpump_start
    fprintf('Pump can be started with limited',...
         'starting current.\n');
else
    fprintf('Pump cannot be started with limited',...
         'starting current.\n');
end
```

MATLAB 程序的输出结果为

```
>> DCseriesMotorPump
The motor constant (Km) = 1.43541 V·sec/A.

Operating torque is 436.639 N·m at a speed of 162 rpm.

Motor current rating is 74.57 A.

Limited current of 149.14 A at a reduced voltage of 141.683 V.
Limited current produces a starting torque of 31927.5 N·m.
Pump requires a minimum starting torque of 250 N·m.
Pump can be started with limited starting current.
```

上述分析表明，在较低的电压和电流时，泵可以成功起动。重复该过程，可以确定电流不超过额定值时所需的电压。

例 10.4：考虑电刷和铜损耗的串励直流电动机

一台串励直流电动机的额定值为 100hp，380V。励磁绕组和电枢绕组的电阻分别为 0.068Ω 和 0.072Ω。电刷接触的电压降共为 3V。在额定电压下，电动机转速为 675r/min，电流为 170A。

当铜损耗（电枢损耗）为 1500W 时，计算电动机转速、电流、功率、转矩和效率。

电动机的额定数据为

$$V_m := 380V \qquad P_m := 100hp \qquad R_f := 0.068\Omega \qquad R_a := 0.072\Omega$$

电动机的某个工作点为

$$V_{mo} := V_m \qquad I_{mo} := 170A \qquad r/min := \frac{1}{min} \qquad n_{mo} := 675r/min$$

与之前的例子不同，电刷接触电压降没有被忽略，即

$$V_{brush} := 3V$$

确定电动机的角速度以计算电机常数：

$$\omega_{\mathrm{mo}} := 2 \cdot \pi \cdot n_{\mathrm{mo}} \qquad \omega_{\mathrm{mo}} = 70.7\,\mathrm{rad/s}$$

根据图 10.48，应用 KVL 获得感应电动势：

$$E_{\mathrm{mo}} := V_{\mathrm{mo}} - I_{\mathrm{mo}} \cdot (R_{\mathrm{f}} + R_{\mathrm{a}}) - V_{\mathrm{brush}} \qquad E_{\mathrm{mo}} = 353\,\mathrm{V}$$

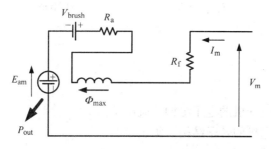

图 10.48 考虑电刷接触电压降的串励直流电动机

根据式（10.10）计算电机常数：

$$K_{\mathrm{m}} := \frac{E_{\mathrm{mo}}}{I_{\mathrm{mo}} \cdot \omega_{\mathrm{mo}}} \qquad K_{\mathrm{m}} = 0.0294\,\mathrm{V} \cdot \mathrm{s/A}$$

本例中，电枢的功率损耗为

$$P_{\mathrm{copper}} := 1500\,\mathrm{W}$$

根据已知 R_{a} 的发热损耗可以直接确定电动机电流：

$$I_{\mathrm{m}} := \sqrt{\frac{P_{\mathrm{copper}}}{R_{\mathrm{a}}}} \qquad I_{\mathrm{m}} = 144\,\mathrm{A}$$

该电流小于额定值：

$$I_{\mathrm{m\_rated}} := \frac{P_{\mathrm{m}}}{V_{\mathrm{m}}} \qquad I_{\mathrm{m\_rated}} = 196\,\mathrm{A}$$

该工作点的感应电动势为

$$E_{\mathrm{am}} := V_{\mathrm{m}} - I_{\mathrm{m}} \cdot (R_{\mathrm{f}} + R_{\mathrm{a}}) - V_{\mathrm{brush}} \qquad E_{\mathrm{am}} = 357\,\mathrm{V}$$

联合式（10.10）和式（10.11）可确定电动机的转速：

$$n_{\mathrm{m}} := \frac{E_{\mathrm{am}}}{K_{\mathrm{m}} \cdot 2 \cdot \pi \cdot I_{\mathrm{m}}} \qquad n_{\mathrm{m}} = 803\,\mathrm{r/min}$$

电动机的输入功率和输出功率为

$$P_{\mathrm{in}} := V_{\mathrm{m}} \cdot I_{\mathrm{m}} \qquad P_{\mathrm{in}} = 54.8\,\mathrm{kW}$$

$$P_{\mathrm{out}} := E_{\mathrm{am}} \cdot I_{\mathrm{m}} \qquad P_{\mathrm{out}} = 69.1\,\mathrm{hp}$$

电动机的效率为

$$\varepsilon := \frac{P_{\mathrm{out}}}{P_{\mathrm{in}}} \qquad \varepsilon = 93.9\%$$

电动机产生的转矩为

$$T_m := \frac{P_{out}}{2 \cdot \pi \cdot n_m} \qquad T_m = 612 Nm$$

替代输出功率，可得转矩的另一个计算公式：

$$T_{mot} := K_m \cdot I_m^2 \qquad T_{mot} = 612 Nm$$

10.5　练习

1. 叙述直流电动机的定子结构。画出草图。
2. 叙述直流电机的转子结构。画出草图。
3. 描述换向器。
4. 小型直流电机是如何冷却的？
5. 换向器的作用是什么？
6. 叙述在直流电机中如何产生磁场。
7. 叙述在直流电机的连续转矩的产生。
8. 解释直流电机在转子和定子的相互作用。
9. 描述串励直流电动机并绘出的等效电路图。
10. 描述并励直流电动机并绘出的等效电路图。
11. 描述他励直流电动机并绘出的等效电路图。
12. 描述复励直流电动机并绘出的等效电路图。
13. 什么是电机常数？它是如何确定的？
14. 叙述并励直流发电机的运行原理。
15. 写出并励直流发电机的电流、功率和转矩方程。
16. 叙述并联直流电动机运行原理。
17. 写出直流并励电动机的电流、功率和转矩的方程。
18. 叙述串励直流电动机运行原理。
19. 写出串励直流电动机电流、功率和转矩方程。
20. 画出并励直流电动机的转矩 – 转速特性。
21. 画出串励直流电动机的转矩 – 转速特性。
22. 列出直流电动机中的损耗。
23. 什么是并励直流电动机的起动电流？
24. 如何控制并励直流电动机的起动电流？
25. 什么是串励直流电动机的起动电流？
26. 如何调节串励直流电动机的起动电流？
27. 说明他励直流电动机的调速方法。

28. 说明并励直流电动机的调速方法。
29. 说明串励直流电动机的调速方法。
30. 列出直流电动机的典型应用。

10.6　习题

习题 10.1

证明串励直流电动机的效率是感应电动势与电动机端电压的比值，即 $\varepsilon = E_{\mathrm{m}}/V_{\mathrm{m}}$。

习题 10.2

一台 $120V_{\mathrm{DC}}$、800r/min 的并励直流电动机，电枢电阻为 1.1Ω，励磁绕组电阻为 150Ω，电机常数为 $1.2\mathrm{V\cdot s/A}$，计算输出功率。

习题 10.3

一台 $250V_{\mathrm{DC}}$、600r/min 的串励直流电动机，电枢电阻为 1.1Ω，励磁绕组电阻为 0.8Ω，电机常数为 $0.75\mathrm{V\cdot s/A}$，计算输出功率。

习题 10.4

一台 $250V_{\mathrm{DC}}$ 的串励直流电动机，转速为 600r/min 时电流为 6A，已知其电枢电阻为 1.1Ω，励磁绕组电阻为 0.8Ω，计算电机常数。

习题 10.5

一台并励直流发电机为电池充电。电池电压为 12V，所需充电电流为 50A，发电机的励磁绕组电阻为 20Ω，电枢电阻为 0.05Ω，发电机转速为 800r/min。开路运行时发电机输入电流为 5A，计算所需的输入功率。

习题 10.6

一台并励直流电动机由 12V 电池供电，励磁绕组电阻为 15Ω，电枢电阻为 0.03Ω，开路运行时电动机转速为 800r/min，输入电流为 5A。计算负载 0.5hp 时电动机的转速。

习题 10.7

一台串励直流电动机由 12V 电池供电，励磁绕组电阻为 0.015Ω，电枢电阻为 0.03Ω，开路运行时电动机转速为 800r/min，输入电流为 5A。计算负载 0.5hp 时电动机的转速。

习题 10.8

一台他励直流电动机的电源电压为 120V。电动机的负载为 20hp，转速为 850r/min，电枢电阻为 0.04Ω，励磁绕组电阻为 100Ω，电机常数为 $0.5\mathrm{V\cdot s/A}$。计算所需的励磁电压。

习题 10.9

利用例题 10.3 中电动机 – 泵的数据，计算当起动电流限定为额定电流时，电动机的电源电压和起动转矩。并判断该转矩是否能够起动泵。

习题 10.10

一台并励直流电动机，额定电压 240V，励磁绕组电阻为 120Ω，电枢电阻为 0.12Ω。电动机在额定电压下运行。在空载调节下，电动机电流为 4.75A。负载时转速为 1350r/min、电流为 29A，根据该负载数据计算电机常数。

①画出电动机的等效电路，确定电机常数；②计算空载转速；③画出电动机转速与负载电流的关系，计算当转速低于空载转速 1% 时的电流。

习题 10.11

一台串励直流电动机，额定运行时电压为 228V，电流为 25A，转速为 1400r/min。电枢和励磁绕组电阻分别为 0.17Ω 和 0.11Ω。

①画出电动机的等效电路，确定电机常数；②计算电流为 40A 时的电机转速和转矩；③计算并画出电动机转矩、转速与电流的关系曲线，计算当转矩为 20Nm 时的电流和转速。

习题 10.12

一台 50hp、240V 的并励直流电动机，电刷接触电压降为 3V，电枢电阻为 0.12Ω，励磁绕组电阻为 125Ω。空载时，电动机电流为 15A，转速为 1800r/min。

①画出电动机的等效电路；②确定电机常数；③计算并画出电动机转矩 – 转速特性。确定起动转矩，计算当转矩为 1000Nm 时的转速。

习题 10.13

一台额定 85kW、280V 的并励直流发电机，电刷接触电压降为 2.5V，电枢和励磁绕组电阻分别为 0.09Ω 和 115Ω。

①计算额定运行时的励磁电流、电枢电流和负载电流；②计算空载和额定运行时的端电压；③计算发电机的电压调整率；④画出端电压与负载电流的变化关系，确定电压跌落 5% 时对应的负载电流。

习题 10.14

一台并励直流发电机，转速 675r/min，输出 380V、170A。电枢和励磁绕组电阻分别为 0.072Ω 和 170Ω。负载运行时，电枢铜损耗为 1500W，电刷接触电压降为 3V。

①确定电机常数 K_a，画出等效电路；②根据给定的铜损耗，当端电压不变时，计算负载电流、感应电动势和转速；计算输入功率和输出功率，效率。

习题 10.15

推导他励直流电机作为发电机运行时的公式，包括发电机感应电动势、端电压、输入机械功率、输出电功率和效率。

第11章 电力电子与电机控制

半导体材料的快速发展实现了用于电机控制、照明、电池充电器甚至是电力系统的电力电子电路。本章介绍了感应电机和直流电机驱动控制的概念以及相关的电子电路。这需要应用整流器、电压和电流换相逆变器。半导体设备成本的减小和等级的增加使得电力系统的电子控制成为灵活的交流输电系统设备（Flexible Alternating Current Transmission System，FACTS）。使用最频繁的设备是静态无功伏安（VAR）补偿器（SVC），包含晶闸管可控电容和晶闸管可控电抗并联调节无功功率，本章节提出了 FACTS 和直直变换器。

首先定义了必须控制的变量与用于控制的关系，随后提出了直流和感应电机的概念。接下来，简短地描述了半导体开关，讨论了单相受控整流器，推导了运行的基本方程。然后讲述了脉宽调制（PWM）和 PWM 换流器的运行分析。最后，介绍了用于感应电机控制的 PWM 换流器的应用。

11.1 直流电机控制的概念

直流电机控制比交流电机控制要简单，本章我们首先探讨前者。最常见的直流电机控制的目的是在保持转矩恒定的条件下进行调速。在本节中，针对这种情况，我们推导出了表达式。其他目标，例如在可变转矩时维持速度不变，可以用同样的方式实现。

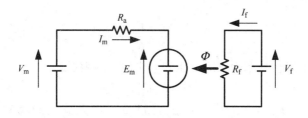

图 11.1 他励直流电机的等效电路

通过了一个数值的例子来说明他励直流电机的速度控制的概念。图 11.1 所示为他励直流电机的等效电路。250V、10hp 的电机常数为 $0.9\mathrm{V}\cdot\mathrm{s/A}$，电枢电阻和励磁绕组电阻分别为 2Ω 和 125Ω，定子电压和励磁电压（V_f）为恒定 250V。电机电压和电枢电压（V_m）是通过电刷和换向器提供给转子的，是可变

的。直流电机的初始数据为

$$P_{rated} := 10hp \quad V_{rated} := 250V \quad K_m := 0.9V \cdot s/A$$
$$V_f := 250V \quad R_f := 125\Omega \quad R_a := 2\Omega$$

为了验证下面的计算，电机选择额定电压和 1000r/min 的运行速度（n_m）：

$$V_m := V_{rated} \quad r/min := \frac{1}{min} \quad n_m := 1000r/min$$

在第 10 章，我们根据电机常数推导感应电压的公式，$E_m = K_m \omega_m I_f$，代入 $\omega_m = 2\pi n_m$，在磁场绕组中使用欧姆定律得出感应电压的关系：

$$E(n_m) := K_m \cdot 2 \cdot \pi \cdot n_m \cdot \frac{V_f}{R_f} \tag{11.1}$$

对于选择的电机速度，感应电压 $E(n_m)$：$= 188.5V$，式（11.1）中的参数除了 n_m 外都为常数，因此为了方便，常数 C_1 确定为

$$C_1 := K_m \cdot 2 \cdot \pi \cdot \frac{V_f}{R_f} \tag{11.2}$$

对于这个电机 $C_1 = 11.31Wb$，感应电压的简化表达式为

$$E(n_m) := C_1 \cdot n_m \tag{11.3}$$

对图 11.1 中主要回路利用 KVL，电机电压等于感应电压加上电枢阻抗电压降：

$$V_m = R_a \cdot I_m + E(n_m) \tag{11.4}$$

重新排列上面的表达式，电机电流为

$$I_m := \frac{V_m - E(n_m)}{R_a} \tag{11.5}$$

相应额定电机电压的电流 $I_m = 30.8A$，将感应电压的式（11.3）代入式（11.5）得到：

$$I_m := \frac{V_m - C_1 \cdot n_m}{R_a} \tag{11.6}$$

电机的输出机械功率为感应电压和电机电流的乘积：

$$P_m := E(n_m) \cdot I_m \tag{11.7}$$

这里数值上 $P_m = 7.77hp$，将式（11.3）代入式（11.6）和式（11.7）得到：

$$P_m := C_1 \cdot n_m \cdot \frac{V_m}{R_a} - \frac{C_1^2 \cdot n_m^2}{R_a} \tag{11.8}$$

电机转矩为

$$T_m = \frac{P_m}{2 \cdot \pi \cdot n_m} \tag{11.9}$$

数值 $T_m = 55.4N \cdot m$，将电功率代入到转矩公式得到：

$$T_m := C_1 \cdot n_m \cdot \frac{V_m}{R_a \cdot (2 \cdot \pi \cdot n_m)} - \frac{C_1^2 \cdot n_m^2}{2 \cdot \pi \cdot n_m \cdot R_a} \qquad (11.10)$$

表达式由两个另外的常数简化得到的：

$$C_2 := \frac{C_1}{2 \cdot \pi \cdot R_a} \quad C_2 = 0.900A \cdot s$$

$$C_3 := \frac{C_1^2}{2 \cdot \pi \cdot R_a} \quad C_3 = 10.2A \cdot s^2 \cdot V$$

简化的转矩公式为

$$T_m := C_2 \cdot V_m - C_3 \cdot n_m \qquad (11.11)$$

这个分析的目的是推导电机速度与转矩和电机电枢电压的函数关系，通过重新排列等式（11.11），电机转速通过下面的式子计算：

$$n_m := \frac{C_2}{C_3} \cdot V_m - \frac{T_m}{C_3} \qquad (11.12)$$

这个表达式表示了电机转速取决于转矩和电机电压，同样，另一个常量可以适用：

$$C_4 := \frac{C_2}{C_3} \quad C_4 = 5.305 (r/min)/V$$

电机转速作为电机转矩和电枢电压的函数为

$$n_{mot}(V_m, T_m) := C_4 \cdot V_m - \frac{T_m}{C_3} \qquad (11.13)$$

设定转矩 $T_m = 100N.m$，对应额定电压的电机转速为

$$n_{mot}(V_m, T_m) = 736.8r/min$$

如果我们把所有常量的表达式代入到式（11.13）中，我们可以得到：

$$n_{motor}(V_m, T_m) := \frac{R_f}{2 \cdot \pi \cdot K_m \cdot V_r} \cdot V_m - \frac{R_a \cdot R_f^2}{2 \cdot \pi \cdot K_m^2 \cdot V_f^2} \cdot T_m \qquad (11.14)$$

假设电动机不能逆转，因此，电机转速一直是正向的，这个限制在 Mathcad 中用 if 条件函数表达，形式为

$$if(condition, true\ value\ returned, false\ value\ returned)$$

电机转速保持正转利用：

$$n_{motor}(V_m, T_m) := if\left[\left(C_4 \cdot V_m - \frac{T_m}{C_3}\right) < 0, 0, C_4 \cdot V_m - \frac{T_m}{C_3}\right] \qquad (11.15)$$

这个方程展示了对于给定的转矩，转速和电枢电压是线性关系，由图11.2可见。线性关系表明，电机速度由电机转子（电枢）电压控制，简单易控。尽管之前的推导式基于他励电机上的，对于其他电机速度和转矩可以通过同样的方

式进行推导。

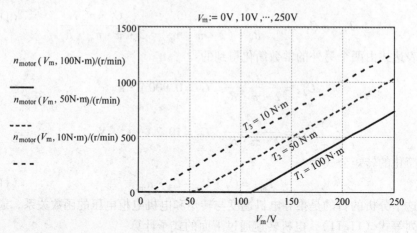

图 11.2　3 个不同转矩值下，他励直流电机转速与电机电压的关系

　　图 11.3 所示为直流电机速度控制概念的说明，交流电压通过晶闸管控制整流器进行整流来提供可变直流电压，在直流环节可以通过电容来过滤。直流电压给电枢供能，电机转速与电枢电压（电机）成正比，电机励磁绕组（定子磁场）由恒定的二极管整流桥得到的直流电压提供。

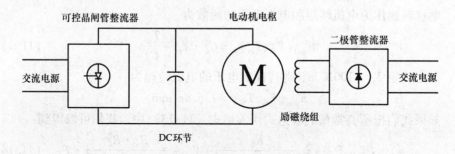

图 11.3　直流电机驱动的概念

　　上面的分析揭示了直流电机控制需要整流，本章后面将提出二极管和晶闸管基础上的整流。

11.2　交流感应电机控制的概念

　　交流感应电机控制最常见的目的是在一个大范围内进行电机转速的调制，典型的应用是在工业过程的控制当中，要求在几秒的测量时间内响应的时间相对长。例如，管道中的阻尼器能调节气流。很多时候，这种类型的控制如果会产生振荡和噪声，一种解决方案是通过调节风扇的速度来控制气流。国内的例子是住宅空调的可调整速度的驱动。空调的电机转速的控制取代了切换单元的开和关。

交流感应电机转速控制的基本方法是通过控制可控晶闸管整流逆变单元的电源电压频率（f_{sup}），速度控制范围可以分为两个部分：

① 当电源电压频率小于系统频率（$f_{sup} < f_{sys}$）；

② 当电压频率超过系统频率（$f_{sup} > f_{sys}$）。

交流感应电机的速度控制的概念通过一个数值的例子来说明。一个三相星形联结笼型感应电机由变频三相电源供电。

电机驱动离心泵，如图 11.4 所示，离心泵输出用电机泵转速来定义，这是由电源电压频率变化来调节的。

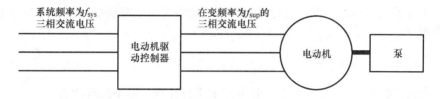

图 11.4　可调速驱动控制的三相电机

六极交流感应电机在线电压为 460V 时的额定负载为 15hp。交流感应电机的单相等效电路如图 11.5 所示，对应的电路值如下：

$$P_{mot}: = 15hp \qquad V_{mot}: = 460V \qquad p: = 6$$
$$R_{sta}: = 0.2\Omega \qquad R_{rot}: = 0.25\Omega \qquad R_c: = 317\Omega$$
$$X_{stu}: = 1.2\Omega \qquad X_{rot}: = 1.29\Omega \qquad X_m: = 42\Omega$$

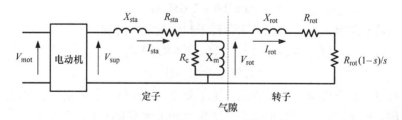

图 11.5　受控交流 – 感应电机的单相等效电路

离心泵的转速特性表示如下：

$$T_{pump}(n_m): = 100Nm + (0.15Nm \cdot s^2) \cdot n_m^2$$

式中，n_m 为离心泵的转速。提供的频率和电机转速是可变的，但是通过后面推导的方程的验证，选取了初始值：

$$f_{\text{sup}} := 40\text{Hz} \quad \text{r/min} := \frac{1}{\text{min}} \quad n_{\text{m}} := 775\text{r/min}$$

从第 9 章可知，同步转速和电机的转差率为频率的函数：

$$n_{\text{syn}}(f_{\text{sup}}) := \frac{f_{\text{sup}}}{\dfrac{p}{2}} \tag{11.16}$$

$$s_{\text{m}}(f_{\text{sup}}, n_{\text{m}}) := \frac{n_{\text{syn}}(f_{\text{sup}}) - n_{\text{m}}}{n_{\text{syn}}(f_{\text{sup}})} \tag{11.17}$$

$$n_{\text{syn}}(f_{\text{sup}}) = 800\text{r/min} \quad s_{\text{m}}(f_{\text{sup}}, n_{\text{m}}) = 3.13\%$$

电机的电抗取决于频率，电机的参数都是按照系统在频率为 60Hz（$f_{\text{sys}} := 60\text{Hz}$）计算的，因此在其他电源频率（$f_{\text{sup}}$）时，电抗需要重新计算。感应电抗的频率计算（$X = \omega L$）可以通过系统频率下的电抗与电源频率和系统频率的比值的乘积（$X_2 = \omega_2 L = (\omega_2/\omega_1)\omega_1 L = (\omega_2/\omega_1)X_1$）：

$$x_{\text{rot}}(f_{\text{sup}}) := X_{\text{rot}} \cdot \frac{f_{\text{sup}}}{f_{\text{sys}}} \quad x_{\text{sta}}(f_{\text{sup}}) := X_{\text{sta}} \cdot \frac{f_{\text{sup}}}{f_{\text{sys}}} \quad x_{\text{m}}(f_{\text{sup}}) := X_{\text{m}} \cdot \frac{f_{\text{sup}}}{f_{\text{sys}}}$$

电机阻抗利用图 11.5 中的等效电路来进行计算，转子的阻抗为

$$Z_{\text{rot}}(f_{\text{sup}}, n_{\text{m}}) := \text{j} \cdot x_{\text{rot}}(f_{\text{sup}}) + \frac{R_{\text{rot}}}{s_{\text{m}}(f_{\text{sup}}, n_{\text{m}})}$$

$$Z_{\text{rot}}(f_{\text{sup}}, n_{\text{m}}) = (8 + 0.86\text{j})\,\Omega$$

转子阻抗和励磁阻抗并联，联合阻抗为

$$Z_{\text{m\_rot}}(f_{\text{sup}}, n_{\text{m}}) := \frac{1}{\dfrac{1}{R_{\text{c}}} + \dfrac{1}{\text{j} \cdot x_{\text{m}}(f_{\text{sup}})} + \dfrac{1}{Z_{\text{rot}}(f_{\text{sup}}, n_{\text{m}})}}$$

$$Z_{\text{m\_rot}}(f_{\text{sup}}, n_{\text{m}}) = (6.86 + 2.65\text{j})\,\Omega$$

总的转子阻抗是定子阻抗与联合转子与励磁阻抗的和：

$$Z_{\text{mot}}(f_{\text{sup}}, n_{\text{m}}) := \text{j} \cdot x_{\text{sta}}(f_{\text{sup}}) + R_{\text{sta}} + Z_{\text{m\_rot}}(f_{\text{sup}}, n_{\text{m}})$$

$$Z_{\text{mot}}(f_{\text{sup}}, n_{\text{m}}) = (7.06 + 3.45\text{j})\,\Omega$$

交流电源频率的改变使磁通量发生了变化（$\Phi \propto \text{I}$），电源电压频率减小，磁通量增加，频率增加，磁通量减小，这表示如果频率减小了，会发生电机铁心饱和。铁心饱和增加了励磁电流，影响了运行。为了避免磁通饱和，电机磁通要保持恒定。磁通量与电压成正比，与频率成反比。因此，通过改变电源电压和频率，磁通量能够保持恒定。电源频率的减小需要电源电压同时减小。变化的电源相电压为

$$V_{\text{sup}}(f_{\text{sup}}) := \frac{V_{\text{mot}}}{\sqrt{3}} \cdot \frac{f_{\text{sup}}}{f_{\text{sys}}}$$

这个规律揭示了当电源频率增加时电源电压会增加。然而，因为高电压产生

过载，所以大部分的电机能够经受 5% ~ 10% 的过电压。频率的增加减小了电机的磁通量，消除了磁通饱和的危险。因此，如果需要超出额定的转速，电机的频率就要高于 60Hz，但是电压在额定电压时保持恒定不变。同样地，如果需要低于额定转速，电机就要提供少于 60Hz 的频率，但是电压与频率成正比例关系变化，实现这种关系的修改后的电流等式的 Mathcad if 条件函数为

$$V_{sup}(f_{sup}) := if\left(f_{sup} < f_{sys}, \frac{V_{mot}}{\sqrt{3}} \cdot \frac{f_{sup}}{f_{sys}}, \frac{V_{mot}}{3}\right)$$

从欧姆定律可知，电机电流为

$$I_{sta}(f_{sup} : n_m) := \frac{V_{sup}(f_{sup})}{Z_{mot}(f_{sup}, n_m)}$$

$$|I_{sta}(f_{sup}, n_m)| = 22.5A \quad \arg(I_{sta}(f_{sup}, n_m)) = -26.1°$$

感应电机能作为电动机和发电机运行。发电机运行需要驱动电机转速超过同步转速。这种能力有时用于电力汽车和火车的再生制动控制。然而，普通的电机不会运行在发电机模式下，假设电流为零，在同步转速以上，从数学方案上可以消除发电机运行模式。改正后的电流等式利用 Mathcad 的 if 条件函数为

$$I_{sta}(f_{sup}, n_m) := if(n_m > n_{syn}(f_{sup}), 0A, I_{sta}(f_{sup}, n_m))$$

利用电流除法，转子电流为

$$I_{rot}(f_{sup}, n_m) := I_{sta}(f_{sup}, n_m) \cdot \frac{Z_{m\_rot}(f_{sup}, n_m)}{Z_{rot}(f_{sup}, n_m)}$$

$$|I_{rot}(f_{sup}, n_m)| - 20.6A \quad \arg(I_{rot}(f_{sup}, n_m)) = -11.1°$$

从第 9 章可知，推导出的输出功率为

$$P_{dev}(f_{sup}, n_m) := 3 \cdot (|I_{rot}(f_{sup}, n_m)|)^2 \cdot \frac{1 - s_m(f_{sup}, n_m)}{s_m(f_{sup}, n_m)} \cdot R_{rot}$$

$$P_{dev}(f_{sup}, n_m) = 13.2hp$$

如果通风损耗和摩擦损耗忽略不计，交流电机转矩为

$$T_m(f_{sup}, n_m) := \frac{P_{dev}(f_{sup}, n_m)}{2 \cdot \pi \cdot n_m} \quad T_m(f_{sup}, n_m) = 121.5Nm$$

图 11.6 所示为在不同频率下（例如：10Hz，30Hz，60Hz，90Hz 和 120Hz）的电机转矩速度特性，可以看到电源频率的增加和减小影响了电机的速度和转矩曲线的最大值。

频率从额定频率（60Hz）往下减小降低了同步转速（发生在转矩为零时）并将转矩速度曲线左移（更低的速度）。同样地，最大的转矩值也减小了，当频率减小时，对应的电机电压也会减小，适当的电源电压值已在图中给出。

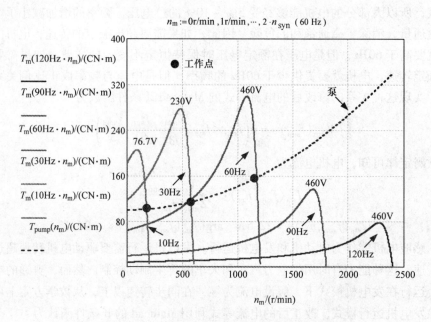

图 11.6　电机和泵转矩速度曲线与电源线电压的关系

从 60Hz 开始频率的增加，增大了同步转速（发生在转矩为零时）并将转矩速度曲线右移（更高的速度）。同样地，最大转矩减小了，然而，对应的电机电压保持恒定。

电机和泵转矩 – 速度曲线的交叉点确定了工作点。图 11.6 表明在高速时，电机不能驱动泵，因为泵的转矩曲线在电机转矩曲线上面，电机和泵转矩曲线在额定速度区域上方相交不明显。运行区域可通过试差法来确定。

可以看出每一个工作点的转速都接近那个频率下的同步转速。取一个近似，允许式（11.16）的同步转速取代实际运行速度。降低频率的近似控制等式为

$$n_m(f_{sup}) = \frac{f_{sup}}{\frac{p}{2}} \quad V_{sup}(f_{sup}) = \frac{V_{mot}}{\sqrt{3}} \cdot \frac{f_{sup}}{f_{sys}} \quad\quad (11.18)$$

如果电源频率增加超过系统频率，电源电压是不能调节的，它是保持在额定值水平的常数。交流感应电机转速控制需要的能力：

① 调节电源频率；

② 控制电源电压与频率成正比，频率低于系统频率；

③ 当频率在系统频率以上时保持电源电压在额定电压水平。

这个例子显示了两个控制区；然而，电力工程实践证实了交流感应电机控制

的三个控制范围。图 11.7 所示为转矩和电机功率与频率的近似变化关系。转矩 – 速度 – 频率关系详细的分析超出了本书的目标，但是我们确定的范围如下：

① 恒定的转矩范围。在这个范围内，转速在额定转速下，电源电压频率在系统频率下。一般情况下，电机能在额定转矩水平提供或多或少的恒定转矩。

② 恒定的功率范围。在这个范围内，转速超出了额定转速，电源电压频率超出了系统频率，转矩与频率成反比减小，但是电机功率保持或多或少的恒定，如图 11.7 所示。

③ 高速范围。如果电机转速增加超过额定转速的 2 ~ 3 倍以上，转矩与电源频率的二次方成反比减小。

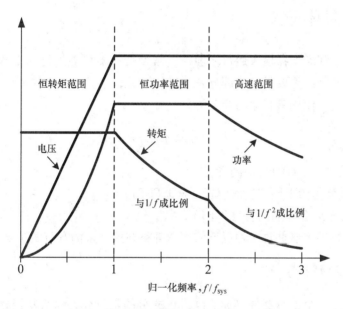

图 11.7　交流感应电机的转速控制范围

如图 11.8 所示为典型交流感应电机驱动（控制）的主要组成部分，交流电源电压通过整流得到的直流电压在直流环节滤波。直流电压给产生变频交流电压的逆变器提供电源，逆变器输出的频率和振幅（方均根值）都是可控的。逆变器产生的三相电压给电机提供电压。逆变器电压的频率决定了电机的转速。调节逆变器的输出电压来保持电机在低速时磁通量恒定，这需要恒定的电压频率比。

另一种解决方案是通过可控的整流器和逆变器的变频运行调节直流电压，不需要电压控制。

这些结果表明了交流感应电压控制需要整流器和逆变器，然而，直流电机驱动只需要整流。

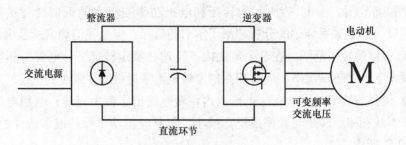

图 11.8　交流感应电机控制特性的概念

11.3　半导体开关

在整流器和逆变器检查运行之前，了解使变换器可能运行的设备是必要的。整流器和逆变器最重要的组成部分是半导体开关，半导体技术的进步经常产生新型开关。目前，使用最普遍的开关为

① 二极管；

② 晶闸管；

③ 门极关断（GTO）晶闸管；

④ 金属氧化物半导体场效应管（MOSFET）；

⑤ 绝缘栅双极型晶闸管（IGBT）。

这五种半导体器件每一种运行的原理都将在接下来的章节做简要介绍。

11.3.1　二极管

二极管是一个二端器件（pn 结），它的目的是只允许电流从阳极（p^+）流向阴极（n）。图 11.9 所示为二极管符号和典型的电流 – 电压（I – V）特性曲线，对于理想的二极管在正向偏置电压下，电流是一个指数函数被称为肖克利表达式：

$$I = I_s \left(e^{V/nV_T} - 1 \right) \tag{11.19}$$

式中，I_s 为反向偏置饱和电流；V_T 热电压；n 为二极管常数（$1 \leqslant n \leqslant 2$），热电压为 $V_T = kT/q$，其中 k 为玻尔兹曼常数；T 为绝对温度；q 为基本电荷常数。

大的二极管的正向电流可以是几千安培，反向电流仅有几毫安。当电流较小时，正向电压降小于 1V，但是在额定电流情况下可能有几伏。在反向电流方向下，电压的增大超出了额定值时会发生击穿和破坏。

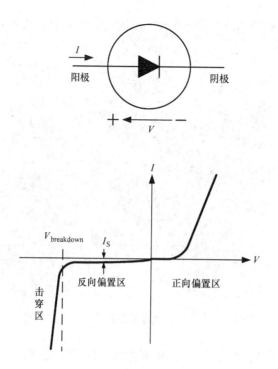

图 11.9　二极管符号和理想的电流－电压特性曲线

图 11.10 所示为典型的中等功率二极管的图，在功率二极管上产生损耗的主要部分是正向电压降和正向电流的乘积，在大功率二极管中，损耗可能有几百瓦。这需要将二极管被安装在空冷或水冷的散热器中。图 11.11 所示为安装在有散热片的风冷散热器中的功率二极管。

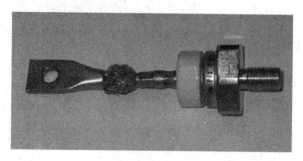

图 11.10　典型的中等功率二极管

图 11.12 所示为功率二极管的运行。图中显示了给负载（R_{load}）提供电压的单相整流电路的运行方式。当它连接交流电源与负载阻抗时，二极管在正周期导通。二极管电流（I_{load}）等于交流电压和电阻的比值，也就是，$I_{\text{load}} = V_{\text{AC}}/R_{\text{load}}$。

图 11.11 安装在风冷散热器上的功率二极管

二极管上的电压很小，小于 1V，在负周期，二极管不能导通（$I_{load} = 0$）。因此，二极管电压降和交流电压相等，如图 11.12 中下图所示。

取一个近似值，选择二极管需要确定平均正向电流，最大反向电压和最大故障电流及其持续时间。对于图 11.12 中的功率二极管，最大反向电压为 100V，发生在 $\omega t = 270°$ 时，一个周期的平均正向电流可通过对电流积分得到：

$$I_{DC\_ave} : = \frac{\omega}{2 \cdot \pi} \cdot \int_{0}^{\frac{2 \cdot \pi}{\omega}} I_{load}(t) \, dt = 6.069A$$

式中，周期 $T = 1/f = 2\pi/\omega$。

11.3.2 晶闸管

晶闸管是一个 3 端闭锁开关，有 4 层（$npnp$）结构，晶闸管也被称为可控硅整流器。用于高压直流输电线的大器件能承载几千安培的电流和高达 10kV 的电压。

图 11.13 所示为晶闸管的符号，电流 I_A 只从阳极流向阴极，也就是，晶闸管只在单方向导通。如果阳极到阴极的电压（V_{ACat}）是正的，栅极电流脉冲（I_{gate}）能使 SCR 触发导通。当电流达到 0 或者低的维持电流时，晶闸管关断。当阳极阴极电压为正时，晶闸管是正向偏置的，电压反向晶闸管是反向偏置。

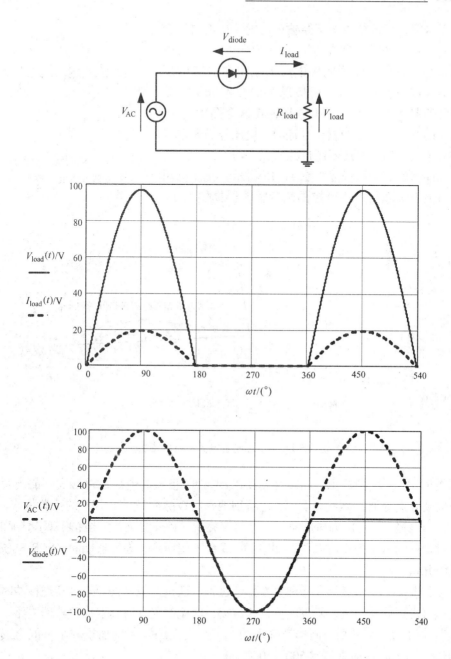

图 11.12　功率二极管运行

图 11.14 说明了一个晶闸管的电流 – 电压特性。这张图显示了反向偏置驱动通过晶闸管的小反向电流（10～50mA），但是反向电压的增加最终会导致反向

电压击穿，大部分情况下会破坏装置。在正向偏置方向下，当晶闸管没有门控（$i_{g0} = 0$）时，阳极电流很小，如果阳极到阴极电压大于正向击穿电压（V_{FB}）时，装置打开。门极脉冲的应用减小了需要开通器件的阳极到阴极电压，在这个图中 $i_{g4} > i_{g3} > i_{g2} > i_{g1} > i_{g0}$。当器件导通时，电压降随着电流略有增加，但是电压不超过几伏。

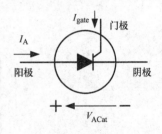

图 11.13　晶闸管或可控硅整流器（SCR）符号

晶闸管的运行描述如图 11.15 所示。交流电源通过电阻负载给单相可控晶闸管整流器提供电压。

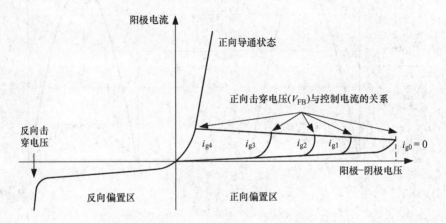

图 11.14　晶闸管电流–电压特性

如图 11.15 中上图所示，晶闸管栅极在 $\omega t = 30°$ 被短时电压脉冲触发，晶闸管在正周期开始导通，显示在下图中。特别地，门极脉冲是一个 10V 的正向脉冲。

当电流（I_{load}）方向反向时，晶闸管关断（停止导通）。当晶闸管不导通时，通过器件的电压为交流电压，如图 11.15 中下图所示。在导通期间，SCR 电压降落为几伏。

如图 11.16 所示为导通和关断详细过程。通过门极脉冲导通。几毫秒的时间延迟（t_d）后，阳极、阴极电流开始流动，电流的上升时间取决于外部电路。但是器件的 $|di/dt|$ 值是由制造商确定的。一个更大的电流增加或减小可能会损坏器件，$|di/dt|$ 的通常值在 500 ~ 1000A/μs。

外部电路起动器件的关闭。当电流迅速减小时，器件关闭。如图 11.16 所示器件没有在电流为零时关断。在短时间内 T_{rev}，会流过反向电流，通常值为 20 ~ 200μs。这个电流抵消了导通期间半导体中积累的电荷，反向电流的积分为储存的电荷，由制造商决定的，通常在 500 ~ 1000μC。如图 11.16 所示晶闸管关断

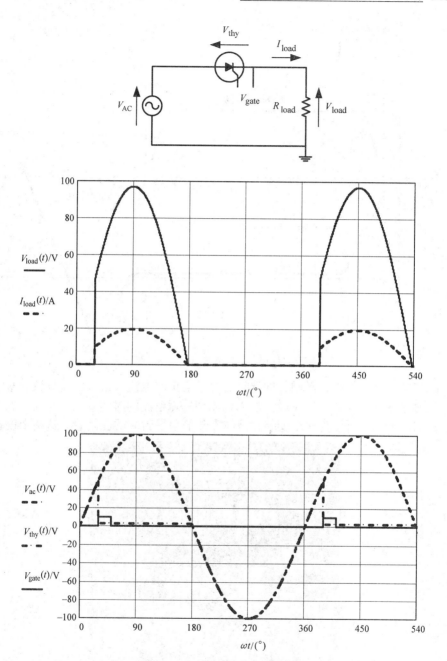

图 11.15 晶闸管运行的演示

后，阳极、阴极电压是正向的。在制造商决定的关断时间（T_{off}）后，器件上被加上了反向偏置电压（V_{FW}），重要的参数是电压上升的导数（dV_{FW}/dt）。制造商规定了电压导数的最大值，通常在 500 ~ 1000V/μs。

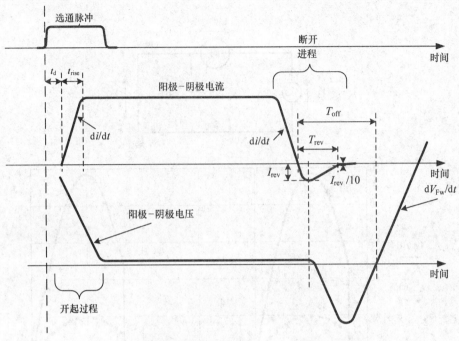

图 11.16　晶闸管导通和关断过程

　　在第一个近似中，晶闸管的选择需要平均正向电流、最大电流导数和最大反向正向电压及其导数，以及最大故障电流和故障电流的时间。

　　如图 11.17 所示为两个安装在液体冷却的扁平封装的晶闸管。这两个设备串

图 11.17　安装在冷却散热片之间的两个平装晶闸管

联能允许更高的运行电压。扁平封装型的晶闸管用于高功率的应用。这张照片显示了液冷散热器的三个组成部分。这样的排列使得每个晶闸管的两边都能制冷。

如图 11.18 所示为一个用于高压直流输电系统的大的光触发晶闸管，此图显示了用于触发器件的光导纤维灯管和器件里的硅片，器件的额定值为 4000A 和 10kV。

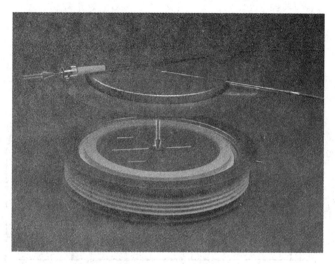

图 11.18　用于高压直流输电的光发射晶闸管（德国的埃朗根，西蒙）

早期的描述表明，晶闸管运行需要一个矩形脉冲触发器件。脉冲是由辅助回路产生的，这在以后的章节中会有描述。

11.3.3　门极关断晶闸管

门极关断（GTO）晶闸管如图 11.19 所示。当阳极、阴极电压是正极时，GTO 晶闸管是能通过正向脉冲导通的晶闸管。当 V_{ACat} 的极性反向时，GTO 晶闸管能通过负极脉冲关断。器件只是设计为从阳极到阴极一个方向导通。GTO 晶闸管的电流 – 电压特性与晶闸管的是相同的。

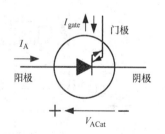

图 11.19　门极关断晶闸管符号

器件的运行如图 11.20 所示。此图显示了当电流从阳极流向阴极时，GTO 晶闸管只在正周期导通，器件通过正脉冲（$\omega t = 30°$）导通，在负周期电流反向之前，通过负脉冲在 $\omega t = 140°$ 时关断。门极信号由正脉冲和负脉冲组成。GTO 晶闸管的开关需要强大的辅助电路，能产生正、负极门信号。GTO 晶闸管的导通和晶闸管一样需要门极信号（100mA ~ 1A），关断需要大电流，通常关断电流为额定导通电流的三分之一或者五分之一。

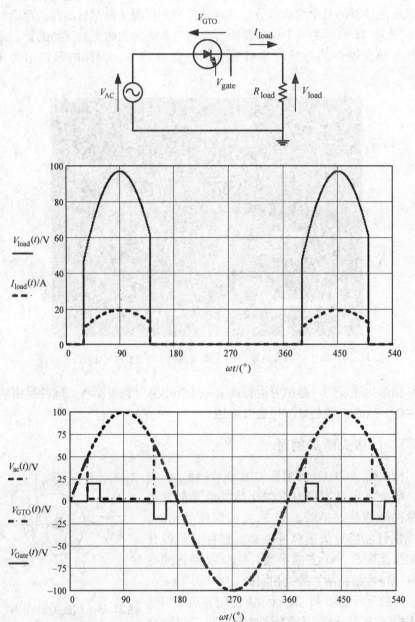

图 11.20 门极关断晶闸管的运行

当器件关断时，交流电压加在 GTO 晶闸管上，如图 11.20 中下面的图所示。在导通期间，器件电压只有几伏。

11.3.4　金属氧化物半导体场效应晶体管

金属氧化物半导体场效应晶体管（MOSFET）是一个快
速动作开关。图 11.21 所示为 MOSFET 的符号，有三个极：
漏极（D），源极（S）和栅极（G）。在 n 通道下电流从漏
极流向源极。在 p 通道中，电流从源极到漏极。为了防止反
向电压产生击穿，通过反向二极管分流。

图 11.21　金属氧化物
半导体场效应管

在电力回路里，MOSEFT 是由相对大的门脉冲驱动的，
脉冲加在设备上切换，使其饱和。在这种模式下，设备上的
电压降是几伏。

一般来说，MOSFET 的最大等级在几百安培（200 ~ 300A），1000 ~ 1500V
范围内，运行频率在兆赫兹的范围内。PWM 电路是 MOSFET 的一个典型应用。

11.3.5　绝缘栅双极型晶体管

绝缘栅双极型晶体管（IGBT）是三端设备，用作高速开关。由于反向击穿
电压相对低，设备由二极管反向关断。IGBT 符号如图 11.22 所示。典型的
600A、600V 的 IGBT 电流 – 电压特性如图 11.23 所示。图 11.23 显示了门极、射
极电压在 20V 左右，导致集电极电压大约为 2V 左右，电流为 600A。

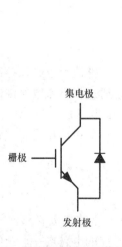

图 11.22　绝缘栅双极型晶体管符号

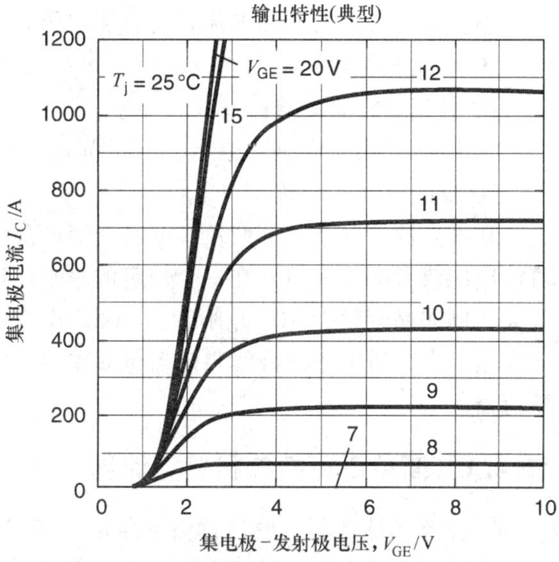

图 11.23　600V，600A 的 IGBT 模块的输出特性
（来源：功率半导体元件数据手册：
Powerex, Inc., Voungwood, PA, 1988）

电流从集电极流到发射极，设备正向偏置，正极（门射极）电压触发门脉

冲。门脉冲的移除使电流截止。

一般来说，IGBT 的最大功率额定值在几百安培（400～800A）范围内，电压低于 2000V。运行频率在千赫兹范围内。IGBT 一个典型的应用是在 PWM 电路里。

11.3.6　小结

所有这些半导体开关器件一个重要的特点是电流只允许在一个方向流动。这些开关器件的其他特性和主要用处的比较总结如表 11.1 所示。

表 11.1　重要半导体功率开关管特性的总结

开关	重要特性	应用
二极管	没有栅极	整流器
晶闸管（SCR）	栅极控制	整流器和逆变器应用
GTO	开关控制	整流器和逆变器应用
MOSFET 和 IGBT	每周期开关控制多次（即高速）	多数情况下用于逆变器，但也能用于整流器

11.4　整流器

整流器将交流电压和电流转为直流电压和电流。典型的电力应用包括：

① 电池充电器；

② 直流电机驱动器；

③ 电源（用于电脑、电器、不间断电源等）；

④ 发电机励磁系统。

在大多数情况下，即使负载或者交流电源电压改变，整流器也必须控制输出直流电压或者必须保持其在一个恒定的水平。这些都是通过在整流电路中的可控开关管例如晶闸管、GTO 晶闸管、MOSFET 或者 IGBT 来实现的。

本节先分析单个二极管整流器例如整流桥，然后，再分析单相或者三相可控整流器。

11.4.1　简单不可控二极管整流器

不可控（被动的）整流器由简单的二极管组成。这样的二极管整流器通常用于流行消费类电子产品的电源，是电子课程中最先研究的电路之一。这些直流变压器（一个流行的使用不当的名称）首先将家庭电压（120V）降压到 5～12V 左右，然后利用二极管将电压整流成直流电压输出。这些电源由于其立方体形状，有时被称为立方体功率变压器。

晶体管整流器回路如图 11.24 所示。半波整流器是利用单个二极管构建的。半波整流器（见图 11.24a）的输出电压（V_0）与交流电压的正半周相同，但是在负半周部分为 0：

$$V_0(t) = \begin{cases} \dfrac{V_{AC}(t)}{T} & 0 < t \leqslant \dfrac{1}{2f} \\ 0 & \dfrac{1}{2f} < t \leqslant \dfrac{1}{f} \end{cases} \qquad (11.20)$$

式中，f 为交流周期频率；T 为变压器的电压比。

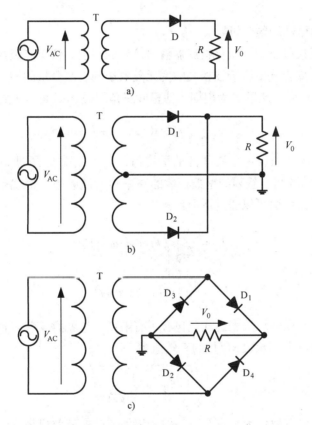

图 11.24　二极管整流回路
a）半波整流桥　b）中心抽头的全波整流桥　c）全波整流桥

全波整流可以通过全波整流器或者桥式整流器实现。如图 11.24b 的全波整流器保证了在所有时间内的输出电压都为正，因此 D_1 在正向交流周期导通，D_2 在负周期内导通。同样地，由于 D_1 和 D_2 的结合允许电流在正半周流动，D_3 和 D_4 允许电流在负半周流动，因此桥式整流器（见图 11.24c）能产生同样的全波输出。

全波整流桥输出为

$$V_0(t) = \begin{cases} \dfrac{V_{AC}(t)}{T} & 0 < t \leqslant \dfrac{1}{2f} \\[3mm] \dfrac{-V_{AC}(t)}{T} & \dfrac{1}{2f} < t \leqslant \dfrac{1}{f} \end{cases} \tag{11.21}$$

很明显，3个整流器中的每一个都不能产生一个恒定的直流输出，整流器输出的交流成分引起的脉动称为纹波。电容与整流回路的阻性负载并联能使纹波平滑。

11.4.1.1 傅里叶级数分析

傅里叶级数可以用来量化整流器输出信号的纯度。傅里叶级数将一个周期性的信号表示为直流分量和谐波相关频率无限数量的正弦分量的和。信号是周期信号 $x(t+T) = x(t)$，这里 T 为周期。傅里叶三角级数 $x(t)$ 可以分解波形为

$$x(t) = \frac{a_0}{2} + \sum_{n=1}^{\infty} \left[a_n \cos(n\omega_0 t) + b_n \sin(n\omega_0 t) \right] \tag{11.22}$$

式中，$a_0/2$ 为 $x(t)$ 直流部分的平均值；ω_0 为基频，通过 $\omega_0 = 2\pi f = 2\pi/T$ 对应于 $x(t)$ 的区间。基频的整数倍数的频率为谐波频率，也就是 $n\omega_0$ 中 $n > 1$。傅里叶三角级数系数可以通过下面计算出：

$$a_n = \frac{2}{T}\int_0^T x(t)\cos(n\omega_0 t)\,\mathrm{d}t$$

$$b_n = \frac{2}{T}\int_0^T x(t)\sin(n\omega_0 t)\,\mathrm{d}t \tag{11.23}$$

实际上，傅里叶级数表达式只包含了有限项，这就意味着它是一种近似的表达方法。它可以表明函数 $x(t)$ 的有效值为

$$X_{\mathrm{rms}} = \sqrt{\left(\frac{a_0}{2}\right)^2 + \frac{1}{2}\sum_{n=1}^{\infty} a_n^2 + b_n^2} \tag{11.24}$$

由于直流分量的有效值为 $|a_0/2|$，基波和谐波成分的有效值为 $\sqrt{(a_n^2+b_n^2)/2}$。

一些额外的约束通常使某些系数不必要：

情况1. 如果 $x(t)$ 为一个偶函数（例如 $x(-t) = x(t)$），那么对于所有的 n 都有 $b_n = 0$。

情况1a. 此外，如果 $x(t)$ 为偶函数，同时 $x(t) = x(T/2 - t)$，那么不仅仅所有的 $b_n = 0$，而且对于所有的偶数 n 都有 $a_n = 0$，包括 $n = 0$。

情况2. 如果 $x(t)$ 为一个奇函数（例如 $x(-t) = -x(t)$），那么对于所有的

n 都有 $a_n = 0$。

情况 2*a*. 此外，如果 $x(t)$ 为一个奇函数同时 $x(t) = x(T/2 - t)$，那么不仅仅是对于所有的 n 有 $a_n = 0$，而且对于所有的偶数 n 都有 $b_n = 0$。

由于只在奇次谐波出现，因此在这两种情况下的级数被称为奇次谐波级数。这些情况下的函数也认为是半波对称的。

快速的傅里叶变换（FFT）计算是一种用于计算离散傅里叶变换（DFT）的有效的计算方法，这可以定义为

$$X(n) = \frac{1}{N} \sum_{k=0}^{N-1} x(k) \exp(-j2\pi nk/N) \tag{11.25}$$

式中，信号 $x(k)$ 代表 $x(t)$ 的 N 个离散样本，在每隔 Δt 的时间里进行采样，因此 $t = k\Delta t$，这意味着 $X(n)$ 在 $n\omega_0 = 2\pi nf = 2\pi n/T = 2\pi n/(N\Delta t)$ 的频率上。早期的傅里叶级数的系数和上面的 DFT 之间的关系为

$$X(0) = \frac{a_0}{2} \quad X(n) = \frac{a_n - jb_n}{2} \tag{11.26}$$

11.4.1.2　半波整流回路分析

我们将要分析图 11.24a 所示的半波整流回路，为了简化分析这里省略了变压器。输入的交流电压为

$$V_{AC}(t) = \sqrt{2} V_{rms} \sin(\omega_0 t) \tag{11.27}$$

忽略二极管的电压降，对应的整流输出电压为：

$$V_0(t) = \begin{cases} \sqrt{2} V_{rms} \sin(\omega_0 t) & 0 < t \leqslant \dfrac{T}{2} \\ 0 & \dfrac{T}{2} < t \leqslant T \end{cases} \tag{11.28}$$

式中，T 为电压的周期。半波整流得到的正弦波形的傅里叶级数系数可以从标准的数学表$^{\ominus}$中得到：

$$V_0(t) = \sqrt{2} V_{rms} \left[\frac{1}{\pi} + \frac{1}{2} \sin(\omega_0 t) - \frac{2}{\pi} \sum_{n=2,4,6,\cdots} \frac{1}{n^2 - 1} \cos(n\omega_0 t) \right] \tag{11.29}$$

因此信号的平均值为 $\sqrt{2} V_{rms}/\pi = a_0/2$。表 11.2 列出了纯正弦波、半波和全波的傅里叶级数三角系数。

$\ominus$　Beyer W. H. ed. *CRC Standard Matnmatical Table and Fprmulae*, 29th ed. CRC Press, Boca Raton, FL, 1991, p. 408。

表 11.2　傅里叶级数三角系数

	正弦波	半波		全波
波形	$V_M\sin(\omega_0 t)$	$V_M\sin(\omega_0 t)$	$0 < t \leqslant \dfrac{T}{2}$	$V_M\|\sin(\omega_0 t)\|$
$x(t)$		0	$\dfrac{T}{2} < t \leqslant T$	
平均值 $\dfrac{a_0}{2}$	0	$\dfrac{a_0}{2} = \dfrac{V_M}{\pi}$		$\dfrac{a_0}{2} = \dfrac{2V_M}{\pi}$
a_n	$a_n = 0$	$a_n = \begin{cases} \dfrac{-2V_M}{\pi\,(n^2-1)} & n = 0,\ 2,\ 4,\ 6,\ \cdots \\ 0 & n = 1,\ 3,\ 5,\ \cdots \end{cases}$		$a_n = \begin{cases} \dfrac{-4V_M}{\pi\,(n^2-1)} & n = 0,\ 2,\ 4,\ 6,\ \cdots \\ 0 & n = 1,\ 3,\ 5,\ \cdots \end{cases}$
b_n	$b_1 = V_M$	$b_1 = \dfrac{V_M}{2}$		$b_n = 0$
	$b_n = 0 \quad n > 1$	$b_n = 0 \quad n > 1$		

例 11.1：整流波形频谱的 MATLAB 计算

在这个例子中，利用频率为 50Hz，电压有效值为 1V，单个周期为 0.02s 的内产生的三种波形，对交流正弦电压的傅里叶系数和半波全波整流信号的傅里叶系数进行了计算和比较。每一个波形的样本数量设置为 FFT 的 2 的整数幂的预期（例如 $4096 = 2^{12}$）。下面的代码实现了这些并且绘制了图 11.25 所示的曲线图：

```
% 整流波形的傅里叶谱
fsys = 50;          % 系统交流电压频率 (Hz)
w0 = 2*pi*fsys;     % 角频率 (rad/s)
T = 1/fsys;         % 信号周期 (s)

npts = 4096;        % 电压采样点数
time = linspace(0,T,npts);    % 时间矢量

% 生成交流参考电压信号
Vrms = 1;     % 交流电压方均根值
Vac = sqrt(2)*Vrms*sin(w0*time);

% 生成半波整流信号
Vhalf(1:npts/2) = Vac(1:npts/2);
Vhalf(npts/2+1:npts) = 0;

% 生成全波整流信号
Vfull = abs(Vac);
```

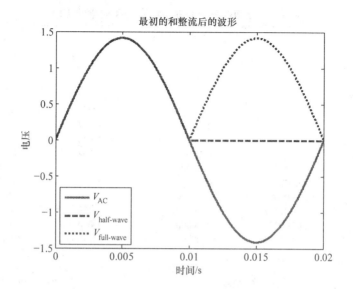

图 11.25　交流电压和半波全波整流的波形

```
%   绘制原始和整流后的波形
plot(time,Vac,'g-',time,Vhalf,'m-',time,Vfull,'k:',...
    'LineWidth',2.5);
set(gca, 'fontname','Times', 'fontsize',12);
xlabel('Time (sec)');
ylabel('Voltage');
title('Original and Rectified Waveforms');
legend('V_{ac}','V_{half-wave}','V_{full-wave}',...
    'Location','SouthWest');
```

　　MATLAB 中的 FFT 函数是用来确定三个波形的每个的 DFT。像许多软件包，MATLAB 的 FFT 函数在式（11.25）中不包含除 N，但是在下列代码中包含：

```
%   执行快速傅里叶变换分析
Xac = fft(Vac)/npts;
Xhalf = fft(Vhalf)/npts;
Xfull = fft(Vfull)/npts;

nfreq = 10;           %  频点数
freq = [0:fsys:nfreq*fsys];        %  频率矢量
```

　　傅里叶级数三角系数通过表 11.2 的关系来确定，然后与从 FFT 数值分析中获得的值比较，如表 11.3 所示。为了对三角级数系数进行直接比较，FFT 结果乘以 2，复共轭根据式（11.26）得出。表格的比较得出了 FFT 结果与分析的结果不完全匹配。这种差异是由于 DFT 表示的矩形带通滤波器的缺陷。频谱旁瓣泄漏的讨论超出了本书的范围，但是影响的程度可以在只有 b_1 系数为非零系数的纯正弦波 FFT 的结果中观察到。

表 11.3　傅里叶三角级数系数和 FFT 结果的比较

半波系数比较

	解析的		数值的（FFT）	
n	$a(n)$	$b(n)$	$2X*(n)/N$	
0	0.90032		0.90010	
1	0.00000	0.70711	0.00027	0.70702j
2	-0.30011	0.00000	-0.30023	0.00023j
3	0.00000	0.00000	-0.00000	-0.00013j
4	-0.06002	0.00000	-0.06004	0.00009j
5	0.00000	0.00000	-0.00000	-0.00007j
6	-0.02572	0.00000	-0.02573	0.00006j
7	0.00000	0.00000	-0.00000	-0.00005j
8	-0.01429	0.00000	-0.01429	0.00004j
9	0.00000	0.00000	-0.00000	-0.00004j
10	-0.00909	0.00000	-0.00910	0.00003j

全波系数比较

	解析的		数值的（FFT）	
n	$a(n)$	$b(n)$	$2X*(n)/N$	
0	1.80063		1.80019	
1	0.00000	0.00000	-0.00054	0.00000j
2	-0.60021	0.00000	-0.60045	0.00092j
3	0.00000	0.00000	0.00000	-0.00000j
4	-0.12004	0.00000	-0.12007	0.00037j
5	0.00000	0.00000	0.00000	-0.00000j
6	-0.05145	0.00000	-0.05146	0.00024j
7	0.00000	0.00000	0.00000	-0.00000j
8	-0.02858	0.00000	-0.02859	0.00018j
9	0.00000	0.00000	0.00000	-0.00000j
10	-0.01819	0.00000	-0.01819	0.00014j

正弦波系数比较

	解析的		数值的（FFT）	
n	$a(n)$	$b(n)$	$2X*(n)/N$	
0	0.00000		0.00000	
1	0.00000	1.41421	0.00108	1.41404j
2	0.00000	0.00000	-0.00000	-0.00046j
3	0.00000	0.00000	-0.00000	-0.00026j
4	0.00000	0.00000	-0.00000	-0.00018j
5	0.00000	0.00000	-0.00000	-0.00014j
6	0.00000	0.00000	-0.00000	-0.00012j
7	0.00000	0.00000	-0.00000	-0.00010j
8	0.00000	0.00000	-0.00000	-0.00009j
9	0.00000	0.00000	-0.00000	-0.00008j
10	0.00000	0.00000	00.00000	-0.00007j

最后，FFT 得到的傅里叶系数的大小利用分别为频率和谐波数的双 x 坐标绘制出，如图 11.26 所示。纯交流电压的频谱是在基波谐波（$n=1$）频率为 $50\,\mathrm{Hz}$ 的一个单一的点，谐波的幅值为 $\sqrt{2}$。对于半波和全波的频谱成分幅度会随着谐波数量的增加迅速减小。

```
% 计算半波的系数
a0 = 2/pi *sqrt(2)*Vrms;
for k=2:2:10
    a(k-1) = 0;
    b(k-1) = 0;
    a(k) = -2/pi /(k^2-1) *sqrt(2)*Vrms;
    b(k) = 0;
end
b(1) = 1/2 *sqrt(2)*Vrms;
ListCoeff('Half',a0,a,b,nfreq,Xhalf)

% 计算全波的系数
a0 = 4/pi *sqrt(2)*Vrms;
for k=2:2:10
    a(k-1) = 0;
    b(k-1) = 0;
    a(k) = -4/pi /(k^2-1) *sqrt(2)*Vrms;
    b(k) = 0;
end
ListCoeff('Full',a0,a,b,nfreq,Xfull)

% 计算纯正弦波的系数
a0 = 0;
a = zeros(1,10);
b = zeros(1,10);
b(1) = sqrt(2)*Vrms;
ListCoeff('Sine',a0,a,b,nfreq,Xac)
figure (2)
plot(freq,abs(Xac(1:nfreq+1)),'g-v',...
    freq,abs(Xhalf(1:nfreq+1)),'m-s',...
    freq,abs(Xfull(1:nfreq+1)),'k:o','LineWidth',2.5)

ylabel('Spectrum (FFT Magnitude)');
legend('V_{ac}','V_{half-wave}','V_{full-wave}',...
    'Location','NorthEast');
% 对谐波数加入第2个x轴
ax1 = gca;
ax2 = axes('Position',get(ax1,'Position'),...
    'XAxisLocation','top','color','none');
xlimit = [0,nfreq];
set(ax2,'xlim',xlimit,'ytick',get(ax1,'ytick'),...
    'yticklabel','','fontname','Times');
title('Harmonic (n)','fontname','Times');
```

```
set(gca, 'fontname','Times', 'fontsize',12);
xlabel('Frequency (Hz)');
```

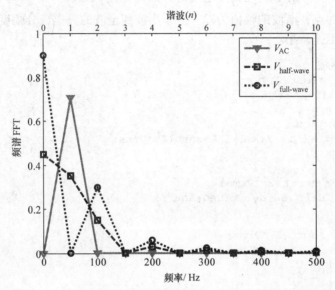

图 11.26　正弦电压的谐波成分（频谱）和半波全波整流信号

例11.2：半波整流器 Mathcad 分析

半波整流器的分析在 Mathcad 中是一个简单的过程。首先，建立了系统频率和交流电压周期：

$$f_{sys} := 60\text{Hz} \quad \omega := 2 \cdot \pi \cdot f_{sys} \quad T_p := \frac{1}{f_{sys}}$$

北美交流家用电压（120V）作为整流器的输入波形，整流器的输出为一个 5Ω 的电阻：

$$V_{rms} := 120\text{V} \quad V_{AC}(t) := \sqrt{2} \cdot V_{rms} \cdot \sin(\omega \cdot t) \quad R_o := 5\Omega$$

在这个例子中为了简化，二极管的电压降可以忽略不计。if 语句限制了直流输出只在正半周期跟随交流输入变化，根据欧姆定律可计算出电流：

$$V_{half\_wave}(t) := \text{if}(V_{AC}(t) > 0, V_{AC}(t), 0\text{V}) \quad I_{half\_wave}(t) := \frac{V_{half\_wave}(t)}{R_o}$$

三个周期的整流器的直流电压和电流如图 11.27a 所示。直流电流分量的大小是在一个周期内输出电流的平均值：

$$I_{DC} := \frac{1}{T_p} \cdot \int_0^{T_p} I_{half\_wave}(t)\,dt \quad I_{DC} = 10.8\text{A}$$

作为平均值的检验:

$$I_{DC} = V_{DC}/R = (\sqrt{2}V_{rms}/\pi)/R = \sqrt{2} \times (120V)/(\pi \times (5\Omega)) = 10.8A_{\circ}$$

最初的 30 傅里叶系数通过式 (11.23) 进行计算。余弦 (a_n) 系数为

$$n: = 0..30$$

$$I_{\cos\_a_n}: = \frac{2}{T_p} \cdot \int_{0s}^{T_p} I_{half\_wave}(t) \cdot \cos(n \cdot \omega \cdot t)dt$$

$$I_{\cos\_a}^T =$$

	0	1	2	3	4	5	6	7	8	
0	21.61	0	-7.2	0	-1.44	0	-0.62	0	...	A

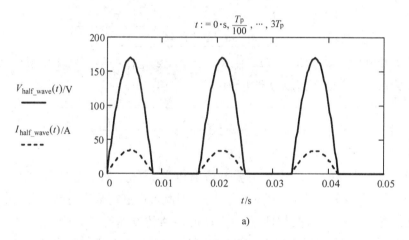

a)

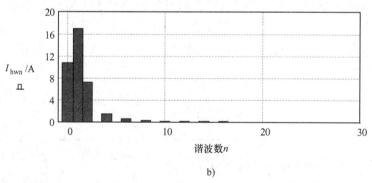

b)

图 11.27　Mathcad 半波整流器分析

a) 整流器输出电压和电流　b) 整流器电流的谐波含量

正弦 (b_n) 系数为

$$I_{\sin\_b_n} := \frac{2}{T_p} \cdot \int_0^{T_p} I_{half\_wave}(t) \cdot \sin(n \cdot \omega \cdot t)\,dt$$

$$I_{\sin\_b}^T = \begin{array}{|c|c|c|c|c|c|c|c|c|c|} \hline 0 & 1 & 2 & 3 & 4 & 5 & 6 & 7 & 8 & \\ \hline 0 & 0 & 16.97 & 0 & 0 & 0 & 0 & 0 & 0 & \cdots \\ \hline \end{array} \ A$$

这些三角级数系数能用来得到各种频率成分的大小，包括基波（或基础）和直流成分：

$$I_{hw_n} = \sqrt{(I_{\cos\_a_n})^2 + (I_{\sin\_b_n})^2} \qquad I_{hw_{0n}} := \left| \frac{I_{ccs\_a_0}}{2} \right|$$

$$I_{hw}^T = \begin{array}{|c|c|c|c|c|c|c|c|c|c|} \hline 0 & 1 & 2 & 3 & 4 & 5 & 6 & 7 & 8 & \\ \hline 0 & 10.8 & 16.97 & 7.2 & 0 & 1.44 & 0 & 0.62 & 0 & \cdots \\ \hline \end{array} \ A$$

傅里叶分析结果如图 11.27b 所示。由于欧姆定律中整流器输出电压和电流的线性关系，电压的频谱成分和电流一样。

例 11.3： 半波整流器 PSpice 分析

PSpice 软件也能用来仿真半波整流器电路。首先创建电路原理图，如图 11.28 所示。用 VSIN 部分取代 VAC 元件，因此可以进行瞬态分析，并且输入信号与之前等式中的正弦波相匹配。60Hz 的回路仿真运行了 3 个周期 50ms，图 11.29a 显示了电源电压、电阻上产生的电压和二极管上流过的电流。PSpice 能够计算出产生的波形的 FFT。图 11.29b 显示了三个波形的 FFT 分析结果。注意电阻电压和二极管的电流有同样的频谱成分，但是如预期一样有不同的大小。

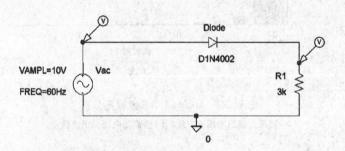

图 11.28　半波整流器 PSpice 电路模型

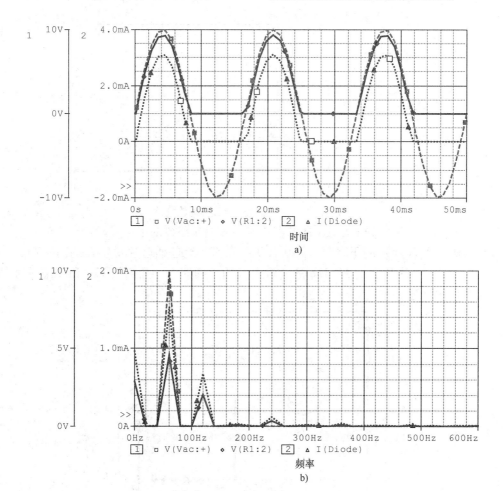

图 11.29 半波整流器仿真的 PSpice 结果

a) 交流输入电压，二极管电流和整流器输出电压

b) 交流输入电压、二极管电流和整流器输出电压的 FFT 分析

11.4.2 单相可控整流器

单相可控整流器是使用最频繁的整流器。该电路采用晶闸管开关用于线路切换，采用 MOSFET 和 IGBT 用于 PWM 回路。

11.4.2.1 单相线路换相整流器

图 11.30 所示为可控晶闸管和单相桥式整流电路的电路图，桥式电路由通过变压器的交流电压源供能。电路输出是直流电压。变压器为交流和直流回路提供了绝缘，这使得交流和直流回路需要独立接地。联邦规定中要求交流回路需要中性点接地。除此以外，直流回路必须有一个点接地，变压器能使接地点的选择很自由。

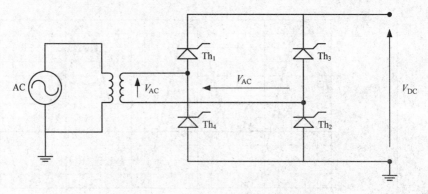

图 11.30　单相可控晶闸管桥式整流桥

图 11.31 为单相桥式整流器的电压方向和电流路径的示意图。在交流电源电压（见图 11.31a）的正周期，晶闸管 Th$_1$ 和 Th$_2$ 通过延迟触发角 α 的门脉冲触发导通。在如图所示的 11.31b 的交流电源的负周期中，晶闸管 Th$_3$ 和 Th$_4$ 通过触发角 α 导通。

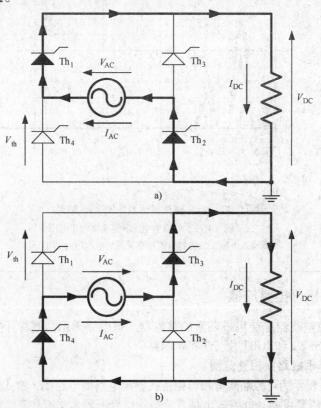

图 11.31　单相可控桥式整流器的运行

a）正向交流电源电压周期　b）负向交流电源电压周期

换相发生在晶闸管 Th_1 和 Th_2 向 Th_3 和 Th_4 转换的过程中。这就需要在适当的时候对 Th_3 和 Th_4 进行触发。在晶闸管 Th_1 和 Th_2 中产生了反向电流，使它们关断。任一组晶闸管激发后直接连接交流电压和负载。当电源电流（I_{DC}）是正向时，电源电压通过电阻产生电流 I_{DC}。电源电流方向的改变使晶闸管关断。

由于是桥式连接，在两个电路中直流负载电压和电流的极性在正负周期中都是一样的，每一对晶闸管的导通需要另一对晶闸管关断，或者电源电流方向反向。在电阻负载的情况下，关断是由于电流方向的改变引发的。

图 11.32 所示为单相可控晶闸管桥式整流器的交流和直流电压和电流图。电流是通过对晶闸管的触发产生的。这个图也绘制了触发晶闸管的延迟门脉冲的曲线。Th_1 和 Th_2 延迟触发角 α 是 60°，Th_3 和 Th_4 延迟触发角 α 是 120°。

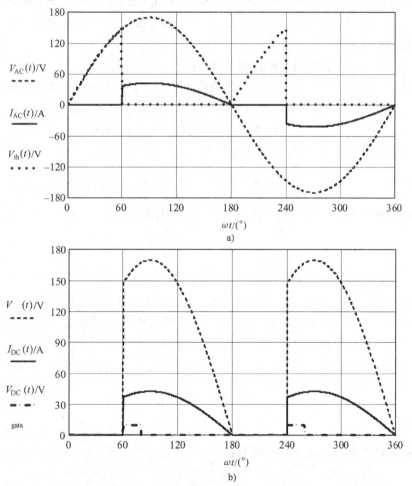

图 11.32 单相可控整流桥的电压和电流波形

a）交流电压、电流和晶闸管电压　b）直流电压、电流和门脉冲可以看到，直流电压和电流是非连续和脉动的。图 11.32b 所示为延迟触发角使平均直流电压减小，因为触发延迟剪下了电压曲线的第一部分。瞬时直流电流通过欧姆定律进行计算。

交流电流的形状和直流电流的形状相似，唯一的不同是方向。由于是桥式连接，直流电流在正负周期中都是正向的。同时，交流电流有同样的波形，但是电流方向在正半周期中为正，在负半周期中为负。当晶闸管没有导通时，电压降就是交流电压。当短路回路描述的是导通晶闸管时，开路回路表示的是非导通晶闸管。

图 11.32b 也说明了在每半个周期直流电流和电压波形是相同的。因此，直流电流和电压值能利用第一个半周期的值通过 Mathcad（后面可以看到）计算出来。因为在正周期和负周期的电流方向不同，因此对于交流电流等式要考虑第一个周期的整个周期。

11.4.2.2 电阻负载的单相桥式整流器

通过一个数值例子来分析单相整流器的运行。假设理想桥式连接整流器给电阻供电（见图 11.31）。忽略电源阻抗，交流电源电压、频率和负载阻抗为

$$V_{rms} := 120V \quad f := 60Hz \quad R_{road} := 4\Omega$$

60Hz 运行时，半周期和全周期为

$$T_{half} := \frac{1}{2 \cdot f} = 8.33ms \qquad T_{cycle} := \frac{1}{f} = 16.67ms$$

时间是可变的，但是我们选择特定的时间验证方程：

$$\omega := 2 \cdot \pi \cdot f \qquad t := \frac{60°}{\omega} = 2.78ms$$

交流电压等式为

$$V_{AC}(t) := \sqrt{2} \cdot V_{rms} \cdot \sin(\omega \cdot t) \quad V_{AC}(t) = 147.0V \quad \sqrt{2} \cdot V_{rms} = 169.7V$$

晶闸管对经过延迟角 α 触发，因为晶闸管只在正方向导通，因此直流电压总是正的。这两个标准通过 Mathcad 中 if 语句来实现。第一个条件语句是在触发角为 0 和 α 间直流电压是零，第二个语句表明直流电压不能为负。选择的延迟角（α）和直流电压等式为

$$V_{DC}(t) = \begin{cases} 0 & 0 < \omega t < \alpha \\ |V_{AC}(t)| & \alpha < \omega t < \pi \end{cases}$$

这些可以利用下面的语句在 Mathcad 中实现：

$$\alpha := 60°$$

$$V_{DC}(t) := if(\omega \cdot t < \alpha, 0V, |V_{AC}(t)|) \qquad V_{DC}(t) = 147.0V$$

直流电压是周期函数，可以实现如下：

$$V_{DC}(t) := \text{if}\left(\omega \cdot t < \pi, V_{DC}(t), V_{DC}\left(t - \frac{\pi}{\omega}\right)\right) \quad V_{DC}(t) = 147.0\text{V}$$

直流电流可以通过欧姆定律计算。因此，直流电流等于直流电压除以负载阻抗。

晶闸管保证了电流总是正的：

$$I_{DC}(t) := \frac{V_{DC}(t)}{R_{load}} \quad I_{DC}(t) = 36.74\text{A}$$

交流电流和直流电流是一样的，但是在负周期它的方向是负的。同样，可以用 if 语句表达：

$$I_{AC}(t) := \text{if}(t < T_{half}, I_{DC}(t), -I_{DC}(t)) \quad I_{AC}(t) = 36.74\text{A}$$

应用回路电压方程，当晶闸管没有导通时每个晶闸管的电压降等于交流电源电压，当晶闸管导通时等于零：

$$V_{th}(t) := \text{if}(\omega \cdot t < \alpha, |V_{AC}(t)|, 0) \quad V_{th}\left(\frac{30°}{\omega}\right) = 84.85\text{V}$$

桥式整流器得到的交流和直流波形如图 11.32 所示。根据图 11.32a，最大的晶闸管电压是峰值电源电压，当延迟角超过 90°时，峰值电压用来选择晶闸管的反向电压等级。

一个周期的电流的均值用来选择晶闸管的电流等级。晶闸管的电流平均值是直流电流的一半，因为在正周期，Th_1 和 Th_2 导通，在负周期中，Th_3 和 Th_4 导通。通常，用于电路设计的安全系数为 50% ~ 100%。

评估整流器性能需要整个周期的平均直流电压和电流。这些均值可以通过第一个半周期瞬时直流值的积分除以半个周期来计算。直流电压平均值为

$$V_{DC\_ave} := \frac{1}{T_{half}} \cdot \int_0^{T_{half}} V_{DC}(t)\,dt \quad V_{DC\_ave} = 81.0\text{V}$$

一般的表达式可以通过积分或分析用符号推导出直流电压均值：

$$\frac{1}{T_{half}} \cdot \int_{\frac{\alpha}{\omega}}^{T_{half}} \sqrt{2} \cdot V_{rms} \cdot \sin(\omega \cdot t)\,dt \rightarrow \frac{\sqrt{2} \cdot V_{rms} \cdot (\cos(T_{half} \cdot \omega) - \cos(\alpha))}{T_{half} \cdot \omega}$$

将 $T_{half}\,\omega = \pi$ 代入到等式中并化简得到：

$$V_{DC\_average}(\alpha) := \frac{\sqrt{2} \cdot V_{rms}}{\pi} \cdot (1 + \cos(\alpha)) \quad V_{DC\_average}(\alpha) = 81.0\text{V}$$

等式只适用于阻抗负载。

直流电流平均值也能通过欧姆定律或者积分进行计算：

$$I_{DC\_average}(\alpha) := \frac{V_{DC\_average}(\alpha)}{R_{load}} \quad I_{DC\_average}(\alpha) = 20.26\text{A}$$

$$I_{DC\_ave} := \frac{1}{T_{half}} \int_0^{T_{half}} I_{DC}(t)\,dt \quad I_{DC\_ave} = 20.26\text{A}$$

晶闸管电流平均值是直流电流平均值的一半：

$$I_{th\_ave} := \frac{I_{DC\_ave}}{2} \quad I_{th\_ave} = 10.13A$$

输入交流功率的确定需要计算电流有效值。电流有效值通过半周期的交流电流的积分进行计算。

$$I_{AC\_rms} := \sqrt{\frac{1}{T_{half}} \cdot \int_0^{T_{half}} I_{AC}(t)^2 dt} \quad I_{AC\_rms} = 26.91A$$

我们将欧姆定律（$I_{AC} = V_{AC}/R_{load}$）代入到电流等式中，从 α 到 π 进行积分来确定交流电流有效值的一般公式。利用 Mathcad 的符号积分，可得到：

$$\sqrt{\frac{1}{R_{load}^2 \cdot T_{half}} \cdot \int_{\frac{\alpha}{\omega}}^{T_{half}} (\sqrt{2} \cdot V_{rms} \cdot \sin(\omega \cdot t)^2) dt}$$

$$\rightarrow \sqrt{\frac{V_{rms}^2 \cdot (\sin(2 \cdot \alpha) - 2 \cdot \alpha - \sin(2 \cdot T_{half} \cdot \omega) + 2 \cdot T_{half} \cdot \omega)}{2 \cdot R_{load}^2 \cdot T_{half} \cdot \omega}}$$

利用二次关系 $\sin(2\theta) = 2\sin(\theta)\cos(\theta)$ 并且代入 $T_{half}\omega = \pi$ 到等式中，这个表达式可简化为

$$I_{rms\_AC}(\alpha) := \frac{V_{rms}}{R_{load}} \cdot \sqrt{\frac{1}{\omega \cdot T_{half}} \cdot (\pi - \alpha + \cos(\alpha) \cdot \sin(\alpha))}$$

$$I_{rms\_AC}(\alpha) = 26.91A$$

交流复功率的大小（例如视在功率）是电流有效值和电压大小的乘积：

$$S_{AC} := I_{AC\_rms} \cdot V_{rms} \quad S_{AC} = 3.23kV \cdot A$$

平均功率是瞬时功率（电流和电压的乘积）在一个周期的积分除以一个周期：

$$P_{AC} := \frac{1}{T_{cycle}} \cdot \int_0^{T_{cycle}} V_{AC}(t) \cdot I_{AC}(t) dt \quad P_{AC} = 2.9kW$$

图 11.32 所示为交流电压和电流之间有 60°延迟角，交流电流波形不是正弦的。这种畸变波形在交流系统中产生了不希望的谐波。评估谐波的生成需要交流电流的傅里叶分析。利用式（11.23），交流电流的频谱通过计算傅里叶级数系数（a_n 和 b_n）可建立：

$$n := 0..51$$

$$I_{a_n} := \frac{2}{T_{cycle}} \cdot \int_{0s}^{T_{cycle}} I_{AC}(t) \cdot \cos(n \cdot \omega \cdot t) dt$$

$$I_a^T = $$

	0	1	2	3	4	5	6	7
0	0	−10.13	0	5.06	0	5.06	0	···

A

$$I_{b_n} := \frac{2}{T_{cycle}} \cdot \int_{0s}^{T_{cycle}} I_{AC}(t) \cdot \sin(n \cdot \omega \cdot t) dt$$

$$I_b^T = $$

	0	1	2	3	4	5
0	0	34.13	0	−8.77	0	···

A

交流电流的每个谐波成分的有效值为

$$I_{harm_n} := \frac{\sqrt{(I_{a_n})^2 + (I_{b_n})^2}}{\sqrt{2}} \qquad I_{harm_0} := \left| \frac{I_{a_0}}{2} \right|$$

$$I_{harm}^T = \begin{array}{|c|c|c|c|c|c|c|c|c|c|} \hline & 0 & 1 & 2 & 3 & 4 & 5 & 6 & 7 & 8 \\ \hline 0 & 0 & 25.18 & 0 & 7.16 & 0 & 4.13 & 0 & 2.07 & \cdots \\ \hline \end{array} \text{A}$$

得到的谐波电流强度相对于 60Hz 基频（一次谐波）时电流的曲线绘制如图 11.33 所示。直流和偶次谐波频率成分的振幅为 0。这幅图显示了电流谐波的振幅随着谐波数（或者频率）的增加而减小。特定谐波（n）的频率（f_n）是谐波数 n 乘以 60Hz，也就是 $f_n = n60$Hz。

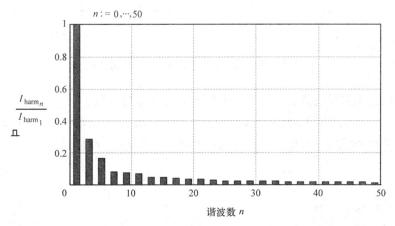

$$n := 0, \cdots, 50$$

图 11.33　60°延迟角的单相可控晶闸管桥式整流器的交流电流的频谱

利用等式（11.24），通过傅里叶级数的前 51 项得出有效值为

$$\sqrt{\sum_n (I_{harm_n})^2} = 26.86\text{A}$$

结果为 26.86A 接近之前得到的 I_{rms_AC}（α）26.91 的值。

谐波的影响通过总谐波失真（THD）因数来判断，计算 THD 的公式为

$$\text{THD} := \sqrt{\sum_{n=2}^{51} \left(\frac{I_{harm_n}}{I_{harm_1}} \right)^2} \qquad \text{THD} = 37.2\%$$

前面分析只考虑了前 51 次谐波。电力公司要求 THD 为 10% ~ 15%。之前得到的 THD 值一直高得令人无法接受，需要用过滤器减小谐波量。对于阻性负载，THD 取决于延迟角，因为 α 改变了电流的波形。

例 11.4：电池充电器的运行分析

在这个例子中，单相整流器给电池充电。电池由戴维南等效电路表示：直流

电压源和一个电阻串联。电路如图 11.34 所示。

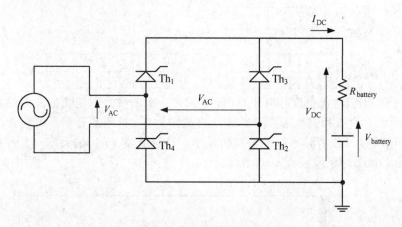

图 11.34 利用单相整流器的电池充电器

交流电压源有效值、电池直流电压和电池内部电阻为

$$V_{rms}: =50V \qquad V_{battery}: =48V \qquad R_{battery}: =0.4\Omega$$

触发角和时间是变化的，但是可以选择初始值验证方程：

$$\alpha: =60° \qquad \omega: =2 \cdot \pi \cdot 60Hz \qquad t: =\frac{80°}{\omega}$$

交流电源电压为

$$V_{AC}(t): =\sqrt{2} \cdot V_{rms} \cdot \sin(\omega \cdot t) \qquad V_{AC}(t) =69.6V$$

晶闸管通过两种方式影响电池的戴维南等效电路的直流电压。首先，因为晶闸管的缘故，直流电流必须是正的。这防止了当电池电压超过直流电压时，电流从电池中流出。第二，在电流流动之前，晶闸管必须触发。利用 if 语句结合这两个要求，直流电压为

$$V_{DC}(t,\alpha): =if[(\omega \cdot t<\alpha) \lor (|V_{AC}(t)| < V_{battery}), V_{battery}, |V_{AC}(t)|]$$
$$V_{DC}(t,\alpha) =69.6V$$

式中，符号 $\lor$ 表示逻辑或操作。图 11.35 绘制出了直流电压波形，这是脉动周期函数。模数运算符 $\mathrm{mod}(x, y)$，能用来扩展前面所有的时间表达式。一般来说，模数运算符返回 x 除以 y 的余数。$\omega t/\pi$ 的余数通常是 $\omega t-n\pi$，这里 n 是半周期数。因此，在第一个半周期里，余数为 ωt，第二个半周期为 $\omega t-\pi$，以此类推。用 $\mathrm{mod}(\omega t, \pi)<\alpha$ 代替上面的表达式的 $\omega t<\alpha$。生成了 $t>0$ 的正确的周期函数：

$$V_{DC}(t,\alpha): =if[(\mathrm{mod}(\omega \cdot t \cdot \pi)<\alpha) \lor (|V_{AC}(t)| < V_{battery}), V_{battery}, |V_{AC}(t)|]$$

$$t := 0, 10^{-5} \cdot s, \cdots, \frac{2}{60Hz}$$

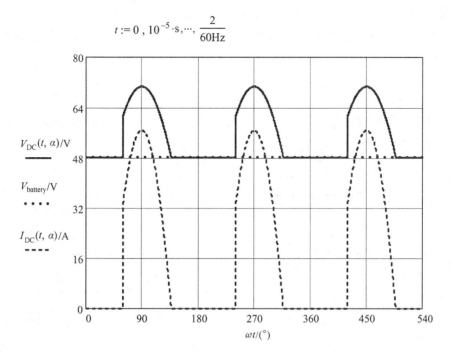

图 11.35 电池充电器直流电流和电压

直流（电池）电流能利用欧姆定律进行计算。充电电流等于电压差除以电阻，电压差是直流电压减去电池电压：

$$I_{DC}(t,\alpha) := \frac{V_{DC}(t,\alpha) - V_{battery}}{R_{battery}} \quad I_{DC}(t,\alpha) = 54.1A$$

获得的直流电流不是恒定的，而是正脉动电流。交流电流和直流电流是相同的，但是在负周期中极性是相反的：

$$I_{AC}(t,\alpha) := if(mod(\omega \cdot t, 2 \cdot \pi) < \pi, I_{DC}(t,\alpha), -I_{DC}(t,\alpha))$$

直流电压和电流的平均值为

$$V_{DC\_ave}(\alpha) := \frac{\omega}{\pi} \cdot \int_{0s}^{\frac{\pi}{\omega}} V_{DC}(t,\alpha) dt \quad V_{DC\_ave}(\alpha) = 55.2V$$

$$I_{DC\_ave}(\alpha) := \frac{\omega}{\pi} \cdot \int_{0s}^{\frac{\pi}{\omega}} I_{DC}(t,\alpha) dt \quad I_{DC\_ave}(\alpha) = 18.0A$$

直流电流和电压绘制如图 11.35 所示。此图显示了只在直流电压大于电池电压时才有电流。在这种情况下，有电流的角度大概在43°~137°，同样也是在这个范围内电流是可控的。在此范围外，门控制是没有作用的。因此，当交流电压大于电池电压时延迟角控制是有效的。此图说明了延迟角（α）达到43°电流才是可控的。

从交流电源传送到电池的实际功率也是延迟角的函数。平均功率是瞬时功率在半个周期的积分除以半个周期：

$$P_{AC}(\alpha): = \frac{\omega}{\pi} \cdot \int_{0s}^{\frac{\pi}{\omega}} I_{AC}(t,\alpha) \cdot V_{AC}(t)\mathrm{d}t \quad P_{AC}(\alpha) = 1.2\mathrm{kW}$$

功率传输与延迟角的函数如图 11.36b 所示。交流电压和电流如图 11.37 所示。曲线说明了控制产生的畸变波形可能具有高次谐波量。

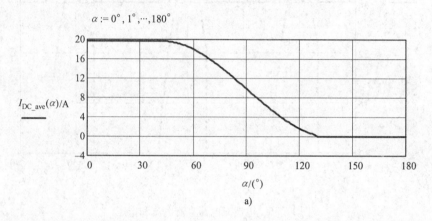

a)

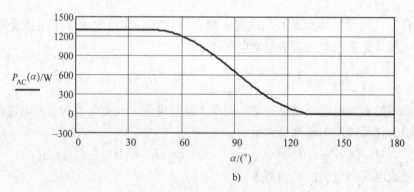

b)

图 11.36　电池充电器的晶闸管触发延迟角的影响

a) 充电电流和延迟角　b) 平均功率传输和延迟角

11.4.2.3　电感性负载的单相桥式整流器

阻性负载的桥式整流器产生非连续的、脉动的直流电流，这些会对桥式整流器控制的直流电机产生不利的影响。电感与电阻串联能够减小甚至消除脉动电流。图 11.38 所示为桥式整流器与电感性负载的连接图。

利用 PSpice 模拟研究电感和电阻串联的影响。图 11.39a，b 分别提供了典

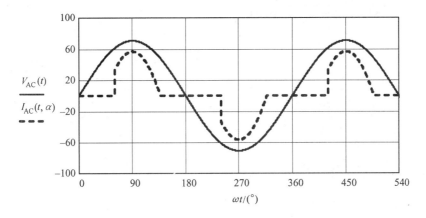

图 11.37　电池充电器交流电流和电压

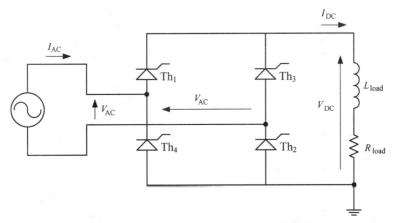

图 11.38　带有电感性负载的单相桥式整流器

型的小电感和中等电感的仿真结果。在 4Ω 电阻负载时绘制出直流电流和电压跟随交流电源电压和电流的变化曲线。该图表明电感在电压过零点延长了传导通时间。然而，直流电流是不连续的。如果电感值大，传导会变成连续的，如图 11.39c 所示。

我们将探讨当直流电流是常数时电感非常大的情况。在这种情况下，每一个晶闸管对导通 180°（例如整个半周期）。触发延迟调节了导通的起始点，延迟转移了交流信号的导通时间。

利用数值例子来分析电路的运行，电路数据为

$$V_{\text{rms}} := 120\text{V} \quad I_{\text{DC}} := 40\text{A} \quad f := 60\text{Hz} \quad \omega = 2 \cdot \pi \cdot f$$

交流电源电压为

$$V_{\text{AC}}(t) = \sqrt{2} V_{\text{rms}} \sin(\omega t)$$

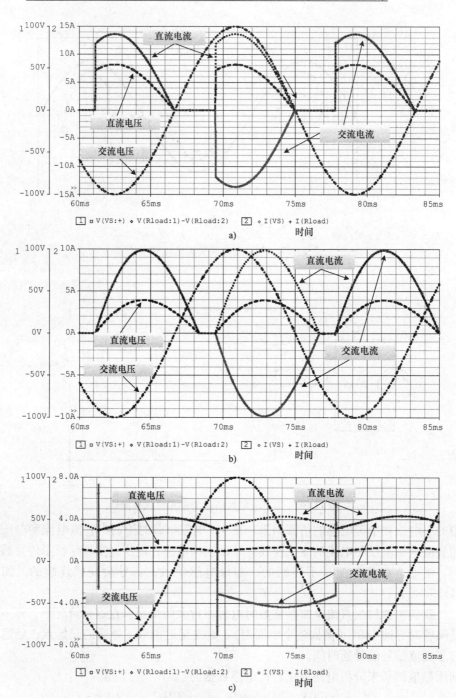

图 11.39　负载电感对通过负载的直流电流的影响
a）小电感（10μH）　b）中等电感（15mH）　c）大电感（200mH）引起了直流电流的连续导通

整个周期和半个周期的时间为

$$T_{\text{cycle}} : = \frac{1}{f} \quad T_{\text{half}} : = \frac{1}{2 \cdot f}$$

通过使用下列式子来对等式进行验证：

$$\alpha : = 60° \quad t : = \frac{T_{\text{half}}}{3} = 2.78 \text{ms}$$

如果晶闸管导通时间是半个周期，延迟角为 α，直流电压为

$$V_{\text{DC}}(t, \alpha) : = \text{if}(\alpha \leqslant \omega \cdot t \leqslant 180° + \alpha, V_{\text{AC}}(t), -V_{\text{AC}}(t))$$

$$V_{\text{DC}}(t, \alpha) = 147.0 \text{V}$$

这个等式用了 if 语句确定了延迟角在 $\alpha \sim (\alpha + 180°)$，晶闸管 Th_1 和 Th_2 导通半个周期，交流电压在正方向连接负载。在下个半周期，Th_3 和 Th_4 导通。因此，交流电压在反方向（见图 11.38）与负载连接。

当 Th_1 和 Th_2 导通时交流电流是正向的，当 Th_3 和 Th_4 导通时交流电流是反向的，如图 11.31 所示。交流电流为

$$I_{\text{AC}}(t, \alpha) : = \text{if}(\alpha \leqslant \omega \cdot t \leqslant 180° + \alpha, I_{\text{DC}}, -I_{\text{DC}})$$

$$I_{\text{AC}}(t, 90°) = -40 \text{A}$$

交流电压、直流电压和交流电流在延迟角为 60°时的波形如图 11.40 所示。该图显示了方波交流电流和分段正弦直流电压。

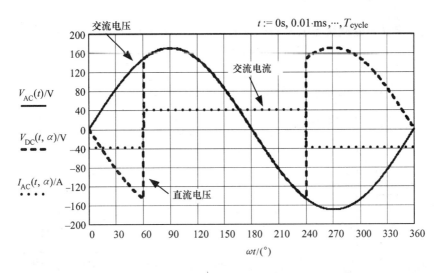

图 11.40　交流电压和电流，延迟角为 60°时的直流电压

非导通晶闸管电压等于负载电压。它们的最大值是交流电源电压的峰值。平均直流电压为

$$V_{\text{DC\_ave}}(\alpha) := \frac{1}{T_{\text{half}}} \cdot \int_{\frac{\alpha}{\omega}}^{T_{\text{half}}+\frac{\alpha}{\omega}} V_{\text{DC}}(t,\alpha) \, dt \quad V_{\text{DC\_ave}}(\alpha) = 54.0\text{V}$$

对直流电压平均值分析得到的表达式是通过对交流电压在 α 到（$\alpha+180°$）积分，然后除以半个周期的时间推导出的。利用 Mathcad 的符号积分，得到：

$$\frac{1}{T_{\text{half}}} \cdot \int_{\frac{\alpha}{\omega}}^{T_{\text{half}}+\frac{\alpha}{\omega}} \sqrt{2} \cdot V_{\text{rms}} \cdot \sin(\omega \cdot t) \, dt \rightarrow -\frac{\sqrt{2} \cdot V_{\text{rms}} \cdot (\cos(\alpha + T_{\text{half}} \cdot \omega) - \cos(\alpha))}{T_{\text{half}} \cdot \omega}$$

这里：

$$\cos(\alpha + T_{\text{half}} \cdot \omega) = \cos(\alpha) \cdot \cos(T_{\text{half}} \cdot \omega) - \sin(\alpha) \cdot \sin(T_{\text{half}} \cdot \omega)$$

$$T_{\text{half}} \cdot \omega = \pi \quad \cos(T_{\text{half}} \cdot \omega) = -1 \quad \sin(T_{\text{half}} \cdot \omega) = 0.$$

将这些量代入公式简化为

$$V_{\text{DC\_ave}}(\alpha) := \frac{2 \times \sqrt{2} \cdot V_{\text{rms}}}{\pi} \cdot \cos(\alpha) \quad V_{\text{DC\_ave}}(\alpha) = 54.0\text{V}$$

直流功率是直流电压平均和恒定直流电流的乘积：

$$P_{\text{DC}}(\alpha) := I_{\text{DC}} \cdot V_{\text{DC\_ave}}(\alpha) \quad P_{\text{DC}}(\alpha) = 2.16\text{kW}$$

图 11.41 所示为直流功率随着延迟角的变化。可以看到直流功率在延迟角为 90°时为零。延迟角超过 90°产生反向直流功率。这意味着功率从直流侧流向交流侧。显而易见的，这需要直流侧的电源（电池）。没有直流电源且当延迟角超过 90°时功率依然会保持为零。没有直流电源且在延迟角超过 90°时电流不能保持恒定。

通过定义，方波交流电流的有效值与直流电流相等：

$$I_{\text{AC\_rms}} := I_{\text{DC}} \quad I_{\text{AC\_rms}} = 40\text{A}$$

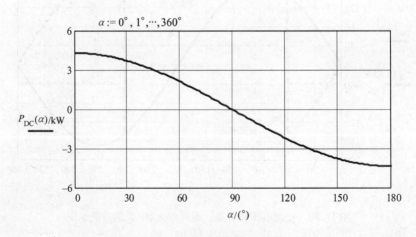

图 11.41　直流功率与延迟角

利用傅里叶分析计算出交流电流的谐波含量。计算出前 51 项用来确定整个谐波畸变（THD）因数：

$$N_: = 51 \quad n_: = 0..N$$

$$I_{a_n}: = \frac{1}{T_{half}} \cdot \int_0^{T_{cycle}} I_{AC}(t,\alpha) \cdot \cos(n \cdot \omega \cdot t)\,dt$$

$$I_{b_n} = \frac{1}{T_{half}} \cdot \int_0^{T_{cycle}} I_{AC}(t,\alpha) \cdot \sin(n \cdot \omega \cdot t)\,dt$$

$$I_{h_n} = \frac{\sqrt{(I_{a_n})^2 + (I_{b_n})^2}}{\sqrt{2}} \quad I_{h_0}: = \left| \frac{I_{a_0}}{2} \right|$$

$$I_h^T = \begin{array}{|c|c|c|c|c|c|c|c|c|c|} \hline 0 & 1 & 2 & 3 & 4 & 5 & 6 & 7 & 8 \\ \hline 0 & 0 & 36.01 & 0 & 12 & 0 & 7.2 & 0 & 5.14 & \cdots \\ \hline \end{array} \text{A}$$

前 51 项谐波的有效值计算如下，与 40A 的电流有效值相近：

$$\sqrt{\sum_{n=1}^{N} I_{h_n}^2} = 39.84\text{A}$$

THD 因数为

$$\text{THD}: = \sqrt{\sum_{n=2}^{N} \left(\frac{I_{h_n}}{I_{h_1}} \right)^2} \quad \text{THD} = 47.3\%$$

在电感性负载的情况下，THD 与延迟角是相互独立的，因为交流电流波形总是方波。得到的 THD 值大得无法接受，这就要求在大型整流器的交流侧加上滤波器。

平均交流功率是瞬时功率一周的积分：

$$P_{ave}(\alpha): = \frac{1}{T_{cycle}} \cdot \int_{0 \cdot s}^{T_{cycle}} I_{AC}(t,\alpha) \cdot V_{AC}(t)\,dt$$

$$P_{ave}(\alpha) = 2.16\text{kW}$$

这与前面计算的 P_{DC} 相符合。复功率和功率因数为

$$S: = V_{rms} \cdot I_{AC\_rms} = 4.8\text{kV} \cdot \text{A} \quad \text{pf}: = \frac{P_{ave}(\alpha)}{S} = 0.45$$

功率因数很低，期望值在 0.8 以上。通常，大型整流器采用电容组和谐波滤波器一起进行功率因数补偿。

11.4.3 触发和缓冲电路

半导体开关器件的运行需要方波触发脉冲。触发电路产生这些脉冲。不同半导体设备利用不同的触发电路。触发电路的详细分析超出了本书的范围。然而，本书将以晶闸管触发电路为例对触发电路的概念进行阐述。

　　门触发电路的概念：晶闸管要求每个周期的脉冲同步、延迟、时间短。大量的模拟和数字电路已经用来产生这些延迟的触发脉冲。简单的补充电路如图 11.42 所示。这个电路图说明了桥式变换器延迟触发脉冲产生的概念。变压器减小了交流电源电压。减小的电压提供了一个正弦参考信号。参考信号提供了将正弦参考信号转化为方波来标记电压过零点（见图 11.43a）的过零点检测器。延迟角控制对方波信号的积分。这样的结果是一个与控制电压比较的周期性的锯齿波。控制电压是在期望范围内实现电机速度控制的直流电压。当两个信号相等时，比较器会产生触发脉冲。因此，延迟角是由直流控制电压控制的（见图 11.43b）。触发信号生成器将晶闸管 Th_1、Th_2、Th_3 和 Th_4 的触发信号分开，分别如图 11.43c、d 所示。触发信号驱动脉冲放大器，脉冲放大器通过绝缘脉冲变压器与晶闸管门极相连，如图 11.42 所示。在更先进的电路里，脉冲变压器被光学耦合器或者光触发晶闸管所取代。

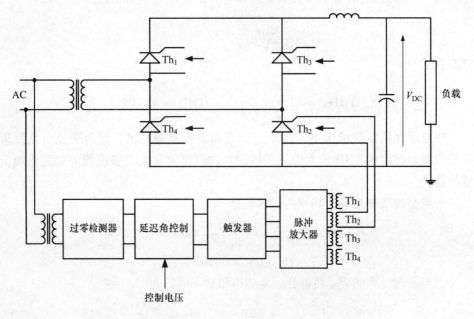

图 11.42　桥式变换器的门触发电路

　　缓冲电路：晶闸管开通关断产生的瞬态电压可以危及设备。几个设备串联会使这个问题增强。暂态是由与每个设备并联的缓冲电路控制。缓冲电路吸收瞬时电压的冲击。典型的缓冲电路如图 11.44 所示。

　　该电路由串联电阻电容（*RC*）网络和一个二极管分流电阻 R_S 组成。R_P 是当晶闸管没有导通时用来平衡电压分布的。在晶闸管导通前或者当晶闸管关断时，电流通过二极管给电容充电，限制了 d*V*/d*t*。当晶闸管导通时，电容通过电

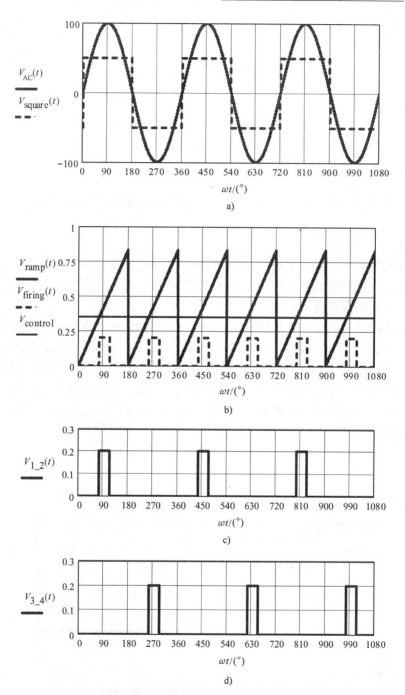

图 11.43　晶闸管触发信号产生的例子

a）参考正弦信号和方波转换　b）产生延迟触发脉冲的信号

c）和 d）触发信号分别在正反方向触发晶闸管导通

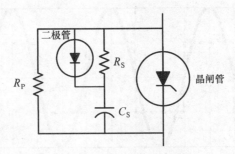

图 11.44　晶闸管缓冲电路

阻（R_S）泄流，限制了 di/dt。缓冲电路运行分析超出了本书的目标。

11.4.4　三相整流器

三相整流器用于大型系统，三相整流器可通过在桥式变换器中增加第三条支路来建立。三相整流器电路产生平滑的直流电压。通常，大电感用来使直流电压平滑，产生恒定的直流电流。

图 11.45 显示了一个典型的晶闸管控制的三相整流器连接图的示意图。在这个电路中，导通角为 60°，晶闸管按预先定好的序列触发。触发序列为 Th_5 和 Th_6、Th_6 和 Th_1、Th_1 和 Th_2、Th_2 和 Th_3、Th_4 和 Th_5。图 11.45 说明了任一晶闸管对的触发连接了线电压和电感性直流负载。因此，输出直流电压将和没有触发控制的线电压峰值相近。通常，没有门控制，直流电压平均值为 $1.35V_{line-to-line}$。

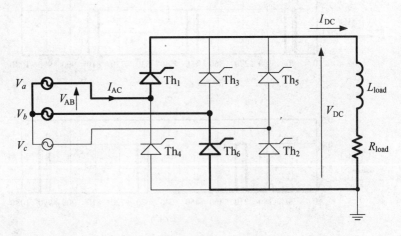

图 11.45　三相可控晶闸管整流器

直流电压平均值受触发延迟角控制。图 11.46 绘制出了波形。该图清楚地显示了触发延迟角削减了直流电压波形的一部分，减小了直流电压平均值。当延迟角为 90°时直流电压将为零。超过 90°时，如果在直流侧有可用的电池或者其他直流功率源，功率从直流侧流向交流侧。

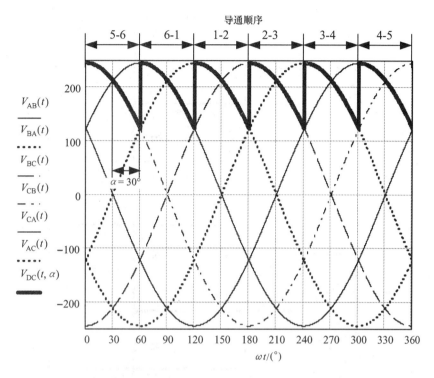

图 11.46　触发延迟角为 30°的三相整流器的波形

11.5　逆变器

逆变器是将直流电压和电流转变成交流电压和电流。交流电压的频率可以通过逆变器工作频率来调节。典型的电力应用为

① 交流电机驱动；

② 太阳能转换成 60Hz；

③ 风能转换；

④ 燃料电池；

⑤ 高压直流输电。

这一部分探讨了 PWM 电压源逆变器和换向可控晶闸管逆变器的原理。

逆变器工作的基本概念如图 11.47 所示。电路的主要组成部分为：

① 直流功率源（V_{DC}），例如电池；

② 负载，例如交流侧电阻（R_{load}）；

③ 桥式开关电路。

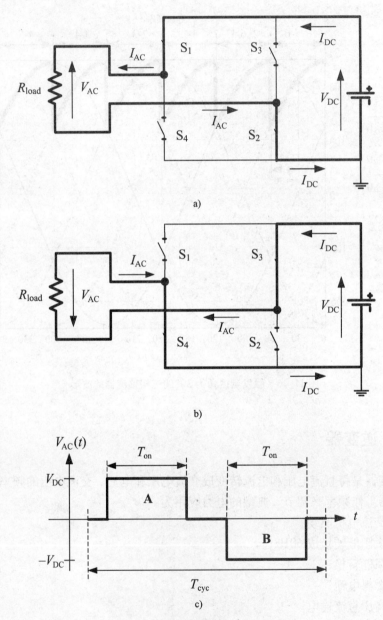

a)

b)

c)

图 11.47 逆变器的工作概念

a) 当 S_1 和 S_2 导通时电流的流向　b) 当 S_1 和 S_2 断开时电流的流向

c) 桥式逆变器运行产生的电压波形

首先，开关 S_1 和 S_2 闭合，连接直流电源和负载，如图 11.47a 所示。负载电压（V_{AC}）将和直流电压相等。在预先设定的时间后，S_1 和 S_2 断开，使得直流电源和负载断开连接，因此负载电压变为零。

接下来是开关 S_3 和 S_4 闭合，使直流电压与负载反极性连接（见图 11.47b）。负载电压将变成反向直流电压。在预先设定的时间后 S_3 和 S_4 断开，使直流电压和负载电压返回到零。

开关序列的重复产生了方波门信号如图 11.47c 所示。这是一个畸变的交流电压。波形能通过利用滤波器来提高，滤波器可以消除高次谐波，得到可以接受的正弦电压。

接下来的分析说明了产生的交流电压的频率取决于开关频率。交流电压的有效值能通过开关导通时间来调节。

如果脉冲持续时间为 T_{on}，周期重复的时间为 T_{cyc}，交流电压频率为

$$f_{AC} = \frac{1}{T_{cyc}} \tag{11.30}$$

对半个周期进行积分，交流电压的有效值为

$$V_{rms\_AC} = \sqrt{\frac{2}{T_{cyc}} \int_0^{T_{on}} V_{DC}^2 \, dt} = \sqrt{2} V_{DC} \sqrt{\frac{T_{on}}{T_{cyc}}} \tag{11.31}$$

正负周期必须相同以避免在交流信号的直流偏置。谐波含量和 THD 因数能够通过 11.4.2.2 小节的方法计算得到。

逆变器的性能可通过将持续时间分割成更短的导通关断时间而得到改善。通常，这种类型的逆变器通过 GTO 晶闸管开关来实现。

该整流器和逆变器利用的是相同的电路。实际上，每个整流器都可以作为逆变器运行，反之亦然。因此，桥式电路通常被称为变换器。

前面描述的逆变器称为电压源逆变器。电压源型逆变器要求有开关（例如 GTO 晶闸管，MOSFET，或者 IGBT）。我们将在后面展示前面描述的可控晶闸管整流器也能作为一个电流源逆变器运行。

11.5.1 脉冲宽度调制的电压源逆变器

前面介绍的电压源逆变器主要的缺点是会产生大量的谐波。谐波的振幅可以采用 PWM 技术减小。交流电压的有效值通过开关的持续时间（T_{on}）来控制，如图 11.47 所示。PWM 技术的基本概念是将持续时间分割成多个可变的导通关断时间。

利用 PWM 技术最多的是正弦脉冲宽度调制。这个方法需要桥式逆变器有反并联二极管的 IGBT 或者 MOSFET 开关。当开关断开时允许二极管电流在反方向流动。这些续流二极管防止感应电流中断，给暂态过电压提供保护，暂态过电压

可能会引起 IGBT 和 MOSFET 开关的反向击穿。典型的电路如图 11.48 所示。

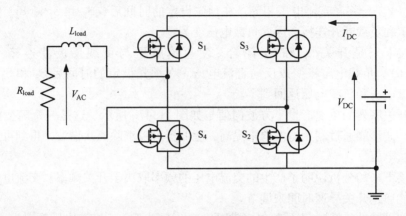

图 11.48 单相电压源逆变器

　　逆变器的开关通过门极脉冲控制。门极信号包含多个沿半周期分布的脉冲。每个脉冲的宽度与正弦波的幅值变化成正比。典型的 PWM 波形如图 11.49 所示。

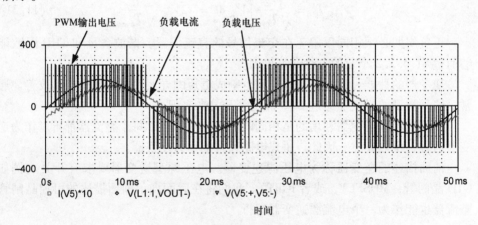

图 11.49 门脉冲输入信号和 PWM 逆变器的交流电压和电流输出

　　在正周期中，S_1 和 S_2 由图 11.49 所示的高频脉冲序列开关。在负周期，脉冲序列对 S_3 和 S_4 开关。电感性负载将产生的脉冲序列集成，产生一个正弦电压（V_{AC}）和电流波形，如图 11.49 所示。

　　控制电路通过产生的三角形载波和正弦参考信号产生门脉冲序列。将这两个信号进行比较，当载波大于参考信号时，门信号是正向的，当载波小于参考信号时，门信号为零。这样产生的门脉冲就有了不同的宽度。图 11.50a 所示为载波和参考正弦波形，图 11.50b 所示为得到的可变宽度的脉冲门信号。必须注意还有多个其他方法可用来产生 PWM 信号。这是描述 PWM 技术的典型例子。

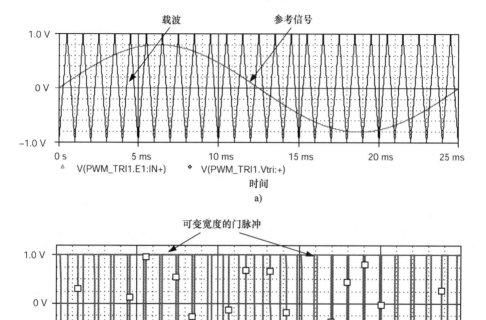

图 11.50　PWM 信号

a）三角载波和正弦参考信号　b）宽度变化的门脉冲信号

　　参考正弦波形的频率确定了产生的交流电压的频率。交流电压的振幅可以通过参考信号幅值的变化来调节。交流电压基波成分的振幅为

$$V_{AC} = \frac{V_{control}}{V_{carrier}} V_{DC} = m V_{DC} \qquad (11.32)$$

　　式中，V_{AC} 为交流电压的振幅；V_{DC} 为直流电压振幅；$V_{control}$ 为控制（参考）信号电压峰值；$V_{carrier}$ 为载波峰值电压；m 为调制度。

　　调制度是交流电压峰值（$2V_{AC}$）和直流电压的比值。

　　逆变器在每个周期多次中断了电流。电感性电流的中断将产生不能接受的过电压。产生的过电压可以通过与开关管并联的续流二极管来消除。当开关管导通时，电流如果是电感性的将会转移到二极管，如图 11.51 所示。当开关管 S_1 和 S_2 闭合，开关管 S_3 和 S_4 断开时，图 11.51 的电路图显示出了电流路径。当开关

S_1 和 S_2 断开（现在所有的开关都断开了），电流将转移到 S_3 和 S_4 的二极管上。电流的转移防止了电感性电流的中断。

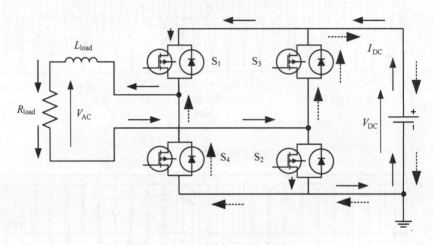

图 11.51　续流二极管工作

电路中的电感和电容串联（见图 11.42），逆变器的输出端滤去高次谐波，产生的交流电压是正弦。对于典型的交流电机控制，整流得到 60Hz 的交流电，得到的直流电压给逆变器供电，反过来为电机产生可变的正弦频率电压，如图 11.8 所示。这说明逆变器回路能当作整流器运行。

此外，再增加一对开关管将使该回路转变成通常用于三相电机控制中的三相 PWM 逆变器。

11.5.2　有源可控晶闸管逆变器

在 11.4.2 节中描述的整流电路（见图 11.30）能当作逆变器运行。逆变器运行需要交流和直流源，电感保持直流电流或者至少确保直流电流连续。

逆变器工作需要延迟角度在 90°～180°之间。图 11.52 所示为桥式电路在 90°～170°的延迟角度间产生波形的图像。

图 11.52a 所示为交流电压和方波交流电流间的延迟角度为 90°，直流电压平均值为零，因为直流电压的正和负部分的幅值和持续时间是相同的。这两个事实说明了交流和直流功率为零。

图 11.52b 表明交流电压和方波交流电流间的延迟角度为 170°，直流电压平均值是负的，因为直流电压几乎不存在正的部分的持续时间（例如 180° 中的

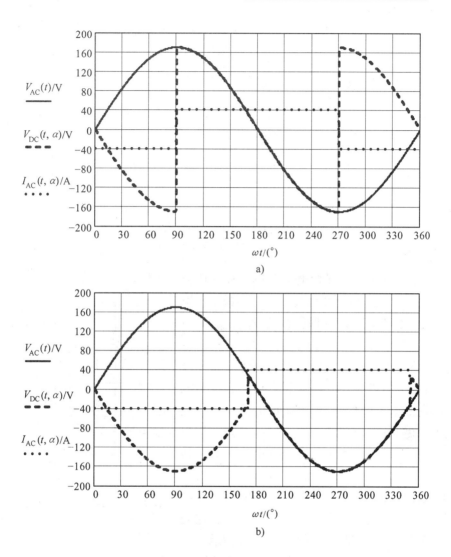

图 11.52 单相桥式逆变器产生的波形

a) 延迟角为 90° b) 延迟角为 170°

10°），这表明了功率从直流侧流向交流侧。

有源逆变器的实际应用需要直流电压的调节来保持恒定的直流电流。图 11.53a 所示为桥式变换电路，产生如图 11.52 所示的电压。直流电压的均值为 V_{DC_inv}。利用戴维南等效电路，变换器能够用一个直流电源（V_{DC_source}）和阻抗代替，如图 11.53b 所示。等效电路的直流电流平均值为

$$I_{DC} = \frac{V_{DC\_inv} - V_{DC\_source}}{R} \tag{11.33}$$

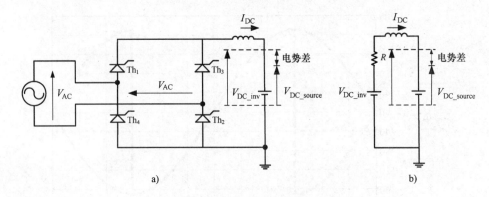

图 11.53 单相有源逆变器
a）电路图 b）等效电路

直流电流能通过保持电势差恒定来保持恒定。因此，如果延迟角增加，V_{DC_inv} 会减小；恒定直流电流和电势差的保持需要 V_{DC_source} 的适当减小。如果触发角增加超过了 90°，V_{DC_inv} 会变成负值。保持恒定直流电流和电势差需要改变 V_{DC_source} 的极性。变换器延迟角和直流源电压必须控制，同时要保持恒定的电势差和直流电流。在实际的电路中，所需的电势差一般很小，因此，逆变器产生的电压和电压源必须是负的，如图 11.54 所示。在这种情况下，功率从直流流向交流电路，因为在直流电源（发电机）中电流和电压有同样的方向，并且在逆变器（负载）中方向相反，如图 11.52b 所示。

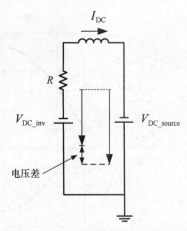

图 11.54 倒置模式下的电势差

这些逆变器用于驱动大型同步电机，电机产生了用于工作的交流电压。然而，逆变器的类型不适用于感应电机驱动，不能提供一个无交流源网络。有源可控晶闸管逆变器的工作，需要在交流侧的交流电压是可用的。在同步电机驱动的情况下，大电机必须产生可变频率的交流电压。电机驱动的起动需要电机的旋转，这是通过给电机提供短持续时间的电流脉冲，产生轻微的旋转，然后产生交流电压来实现的。

有源逆变器和整流器的一个非常重要的应用是高压直流输电。

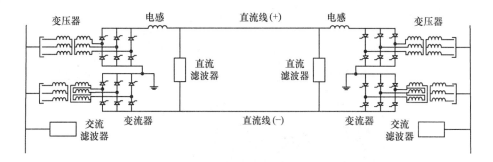

图 11.55 高压直流输电的概念

11.5.3 高压直流输电

高压直流输电线用于长距离大能量的传输。一个典型的应用是连接俄勒冈和洛杉矶的太平洋直流联络线。直流联络线的电压是 ±500kV，传输的最大能量是 3100MW。世界各地有超过 100 个直流输电系统。最古老和著名的一个是英国和法国的电缆互联。

图 11.55 所示为高压直流输电系统简化的连接图，主要部分是通过直流输电线路连接的两个换流站。换流站能够运行在逆变和整流的模式下，允许能量在两个方向上传输。

每个换流站包含两个换流器，在直流侧串联。串联连接点（中间点）接地。其中 个换流器产生正直流电压，另一个产生负直流电压。在交流和直流侧的谐波都需要被滤掉。

变压器通常应用在每个变换器中。在每个换流站高压直流输电系统利用两种不同的变压器类型，一种是 Y–y 变压器，另一个则连接 Y–△ 变压器。在两个换流器输出的直流电压间产生 30° 相位移。相位移能产生更平滑的直流输出电压。

变换器延迟角的调节控制了能量流动的方向。系统的主要优点是功率控制精确，功率变化速度快，在短路情况下短路电流小。由于电子器件价格高，系统通常只是对于距离超过 300m，功率传输超过 1000MW 是经济的。

图 11.56 所示为高压直流输电站的换流器。每个换流器包含了由几百个晶闸管串联的六个高压阀，如图中所示保护阀的圆形铝电极。

图 11.56　直流换流站的阀厅（西蒙公司，埃朗根，德国）

11.6　柔性交流输电

　　高功率半导体开关器件的进步和功率电力电子器件的发展引导出生产电子控制电力系统的器件的设想，被称为 FACTS 装置。在过去的 20 年中，多个 FACTS 装置已经在电路中开发和测试。本节描述的仅仅是现今用于电路中的主要的 FACTS 装置。

11.6.1　静态无功补偿器

　　电子网络的成功运行需要应用大量可变无功功率。SVC 是使用最频繁的 FACTS 装置。该设计的目的是提供连续可控的无功功率。通常情况下，SVC 调节流入或者消耗的无功功率使提供的电压保持恒定。在大电感性负载的情况下，SVC 注入无功功率增加电压，晚上，当总负载减小时，SVC 消耗无功功率降低电压。

　　图 11.57 所示为 SVC 的单线图。SVC 包含晶闸管开关电容、可控晶闸管电抗和一个典型的 5 次和 7 次谐波调谐滤波器。晶闸管开关电容和可控晶闸管电抗连接成一个△形。在大部分情况下，系统通过接地变压器接地。

　　为了保证双向电流流动，晶闸管开关包含两个反并联连接的晶闸管。一个相

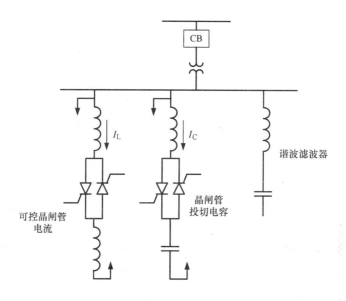

图 11.57　静态 VAR 补偿器（SVC）单线图

对较小的电感与晶闸管开关串联来减小浪涌电流。由于高压晶闸管开关的成本高，这些器件的额定电压在 12 ~ 15kV，变压器将 SVC 连接到高压网络。SVC 比开关电抗和电容更昂贵，但是在需要的时候响应速度上有优势。

例 11.5：SVC 分析。

图 11.57 所示为典型的 SVC 图解，能产生大约 150Mvar 容性功率，消耗 100Mvar 电感性无功功率。首先定义这些变量：

$$M: = 10^6 \quad \Delta Q_C: = -150 \text{MV} \cdot \text{A} \quad \Delta Q_L: = 100 \text{MV} \cdot \text{A}$$

电源线电压和交流系统频率可以认为是

$$V_s: = 14.5 \text{kV} \quad f: = 60 \text{Hz} \quad \omega: = 2 \cdot \pi \cdot f$$

分析中忽略电感开关引起的暂态电流和图 11.57 中的谐波滤波器。在三角形联结方式中的每一相对应的电容和电感电流相对于额定的无功功率为

$$I_{C\_rms}: = \overline{\left(\frac{j \cdot \Delta Q_C}{3 \cdot V_s} \right)} = 3.448 j \cdot \text{kA} \quad I_{L\_rms}: = \overline{\left(\frac{j \cdot \Delta Q_L}{3 \cdot V_s} \right)} = -2.299 j \cdot \text{kA}$$

图 11.58 所示为在连接节点 a 的三角形联结方式的线路上的 SVC 元件。通常，根据需要接通电容，但是在这个例子中，电容总是工作的。在三角形联结方式线路上的节点 a 和 b 间的电容电流为

$$I_{C\_ab}(t): = \sqrt{2} \cdot |I_{C\_rms}| \cdot \cos(\omega \cdot t + 90°)$$

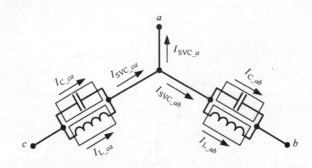

图 11.58　在离节点 a 最近的△的一条边的 SVC 元件的电路图

　　并联电感电流通过晶闸管的触发角（α）进行调节，削减了电感电流的一部分，因此减少了电感电流的有效值：

$$I_{L\_ab}(t,\alpha) := \text{if}(\text{mod}(\omega \cdot t, \pi) < \alpha, 0, \sqrt{2} \cdot |I_{L\_rms}| \cdot \cos(\omega \cdot t - 90°))$$

　　过程如图 11.59 所示，图 11.59a 所示为 120°延迟角的电容电流和可控晶闸管电感电流。图 11.59b 所示为在支路 *ab* 上电感和电容电流的总和：

$$I_{SVC\_ab}(t,\alpha) := I_{C\_ab}(t) + I_{L\_ab}(t,\alpha)$$

　　△线路上的 SVC 电流是有重要谐波的失真正弦波。可控晶闸管电感电流削减了电容电流的一部分，从而减小了 SVC 有效的电容电流：

$$T_0 := \frac{1}{f} = 0.017\text{s}$$

$$I_{SVCrms} := \sqrt{\frac{1}{T_0} \cdot \int_0^{T_0} I_{SVC\_ab}(t, 120°)^2 dt} = 3.134\text{kA}$$

　　线路 ca 的电容和电感电流计算是类似的。但是与 a 相有 - 240°（或者 +120°）的相位移：

$$I_{C\_ca}(t) := \sqrt{2} \cdot |I_{C\_rms}| \cdot \cos(\omega \cdot t + 90° + 120°)$$

$$I_{L\_ca}(t,\alpha) := \text{if}(\text{mod}(\omega \cdot t + 120°, \pi) < \alpha, 0, \sqrt{2} \cdot |I_{L\_rms}| \cdot \cos(\omega \cdot t - 90° + 120°))$$

$$I_{SVC\_ca}(t,\alpha) := I_{C\_ca}(t) + I_{L\_ca}(t,\alpha)$$

　　如图 11.58 可知，通过 SVC 注入节点 a 的电流为

$$I_{SCV\_a}(t,\alpha) := - I_{SVC\_ab}(t,\alpha) + I_{SVC\_ca}(t,\alpha)$$

　　所有的电流绘制如图 11.59c 所示。图 11.59c 中单个线路上的电流 I_{SVC_ab} 相对于整个 a 相电流的对比，揭示了 I_{SVC_a} 更接近正弦。这种定性的观察能够通过光谱分析进行定量分析，如本章节前面所阐述。

　　SVC 在世界各地都有服务。图 11.60 所示为巴西一个大的 SVC 单元的图片。电容组和电感都在户外。晶闸管开关安装在照片左侧的通风良好的金属盒上。

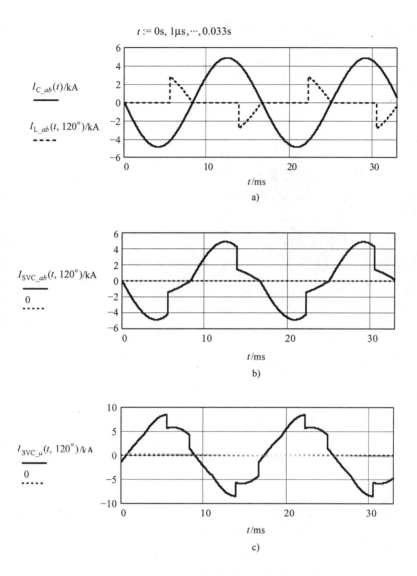

图 11.59　SVC 电流调节过程的演示

11.6.2　静止同步补偿器

利用 PWM 的电压源型变换器的快速发展产生了一个先进的无功功率发生器称为静止同步补偿器（STATCOM）。图 11.61 所示为一个 STATCOM 无功功率发生器的单线图。电容组通过电压源变换器、一个小的电抗和一个自耦变压器连接到交流系统。电压源变换器是由二极管分流的 IGBT 开关构造，变换器利用 PWM

图 11.60 巴西额定 250MVAR 的 SVC 装置（西蒙公司，埃朗根，德国）

技术工作。

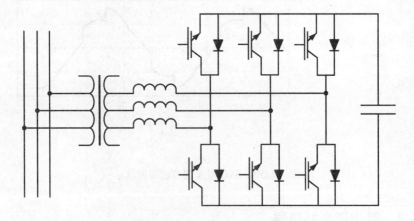

图 11.61 STATCOM 无功功率发生器

变换器给电容充电达到期望的直流电压值，并提供一小部分有功功率用于损耗并维持直流电压恒定，这是通过将变换器产生的三相交流电压滞后交流系统电压一些角度来实现的。

变换器产生平衡的三相电压并提供无功功率。电容不能提供任何功率它的电压和电荷都保持恒定。交流电路自己提供无功功率。变换器利用 PWM 技术在短的时间段内连接电路中的各相来产生无功功率。变换器运行分析超出了本书的范围。

11.6.3　可控晶闸管串联电容

由于系统的稳定性，输电线电感限制了长距离的功率传输。系统稳定性的限制可以通过在线路中连接串联电容来增加。

传统解决方法是使用机械开关电容。FACTS 介绍了可控晶闸管串联电容（TCSC），包含了一个串联连接的电容，它通过可控晶闸管电感分流，并由一个并联连接的电涌放电器或者金属氧化变阻器（MOV）保护，这样具有快速开关的优点。同时，设备电容频率为 60Hz，电感有关键的次同步频率，因此可以是一个同步共振对策。除此以外，TCSC 单元包含了并联连接的电路断路器，在短路的时候可以从 TCSC 的旁路通过。图 11.62 是一个简化电路图例。

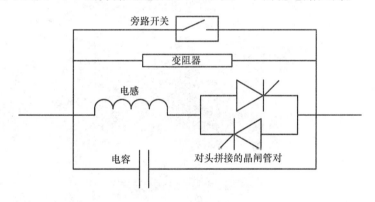

图 11.62　TCSC 的电路图

在晶闸管导通时间，晶闸管的触发连接了并联的电感与电容。当晶闸管没有导通时，TCSC 单元阻抗只有电容；相反地，当晶闸管导通时，单元阻抗是电感和电容的并联。这意味着 TCSC 阻抗是变化的。图 11.63 所示为电路特性图，揭示了 TCSC 是否可以作为电感或者电容运行取决于晶闸管延迟角。

图 11.64 和图 11.65 所示都为 TCSC 装置。因为该单元都与输电线串联，因此所有的元件必须与地面绝缘来保证输电线到中性点的电压。这就要求元件都安装在绝缘平台上，单元可能通过光纤电缆控制。图 11.64 所示为支柱绝缘子柱，从电力上隔离了支持电容组、电抗和晶闸管阀的金属平台。

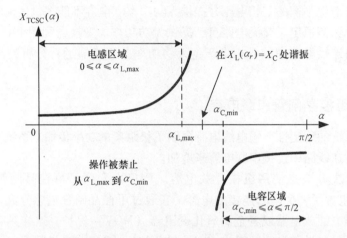

图 11.63　可控晶闸管串联电容（TCSC）的电抗—延迟角特性

图 11.64　可控晶闸管电容（来源：ABB 公司）

11.6.4　统一潮流控制器

　　在互联交流系统中的功率流动方向取决于并行连接线的阻抗，通常是不能控制的。新开发的统一潮流控制器是用来独立控制输电线上的有功功率和无功功率的。

　　图 11.66 所示为西屋公司开发的一个统一潮流控制器的单线连接原理图。该

图 11.65　在凯恩塔，亚利桑那州（德国西门子公司，埃朗根）

图显示了该系统是由通过直流链路互联的两个电压源换流器建立的。第一个换流器是由并联连接在输电线上的变压器提供的。第二个换流器也提供了一个变压器，副边与输电线串联。换流器都是利用了 PWM 技术由 IGBT 开关组成的。

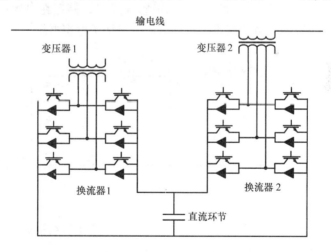

图 11.66　统一潮流控制器

　　通常情况下，换流器 1 作为整流器运行，给直流链路提供有功功率。换流器 2 由直流链路供能，在输电线中作为注入电压的逆变器运行，电压的幅值和相位角可以进行控制。注入的电压控制无功功率和有功功率在线路中的流向。此外，换流器也能注入或者吸收无功功率。

　　统一潮流控制器是一个非常灵活的设备，可以提供无功并联补偿，串联补偿和相位角调节。这些单元都是相当昂贵的。目前，世界上只有 3 个在运营。相反，有数以百计的 SVC 和 STATCOM 在运行中。

11.7　DC – DC 变换器

DC – DC 变换器工作在高开关频率，可以用来增加或者减少输入电压。本节介绍了升压和降压变换器，从一个已给的直流输入电压能分别产生更高输出电压和更低输出电压。这些变换器利用二极管、电阻 – 电感 – 电容（*RLC*）电路元件和高速开关来实现所述的功能。

11.7.1　升压变换器

升压变换器的基本电路如图 11.67 所示。开关动作导致了两个不同的运行时期：

① 开关闭合（如图 11.68a 所示）。在这期间，开关形成了短路，电源驱动电流增加了电感中的能量储存，二极管形成了开路，引起储存在电容中的能量通过负载放电。

② 开关断开（见图 11.68b）。当二极管导通时，储存在电感中的能量转移到电容和负载中，能量转移减小了电感电流，增加了电容电压。

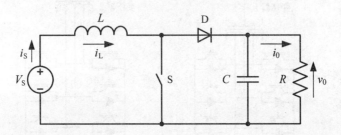

图 11.67　基本升压变换器电路

假设电路已经运行了足够长时间，起动时瞬态变化已经消失了，这些切换期的电路分析将在以下段落中介绍。

开关闭合

开关在 t_0 到 t_1 期间闭合，通过下列式子可知电感电流与直流电源电压的关系为

$$i_L(t) = i_L(t_0) + \frac{1}{L}\int_{t_0}^{t} V_S \mathrm{d}t = i_L(t_0) + \frac{V_S}{L}(t - t_0) \tag{11.34}$$

因此，电感电流从最初到最终的电流值是线性增加的：

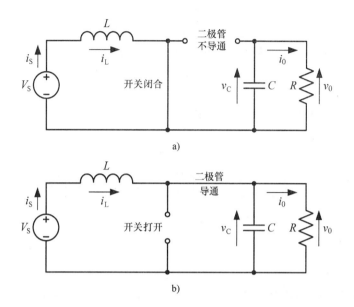

图 11.68 升压变换器当开关
a) 闭合 b) 断开

$$i_L(t_1) = i_L(t_0) + \frac{V_S}{L}(t_1 - t_0) = i_L(t_0) + \frac{V_S}{L}T_{on} \tag{11.35}$$

式中，T_{on} 为开关的导通（闭合）时间。

开关断开

t_1 到 t_2 开关断开，电感中的电流从二极管流向电容和负载。忽略开关动作引起的谐波，输出电压近似恒定，即 $v_0 \approx V_0$。电感上的电压可以表达为电源电压和输出电压的差 $V_s - V_0$。因此在操作阶段的电感电流为

$$i_L(t) = i_L(t_1) + \frac{1}{L}\int_{t_0}^{t}(V_S - V_0)\mathrm{d}t = i_L(t_1) + \frac{V_S - V_0}{L}(t - t_1) \tag{11.36}$$

在关闭状态的开关断开时，电感电流呈线性减小：

$$i_L(t_2) = i_L(t_1) + \frac{V_S - V_0}{L}(t_2 - t_1) = i_L(t_1) + \frac{V_S - V_0}{L}T_{off} \tag{11.37}$$

式中，$T_{off} = t_2 - t_1$。

由于是连续周期性操作，在周期的开始和结束电感电流是一样的，也就是 $i_L(t_0) = i_L(t_2)$，因此将式（11.35）代入式（11.37）得：

$$i_L(t_2) = i_L(t_0) + \frac{V_S}{L}T_{on} + \frac{V_S - V_0}{L}T_{off}$$

$$V_0 = V_S \frac{T_{on} + T_{off}}{T_{off}} = V_S \frac{T}{T_{off}} \tag{11.38}$$

式中，T 为周期。周期占空比定义为开关导通的时间分数：

$$D = \frac{T_{on}}{T_{on} + T_{off}} = \frac{T_{on}}{T} \tag{11.39}$$

因此，输出电压可以用占空比表示为

$$V_0 = \frac{V_S}{1 - D} \tag{11.40}$$

由于占空比范围是 0 ~ 1，因此输出电压要高于输入电压（$V_0 > V_S$）。尽管这一结果表明可以得到任意输出电压，但是还要考虑输出电流平均值。使输入功率和输出功率平均值相等得出：

$$I_S V_S = I_0 V_0$$

$$I_0 = I_S \frac{V_S}{V_0} = I_S (1 - D) \tag{11.41}$$

得到的输出电流与输出电压是成比例减小的，这是有道理的，可以由之前的表达式验证。

这个变换器的高频本质是选择电感器的大小来减小纹波电流（I_r），也就是最大和最小的电感电流之差。电感与开关频率成反比（$f = 1/T$）：

$$L = \frac{V_S}{I_r} T_{on} = \frac{V_S T D}{I_r} \tag{11.42}$$

通常，开关信号运行在超过人耳听觉能力范围的频率（例如超过 20kHz）。因此更高的频率允许使用更小的电感。

当开关闭合时，通过电容放电来提供一个近似恒定的电流 $I_0 = V_0/R$。释放的电荷通过 $\Delta Q = C V_r = I_0 T_{on}$ 与纹波电压（V_r）相关。这样电容基于电压纹波来选择：

$$C = \frac{V_0 T D}{V_r R} \tag{11.43}$$

更大的电容对应于更恒定的输出电压。

例 11.6：升压变换器分析

在这个例子中，求理想的电压和电流波形。设计 100kHz 升压变换器，要求电压纹波为 5%，电流纹波为 10%，占空比为 55%。负载电阻假设为 100Ω，输入电压和电流分别为 12V 和 1A。首先，在 Mathcad 中定义这些数值：

$$f_: = 100\text{kHz} \qquad D_: = 0.55$$

$$V_{r\%} : = 5\% \qquad I_{r\%} : = 10\%$$

$$V_S : = 12\text{V} \qquad I_S : = 1\text{A} \qquad R_: = 100\Omega$$

整个周期的时间和开关导通关断的时间为

$$T: = \frac{1}{f} = 10\mu s$$

$$T_{on} : = D \cdot T = 5.5\mu s \quad T_{off} : = (1 - D) \cdot T = 4.5\mu s$$

输出电压平均值通过式（11.40）来计算，从定义可知电压纹波是

$$V_0 : = \frac{V_S}{1 - D} = 26.67V$$

$$V_r : = V_{r\%} \cdot V_0 = 1.33V$$

已知输出电压和电压纹波平均值，很容易确定电容的最小和最大输出电压：

$$V_{C\_min} : = V_0 - \frac{V_r}{2} = 26.00V \quad V_{C\_max} : = V_0 + \frac{V_r}{2} = 27.33V$$

利用式（11.41），输出电流平均值计算为

$$I_0 : = I_S \cdot (1 - D) = 0.45A$$

电感电流平均值必须与电源电流相等。电感纹波电流从电路规范中建立：

$$I_{L\_avg} : = I_S = 1A$$

$$I_r : = I_{r\%} \cdot I_{L\_avg} = 0.1A$$

已知电感纹波，最小和最大的电感电流为：

$$I_{L\_min} : = I_{L\_avg} - \frac{I_r}{2} = 0.95A$$

$$I_{L\_max} : = I_{L\_avg} + \frac{I_r}{2} = 1.05A$$

电感和电容的设计值分别利用式（11.42）和式（11.43）进行计算：

$$L : = \frac{V_S \cdot T \cdot D}{I_r} = 0.66mH \quad C : = \frac{V_0 \cdot T \cdot D}{V_r \cdot R} = 1.1\mu F$$

当开关导通和关断时，式（11.35）和式（11.37）分别提供了表达式来确定电感电流。mod 函数用来在连续的周期运行中产生正确的波形：

$$i_L(t) : = if\left[\, mod(t,T) < T_{on}, I_{L\_min} + \frac{V_S}{L} \cdot mod(t,T), I_{L\_max} + \frac{V_S - V_0}{L}(mod(t,T) - T_{on}) \right]$$

电感电流、电源和输出电流的平均值如图 11.69 中绘制。从该图可以总结出当开关闭合时，电感电流以 V_S/L 的斜率增加。在关断期间，电流以 $(V_S - V_0)/L$ 的斜率减小。

最后，电容和电阻并联；因此，实际的负载电压等于电容电压：

$$V_C(t) : = if\left[\, mod(t,T) < T_{on}, V_{C\_max} - \frac{V_r}{T_{on}} \cdot mod(t,T), V_{C\_min} + \frac{V_r}{T_{off}}(mod(t,T) - T_{on}) \right]$$

图 11.70 所示为升压变换器电路的电压波形。该图表明输出电压显著增加超

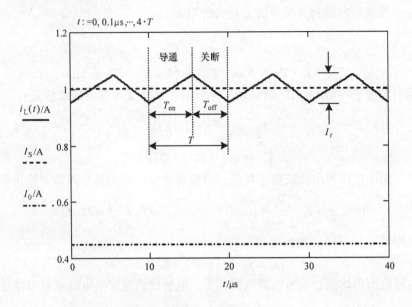

图 11.69　升压变换器电路电流

过电源电压时，遵循和电感电流类似的锯齿形的规律。

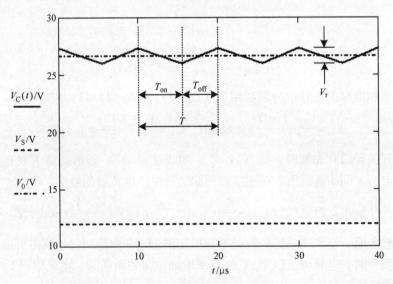

图 11.70　升压变换器电路电压

这些结果都是基于用于定义关系的近似值，说明 *RLC* 电路的整个影响的波形可利用电路仿真器如 PSpice 确定。

11.7.2 降压变换器

图 11.71 所示为用来减小输入电压的降压变换器电路。降压变换器的运行类似于升压变换器。同时，高速开关动作导致了双运行状态：

① 开关闭合（见图 11.72a）。开关形成了短路，源驱动电流增加了在电感中储存的能量，二极管形成了开路，也造成能量被储存在电容中。

② 开关断开（见图 11.72b）。电源与两个储能元件（L 和 C）没有连接。二极管导通，储存在电感和电容中的能量转移到了负载。

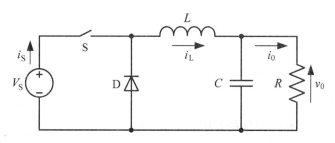

图 11.71 基本降压变换器电路

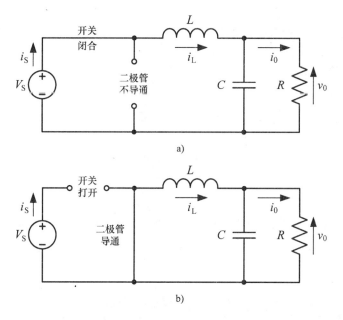

图 11.72 降压变换器电路当开关

a) 闭合 b) 断开

开关闭合

开关在 $t_0 \sim t_1$ 期间闭合，二极管反向偏置，输出电压近似恒定（$v_0 \approx V_0$）。与升压变换器的断开状态相似。电感电压可以通过电源电压和输出电压之差来进行估算，$V_S - V_0$。在运行阶段的结束，电感电流为

$$i_L(t_1) = i_L(t_0) + \frac{1}{L}\int_{t_0}^{t_1}(V_S - V_0)\,dt = i_L(t_0) + \frac{V_S - V_0}{L}T_{on} \qquad (11.44)$$

上式中，在降压变换器中 $T_{on} = t_1 - t_0$。

开关断开

开关在 $t_1 \sim t_2$ 时间断开，二极管导通，因此引起电感电压与输出电压相等，但极性相反。同时，假设输出电压恒定，这一时间段结束时电感电流为

$$i_L(t_2) = i_L(t_1) + \frac{1}{L}\int_{t_1}^{t_2}(-V_0)\,dt = i_L(t_1) - \frac{V_0}{L}T_{off} \qquad (11.45)$$

式中，$T_{off} = t_2 - t_1$。

使电感电流在整个周期的开始和结束时相等得到：

$$i_L(t_0) = i_L(t_2)$$

$$\frac{V_S - V_0}{L}T_{on} = \frac{V_0}{L}T_{off} \qquad (11.46)$$

占空比（D）的定义和式（11.39）一样是不变的。可以把之前的表达式改写成：

$$V_0 = V_S\frac{T_{on}}{T_{off} + T_{on}} = \frac{V_S T_{on}}{T} = V_S D \qquad (11.47)$$

因此输出电压与电源电压相比减小了。根据能量平衡即输入和输出功率平均值相等，可得输出电流平均值为

$$I_S V_S = I_0 V_0$$

$$I_0 = I_S\frac{V_S}{V_0} = \frac{I_S}{D} \qquad (11.48)$$

和预期一样，降压变换器的电压输出减小的同时得到增加的输出电流。

电感纹波电流（电流峰峰值）可以通过式（11.44）和式（11.45）的电流变化很容易地确定：

$$I_r = \frac{V_S - V_0}{L}T_{on} = \frac{V_0}{L}T_{off} \qquad (11.49)$$

前面的公式适用于适当的电感值的计算：

$$L = \frac{V_0}{I_r}T_{off} = \frac{V_0 T}{I_r}(1 - D) \qquad (11.50)$$

电流纹波在半个周期内的积分得到了必须被电容滤掉的电荷，也就是 $\Delta Q_r = I_r T/8 = CV_r$。因此需要的电容为

$$C = \frac{I_r T}{8 V_r} = \frac{V_0 T^2}{8 L V_r}(1 - D) \tag{11.51}$$

例 11.7：降压变换器电路参数

降压变换器运行频率为 100kHz，电源电压为 5V，产生 3.3V 输出电压。允许的峰峰值电压和电流纹波分别是 0.1V 和 ±2.5mA。求①占空比；②需要的电感和电容值。最后，对于 50Ω 的负载，利用电路分析软件画出实际的电压电流波形。

首先，这个问题的数据在 Mathcad 中定义为

$$V_S: = 5V \qquad I_S: = 1A \qquad f: = 100kHz$$

$$V_0: = 3.3V \qquad V_r: = 0.2V \qquad I_r: = 5mA$$

利用式（11.47），需要的占空比为

$$D: = \frac{V_0}{V_S} = 0.66$$

周期和导通时间为

$$T: = \frac{1}{f} = 10\mu s \qquad T_{on}: = D \cdot T = 6.6\mu s$$

需要的电感和电容利用式（11.50）和式（11.51）进行计算：

$$L: = \frac{V_0 \cdot T}{I_r} \cdot (1 - D) = 2.244mH$$

$$C: = \frac{I_r \cdot T}{8 \cdot V_r} = 31.25nF$$

其次在 PSpice 中利用这些电路的参数实现图 11.73 所示的降压变换器。开关由周期（PER）等于 T，脉冲宽度（PW）为 T_{on} 的脉冲电压源控制，而不是使用一个晶闸管。电路进行了 250μs 的瞬态仿真。电压输出波形和开关信号都如图 11.74 所示。该图显示了初始化电路的暂态过程，大约在 200μs 达到了稳态过程。输出电压平均值没有达到 3.3V 是因为电路参数的选取都是在理想的条件下进行的。和预期的一样，实际电路的输出电压不是一个清晰的锯齿波；相反，输出具有一定程度的平滑。

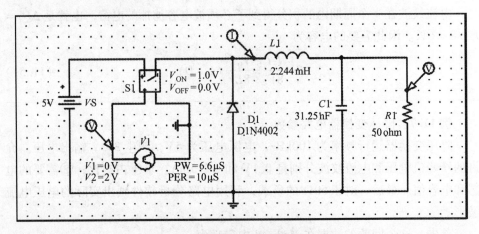

图 11.73　PSpice 中降压变换器的电路

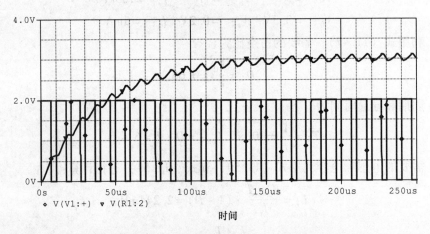

图 11.74　降压变换器 PSpice 仿真结果

11.8　应用实例

本节包括三个扩展的例子：

① 单相桥式变换器的 PSpice 仿真；

② 并励直流电机的例子；

③ 单相感应电机控制。

例 11.8　单相桥式变换器的 PSpice 仿真

电感和电容在逆变器电路中的影响分析研究是复杂且耗时的。然而，电脑仿真允许快速评价变换器电路。例如，PSpice 软件可以模拟电力电子设备。PSpice 软件的使用以这个典型电路为例进行说明。

图 11.75 所示为单相可控晶闸管桥式整流器的整个电路。单相可控晶闸管桥式换流器由交流电压源供能，小电抗和电阻与电源串联。换流器是由四个晶闸管组成。门触发电路控制晶闸管。换流器在直流侧有滤波电感与电阻负载串联，滤波的电容与电阻负载并联。

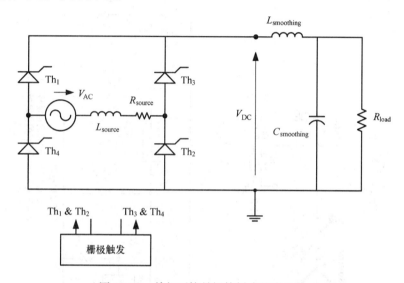

图 11.75　单相可控晶闸管桥式整流电路

PSpice 电路模型

对应的 PSpice 换流器模型如图 11.76 所示。在这个模型中，交流源用 VSIN 部分来表示，提供幅值为 100V，60Hz 的正弦电压。一个 $10\mu H$ 的电感（L_S）和 1Ω 电阻（R_S）与电压源（V_S）串联。

PSpice 晶闸管模型

PSpice 元件库不包含像晶闸管这样的有功功率设备。图 11.77 所示为一个开发的模拟晶闸管的 PSpice 模型。主要包含一个二极管（D1a）和电压可控开关（S1）串联。二极管确保了电流只能在一个方向流动（朝着晶闸管的阴极）。开关表示晶闸管的门开始和延迟。PSpice 有几个二极管模型。我们选择了常用的二极管 D1N4002。

图 11.77 所示的电压可控开关（S1）有 4 个端口：两个控制端和两个主端子。主端子与二极管（D1a）串联，负控制端接地，而正控制端由控制电压供能。当应用控制电压时，开关打开。

直到阳极、阴极电流方向独立地与栅极信号反向，晶闸管导通。这种现象通

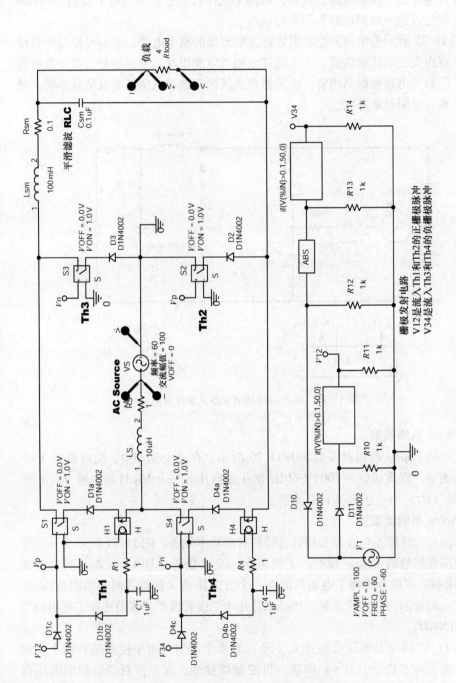

图 11.76 单相可控晶闸管桥式变换器的 PSpice 模型

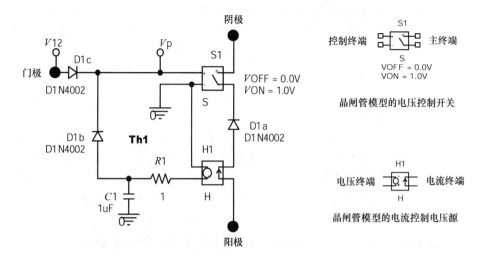

图 11.77　PSpice 晶闸管模型

过电流可控型电压源（H1）来模拟。H1 给电压可控型的开关（S1）的正端子供能直到电流在反方向流动。*RC* 滤波器和二极管（D1b）与电流可控型电压源串联来阻止电压可控型开关正端子的反馈。

　　在这个模型中，每个电压控制型开关的负端子和各种其他点接地。PSpice 有几个不同的地。对于这个仿真应该使用 "0/Design Cache"。

晶闸管触发控制电路

　　晶闸管触发控制电路，如图 11.76 所示的门触发电路，触发晶闸管。电路由正弦电压源（*V*1）供能。电压相位角的变化控制延迟角。正弦波的负和正半周分别利用 D10 和 D11 分离。条件模块（if（V（%IN）>1，50，0））将半正弦波转换成方波脉冲。方波脉冲控制电压可控型开关。端子 V12 的脉冲控制开关 S1 和 S2。门脉冲是由正弦波的正周期产生的。开关 S3 和 S4 由端子 *V*34 的脉冲控制；门脉冲由正弦波的负周期产生。为了简化整个电路，Th$_3$ 和 Th$_2$ 分别由晶闸管内部信号 Th$_1$ 和 Th$_4$ 的 V_p 和 V_n 驱动。

电路仿真

　　PSpice 模型用来研究桥式变换器的运行。控制正弦波形（*V*1）的相角决定延迟角。负载、滤波电感、滤波电容和电源阻抗是变化最频繁的参数。桥式变换器的直流电流和电压输出都是在 R_{load}，而交流电流和电压都是在电源 VS。电流探头放在 R_{load} 旁测量桥式变换器的直流电流输出。探头放在 VS 测量电源的交流电流。正弦电压源通过差分电压探头测量交流电压。负载的直流电压也通过差分探头测量。

　　开发的电路利用瞬态分析仿真。在这种模式，结果是选定电压和电流随时间的变化。然而，软件也可以计算每个量的有效值和平均值。此外，频谱也可以通过 FFT 分析确定。在探测结果窗口执行这些计算，双击这些量（例如通过电阻 R_{load} 的电流，$I\ (R_{load})$），打开一个可以选择合适操作（平均值，有效值等）的列表。计算出的数值将显示为一个新的跟踪信息，仿真得到的值可用于电路设计。

滤波电感的影响

为了研究滤波电抗的影响，将滤波电感（L_{sm}）在 $10\mu H \sim 100mH$ 之间变化，观测生成的波形，如图 11.39 所示的预期结果。当电抗小时（几 mH），直流电流不连续。但是随着电感的增加，脉动直流电流的持续时间也会增加。在电感大约为 50mH 时，电流变成连续的。读者自己可以建立模型并对观察报告进行验证。图 11.78 所示为 100mH 电感的一个典型的运行，这个图显示了正弦电源电压和正弦波叠加得到的方波交流电流以及连续但不是平滑的直流电流。

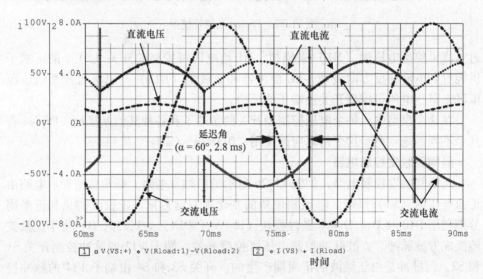

图 11.78　桥式变换器产生的波形，$\alpha = 60°$，滤波电感 100mH，
滤波电容 $0.1\mu F$（$C_{sm} = 0.1\mu F$，$L_{sm} = 100mH$）

滤波电容的影响

通过在交流侧负载并联连接电容（C_{sm}）使直流电压和电流变平滑，变换器得到改善。PSpice 中的电容值是变化的，当电路中的滤波电感（L_{sm}）减小到如图 11.76 所示的 $10\mu H$，可以观察到，增加的电容值会使直流电压和电流更平滑。最初的脉动电流变得连续，当电容增加时，纹波减小。

仿真的典型结果如图 11.79 所示，滤波电容为 $2700\mu F$。该图显示了当晶闸管触发时，有脉动交流电流流动，交流电压比电容（直流）电压高；触发点在图中标志的是导通开始。在这段时间，电流给电容充电，交流电流的峰值大约为 21A，但是脉冲持续时间只有 4.8ms。当交流电压少于电容电压时导通结束。这个点在图中标志为导通结束。

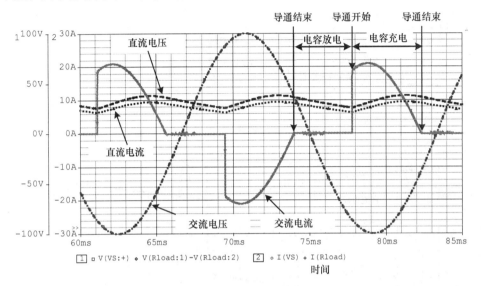

图 11.79　电阻和电容负载的桥式整流器（$C_{sm} = 2700\mu F$ $L_{sm} = 10\mu H$）

叠加纹波的直流电流是连续的。直流电流平均值接近 8A，纹波峰峰值大约为 3A。

晶闸管换相分析

在单相桥式电路中，通过触发非导通晶闸管对，导通晶闸管对关闭时晶闸管换相。在这种情况下，产生反向电流，使导通晶闸管对关断。如果忽略电源阻抗，晶闸管触发实际上是瞬间换相的。电源阻抗延迟了换相时间，也就是需要关断导通晶闸管对，同时导通非导通晶闸管对的时间。这在利用的 PSpice 的仿真中举例说明。

在图 11.76 的逆变电路中，滤波电容（C_{sm}）减小到 0.1μF，滤波电感返回到 100mH，电源电感（L_S）在 10μH～100mH 之间增加。图 11.80 所示为仿真结果。该图演示了电源电感的增加减小了交流和直流电流。此外，更大的电源电感会增加换相时间。如图 11.80b 所示，对于 10μH 的电源电感换相时间可以忽略；同时在图 11.80a 中，换相时间明显长于 10mH 电源电感对应的约 0.3ms。

例 11.9：并励直流电机控制

在对直流电机控制和可控整流器运行理解的前提下，列举一个利用延迟角控

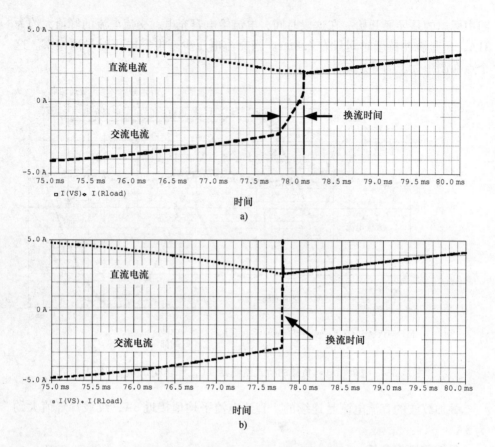

图 11.80 电源电感对桥式运行的影响（$C_{sm} = 0.1\mu F$，$L_{sm} = 100 mH$）

a）10mH 电源电感 b）10μH 的电源电感

制直流电机转速的实际例子。单相桥式整流桥控制并励直流电机如图 11.81 所示，电源电压为 220V。这个例子的目的是当电机负载和速度已知时，确定整流器的延迟角。

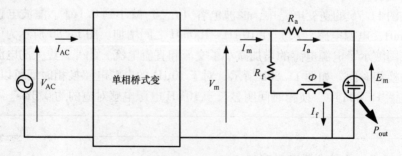

图 11.81 桥式变换器控制的并励电机

电机功率、额定电压、磁场和电枢（转子）电阻：

$$P_{\text{rated}} := 50\text{hp} \quad V_{\text{rated}} := 250\text{V}$$

$$R_{\text{f}} := 115\Omega \quad R_{\text{a}} := 0.25\Omega$$

直流电机在电机转速为 550r/min 时给 8hp 的负载供能：

$$P_{\text{load}} := 8\text{hp} \quad \text{r/min} := \frac{1}{60\text{min}} \quad n_{\text{m}} := 550\text{r/min}$$

测量电机空载电压和电流来计算电机常数。额定电机电压的测量值为

$$n_{\text{no\_load}} := 1000\text{r/min} \quad I_{\text{m\_no\_load}} := 7.2\text{A} \quad V_{\text{m\_no\_load}} := V_{\text{rated}}$$

给整流器提供能量的交流电压 $V_{\text{AC}} := 220\text{V}$。

计算的主要步骤为

① 确定电机常数（K_{m}）；

② 计算给负载供能的电机电压（V_{mot}）；

③ 计算整流器延迟角（α）。

电机常数

分析的第一步是电机常数的计算。这是一个并励电机；因此，空载情况下磁场电流：

$$I_{\text{f\_no\_load}} := \frac{V_{\text{m\_no\_load}}}{R_{\text{f}}} = 2.17\text{A}$$

电枢电流是电机电流减去磁场电流：

$$I_{\text{a\_no\_load}} := I_{\text{m\_no\_load}} - I_{\text{f\_no\_load}} = 5.03\text{A}$$

忽略电刷电压降，转子回路电压方程为

$$E_{\text{m\_no\_load}} := V_{\text{m\_no\_load}} - I_{\text{a\_no\_load}} \cdot R_{\text{a}} = 248.7\text{V}$$

电机常数利用第 10 章的感应电压等式来计算：

$$K_{\text{m}} := \frac{E_{\text{m\_no\_load}}}{I_{\text{f\_no\_load}} \cdot 2 \cdot \pi \cdot n_{\text{no\_load}}} = 65.6 \frac{\text{V} \cdot \text{s}}{\text{A}}$$

电机电压

电机必须在转速为 550r/min 时发出 8hp，这就要求降低电机电压额定值。所需降低的电压通过前面章节的并励电机方程来计算。在电压减小时，磁场（定子）电流和感应电压方程为

$$I_{\text{f}} = \frac{V_{\text{m}}}{R_{\text{f}}} \quad E_{\text{m}} = K_{\text{m}} \cdot I_{\text{f}} \cdot 2 \cdot \pi \cdot n_{\text{m}}$$

磁场电流代入感应电压方程得到：

$$E_{\text{m}} = K_{\text{m}} \cdot \left(\frac{V_{\text{m}}}{R_{\text{f}}}\right) \cdot 2 \cdot \pi \cdot n_{\text{m}}$$

从转子回路和输出电机功率中计算得到的感应电压：

$$E_m = V_m - I_a \cdot R_a \quad P_{out} = E_m \cdot I_a$$

从输出功率公式中计算出电枢负载电流，然后代入到感应电压方程中，得到：

$$E_m = V_m - \frac{P_{out}}{E_m} \cdot R_a$$

联立两个感应电压方程生成一个可计算出电机电压的表达式：

$$V_m - \frac{P_{out}}{K_m \cdot \left(\dfrac{V_m}{R_f}\right) \cdot 2 \cdot \pi \cdot n_m} \cdot R_a = K_m \cdot \left(\frac{V_m}{R_f}\right) \cdot 2 \cdot \pi \cdot n_m$$

利用 Mathcad 中的 root 方程求解器求解方程，电机电压的猜测值为 V_{mot}：$= 100V$。P_{out}：$= P_{load} = 8hp$ 的感应电机电压从下列式子中可以得到：

$$V_m := \mathrm{root}\left(V_{mot} - \frac{P_{out}}{K_m \cdot \dfrac{V_{mot}}{R_f} \cdot 2 \cdot \pi \cdot n_m} \cdot R_a - K_m \cdot \frac{V_{mot}}{R_f} \cdot 2 \cdot \pi \cdot n_m, V_{mot}\right)$$

式中，$V_m = 77.6V$。

利用感应电机电压，在有负载条件下的场电流为

$$I_f := \frac{V_m}{R_f} \quad I_f = 0.675A$$

对应有负载时感应电压为

$$E_m := K_m \cdot I_f \cdot 2 \cdot \pi \cdot n_m \quad E_m = 42.5V$$

转子（电枢）电流为

$$I_a := \frac{P_{out}}{E_m} \quad I_a = 140.5A$$

在负载状态下整个电机电流为

$$I_m := I_a + I_f \quad I_m = 141.2A$$

一个重要的考虑因素是电机过载的可能性。因为感应电压增加了电机电流，负载电流必须小于额定电流。电机的额定电流为

$$I_{rated} := \frac{P_{rated}}{V_{rated}} \quad I_{rated} = 149.1A$$

因为实际的负载电流小于额定电流，所以计算出的运行状态是可以接受的。

整流器延迟角

整流器延迟角（α）利用 11.4.2.3 节推导的公式从直流电流平均值中计算出，特别是

$$V_{DC\_ave}(\alpha) = \frac{2\sqrt{2} \cdot V_{AC}}{\pi} \cdot \cos(\alpha)$$

对之前的公式重新排列，延迟角为

$$\alpha := \mathrm{acos}\left(\frac{\pi \cdot V_{\mathrm{m}}}{2\sqrt{2} \cdot V_{\mathrm{AC}}}\right) \quad \alpha = 66.9°$$

整流器工作一个重要的参数是交流功率因数。我们假设整流器有大的滤波电感，这或多或少确保了恒定的直流电流。

电机的输入功率与整流器输出直流功率相等：

$$P_{\mathrm{DC\_in}} := I_{\mathrm{m}} \cdot V_{\mathrm{m}} \quad P_{\mathrm{DC\_in}} = 10.95\mathrm{kW}$$

除此以外，假设忽略整流器损耗，直流功率等于交流电源功率：

$$P_{\mathrm{AC}} := P_{\mathrm{DC\_in}} \quad P_{\mathrm{AC}} = 10.95\mathrm{kW}$$

假设交流电流波形为方波，因此，交流电流的有效值等于直流电流幅值：

$$I_{\mathrm{AC\_rms}} := I_{\mathrm{m}} \quad I_{\mathrm{AC\_rms}} = 141.2\mathrm{A}$$

有了这些值，视在交流功率为

$$S_{\mathrm{AC}} := I_{\mathrm{AC\_rms}} \cdot V_{\mathrm{AC}} \quad S_{\mathrm{AC}} = 31.1\mathrm{kV} \cdot \mathrm{A}$$

交流电源的功率因数为

$$\mathrm{pf}_{\mathrm{AC}} := \frac{P_{\mathrm{AC}}}{S_{\mathrm{AC}}} \quad \mathrm{pf}_{\mathrm{AC}} = 0.35$$

得到的功率因数很低。整流器需要电容来提高功率因数。

例 11.10　单相感应电机控制

这个例子的目的是说明可以通过调节频率和 PWM 逆变器的输出电压来控制感应电机的转速。单相 PWM 桥式变换器在逆变器模式下运行，给单相 60Hz 感应电机供能。6 极，20hp 的电机数据为

$$P_{\mathrm{rated}}: = 20\mathrm{hp} \qquad V_{\mathrm{rated}}: = 480\mathrm{V} \qquad \mathrm{pole}: = 6$$

$$R_{\mathrm{sta}}: = 0.65\Omega \qquad X_{\mathrm{sta}}: = 1.20\Omega \qquad f_{\mathrm{sys}}: = 60\mathrm{Hz}$$

$$R_{\mathrm{rot}}: = 0.39\Omega \qquad X_{\mathrm{rot}}: = 1.30\Omega$$

$$R_{\mathrm{c}}: = 59\Omega \qquad X_{\mathrm{m}}: = 28\Omega$$

给逆变器供能的直流电压为：

$$V_{\mathrm{DC}}: = 600\mathrm{V}$$

交流电机在 900r/min 发出 10hp：

$$P_{\mathrm{mot}}: = 10\mathrm{hp} \quad \mathrm{r/min}: = \frac{1}{\min} \quad n_{\mathrm{mot}}: = 900\mathrm{r/min}$$

在这个例子中，我们将要：

① 估算近似逆变频率；

② 假设电机磁通保持恒定，计算所需的电机电压；

③ 计算并画出实际电机输出功率和转速的曲线；

④ 在所需功率 P_{mot} 时确定实际电机转速。

逆变频率

电机转速通过逆变器的频率来控制。从第 9 章可知，同步转速为

$$n_{syn} = \frac{f_{sys}}{\frac{pole}{2}}$$

利用之前讨论的同步转速等式计算出所需要的逆变器的电源频率。假设电机同步转速等于所需的速度，计算逆变器频率的近似值，结果为

$$n_{syn} := n_{mot} \quad f_{sup} := n_{syn} \cdot \frac{pole}{2} \quad f_{sup} = 45Hz$$

电机电压

为了保持磁通恒定，电机电源电压随着频率的减小而减小：

$$V_{mot} := V_{rated} \cdot \frac{f_{sup}}{f_{sys}} \quad V_{mot} = 360V$$

所需的调制指数可以从式（11.32）中计算得到，同时注意电机电压是有效值，结果为

$$modi := \frac{\sqrt{2} \cdot V_{mot}}{V_{DC}} \quad modi = 0.849$$

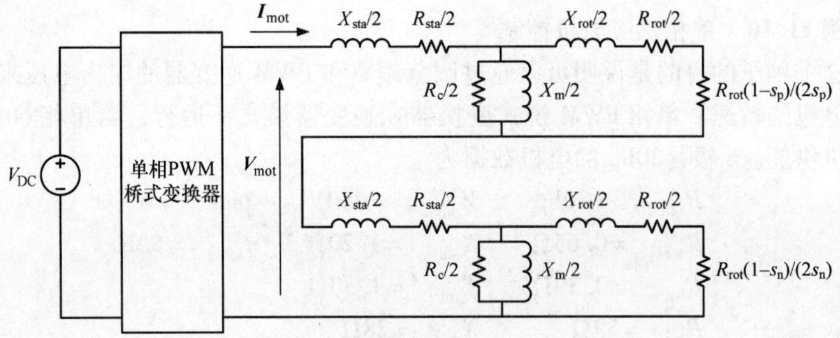

图 11.82　单相桥式变换器给单相电机供能

电机功率

电机输出功率和电流的曲线可以利用图 11.82 的单相电机等效电路计算出。电机转速是变量，等式的有效性用 $n_m := 850r/min$ 进行测试。

因为同步转速等于所需的电机转速，正反向转差率为

$$s_p(n_m) := \frac{n_{syn} - n_m}{n_{syn}} \quad s_n(n_m) := \frac{n_{syn} + n_m}{n_{syn}}$$

正向转子阻抗和反向转子阻抗为

$$Z_{\text{rot\_p}}(n_{\text{m}}) := \frac{R_{\text{rot}}}{2s_{\text{p}}(n_{\text{m}})} + \text{j} \cdot \frac{X_{\text{rot}}}{2} \cdot \frac{f_{\text{sup}}}{f_{\text{sys}}} \qquad Z_{\text{rot\_p}}(n_{\text{m}}) = (3.51 + 0.49\text{j})\,\Omega$$

$$Z_{\text{rot\_n}}(n_{\text{m}}) := \frac{R_{\text{rot}}}{2s_{\text{n}}(n_{\text{m}})} + \text{j} \cdot \frac{X_{\text{rot}}}{2} \cdot \frac{f_{\text{sup}}}{f_{\text{sys}}} \qquad Z_{\text{rot\_n}}(n_{\text{m}}) = (0.10 + 0.49\text{j})\,\Omega$$

并联的磁化和转子阻抗相结合，得到：

$$Z_{\text{rot\_m\_p}}(n_{\text{m}}) := \left(\frac{1}{\dfrac{R_{\text{c}}}{2}} + \frac{1}{\text{j} \cdot \dfrac{X_{\text{m}}}{2} \cdot \dfrac{f_{\text{sup}}}{f_{\text{sys}}}} + \frac{1}{Z_{\text{rot\_p}}(n_{\text{m}})} \right)^{-1}$$

$$Z_{\text{rot\_m\_n}}(n_{\text{m}}) := \left(\frac{1}{\dfrac{R_{\text{c}}}{2}} + \frac{1}{\text{j} \cdot \dfrac{X_{\text{m}}}{2} \cdot \dfrac{f_{\text{sup}}}{f_{\text{sys}}}} + \frac{1}{Z_{\text{rot\_n}}(n_{\text{m}})} \right)^{-1}$$

$$Z_{\text{rot\_m\_p}}(n_{\text{m}}) = (2.70 + 1.15\text{j})\,\Omega$$

$$Z_{\text{rot\_m\_n}}(n_{\text{m}}) = (0.01 + 0.46\text{j})\,\Omega$$

正向电机阻抗和反向电机阻抗为

$$Z_{\text{mot\_p}}(n_{\text{m}}) := \frac{R_{\text{sta}}}{2} + \text{j} \cdot \frac{X_{\text{sta}}}{2} \cdot \frac{f_{\text{sup}}}{f_{\text{sys}}} + Z_{\text{rot\_m\_p}}(n_{\text{m}})$$

$$Z_{\text{mot\_n}}(n_{\text{m}}) := \frac{R_{\text{sta}}}{2} + \text{j} \cdot \frac{X_{\text{sta}}}{2} \cdot \frac{f_{\text{sup}}}{f_{\text{sys}}} + Z_{\text{rot\_m\_n}}(n_{\text{m}})$$

$$Z_{\text{mot\_p}}(n_{\text{m}}) = (3.02 + 1.60\text{j})\,\Omega$$

$$Z_{\text{mot\_n}}(n_{\text{m}}) = (0.42 + 0.91\text{j})\,\Omega$$

电机电流为

$$I_{\text{mot}}(n_{\text{m}}) := \frac{V_{\text{mot}}}{Z_{\text{mot\_p}}(n_{\text{m}}) + Z_{\text{mot\_n}}(n_{\text{m}})} \qquad I_{\text{mot}}(n_{\text{m}}) = (68.1 - 49.8\text{j})\,\text{A}$$

输入复数功率为

$$S_{\text{mot}}(n_{\text{m}}) := \overline{I_{\text{mot}}(n_{\text{m}})} \cdot V_{\text{mot}} \qquad S_{\text{mot}}(n_{\text{m}}) = (24.5 + 17.9\text{j})\,\text{kV} \cdot \text{A}$$

正向和反向转子电流通过复合转子和励磁阻抗上的电压除以转子阻抗得到。复合转子和励磁阻抗上的电压是电机电流和复合阻抗的乘积。电流分割的应用得到了正向和反向转子电流为

$$I_{\text{rot\_p}}(n_{\text{m}}) := \frac{I_{\text{mot}}(n_{\text{m}}) \cdot Z_{\text{rot\_m\_p}}(n_{\text{m}})}{Z_{\text{rot\_p}}(n_{\text{m}})} \qquad I_{\text{rot\_p}}(n_{\text{m}}) = (65.2 - 24.9\text{j})\,\text{A}$$

$$I_{\text{rot\_n}}(n_{\text{m}}) := \frac{I_{\text{mot}}(n_{\text{m}}) \cdot Z_{\text{rot\_m\_n}}(n_{\text{m}})}{Z_{\text{rot\_n}}(n_{\text{m}})} \qquad I_{\text{rot\_n}}(n_{\text{m}}) = (64.6 - 47.8\text{j})\,\text{A}$$

正向和反向输出功率为

$$P_{\text{out\_p}}(n_{\text{m}}) := (|I_{\text{rot\_p}}(n_{\text{m}})|)^2 \cdot \frac{R_{\text{rot}}}{2} \cdot \frac{1 - s_{\text{p}}(n_{\text{m}})}{s_{\text{p}}(n_{\text{m}})} \qquad P_{\text{out\_p}}(n_{\text{m}}) = 21.7\text{hp}$$

$$P_{\text{out\_n}}(n_{\text{m}}) := (|I_{\text{rot\_n}}(n_{\text{m}})|)^2 \cdot \frac{R_{\text{rot}}}{2} \cdot \frac{1 - s_{\text{n}}(n_{\text{m}})}{s_{\text{n}}(n_{\text{m}})} \qquad P_{\text{out\_n}}(n_{\text{m}}) = -0.8\text{hp}$$

整个电机的输出功率为

$$P_{out}\ (n_m):\ =P_{out\_p}\ (n_m)\ +P_{out\_n}\ (n_m)\qquad P_{out}\ (n_m)=20.9hp$$

图 11.83 所示为输出功率和电机转速的图形。该图显示了电机输出功率——转速曲线和 20hp 功率等级。两条曲线的交点大约是 850r/min。确切的值通过使用 Mathcad root 方程求解器求解下面的等式确定：

$$P_{out}(n_m)-P_{rated}=0$$

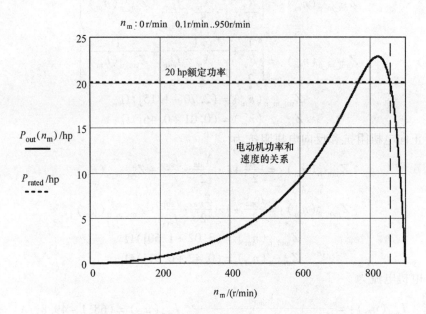

图 11.83　可控逆变器单相电机的功率和转速

利用猜测值 n_m：　=850r/min，结果为

$$n_{rate}:\ =root(P_{out}(n_m)-P_{rated},n_m)\qquad n_{rate}=855r/min$$

负载电机

电机运行的功率为 10hp。为了得到实际运行转速以及是否为 900r/min 的期望值，再次利用 root 方程求解器：

$$n_{load}:\ =root\ (P_{out}\ (n_m)\ -P_{mot},n_m)\qquad n_{load}=884r/min$$

结果显示电机转速接近期望值 900r/min。在这个运行点，我们可以满意当前的转速，这是倾向于电机同步转速等于所需转速的早期假设。

另外，我们还可以继续分析发现能完全符合期望的功率和转速的确切条件（例如电源电压和频率，电机转差率）。这些可以利用 Mathcad Find 方程求解器和在求解器模块的方程长列表或者利用迭代（试误）的方法来实现。

11.9　练习

1. 讨论感应电机转速控制的概念。
2. 当电源电压减小时，为什么要保持磁通量恒定？
3. 讨论直流电机转速控制的概念。
4. 晶闸管是什么？解释其用处。
5. 比较和对照 IGBT，GTO 和 MOSFET 的用处。
6. 解释桥式变换器的运行。画出电流路径，讨论触发序列。
7. 画出连接图和电阻负载情况下，可控晶闸管桥式整流器的电压和电流波形。
8. 画出连接图及当整流器给电池充电时可控晶闸管桥式整流器的电压和电流波形。
9. 画出连接图和电感负载情况下，可控晶闸管桥式整流器的电压和电流波形。
10. 对于可控晶闸管整流器在电阻负载时，解释怎样计算直流电压和电流平均值。
11. 对于可控晶闸管整流器在大电感负载时，解释怎样计算直流电压和电流平均值。
12. 对于可控晶闸管整流器在给电池充电时，解释怎样计算直流电压和电流的平均值。
13. 解释怎样计算大电感负载的整流器产生的交流电流的整个谐波畸变（THD）因数。
14. 解释滤波电感对于整流器电流的影响。画出直流电流和电压波形。
15. 解释在整流器运行情况下电容的影响。画出直流电压和电流波形。
16. 画出三相整流器的电路图并解释其运行。
17. 画出电压源型逆变器的电路图和波形。
18. PWM 的优点是什么？
19. 续流并联二极管在逆变器电路中的作用是什么？
20. 解释正弦 PWM 逆变器的运行。
21. 讨论有源逆变器、可控晶闸管逆变器的运行。
22. HVDC 系统是什么？绘制概念中的电路模块图。

11.10　习题

习题 11.1

在这一章中，利用的是正弦交流电压源而不是余弦。确定余弦电压（例如

$x(t) = V_M \cos(\omega_0 t)$）的傅里叶系数，利用①解析解；②数值 FFT 分析；③将余弦和纯正弦波的结果比较。

习题 11.2

利用例子 11.2 一样的情况和类似的分析方法，计算并画出全波整流器从直流到 30 次谐波谐波电流的大小。

习题 11.3

利用 PSpice 实现电压频率为 50Hz，大小 5V，负载电阻 2kΩ 的全波整流桥电路，画出电源和电阻的电压波形，整流桥相邻边上的两个不同二极管的电流波形。然后，对四个波形进行 FFT 分析。

习题 11.4

将单相可控晶闸管整流器用在剧院提供照明。当灯光渐暗时，照明控制需要直流电压平均值减小到额定电压的 70%。计算所需的延迟角。60Hz 交流输入电压为 220V，直流输出额定电压为 120V。在额定条件下，灯光通常为 2kW。

习题 11.5

在上面分析的问题中，计算整流器在 70% 负载时，交流电流的电流有效值和 THD 因数。假设照明负载能用电阻代替，可以通过满载数据计算。

①计算等效负载电阻。②推导直流和交流电压和电流的方程。画出波形来验证正确的运行。③对交流电流进行傅里叶分析，然后计算在 70% 负载（在上面的问题中计算了）对应延迟角时的 THD。

习题 11.6

对于 11.4.2.2 节中的电阻负载的单相桥式整流器，计算并画出①THD；②电流有效值和延迟角（α）的图形。利用式（11.24）来计算有效交流电流。

习题 11.7

画出 70kHz 降压变压器的理想输出电压和电感电流波形。设计的电压纹波为 5%，电流纹波为 10%，占空比为 60%。利用 80Ω 的电阻，电源电压和电流分别为 9VDC 和 250mA。

习题 11.8

升压变换器运行在 80kHz，输入电压为 6V 直流，要求输出电压为 10V。允许的峰峰值电压和电流纹波分别为 ±0.2V 和 ±75mA。求①占空比；②需要的电感和电容值；③对于 75Ω 负载，利用电路分析软件画出实际的电压和电流波形。

习题 11.9

在变电站，整流桥给电池组充电。电池组直流电压额定值为 48V，所需的充电电流为 25A，需要的交流电源为 120V。电池内部的电阻为 2.5Ω。①分析充电器的运行状况，画出交流和直流电压电流，确定延迟角控制的可行性。②计算保持 25A 充电电流需要的延迟角。③计算交流侧的功率和功率因数。

习题 11.10

桥式整流器通过直流反馈给恒电流负载供电，电阻为 1.1Ω。通过利用与电阻串联的大电感来实现电流恒定。直流电压和电流分别为 300V 和 45A。①在整流器终端计算直流电压和功率；②计算需要给负载供电的交流电压（开放性问题）；③计算交流电流的 THD 和基波成分（60Hz）。

习题 11.11

有源逆变器用于连续功率电源（UPS）中。UPS 中电池的直流电压为 400V。UPS 利用热电联合装置为 60Hz、480V 的电网供电。逆变器有大电感，确保了恒定直流功率。逆变器的直流电流为 150A。当输出电压为 480V 时，逆变器的输入直流电压平均值为 432V。①如果已知交流和直流电流，计算延迟角。②推导交流和直流电流的方程，并画出这种运行状态的波形。③计算传送到交流侧的功率并求出功率因数。

习题 11.12

单相桥式整流器控制直流系列电机。460V 交流电路给整流器供电。直流电机额定值为 20hp 和 300V。电机场强和电枢绕组电阻都是 0.25Ω。空载转速和电流分别为 1000r/min 和 7.2A。给整流器供能的交流电路电压为 460V。①计算电机常数。②需要在 550r/min 发出 8hp，计算电机电压。③计算整流器延迟角。

习题 11.13

PWM 整流器控制三相感应电机的转速。60Hz，四极感应电机额定值为 17hp 和 440V。电机每相电路数据为

	电阻/Ω	电抗/Ω
定子（串联）	0.55	1.3
转子（串联）	0.35	1.3
磁化（平行）	25	50

在转速为 1100r/min 时，电机必须发出 15hp。

①计算近似的逆变器频率。②假设电机磁通量保持恒定，计算所需的电机电压。③计算并画出实际电机输出功率与转速的图形。④计算在期望的功率时实际电机转速。

习题 11.14

单相可控晶闸管逆变器给 25Ω 的电阻负载供电。提供的交流电压和频率分别为 220V 和 60Hz。利用例 11.8 中的 PSpice 电路，在没有滤波电容情况下，针对不同的滤波电感对逆变器进行仿真。①当延迟角为 50°，滤波电感为 10μH 时，画出交流电压和直流电压以及直流电流。②改变滤波电感值，确定实现连续导通

的电感。确定直流电流的平均值。

习题 11.15

单相可控晶闸管逆变器给 20Ω 的电阻负载供电。直流电流的纹波通过在负载上并联连接一个大电容来减小。滤波电感不能用来增加导通时间（例如 $L_{sm} = 0$）。交流电源电压和频率分别为 110V 和 60Hz。利用例 11.8 中的 PSpice 电路对逆变器进行仿真。①忽略滤波电容，当延迟角为 60°时，画出交直流电压波形以及直流电流波形。直流电流的平均值是多少？②确定将电压纹波减小到 25V 时的电容值，当有这个电容存在时直流电流的平均值是多少？

附　　录

附录 A　Mathcad 介绍

Mathcad 是用于解决工程问题的一个通用数学软件，其优点是软件中方程的格式与书中的相似，而且，对于已赋值变量，软件能立即计算出结果。此外，能自动包含和估算变量和方程的工程尺寸（单位）。表 A.1 列出了 Mathcad 的许多内置的尺寸和单位。Mathcad 能绘制函数曲线图，因此可进行函数趋势分析，并找到其最大和最小值。同时，此软件还能够求解变量和结果是复数的方程，而电气工程中复数的运算非常普遍。Mathcad 软件具有丰富的功能，涵盖了从矩阵代数到符号操作和基本编程的许多的数学/科技问题。本书中，我们将介绍和应用这款软件的基本特性。

表 A.1　Mathcad 内置尺寸和单位

加速度		电流		长度	
g	重力	A	安培	in	英寸
放射性		剂量		ft	英尺
Bq	贝可	Gy	戈瑞	mi	英里
角度		Sv	西韦特	m	米
°	度	能量		yd	码
rad	弧度	Btu	国际 Btu	磁场强度	
rev	转数	cal	热量	Oe	奥斯特
s	球面度	erg	尔格	磁通	
面积		J	焦耳	Wb	韦伯
acre	英亩	力		磁通密度	
barn	靶恩	N	牛顿	G	高斯
hectare	公顷	lbf	磅力	T	特斯拉
电容		kgf	千克力	质量	
F	法拉	频率		gm	克
电荷		Hz	赫兹	kg	千克
C	库仑	rpm	每分钟转数	oz	盎司
电导		电感		lb	磅质量
mho	姆欧	H	亨利	ton	吨
S	西门子			tonne	公制吨

（续）

磁导率	Pa	帕斯卡	时间	
μ_0 mu0	psi	磅每平方英寸	s	秒
介电常数	torr	托	min	分钟
ε_0 epsilon0	电阻		hr	小时
电位（电压）	Ω	欧姆	day	天
V 伏	物质		yr	年
功率	mol	摩尔	速度	
W 瓦	温度		c	光速
hp 马力	K	开尔文	体积	
压力	R	兰金	gal	加仑
atm （标准）大气压			L	升
bar 巴				

Btu，British thermal unit.

A. 1   工作表和工具栏

图 A. 1 所示为 Mathcad 软件的工作区和可用的工具栏。工作区是放置文本、公式和图表的工作空间。工具栏给出了运算符、函数、希腊字母和图形等等，通过单击工具栏上的相应按钮可将其插入到工作表中。例如，单击工具栏内积分符号按钮，可将积分函数放置在工作表中的十字光标位置（＋）（如图 A. 1 所示）。软件可用的工具栏如下：

- 计算器—常用的算术运算符
- 图表—各种二维和三维图形和图像工具
- 矩阵—矩阵和矢量运算符
- 求值—用于求值和定义的符号
- 微积分—导数、积分、极限、迭代和以及迭代积
- 布尔—布尔表达式的比较和逻辑运算符
- 编程—编程结构
- 希腊—希腊字母
- 符号—符号关键字

由于 Mathcad 程序较大，无法在这个简短的介绍中完全描述。在这个附录中，主要讨论本书中用到的该软件的基本特征，鼓励读者自行学习全面的 Mathcad 帮助文件。本书中出现的解决方法不需要专业版的软件，学生版就足够了。

A. 1. 1   文本区

Mathcad 工作区分为文本区和数学区。文本区是通过在选择区域简单输入所需文本创建的。在工作区上单击可选择文本区的起点。文本的字体和大小可以指定。此外，常见的剪切、复制和粘贴命令也可用。文本编辑功能类似文字处理器的编辑功能。表 A. 2 介绍了一些常见的 Mathcad 按键及其功能。

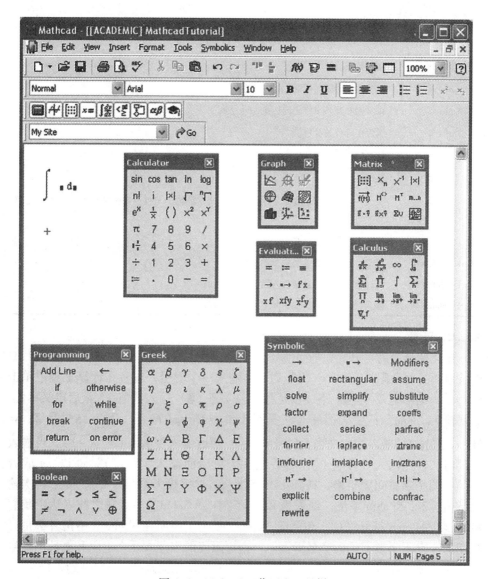

图 A.1　Mathcad 工作区和工具栏

表 A.2　常见的 Mathcad 编辑快捷键

按键	功能
Enter	插入空白行。在文本区域，开始新的段落
@	创建 $X - Y$ 坐标图
Ctrl + A	在文本区域，选择文本区的所有文本
	在一个空白点，选择工作区的所有区域

（续）

按键	功能
Ctrl + D	删除区域
Ctrl + E	打开插入功能对话框
Ctrl + G	在希腊和罗马字符之间切换
Ctrl + M	插入矩阵或矢量模板
Ctrl + U	打开插入单位对话框
Ctrl + Z	撤销最后编辑
Ctrl + Enter	插入一个分页符。在文本区域，设置文本区域的宽度。在数学区域，插入加法操作和换行
Ctrl + Shift + Enter	在一个区域，移动光标到区域外或下方
Ctrl + Shift + A	在文本区插入数学公式
Ctrl + Shift + K	允许输入字符，通常插入运算符（例如：[ ]）
Ctrl + Shift + P	插入（希腊字母）pi，其值为 3.1415927

A.1.2 计算

定义变量后就可开始进行计算了。作为例子，我们定义一个 5Ω 的电阻和 3Ω 电抗串联的复杂阻抗。输入 "Z" 后，再输入一个冒号，或者在计算工具栏单击 [：=]。结果是 $Z:=\blacksquare$。下一步是在空占位符（■）输入数值 5。最后定义单位，只要输入 "ohm" 或者希腊字母工具栏中单击 Omega 符号 [Ω]。结果是 $Z:=5\Omega$。3Ω 电抗的输入为：先输入加号 [+]，随后输入复数 j（$=\sqrt{-1}$）。当输入虚部时，首先输入数字 [1]，然后在这个数后面输入字母 "j" [j]（或者 "i"），两个字符间无空格，得到：$Z=5\Omega+j$。然后输入乘号 [*]，随后再次输入数值 [3] 和 ohm 单位，结果为 $Z:=5\Omega+j\cdot3ohm$。注意在之前表达中我们故意混合的 ohm 符号（Ω）和单词 "ohm" 是为了说明在 Mathcad 中两者都是可以用的，它不会被不同的命名弄混。一个更紧凑的表达式是对电阻和电抗用括号括起来，保持虚数 "3" 不变，单位 ohm 在最后，也就是 $Z:=(5+3j)\ \Omega$。

变量可以用下标来区分，例如 Z_2。在创建变量的下标时，在输入变量名称后，输入一个句号 [.]，接着输入下标就可以了。例如，我们定义 Z_2 为 10Ω 的电阻，先输入 [Z]，然后句号 [.]，随后输入下标数字 2 [2]，接着冒号 [：]、10 [10] 和单位 ohm [Ω]，结果就是 $Z_2:=10\Omega$。

以一个简单的计算为例，我们假设先前定义的两个阻抗（Z 和 Z_2）并联，要计算这两个阻抗的并联等效阻抗，我们需要利用键盘加 [+]、减 [-]、除 [/]、乘 [*]、幂 [^] 符号输入一个方程。我们知道两个并联阻抗的等效阻抗是它们的乘积除以它们的总和。方程输入顺序为 [Z]、[.]、[parrllel]、冒号

[：]、[Z]、[＊]、[Z]、[．]、[2]、[／]、[Z]、[＋]、[Z]、[．]、输入 [2]，结果是

$$Z_{\text{parallel}}：= Z \cdot \frac{Z_2}{Z + Z_2}$$

计算的数值结果可以通过①之前表达式来和等号显示：

$$Z_{\text{parallel}}：= Z \cdot \frac{Z_2}{Z + Z_2} = (3.59 + 1.282\text{j})\,\Omega$$

或者②输入 Z_{parallel}，如之前所描述，然后在键盘上输入等号 [＝]。后者结果是

$$Z_{\text{parallel}} = (3.59 + 1.282\text{j})\ \Omega$$

注意前面提到复数结果中字母 j 是表示虚数。电气工程师喜欢用小写字母 "j" 来表示虚数而不是小写字母 "i" 来避免与电流 $i(t)$ 混淆。然而，Mathcad 对于虚数默认使用字母 "i"，这可以在结果格式对话框中的显示选项改为 "j"，如图 A.2 所示。

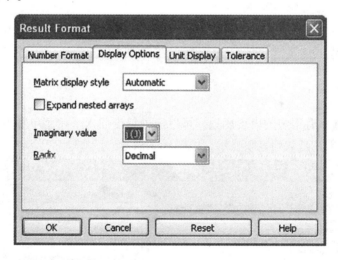

图 A.2　利用结果格式显示选项对话框来改变虚数显示 "j"

单位可以通过单击方程改变，在右边产生了占位符（■）：

$$Z_{\text{parallel}} = (3.59 + 1.282\text{j})\,\Omega\ ■$$

在占位符中输入所需的单位，这里我们放入 kΩ 作为一个例子，得到的结果是

$$Z_{\text{parallel}} = (3.59 \times 10^{-3} + 1.282\text{j} \times 10^{-3})\,\text{k}\Omega$$

电力工程分析通常需要计算一个复数的相位角的绝对值。绝对值或幅值可以通过在计算工具栏中单击和选择 |■| 运算符计算。绝对值运算符的位置在计算

工具栏可以看到，如图 A.1 所示。并联阻抗的结果是

$$| Z_{\text{parallel}} | = 3.812\Omega$$

其他 Mathcad 运算和它们的快捷键如表 A.3 所示。

表 A.3　常见的 Mathcad 的快捷键

按键	运算
^	求幂
"	复共轭
,	一对圆括号
|	大小或行列式
!	阶乘
,	在函数中分隔参数，分隔绘制在同一轴线上的表达式；在一个数字区间写在第二个数字前面
;	之前最后一个数字范围
\	二次方根
Ctrl + \	第 n 次根
Ctrl + Enter	增加换行

A. 2　函数

Mathcad 中有很多的内置函数，可以通过单击插入下拉菜单和选择函数来显示。这一结果在函数列表中显示，如图 A.3 所示。

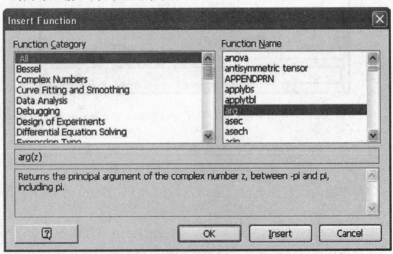

图 A.3　从 Insert Function 对话框中选择 arg 功能

作为一个例子，阻抗的相位角通过 arg 函数来计算。这个函数可以在图 A. 3 所示的函数列表中单击 arg 函数得到。结果为 arg（■）。下一步是在占位符中输入参数［Z_{parallel}］，随后是等号。默认情况下，其结果是以弧度表示角度（$Z_{\text{parallel}} = 0.343$）。通过在占位符中输入"°"单位能够很容易改变为度数：

$$\text{Arg}(Z_{\text{parallel}}) = 19.654°$$

同样的方式可以得到其他函数。举一个例子，我们可以用 Mathcad 中的 Re 和 Im 函数分别计算阻抗 Z_{parallel} 的实部和虚部。这两个函数都在函数列表中。计算结果为

$$\text{Re}(\blacksquare)\,\text{Re}(Z_{\text{parallel}}) = 3.59\Omega$$
$$\text{Im}(\blacksquare)\,\text{Im}(Z_{\text{parallel}}) = 1.282\Omega$$

在本书的一些例子中，电流、电压或者阻抗是由绝对值和相位角确定的。例如，假设线电流的绝对值是 20A，相位角是 30°。电流的复数值能利用 Euler 的方程计算出：

$$I_{\text{a}} := 20A \quad \alpha := 30°$$
$$I_{\text{complex}} := I_{\text{a}} \cdot \cos(\alpha) + j \cdot I_{\text{a}} \cdot \sin(\alpha)$$
$$I_{\text{complex}} = (17.321 + 10j)\,A$$

在这些等式中，正弦和余弦函数可以通过函数表或者输入 sin（）或者 cos（）和插入角度获得：

$$\sin\,(\blacksquare) \qquad \sin\,(\alpha)$$

另外，复数电流值能使用复数的指数计算：

$$I_{\text{complex}} := I_{\text{a}} \cdot e^{j \cdot \alpha} \qquad I_{\text{complex}} := (17.321 + 10j)\ A$$

此外，所有这三个函数（正弦、余弦和指数）可以从计算工具栏中通过单击选择出。常见的函数表如表 A. 4 所示。

表 A. 4　通用 Mathcad 函数

	常数		指数
%	百分比（*0.01）	exp, e	指数（e^）
e	e 值（15 位小数）	ln	自然对数（e 为基底）
π	PI 值（15 位小数）	log	以 10 为基底的对数
	复数		三角函数
arg	辐角（相位角）	sin, cos, tan	三角函数
Im	虚部	asin, etc.	反三角
Re	实部	sinh, etc	双曲
| |	绝对值	asinh, etc	反双曲

A.2.1 迭代计算

在工程计算中经常需要进行表达式的迭代计算。对于表达式的迭代，Mathcad 利用范围变量。典型的情况是在 $\alpha = 0°$ 到 $\alpha = 90°$ 之间以步长 $30°$ 变化一个正弦波数值的计算。

在这种情况下，α 定义为范围变量，通过在希腊字母工具栏中单击 $[\alpha]$ 或者利用快捷键：在键盘上输入 $[a]$ 和 Ctrl + G。随后输入冒号 $[:]$ 和初始值 $[0°]$；此后，输入逗号 $[,]$，然后下个值 $[30°]$，随后是分号 $[;]$（或者从矩阵工具栏中选择 $[n..m]$），最后输入最后的值 $[90°]$。中间和最后的结果是

$$\alpha: = \blacksquare \quad \alpha: = 0°, \blacksquare \quad \alpha: = 0°, 30°.. \blacksquare$$
$$\alpha: = 0°, 30°.. 90°$$

这样就能够计算出正弦波并通过输入"sin（α）"显示出，得到的结果是

$$\sin(\alpha) = \begin{array}{|c|} \hline 0 \\ \hline 0.5 \\ \hline 0.866 \\ \hline 1 \\ \hline \end{array}$$

A.2.2 定义一个函数

用户定义的函数能够通过输入函数的选择名称来确定。例如，定义阻抗（Z）为频率（f）的函数。输入的顺序：输入 $[Z]$，输入一组括号 $[()]$，在括号内插入 $[f]$，随后是冒号 $[:]$，得到：$Z(f): = \blacksquare$。

利用一个数值例子来说明另一个函数的应用。电阻、电容和电感的串联阻抗（Z）取决于频率（f）。阻抗（Z）通常是用角频率来表示。频率 f 正比于角频率（ω），我们利用这个关系建立了 $\omega(f): = 2\pi f$ 的函数表达式。

电阻、电容和电感值分别为

$$R_o: = 200\Omega \quad L_o: = 1H \quad C_o: = 1\mu F$$

利用前面介绍的公式输入方法，得到阻抗频率的函数：

$$Z_o(f): = R_o + j \cdot \omega(f) \cdot L_o + \frac{1}{j \cdot \omega(f) \cdot C_o}$$

通过这个函数能够计算出任何频率的阻抗值。为了测试方程的作用，我们选择 100Hz 的频率：$f: = 100Hz$。

由此产生的阻抗能够通过输入"$Z_o(f) =$"来获得：

$$Z_o(f) = (200 - 963.231j)\Omega$$

显示结果中有效数字的位数能利用结果格式对话框的数字格式表来改变，得到

$$Z_o(f) = (200.0 - 963.231j)\Omega$$

A.2.3　绘制函数

Mathcad 可以创建不同的曲线，从简单的 X – Y 图像到三维矢量图。在这个附录里，用一个数值例子简单地演示 X – Y 图形绘制方法。特别是，我们将绘制之前例子中的电阻 – 电容 – 电感（RLC）串联电路阻抗的绝对值与频率的函数。公式是

$$R_{\mathrm o} := 200\Omega \qquad L_{\mathrm o} := 1\mathrm H \quad C_{\mathrm o} := 1\mu\mathrm F$$

$$\omega(f) := 2 \cdot \pi \cdot f \qquad Z_{\mathrm o}(f) := R_{\mathrm o} + \mathrm j \cdot \omega(f) \cdot L_{\mathrm o} + \frac{1}{\mathrm j \cdot \omega(f) \cdot C_{\mathrm o}}$$

$$Z_{\mathrm{abs}}(f) := |Z_{\mathrm o}(f)| \qquad \theta(f) := \arg(Z_{\mathrm o}(f))$$

这里我们计算阻抗的绝对值和相位角。如果频率是 100Hz（$f_{\text{test}} := 100\mathrm{Hz}$），结果是

$$Z_{\mathrm{abs}}(f_{\text{test}}) = 983.775\Omega \quad \theta(f_{\text{test}}) = -78.27°$$

为了绘制阻抗幅值，频率被认为是在 100 ~ 250Hz 的范围以 1Hz 变化的变量：

$$f := 100\mathrm{Hz}, 101\mathrm{Hz}..250\mathrm{Hz}$$

X – Y 图形创建通过在 Insert 菜单中单击图形、X – Y Plot 得到，或者从 Graph 工具栏中选择 X – Y Plot。最初显示的是

下一步是通过在水平坐标轴的占位符中输入"f"，垂直坐标轴的占位符输入"Z_{abs}（f）"确定 x 和 y 坐标变量。为了更确切地在图像上表示单位，我们发现较好的方法是用每个坐标变量除以期望的单位。具体地说，对于 x 坐标，当输入"f"时，我们用它除以 Hz，对于 y 坐标，我们用阻抗除以 ohm［Ω］。图像现在以图 A.4 中的格式给出。

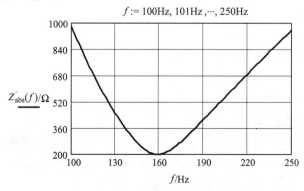

图 A.4　Mathcad 阻抗和频率的 X – Y 图像

该图可以通过在绘图区双击进行格式设置，打开格式菜单如图 A.5 所示。坐标轴的范围、轨迹的颜色、类型和宽度都可以改变，坐标可以进行标注。事实上，对于图 A.4 的图像的 x 和 y 坐标，我们都选择栅格线。我们将每个坐标轴的栅格线的数目都设置为 5。读者应该尝试用这个工具来学习它的特征。

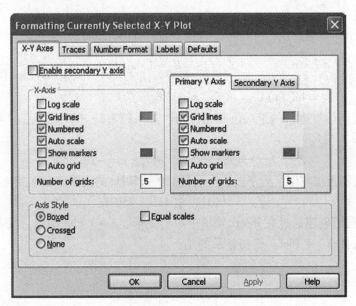

图 A.5　绘制的格式菜单

A.2.4　最小和最大函数值

函数的最大和最小值能分别通过 Maximize 和 Minimize 函数确定。这些函数可以在插入函数列表中看到或者输入：

Maximize（function name, me, variable）

Minimize（function name, me, variable）

这些函数的使用步骤如下：

① 定义最小和最大的函数；

② 定义解决方案的假设值；

③ 输入语句 given 开始求解模块；

④ 利用布尔运算符在解上输入任何的约束；

⑤ 用之前提供的语句输入 Maximize 和 Minimize 函数。

通过找出前面介绍的 $Z_{abs}(f)$ 函数的最小值来演示这些函数的应用。Mathcad 需要设置一个初始假设值来求最小值（或者最大值，如果最大值可用）。利用图 A.4 提供的图，选择合理的假设值 $f = 160\,Hz$ 来求最小值：

定义函数：$Z_{abs}(f) := \left| R_o + j \cdot \omega(f) \cdot L_o + \dfrac{1}{j \cdot \omega(f) \cdot C_o} \right|$

选择假设值：$f := 160\,\text{Hz}$

$f_{min} := \text{Minimize}\,(Z_{abs}, f) \qquad f_{min} = 159.155\,\text{Hz}$

注意我们忽略了前面所述的步骤③和步骤④，这里没有约束，因此正常的求解模块是不必要的。我们发现最小值 f_{min} 能被用作一个变量来求出实际的最小阻抗幅值，即

$$Z_{abs\_min} := Z_{abs}(f_{min}) \qquad Z_{abs\_min} = 200\,\Omega$$

A.3　方程求解器

Mathcad 有两个方程求解器，能计算出实数和虚数值的方程。方程求解器的作用在随后的章节中用数值例子进行演示。

A.3.1　根方程求解器

root 函数能够解算一个单一的方程。举一个例子，假设我们想确定 $Z_{abs}(f) = 400\,\Omega$ 时的频率，$Z_{abs}(f)$ 的公式是

$$Z_{abs}(f) := \left| R_o + j \cdot \omega(f) \cdot L_o + \dfrac{1}{j \cdot \omega(f) \cdot C_o} \right|$$

所需的频率数值是使表达式等于 $400\,\Omega$。因此，我们想解决的方程是

$$Z_{abs}(f) - 400\,\Omega = 0$$

这里利用了布尔等于符号。频率能够通过 root（方程，未知）函数来计算。第一步是选择假设值。利用图 A.4，我们可以看出有两个解：一个是在 130Hz 左右，另一个是在 190Hz 左右。我们选择 100Hz 的假设值：

$$f := 100\,\text{Hz}$$

给出了第一个根：

$$\text{root}(Z_{abs}(f) - 400\,\Omega, f) = 133.958\,\text{Hz}$$

选择第二个假设值 200Hz 可得出第二个根：

$$f := 200\,\text{Hz} \quad \text{root}(Z_{abs}(f) - 400\,\Omega, f) = 189.091\,\text{Hz}$$

如果存在的话，根函数能够找出复根；然而，在这种情况下，用户应该选择一个复根的假设值。

A.3.2　找出方程的求解器

Find 方程求解器适用于求解一个方程或者方程组。通过求解之前用 root 函数求解过的同样的方程来演示它的使用方法，如下：

① 选择一个假设值；

② 输入单词 Given 开始求解模块；

③ 利用布尔运算符，输入任何约束，例如如果我们只找出正根，则输

入 $f > 0$；

④ 在布尔工具栏中输入方程，但是用粗体的等号（＝）代替默认的等于号（：＝）。布尔等于的快捷键是在键盘输入 ［Ctrl］ 和 ［＝］。

⑤ 输入 Find（）并在括号内放置未知变量。

这个方法用之前求解过的 root 函数为例来演示。

首先要输入假设值（根）；我们选择 110Hz 的频率：

$$f: = 110Hz$$

求解模块是

假设

$f > 150Hz$

$Z_{abs}(f) - 400\Omega = 0$

$Find(f) = 189.091Hz$

得到的答案与根求解器中的第二个根相同。

特别地，在之前的求解模块中，我们定义 f 来找出任何大于 150Hz 的根。如果去掉约束，Find 方程求解器能得出与 110Hz 假设值一样的第一个根：

假设

$Z_{abs}(f) - 400\Omega = 0$

$Find(f) = 133.958Hz$

如果 Find 函数得到不同单位的矩阵结果，这些结果必须指定明确的变量名称来避免矩阵中单位的混淆。

A. 4　矢量和矩阵

定义一个矢量或者矩阵。首先，输入矩阵或者矢量的名称（例如 **A**），随后是冒号 ［:］。然后矢量或者矩阵模板通过在 Matrix 工具栏中单击矩阵图标插入或者在 Insert 菜单中选择 Matrix。两种方法都能打开如图 A.6 所示的对话框。然后确定行数和列数。单击 OK 或者 Insert 在等号的右边放置一个空矩阵或者矢量模板：

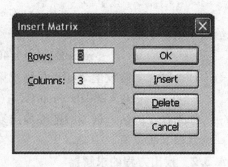

图 A.6　矩阵或者矢量插入对话框

$$A: = \begin{pmatrix} \blacksquare & \blacksquare & \blacksquare \\ \blacksquare & \blacksquare & \blacksquare \end{pmatrix}$$

矩阵元素的值必须通过人工来移动到每一个占位符，输入一个数字或者所需的变量。典型的矩阵例子是

$$A: = \begin{pmatrix} 5 & 4 & 1 \\ -3 & 7 & 3 \\ -4 & 5 & 2 \end{pmatrix}$$

矩阵的每个元素都可以访问（或查询），先输入 A，然后输入一个左中括号 "[ ]"，输入元素的行和列数用逗号分开，其次是等号 [=]。该方法如下：

$$A_\blacksquare = A_{0,0} = A_{1,2} = 4$$

典型的矩阵运算在 Matrix 工具栏（如图 A.1）中列出，运算包括逆，点和标量相乘，矢量元素的求和等，详情查询 Mathcad 的帮助。

接下来的方程演示了求矩阵的逆。首先，在 Matrix 工具栏中单击 x^{-1} 或者输入序列[x^-1]。然后在占位符里输入 A，在键盘上输入 =：

$$\blacksquare^{-1} \quad A^{-1} \quad A^{-1} = \begin{pmatrix} 0.062 & 0.188 & -0.313 \\ 0.375 & -0.875 & 1.125 \\ -0.813 & 2.563 & -2.938 \end{pmatrix}$$

使用矢量和矩阵能加速或者简化计算。举一个例子，我们将计算 3 根导线与一个选定点之间的距离。这些距离需要用来确定在输电线远处一点的电场。导线的坐标是：A 相（-11m，21m），B 相（0m，27m）和 C 相（11m，21m）。远处一点坐标为（100m，1m）。

首先，x 坐标通过输入序列 [x [{index}]] 来定义。这里的 index 中 1 表示相 A，2 表示相 B，3 表示相 C。同样的方法用于 x 坐标的定义：

$$x_1: = -11\mathrm{m} \quad x_2: = 0\mathrm{m} \quad x_3: = 11\mathrm{m}$$
$$y_1: = 21\mathrm{m} \quad y_2: = 27\mathrm{m} \quad y_3: = 21\mathrm{m}$$

远处一点的坐标是

$$x_{\mathrm{dist}}: = 100\mathrm{m} \quad y_{\mathrm{dist}}: = 1\mathrm{m}$$

这里我们输入序列 [x. dist：{value} m]。

现在介绍利用矢量进行距离的计算。这些距离可以用矢量 d 描述。矢量有 3 个元素，由范围变量 i 索引。输入序列 [i: 1; 3]，得到 $i: = 1..3$。

接下来，我们建立一个一般的公式用于计算任意导体和远处一点的距离。开始距离的矢量方程，输入 [d]，然后左中括号 "[，"随后是 [i]，然后是冒号 [:]。接下来，二次方根的模板 $\sqrt{\blacksquare}$ 是从 Calculator 工具栏中输入的或者通过输入斜杠键 [\ ] 来输入。在二次方根下（例如在占位符中），我们输入 [(x [i→ - x. dist→)]，这里 "→" 表示键盘上的右箭头键。随后 [^2] 对第一项二次方。同样的方法用于输入方程的第二部分：

$$d_i: = \sqrt{(x_i - x_{\mathrm{dist}})^2 + (y_i - y_{\mathrm{dist}})^2}$$

结果通过输入 [d =] 来获得：

$$d = \begin{pmatrix} 0 \\ 112.787 \\ 103.325 \\ 91.22 \end{pmatrix} \text{m}$$

我们注意到，所得到的矢量有 4 个距离，但是我们应该只有 3 个值。这是因为 Mathcad 可能默认数组的起点为 0。如果有必要，用户可以利用工具菜单中工作表选项对话框将数组的起点从 0 改变到单位 1，如图 A.7 所示。在做了这些改变以后，我们现在在导体和远处一点只有 3 个距离：

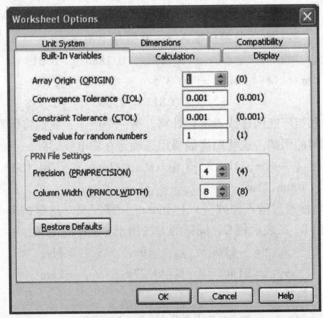

图 A.7　用工作表选项对话框来改变数组起点从 0 到单位 1

$$d = \begin{pmatrix} 112.787 \\ 103.325 \\ 91.22 \end{pmatrix} \text{m}$$

本附录提供了 Mathcad 的一个简短的介绍，读者应该利用 Help 菜单学习软件使用的其他细节。Mathcad 学生版足以解决本书中的问题。

附录 B　MATLAB 介绍

MATLAB® 软件可以在交互模式下操作或者运行程序（M 文件）。MATLAB 语言的语法与 C 语言很相似，主要不同点是 MATLAB 提供了矩阵和矢量的加法、减法和乘法等运算，同时可进行标准的函数运算，例如指数和三角函数等。值得注意的是矩阵和数组（元素与元素）运算的区别，在后面会详细解释。

　　MATLAB 软件的一个缺点是软件不能自动地合并尺寸和单位。经验表明避免出错的最好方式是用基本单位（国际单位制 SI）表示所有变量，这样结果也相应地为基本单位。

B.1　桌面工具

　　在 MATLAB 软件中打开几个可用窗口，主要有 3 个：

① MATLAB 桌面（主窗口）；

② 帮助浏览器；

③ M 文件的编辑/调试器。

　　在主桌面窗口的左侧（见图 B.1）列出了当前文件夹（例如当前工作路径）。在这个主桌面上，可能有几个子窗口（工具），包括：

① 命令窗口：用于变量赋值、计算和命令的输入；

② 启动平台：列出不同的 MATLAB 工具和用户可用的程序；

③ 工作区：列出内存中的变量；

④ 当前文件夹：列出在工作目录中的程序和其他文件；

⑤ 命令记录：显示最近执行的计算和命令。

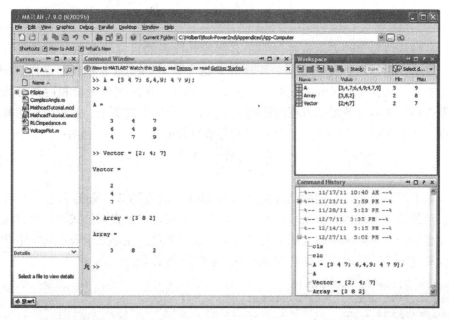

图 B.1　MATLAB 桌面主窗口：当前文件夹的目录（子窗口）、命令窗口、
工作区和命令记录（从左到右）

最重要的窗口是命令窗口，在这里可进行交互模式下的运算和命令输入，例如运行一个 M 文件。

在随后的章节中我们将演示如何用命令窗口进行快速运算。在命令窗口中可以快速地得出计算结果。一般来说，较好的方法是利用 M 文件。M 文件是文本文件（例如一个程序），保存在当前工作目录中，包含计算所需的 MATLAB 语句和函数。通过在命令窗口中输入 M 文件名或单击其所在编辑窗口中绿色的箭头按钮（"运行"）就可执行运算操作了（例如运行程序）。在程序错误的情况下，MATLAB 能够识别错误的类型及其在 M 文件中行和列的位置。

B.2 运算符、变量和函数

计算常用的运算符包括：

加	+	减	–	乘	*
除	/	左除	\	幂	^

可用的内置常数包括：

Pi	3. 1415.....（π）
i 或 j	虚数单位（$\sqrt{-1}$）
Inf	无穷（∞）
NaN	不是数字 a

良好的编程实践表明选择的变量名能使其代表的目标和数量显而易见。例如，表示变压器匝数比的变量，不选择 a 这个简单的变量名称，而选择"tr"，甚至更好的选择是"Tratio"。除此之外，在 MATLAB 公式中变量和运算符的形式及排列方法能有效帮助方程的正确输入。举一个简单的例子，假设用三相有功功率（P_T）和线电压（V_{line}）计算单相等效磁化电阻（R_m），利用：

$$R_m = \frac{(V_{line}/\sqrt{3})^2}{P_T/3}$$

如下所示为公式早期的几种可能（和等效）的表达式。有的表达式比较模糊，但最后一个表达式查错最简单。尽管第一个表达式是先前公式的简化，输入速度也快，但它体现不出公式的内在含义，应该避免。在第二个表达式中半功率的计算（^0.5）的用法不如利用 sqrt（）函数简单明了。

```
Rmag = Vline^2 / Ptotal;
Rmag = 3*(Vline/3^0.5)^2/Ptotal;
Rmag = Vline^2/sqrt(3)^2*3/Ptotal;
Rmag = Vline*Vline/3/(Ptotal/3);
Rmag = (Vline/sqrt(3))^2 / (Ptotal/3);
```

在 MATLAB 软件中可使用复杂的变量和函数。MATLAB 变量和函数名是区分大小写的。电力工程计算中较重要的复杂函数如下：

功能	计算
abs	绝对值或大小
angle	四象限相位角
conj	复共轭
exp	指数 (e)
sqrt	二次方根

MATLAB 软件包含所有传统的三角函数，对于这些函数，MATLAB 软件中都采用弧度来表示角度。（反）三角函数第 2 版用的是角度；例如，**asind（）** 计算反正弦，单位是角度，然而 **asin（）** 用弧度确定了 arcsin。使用 **atan2（）** 函数功能优于 **atan（）**，因为 **atan2（）** 计算所得的角度在 $-\pi \sim \pi$ 的范围中，可以清楚地识别正确的象限。

在下节将演示如何在 MATLAB 中利用命令窗口进行简单的计算。在语句或变量的后面添加一个分号（；），将防止变量值或计算结果出现在屏幕上。

B.3　矢量和矩阵

矩阵或矢量可以通过输入一行用逗号或空格分隔的元素来创建（例如列项）。分号用来分隔行。矩阵元素的完整列表用方括号表示。一个典型的 3×3 矩阵是

```
>> A = [3 4 7; 6,4,9; 4 7 9];
>> A
A =
     3        4        7
     6        4        9
     4        7        9
```

一个列矢量的例子是

```
>> Vector = [2; 4; 7]
Vector =
     2
     4
     7
```

注意在矩阵定义的末尾加分号（；），矩阵不会在屏幕上立即出现。但对于矢量，如果省略分号，定义的矢量会立即出现在命令窗口。定义一个行矢量的例子为

```
>> Array = [3 8 2]
Array =
     3        8        2
```

矩阵元素的位置可以通过小括号中其所在矩阵中行和列的数值来确定。也就是矩阵（行，列），例如 A（1，2）=4。冒号可以用来表示行或者列中元素的范围。例如 A（2，2：3）表示矩阵 A 中第 2 行，第 2 列到第 3 列的所有元素。

之前列出的数学运算符也可用于矩阵计算。例如，矩阵 A 的逆可表示为

```
>> A^-1
ans =
    -0.9310     0.4483     0.2759
    -0.6207    -0.0345     0.5172
     0.8966    -0.1724    -0.4138
```

也可以通过矩阵逆函数来得到同样的结果，即 inv（A）。

矩阵运算符包括附加的逐个元素的等值运算，即之前的普通数学运算：

元素乘法	.*
元素除法	./
元素左除	.\
元素取幂	.^

下面举例说明逐个元素的运算与矩阵的普通数学运算之间的区别。我们首先建立两个行矢量：$Z1$ 和 $Z2$。由两个矢量相应元素的乘积得到：

```
>> Z1 = [1,2,3];     Z2 = [4,5,6];
>> Z1 .* Z2
ans =
      4       10      18
```

矩阵乘法计算了变量的乘积。以 $Z1$ 和 $Z2$ 为例，将其中一个且只有一个矢量转置，两个矢量的标量积利用（复共轭）转置运算符（'）将其中一个行矢量转置成列矢量，如下所示：

```
>> Z1 * Z2'
ans =
     32
```

转置另一个矢量，然后将这两个数组相乘，可创建一个完全不同的 3×3 矩阵，即

```
>> Z1' * Z2
ans =
      4       5       6
      8      10      12
     12      15      18
```

B.4　冒号运算符

冒号（:）运算符用于生成一个数组或者数列。语法为：变量 = 开始：步长：末端，如果步长省略的话，其默认值为 1。另外，也可用 linspace 或者

logspace 函数。举一个例子，包含 1~10 的所有整数可以这样生成：

```
>> 1:10
ans =
     1    2    3    4    5    6    7    8    9   10
```

可以通过定义步长得到任意间隔的数列，如间隔为 -6 的数列：

```
>> 100: -6: 40
ans =
   100   94   88   82   76   70   64   58   52   46   40
```

利用实值常数的例子是

```
>> 0: pi/3 : 2*pi
ans =
        0   1.0472   2.0944   3.1416   4.1888   5.2360
6.2832
```

B.5　方程的迭代估算

本书中很多计算需要公式的迭代估算与结果绘制。下面通过计算在不同频率时电阻、电感和电容串联的一系列阻抗绝对值来演示方程的迭代估算。电路中电阻 25Ω，电感 $0.1H$，电容 $0.1\mu F$。频域中串联网络的阻抗表达式为

$$|Z_{series}| = \left|25 + j\omega 0.1 + \frac{1}{j\omega 0.1 \cdot 10^{-6}}\right| \quad \omega = 2\pi f$$

第一步是生成一个覆盖选择频率范围的矢量。我们选择频率范围为 2~10kHz，步长是 2kHz。这样得到了 5 个频率值 (f_{req})。MATLAB 软件利用冒号运算符创建这个矢量：

```
>> freq = 2e3 : 2e3 : 1e4        % Hz
freq =
    2000        4000        6000        8000       10000
```

注释文本可以利用在百分号后加文本来插入，即"% 注释文本"。这些注释可能自己占整个一行或者在一行的末尾，如之前所示。先定义频率数组 (f_{req})，随后计算角频率 (ω) 和阻抗 (Z_{series})。注意逐个元素运算符在接下来赋值语句的使用：

```
>> w = 2*pi .* freq;
>> Zseries = abs(25 + 1j .* w*0.1 + 1 ./ (1j .*w*1e-7))
Zseries =
            1.0e+003 *
            0.4615    2.1155    3.5047    4.8277    6.1241
```

注意答案的第一行数值与后面的所有元素相乘。为了绘制出结果，需要更大的频率范围和更小的步数。

B.6　绘图

使用函数 plot (*xvar*, *yvar*) 可以绘制一个二维图形，这里 *xvar* 是 x 轴矢量

（例如时间），*yvar* 是 *y* 轴的数组（例如电压或者功率）。*x* 和 *y* 可以分别通过 *xlable*( ) 和 *ylable*( ) 函数来标记，函数自变量字符串可给定坐标轴的含义。title( ) 函数给出整个图形的含义。函数 num2str ( ) 可将数值转换为字符串，通常可用它把具体数值结果写入图形的标题中作为参考。

举一个例子，我们可以利用下面的代码绘制一个 60Hz 交流（AC）电压，首先创建一个时间矢量，然后计算余弦电压，得到的图如图 B.2 所示。

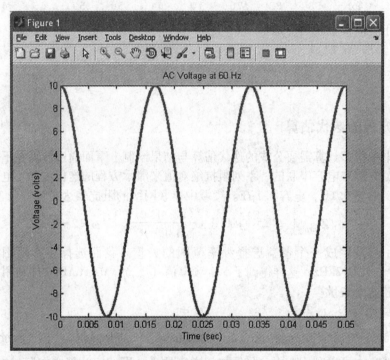

图 B.2　MATLAB 绘制的 60Hz 交流电压 3 个周期的波形

```
% VoltagePlot.m
clear all

freq = 60;   % Hz
omega = 2*pi*freq;
time = 0 : 1/(freq*500) : 3/freq;
acvoltage = 10*cos(omega*time);

plot(time, acvoltage, 'LineWidth',2.5);
xlabel('Time (sec)');
ylabel('Voltage (volts)');
title(['AC Voltage at ',num2str(freq),' Hz']);
```

类似地，我们可分析串联电阻电感电容（*RLC*）网络与频率的函数的特征。以之前的 *RLC* 串联电路为例，这里频率范围取 1～2kHz，步长为 0.1Hz。可以用一个

M 文件来实现这样简单的程序。图 B.3 所示为编辑/调试器中的"RLC 串联电路阻抗"计算程序的 M 文件。M 文件代码是

```
% RLCimpedance.m
clear all

freq = 1000 : 0.1 : 2000;    % Hz
w = 2*pi .* freq;
Zseries = abs(25 + 1j .* w*0.1 + 1 ./ (1j .*w*1e-7));

plot(freq, Zseries, 'LineWidth',2.5);
set(gca, 'fontname','Times', 'fontsize',12);
xlabel('Frequency (Hz)')
ylabel('Impedance Magnitude (ohm)')
title('Series RLC Network')
```

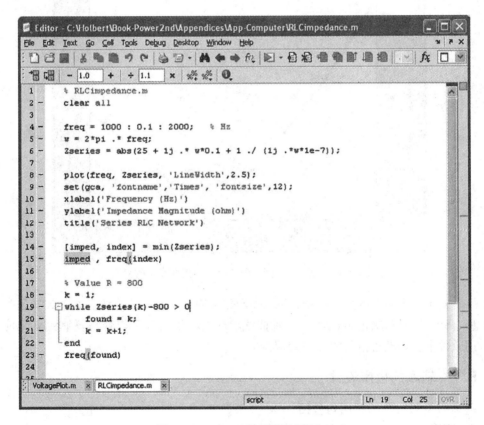

图 B.3　MATLAB 编辑/调试器窗口

计算结果如图 B.4 所示。可以看到共振频率大约为 1.6kHz，此时阻抗为最小值 (25Ω)。

最小的阻抗值可以通过 min 函数找出，也能找出最小值发生时确切的数组元

素。所以在这个例子中，精确的共振频率为

```
[imped, index] = min(Zseries);
imped , freq(index)
imped =
    25.0001
ans =
  1.5915e+003
```

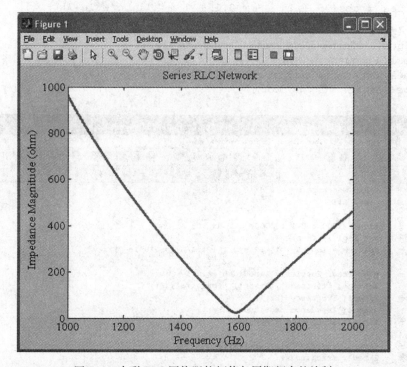

图 B.4　串联 RLC 网络阻抗幅值与周期频率的绘制

对于一个图上的多个曲线，legend 函数可用来正确区分曲线。此外，线条类型、标记符号和颜色可以用来识别曲线。MATLAB 的数字很容易复制到其他应用软件中，如准备报告的文字处理器中。

B.7　基本的程序设计

基本的 MATLAB 编程语句包括：

if　判读逻辑语句和当表达式是真时，执行下面的语句

switch　基于变量值，选择一组语句（一种情况）

for　利用从起始值到结束值选择性增加的计数指针来执行一组语句（循环）

while　在逻辑条件控制下执行一组语句（循环）

end　指示前面的语句模块和循环的结束符号

一个实际的问题是要找到与给定阻抗值相对应的特定频率。例如，我们要找出 RLC 串联阻抗幅值为 800Ω 时对应的频率，可以通过添加较早开发的 RLC 程序来确定。确定频率的代码是

```
% 值 R = 800
k = 1;
while Zseries(k)-800 > 0
    found = k;
    k = k+1;
end
freq(found)
```

计算的结果是

```
ans =
  1.0777e+003
```

这个答案表明在频率为 1.0777kHz 时，阻抗值是 800Ω。当然，在原始频率定义中的频率间距直接影响答案的准确性，也就是说，间距越小答案越准确。

软件功能非常强大，适用于进行极为复杂的计算分析。该程序的显著优势是大量可用的函数，其中包含用于各种分析的专用算法。在这个介绍中，我们总结出了用于理解本书中例子的 MATLAB 软件的主要特征。读者应该参考大量的 MATLAB 帮助功能来学习更多关于软件的使用细节。

附录 C　基本单位和常数

C. 1　基本单位

目前至少在使用四个单位系统。这四个相关的单位系统利用一组基本量，在不引入数值因数的情况下，由它通过乘法或者除法推导出其他基本量。传统且继续在美国使用的英国单位，不能形成一个相关系统。相关单位系统包括 SI 单位、MKS 和 cgs 系统。cgs 系统基于长度、质量和时间三个基本量，分别利用厘米、克和秒为单位。在 cgs 系统中，力和能量分别用推导的达因（$g \cdot cm/s^2$）和尔格（$g \cdot cm^2/s^2$）为单位，磁通密度和磁场强度分别用高斯（G）和奥斯特（Oe）为单位。MKS 是力学的单位系统，它基于长度、质量和时间三个基本量，单位分别为米、千克和秒。国际单位制（SI 单位）是一个相关系统，基于 7 个基本量，相应的单位如表 C. 1 所示。由 7 个基本量推导得到的变量及其相应的 SI 单位（量度）如表 C. 2 所示。这里弧度和球面度有时被称为辅助单位。对于体积，升（L）通常不是一个推导单位，因为它需要一个数值因子，即 $1L = 10^{-3} m^3$。所有基本量及其推导出的量，它们的 SI 单位的前缀如表 C. 3 所示。相应 SI、cgs

和英国单位的比较如表 C.4 所示。一些选定的各种单位之间的转换关系如表 C.5 所示。表 C.6 列出了电力工程常见的物理量及其符号和单位。

表 C.1 基本 SI 量和单位

基础物理量	基本单位	单位符号
长度	米	m
质量	千克	kg
时间	秒	s
电流	安培	A
热力学温度	开尔文	K
物质的量	摩尔	mol
发光强度	坎德拉	cd

表 C.2 推导出的 SI 量和单位

物理量	导出单位	单位符号	单位尺寸
频率	赫兹	Hz	$1/s$
力	牛顿	N	$kg \times m/s^2 = J/m$
压力	帕斯卡	Pa	$N/m^2 = kg/(m \times s^2)$
能量、功、热量	焦耳	J	$N \times m = kg \times m^2/s^2$
功率	瓦	W	$J/s = kg \times m^2/s^3$
电荷	库仑	C	$A \times s$
电位	伏	V	$J/C = kg \times m^2/s^3/A = W/A$
电阻	欧姆	Ω	$V/A = kg \times m^3/s^3/A^2$
电导	西门子	S	$1/\Omega = A/V$
电容	法拉	F	$C/V = A^2 \times s^4/kg/m^2$
磁通密度	特斯拉	T	$V \times s/m^2 = kg/A/s^2 = Wb/m^2$
磁通	韦伯	Wb	$V \times s = kg \times m^2/s^2/A$
电感	亨利	H	$V \times s/A = kg \times m^2/s^2/A^2 = Wb/A$
平面角	弧度	rad	m/m
立体角	球面度	sr	m^2/m^2

表 C.3　SI 前缀

前缀	因子	符号	前缀	因子	符号
毫	10^{-3}	m	千	10^{3}	k
微	10^{-6}	μ	兆	10^{6}	M
纳（诺）	10^{-9}	n	吉	10^{9}	G
皮（可）	10^{-12}	p	太	10^{12}	T
飞（母托）	10^{-15}	f	拍（拉）	10^{15}	P
atto 阿（托）	10^{-18}	a	Exa 艾（可萨）	10^{18}	E

表 C.4　在 SI，cgs 和英国单位系统中对应的单位

物理量	SI	cgs	英制
长度	米，m	厘米，cm	英寸，in；英尺，ft
质量	千克，kg	克，g	磅质量，lb 或 lb_m
时间	秒，s	秒，s	秒，s
温度	开尔文，K	开尔文度，$^{\circ}K$；摄氏度，$^{\circ}C$	华氏度，$^{\circ}F$
力	牛顿，N	达因	磅，lb 或 lb_f
压力	帕斯卡，Pa	达因/cm^2	磅/英寸的二次方，psi
能量	焦耳，J	尔格	英尺磅，ft lb
功率	瓦特，W	尔格/s	英尺磅/秒，ft lb/s
热量	焦耳，J	卡路里，cal	英国热单位，Dtu

表 C.5　单位转换系数

量	设定的等量关系
长度	1m = 39.37inches = 3.281ft
	1inch = 2.54cm
	1ft = 12inches = 30.48cm
	1yard = 3ft = 0.9144m
	1mile = 5280ft = 1.609km
时间	1year = 365.25days = 8766hours
质量	$1lb_m$ = 16oz = 0.4536kg
	1ton = $2000lb_m$ = 907.2kg
	1tonne（metric ton）= 1000kg
力	1N = 10^5dyne = $0.2248lb_r$
	$1lb_f$ = 4.448N

（续）

量	设定的等量关系
扭矩	$1\,\text{Nm} = 10^7\,\text{dyne cm} = 0.7376\,\text{lb}_f\,\text{ft}$
能量	$1\,\text{J} = 10^7\,\text{erg} = 0.7376\,\text{ft lb}_f = 9.480 \times 10^{-4}\,\text{Btu} = 2.778 \times 10^{-7}\,\text{kWh}$
	$1\,\text{Btu} = 252\,\text{cal} = 1055\,\text{J}$
	$1\,\text{erg} = 10^{-7}\,\text{J}$
	$1\,\text{kWh} = 3412.3\ \text{Btu} = 3.6 \times 10^6\,\text{J}$
功率	$1\,\text{W} = 0.7376\,\text{ft lb}_f/\text{s} = 1.341 \times 10^{-3}\,\text{hp}$
	$1\,\text{Btu/h} = 2.93 \times 10^{-4}\,\text{kW}$
	$1\,\text{hp} = 2545\ \text{Btu/h} = 0.7457\,\text{kW}$
磁	$1\,\text{T} = 10^4\ \text{G} = 1\,\text{Wb/m}^2$
	$1\,\text{Oe} = 79.577472\,\text{ampere} - \text{turns/meter}$

表 C.6　变量的符号和单位

物理量	物理量符号	单位
基本的		
长度	ℓ	米（m）
质量	m	千克（kg）
时间	t	秒（s）
电流	I	安培（A）
机械的		
力	F	牛顿（N）
扭矩	T	牛顿·米（Nm）
角位移	θ	弧度（rad）
速度	v	米/秒（m/s）
角速度	ω	弧度/秒（rad/s）
电的		
电荷	q	库仑（C）
电位	V	伏特（V）
电场强度	**E**	伏特/米（V/m）
能量	W	焦耳（J）
功率	P	瓦特（W）
电通密度	**D**	库仑/米的二次方（C/m²）
电通量	ψ	库仑（C）
电阻	R	欧姆（Ω）

（续）

物理量	物理量符号	单位
电导系数（G = 1/R）	G	西门子（S）；姆欧
电阻率	ρ	欧姆·米（Ωm）
电导率（σ = 1/ρ）	σ	1/（欧姆·米）
电抗	X	欧姆（Ω）
电纳（B = 1/X）	B	西门子（S）：姆欧
阻抗	**Z**	欧姆（Ω）
导纳（**Y** = 1/**Z**）	**Y**	西门子（S）：姆欧
电容	C	法拉（F）
介电常数（**D** = ε**E**）	ε	法拉/米（F/m）
磁的		
磁动势（$F_m = \oint \mathbf{H}_s d\mathbf{s}$）	F_m	安匝
磁场强度	**H**	奥斯特（Oe）；安匝/米
磁通	Φ	韦伯（Wb）
磁通密度	**B**	特斯拉（T）：高斯（G）
电感	L	亨利（H）
磁导率（**B** = μ**H**）	μ	亨利/米（H/m）

C. 2　基本的物理常数

常数	符号	数值
光的速度（在真空中）	c	$2.997925 \times 10^8 \, m/s$
基本（电子）电荷	e	$1.60217646 \times 10^{-19} C$
普朗克常数	h	$6.62608 \times 10^{-34} Js$
波尔兹曼常数	k	$1.38065 \times 10^{-23} J/K$
真空介电常数	ε_0	$10^{-9}/（36\pi） = 8.842 \times 10^{-12} F/m$
真空磁导率	μ_0	$4\pi \times 10^{-7} = 1.257 \times 10^{-6} H/m$

附录 D　PSpice 介绍

　　本书中的一些例子利用了 PSpice® 软件，它是电路仿真家族中集成电路仿真程序（SPICE）中的一个成员。最早的 SPICE 软件于 19 世纪 70 年代在美国伯克利的加利福尼亚大学用 FORTRAN 系统开发。SPICE 软件的计算模块利用了节点分析法。PSpice 是个人 SPICE 的缩写，由 MicroSim 公司上市和出售直到它们被

OrCAD 收购，现在被 Cadence 设计系统公司拥有。

D.1 获取并安装 PSpice 软件

Cadence 提供了一个免费演示版，可用于解决有限尺寸和复杂的电路问题。在本书的编写过程中，OrCAD 设计师 Lite 的程序和文件可以从网站 http：//www. cadence. com/products/ orcad/pages/downloads. aspx 中下载。

这个软件大约是 500MB，文件是 17MB。

目前这个软件的图形电路编辑方法有两种：原理图编辑器或捕捉编辑器。用户必须选择其中一种。原理图编辑器中设计图的放置和存储量最大不能超过 50 个元件。捕捉编辑器能够查看和创建更大的设计图，但是不能超过 60 个元件，否则设计图就不能保存了。捕捉编辑器用于印制电路板（PCB）的设计，也能够导入原理图编辑器创建的电路图。原理图编辑器使用更容易。两种电路编辑器都能够产生一个 ASCⅡ的网表文件，包括了所有的电路元件及其相应的值和节点的列表。

D.2 PSpice 软件的使用方法

PSpice 软件的使用包含 3 个基本步骤：

① 利用原理图编辑器创建和保存电路。

② 选择仿真参数和仿真电路。

③ 绘制电路仿真结果并分析（在探头中）。

这些步骤在随后的小节中用例子进行说明。PSpice 能力很强大，但是附录只是针对本书中关联最紧密的材料进行了介绍。

D.2.1 创建电路

在原理图编辑器中绘制电路的过程为：首先获取、放置和排列元件，随后用线将其连接在一起，最后指定元件值。PSpice 利用国际单位制类型的前缀来缩放元件参数值。值得注意的是下表中"M"代表毫，"MEG"代表百万：

T	太	10^{12}	M	毫	10^{-3}
G	吉	10^{9}	U	微	10^{-6}
MEG	兆	10^{6}	N	纳（诺）	10^{-9}
K	千	10^{3}	P	皮（可）	10^{-12}

我们在原理图编辑器中可以自定义一个元件并选择它在示意图中的相关信息。同样也可以自定义节点，并将注解添加到电路中。

当选择一个元件时，必须从元件库中选取，下面是软件提供的几个比较重要的元件库：

库	库内的组件（不是完整列表）
模拟	电容（C），电感（L），电阻（R），电压和电流控制的电源（E，F，G，and H），电压控制开关（S），变压器（XFRM _ LINEAR）二极管（D），晶体管，晶闸管整流（SCR），定时开关
重新运算求出参数的内容	金属氧化物半导体场效应晶体管（MOSFET），运算放大器（op‐amp），数码
源	独立电源包括直流（DC）和交流（AC）电压源（VDC 和 VAC），直流和交流电流源（IDC 和 IAC），指数衰减（VSIN 和 IEXP），瞬态正弦（VSIN 和 ISIN），脉冲（VPULSE 和 IPULSE），分段线性源（VPWL 和 IPWL）

　　每个电路至少必须有一个接地节点，原理图编辑器中在 port 元件库中能找出，在捕捉编辑器中它是 Place 菜单选项中的一项。

　　图 D.1 所示为原理图编辑器中创建的一个简单电路，其由通过输电线路连接的两个交流电源组成，电容在线路的中间。首先获取每个元件并放置在电路图中；Ctrl + R 可以用来旋转需要的元件，然后用线连接各个元件。VAC 用于表示 PSpice 中的一个交流电压源，其幅值（ACMAG）和相位（ACPHASE）值都可以设置，但是不能设置其频率。

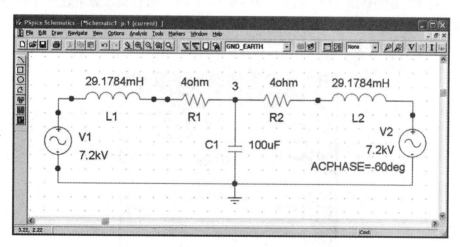

图 D.1　PSpice 原理图编辑器中的电路

D.2.2　电路仿真

　　如图 D.2 所示，PSpice 可以进行几种不同类型的仿真，包括直流、交流扫描，瞬态和 Monte Carlo。对于每个分析类型，必须选择多种选项。默认的分析温度是300K。对于暂态分析，我们指定仿真执行的时间。

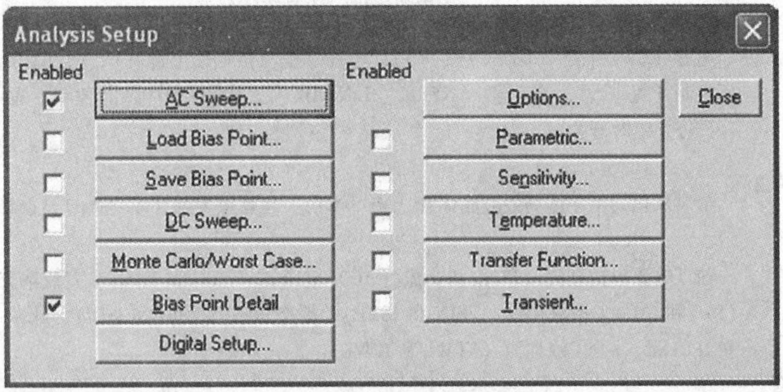

图 D.2 PSpice 分析设置选项

PSpice 软件能用来分析单一频率（例如60Hz）的电路或者频率（可变的）的在一个带宽范围内的电路。对于交流扫描分析，开始和结束的频率根据计算出的频率结果和是否是线性或对数间隔来指定。如果需要单一频率，则利用同样的开始和结束频率再进行一点的线性扫描。由于交流分析仿真的是电路的正弦稳态特性，任何非线性元件，例如二极管，要用它们的小信号模型来代替。

对于之前创建的电路，我们从40~80Hz中41个线性离散频率点进行交流扫描仿真（见图 D.3）。一旦输入仿真参数，仿真就执行了。如果要进行暂态分析，必须用 VSIN 源来代替 VAC 源。

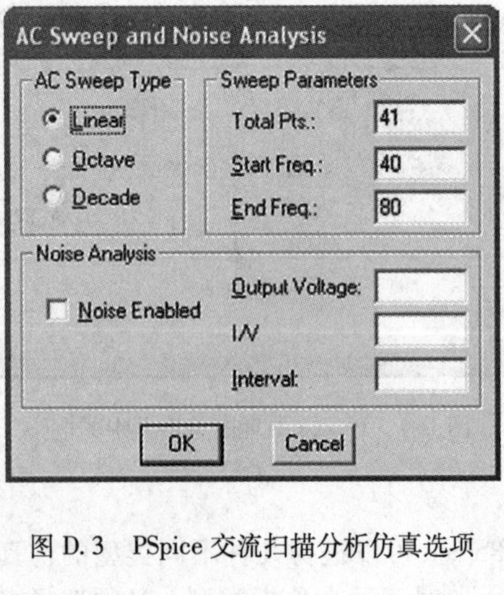

图 D.3 PSpice 交流扫描分析仿真选项

D.2.3　分析仿真结果

仿真运行时，结果可以显示和/或者打印在探针窗口。假设电路没有瑕疵，用户将会得到一个结果，但是用户必须判断其有效性。创建的图像在探头输出窗口中显示，如图 D.4 所示。轨迹和轴利用提供的列表进行了添加，如图 D.5 所示。

对于之前的电路仿真，节点 3 电压和通过电容的电流的交流扫描分析结果，如图 D.4 所示。电压和电流放置在不同的 y 轴上。60Hz 的电流和电压幅值在图中通过第一次移动光标到 60Hz 的位置进行了注释，然后利用了标记标签工具。

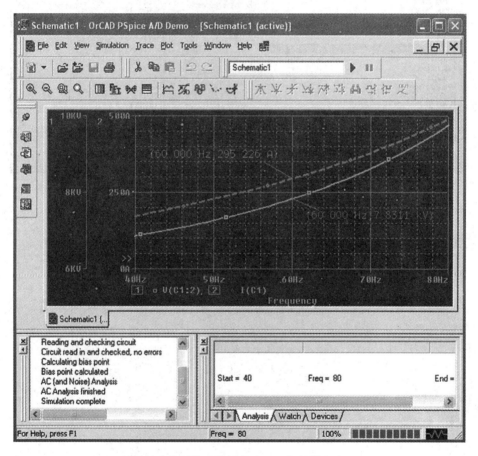

图 D.4　绘制仿真结果的 PSpice 探针输出窗口

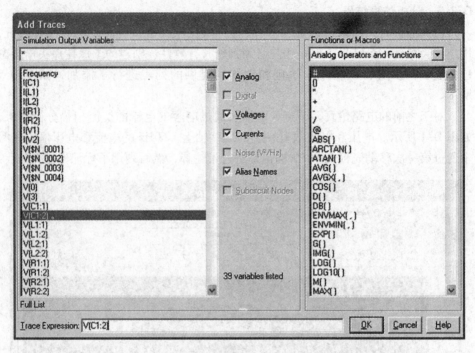

图 D.5 添加轨迹菜单选项

答　案

（题目的部分答案，不包括图、表和证明）。

第1章　电力系统

1.1

① 输电线 T2 短路，打开 CBA2 和 CBA3。在这种情况下，电源 S 通过 CBA4、总线 1 和 CBA1 为 T1 供电，S 直接通过 CBA5 为 T2 供电。

② 输电线 T3 短路，打开 CBA6 和 CBA5。在这种情况下，电源 S 通过 CBA4、总线 1 和 CBA1 为 T1 供电，S 通过 CBA4、总线 1、CBA1 和 CBA2 为 T2 供电。

1.2

① CBA4 断开故障，CBA5 不能闭合。T3 直接通过 CBA5 供电；T2 通过 CBA5、CBA6 和 CBA3 供电；T1 通过 CBA5、CBA6、CBA3 和 CBA2 供电。这种情况下，电路断路器应该能承载所有线路负载上的电流，即总线路电流要流经 CBA5。

② CBA4 闭合故障。如果 CBA4 在开关处出现故障，无法打开，则总线 1 短路时，不能断开与电源的连接，总线处的短路线路无法局部绝缘。

1.3

CBA1、CBA2、CBA4 和 CBA5 闭合；CBA3 和 CBA6 打开。

第2章　发电站

2.1. 543 天

2.2. ①$CF_1 = 70.8\%$，$CF_2 = 87.5\%$；②$O\&M_2 = 1.2 \text{¢}/(kW \cdot h)$

2.3. $Q_{coal} = 1125 MWt$，$Q_{nuclear} = 2030 MWt$

2.4. \$20.5 百万。

2.5. $\eta_{orig} = 66.3\%$，$\eta_{new} = 92.2\%$

2.6. $V_{out} = 18V$，$I_{out} = 3A$，$P_{out} = 54W$

2.7. 两个步骤。

2.8. ①画图；②$P_{max} = 3.6W$，$V_{Pmax} = 0.5V$

2.9. $\eta_{trough} = 40.2\%$，$\eta_{ptower} = 75.4\%$

2.10. $\eta = 47.5\%$

2.11. ①$n_C = 1.53 \times 10^{18} atoms$；②$m_C = 30.5 \mu g$；③$m_C/m_{U-235} = 2.5 \times 10^6$

2.12. $A = 0.028 km^2$

2.13. $m_{SO_2} = 4.21 \times 10^7 \text{kg/年}$, $m_{ash} = 5.26 \times 10^7 \text{kg/年}$

2.14. $P = 3.82\text{MW}$

2.15. ① $E_{in} = 1.6 \times 10^5 \text{MW} \cdot \text{h}$, $E_{out} = 1.22 \times 10^5 \text{MW} \cdot \text{h}$; ② $\eta_{ta} = 76\%$

第 3 章　单相电路

3.1. ① $T_{50} = 20\text{ms}$; ② $T_{60} = 16.7\text{ms}$

3.2. ① $V_M = 169.7\text{V}$; ② V_{rms}: $\{114 - 126V_{rms}\}$

3.3. 证明。

3.4. 相量图。

3.5. ① $Z_{50} = (50 + j29.7)\Omega$; ② $Z_{60} = (50 + j82.4)\Omega$

3.6. ① $Z_{eq} = (32.6 + j38.2)\Omega$; ② $Y_{eq} = (0.013 - j0.015)\text{S}$

3.7. $C_{cap} = 82.1\mu\text{F}$

3.8. $V_1(P_1 = -1.7\text{MW})$ 作为发电机, $V_2(P_2 = 1.5\text{MW})$ 作为负载

3.9. ① $P_1 = 1.1\text{kW}$, $P_2 = 789\text{W}$, $P_3 = 302\text{W}$, $P_4 = 139\text{W}$; ② $Q_1 = -1.76\text{kV} \cdot \text{A}$, $Q_2 = 394\text{V} \cdot \text{A}$, $Q_3 = -302\text{V} \cdot \text{A}$, $Q_4 = 93\text{V} \cdot \text{A}$

3.10. ① $R = 64.3\Omega$, $X = 76.6\Omega$; ② $P = 311\text{W}$, $Q = 371\text{V} \cdot \text{A}$; ③ pf = 0.643 leading

3.11. ① $P_1 = 512\text{W}$(吸收) $P_2 = -1.45\text{kW}$(提供); ② $Q_1 = 1.76\text{kV} \cdot \text{A}$(吸收), $Q_2 = -1.65\text{kV} \cdot \text{A}$(提供); ③ $P_{Z1} = 53\text{W}$(吸收), $Q_{Z2} = 26.5\text{V} \cdot \text{A}$(吸收), $Q_{Z3} = -132\text{V} \cdot \text{A}$(提供), $P_{Z4} = 883\text{W}$(吸收); ④ $P_{feeder}(180°) = 17.1\text{kW}$

3.12. ① $Q_{cap} = -332\text{kV} \cdot \text{A}$; ② pf = 0.908(滞后)

3.13. ① 等效电路图; ② $Q_{cap} = -46.4\text{kV} \cdot \text{A}$, $C_{cap} = 2543\mu\text{F}$; ③ 变化曲线图; ④ $C_{pf1} = 2137\mu\text{F}$

第 4 章　三相电路

4.1. 证明。

4.2. ① $I_Y = 12.9\text{A}$; ② $I_{\triangle phase} = 7.47\text{A}$, $I_{\triangle line} = 12.9\text{A}$

4.3. $I_a = 75.1\text{A} \angle -35.5°$, $I_b = 82.8\text{A} \angle -177°$, $I_c = 52\text{A} \angle 65.7°$

4.4. $I_a = 7.2\text{A} \angle -11.9°$, $I_b = 7.6\text{A} \angle -149°$, $I_c = 5.5\text{A} \angle 95.5°$

4.5. ① $Z_{1Y} = (5.33 - j2.58)\Omega$, $Z_{2\triangle} = (19.6 - j12.1)\Omega$; ② $I_{load} = 72.8\text{A}$; ③ $V_{LL\_bus} = 597\text{V}$; ④ $P_{bus} = 70\text{kW}$, $Q_{bus} = 27.5\text{kV} \cdot \text{A}$

4.6. ① $I_{line} = 7.11\text{A} \angle -40.7°$, $V_{load\_ll} = 205\text{V} \angle 29.3°$; ② $V_{load\_ll} = 215\text{V} \angle 26.3°$

4.7. ① 图; ② $Z_{load1} = (25 + j23.4)\Omega$, $Z_{load2} = (21.9 + j7.8)\Omega$; ③ $I_{gen} = 45.3\text{A} = 97.99\%$

4.8. ① $I_{ab} = 33.3\text{A}$, $I_{bc} = 48\text{A}$, $I_{ca} = 80\text{A}$, $I_a = 84.6\text{A}$, $I_b = 23.4$, $I_c = 69.7\text{A}$; ② a 和 c 相为过载。

4. 9. ① $P_3 = 13.3\text{kW}$，$|S_3| = 15.1\text{kVA}$，$Q_3 = -7.29\text{kV} \cdot \text{A}$；② $\text{pf}_3 = 0.876$（超前）；③ $R_3 = 0.905\Omega$

4. 10. 证明。

第 5 章　输电线与电缆

5. 1. $L = 0.487\text{mH/mile}$，$X = 0.184\Omega/\text{mile}$

5. 2. $C = 24.6\text{nF/mile}$，可以忽略不计

5. 3. $R = 0.119\Omega/\text{mile}$，$L = 2.14\text{mH/mile}$，$C = 13.9\text{nF/mile}$

5. 4. $R = 0.0342\Omega/\text{km}$，$L = 0.927\text{mH/mile}$，$C = 12.2\text{nF/km}$

5. 5. ① $\gamma_{\text{line}} = 2.4 \times 10^{-5} + 1.19 \times 10^{-3}/\text{km}$，$Z_{\text{surge}} = (316 - 6.3\text{j})\Omega$；② $Z_{\text{ser}} = (4.3 + 110.7\text{j})\Omega$，$Z_{\text{par}} = (0.75 - 1759\text{j})\Omega$

5. 6. $V_{\text{sup}} = 14.8\text{kV}$，$\text{Reg} = 7.0\%$

5. 7. $V_{\text{load}} = 12.9\text{kV}$，$\text{Reg} = 7.4\%$

5. 8. $\delta = 43.1°$

5. 9. ① $R = 0.0113\Omega/\text{km}$，$X_L = 0.324\Omega/\text{km}$；② $C = 13.2\mu\text{F/km}$，$Y_C = 4.96\mu\text{S/km}$；③图；④ $I_{\text{load}} = 563\text{A}$，$V_{\text{load}} = 164\text{kV}$

5. 10. ① $Z_{\text{line}} = 10.6 + \text{j}20.7\Omega$；（2）① $|V_{\text{LN}}| = 13.1\text{kV}$，$|I| = 257\text{A}$，$P = 7.11\text{MW}$，$Q = 7.21\text{MVAR(ind)}$；② $|V_{\text{LN}}| = 9.66\text{kV}$，$|I| = 240\text{A}$，$P = 6.84\text{MW}$，$Q = 1.31\text{MVAR(ind)}$；③ $|V_{\text{LN}}| = 10.93\text{kV}$，$|I| = 219\text{A}$，$P = 6.53\text{MW}$，$Q = 2.97\text{MVAR(ind)}$；（3）图

5. 11. ① $R = 7.15\Omega$，$X_L = 96.6\Omega$，$Y_C = 0.698\text{j mS}$；②图；③ $Z_{\text{Th}} = (8.38 + \text{j}119)\Omega$，$V_{\text{Th}} = 315\text{kV}$；④图；⑤ $I_{\text{short}} = 2.65\text{kA}$

5. 12. ① $R = 2.97\Omega$，$X_L = 63.8\Omega$，$Y_C = 0.988\text{j mS}$，$X_{\text{supply1}} = 4.41\Omega$，$X_{\text{supply2}} = 2.78\Omega$；②图；③ $P_{\text{maxXfr}} = 779\text{MW}$ 当 $\delta_{\text{max}} = 92.4°$

5. 13. ① $R = 4.63\Omega$，$L = 0.148\text{H}$，$C = 1.61\mu\text{F}$；②图；③ $|V_{\text{LL\_source}}| = 437\text{kV}$，$S_{\text{sup}} = (888 + \text{j}827)\text{MV} \cdot \text{A}$；④ $|S_{10\%}| = 433\text{MV} \cdot \text{A}$

5. 14. $H_{\text{max}} = 2.62\text{A/m}$

第 6 章　机电能量转换

6. 1. $\Phi_{\text{IronError}} = 0.015\%$，$B_{\text{IronError}} = 0.014\%$，$H_{\text{IronError}} = 0.006\%$，$H_{\text{GapError}} = 0.014\%$

6. 2. ① $H_{\text{core}} \cong 100\text{A/m}$，$\mu_r = 9950$；② $\Phi_{\text{core}} = 2.45\text{mWb}$，$I_{\text{coil}} = 0.224\text{A}$；③ $L_{\text{coil}} = 3.06\text{H}$；④ $I_{\text{coil2}} = 28.6\text{A}$

6. 3. （a） $\Phi_{\text{gap}} = 1.68\text{mWb}$；② $H_{\text{gap}} = 540\text{kA/m}$，$B_{\text{gap}} = 0.679\text{T}$；③ $L_{\text{coil}} = 112\text{mH}$；④ $I_{\text{coil}} = 4.66\text{A}$；⑤ $L_b = 108\text{mH}$

6. 4. ①画图；② $H_{\text{DC}} = 9.55\text{kA/m}$，$B_{\text{DC}} = 0.012\text{T}$；③ $F_{\text{DC}} = 540\text{N}$

6. 5. ①画图；② $F_{\text{a\_max}} = 58\text{N}$，$F_{\text{b\_max}} = 72\text{N}$，$F_{\text{c\_max}} = 58\text{N}$；③中间 B 相承受

的力是最大的。

6.6. $F_{\text{middle,max}} = 315\text{N}$，$F_{\text{side,max}} = 157.5\text{N}$

6.7. 图其中 $B(g_{\text{min}}) = 0.335\text{T}$，$B(g_{\text{max}}) = 0.077\text{T}$ 和 $F(g_{\text{min}}) = 112\text{N}$，$F(g_{\text{max}}) = 5.95\text{N}$

6.8. $V_{\text{coil}} = 67\text{V}$

6.9. ①$B_{\text{gap}} = 0.377\text{T}$；②图

6.10. ①I（气隙$_{\text{max}}$）$= 2.8\text{A}$；②$F_{\text{max}} = 78.5\text{N}$；③作图，不出现铁磁饱和。

6.11. ①$\ell_{\text{Pmag}} = 0.331\text{cm}$；②$I_{\text{Vcoil}} = 1.105\text{A}$

6.12. $F_{\text{mag}} = 1026\text{N}$

6.13. ①$B_{\text{gap}} = 0.77\text{T}$；②$E_{\text{coil}} = 1.16\text{kV}$

第7章　变压器

7.1. $V_{\text{sup}} = 7.64\text{V}$

7.2. $V_{\text{load}} = 226\text{V}$

7.3. $I_{\text{SC}} = 2.88\text{kA} \angle -90°$

7.4. ①$I_{\text{AB}} = 65.1\text{A} \angle -36.9°$，$I_{\text{BC}} = 20.8\text{A} \angle -161.4°$，$I_{\text{CA}} = 122.4\text{A} \angle 88.2°$；②$I_{\text{a}} = 4.3\text{A} \angle -36.9°$，$I_{\text{b}} = 1.4\text{A} \angle -161.4°$，$I_{\text{c}} = 8.2\text{A} \angle 88.2°$；③$V_{\text{a}} = 8.0\text{kV}$，$V_{\text{b}} = 7.3\text{kV}$，$V_{\text{c}} = 4.9\text{kV}$，$V_{\text{ab}} = 1.5\text{kV}$，$V_{\text{bc}} = 2.5\text{kV}$，$V_{\text{ca}} = 3.2\text{kV}$；④$I_{\text{GND}} = 5.6\text{A} \angle 64.7°$

7.5. $I_{\text{SC}} = 681\text{A}$

7.6. $V_{\text{source}} = 230\text{V}$

7.7. ①$Z_{\text{high}} = 242\Omega$，$Z_{\text{low}} = 4.5\Omega$；②$I_{\text{load}} = 250\text{A}$，$V_{\text{sup}} = 110\text{kV}$

7.8. ①$Z_{\text{in}} = 0.646 + \text{j}1.684\Omega$；②$I_{\text{S}} = 66.5\text{A} \angle -35.5°$，$V_{\text{sup}} = 2.9\text{kV} \angle 1.3°$，$P_{\text{in}} = 154\text{kW}$，$\text{pf}_{\text{in}} = 0.8$（滞后）；③$P_{5\%} = 216\text{kW}$

7.9. ①$R_{\text{eg}} = 9.9\%$；②图；③ε_{max}（pf $= 0.8$ 滞后）$= 92.9\%$，ε_{max}（pf $= 0.9$ 超前）$= 94.1\%$

7.10. ①$R_{\text{e,s}} = 0.013\Omega$，$X_{\text{e,s}} = 0.087\Omega$，$R_{\text{c,p}} = 2.6\text{k}\Omega$，$X_{\text{m,p}} = 700\Omega$；②和③图；④解释

7.11. ①$R_{\text{e}} = 0.26\Omega$，$X_{\text{e}} = 0.83\Omega$，$R_{\text{c}} = 220\Omega$，$X_{\text{m}} = 22.4\Omega$；②$\eta_{0.6\text{lag,max}} = 98.8\%$，$\eta_{0.8\text{lag,max}} = 99.1\%$，$\eta_{0.9\text{lag,max}} = 99.2\%$，$\eta_{0.6\text{lead,max}} = 98.9\%$，$\eta_{0.8\text{lead,max}} = 99.2\%$，$\eta_{0.9\text{lead,max}} = 99.3\%$；③$V_{\text{lag}} = 219\text{V}$，$V_{\text{lead}} = 221\text{V}$

7.12. ①开始是星形联结，然后是三角形联结；②$I_{\text{pri,ph,a}} = 196\text{A} \angle -31.8°$，$I_{\text{sec,ph,ab}} = 1.63\text{kA} \angle -31.8°$，$I_{\text{sec,ll,a}} = 2.83\text{kA} \angle -1.8°$；③$V_{\text{pri,ph,a}} = 20\text{kV} \angle 0°$，$V_{\text{pri,ll,ab}} = 34.6\text{kV} \angle 30°$，$V_{\text{sec,ll,ab}} = 2.4\text{kV} \angle 0°$

7.13. ①$\eta = 97.82\%$；②最大效率 $\eta = 97.81\%$ 及其对应的负载功率为 85.7%。

7.14. ①图略；②$X_{tr} = 41\Omega$，$R_{ct} = 6.85\Omega$，$X_{mt} = 5.1\Omega$；③$I_{mag} = 17.6A \angle -53.1°$；④$I_{load} = 126A \angle -33.3°$，$V_{load} = 120V \angle -3.6°$

第8章　同步电机

8.1. 1200r/min

8.2. 750r/min

8.3. 在每个节点证明：$\Sigma S_k = 0$。

8.4. $E_{gen} = (23.4 + j14.1)kV$，$S_{gen} = (125 + j268)MV \cdot A$

8.5. $I_{sc} = 5.87kA$

8.6. $E_{gen} = 35kV$

8.7. $\delta = 41.9°$

8.8. $P_{net} = 373MV \cdot A$，$Q_{net} = -1.49MV \cdot A$

8.9. ①pf $= 0.814$；②$E_{LL} = 19kV$

8.10. ①$E_{rload} = 51.9kV$，$E_{sc} = 1.27kV$；②$I_{sc}(0MW) = 97.7A$，$I_{sc}(P_{load}) = 4.0kA$

8.11. ①$n_s = 3600r/min$，$\omega_m = 377r/s$；②$\Phi_{DC} = 2.5Wb$，$B_{DC} = 0.056T$，$H_{DC} = 44.5kA/m$；③$I_{DC} = 16.3A$；④$X_{syn} = 2.6k\Omega$；⑤图

8.12. ①$Z_{line} = (3.15 + j22.5)\Omega$，$X_g = 1.53\Omega$，$X_{xfmr} = 36.1\Omega$；②$E_{gen\_ll} = 41.6kV \angle 63.9°$；③$\delta_{350} = 50.3°$

8.13. ①$X_g = 0.722\Omega$，$X_{xfmr} = 9.68\Omega$，$Z_{line} = (8.4 + j60)\Omega$，$X_c = 1.77k\Omega$；②$E_{g\_ph} = 24kV \angle 33.9°$；③$C_{950} = 206\mu F$

8.14. 0°时，TD $= 1/60s$ 和 $I_{peak} \cong 15kA$

8.15. $P_W = 40ms$ 时，$I_{short} \cong 1.7kA$ 和 $V_{CB,peak} \cong 1.7MV$

第9章　感应电机

9.1. ①16 槽/相；②每相之间的距离30°。

9.2. $S_{motor} = (19.4 + j17.7)kV \cdot A$，$I_{motor} = 31.6A$

9.3. $C_{cap} = 155\mu F$

9.4. $I_{MotorStart} = 356A$

9.5. $I_{MotorIn} = 167A$

9.6. $V_{sup} = 141V$，$I_{motor} = 163A$

9.7. ①$n_s = 3600r/min$；②两张图略；③$f_{rotor} = 1.5Hz$；④$I_{rate} = 314A$

9.8. ①图；②$n_m = 878r/min$；③$I_{in}(2.5\%) = 18.7A \angle -31.1°$，$pf_{in}(2.5\%) = 0.856$(滞后)；④$n_{T150} = 827r/min$；⑤$\eta_{max} = 81.8\%$，$n_{\eta max} = 867r/min$

9.9. ①$n_m = 1692r/min$；②$P_{AirGap} = 40.1kW$，$T_{dev} = 213N \cdot m$，$T_{load} = 210N \cdot m$

9.10. ①$R_{sta} = 1.4\Omega$，$X_{sta} = 131\Omega = X_{rot\_t}$，$R_c = 1225\Omega$，$X_m = 247\Omega$，$R_{rot\_t} = 1.865\Omega$；②画图；③$T_{out}(10\%) = 3.93N \cdot m$，$P_{out}(10\%) = 666W$，$\varepsilon(10\%) = $

46. 3%

9. 11. ①$P_{out} = 6hp$；②$P_{ag} = 5.37kW$；③$n = 3265r/min$；④$T_{out} = 13.1N \cdot m$

9. 12. ①$I_m = 33.6A$，$pf = 0.784$（滞后），$V_t = 434V$；②$P_{in} = 20.3kW$，$Q_{in} = 16.1kV \cdot A$；③$P_{ag} = 18.7kW$；④$P_{dev} = 17.8kW$，$T_{dev} = 99.3N \cdot m$；⑤$P_{out} = 23/65hp$，$T_{out} = 98.5N \cdot m$；⑥$\varepsilon = 87\%$

9. 13. ①画图；②$s = 6.7\%$，$pf = 0.922$（滞后）；③$T_{out} = 118N \cdot m$；④$\varepsilon = 81.9\%$；⑤$I_{start} = 126A$，$T_{start} = 76N \cdot m$；⑥$T_{max} = 175N \cdot m$，$s_{Tmax} = 18.5\%$

9. 14. ①$R_{sta} = 0.182\Omega$，$X_{sta} = 1.008\Omega = X_{rot\_t}$，$R_c = 271\Omega$，$X_m = 75.7\Omega$，$R_{rot\_t} = 0.274\Omega$；②$I_{mot}(n_m) = 28.2A$，$I_{rot}(n_m) = 26.7A$；③$T_{out}(n_m) = 112N \cdot m$；④$n_{op} = 1681r/min$

9. 15. ①$I_{m\_rated} = 5.18A$；②$n_{rated} = 1105r/min$；③$n_{pf0.6} = 1138r/min$；④$n_{m0.5} = 1141r/min$；⑤$T_{max} = 3.8N \cdot m$，$n_{Tmax} = 899r/min$

9. 16. ①$I_{sta} = 5.45A$，$I_{for} = 1.62A$，$I_{rev} = 5.08A$；②$P_{out} = 107W$，$P_{in} = 474W$；③$\varepsilon = 22.5\%$

第 10 章　直流电机

10. 1. 证明。

10. 2. $P_{out} = 3.88hp$

10. 3. $P_{out} = 1.64hp$

10. 4. $K_m = 0.633V \cdot s/A$

10. 5. $P_{in} = 0.986hp$

10. 6. $n_{mot} = 649r/min$

10. 7. $n_{mot} = 86r/min$

10. 8. $V_f = 258V$

10. 9. $V_{sup} = 108V$，$T_{start} = 1126N \cdot m$；电机可以起动泵。

10. 10. ①$K_m = 0.837V \cdot s/A$；②$n_{nl} = 1367rpm$；③$I_{99\%} = 24.7A$

10. 11. ①$K_m = 0.06V \cdot s/A$；②$n = 858r/min$，$T = 96.5N \cdot m$；③$I = 18.2A$，$n = 1938r/min$

10. 12. ①图略；②$K_m = 0.651 V \cdot s/A$；③$T_{start} = 3175r/min$，$n = 1241r/min$

10. 13. ①$I_f = 2.14A$，$I_a = 347A$，$I_{load} = 345A$；②$V_t(0) = 277V$，$V_t(P) = 246V$；③$Reg = 12.6\%$；④$P_{5\%} = 40.6kW$

10. 14. ①$K_m = 7.86V \cdot s/A$；②$I_{load} = 149A$，$E_a = 393V$，$n = 672r/min$，③$P_{in} = 56.8kW$，$P_{out} = 75.8hp$，$\varepsilon = 99.6\%$

10. 15. 推导步骤。

第 11 章　电力电子与电机控制

11. 1. ①和②$a_1 = V_M$，而 $a_n = 0b_n$；③a_1（余弦）$= b_1$（正弦）

11.2. $I_{fw}(0) = 21.6A$, $I_{fw}(1) = 0$, $I_{fw}(2) = 14.4A$, $I_{fw}(3) = 0$, $I_{fw}(4) = 2.88A$, $I_{fw}(5) = 0$, $I_{fw}(6) = 14.4A$, ...

11.3. PSpice 解答。

11.4. $\alpha_{70\%} = 98.7°$

11.5. ①$R = 7.2\Omega$；②图略；③THD $= 63.6\%$

11.6. ①THD 随延迟角的增大而增大；②I_{rms}随 α 的增大而减小。

11.7. $v_C(t) = 5.4 \pm 0.14V$，$i_L(t) = 250 \pm 42mA$

11.8. ①$T_{on} = 5\mu s$；②$L = 0.2mH$，$C = 1.67\mu F$；③PSpice 图略。

11.9. ①延迟角控制是可行性的；②$\alpha = 32.2°$；③$P_{AC} = 3.66kW$，$pf_{AC} = 0.97$

11.10. ① $V_{DC} = 350V$，$P_{DC} = 15.7kW$；② $V_{ACrms} = 480V$ 若 $\alpha_r = 36.0°$；③THD $= 47.3\%$；$I_{h1} = 40.5A$

11.11. ①$\alpha = 178.5°$；②推导并作图；③$P_{xfr} = 64.8kW$，$pf = 0.90$

11.12. ①$K_m = 0.393V \cdot s/A$；②$V_{mot} = 376V$；③$\alpha = 24.9°$

11.13. ①$f_{inv} = 36.7Hz$；②$V_{mot} = 269V$，③plot；④$n_{mot} = 988r/min$

11.14. ①$I_{avg,load} \cong 4A$ 时 $L_{sm} = 10\mu H$；②$I_{avg,load} \cong 3A$ 时 $L_{sm} = 200mH$

11.15. ①$I_{avg,load} \cong 2.25A$；②$I_{avg,load} \cong 3.4A$ 时 $C_{sm} = 700\mu F$

参 考 文 献

Bergseth, F.R., and Venkata, S.S., *Introduction to Electric Energy Devices*, Prentice-Hall, Englewood Cliffs, NJ, 1987.

Burke, J.J., and Lawrence, D.J., *IEEE Trans. Power Apparatus and Systems*, Vol. 103, Jan. 1984, pp. 1–6.

Cathey, J.J., *Electric Machines: Analysis and Design Applying MATLAB*, McGraw-Hill, New York, 2001.

Chapman, C.R., *Electromechanical Energy Conversion*, Blaisdell Publishing, New York, 1965.

Chapman, S.J., *Electric Machinery Fundamentals*, 3rd ed., McGraw-Hill, Burr Ridge, IL, 1999.

Culp, A.W., *Principles of Energy Conversion*, 2nd ed., McGraw-Hill, New York, 1991.

Del Toro, V., *Electric Machines and Power Systems*, Prentice-Hall, Englewood Cliffs, NJ, 1985.

El-Wakil, M.M., *Powerplant Technology*, McGraw-Hill, New York, 1984.

Fitzgerald, A.E., Kingsley, C., Jr., and Umans, S.D., *Electric Machinery*, 4th ed., McGraw-Hill, Burr Ridge, IL, 1983.

Gonen, T., *Electrical Machines*, Power International Press, Carmichael, CA, 1998.

Heck, C., *Magnetic Materials and Their Applications*, Butterworth, London, 1974.

Hubert, C.I., *Electrical Machines*, Macmillan, Columbus, OH, 1991.

IEEE Standard 112-1996, Standard Test Procedure for Poly-phase Induction Motors and Generators, IEEE, Piscataway, NJ, 1996.

IEEE Standard 113-1985, Guide on Test Procedures for DC Machines, IEEE, Piscataway, NJ, 1985.

Jaeger, R.C., and Blalock, T.N., *Microelectronic Circuit Design*, 2nd ed., McGraw-Hill, New York, 2004.

Kosow, I.L., *Electric Machinery and Transformers*, Prentice-Hall, Englewood Cliffs, NJ, 1972.

McPherson, G., *An Introduction to Electrical Machines and Transformers*, John Wiley & Sons, New York, 1981.

Mohan, N., Undeland, T.M., and Robbins, W.P., *Power Electronics*, John Wiley & Sons, New York, 1995.

National Electrical Manufacturers Association, Motors and Generators, Publication No. MGI-1993, NEMA, Washington, DC, 1993.

Slemon, G.R., and Straughen, A., *Electric Machines*, Addison-Wesley, Reading, MA, 1980.

Vithayathil, J., *Power Electronics: Principles and Applications*, McGraw-Hill, New York, 1995.

Electrical Energy Conversion and Transport: An Interactive Computer-Based Approach, Second Edition.
George G. Karady and Keith E. Holbert.
© 2013 Institute of Electrical and Electronics Engineers, Inc. Published 2013 by John Wiley & Sons, Inc.

Weisman, J., and Eckart, L.E., *Modern Power Plant Engineering*, Prentice-Hall, Englewood Cliffs, NJ, 1985.

Werninck, E.H. (ed.), *Electric Motor Handbook*, McGraw-Hill, London, 1978.

Wildi, T., *Electric Machines, Drives, and Power Systems*, 5th ed., Prentice-Hall, Inc., Englewood Cliffs, NJ, 2000.

Yamayee, Z.A., and Bala, J.L., Jr., *Electromechanical Energy Devices and Power Systems*, John Wiley & Sons, New York, 2001.

Zorbas, D., *Electric Machines*, West Publishing Company, St. Paul, MN, 1989.

图书在版编目（CIP）数据

电能转换与传输——基于计算机的交互式方法　原书第2版/（美）卡拉狄（Karady, G. G.），（美）霍尔伯特（Holbert, K. E.）著；卢艳霞，张秀敏，桂峻峰译.—北京：机械工业出版社，2015.9

（国际电气工程先进技术译丛）

书名原文：Electrical Energy Conversion and Transport 2nd Edition

ISBN 978-7-111-51553-1

Ⅰ.①电… Ⅱ.①卡…②霍…③卢…④张…⑤桂… Ⅲ.①电能-能量转换-研究②输电-电力工程-研究 Ⅳ.①TM910②TM7

中国版本图书馆CIP数据核字（2015）第221539号

机械工业出版社（北京市百万庄大街22号　邮政编码100037）

策划编辑：顾　谦　责任编辑：郑　彤

责任校对：陈立辉　封面设计：马精明

责任印制：乔　宇

北京铭成印刷有限公司印刷

2016年1月第1版第1次印刷

169mm×239mm · 43.75印张 · 853千字

0001—2600册

标准书号：ISBN 978-7-111-51553-1

定价：180.00元

凡购本书，如有缺页、倒页、脱页，由本社发行部调换

电话服务　　　　　　　　　　　　　网络服务

服务咨询热线：010-88361066　　机 工 官 网：www.cmpbook.com

读者购书热线：010-68326294　　机 工 官 博：weibo.com/cmp1952

　　　　　　　010-88379203　　金 书 网：www.golden-book.com

封面无防伪标均为盗版　　　　　教育服务网：www.cmpedu.com